C言語によるPIC
プログラミング
大全

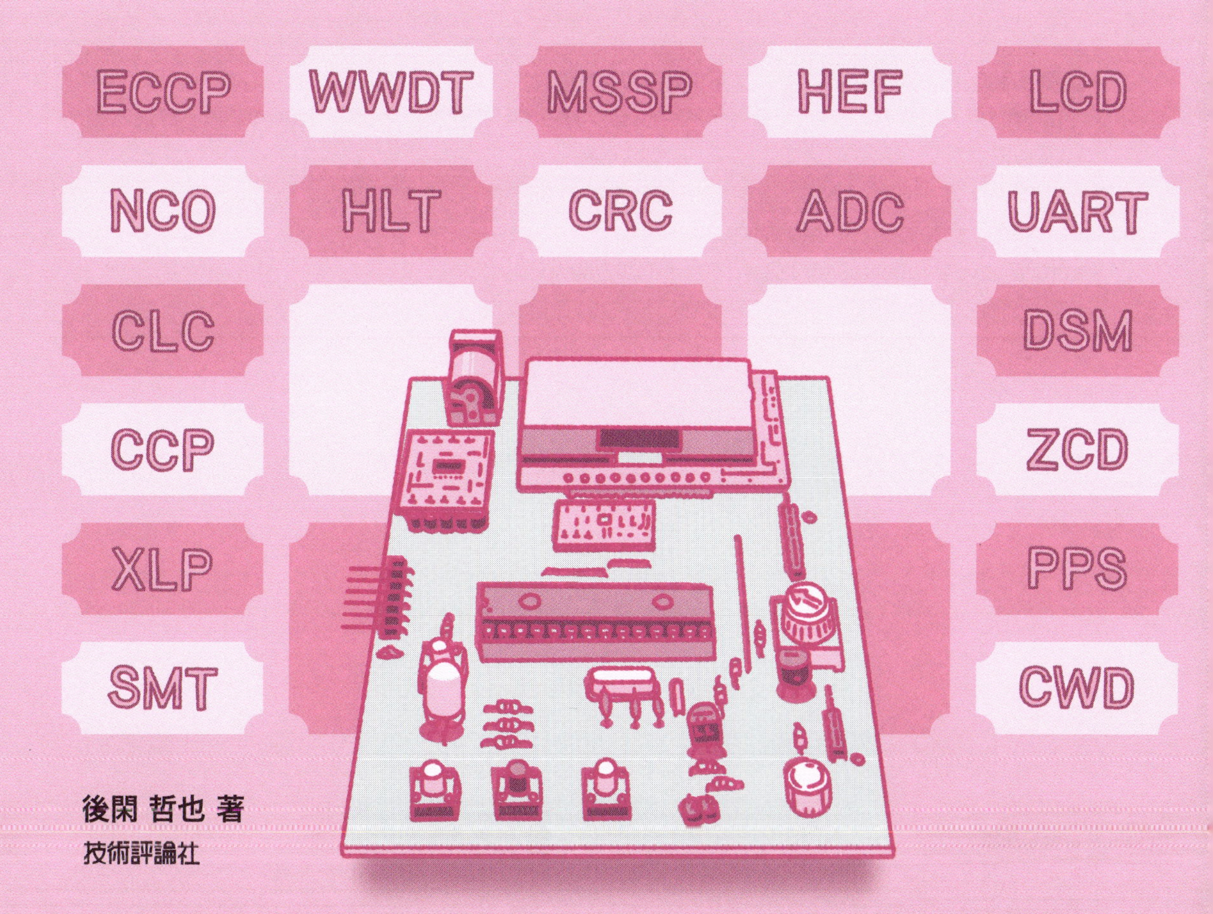

後閑 哲也 著

技術評論社

■ご注意

本書は『改訂版　C言語によるPICプログラミング入門』(2009年刊行) を大幅リニューアルしたものです。

本書に記載された内容は、情報の提供のみを目的としています。本書の記載内容については正確な記述に努めて制作をいたしましたが、内容に対して何らかの保証をするものではありません。本書を用いた運用は、必ずお客様自身の責任と判断によって行ってください。これらの情報の運用の結果について、技術評論社および著者はいかなる責任も負いません。

本書記載の情報については、2018年3月現在のものを掲載しています。それぞれの内容については、ご利用時には変更されている場合もあります。

以上の注意事項をご承諾いただいた上で、本書をご利用願います。これらの注意事項をお読みいただかずに、お問い合わせいただいても、技術評論社および著者は対処しかねます。あらかじめ、ご承知おきください。

■第3刷追記：開発環境のバージョンアップについて

本書の第1刷発売後、開発環境がバージョンアップしたため、一部、本書の記載と異なる箇所があります。

本書のサポートサイトに、2020年3月時点での変更ポイントをまとめたPDFを用意しましたので、本書と合わせてご利用ください。

https://gihyo.jp/book/2018/978-4-7741-9649-7/support
「補足情報　開発環境のバージョンアップについて」

はじめに

この数年でPICマイコンの最大のファミリであるPIC16Fファミリに、大幅に機能強化されたエンハンスドミッドレンジファミリ、通称PIC16F1ファミリが出揃ってきました。

このファミリはメモリ増強や速度アップ、命令の追加などで「C言語」によるプログラム開発に最適になるように性能強化されています。これに合わせてCコンパイラも「MPLAB XC Suites」として整理され、統合開発環境のMPLAB X IDEと合わせてC言語による開発環境が整いました。そこで、これを機にXCコンパイラによる8ビットPICマイコンのC言語プログラミングの解説をまとめることにしました。

さらに、このPIC16F1ファミリには性能アップだけでなく、「コアインデペンデントペリフェラル（CIP）」と呼ばれる数多くの種類の周辺モジュールが実装されています。このCIPは、一度設定するとプログラム制御なしで独自に動作を継続してくれます。特にモータ制御やLED用スイッチング電源などのアプリケーションでは、フィードバック制御をCIPだけで実行させることができます。これによりハードウェア速度による高速動作が実現され、同時にプログラム負荷を大幅に減らしてくれます。

しかし、CIPは種類が多く、しかも結構複雑な設定が必要なものもあるため、なかなか使い切ることが難しいといわれていました。このため、これらの障壁をなくすことを目的に「MPLAB Code Configurator（MCC）」というプログラムコード自動生成ツールが開発されました。

このMCCを使えば複雑なCIPを、GUIを使った簡単な設定だけで使うことができます。MCCは、設定内容をC言語の初期化関数として生成するだけでなく、CIPを使うために必要な制御関数も生成してくれます。そこで、本書にはC言語の使い方だけでなく、MCCを使ったCIPの使い方も一緒に加えることにしました。しかし、CIPの種類が多いため、ページ数が多くなり過ぎてしまい、一部を技術評論社のウェブサイトからのダウンロードという形にせざるを得ませんでした。両方を合わせてお使いください。

本書により、C言語によるプログラミングでPICマイコンをより簡単に使っていただき、さらにMCCによりCIPを使いこなすことで、より複雑で高機能なアプリケーションを手早く開発していただくことができれば幸いです。

末筆になりましたが、本書の編集作業で大変お世話になった技術評論社の藤澤奈緒美さんに大いに感謝いたします。

2018年3月　　後閑 哲也

目次

第3部　MCCと周辺モジュールの使い方 329

第6章 パルス出力関連モジュールの使い方 457

第7章 メモリの使い方 525

第8章 アナログモジュールの使い方 533

第1部 PICマイコンの概要と開発環境の使い方

第1章 マイコンとプログラミング

第1部では、「マイコンとは」から始まって、具体的な例としてPICマイコンを取り上げ、そのファミリの概要と、プログラムの開発環境の使い方について解説します。

さらに第2部以降の例題プログラムを試すことができるハードウェアの作り方も解説します。

まず第1章では、マイコンの基本構成について概説し、どのように動かすかを説明します。その中でプログラミングの役割について説明します。

1-1 マイコンとは

マイコンが世に現れた経緯とそのあとの進歩について概説します。

1-1-1 マイコンの出現と進歩

マイコンの母体となった「**マイクロプロセッサ**」と呼ばれるICが世に出たのは、1971年の「MCS-4」というマイクロプロセッサシステムが最初です。そこに、日本の嶋正利とインテル社のテッド・ホフとフェデリコ・ファジンによって開発された4ビットのプロセッサ「i4004」が使われていました。

4ビットから始まったマイクロプロセッサは、8ビットになって市場で使われるようになると性能向上が強く求められるようになり、16ビット、さらに32/64ビットと急激に高性能化・集積化し、矢継ぎ早に新製品が開発されていきました。

一方、家電製品や制御装置では安価で小型な4ビットや8ビットのマイクロプロセッサが多く使われていました。それでも、その性能や機能向上が求められていきました。

このためマイクロプロセッサの開発は、図1-1-1のように当初のインテル社を中心とし、パソコンを主な用途とする高性能な「**マイクロプロセッサ**」と、もっと小型安価で高機能なものを求める「**マイクロコントローラ**」(以降**マイコン**)とに、分かれて開発が進められることになります。

●図1-1-1 マイクロプロセッサ発展の2つの流れ

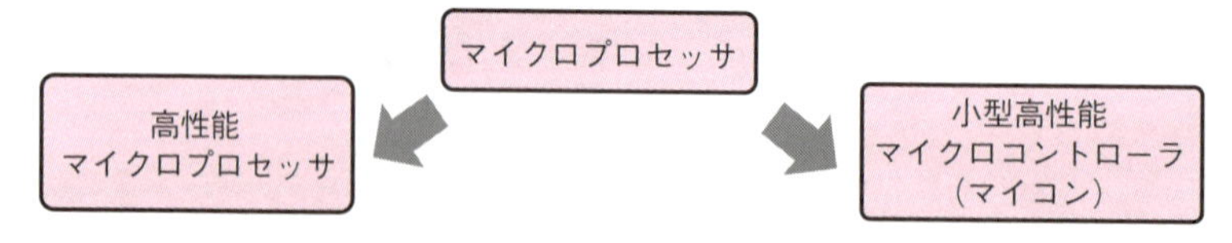

用途:パーソナルコンピュータ、ワークステーション
性能、仕様:32/64ビット高性能プロセッサ
生産メーカ:インテル、AMD

用途:家電、産業用制御機器ロボット、人工衛星など
性能、仕様:8/16/32ビット周辺機能内蔵ワンチップ
生産メーカ: NXP、ルネサス、マイクロチップ・テクノロジー、ST-マイクロ

当初のマイクロプロセッサは、ICの集積度をあまり高くすることができず、機能ごとに独立のICで構成されていました。このため、多くの配線や多ピンのコネクタが必要で、産業用途ではコストアップとなり、構造上も小型化を難しくしていました。

しかし、マイコン側ではマイクロプロセッサほどのCPU性能は求められず、8ビットや16ビットが中心だったので、CPU本体のトランジスタ集積度はそれほど必要ありません。

そこで、LSIの集積度が高くなるにつれ、CPUの性能をアップする代わりに別チップになっていた機能ごとのLSIがCPUチップ本体の中に実装されていき、図1-1-2のような構造の**ワンチップ化**が進みました。

現在では接続するデバイスを制御するほとんどの**周辺モジュール**（Peripheral Module）が、写真1-1-1のような1個のICで構成されたマイコンチップに内蔵されていて、ICのピンに直接外部機器が接続できるような構成となっています。このような構成であるため、マイコンを「**ワンチップマイコン**」と呼ぶこともあります。

●図1-1-2　現代のマイコンシステムの構成

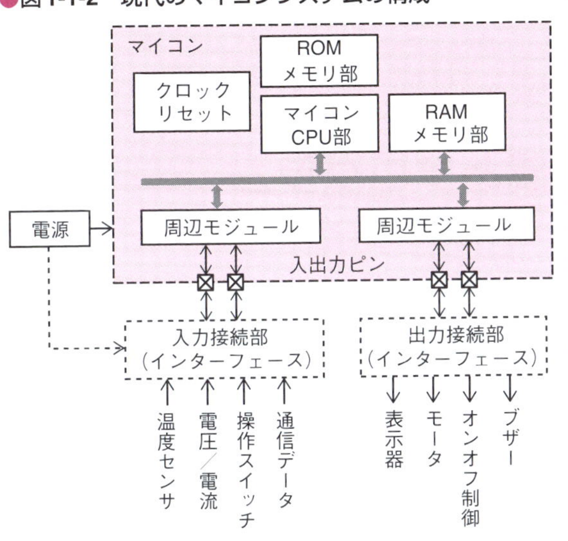

●写真1-1-1　ワンチップマイコンのIC

1-1-2 マイクロプロセッサとマイクロコントローラの差異

ここで、現在のマイクロプロセッサとマイコンの差異を見てみると、表1-1-1のような状況になっています。マイコンの目標は低コストで小型、低消費電力であることですし、マイクロプロセッサは高性能化が一番の目標ですから、このポイントで大きく異なったものとなっています。

▼表1-1-1　マイクロプロセッサとマイクロコントローラの差異

項　目	マイクロプロセッサ	マイクロコントローラ
外形サイズ	35×35mm ～ 50×50mm	3×3mm ～ 20×20mm
ピン数	1150 ～ 2011ピン	6ピン～ 144ピン
消費電力	50W ～ 150W	10mW ～ 200mW
CPUコア数	2個～ 8個	1個～ 2個
CPUビット数	32、64ビット	8、16、32ビット
最高速度	1GHz ～ 4GHz	4MHz ～ 900MHz
内蔵 モジュール	データ処理用が主。メモリ、周辺IC外付け。 画像、音声処理。大規模データ処理	制御用が主。メモリ、周辺モジュールすべて内蔵。 アナログ入出力機能も内蔵
用途	パソコン。ワークステーション。スマートフォン	産業制御システム。家電、おもちゃ。車載機器制御
価格	数千円～数万円	数十円～千円

1-2 マイコンのプログラムとは

マイコンを動かし、機能を満足させるためには必須のプログラムですが、このプログラムは命令で構成されています。この命令がマイコンの中でどのようにつくられているかを説明します。

1-2-1 マイコンの構成とプログラム

一般的なマイコンは、図1-2-1のような要素で構成されています。

●図1-2-1 マイコンの構成

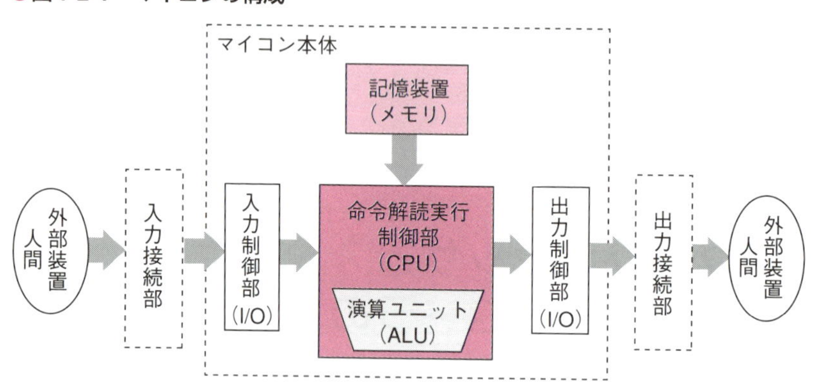

マイコンとしての機能を果たすための処理手順を順番に並べた「命令」をあらかじめ記憶装置(メモリ)の中に入れておき、命令解読実行制御部(**CPU**:Central Processing Unit)でこれを指定された順序で実行していきます。このように機能を果たすように並べられた命令群を「プログラム」と呼んでいます。

入力制御部(**I/O**:Input/Output)で外部からデータを入力し、これに加工を加えます。演算が必要なものについては、演算ユニット(**ALU**:Arithmetic and Logic Unit)で実行され演算されます。このようにして処理されたデータの結果を、出力制御部(I/O)を経由して外部に出力します。

CPUなどマイコン内部はすべて電気信号で動作しているので、**電気信号ではない外部装置や人間が扱うデータを入力接続部や出力接続部で電気信号に変換**しています。例えば、キーボードやマウスは人間の動作を電気信号に変換する役割をしますし、プリンタやモータなどは電気の出力信号を機械的動作など他の信号に変換していることになります。

1-2-2 プログラムと命令

このように、すべてのマイコンは**プログラム**と呼ばれる手続きで動かされるようになっています。この手続きとは何かというと、作業手順そのもので、人間が何かを段取り良く実行するときに考える計画と同じです。

計画を細かく細分化していくと、最後は実際に行うことの順番を整理したものとなります。プログラムもこれと全く同じで、作業手順を事細かに規定したものです。

1つの手順は命令で定義されていて、この命令の順番が作業手順になります。マイコンはこの決められた作業手順を忠実に実行することになり、自分で考えて作業手順を組み替えることはできません。その点人間は、状況に応じて臨機応変に作業手順そのものを組み替えながら作業を実行できてしまうので、ここがマイコンと人間が根本的に異なる点です。

マイコンは命令を順番に実行するわけですが、電気信号で動作するマイコンが理解できる命令は「**ビット**」と呼ばれる0と1で表現された「**機械語**」です。ハードウェアとしては1個の「**フリップフロップ**」(オンかオフの1ビットを記憶できる論理回路)に相当します。

しかしこの1ビットでは0と1の2種類しか区別がつかないので、命令の種類としては不足です。そこでビットをいくつか組み合わせて複数ビットの並びで種別指定が増えるようにします。

例えば、図1-2-2のように2ビットを組み合わせれば4通り、8ビットを組み合わせると、2の8乗で256通りの区別がつくことになります。マイコンの世界ではこの8ビットのまとまりを単位としていて「**バイト**」と呼んでいます。ハードウェアとしてはフリップフロップの集まりで構成されていて「**レジスタ**」と呼ばれています。

●図1-2-2　ビットとバイト

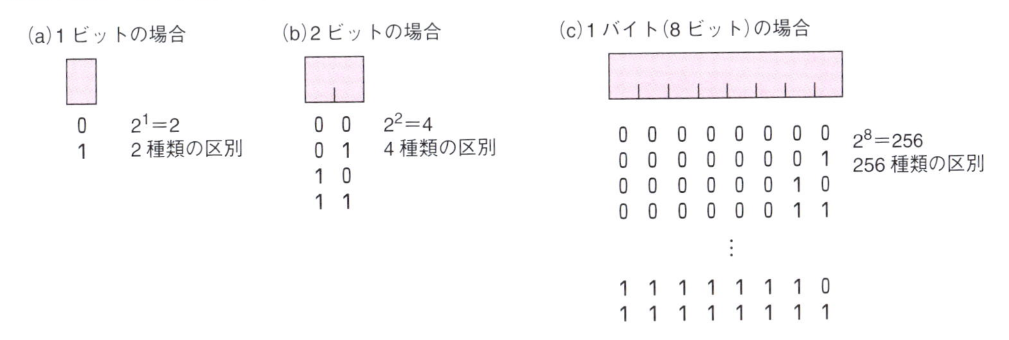

しかしこれでも256種類しか区別できないので、もっと種別を増やしたいときは、さらにビット数を増やします。このように増えたビット列を「**ワード**」と呼びます。

例えばPICマイコンの命令ワード長は、8ビットファミリと呼ばれる中でも、12ビットと14ビットと16ビットの3種類のファミリに分かれています。このワードのビット数が多いほど命令種別が増えることになるので、ビット数が多いほど高機能なマイコンといえます。

実際に、このビット列でどのように命令を構成するかをPICマイコンの場合を例として説明すると、PICマイコンのミッドレンジファミリでは1ワードが14ビット長で構成されていて、その中身を図1-2-3のように使っています。つまりワードの上位ビットで命令の種類を分け、下位ビットは命令の動作をする相手などを指定する修飾用(**オペランド**と呼ばれる)に使っています。

●図1-2-3 PICの命令構造例

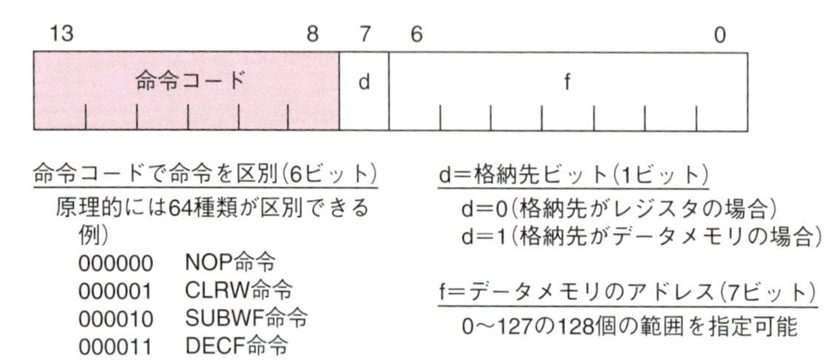

このような形式で定義された命令が数多くメモリに記憶され、並んだ順に実行されることで機能が実現されます。つまり**プログラムが実行されることで機能が実現される**ことになります。

1-3 2進数と16進数

マイコンは最終的には機械語の命令を実行しています。この機械語はその動作をすべて電気信号の有無で表現します。つまり**電圧があるかないかの2値**となります。この2値を0と1で表現します。

このようにマイコンは0と1だけの2値での表現を基本とした演算を行うため、**2進数**という数値を扱います。この2進数がどんなものかというと、図1-3-1のように10進数が0、1、2、3、4、…、9、10と9まで数えて桁上がりするのに対し、2進数では0、1、10、11、100と1まで数えてすぐに桁上がりをしてしまいます。10が10進数なら「じゅう」と読むのですが、2進数では10進数との混乱を避けるために「いち・ぜろ」と読みます。これは、2桁以上の2進数の場合でも同様で、例えば00110101なら「ぜろ・ぜろ・いち・いち・ぜろ・いち・ぜろ・いち」と読みます。さらに上位桁の0も**ゼロサプレス**(ゼロの削除)せずに付けたままとします。

この2進数1桁で表わせる情報量を「**ビット**」(bit)と呼び、2進数8桁の8ビットのまとまりの情報を「**バイト**」(byte)と呼んでいます。最近のマイコンはこのバイトを単位としたデータを扱うものが大部分です。

もともと2進数は人間にとってわかりにくいものです。桁数が多くなってしまうので、取り扱いも面倒になります。そこで、ハードウェア内部のデータを表すためにバイトの単位が通常使われていることから、**2進数の代わりに16進数を使う方法が一般的**になりました。2進数の4桁が16進数の1桁に相当するので、桁数を1/4に減らせるとともに、1バイトがちょうど2桁で表現できるというメリットがあるからです。

16進数では、図1-3-1のように0、1、2、3、4、…、9、A、B、C、D、E、F、10とFまで数えて桁上がりします。つまり16進数を表すには、16種類の記号が必要となるので、9以上の値を表す記号としてA～Fが使われます。

実際の例で説明すると、図1-3-2のように01101011という1バイトの2進数を、4桁ずつ、0110と1011に分けて変換します。2進数0110は16進数6となり、2進数1011は16進数でBとなるので、つなげれば6Bです。16進数で表現された数値も、2進数と同様に各桁の数字をそのまま読みます。つまり6Bが16進数なら「ろく・びー」と読み1バイトデータとなります。

同じように12ビットの場合は3桁の16進数で、2バイト(16ビット)のデータは4桁で表現されます。では14ビットの場合にはどうするかというと、図のように下から4ビットずつに分けるので、最上位が2ビットとなり最大値が3FFFの4桁の16進数であらわすことになります。

●図1-3-1　10進数、2進数、16進数

10進数	2進数	16進数
0	0000	0
1	0001	1
2	0010	2
3	0011	3
4	0100	4
5	0101	5
6	0110	6
7	0111	7
8	1000	8
9	1001	9
10	1010	A
11	1011	B
12	1100	C
13	1101	D
14	1110	E
15	1111	F

●図1-3-2　16進数表現

2進数	16進数
0000 0001	01
0001 0011	13
0101 1001	59
0110 1011	6B
1010 0100	A4
1100 1110	CE
1111 1111	FF
0101 1100 1110	5CE
1110 1000 0011	E83
00 1001 1100 1110	09CE
11 1111 0111 0001	3F71
0111 1010 1110 0101	7AE5
1100 1110 1001 1101	CE9D

1-4 マイコンの動かし方

マイコンを動かすために、最低限必要なこととは何なのでしょうか。ここではマイコンを動かすために必須の項目について説明します。

1-4-1 動かすために必要なこと

1-1節で説明したように、現代のマイコンの多くが、図1-4-1のような構成になっています。

●図1-4-1 現代のマイコンシステムの構成

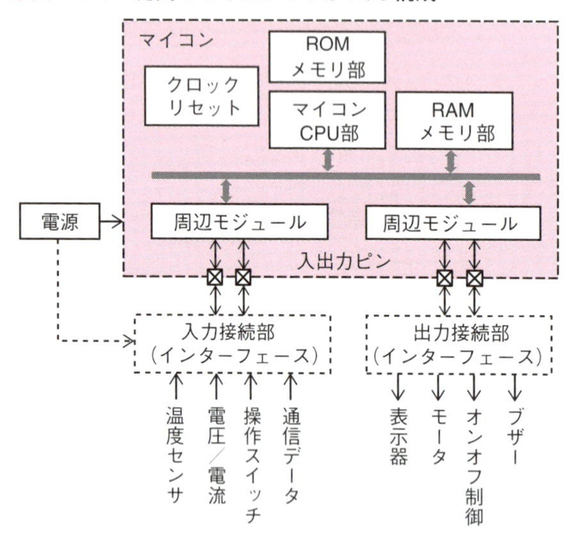

1 電源とクロック

この中で、マイコン自身の動作に必須のものが「電源」と「クロック」です。

電源は、直流で数ボルトを供給し、マイコンシステム自身を動作させるためのエネルギー源となります。最新の半導体技術により、このエネルギーは非常に少なくなっており、数ボルトで数mA以下というわずかなエネルギーで動作します。

クロックは、マイコンを動作させるときのペースメーカとなる数MHzから数十MHzのパルス信号で、この信号を基準にしてマイコンが動作します。命令の実行時間や、内蔵タイマの動作時間などもこのクロックで決定されます。したがって、できるだけ正確な周波数のパルスである必要があります。

従来は外部にクリスタル発振子などを使って正確な周波数のクロック信号を生成していました。最近はクリスタル発振子ほどの正確さはないのですが、発振器をマイコン内部に内蔵していることが多くなり、その発振器の信号をクロックとして動かすことが多くなりました。これでクリスタル発振子が不要となりコストを下げることができます。

2 入出力ピンとインタフェース

この電源とクロックでマイコン自身は動作しますが、それだけでは機能として外部には何も果たせないので、外部デバイスと接続して何らかの機能を実行する必要があります。

このためには、**マイコンの「入出力ピン」に外部デバイスを接続する**必要があります。マイコンのICのピンは内部で**周辺モジュール**と呼ばれる内蔵モジュールに接続されていて、マイコンのプログラムつまり命令で周辺モジュールを動作させることにより、直接ピンに信号を入出力できます。

ピンに入出力するとはどういうことかというと、デジタルピンの場合は0か1つまり、電圧がほぼ0ボルトのLowの状態か、ほぼ電源電圧のHighの状態にするかのいずれかになります。

また周辺モジュールがアナログ信号を入出力できる場合には、0ボルトから電源電圧までの範囲の電圧を入力したり、出力したりできます。

このような電源電圧の範囲の入出力しかできない入出力ピンに、入力接続部や出力接続部という外部の電子回路を追加し、センサや高電圧あるいは電気以外で動作するものと接続できるようにします。これらの入出力接続部を一般的に「**インターフェース**」と呼んでいます。したがって**マイコンシステムで開発する必要があるハードウェアは、この入出力インターフェースの部分**となります。

3 プログラム

さらにマイコンを動かすには「**プログラム**」を作成する必要があります。**周辺モジュールを動かすのはすべてプログラムとして記述されたマイコンの命令が行う**からです。このプログラムによりマイコンの機能を満足させることになります。

ここで、パソコンなどの一般のコンピュータで実行されるプログラムとマイコンで実行されるプログラムでは根本的に異なるところがあります。一般のコンピュータは外部ディスク装置などからプログラムを呼び出し、メモリ内容を書き換えて実行するので、1台のコンピュータでいろいろなプログラムを実行できます。しかし、多くのマイコンの場合には、プログラムはフラッシュメモリなどのような**ROM**（Read Only Memory）と呼ばれる読み出し専用メモリに格納されているため、1種類のプログラムしか実行できません。異なるプログラムを実行させるためには、**ROMメモリの内容をプログラマとかライタとか呼ばれる専用の道具を使って書き換える**必要があります。

また、プログラム作成も、一般のコンピュータは自分でプログラムを開発するプログラムを実行できますが、マイコンの場合には、自分自身でプログラムを開発するプログラムを実行できないので、**パソコンなど他のコンピュータを使ってプログラムを開発する**必要があります。

1-4-2 マイコンでできないこと

マイコンが進歩してきたことで、なんでもマイコンで実現できるという幻想も生まれてきてしまうようになっています。しかし、実際にはマイコンではできないこともあります。ここではどのようなことができないかをみてみましょう。

❶接続できる電圧と駆動できる電流に制限がある

マイコンは数V、数mAというオーダーで動作しています。これより大きな高電圧、大電流は直接制御できません。何らかの変換器が必要となります。

❷実行可能な時間に制限がある

実行時間の制限は短いほうにだけ制限があります。命令の実行時間による制限です。例えば1μsec以下の間で何か機能を実行するというのはマイコンではかなり難しい課題になります。しかし、内蔵モジュールの手助けを借りると可能になることもあります。例えばシリアル通信モジュールを使えば高速でデータの送受信を実行できます。

❸曖昧な処理はできない

人間には簡単な「曖昧な判断」はマイコンが最も苦手とすることです。何が何でも白黒をはっきりさせなければなりません。しかも例外の場合も、想定外の場合もどうするかすべて決めてあらかじめ記述しておいてやらなければなりません。

❹同時に複数のことはできない

全く同時ということはプログラムでは不可能です。高速ではありますが順番にしかできません。ただしこれも周辺モジュールの手助けで可能になることがあります。例えばタイマは複数同時動作が可能ですし、シリアル通信モジュールも複数のモジュールの同時動作が可能です。

以上のような条件をクリアできて、さらに論理的に説明できるものであればマイコンで実現ができます。

第1部 PICマイコンの概要と開発環境の使い方

第2章 PICマイコンの概要

本章では、PICマイコンファミリ全体の構成と、その中に占める8ビットのPIC16F1ファミリの位置付けについて説明します。

さらに、PIC16F1ファミリの「アーキテクチャ」と呼ばれる基本的な内部構成についても説明します。

2-1 マイクロチップ社のマイコンファミリとF1ファミリの位置付け

PICマイコンの発売元は、マイクロチップテクノロジー社(以降マイクロチップ社)です。現状のマイクロチップ社のマイコンファミリは図2-1-1のようになっています。

マイクロチップ社は、2016年にAtmel社を買収して新たにARMアーキテクチャのマイコンファミリを手に入れました。これにより8ビットファミリにAVRファミリが、32ビットファミリにSAMファミリが追加されました。特に上位SAMファミリはこれまでのPICマイコンよりはるかに高速で、メモリを内蔵せず外付けで2GB以上のDDR3メモリを接続して使うファミリがあります。このため、**これまでのファミリをマイクロコントローラ(MCU)と呼び、上位SAMファミリをマイクロプロセッサ(MPU)と呼ぶ**ことになりました。

●図2-1-1 PICマイコンのファミリ

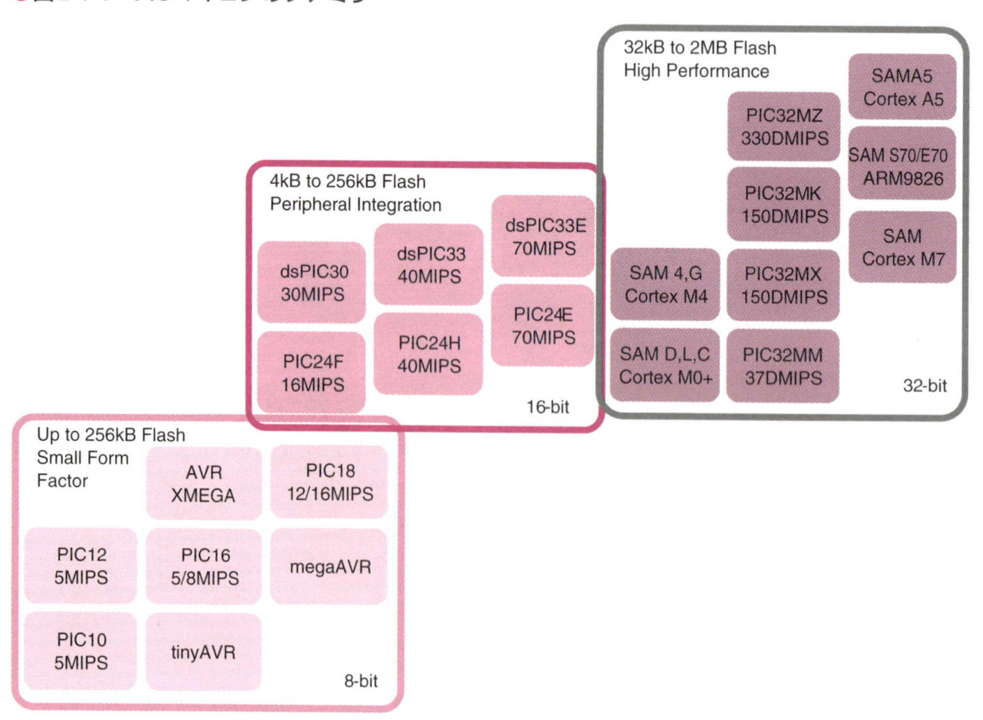

この全体ファミリの中で、8ビットPICマイコンファミリは図2-1-2のように**ベースライン、ミッドレンジ、ハイエンド**の3つのシリーズで構成されています。中でもミッドレンジシリーズのPIC16ファミリは最も多く使われ、最も種類が多いファミリとなっています。

●図2-1-2 8ビットPICマイコンファミリの構成

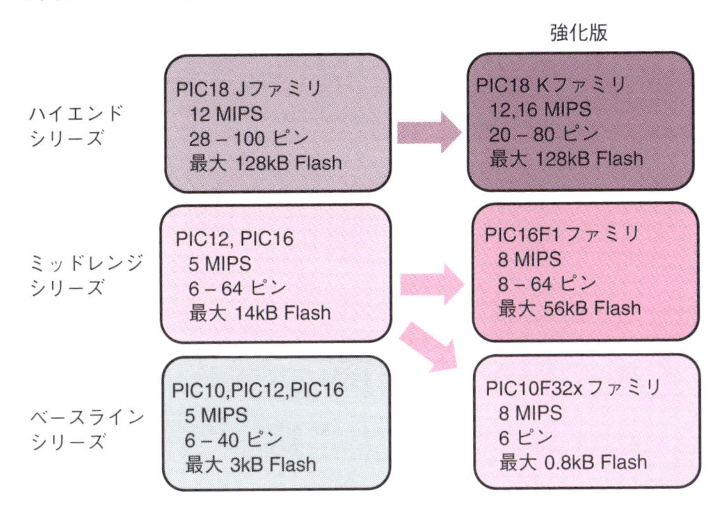

PIC16ファミリが多く使われていく中で、市場の要求は、より高度な機能をより効率的に実行でき、さらにより効率良く開発できるデバイスを求めるようになってきました。しかし、PIC16ファミリはプロセスが古くなり、機能強化やコストダウンに限界が見えてきていました。そこで、デバイスのプロセスから見直しをはかり、従来のPIC16ファミリのアーキテクチャを大幅に見直して市場の要求に応えられるようにしたものがPIC16F1ファミリです。

PIC16F1ファミリは従来のPIC16ファミリの強化版という位置付けで、メモリや速度、さらに内蔵周辺モジュールも強化され、次のような特徴で、市場の要求に応えられるようになっています。

❶より高速で効率良い実行

クロック速度をアップすることで実行速度を増し、さらに間接アドレッシング機能を強化し関連する命令を追加することで、特にC言語のプログラム実行効率を向上させた。

❷C言語による、より効率的な開発

C言語によるプログラム開発で効率良い開発を可能とし、Cコンパイラが効率良いプログラムコードを生成できるように命令を追加した。さらにメモリも増強して大きなアプリケーションプログラムも実装可能とした。

❸周辺モジュールの強化で高度な機能の実現

「**コアインデペンデントペリフェラル**」(**CIP**：Core Independent Peripheral)と呼ばれる内蔵モジュールを強化することでより高度な機能を、最少のプログラムで実行可能とした。また、アナログモジュールも強化して性能を高くした。

❹低消費電力化

XLP(Extreme Low Power)技術で全体の消費電流を少なくし、さらにコアインデペンデントペリフェラルでプログラム実行時間を減らすことで消費電流を減らすようにした。

これらを考えると、PIC16F1ファミリは従来のPIC16ファミリとは独立の別ファミリと考えたほうがよいかもしれません。しかし、**ピンは互換性が保たれている**ので差し替えが可能です。

2-2 PIC16F1ファミリの種類と特徴

PIC16ファミリを強化したPIC16F1ファミリですが、その大きな特徴であるメモリと間接アドレッシングについて説明します。さらに本書執筆時点でのPIC16F1ファミリの製品一覧表と表の見方を説明します。

2-2-1 PIC16F1ファミリの特徴

PIC16F1ファミリの最大の特徴であるメモリに関する特徴を説明します。プログラムメモリとデータメモリ両方に特徴があります。

1 プログラムメモリの特徴

従来のPIC16ファミリは、プログラムメモリの最大サイズが8kワードでしたが、PIC16F1ファミリでは、これを4倍に拡張して32kワードとしました。これを可能とするため「プログラムカウンタ」を13ビットから15ビットに拡張しました。この拡張後の動作を図2-2-1で説明します。

プログラムカウンタはもともとプログラムメモリの番地を示し、次に実行する命令の場所を示しています。リセットで0にクリアされ、命令を取り出すと自動的に＋1されて次の命令を指定するようになっています。これで0番地から順に命令が実行されることになります。

プログラム実行の流れを変更する場合には、`GOTO`や`CALL`などのジャンプ命令を使います。このジャンプ命令には、命令自身にジャンプ先のアドレスが含まれていて、ジャンプ命令実行でこの命令中のジャンプ先アドレスがプログラムカウンタにコピーされることで、次に実行する命令の場所が変わることになります。

しかし、ここで問題があります。ジャンプ命令に含まれているジャンプ先アドレスは命令のワード長の制限から11ビットしかありません。プログラムカウンタの15ビットに対し4ビット不足しています。このため11ビットで直接アクセスできるのは2kワードの範囲のみとなります。このジャンプ命令だけで直接ジャンプできる2kワードごとの範囲を「**ページ**」と呼んでいます。

●図2-2-1 プログラムメモリの構成とジャンプ命令

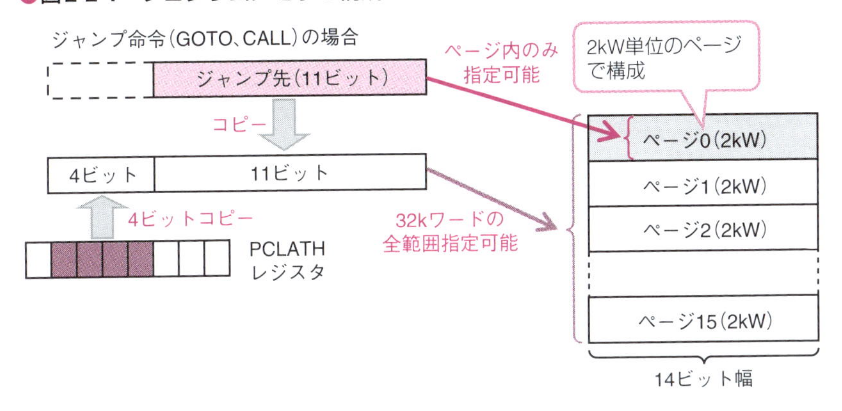

この不足の4ビット分を解決するため、「**PCLATHレジスタ**(Program Counter Latch High)」というデータメモリ中の特別のレジスタから4ビットを追加し、これと合わせて合計15ビット長のジャンプ先としています。このようにして、2kワードの16倍つまり**32kワードのメモリ範囲を扱える**ように拡張しています。

実際にページを超えてジャンプする場合の動作は次のようになります。

`GOTO`か`CALL`などのジャンプ命令を実行する前に、PCLATHレジスタの3から6ビット目にページ番号を0000から1111の範囲で命令を使って書き込みます。

このあとでジャンプ命令を実行すると、PCLATH<3:6>の4ビットがジャンプ命令で指定した11ビットアドレスの上位に追加されて、15ビット幅となってプログラムカウンタにコピーされます。

これで32kワードの任意の位置にジャンプできるようになります。ジャンプ後はPCLATHの値が残っているので、今度はジャンプ先の2kワードの範囲で命令だけでジャンプできます。

これらのPCLATHレジスタの制御はC言語を使うとCコンパイラが自動的に行うので、**通常は意識する必要はありません。**

2 データメモリの特徴1 直接アドレッシング

PICマイコンのデータメモリはレジスタファイルとしてPICマイコン内に実装されています。このデータメモリをアクセスするバイト命令などは、図2-2-2に示すように、命令のワード長の制限から、アドレス指定部が7ビットしかありません。したがって命令で直接アクセスできるデータは128バイトまでとなっています。

これを拡大するため、データメモリアーキテクチャには、「**バンク**」というアドレス範囲の拡張方式が採用されています。

●図2-2-2 データメモリの構成と直接アドレッシング

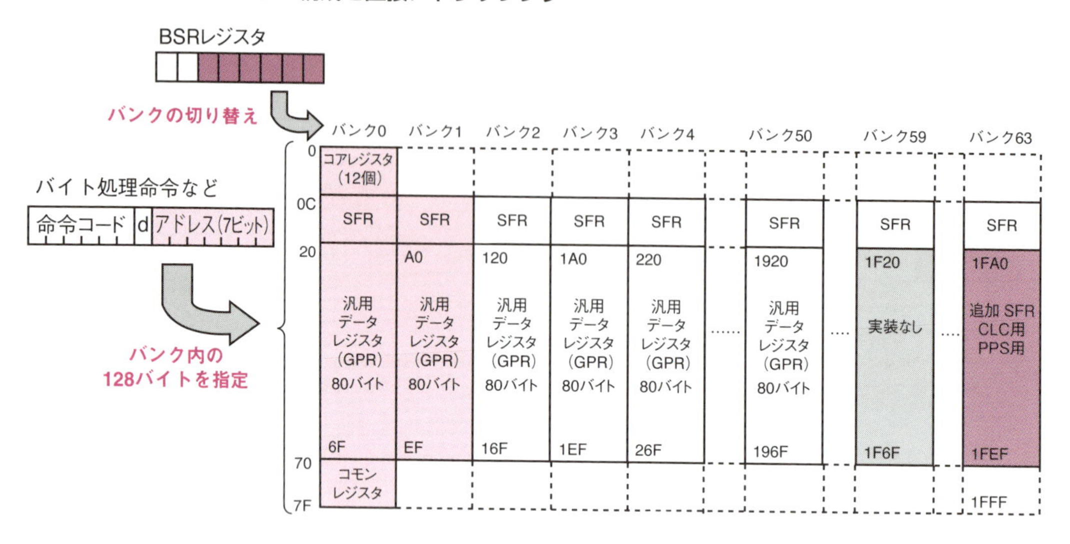

プログラムメモリと同じように、データメモリ中の特別のレジスタである「**BSRレジスタ**(Bank Select Register)」に拡張用のビットが用意されており、データメモリアドレスの拡張ビットとして使います。最新のPIC16F1ファミリでは最大6ビット拡張となっていて、最大64個のバンクを指定できます。

実際に使う場合には、まず**BSRレジスタに命令で値を書き込むことで、1つのバンクを選択します。そのあとでバイト処理命令などを実行**すると、選択したバンク内の128バイト中から、命令のアドレス指定部で指定するバイトをアドレス指定することになります。

これで、64バンクの場合には、直接データとしてアクセスできる範囲は、128バイトの64倍、つまり最大8kバイトのデータメモリが使えることになります。このアクセス方法を**直接アドレッシング**とか**直接アクセス**とか呼んでいます。

ただし、ユーザーが自由に使える汎用のデータメモリは、0バンクから50バンクの32番地(0x20番地)から111番地(0x6F)までの80バイトだけとなっています。これで80バイト×51＝4080バイトが汎用のデータとして使えることになります。

さらに自由に使える領域として**コモンレジスタ**領域があり、16バイトのデータを使えるようになっていて、どのバンクからもアクセスできるようになっています。

SFR(Special Function Register)領域というのは、**内蔵周辺モジュールを制御するためのレジスタが座席指定で確保されている領域**です。これらは、周辺モジュールを使うときに設定して動作の仕方を指定します。

51バンクから59バンクまでは、未実装となっています。さらに60バンクから63バンクまでは、拡張された機能のためのSFRレジスタ領域となっています。これには第3部で説明するCLCモジュール(Configurable Logic Cell)や、ピンアサイン機能(PPS：Peripheral Pin Select))用が含まれています。

3 データメモリの特徴2　間接アドレッシング

データメモリのアクセス方法には、この直接アドレッシングのほかに、もう1つ、**間接アドレッシング**という方法があります。

間接アドレッシングには、データメモリ内の特別なレジスタである**INDFn**レジスタ（INDirect File）と**FSRn**レジスタ（File Select Register）を使います（nは0か1）。このアクセス方法を図2-2-3で説明します。

●図2-2-3　間接アドレッシングのしくみ

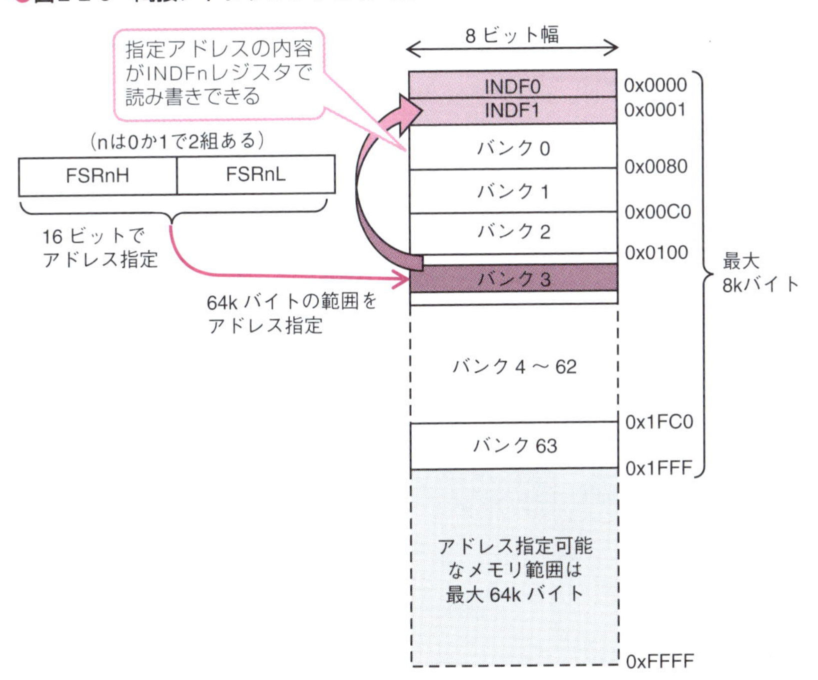

まずFSRnHとFSRnLレジスタに読み書きするデータメモリの番地を書き込みます。これにより**FSRnレジスタでアドレス指定されたデータメモリは、INDFnレジスタを経由してアクセスできる**ようになります。

この場合、データメモリにはバンク0から連続したアドレスが割り付けられます。つまりアドレス0x0000から0x1FFFまでの8kバイトのアドレスとなり、全バンクを指定できることになります。

そのあとINDFnレジスタを読めば上記で指定したデータメモリの内容が取り出せ、INDFnレジスタに書き込めば、指定したアドレスのデータメモリに書き込まれます。このように、INDFnレジスタ経由で間接的にアクセスするため間接アドレッシングと呼ばれます。

FSRnレジスタはFSRnHとFSRnLの2つのレジスタが一緒に扱われ16ビット幅となるので、例えば100番地から1000番地まで順番にアクセスしたい場合でも、**FSRnレジスタをカウントアップダウンするだけで連続してアクセスできる**ようになります。

このように間接アドレッシングのメリットは、連続した領域を順にアクセスするのに便利であることと、BSRレジスタを使ってバンクの切り替えをしなくても、FSRnレジスタで直接任意のバンクをアクセスできることにあります。したがってプログラム中でバンクの切り替えをせずに、**異なるバンクにあるバッファなどのデータを連続で扱える**ことになり、間接アドレッシングを使うとスマートにプログラムを作ることができます。

しかし、汎用レジスタ領域がバンクごとに中ほどにあるため、複数バンクにまたがる汎用レジスタ領域を連続的にアクセスすることはできません。

PIC16F1ファミリでは、間接アクセスをさらに拡張し、16ビットでアドレス指定できる64kバイトという広いアドレス範囲を利用して、図2-2-4のようなメモリアクセスを可能としています。

●図2-2-4　PIC16F1ファミリの拡張間接アドレッシング

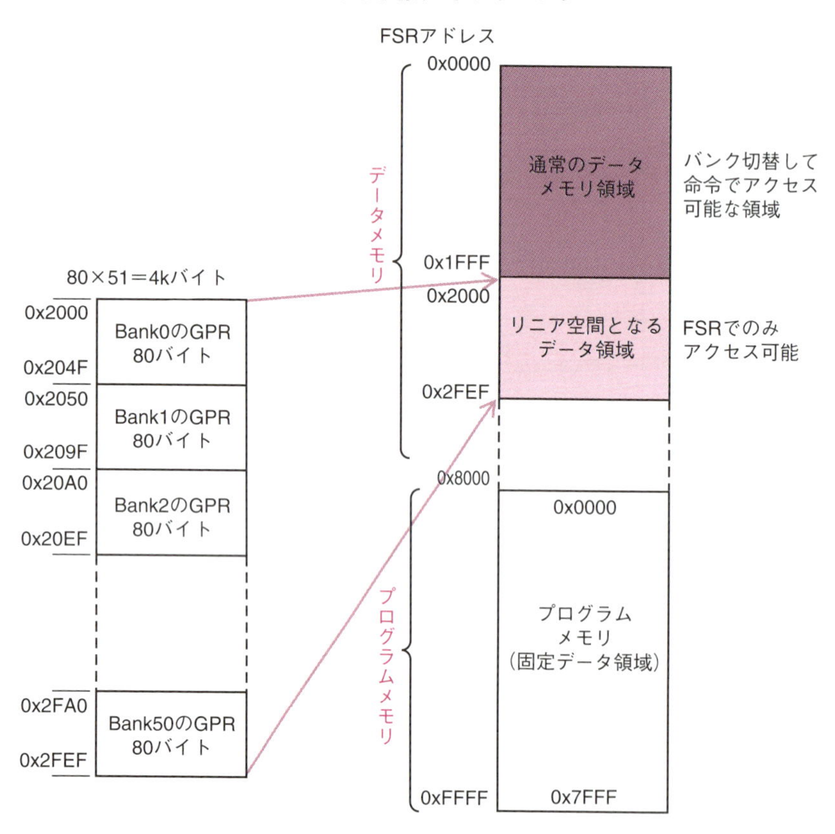

まず、全体範囲を半分に分け、前半の32kバイトはデータメモリのアドレス範囲を指定しますが、後半の32kバイトはプログラムメモリのアドレス範囲を指定します。

さらに前半のデータメモリ範囲のうち、アドレス範囲が0から0x1FFF番地の8kバイトの範囲は通常のデータメモリをアクセスしますが、0x2000から0x2FEF番地の範囲は、データメモリのバンク0からバンク50までのバンクごとの汎用データレジスタ領域（**GPR**：General Purpose

RAM)だけを連続的に接続してアドレス指定できるようになっていて、**リニア空間**と呼んでいます。

これは、通常のデータメモリの汎用データレジスタ領域はバンクごとに独立となっていて連続のアドレスとなっていないため、C言語で配列変数を作成するような場合、80バイト以上の連続するデータ領域を確保するとバンク切り替えのため非常に遅くなるという問題に対応したものです。これを仮想のリニア空間で連続させることにより、最大80バイト×51バンク＝4080バイトの連続データを扱うことが可能となります。これでC言語の実行効率が格段によくなります。

上位32kバイトのプログラムメモリ範囲をアクセスする場合には、プログラムメモリの14ビット幅の下位8ビットをデータとしてアクセスします。フラッシュメモリ領域であり、プログラム実行中に高速で書き込むことはできないので、固定の定数データを読み出し専用で扱うときに使います。液晶表示器のメッセージやシリアル通信のメッセージなど、固定でよいデータの場合便利に使うことができます。これでデータメモリ不足を補うことができます。

これらのデータメモリへの配置やアクセス方法についても、プログラムメモリと同様に、C言語を使う場合には、**Cコンパイラが自動で最も効率の良い方法で必要な処理プログラムを生成する**ので、特に意識する必要はありません。

2-2-2 PIC16F1ファミリの種類

PIC16F1ファミリは型番によって特徴がある程度決まっています。この型番による特徴を大別すると表2-2-1のようになっています。

▼表2-2-1 PIC16F1ファミリの型番ごとの特徴

型　番	特　徴
PIC16F14xx	14ピン/20ピンでUSBモジュール内蔵
PIC16F15xx	多チャネルアナログ入力(Max30チャネル) 多チャネルPWM出力(Max10チャネル) 新モジュール(CLC、CWG、NCO、PWM)内蔵
PIC16F16xx	小型モータ制御用
PIC16F17xx	アナログ強化版 12ビット差動ADコンバータ、アナログコンパレータ オペアンプ、8ビットDAコンバータ、電圧リファレンス PSMCモジュール内蔵(スイッチング電源用PWM)
PIC12/16F18xx PIC16F183xx PIC16F188xx	少ピン高機能(8ピンから20ピン) 少ピンでありながらADコンバータ、DAコンバータ、SPI/I²C/USARTモジュールを内蔵 183xx、188xxシリーズは新モジュールやメモリを追加した強化版
PIC16F19xx	汎用で特に低消費電力な用途向け LCDドライバモジュール(Max184セグメント)

本書執筆時点でのPIC16F1ファミリは、表2-2-2の(a)の8ピンから(d)の64ピンのように非常に多くの種類となっています(本表は、マイクロチップ社の代理店である丸紅情報システムズ社で作成したものです)。表中の☆はHEFを表します。

▼表2-2-2（a） PIC16F1ファミリ 8ピンと14ピン （丸紅情報システムズ社提供）

項目	ピン数	プログラムメモリ		EEPROM ☆HEF	RAM	I/O (High Current I/O)	ADC	DAC	Comparator	CCP/ECCP (PWM)	PWM	タイマ	UART	MSSP(I²C/SPI)	最大クロック周波数(MHz)/INT OSCによる動作周波数	F/LFタイプの動作電圧		LCD(seg)	CLC	NCO	DSM	Op Amp	Zero-Cross Detect	CRC	PPS	XLP	Temperature Indicator	WWDT	SMT/HLT	Math Accelerator with PID	CWG,COG,PSMC	その他機能
		KB	KW	Byte	Byte	Pin	CH/Bit	CH/Bit			CH/Bit	個/Bit				F	LF															
PIC12F1501	8	1.7	1	☆	64	6	4/10	1/5	1	—	4/10	2/8,1/16	—	—	20/16	2.3-5.5	1.8-3.6	—	2	1	—	—	—	—	—	—	✓	—	—	—	CWG	—
PIC12F1571		1.7	1	☆	128	6	4/10	1/5	1	—	3/16	2/8,4/16	—	—	32/32	2.3-5.5	1.8-3.6	—	—	—	—	—	—	—	—	—	—	—	—	—	CWG	—
PIC12F1822		3.5	2	256	128	6	4/10	1/5	1	0/1	—	2/8,1/16	1	1	32/32	1.8-5.5	1.8-3.6	—	—	—	1	—	—	—	—	✓	✓	—	—	—	—	—
PIC12LF1552		3.5	2	☆	256	6	5/10	—	—	—	—	1/8	—	1	32/32	—	1.8-3.6	—	—	—	—	—	—	—	—	—	—	—	—	—	—	HCVD
PIC12F1572		3.5	2	☆	256	6	4/10	1/5	1	—	3/16	2/8,4/16	1	—	32/32	2.3-5.5	1.8-3.6	—	—	—	—	—	—	—	—	—	—	—	—	—	CWG	—
PIC12F1612		3.5	2	—	256	6	4/10	1/8	2	2/0	—	4/8,1/16	—	—	32/32	1.8-5.5	1.8-3.6	—	—	—	—	—	1	✓	—	✓	✓	✓	1/4	—	CWG	—
PIC16F15313		3.5	2	—	256	6	5/10	1/5	1	2/0	4/10	1/8,2/16	1	1	32/32	2.3-5.5	1.8-3.6	—	4	1	—	—	1	—	—	✓	✓	✓	1/0	—	CWG	—
PIC16F18313		3.5	2	256	256	6	5/10	1/5	1	2/0	2/10	2/8,1/16	1	1	32/32	2.3-5.5	1.8-3.6	—	2	1	1	—	—	—	✓	✓	—	—	—	—	CWG	—
PIC12F1840		7	4	256	256	6	4/10	1/5	1	0/1	—	2/8,1/16	1	1	32/32	2.3-5.5	1.8-3.6	—	—	—	1	—	—	—	—	✓	✓	—	—	—	—	—
PIC16F1503	14	3.5	2	—	128	12	8/10	1/5	2	—	4/10	2/8,1/16	—	1	20/16	2.3-5.5	1.8-3.6	—	2	1	—	—	—	—	—	—	✓	—	—	—	CWG	—
PIC16F1823		3.5	2	256	128	12	8/10	1/5	2	0/1	—	2/8,1/16	1	1	32/32	1.8-5.5	1.8-3.6	—	—	—	1	—	—	—	—	✓	✓	—	—	—	—	—
PIC16F1703		3.5	2	☆	256	12	8/10	—	—	2/0	—	2/8,1/16	—	1	32/32	2.3-5.5	1.8-3.6	—	—	—	—	2	—	—	✓	✓	✓	—	—	—	—	—
PIC16F1613		3.5	2	—	256	12	8/10	1/8	2	2/0	—	4/8,1/16	—	—	32/32	1.8-5.5	1.8-3.6	—	—	—	—	—	1	✓	—	✓	✓	✓	1/4	—	CWG	—
PIC16F15323		3.5	2	—	256	12	11/10	1/5	2	2/0	4/10	1/8,2/16	1	1	32/32	2.3-5.5	1.8-3.6	—	4	1	—	—	1	—	—	✓	✓	✓	1/0	—	CWG	—
PIC16F18323		3.5	2	256	256	12	11/10	1/5	2	2/0	2/10	4/8,3/16	1	1	32/32	2.3-5.5	1.8-3.6	—	2	1	1	—	—	—	✓	✓	—	—	—	—	CWG	—
PIC16F1574		7	4	☆	512	12	8/10	1/5	2	—	4/16	2/8,5/16	1	—	32/32	2.3-5.5	1.8-3.6	—	—	—	—	—	—	—	✓	—	✓	—	—	—	CWG	—
PIC16F1824		7	4	256	256	12	8/10	1/5	2	2/2	—	4/8,1/16	1	1	32/32	1.8-5.5	1.8-3.6	—	—	—	1	—	—	—	—	✓	✓	—	—	—	—	—
PIC16F1704		7	4	☆	512	12	8/10	1/8	2	2/0	2/10	4/8,1/16	1	1	32/32	2.3-5.5	1.8-3.6	—	3	—	—	2	—	—	✓	✓	✓	—	—	—	COG	—
PIC16F1764		7	4	☆	512	12(2)	8/10	1/10,1/5	2	1/0	1/10,1/16	4/8,3/16	1	1	32/32	2.3-5.5	1.8-3.6	—	3	—	1	1	1	—	✓	✓	✓	—	—	—	COG	PRG
PIC16F1614		7	4	—	512	12(2)	8/10	1/8	2	2/0	2/10	1/8,3/16	1	1	32/32	1.8-5.5	1.8-3.6	—	2	—	—	—	1	✓	—	✓	—	✓	2/4	1	CWG	—
PIC16F15324		7	4	—	512	12	11/10	1/5	2	2/0	4/10	1/8,2/16	2	1	32/32	2.3-5.5	1.8-3.6	—	4	1	—	—	1	—	—	✓	✓	✓	1/0	—	CWG	—
PIC16F18324		7	4	256	512	12	11/10	1/5	2	4/0	2/10	4/8,3/16	1	1	32/32	2.3-5.5	1.8-3.6	—	4	1	1	—	—	—	✓	✓	—	—	—	—	2CWG	—
PIC16LF1554		7	4	☆	256	12	11/10	—	—	—	2/10	2/8,1/16	1	1	32/32	—	1.8-3.6	—	—	—	—	—	—	—	—	✓	✓	—	—	—	—	HCVD
PIC16F1575		14	8	☆	1024	12	8/10	1/5	2	—	4/16	2/8,5/16	1	—	32/32	2.3-5.5	1.8-3.6	—	—	—	—	—	—	—	✓	—	✓	—	—	—	CWG	—
PIC16F1705		14	8	—	1024	12	8/10	1/8	2	2/0	2/10	4/8,1/16	1	1	32/32	2.3-5.5	1.8-3.6	—	3	—	—	2	—	—	✓	✓	✓	—	—	—	COG	—
PIC16F1615		14	8	—	1024	12(2)	8/10	1/8	2	2/0	2/10	1/8,3/16	1	1	32/32	1.8-5.5	1.8-3.6	—	4	—	—	—	1	✓	—	✓	—	✓	2/4	1	CWG	—
PIC16F1454		14	8	☆	1024	11	—	—	—	—	2/10	1/8,1/16	1	1	48/48	2.3-5.5	1.8-3.6	—	—	—	—	—	—	—	—	✓	—	—	—	—	—	USB
PIC16F1455		14	8	☆	1024	11	5/10	1/5	2	—	2/10	2/8,1/16	1	1	48/48	2.3-5.5	1.8-3.6	—	—	—	—	—	—	—	—	✓	—	—	—	—	CWG	USB
PIC16F1825		14	8	256	1024	12	8/10	1/5	2	2/2	—	4/8,1/16	1	1	32/32	1.8-5.5	1.8-3.6	—	—	—	1	—	—	—	—	✓	✓	—	—	—	—	—
PIC16F1765		14	8	☆	1024	12(2)	8/10	1/10,1/5	2	1/0	1/10,1/16	4/8,3/16	1	1	32/32	2.3-5.5	1.8-3.6	—	3	—	1	1	1	—	✓	✓	✓	—	—	—	COG	RPG
PIC16F15325		14	8	—	1024	12	11/10	1/5	2	2/0	4/10	1/8,2/16	2	1	32/32	2.3-5.5	1.8-3.6	—	4	1	—	—	1	—	—	✓	✓	✓	1/0	—	CWG	—
PIC16F18325		14	8	256	1024	12	11/10	1/5	2	4/0	2/10	4/8,3/16	1	2	32/32	2.3-5.5	1.8-3.6	—	4	1	1	—	—	—	✓	✓	—	—	—	—	2CWG	—
PIC16F18326		28	16	256	2048	12	11/10	1/5	2	4/0	2/10	4/8,3/16	1	2	32/32	2.3-5.5	1.8-3.6	—	4	1	1	—	—	—	✓	✓	—	—	—	—	2CWG	—

▼表2-2-2 (b) PIC16F1ファミリ　18ピンと20ピン（丸紅情報システムズ社提供）

項目	ピン数	プログラムメモリ		EEPROM ☆HEF	RAM	I/O (High Current I/O)	ADC	DAC	Comparator	CCP/ECCP (PWM)	PWM	タイマ	UART	MSSP (I^2C/SPI)	最大クロック周波数 (MHz) / INT OSCによる動作周波数	F/LFタイプの動作電圧		LCD (seg)	CLC	NCO	DSM	Op Amp	Zero-Cross Detect	CRC	PPS	XLP	Temperature Indicator	WWDT	SMT/HLT	Math Accelerator with PID	CWG,COG,PSMC	その他機能
		KB	KW	Byte	Byte	Pin	CH/Bit	CH/Bit			CH/Bit	個/Bit				F	LF															
PIC16F1826	18	3.5	2	256	256	16	12/10	1/5	2	0/1	–	2/8,1/16	1	1	32/32	1.8-5.5	1.8-3.6	–	–	–	1	–	–	–	–	✓	✓	–	–	–	–	–
PIC16F1827		7	4	256	384	16	12/10	1/5	2	2/2	–	4/8,1/16	1	2	32/32	1.8-5.5	1.8-3.6	–	–	–	1	–	–	–	–	✓	✓	–	–	–	–	–
PIC16F1847		14	8	256	1024	16	12/10	1/5	2	2/2	–	4/8,1/16	1	2	32/32	1.8-5.5	1.8-3.6	–	–	–	1	–	–	–	–	✓	✓	–	–	–	–	–
PIC16F1507	20	3.5	2	–	128	18	12/10	–	–	–	4/10	2/8,1/16	–	–	20/16	2.3-5.5	1.8-3.6	–	2	1	–	–	–	–	–	–	✓	–	–	–	CWG	–
PIC16F1707		3.5	2	☆	256	18	12/10	–	–	2/0	–	2/8,1/16	–	1	32/32	2.3-5.5	1.8-3.6	–	–	–	–	2	–	–	✓	✓	✓	–	–	–	–	–
PIC16F1508		7	4	☆	256	18	12/10	1/5	2	–	4/10	2/8,1/16	1	1	20/16	2.3-5.5	1.8-3.6	–	4	1	–	–	–	–	–	✓	✓	–	–	–	CWG	–
PIC16F1828		7	4	256	256	18	12/10	1/5	2	2/2	–	4/8,1/16	1	1	32/32	1.8-5.5	1.8-3.6	–	–	–	1	–	–	–	–	✓	✓	–	–	–	–	–
PIC16F1578		7	4	☆	512	18	12/10	1/5	2	–	4/16	2/8,5/16	1	–	32/32	2.3-5.5	1.8-3.6	–	–	–	–	–	–	–	✓	–	✓	–	–	–	CWG	–
PIC16F1618		7	4	–	512	18(2)	12/10	1/8	2	2/0	2/10	1/8,3/16	1	1	32/32	1.8-5.5	1.8-3.6	–	2	–	–	–	1	✓	–	✓	–	✓	2/4	1	CWG	–
PIC16F1708		7	4	☆	512	18	12/10	1/8	2	2/0	2/10	4/8,1/16	1	1	32/32	2.3-5.5	1.8-3.6	–	3	–	–	2	–	–	✓	✓	✓	–	–	–	COG	–
PIC16F1768		7	4	☆	512	18(2)	12/10	2/10,2/5	4	2/0	2/10,2/16	4/8,3/16	1	1	32/32	2.3-5.5	1.8-3.6	–	3	–	2	2	1	–	✓	✓	✓	–	–	–	2COG	PRG
PIC16F15344		7	4	–	512	18	17/10	1/5	2	2/0	4/10	1/8,2/16	2	1	32/32	2.3-5.5	1.8-3.6	–	4	1	–	–	1	–	–	✓	✓	✓	1/0	–	CWG	–
PIC16F18344		7	4	256	512	18	17/10	1/5	2	4/0	2/10	4/8,3/16	1	1	32/32	2.3-5.5	1.8-3.6	–	4	1	1	–	–	–	✓	✓	–	–	–	–	2CWG	–
PIC16F1509		14	8	☆	512	18	12/10	1/5	2	–	4/10	2/8,1/16	1	1	20/16	2.3-5.5	1.8-3.6	–	4	1	–	–	–	–	–	✓	✓	–	–	–	CWG	–
PIC16LF1559		14	8	☆	512	18	17/10	–	–	–	2/10	2/8,1/16	1	1	32/32	–	1.8-3.6	–	–	–	–	–	–	–	–	✓	✓	–	–	–	–	HCVD
PIC16F1579		14	8	☆	1024	18	12/10	1/5	2	–	4/16	2/8,5/16	1	–	32/32	2.3-5.5	1.8-3.6	–	–	–	–	–	–	–	✓	–	✓	–	–	–	CWG	–
PIC16F1619		14	8	–	1024	18(2)	12/10	1/8	2	2/0	2/10	1/8,3/16	1	1	32/32	1.8-5.5	1.8-3.6	–	4	–	–	–	1	✓	–	✓	–	✓	2/4	1	CWG	–
PIC16F1709		14	8	–	1024	18	12/10	1/8	2	2/0	2/10	4/8,1/16	1	1	32/32	2.3-5.5	1.8-3.6	–	3	–	–	2	–	–	✓	✓	✓	–	–	–	COG	–
PIC16F1769		14	8	☆	1024	18(2)	12/10	2/10,2/5	4	2/0	2/10,2/16	4/8,3/16	1	1	32/32	2.3-5.5	1.8-3.6	–	3	–	2	2	1	–	✓	✓	✓	–	–	–	2COG	RPG
PIC16F1459		14	8	☆	1024	17	9/10	1/5	2	–	2/10	2/8,1/16	1	1	48/48	2.3-5.5	1.8-3.6	–	–	–	–	–	–	–	–	✓	–	–	–	–	CWG	USB
PIC16F1829		14	8	256	1024	18	12/10	1/5	2	2/2	–	4/8,1/16	1	2	32/32	1.8-5.5	1.8-3.6	–	–	–	1	–	–	–	–	✓	✓	–	–	–	–	–
PIC16F15345		14	8	–	1024	18	17/10	1/5	2	2/0	4/10	1/8,2/16	2	1	32/32	2.3-5.5	1.8-3.6	–	4	1	–	–	1	–	–	✓	✓	✓	1/0	–	CWG	–
PIC16F18345		14	8	256	1024	18	17/10	1/5	2	4/0	2/10	4/8,3/16	1	2	32/32	2.3-5.5	1.8-3.6	–	4	1	1	–	–	–	✓	✓	–	–	–	–	2CWG	–
PIC16F18346		28	16	256	2048	18	17/10	1/5	2	4/0	2/10	4/8,3/16	1	2	32/32	2.3-5.5	1.8-3.6	–	4	1	1	–	–	–	✓	✓	–	–	–	–	2CWG	–

▼表2-2-2（c）PIC16F1ファミリ　28ピン（丸紅情報システムズ社提供）

項目	ピン数	プログラムメモリ KB	プログラムメモリ KW	EEPROM ☆HEF Byte	RAM Byte	I/O (High Current I/O) Pin	ADC CH/Bit	DAC CH/Bit	Comparator	CCP/ECCP (PWM)	PWM CH/Bit	タイマ 個/Bit	UART	MSSP (I^2C/SPI)	最大クロック周波数(MHz) /INT OSCによる動作周波数	F/LFタイプの動作電圧 F	F/LFタイプの動作電圧 LF	LCD (seg)	CLC	NCO	DSM	Op Amp	Zero-Cross Detect	CRC	PPS	XLP	Temperature Indicator	WWDT	SMT/HLT	Math Accelerator with PID	CWG,COG,PSMC	その他機能
PIC16LF1902	28	3.5	2	—	128	25	11/10	5	—	—	—	1/8,1/16	—	—	20/16	—	1.8-3.6	72	—	—	—	—	—	—	—	✓	✓	—	—	—	—	—
PIC16F1512		3.5	2	—	128	25	17/10	—	—	2/0	—	2/8,1/16	1	1	20/16	2.3-5.5	1.8-3.6	—	—	—	—	—	—	—	—	✓	✓	—	—	—	—	HCVD
PIC16F1782		3.5	2	256	256	25	11/12	1/8	3	2/0	—	2/8,1/16	1	1	32/32	2.3-5.5	1.8-3.6	—	—	—	—	2	—	—	—	✓	✓	—	—	—	2PSMC	—
PIC16LF1903		7	4	—	256	25	11/10	1/5	—	—	—	1/8,1/16	—	—	20/16	—	1.8-3.6	72	—	—	—	—	—	—	—	✓	✓	—	—	—	—	—
PIC16F1513		7	4	—	256	25	17/10	—	—	2/0	—	2/8,1/16	1	1	20/16	2.3-5.5	1.8-3.6	—	—	—	—	—	—	—	—	✓	✓	—	—	—	—	HCVD
PIC16F1933		7	4	256	256	25	11/10	1/5	2	2/3	—	4/8,1/16	1	1	32/32	1.8-5.5	1.8-3.6	60	—	—	—	—	—	—	—	✓	✓	—	—	—	—	—
PIC16F1713		7	4	—	512	25	17/10	1/8,1/5	2	2/0	2/10	4/8,1/16	1	1	32/32	2.3-5.5	1.8-3.6	—	4	1	—	2	1	—	✓	✓	✓	—	—	—	COG	—
PIC16F1773		7	4	☆	512	25(2)	17/10	3/10,3/5	6	3/0	3/10,3/16	5/8,3/16	1	1	32/32	2.3-5.5	1.8-3.6	—	4	—	3	3	1	—	✓	✓	✓	—	—	—	3COG	RPG
PIC16F1783		7	4	256	512	25	11/12	1/8	3	2/0	—	2/8,1/16	1	1	32/32	2.3-5.5	1.8-3.6	—	—	—	—	2	—	—	—	✓	✓	—	—	—	2PSMC	—
PIC16F15354		7	4	—	512	25	24/10	1/5	2	2/0	4/10	1/8,2/16	2	2	32/32	2.3-5.5	1.8-3.6	—	4	1	—	—	1	—	—	✓	✓	✓	1/0	—	CWG	—
PIC16F18854		7	4	256	512	25	24/10	1/5	2	5/0	2/10	3/8,4/16	1	2	32/32	2.3-5.5	1.8-3.6	—	4	1	1	—	1	✓	✓	✓	—	✓	2/3	—	3CWG	—
PIC16F1516		14	8	☆	512	25	17/10	—	—	2/0	—	2/8,1/16	1	1	20/16	2.3-5.5	1.8-3.6	—	—	—	—	—	—	—	—	✓	✓	—	—	—	—	—
PIC16LF1906		14	8	—	512	25	11/10	1/5	—	—	—	1/8,1/16	1	—	20/16	—	1.8-3.6	72	—	—	—	—	—	—	—	✓	✓	—	—	—	—	—
PIC16F1936		14	8	256	512	25	11/10	1/5	2	2/3	—	4/8,1/16	1	1	32/32	1.8-5.5	1.8-3.6	60	—	—	—	—	—	—	—	✓	✓	—	—	—	—	—
PIC16F1716		14	8	—	1024	25	17/10	1/8,1/5	2	2/0	2/10	4/8,1/16	1	1	32/32	2.3-5.5	1.8-3.6	—	4	1	—	2	1	—	✓	✓	✓	—	—	—	COG	—
PIC16F1776		14	8	☆	1024	25(2)	17/10	3/10,3/5	6	3/0	3/10,3/16	5/8,3/16	1	1	32/32	2.3-5.5	1.8-3.6	—	4	—	3	3	1	—	✓	✓	✓	—	—	—	3COG	RPG
PIC16F1786		14	8	256	1024	25	11/12	1/8	4	3/0	—	2/8,1/16	1	1	32/32	2.3-5.5	1.8-3.6	—	—	—	—	2	—	—	—	✓	✓	—	—	—	3PSMC	—
PIC16LF1566		14	8	☆	1024	25	23/10	—	—	—	2/10	3/8,1/16	1	2	32/32	—	1.8-3.6	—	—	—	—	—	—	—	—	✓	✓	—	—	—	—	HCVD
PIC16F15355		14	8	—	1024	25	24/10	1/5	2	2/0	4/10	1/8,2/16	2	2	32/32	2.3-5.5	1.8-3.6	—	4	1	—	—	1	—	—	✓	✓	✓	1/0	—	CWG	—
PIC16F18855		14	8	256	1024	25	24/10	1/5	2	5/0	2/10	3/8,4/16	1	2	32/32	2.3-5.5	1.8-3.6	—	4	1	1	—	1	✓	✓	✓	—	✓	2/3	—	3CWG	—
PIC16F1518		28	16	☆	1024	25	17/10	—	—	2/0	—	2/8,1/16	1	1	20/16	2.3-5.5	1.8-3.6	—	—	—	—	—	—	—	—	✓	✓	—	—	—	—	—
PIC16F1938		28	16	256	1024	25	11/10	1/5	2	2/3	—	4/8,1/16	1	1	32/32	1.8-5.5	1.8-3.6	60	—	—	—	—	—	—	—	✓	✓	—	—	—	—	—
PIC16F1718		28	16	—	2048	25	17/10	1/8,1/5	2	2/0	2/10	4/8,1/16	1	1	32/32	2.3-5.5	1.8-3.6	—	4	1	—	2	1	—	✓	✓	✓	—	—	—	COG	—
PIC16F1778		28	16	☆	2048	25(2)	17/10	3/10,3/5	6	3/0	3/10,3/16	5/8,3/16	1	1	32/32	2.3-5.5	1.8-3.6	—	4	—	3	3	1	—	✓	✓	✓	—	—	—	3COG	RPG
PIC16F1788		28	16	256	2048	25	11/12	1/8,3/5	4	3/0	—	2/8,1/16	1	1	32/32	2.3-5.5	1.8-3.6	—	—	—	—	2	—	—	—	✓	✓	—	—	—	4PSMC	—
PIC16F15356		28	16	—	2048	25	24/10	1/5	2	2/0	4/10	1/8,2/16	2	2	32/32	2.3-5.5	1.8-3.6	—	4	1	—	—	1	—	—	✓	✓	✓	1/0	—	CWG	—
PIC16F18856		28	16	256	2048	25	24/10	1/5	2	5/0	2/10	3/8,4/16	1	2	32/32	2.3-5.5	1.8-3.6	—	4	1	1	—	1	✓	✓	✓	—	✓	2/3	—	3CWG	—
PIC16F18857		56	32	256	4096	25	24/10	1/5	2	5/0	2/10	3/8,4/16	1	2	32/32	2.3-5.5	1.8-3.6	—	4	1	1	—	1	✓	✓	✓	—	✓	2/3	—	3CWG	—

▼表2-2-2 (d) PIC16F1ファミリ　40ピンから64ピン（丸紅情報システムズ社提供）

項目	ピン数	プログラムメモリ		EEPROM ☆HEF	RAM	I/O (High Current I/O)	ADC	DAC	Comparator	CCP/ECCP (PWM)	PWM	タイマ	UART	MSSP (I²C/SPI)	最大クロック周波数(MHz) /INT OSCによる動作周波数	F/LFタイプの動作電圧		LCD (seg)	CLC	NCO	DSM	Op Amp	Zero-Cross Detect	CRC	PPS	XLP	Temperature Indicator	WWDT	SMT/HLT	Math Accelerator with PID	CWG,COG,PSMC	その他機能
		KB	KW	Byte	Byte	Pin	CH/Bit	CH/Bit			CH/Bit	個/Bit				F	LF															
PIC16LF1904	40	7	4	–	256	36	14/10	1/5	–	–	–	1/8,1/16	1	–	20/16	–	1.8-3.6	116	–	–	–	–	–	–	–	✓	✓	–	–	–	–	–
PIC16F1934		7	4	256	256	36	14/10	1/5	2	2/3	–	4/8,1/16	1	1	32/32	1.8-5.5	1.8-3.6	96	–	–	–	–	–	–	–	✓	✓	–	–	–	–	–
PIC16F1784		7	4	256	512	36	14/12	1/8	4	3/0	–	2/8,1/16	1	1	32/32	2.3-5.5	1.8-3.6	–	–	–	–	3	–	–	–	✓	✓	–	–	–	3PSMC	–
PIC16F1517		14	8	☆	512	36	28/10	–	–	2/0	–	2/8,1/16	1	1	20/16	2.3-5.5	1.8-3.6	–	–	–	–	–	–	–	–	✓	✓	–	–	–	–	–
PIC16LF1907		14	8	–	512	36	14/10	1/5	–	–	–	1/8,1/16	1	–	20/16	–	1.8-3.6	116	–	–	–	–	–	–	–	✓	✓	–	–	–	–	–
PIC16F1937		14	8	256	512	36	14/10	1/5	2	2/3	–	4/8,1/16	1	1	32/32	1.8-5.5	1.8-3.6	96	–	–	–	–	–	–	–	✓	✓	–	–	–	–	–
PIC16F1717		14	8	–	1024	36	28/10	1/8,1/5	2	2/0	2/10	4/8,1/16	1	1	32/32	2.3-5.5	1.8-3.6	–	4	1	–	2	1	–	✓	✓	✓	–	–	–	COG	–
PIC16F1777		14	8	☆	1024	36(2)	28/10	4/10,4/5	8	4/0	4/10,4/16	5/8,3/16	1	1	32/32	2.3-5.5	1.8-3.6	–	4	–	4	4	✓	–	✓	✓	✓	–	–	–	4COG	RPG
PIC16F1787		14	8	256	1024	36	14/12	1/8	4	3/0	–	2/8,1/16	1	1	32/32	2.3-5.5	1.8-3.6	–	–	–	–	3	–	–	–	✓	✓	–	–	–	3PSMC	–
PIC16LF1567		14	8	☆	1024	36	34/10	–	–	–	2/10	3/8,1/16	1	2	32/32	–	1.8-3.6	–	–	–	–	–	–	–	–	✓	✓	–	–	–	–	HCVD
PIC16F15375		14	8	–	1024	36	35/10	1/5	2	2/0	4/10	1/8,2/16	2	2	32/32	2.3-5.5	1.8-3.6	–	4	1	–	–	✓	–	–	✓	✓	✓	1/0	–	CWG	–
PIC16F18875		14	8	256	1024	36	35/10	1/5	2	5/0	2/10	3/8,4/16	1	2	32/32	2.3-5.5	1.8-3.6	–	4	1	1	–	1	✓	✓	✓	–	✓	2/3	–	3CWG	–
PIC16F1519		28	16	☆	1024	36	28/10	–	–	2/0	–	2/8,1/16	1	1	20/16	2.3-5.5	1.8-3.6	–	–	–	–	–	–	–	–	✓	✓	–	–	–	–	–
PIC16F1939		28	16	256	1024	36	14/10	1/5	2	2/3	–	4/8,1/16	1	1	32/32	1.8-5.5	1.8-3.6	96	–	–	–	–	–	–	–	✓	✓	–	–	–	–	–
PIC16F1719		28	16	–	2048	36	28/10	1/8,1/5	2	2/0	2/10	4/8,1/16	1	1	32/32	2.3-5.5	1.8-3.6	–	4	1	–	2	1	–	✓	✓	✓	–	–	–	COG	–
PIC16F1779		28	16	☆	2048	36(2)	28/10	4/10,4/5	8	4/0	4/10,4/16	5/8,3/16	1	1	32/32	2.3-5.5	1.8-3.6	–	4	–	4	4	✓	–	✓	✓	✓	–	–	–	4COG	RPG
PIC16F1789		28	16	256	2048	36	14/12	1/8,3/5	4	3/0	–	2/8,1/16	1	1	32/32	2.3-5.5	1.8-3.6	–	–	–	–	3	–	–	–	✓	✓	–	–	–	4PSMC	–
PIC16F15376		28	16	–	2048	36	35/10	1/5	2	2/0	4/10	1/8,2/16	2	2	32/32	2.3-5.5	1.8-3.6	–	4	1	–	–	✓	–	–	✓	✓	✓	1/0	–	CWG	–
PIC16F18876		28	16	256	2048	36	35/10	1/5	2	5/0	2/10	3/8,4/16	1	2	32/32	2.3-5.5	1.8-3.6	–	4	1	1	–	1	✓	✓	✓	–	✓	2/3	–	3CWG	–
PIC16F18877		56	32	256	4096	36	35/10	1/5	2	5/0	2/10	3/8,4/16	1	2	32/32	2.3-5.5	1.8-3.6	–	4	1	1	–	1	✓	✓	✓	–	✓	2/3	–	3CWG	–
PIC16F15385	48	14	8	–	1024	44	43/10	1/5	2	2/0	4/10	1/8,2/16	2	2	32/32	2.3-5.5	1.8-3.6	–	4	1	–	–	✓	–	–	✓	✓	✓	1/0	–	CWG	–
PIC16F15386		28	16	–	2048	44	43/10	1/5	2	2/0	4/10	1/8,2/16	2	2	32/32	2.3-5.5	1.8-3.6	–	4	1	–	–	✓	–	–	✓	✓	✓	1/0	–	CWG	–
PIC16F1946	64	14	8	256	512	54	17/10	1/5	3	2/3	–	4/8,1/16	2	2	32/32	1.8-5.5	1.8-3.6	184	–	–	–	–	–	–	–	✓	✓	–	–	–	–	–
PIC16F1526		14	8	☆	768	54	30/10	–	–	10/0	–	6/8,3/16	2	2	20/16	2.3-5.5	1.8-3.6	–	–	–	–	–	–	–	–	✓	✓	–	–	–	–	–
PIC16F1947		28	16	256	1024	54	17/10	1/5	3	2/3	–	4/8,1/16	2	2	32/32	1.8-5.5	1.8-3.6	184	–	–	–	–	–	–	–	✓	✓	–	–	–	–	–
PIC16F1527		28	16	☆	1536	54	30/10	–	–	10/0	–	6/8,3/16	2	2	20/16	2.3-5.5	1.8-3.6	–	–	–	–	–	–	–	–	✓	✓	–	–	–	–	–

この表の見方は、縦方向がピン数順で、さらにメモリサイズ順で並んでいます。横方向は内蔵モジュールの詳細で、実装の有無と数を示しています。周辺モジュールの略号とその意味は表2-2-3のようになっています。

実際に使うデバイスを選ぶときには、**必要なピン数とメモリサイズで候補を決め、次に必要な周辺モジュールの有無により最終的なデバイスを決定**します。

▼**表2-2-3 周辺モジュール略号一覧（丸紅情報システムズ社提供）**

記載名称	正式名称	概要説明
EEPROM	Electronically Erasable & Programmable Read Only Memory	不揮発性メモリの一種で電気的にデータの消去や書き換えが可能。1バイトごとに書き換えが可能で、書き換え可能回数も100万回を保証
HEF	High Endurance Flash	高寿命フラッシュ。フラッシュの一部で10万回書き換え保証
RAM	Random Access Memory	自由に書き換えが可能なメモリ。電源オフで内容は保持されない
ADC	Analog to Digital Convertor	アナログ信号をデジタル数値に変換する。逐次変換方式で分解能に10ビットと12ビットがある
DAC	Digital to Analog Convertor	デジタル数値をアナログ電圧に変換する。5ビット、8ビット、10ビットの分解能のものがある
CCP	Capture/Compare/PWM	各種イベントのタイミング計測／制御、パルス幅変調（PWM）信号の生成
ECCP	Enhanced Capture/Compare/PWM	拡張されたPWM機能（ハーフブリッジ/フルブリッジ制御、デッドバンド制御、自動シャットダウン）
PWM	Pulse Width Modulation	パルス幅変調のことで、パルスのオンオフの比（デューティ比）でエネルギー量を可変する
UART	Universal Asynchronous Receiver Transmitter	非同期方式（調歩同期式）のシリアル通信を可能とするモジュール
MSSP	Maser Synchronous Serial Port	2線（I^2C）または3/4線（SPI）で行うシリアル通信を可能とするモジュール
LCD	Liquid Crystal Display	液晶表示パネルのスキャンを自動実行するモジュール。多くのセグメントを駆動することができる
CLC	Configurable Logic Cell	自由に構成可能なロジックセル（AND/OR/XOR/NOT/NAND/NOR/XNOR/FF/ラッチ）。Sleep時にも動作可能
NCO	Numerically Controlled Oscillator	50%固定デューティサイクル（FDC）、パルス周波数変調（PFM）の出力。最大20ビットの周波数分解能。独立した16MHzクロック入力
DSM	Data Signal Modulator	IrDA、ASK、FSK、PSKなどの通信用の変調器
Op Amp	Operational Amplifier	汎用のアナログ信号増幅アンプ
ZCD	Zero Cross Detection	ゼロクロス検知モジュール。高電圧ACのグランド電位クロスを検出
CRC	Cyclic Redundancy Check	ソフトウェアによるコンフィグレーションが可能なCRCチェックサムジェネレータ
PPS	Peripheral Pin Select	デジタル系の内蔵モジュールの入出力ピンを自由に設定できる機能

記載名称	正式名称	概要説明
XLP	eXtreme Low Power	低消費電力MCU。XLPテクノロジの特徴： ・スリープモード時の電流：20 nA ・ブラウンアウト リセット電流：45 nA ・ウォッチドッグ タイマの電流：400 nA ・リアルタイム クロック/カレンダの電流：500 nA
WWDT	Windowed Watch Dog Timer	プログラム暴走監視用のタイマで、一定の時間内にクリアする必要がある
SMT	Signal Measurement Timers	信号計測タイマ。24ビットタイマ/カウンタ搭載。11種類の動作モード
HLT	Hardware Limit Timer	CCPやCWG,ZCDなどのモジュール出力をトリガとして、CCPモジュール(PWMモード)のフォルト制御をハードで行う
CWG	Complementary Waveform Generator	相補波形ジェネレータ ・相補波形の生成、各種入力ソースに対応(コンパレータ、PWM、CLC、NCO) ・デッドバンド制御,自動シャットダウン
COG	Complementary Output Generator	相補出力ジェネレータ：「CWG」に下記機能を追加 ・ブランキング制御、位相制御
PSMC	Programmable Switch Mode Control	プッシュ／プル、パルススキップ、3相、固定デューティ サイクル、順回転／逆回転対応のブラシ付きDCモータ用。 クロック源は外部、システムクロック、独立した64MHzクロック
RPG	Programmable Ramp Generator	一定の傾きを持ったパルスを生成するモジュールで、スイッチング電源の補償に使われる
HCVD	Hardware Capacitive Voltage Divider	静電容量式センシング機能。ADCモジュールの一部。従来ソフトウェアで処理していたタッチセンサのCVD方式をハードウェアとして内蔵した機能

2-3 コアインデペンデントペリフェラル

最近のマイクロチップ社が開発提供するPICマイコンには、「**コアインデペンデントペリフェラル**」(**CIP**：Core Independent Peripheral)と呼ばれる周辺モジュールが多種類内蔵されています。このCIPとは、いったん動作モードなどを設定するとあとは独立に動作し、プログラム制御を必要としない周辺モジュールのことです。これらの概要を説明します。

2-3-1 CIPの種類

最新のPIC16F1ファミリに実装されているCIPには表2-3-1のようなものがあります。これらを大別すると次のような目的を持ったモジュール群となっています。

1 インテリジェントアナログ

マイコンにセンサなどを接続する場合、必ず必要となる**シグナルコンディショニング**(信号変換補正)を行うために必要なのがアナログ回路です。オペアンプやコンパレータ、デジタルとアナログを変換するADコンバータやDAコンバータなどがこれに含まれます。

最近のPICマイコンにはこれらのアナログ回路を構成するために必要な新モジュールがどんどん内蔵されてきています。これらによりマイコンの周辺に必要な部品を減らして、システムの小型化と低価格化、低消費電力化を実現するのが目的となっています。

2 次世代周辺モジュール

最新のPIC16F1ファミリに内蔵された周辺モジュール群で、CLC、CWG、COG、NCO、PSMC(表2-2-3参照)など、いったん設定すれば、プログラムとは独立に動作するモジュール群です。

プログラムの動作の遅さを補ったり、精度を向上させたり、便利機能を追加したりすることが目的です。特に少ピンの非力なPICマイコンで構成するシステムで有効です。

3 デジタル電源用のモジュール

PICマイコンを使ってLED照明用の簡易なスイッチング電源を構成したり、本格的なAC/DC電源を構成したりする場合に便利に使えるモジュールが多種類用意されています。単なるPWMパルスを生成するだけでなく、補償回路や保護回路を構成するためのモジュールも用意されています。

4 モータ制御用のモジュール

PICマイコンが多く使われているアプリケーション分野にモータ制御があります。簡易なモータ制御から高速高機能なモータ制御まで、いろいろな制御方式に対応できるモジュールが用意されています。

　このように数多くのCIPが用意されていますが、これらすべてのCIPが実装されたPICマイコンはありません。電源用やモータ用など特定のアプリケーションに最適になるように周辺モジュールが選択されて実装されています。したがって、製作するものに合わせて表2-2-2の一覧表を使って最適なPICマイコンを選択する必要があります。

▼表2-3-1　PIC16F1ファミリの内蔵周辺モジュール一覧

分　類	略　号	フルネーム	機能概要
インテリジェントアナログ	ADC	10/12-bit Analog to Digital Convertor	10/12ビットの汎用AD変換
	ADCC	Analog to Digital Convertor with Computation	平均、フィルタなどの演算機能付き10/12ビットAD変換
	COMP	Comparator	アナログコンパレータ
	DAC	Digital to Analog Convertor	5/8/9/10ビットの汎用DA変換
	HC I/O	High Current I/O	最大100mA出力可能な出力ピン
	OPA	Operational Amplifier	内部、外部接続可能なオペアンプ
	FVR	Fixed Voltage Reference	定電圧リファレンス
	RPG	Programmable Ramp Generator	電源のスロープ補正用波形生成
	ZCD	Zero Cross Detect	交流電圧のゼロクロス検出
波形生成	CCP/ECCP	(Enhanced)Capture Compare PWM	10bitPWM出力、パルス幅測定
	COG	Complementary Output Generator	相補PWM波形生成
	CWG	Complementary Waveform Generator	相補PWM波形生成
	DSM	Digital Signal Modulator	デジタル変調器
	NCO	Numerically Controlled Oscillator	20ビット分解能の周波数変調生成
	PSMC	Programmable Switch Mode Controller	電源、モータ用PWM生成
	PWM	Pulse Width Modulation	10ビット分解能汎用PWM生成
	16bit PWM	Stand-alone 16-bit PWM	16ビット高分解能汎用PWM生成
タイミングと計測	16TMR	16-bit Timer	16ビット汎用タイマ
	CTMU	Charge Time Measurement Unit	定電流による充電時間測定
	SMT	24-bit Signal Measurement Timer	高精度なデジタル測定用
	TEMP	Temperature Indicator	温度の高低の測定（ADC併用）
	AngTMR	Angular Timer	位相角計測用タイマ
	CLC	Configurable Logic Cell	簡易プログラマブルハードウェア
	MathACC	Math Accelerator	ハードウェアによる積和演算
高信頼化	CRC/SCAN	Cyclic Redundancy Check with Memory Scanner	メモリ、通信の冗長符号演算 自動メモリチェック
	HLT	Hardware Limit Timer	外部リセット機能つきタイマ
	WWDT	Windowed Watch Dog Timer	時間範囲指定つきウォッチドッグ

分 類	略 号	フルネーム	機能概要
通信	USB	Universal Serial Bus	USB 2.0 デバイス
	I^2C	Inter-Integrated Circuit	汎用2線式シリアル通信
	SPI	Serial Peripheral Interface	汎用4線式シリアル通信
	EUSART/USART	(Enhanced)Universal Synchronous Asynchronous Receiver Transmitter	汎用同期式/非同期式シリアル通信、EnhancedではLINをサポート
ユーザーインターフェース	LCD	Liquid Crystal Display	セグメント液晶表示器の制御
	HCVD	Hardware Capacitive Voltage Divider	静電容量式タッチボタン、スライダ
低消費電力化 システム柔軟化	DOZE	Power Saving Mode	CPUを低速モードで動作させる
	IDLE	Power Saving Mode	CPUのみクロックを停止させる
	PPS	Peripheral Pin Select	ピンの割り付け機能
	PMD	Peripheral Module Disable	周辺用電源オフ制御
	HEF	High Endurance Flash	高寿命データフラッシュ

2-3-2 CIPの適用例

ここまでで、非常に多種類の周辺モジュールが独立動作できることがわかるかと思います。しかも、それらを互いに連携して動作させることができます。これらを使えば制御のためのプログラムを作る必要がなく、しかもハードウェア速度で動作するのでプログラムでは実現できないこともできることになります。さらにプログラム実行を必要としないのでその分消費電力を減らせます。このような目的で設計された例をいくつか紹介します。

1 オペアンプの利用

図2-3-1は内蔵オペアンプを活用した例で、単純なハードウェアとしてCIPを活用した例です。この構成でDAコンバータからの正弦波の波形を増幅して外部への正弦波出力としています。

●図2-3-1 オペアンプの活用例

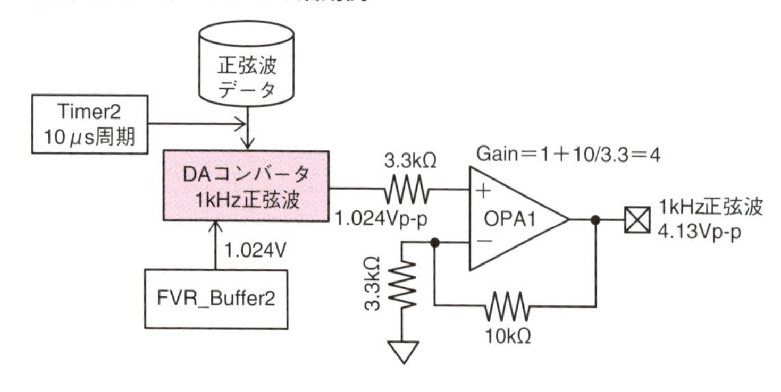

2 RCサーボ制御への応用例

図2-3-2はラジコン用RCサーボを、標準の10ビット分解能のPWMモジュールを使って、できるだけきめ細かく制御するようにするための回路例です。

RCサーボは、20msec周期のパルスで、幅が1±0.5msecの範囲で±60度の回転をします。これを単純に10ビット分解能つまり2^{10}＝1024ステップのPWMだけで制御しようとすると、1msec/20msecの範囲しか有効にならないので、実質1024/20≒50ステップしか使えません。したがって±60度を2.4度ステップでしか制御できないので、荒い制御になってしまいます。

そこでCIPのCLCモジュールを使って改良した回路が図2-3-2となります。Timer2とTimer4の2つのタイマを使い、CLCロジック回路でTimer2の20.48msecに1回だけPWM2とPWM4の出力を許可する回路としています。これでPWM2とPWM4の10ビット分解能で0から2.048msecを出力できますから、0から2.048msecの中の1±0.5msecを制御すると約500ステップで制御できます。つまりPWMだけの場合の10倍の分解能になるので、0.24度という細かな制御ができることになります。

この回路は、いったん設定すれば内蔵モジュールだけで動作するので、プログラムは必要ありません。PWMの設定値だけ変更すれば、あとはハードウェアだけで設定値になるよう制御してくれます。

●図2-3-2　RCサーボ制御への応用例

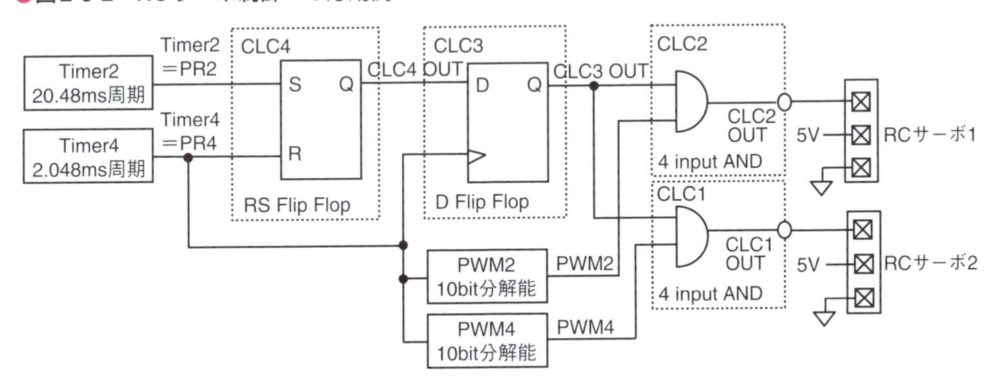

3 LED電源制御への応用例

図2-3-3はパワーLEDを点灯させるための電源にCIPを活用した例です。パワーLEDとは、駆動電流が数百mAと大きく、照明用に使われるLEDのことです。LEDを一定の明るさで点灯させるには、常に一定の電流（定電流）を流す必要があり、また明るさを可変するには電流を可変できるようにする必要があります。このようなLED用電源を、PICマイコンを使って製作した例となります。

電流制御そのものは、2個のMOSFETトランジスタで構成した同期整流回路で行います。この2つのトランジスタをPWM制御することで電流値を可変制御しています。PWMの制御は、16bit PWMという内蔵モジュールのPWM出力を、COG1という内蔵モジュールで相補出力にして行っています。このPWMのデューティは設定値で決められた常に一定の値となり、電流のフィードバックは行われていません。

これに電流のフィードバックをアナログコンパレータCMP1で追加しています。まず、電流値はR1の抵抗の電圧で計測します。このR1の電圧とDAC1のDAコンバータで設定された目標電流値をCMP1のアナログコンパレータで比較し、電流が設定値を超えたら強制的に現在のCOG1のパルス出力をオフとします。これで電流値が常に一定値以内になるように制御しています。

さらにアナログコンパレータCMP2とDAC2のDAコンバータで設定した電流値で最大電流制限を行っています。R1の電圧をDAC2の設定値とCMP2で比較し、設定値を超えたらCOG1のシャットダウン機能で出力を強制的に全オフとします。

この機能はいったん設定すればプログラムが必要なく、内蔵モジュールのハードウェアだけで高速で動作します。したがって、プログラムのほうは、まったく別のことを同時に実行させることができます。

●図2-3-3 LED電源制御への応用例

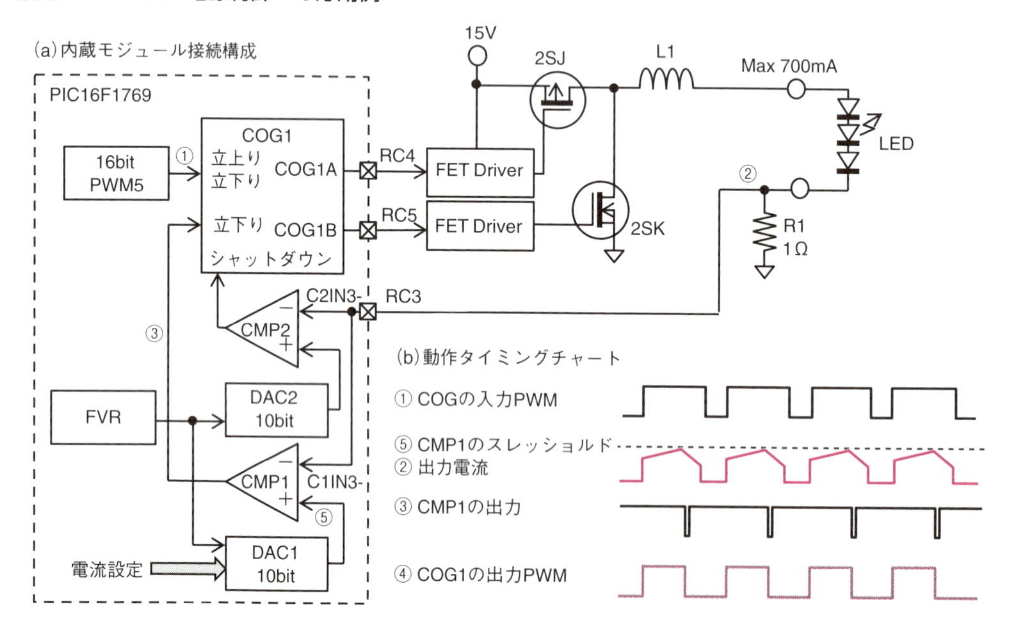

第1部 PICマイコンの概要と開発環境の使い方

第3章 演習用ハードウェアの製作

本章では、C言語の基本の演習例題と、PIC16F1の多くの周辺モジュールの使い方を実際に試すための演習用ハードウェアを製作します。

PIC16F1には多種類の周辺モジュールがあるので、主にデジタル系の周辺モジュールの演習用ボードと、主にアナログ系の周辺モジュールの演習用ボードに分けて2種類のボードを製作します。

3-1 デジタル演習ボードの製作

デジタル系の周辺モジュールをC言語プログラムで実際に試すために使う演習ボードの製作です。このボードは周辺モジュールだけでなく、C言語のプログラミングの例題でも使います。

3-1-1 概要と全体構成

これから作成するデジタル演習ボードの外観が写真3-1-1となります。

●写真3-1-1 デジタル演習ボードの外観

このデジタル演習ボードには最新のPIC16F1ファミリから28ピンのPIC16F18857を使いました。このPIC16F18857の内部構成は図3-1-1のようになっていて、多くの周辺モジュールが実装されています。特にパルス出力関連にNCOやCWGなど特徴的なモジュールがあります。またアナログモジュールではADコンバータに特別に演算機能が組み込まれていて、平均やローパスフィルタなどの演算をADコンバータモジュール自身が実行してくれます。

●図3-1-1 PIC16F18857の内部構成

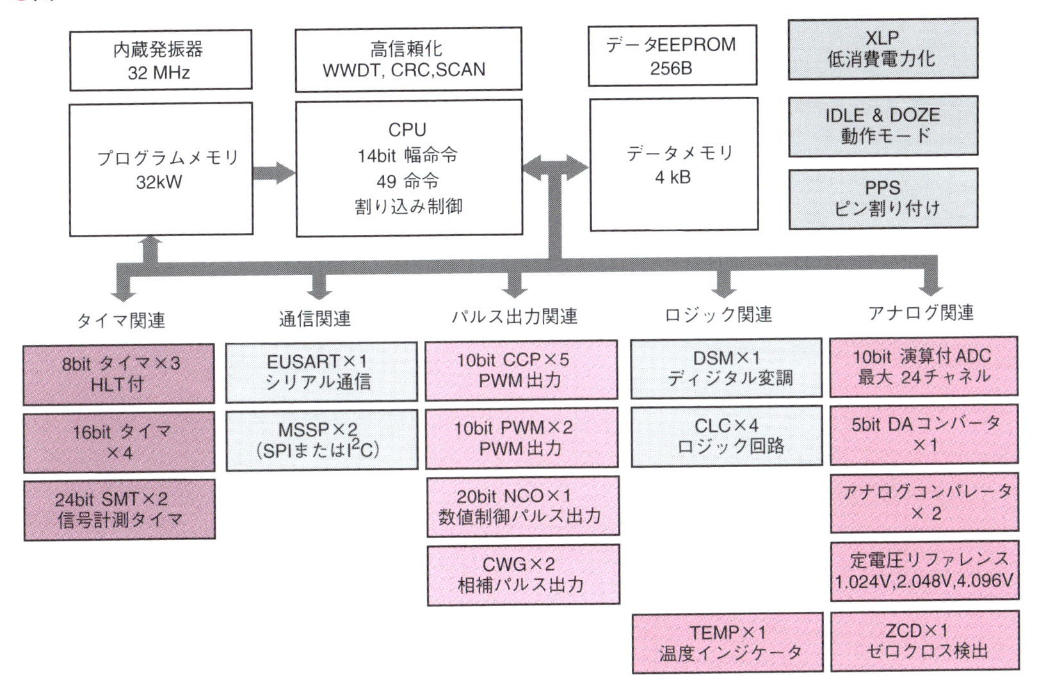

このPICマイコンを使って、デジタル演習ボードで対象とする周辺モジュールは表3-1-1としました。それぞれ実際に動かすものが必要なものには適当なデバイスを接続しています。

▼表3-1-1 対象とする周辺モジュール

周辺モジュール	接続デバイス	制御方法
出力ピン	フルカラー発光ダイオード	オンオフ制御
入力ピン	スイッチ	オンオフ入力　内蔵プルアップ
CCP	フルカラー発光ダイオード	PWMによる調光制御
PWM	フルカラー発光ダイオード	PWMによる調光制御
CWG	フルカラー発光ダイオード	相補PWMによる調光制御
CLC	フルカラー発光ダイオード	出力ピンの変更
NCO	スピーカ	音階の出力
DSM	LED	点滅周期の切り替え
SPI	加速度センサ	傾きデータの入力
I^{2}C	複合センサ	温度、湿度、気圧の入力
I^{2}C	液晶表示器	文字の表示
EUSART	USBシリアル変換ケーブル	パソコンとシリアル通信

周辺モジュール	接続デバイス	制御方法
ADCC	可変抵抗	電圧の測定、平均、フィルタ追加
クロック	クリスタル発振子	発振の切り替えと周波数の設定
サブクロック	クリスタル発振子	発振制御
WDT	間欠動作	スリープと低消費電力化
ICSP	PICkit3	書き込みと実機デバッグ
EEPROM	なし	書き込みと読み出し
Flashメモリ	なし	書き込みと読み出し
CRC	なし	メモリチェック
SMT	なし	SOSCの周波数計測

これらの実習ができるようにデジタル演習ボードの全体構成は、図3-1-2のようにしました。

●図3-1-2 デジタル演習ボードの全体構成

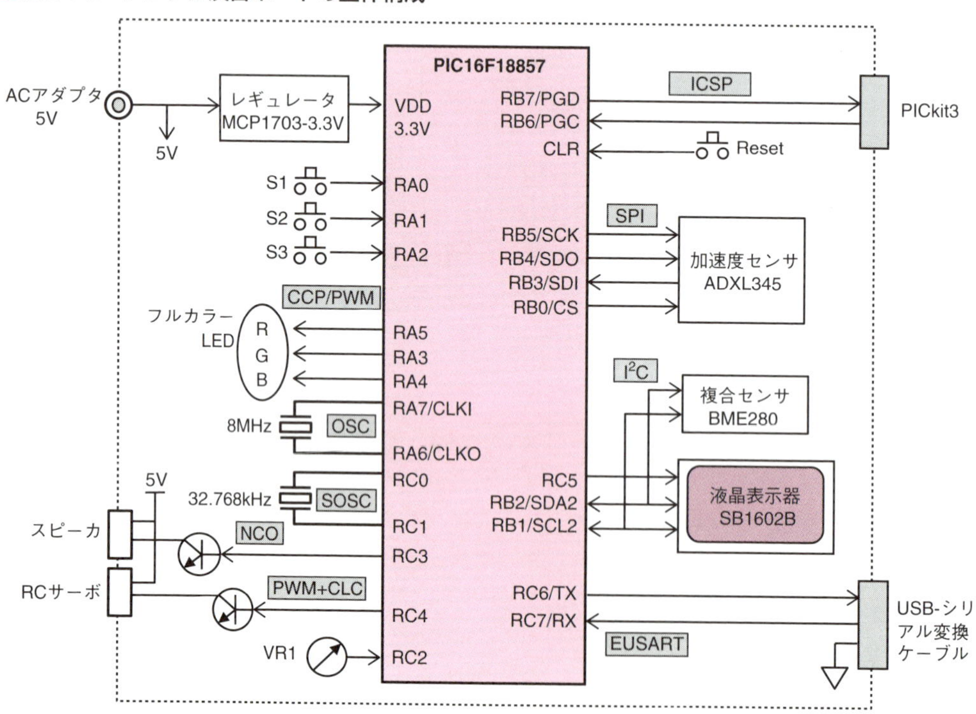

電源は5VのACアダプタを使います。外部で5Vが必要なデバイスにはこの5Vを直接供給します。PICマイコンや周辺デバイスにはレギュレータで3.3Vを生成して供給します。

周辺モジュールの動作確認用に用意した周辺デバイスは、スイッチ、可変抵抗、液晶表示器、複合センサ（温度、湿度、気圧）、加速度センサ、フルカラー発光ダイオードとなります。またクロックの生成をいろいろ試せるように、8MHzと32.768kHzのクリスタル発振子を接続しています。

さらに外部接続のデバイスとして、RCサーボ、スピーカ、USBシリアル変換ケーブルを用意することとしました。USBシリアル変換ケーブルでパソコンと接続した状態でC言語の演習をするようにしています。

なお、使用した加速度センサ、複合センサ、液晶表示器の使い方については、本書Webサイトから補足説明をダウンロードできます。

3-1-2　回路設計と組み立て

図3-1-2の構成図を元に作成したデジタル演習ボードの回路図が図3-1-3となります。

電源には250mA出力可能なレギュレータを使ったので十分な容量を確保できます。外部に接続するRCサーボとスピーカ用の5V電源はACアダプタから直接供給するようにしたので、ACアダプタは5V出力に限定されます。

汎用スイッチを3個接続していますが、内蔵プルアップ抵抗を使うことにしたので、プルアップ抵抗は省略しています（プルアップ抵抗については第3部3-3-2項参照）。

EUSARTの通信はヘッダピンでTXとRXを直接出力し、本書で使うUSBシリアル変換ケーブルに合わせています。

加速度センサはSPI通信で接続し、液晶表示器と複合センサは、同じI^{2}C通信で接続し、アドレスで区別することにします。

RCサーボは、標準の3ピンのヘッダピンで接続することにし、PWM出力はトランジスタで3.3Vから5Vに電圧変換しています。スピーカ出力にはトランジスタを追加して5Vで駆動するようにしています。

●図3-1-3 デジタル演習ボードの回路図

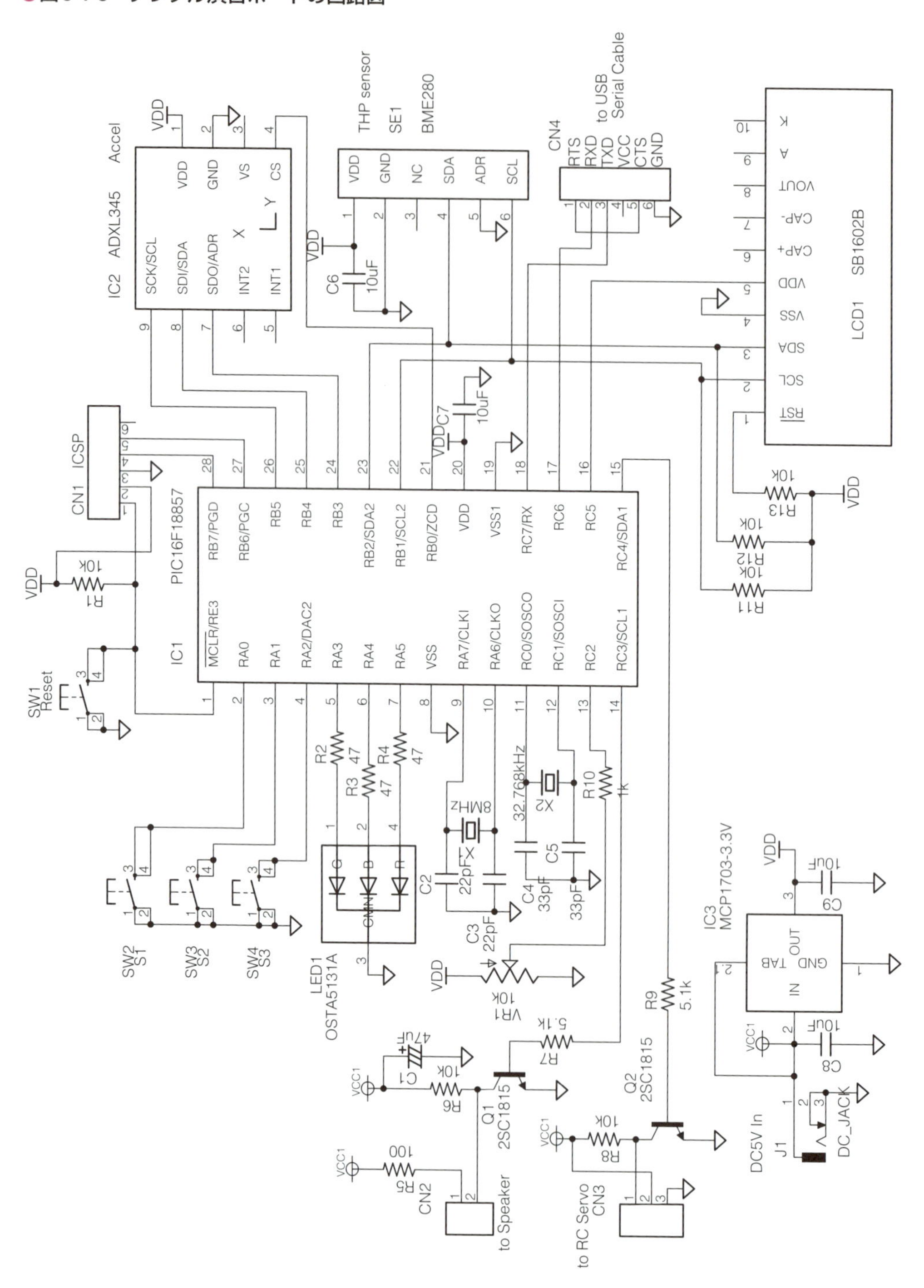

このデジタル演習ボードに必要な部品は表3-1-2となります。特殊な部品はセンサくらいなので入手は容易だと思います。また外部に接続する周辺デバイスは表3-1-3となります。

▼**表3-1-2　デジタル演習ボードの部品表**

記　号	品　名	値・型名	数量
IC1	PICマイコン	PIC16F18857-I/SP	1
IC2	加速度センサ	ADXL345　モジュール（秋月電子通商）	1
SE1	温湿度気圧センサ	AE-BME280モジュール（秋月電子通商）	1
IC3	レギュレータ	MCP1703T-3302E/MB（マイクロチップ）	1
LED1	フルカラー発光ダイオード	OSTA5131A－R/PG/B（秋月電子通商）	1
LCD1	液晶表示器	SB1602B（ストロベリーリナックス）	1
Q1、Q2	トランジスタ	2SC1815相当	2
R1、R6、R8、R11、R12、R13	抵抗	10kΩ　1/6W	6
R2、R3、R4	抵抗	47Ωまたは51Ω　1/6W	3
R5	抵抗	100Ω　1/6W	1
R7、R9	抵抗	5.1kΩ　1/6W	2
R10	抵抗	1kΩ　1/6W	1
VR1	可変抵抗	10kΩ　3386K-EY5-103TR（秋月電子通商）	1
C1	電解コンデンサ	47μF　16Vまたは25V	1
C2、C3	セラミック	22pF	2
C4、C5	セラミック	33pF	2
C6、C7、C8、C9	チップセラミック	10μF　16Vまたは25V	4
CN1、	ピンヘッダ	6ピン　L型シリアルピンヘッダ	1
CN2	ピンヘッダ	2ピン　シリアルヘッダ	1
CN3	ピンヘッダ	3ピン　シリアルヘッダ	1
CN4	ピンヘッダ	6ピン　シリアルピンヘッダ	1
SW1、SW2、SW3、SW4	タクトスイッチ	小型基板用	4
X1	クリスタル発振子	8MHz　HC49/S	1
X2	クリスタル発振子	32.768kHz　円筒型	1
IC2用	ICソケット	28ピンスリム	1
J1	DCジャック	2.1mm　基板用	1
	基板	サンハヤト感光基板P10K	1
その他	ゴム足		4

なお、基板の頒布を行っています。詳しくはp.583をご覧下さい。

▼表3-1-3 外部接続周辺デバイス

記 号	品 名	値・型名	数量
外付け部品	ACアダプタ	DC5V 1A以上	1
	RCサーボ	GWSサーボ S03T/2BBMG/JR 相当（秋月電子通商）	2
	スピーカ	8Ω 10W F77G98-6 相当	1
	ケーブル	USBシリアルコンバータ(3.3V)（ストロベリーリナックス）	1

この回路図でプリント基板を自作して組み立てます。部品実装図が図3-1-4となります。

●図3-1-4 デジタル演習ボードの組立図

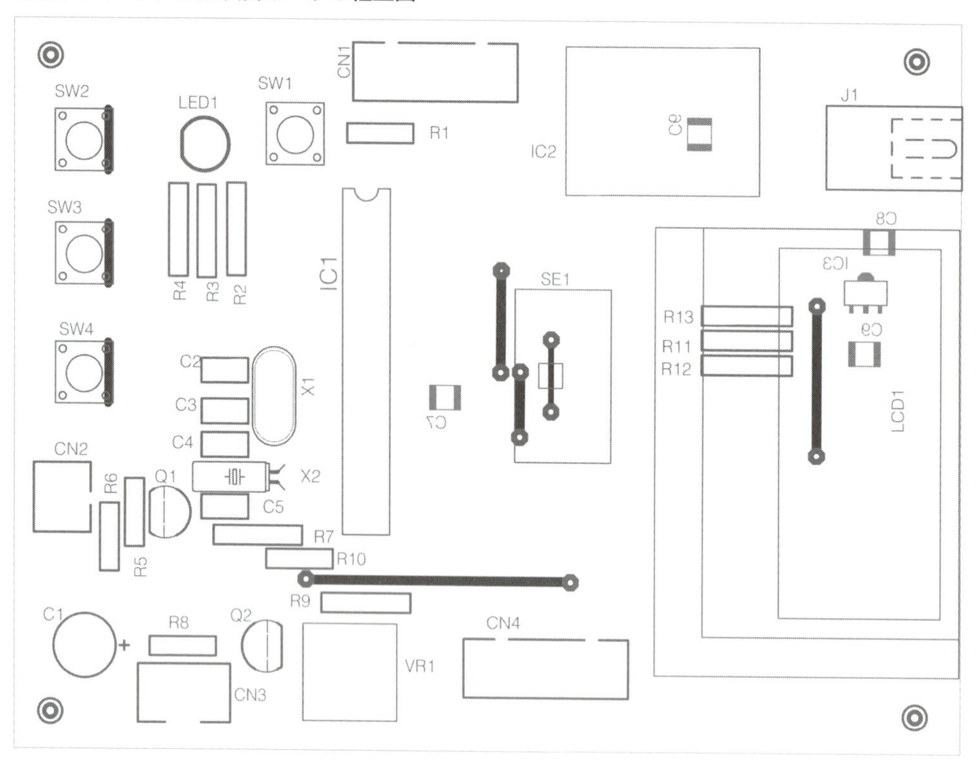

最初の組み立てはハンダ面側の表面実装部品です。チップ型のバイパスコンデンサとレギュレータをハンダ面に実装します。

次はジャンパ線です。実装図の中で太い線はジャンパ線です。抵抗のリード線の切りくずか錫メッキ線で配線します。スイッチ部はスイッチ本体でつながるのでジャンパ配線は不要です。次が抵抗で、足を曲げて穴に通したあと基板を裏返せば自然に固定されるので、ハンダ付けがやりやすくなります。

次からはICソケットなど背の低い順に実装します。液晶表示器は最後に実装します。

組み立てが終わった基板の部品面が写真3-1-2、ハンダ面が写真3-1-3となります。

●写真3-1-2 デジタル演習ボードの部品面

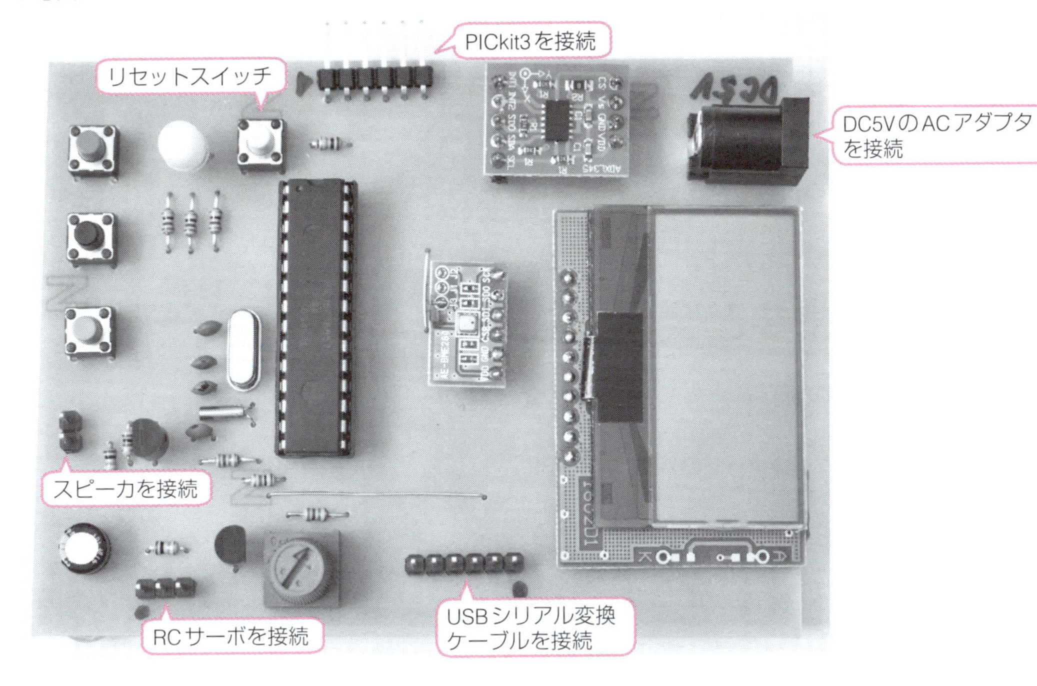

●写真3-1-3 デジタル演習ボードのハンダ面

3-2 アナログ演習ボードの製作

次に、アナログ系の周辺モジュールをC言語プログラムで実際に試すために使う演習ボードの製作です。

3-2-1 概要と全体構成

これから作成するアナログ演習ボードの外観が写真3-2-1となります。

●写真3-2-1　アナログ演習ボードの外観

アナログ演習ボードには最新のPIC16F1ファミリでアナログが強化されたPIC16F1778を使いました。このPIC16F1778の内部構成は図3-2-1のようになっています。アナログ関連のモジュールの種類とモジュール数が特に多いデバイスとなっています。またパルス出力関連にも特徴があって、16ビット分解能のPWMモジュールなどが実装されています。

●図3-2-1　PIC16F1778の内部構成

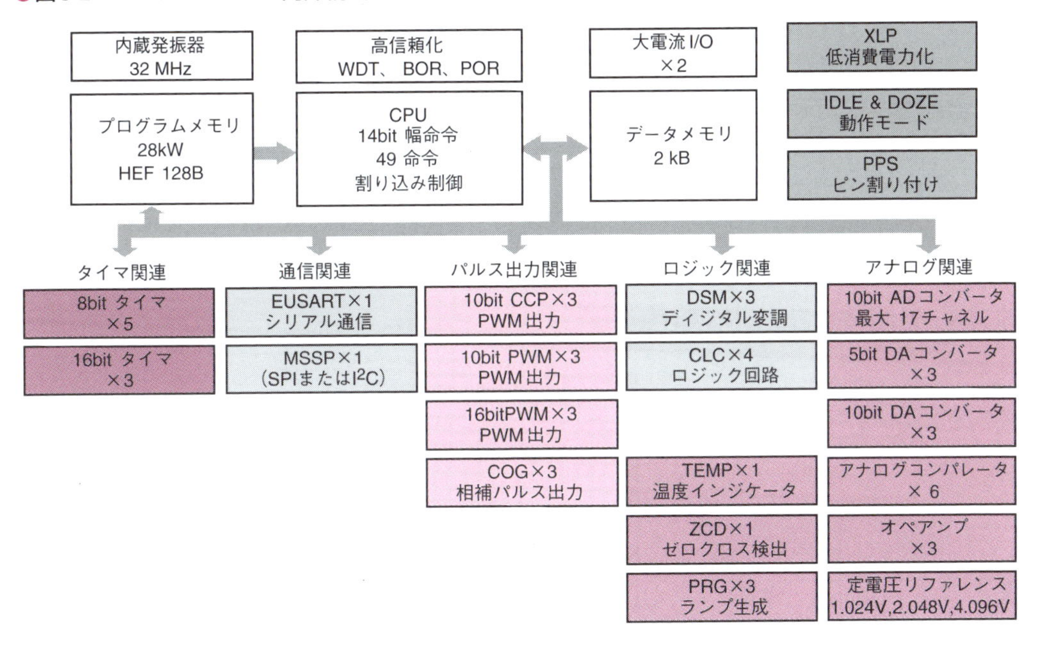

このPIC16F1778の特徴を活かして対象とする周辺モジュールは表3-2-1としました。それぞれ実際にアナログ信号を入力したり、出力したりするために適当なデバイスを接続しています。

▼表3-2-1　対象とする周辺モジュール

周辺モジュール名	接続デバイス	制御方法
ADコンバータ	可変抵抗、温度インジケータ	単純アナログ入力
EUSART	USBシリアル変換ケーブル	パソコンとシリアル通信
オペアンプ＋ADコンバータ	温度センサ	オペアンプで一定倍率で電圧増幅後AD変換し温度に変換
10bit DAコンバータ＋オペアンプ	正弦波出力	一定間隔でROMメモリ内容をDAに出力し、オペアンプで増幅して外部へ出力
I²C＋High Current I/O	液晶表示器	液晶表示器の表示と電源のオンオフ
10ビットPWM＋COG	デュアルMOSFET IC＋DCモータ	DCモータの可逆可変速制御
16bit PWM	RCサーボ	直接PWM制御
コンパレータ＋DAコンバータ	LED	正弦波でLEDオンオフ表示
DSM	LED	点滅周期の切り替え
16bit PWMモジュール	RCサーボ	回転角度制御
CLC+10ビットPWM	RCサーボ	回転角度制御
ZCD+CCP	商用AC100V	商用電源の周波数測定

アナログ演習ボードの全体構成は、図3-2-2のようにしました。

電源は6Vから9VのACアダプタを使います。PICマイコンや周辺デバイスにはレギュレータで5Vを生成して供給します。さらにDCモータには最大1A供給可能な3.3Vのレギュレータを使って供給します。

周辺モジュールの動作確認用に用意した周辺デバイスは、スイッチ、可変抵抗、液晶表示器、デュアルMOSFET ICによるフルブリッジ、温度センサ、発光ダイオードとなります。

さらに外部接続のデバイスとして、RCサーボを1台、正弦波出力コネクタ、USBシリアル変換ケーブル、商用AC100Vを用意することとしました。

●図3-2-2 アナログ演習ボードの全体構成

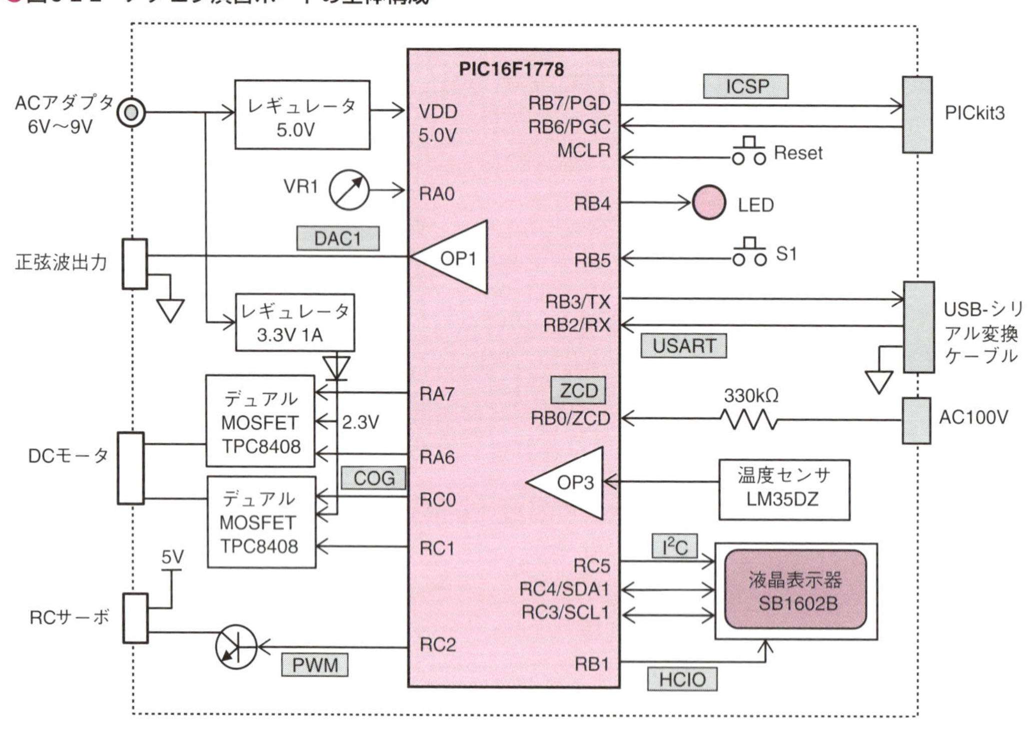

なお、温度センサ、デュアルMOSFET ICの使い方については、本書Webサイトから補足説明がダウンロードできます。

3-2-2 回路設計と組み立て

図3-2-2の全体構成図を元に作成したアナログ演習ボードの回路図が図3-2-3となります。

電源には1A出力可能なレギュレータを使ったので十分な容量を確保できます。外部に接続するRCサーボの5V電源もこのレギュレータから供給します。

またDCモータ制御用のMOSFETのICの電源には入力電源から1A容量のレギュレータで3.3Vを生成して供給しますが、これでもまだ電圧が高いので、整流用ダイオードを直列に挿入して2.3V程度の電圧としています。このMOSFET ICをPWMとCOGモジュールで制御することにします。

温度センサの出力電圧は低いので、内蔵オペアンプで増幅することにします。

10ビットDAコンバータで正弦波を生成し、内蔵オペアンプで出力増幅して外部出力とします。アナログコンパレータの動作確認には、この正弦波を入力とし、コンパレータ出力でLEDを点滅させるようにします。

液晶表示器はI^2C通信で接続しますが、電源のオンオフ制御をHigh Current I/Oのピンで制御することにします。バックライトが必要な液晶表示器の場合でもこのピンで制御できます。

EUSARTの通信はヘッダピンでTXとRXを直接出力し、使うUSBシリアル変換ケーブルに合わせています。3.3V用でも5V用でもいずれでも使用可能です。

RCサーボは、標準の3ピンのヘッダピンで接続することにし、16ビットPWMモジュールで制御しますが、この出力は念のためトランジスタで制御しています。

●図3-2-3 アナログ演習ボードの回路図

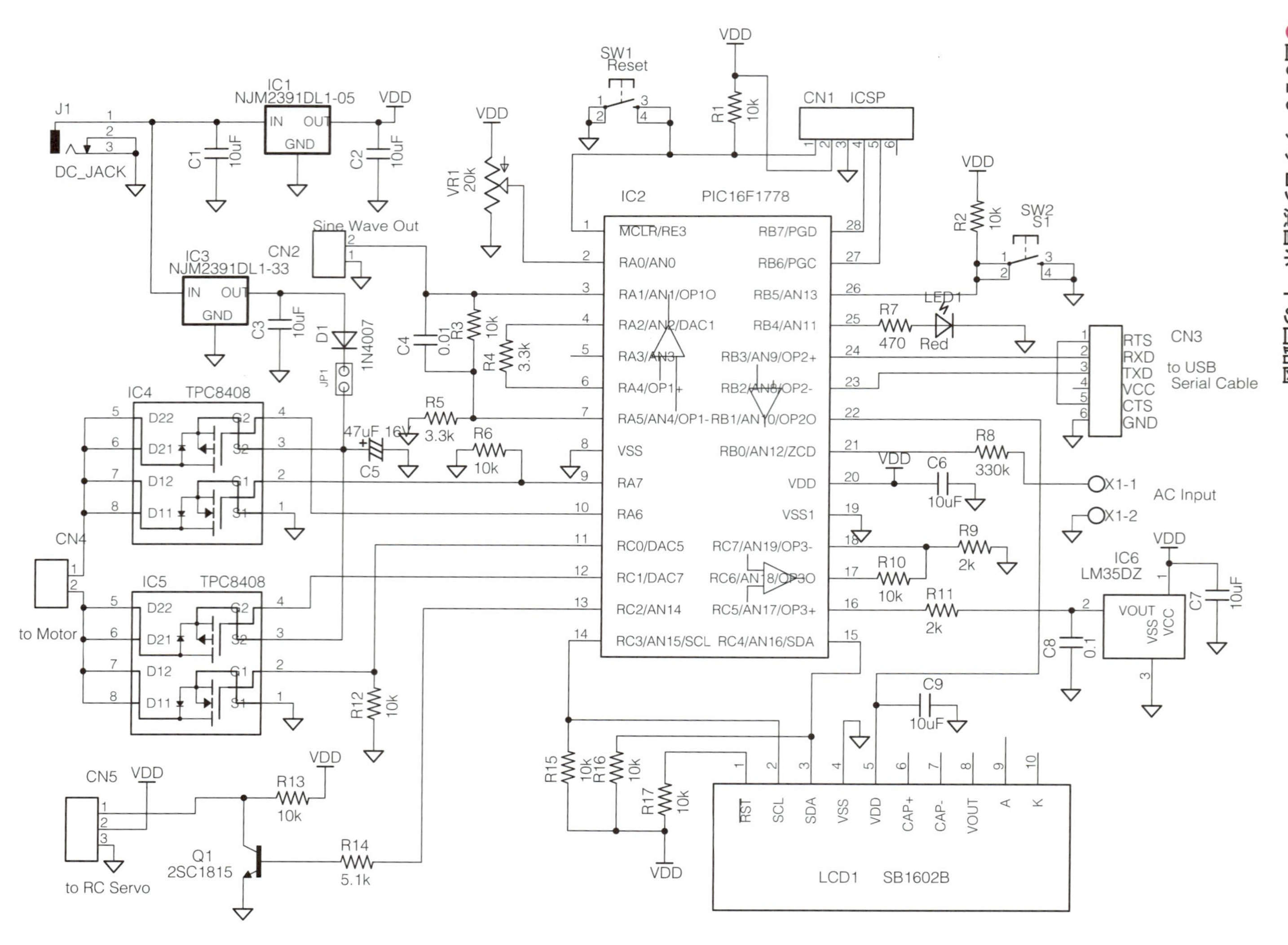

このアナログ演習ボードに必要な部品は表3-2-2となります。特殊な部品はデュアルMOSFET ICくらいなので入手は容易だと思います。また外部に接続する周辺デバイスは表3-2-3となります。

▼表3-2-2　アナログ演習ボードの部品表

記　号	品　名	値・型名	数量
IC1	レギュレータ	NJM2391DL1-05　5V 1A（秋月電子通商）	1
IC2	PICマイコン	PIC16F1778-I/SP	1
IC3	レギュレータ	NJM2391DL1-33　3.3V 1A（秋月電子通商）	1
IC4、IC5	デュアルMOSFET	TPC8408_LQ（秋月電子通商）	2
IC6	温度センサ	LM35DZ（秋月電子通商）	1
LED1	発光ダイオード	3Φ　赤LED	1
LCD1	液晶表示器	SB1602B　（ストロベリーリナックス）	1
Q1	トランジスタ	2SC1815相当	1
D1	ダイオード	1N4007（秋月電子通商）	1
R1、R2、R3、R6、R10、R12、R13、R15、R16、R17	抵抗	10kΩ　1/6W	10
R14	抵抗	5.1kΩ　1/6W	1
R4、R5	抵抗	3.3kΩ　1/6W	2
R7	抵抗	470Ω　1/6W	1
R8	抵抗	330kΩ　1/2W	1
R9、R11	抵抗	2kΩ　1/6W	2
VR1	可変抵抗	20kΩ　3386K-EY5-203TR（秋月電子通商）	1
C1、C2、C3、C6、C7、C9	チップセラミック	10μF　16Vまたは25V	6
C5	電解コンデンサ	47μF～100uF　16Vまたは25V	1
C4	積層セラミック	0.01μF	1
C8	積層セラミック	0.1μF	1
CN1	ピンヘッダ	6ピン　L型シリアルピンヘッダ	1
CN3	ピンヘッダ	6ピン　シリアルヘッダ	1
CN2	ピンヘッダ	2ピン　シリアルピンヘッダ	1
CN4	コネクタ	モレックス2P　L型、または2ピン　シリアルヘッダ	1
SW1,SW2	タクトスイッチ	小型基板用	2
JP1	ジャンパ	2ピン　シリアルピンヘッダ、ジャンパピン	1
IC2用	ICソケット	28ピンスリム	1
J1	DCジャック	2.1mm　基板用	1
X1	ターミナル	2P　基板用端子台	1
	基板	サンハヤト感光基板P10K	1
その他		ゴム足	4

▼表3-2-3 外部接続周辺デバイス

記 号	品 名	値・型名	数量
外付け部品	ACアダプタ	6V ～ 9V 1A以上	1
	RCサーボ	GWSサーボ S03T/2BBMG/JR相当（秋月電子通商）	1
	DCモータ	マブチ FA-130RA-2270L相当（秋月電子通商）	1
	ケーブル	USBシリアルコンバータ(3.3V or 5V)	1
	ケーブル	ACケーブル プラグ付き	1

この回路図でプリント基板を自作して組み立てます。部品実装図が図3-2-8となります。

●図3-2-4 アナログ演習ボードの組立図

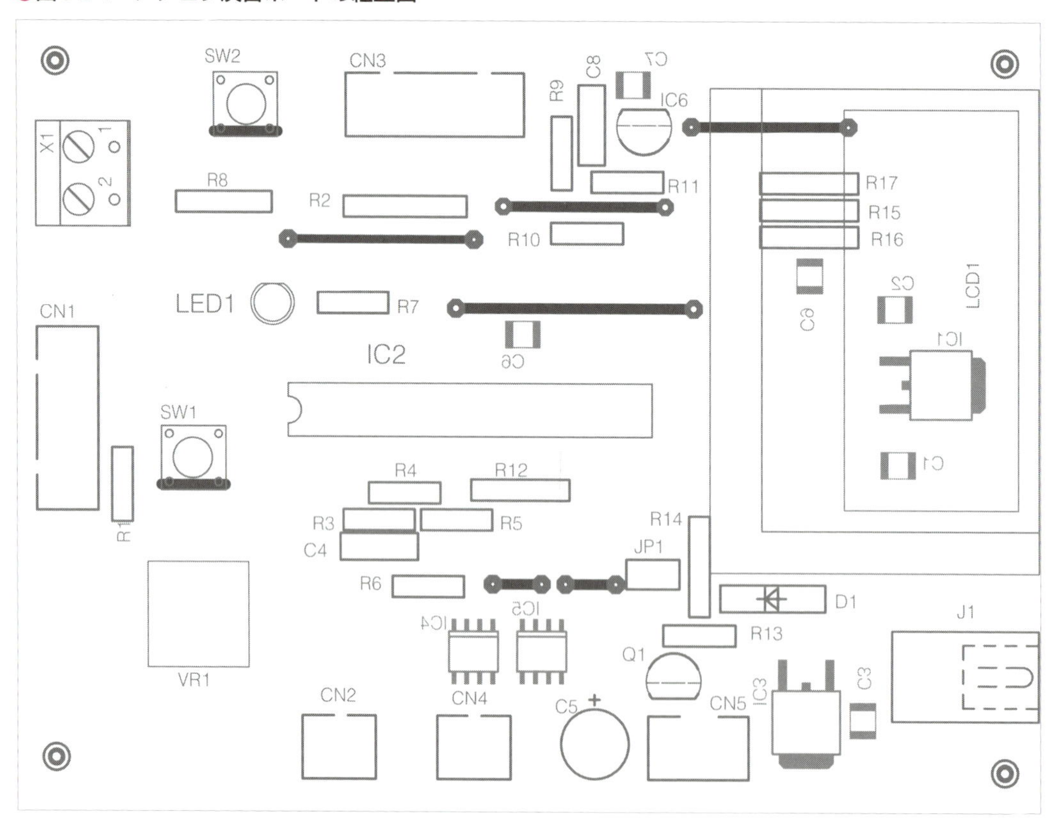

最初の組み立てはハンダ面側の表面実装部品です。チップ型のバイパスコンデンサとレギュレータ、デュアルMOSFET ICをハンダ面に実装します。デュアルMOSFET ICがちょっと小さいので注意が必要ですが、8ピンなので何とかなると思います。

次がジャンパ線です。実装図の中で太い線はジャンパ線です。抵抗のリード線の切りくずか錫メッキ線で配線します。スイッチ部はスイッチ本体でつながるのでジャンパ配線は不要です。

次が抵抗で、足を曲げて穴に通したあと基板を裏返せば自然に固定されるので、ハンダ付けがやりやすくなります。

次からはICソケットなど背の低い順に実装します。液晶表示器は最後に実装します。

組み立てが終わった基板の部品面が写真3-2-2、ハンダ面が写真3-2-3となります。ここで**JP1のジャンパは常時はオフの状態**として下さい。万一フルブリッジのトランジスタICに貫通電流が流れると瞬時に熱くなって壊れてしまいます。

●**写真3-2-2　アナログ演習ボードの部品面**

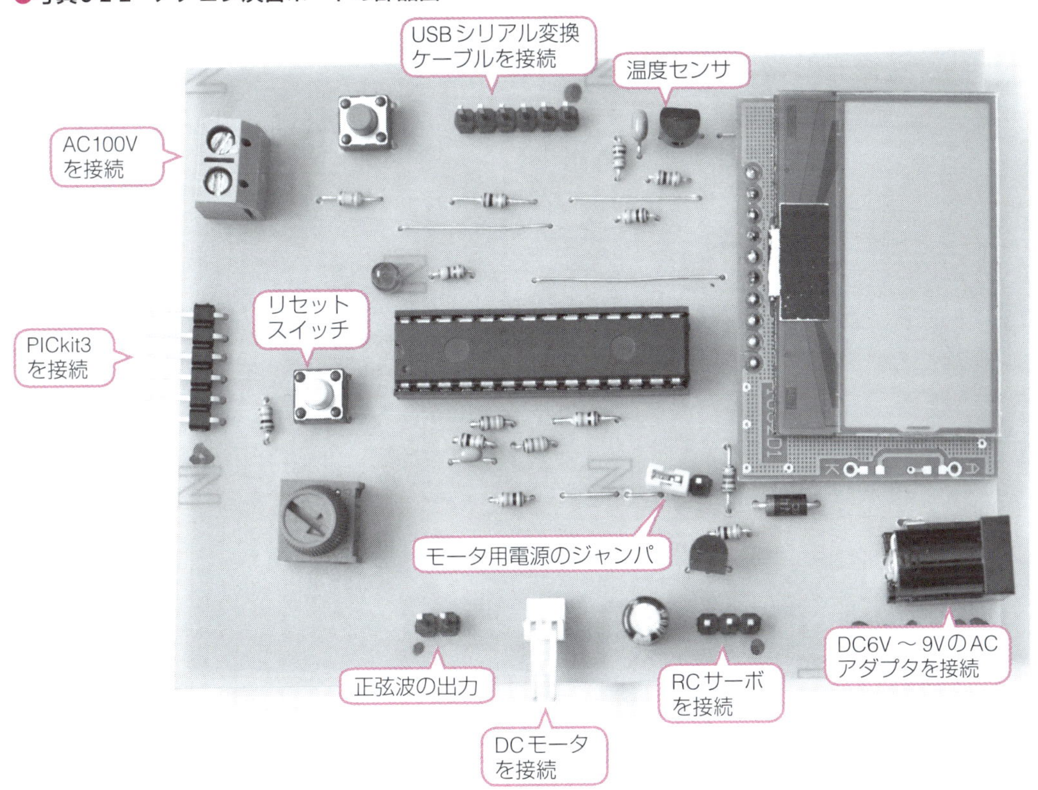

●写真3-2-3 アナログ演習ボードのハンダ面

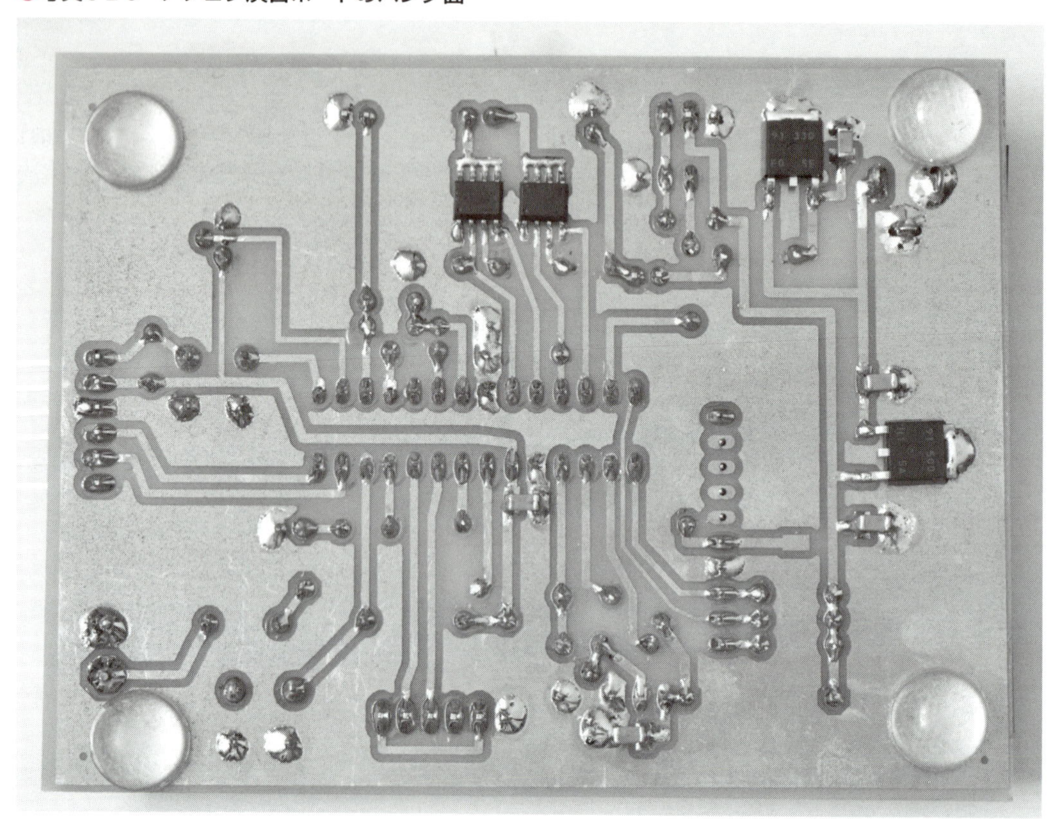

第1部
PICマイコンの概要と開発環境の使い方

第4章
開発環境とMPLAB X IDEの使い方

本章ではPICマイコンのプログラム開発に必要な開発環境と、その中心的役割を担う統合開発環境であるMPLAB X IDEの使い方を解説します。

例題には、第3章で製作したデジタル演習ボードを使い、プログラムはすべてC言語で開発するものとしています。

4-1 開発環境概要

ここでは、PICマイコンのプログラム開発を行うのに必要な開発環境について説明します。

4-1-1 2種類の開発環境スタイル

基本となる開発環境は、図4-1-1のようにパソコンを使ったデスクトップ環境か、ネットワーク上のサーバーを使ったクラウド環境かの大きく2種類となります。いずれの場合も、パソコンに加えソフトウェアツールとハードウェアツールが必要です。

●図4-1-1 2通りの開発環境

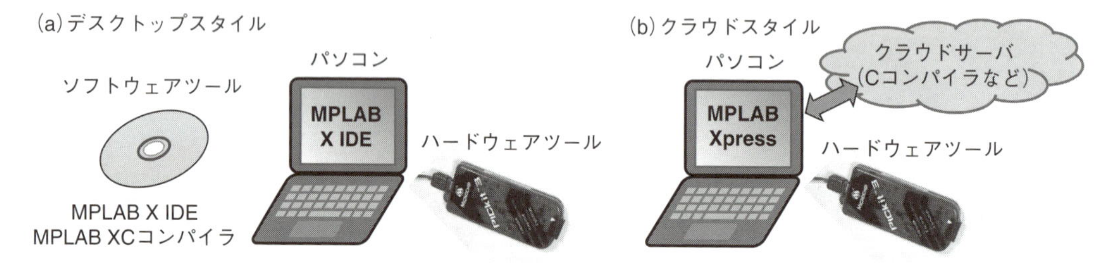

図4-1-1(a)のデスクトップスタイルでは、「**MPLAB X IDE**」と呼ばれる統合開発環境と「**MPLAB XCコンパイラ**」などのソフトウェアツールをパソコンにインストールして使います。さらに開発したプログラムをPICマイコンに書き込むために、ハードウェアツールを使います。

開発用に使うパソコンは、Windows、Mac、Linuxいずれでも使えます。ただしMPLAB X IDEが結構大容量のプログラムなので、ストレスなく作業をするためには、CPUが3GHz程度のかなり高性能なパソコンで、メモリも8GB以上搭載されたものがよいでしょう。また高解像度な表示のパソコンが使いやすいと思います。

図4-1-1(b)のクラウドスタイルでは、パソコンには「**MPLAB Xpress**」というソフトウェアツールだけをダウンロードして使います。Cコンパイラなどはクラウドサーバ側に用意されているのでパソコンには必要がありません。ただし、開発したプログラムをPICマイコンに書き込むための道具は、デスクトップスタイルと同じハードウェアツールを使います。

クラウドスタイルで使うパソコンには、デスクトップスタイルほどの高性能なものは必要ありませんが、表示はできるだけ高解像度のもののほうが使いやすいと思います。

両者の開発環境で開発したプログラムはいずれの開発環境でも互いに共通に使えます。さらに、これらの開発環境は、**PICマイコンの全ファミリに対して共通**なので、PICマイコンの異なるファミリの開発になっても、慣れた環境ですぐ開発を始めることができます。

4-1-2　ソフトウェアツール

図4-1-1 (a)のデスクトップスタイルで使うソフトウェアツールについて説明します。

マイクロチップ社が用意しているソフトウェアツールは、図4-1-2のようになっています。本書では、この図中の「8-Bit PIC MCU」の範囲が対象となります。さらに本書ではWindowsベースを対象とします。この図からソフトウェアツールとして必須なのは、MPLAB X IDEとMPLAB XCコンパイラとなります。これらを詳しく説明します。

●図4-1-2　開発用ソフトウェアツール群

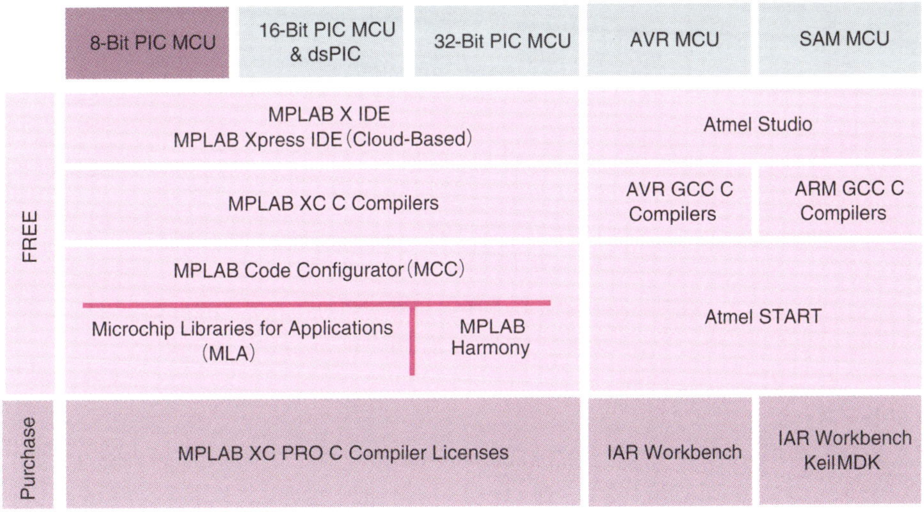

	8-Bit PIC MCU	16-Bit PIC MCU & dsPIC	32-Bit PIC MCU	AVR MCU	SAM MCU
FREE	MPLAB X IDE MPLAB Xpress IDE(Cloud-Based)			Atmel Studio	
FREE	MPLAB XC C Compilers			AVR GCC C Compilers	ARM GCC C Compilers
FREE	MPLAB Code Configurator(MCC)			Atmel START	
FREE	Microchip Libraries for Applications (MLA)		MPLAB Harmony	Atmel START	
Purchase	MPLAB XC PRO C Compiler Licenses			IAR Workbench	IAR Workbench KeilMDK

1 MPLAB X IDE

MPLAB X IDEは**IDE** (Integrated Development Environment：**統合開発環境**)と呼ばれているソフトウェア開発環境で、マイクロチップ社からフリーで提供されています。どなたでも自由にダウンロードして使うことができますし、8ビットから32ビットまですべて共通で使える環境になっているので便利なものです。

従来の開発環境であったMPLAB IDEのバージョンアップ版として新規に開発されたもので、NetBeansをベースにして開発されているので、Windows以外の、LinuxやMac OSでも問題なく使えます。機能やアドオンツールが大幅に拡張されたため、使い方も大きく変わりました。このMPLAB X IDEの内部構成は図4-1-3のように多くのプログラム群の集合体となっています。

全体を統合管理するプロジェクトマネージャがあり、これにソースファイルを編集するためのエディタと、できたプログラムをデバッグするためのソースレベルデバッガが基本で用意されています。

●図4-1-3　MPLAB X IDEの構成

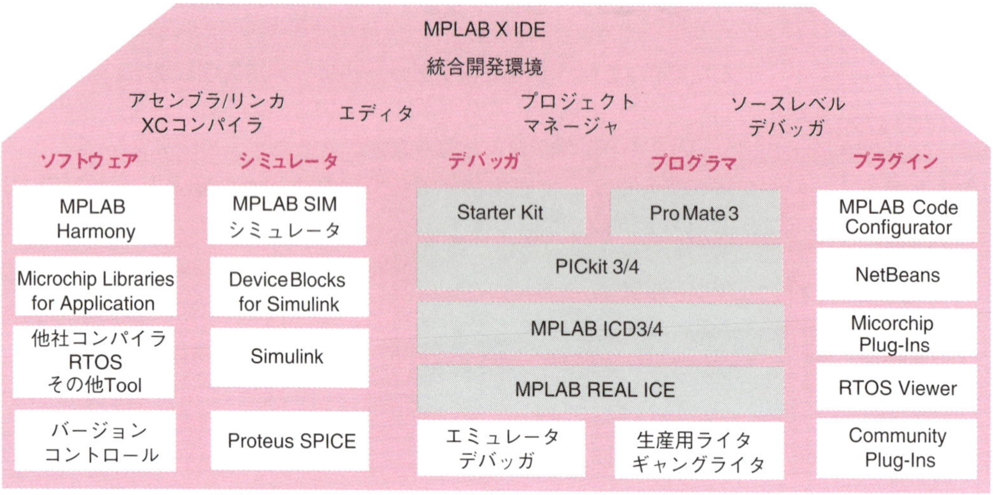

MPLAB X IDE
統合開発環境
アセンブラ/リンカ
XCコンパイラ
エディタ
プロジェクト
マネージャ
ソースレベル
デバッガ
ソフトウェア
MPLAB Harmony
Microchip Libraries for Application
他社コンパイラ
RTOS
その他Tool
バージョン
コントロール
シミュレータ
MPLAB SIM
シミュレータ
DeviceBlocks for Simulink
Simulink
Proteus SPICE
デバッガ
Starter Kit
プログラマ
ProMate3
PICkit 3/4
MPLAB ICD3/4
MPLAB REAL ICE
エミュレータ
デバッガ
生産用ライタ
ギャングライタ
プラグイン
MPLAB Code Configurator
NetBeans
Micorchip Plug-Ins
RTOS Viewer
Community Plug-Ins

この基本構成の中に、アセンブラ、リンカ、デバッグ用のシミュレータが内蔵されていて、これだけでアセンブラレベルの開発環境が整います。このアセンブラには8ビットから32ビットまでの全ファミリ用が含まれています。C言語を使う場合には、これ加えて、純正Cコンパイラや他社のCコンパイラをインストールしてから、MPLAB X IDE内に統合して扱います。

以下にそれぞれもう少し詳しく説明します。

❶プロジェクトマネージャ

開発環境を統合管理するモジュールで、ソース、リスト、オブジェクトなど各種の関連ファイルを一括して管理し、コンパイルの流れをコントロールします。この働きによりボタン1つをクリックするだけですべてのコンパイル作業が自動的に行われ、書き込みやデバッグに使うオブジェクトファイルが生成されます。

❷エディタ

プログラムを書くためのエディタで、コメントに日本語を入力できます。またデバッグの際にもこのエディタを使うので、ソースレベルでのデバッグができます。編集作業を効率化するため、多くの便利機能が組み込まれています。

❸シミュレータ　MPLAB SIM

プログラムをデバッグするためのシミュレータで、パソコンでPICマイコンのプログラムをシミュレーションしてデバッグします。ブレークポイントやトレースなど、多くのデバッグ機能を含んでいます。さらにタイマや入出力ピンなどの内蔵モジュールのシミュレーション機能も内蔵していて、実機がなくても、パソコンだけでかなりのデバッグができます。

❹エミュレータ／デバッガ　PICkit3/4、MPLAB ICD3/4、REAL ICE

プログラム書き込みと実機デバッグに使うツールです。詳しくはハードウェアツールの章で説明します。

❺プログラマ　Pro Mate3

プログラムをパソコンからPICマイコンにダウンロードして書き込むためのツールで、Pro Mate3は生産用の書き込みツールです。

❻MPLAB Code Configurator（MCC）

PICマイコンの周辺モジュールの設定をグラフィカルな画面で行い、周辺モジュールの制御用の関数ライブラリを自動生成するツールです。本書では第3部で詳細な使い方を説明します。

❼Microchip Library for Application（MLA）

マイクロチップ社が無償提供するUSBスタック、TCP/IPスタックをまとめたものです。PIC16F1ファミリでもUSBスタックを使います。

❽その他ソフトウェア群

純正ソフトウェア、ハードウェアツール以外に、非常に多くのサードパーティからソフトウェアやハードウェアのツールが提供されています。

また、マイクロチップ社からもアプリケーションノートという形で多くの実使用例が説明書とソースファイルと一緒に提供されているので、実際のアプリケーションを開発する場合の参考になります。

2 MPLAB XCコンパイラ

本書執筆時点でマイクロチップ社から提供されている、PICマイコン用のCコンパイラは**MPLAB XC Suite**として図4-1-4のような種類のものが提供されています。

●図4-1-4　Cコンパイラの種類とライセンス形態

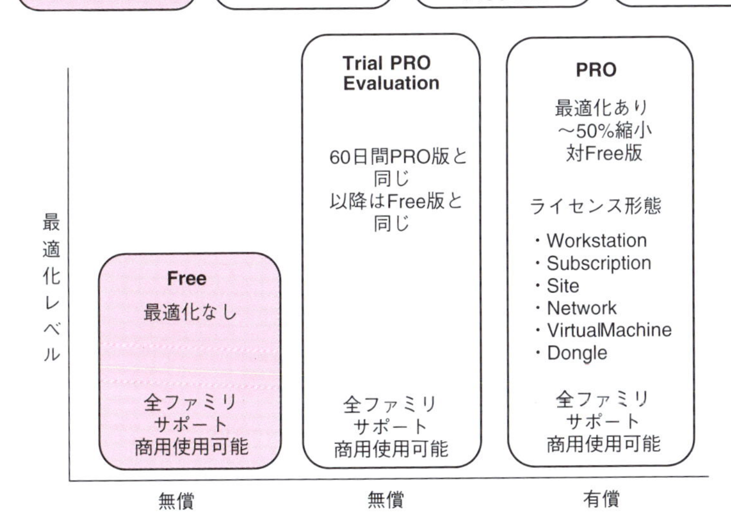

8ビットPICマイコン用の**MPLAB XC8**と、16ビットPICマイコン用の**MPLAB XC16**、さらに32ビットPICマイコン用の**MPLAB XC32**とファミリごとにそれぞれ独立したものとなっています。また、32ビット用だけはC++用のコンパイラも用意されています。

これらのライセンス形態は、無償版のFreeバージョンと有償版のPRO版とがあります。この両者の違いは最適化機能だけで、コンパイラ機能はいずれもすべて使うことができます。

最適化機能とは、生成するオブジェクトサイズをできる限り小さくする機能で、最適化によりPICマイコンのメモリサイズがより小さなデバイスを選択できるようになり、価格を下げることができます。また、サイズが小さくなることで実行速度も向上します。

PRO版の有償ライセンス形態には図4-1-4のようにいくつかありますが、詳細はマイクロチップ社のサイトで確認して下さい。このライセンス形態の中にEvaluation版というのがあります。このEvaluation版は、60日間だけはPRO版と同等の最適化を実行できますが、60日を過ぎるとFree版となって最適化機能がなくなります。

いずれのライセンス形態でもマイクロチップ社のウェブサイトからダウンロードでき、インストール時にライセンス形態を指定するだけになります。本書ではすべてFree版を使っています。

本書で使うMPLAB XC8コンパイラの特徴は次のようになっています。

❶ANSI C準拠

MPLAB XC8コンパイラは「ANSI X4-159-1989」いわゆるC89標準に準拠しています。さらにその後のC90標準にも準拠しています。つまり一般的にC言語と呼ばれているプログラミング言語でプログラムを作成する場合に必要なことはすべて網羅されているということです。

❷どのプラットフォームにも対応

32ビットWindows、64ビットWindows、Mac OS X 10.5、各種Linuxディストリビューションで動作します。プログラム開発環境として必須のMPLAB X IDEも同じようにどのプラットフォームでも動作するので、どのパソコンでも使えるということです。

❸8ビットPICマイコンの全ファミリに対応

ベースラインファミリ(PIC10/12/16)、ミッドレンジファミリ(PIC12/16/16F1)、ハイエンドファミリ(PIC18)すべてで使えます。特にPIC16F1ファミリではアーキテクチャの改善により効率のよいコンパイルが可能で、サイズも小さく高速動作のコンパイル結果が得られます。

4-1-3 ハードウェアツール

作成を完了したプログラムをPICマイコンに書き込んで、動作確認をするためにはハードウェアツールが必要となります。マイクロチップ社が用意している標準的なハードウェアツールとしては表4-1-1のような5種類があります。それぞれの特徴と機能の差異は表のようになっています。

▼表4-1-1　ツール種類と機能差異

<table>
<tr><th>機能項目</th><th>PICkit 3</th><th>PICkit 4</th><th>MPLAB ICD3</th><th>MPLAB ICD4</th><th>MPLAB Real ICE</th></tr>
<tr><td>USB通信速度</td><td>フルスピード（12Mbps）</td><td colspan="4">フルスピードまたはハイスピード（480Mbps）</td></tr>
<tr><td>USBドライバ</td><td>HID</td><td colspan="4">マイクロチップ専用ドライバ</td></tr>
<tr><td>シリアライズUSB</td><td colspan="5">可能（複数ツールの同時接続が可能）</td></tr>
<tr><td>ターゲットボードへの電源供給</td><td>可能（Max 30mA）</td><td>可能（Max 50mA）</td><td>可能（Max 100mA）</td><td>可能（Max 1A）*1</td><td>不可</td></tr>
<tr><td>ターゲットサポート電源電圧</td><td>1.8～5V</td><td>1.2～5.5V</td><td colspan="3">1.65～5V</td></tr>
<tr><td>外部接続コネクタ</td><td>6ピンヘッダ</td><td>8ピンヘッダ</td><td colspan="2">RJ-11</td><td>RJ-45</td></tr>
<tr><td>過電圧、過電流保護</td><td colspan="2">ソフトウェア処理</td><td colspan="3">ハードウェア処理</td></tr>
<tr><td>ブレークポイント</td><td colspan="2">単純ブレーク</td><td colspan="3">複合ブレーク設定可能</td></tr>
<tr><td>ブレークポイント個数</td><td colspan="2">1から3</td><td colspan="3">1000（ソフトウェアブレーク含む）</td></tr>
<tr><td>トレース機能</td><td colspan="4">不可</td><td>可能*2</td></tr>
<tr><td>データキャプチャ</td><td colspan="4">不可</td><td>可能*2</td></tr>
<tr><td>ロジックプローブトリガ</td><td colspan="4">不可</td><td>可能*2</td></tr>
</table>

（注）*1　ACアダプタが必要
　　*2　トレースなどは、16/32ビットファミリのみ可能で、8ビットファミリは不可

1 PICkit3の概要

PICkit3の外観は写真4-1-1のように小型の赤いスケルトンタイプです。最も安価なツールになります。すべてのPICマイコンファミリに対応し、常に最新のファームウェアがダウンロードされて更新されるので、ずっと使うことができます。

●写真4-1-1　PICkit3の外観

2 PICkit4の概要

PICkit4の外観は写真4-1-2のような小型の四角い箱の形です。PICkit3のバージョンアップ版で、USB接続がハイスピードになり、デバッグ時の表示が高速化されたので、ストレスのない実機デバッグができます。また、SDカードスロットが追加され、大きなサイズのプログラムを格納して単体での書き込みが可能になりました。ターゲットボードとの接続が8ピンのヘッダピンになって2ピン追加され、JTAGへの対応が可能になりました。従来の6ピンも、1ピンを合わせればそのまま接続可能です。

●写真4-1-2　PICkit4の外観

3 MPLAB ICD3の概要

MPLAB ICD3は写真4-1-3のような外観で、ターゲット機器との接続はRJ-11の6極6ピンのモジュラージャックとなっています。

このモジュラージャックは図4-1-5のように接続すれば、問題なくプログラミングできます。ピン配置が紛らわしいので注意して下さい。

ここでMPLAB ICD3でPICkit3と同じヘッダピン接続とするためには、写真4-1-4のようなアダプタ(AC164110 RJ-11 to ICSP Adapter)を追加して、モジュラージャックからシリアルピンヘッダへ変換する必要があります。このアダプタもマイクロチップ社のウェブサイトから購入できます。

●写真4-1-3 MPALB ICD3の外観

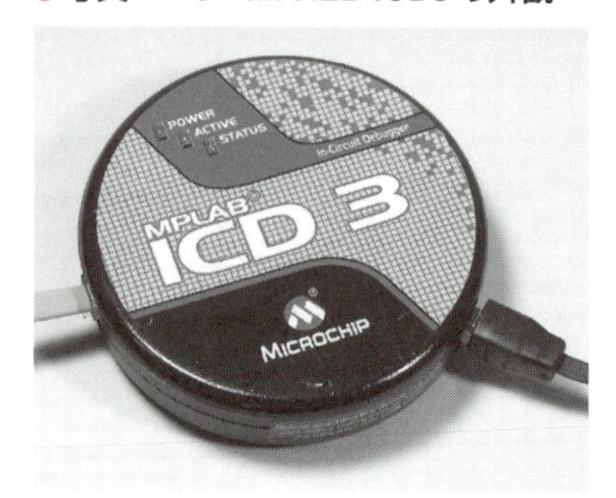

●図4-1-5 モジュラージャックの接続

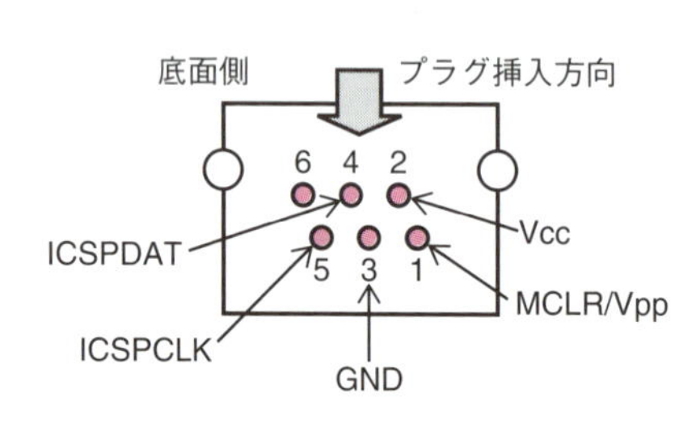

●写真4-1-4 アダプタAC164110

4 MPLAB ICD4

最新のハードウェアツールで、MPLAB ICD3とほぼ同様の形と機能ですが、書き込み速度が2倍となっています。接続コネクタがRJ-45となってこれまでのRJ-11とは異なっています。ただしこれまでのRJ-11用のケーブルはそのまま使えます。また、ACアダプタを追加することで、ターゲットに最大5V 1Aまでの電力を供給できるようになっています。外観は写真4-1-5のようになっていて、金属ケースになってかなり重くなりました。

●写真4-1-5 MPLAB ICD4の外観

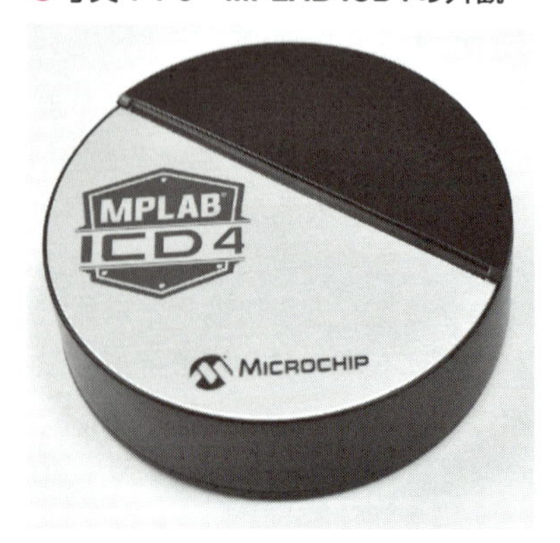

5 MPLAB Real ICE

MPLAB Real ICEはエミュレータと呼ばれる実機デバッグ用のツールで外観は写真4-1-6のようになっています。プログラムの書き込みもできます。

こちらはトレースや条件付ブレークポイントなど本格的な実機デバッグをするためのツールです。ただし、これが可能なのは16/32ビットのPICマイコンで、8ビットPICマイコンではできません。

また通常のICSPでプログラミングする場合には、15cm以下の長さのケーブルで接続しなければなりませんが、MPLAB Real ICEにはオプションでこのケーブルを数mまで延長できるものが用意されています。

●写真4-1-6　MPLAB Real　ICEの外観

4-1-4 開発用デモボード

直接開発に使うツールではないのですが、PICマイコンの開発用デモボードということで、マイクロチップ社から汎用に使えるボードが用意されています。このデモボードは最近「**Curiosity Board**」という名称に統一され、8ビットから32ビットまでのそれぞれに用意されています。

8ビット用のCuriosity Boardには、図4-1-6のような小ピン用と多ピン用の2種類のボードがあります。いずれにもスイッチやLEDなどの周辺デバイスと、mikroBUS対応のヘッダが用意されています。このヘッダにはMikroElektoronika社(www.mikroe.com)の「click board」と呼ばれる、センサや無線通信モジュールなど非常に多種類のオプションボードを接続して試すことができます。

●図4-1-6　8ビットPICマイコン用Curiosityデモボード

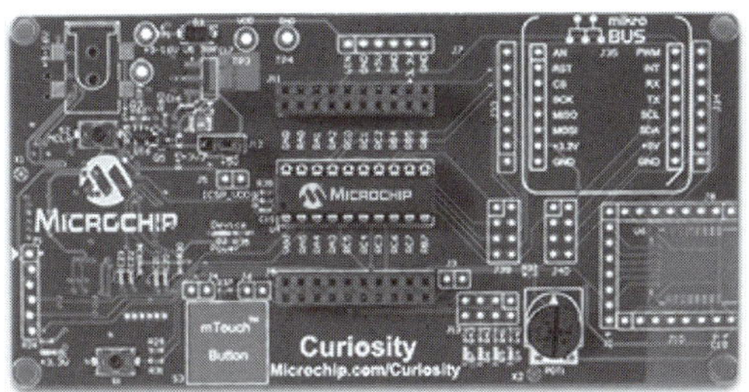

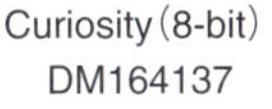

Curiosity (8-bit)
DM164137

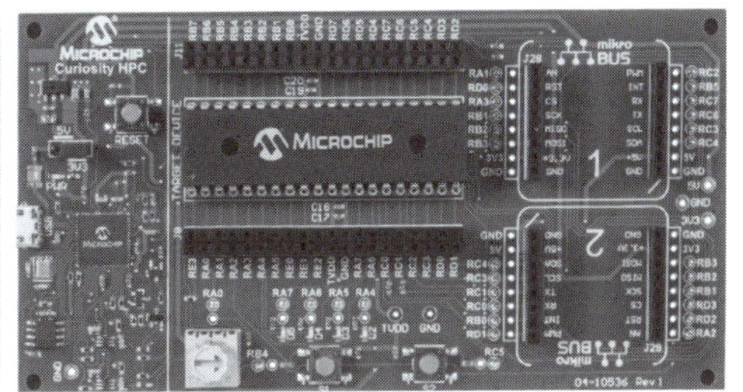

Curiosity (8-bit) HPC
DM164136

項　目	CuriosityDM164137	HPC DM164136
適用ピン数	8、14、20ピン	28、40ピン
プログラマ/デバッガ	内蔵(PICkit3相当)	内蔵(PICkit3相当)
実装機能	タッチボタン×1、可変抵抗×1 スイッチ×1、LED×4	可変抵抗×1、スイッチ×2 LED×4
外部インターフェース	mikroBUSヘッダ、汎用I/Oヘッダ	mikroBUSヘッダ×2、汎用I/Oヘッダ
通信機能	RN4020 BLEモジュール用パターン	なし

4-2 MPLAB X IDEの入手とインストール

MPLAB X IDEはマイクロチップ社のウェブサイトからいつでも最新版が自由にダウンロードできます。またCコンパイラも同じページからダウンロードできるようになっています。本節では、このMPLAB X IDEとMPLAB XC8コンパイラの入手方法とインストール方法について説明します。

4-2-1 ファイルのダウンロード

MPLAB X IDEの入手には、まずマイクロチップ社のウェブサイト(http://www.microchip.com)を開き、図4-2-1のトップページの中央下の[MPLAB X IDE]をクリックします。これでMPLAB X IDEのOverviewページに移行します。

●図4-2-1 マイクロチップ社のウェブサイト

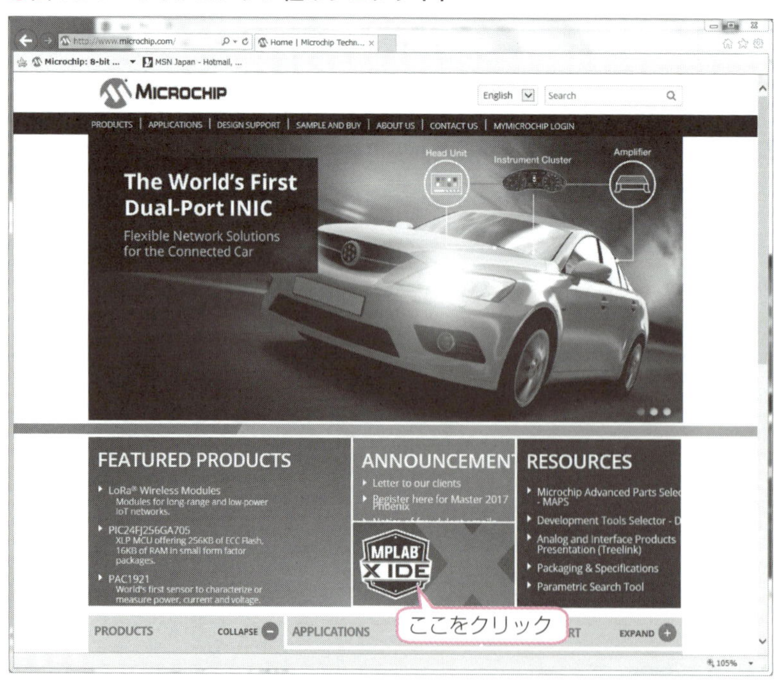

Overviewのページの下のほうに移動し、[Downloads]のタブをクリックすると図4-2-2のようなダウンロードの選択ページとなります。ここでWindows版の「MPLAB X IDE vx.xx」を選択し、適当なフォルダにダウンロードします。

●図4-2-2　マイクロチップ社のウェブサイト

Features | Downloads | Documentation | Webinars

ここをクリック

Title	Date Published	Size	D/L
Windows (x86/x64)			
MPLAB® X IDE v4.10	2/1/2018	643.6 MB	
MPLAB® X IDE Release Notes / User Guide v4.10	2/1/2018	7.2 KB	

これをダウンロード

次にMPLAB XC8のコンパイラもダウンロードします。これには同じページの左側にメニュー一覧がありますが、ここの[MPLAB XC Compiler]の前の＋マークをクリックし、それで開くドロップダウンメニューから、図4-2-3のように[Overview]をクリックします。

●図4-2-3　XCコンパイラのダウンロードページへ

MPLAB® IDE
- Overview
+ MPLAB® X IDE
- MPLAB X IDE Debug Features by Device
- MPLAB® XC Compilers
  - Overview
  - Downloads Archive
  + Compiler Maintenance and Support
  - Developer Help
  - Getting Started
  + Forums
- Emulation Extension Paks
+ Emulator and Debugger Accessories
- Software Solutions Home
+ MPLAB Code Configurator
+ MPLAB Harmony
+ Microchip Libraries

Overviewをクリック

MPLAB® X Integrated Development Environment (IDE)

MPLAB X IDE is a software program that runs on a PC (Windows®, Mac OS®, Linux®) to develop applications for Microchip microcontrollers and digital signal controllers. It is called an Integrated Development Environment (IDE), because it provides a single integrated "environment" to develop code for embedded microcontrollers.

MPLAB X Integrated Development Environment brings many changes to the PIC® microcontroller development tool chain. Unlike previous versions of the MPLAB IDE which were developed completely in-house, MPLAB X IDE is based on the open source

このOverviewのページの下のほうに[Downloads]タブがあるのでそれをクリックします。これで図4-2-4のダウンロード選択画面になるので、ここから「MPLAB XC8 Compiler vx.xx」を選択し、適当なフォルダ内にダウンロードします。

●図4-2-4 MPLAB XCコンパイラのダウンロード

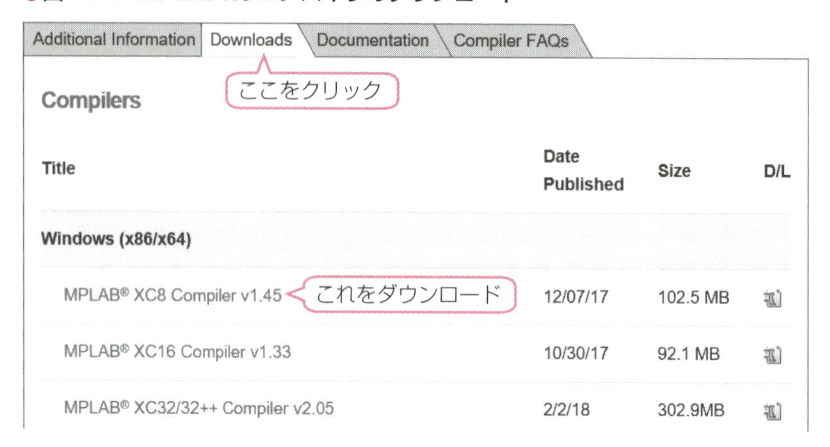

これで必要なファイルのダウンロードが完了したので、早速インストールを開始します。

4-2-2 MPLAB X IDEのインストール

MPLAB X IDEのインストールから始めます。これにはダウンロードしたファイル「MPLABX-vx.xx-windows-installer.exe」をダブルクリックして実行を開始するだけです。以下のx.xx部はバージョン番号なので最新版を使います。

実行を開始してしばらくすると図4-2-5のダイアログが表示されます。

●図4-2-5 MPLAB X IDEのインストール

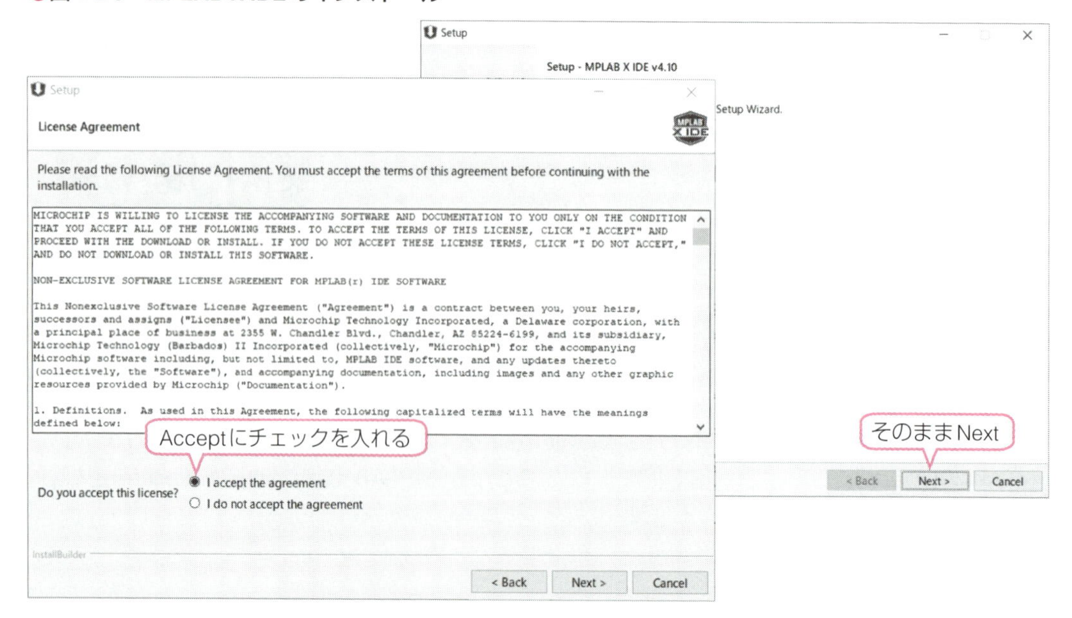

最初はそのまま[Next]とします。次のライセンス確認ダイアログでは[I accept the agreement]にチェックを入れてから[Next]とします。

ここで1つ注意することがあります。Windowsのユーザー名に日本語を使っていると、インストールはできても正常に起動できないので、**ユーザー名は半角英文字とする必要があります。**

次に図4-2-6のダイアログでディレクトリの指定になります。ここではそのままで[Next]とします。ここで注意が必要なことは、**MPLAB X IDEを使う場合には、常にフォルダ名やファイル名には日本語が使えない**ということです。起動はできますが、あとからプロジェクトを作成したとき#includeでファイルが見つからないというエラーが出ることになります。

Proxyの設定はお使いのネットワーク環境に合わせることになりますが、通常はNo Proxyで大丈夫です。

●図4-2-6　MPLAB X IDEのインストール

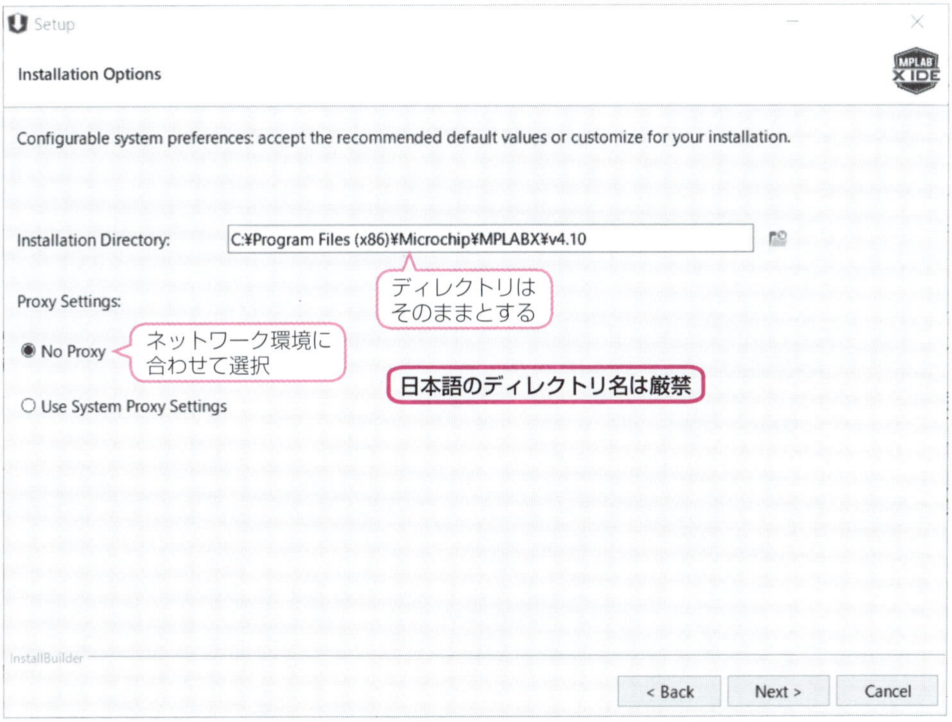

Setup
Installation Options
MPLAB X IDE
Configurable system preferences: accept the recommended default values or customize for your installation.
Installation Directory: C:¥Program Files (x86)¥Microchip¥MPLABX¥v4.10
ディレクトリはそのままとする
Proxy Settings:
No Proxy
ネットワーク環境に合わせて選択
日本語のディレクトリ名は厳禁
Use System Proxy Settings
InstallBuilder
< Back　Next >　Cancel

これで[Next]とすると図4-2-7のダイアログが表示されます。ここはインストールするソフトウェアの選択とエラー情報収集の可否選択で、通常はすべてにチェックを入れたままで[Next]とします。これでインストール準備完了ダイアログが表示されるので、さらに[Next]とすればインストールが開始されます。

●図4-2-7　MPLAB X IDEのインストール

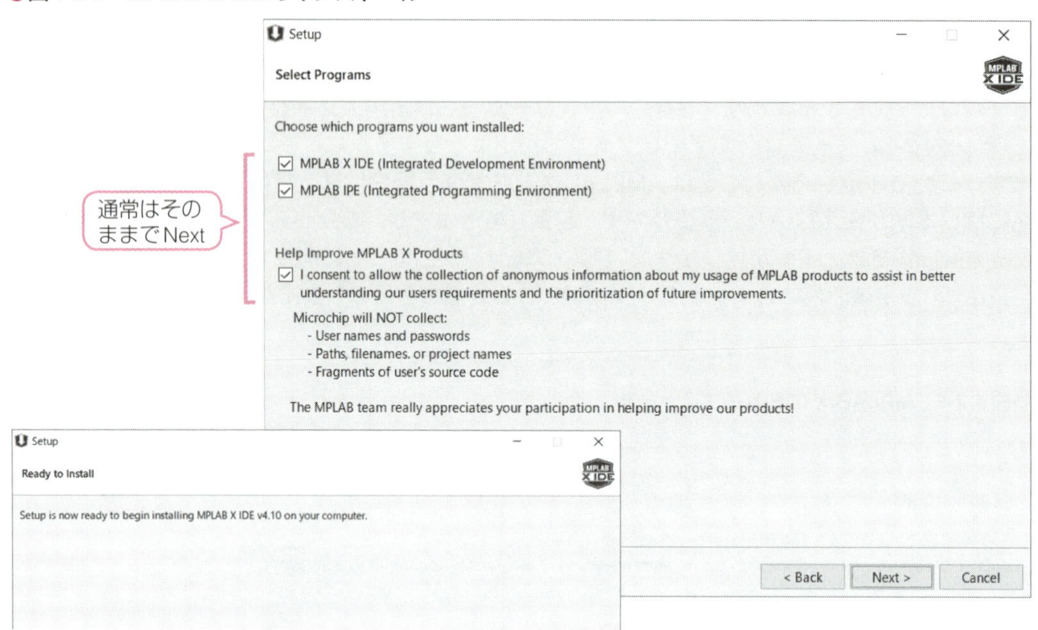

インストール実行にはしばらくかかりますが、この間図4-2-8のダイアログで進捗状況を表示しています。しばらくするとインストールが完了して完了ダイアログになります。

ここでは次のステップのためのウェブサイト呼び出しができるようになっていますが、必要ないのですべてチェックを外してから[Finish]をクリックすれば完了です。

●図4-2-8　MPLAB X IDEのインストール

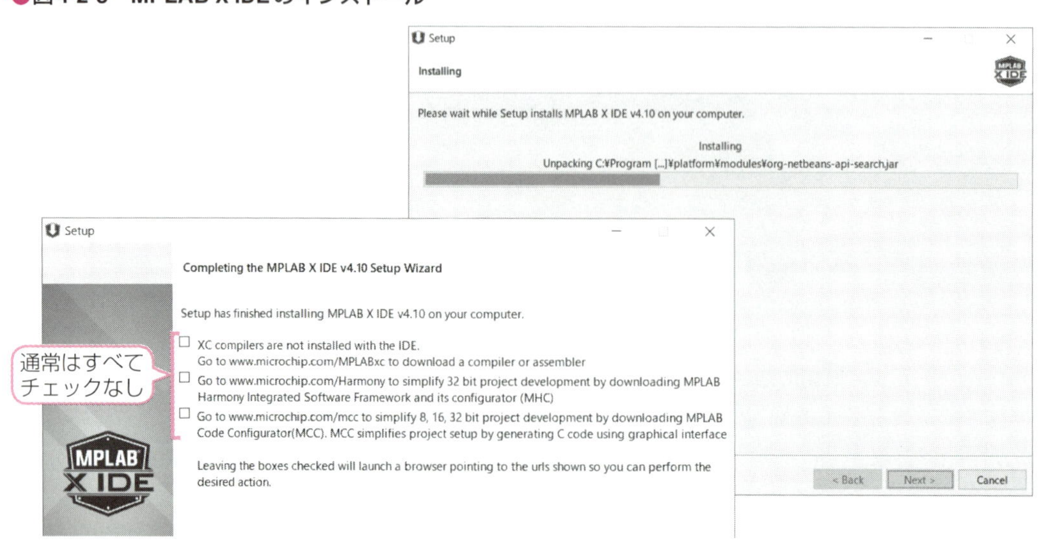

これでデスクトップに図4-2-9のような3個のアイコンが追加されます。これらのアイコンは図のようなソフトウェアの起動アイコンとなります。

「MPLAB driver switcher」はハードウェアツールのUSBドライバの切り替えツールで、従来のMPLAB IDEとMPLAB X IDEを同じパソコンにインストールしている場合にどちら側にツールを接続するかの切り替えに使います。

「MPLAB IPE」は「Integrated Production Environment」と呼ばれるツールで、フラッシュメモリを含む各種デバイスの書き込みを行う工場生産用の書き込み専用ツールです。

●図4-2-9　MPLAB X IDEのインストール

MPLAB X IDE本体

独立の書き込みツール※1

ハードウェアツールの切り替えツール※2

※1　HEXファイルを直接扱って書き込みができる、イレーズも可能
※2　旧MPLAB IDEと併用している場合にツールをどちらかに切り替える

4-2-3　MPLAB XC8コンパイラのインストール

次にMPLAB XC8 Cコンパイラをインストールします。ダウンロードしたファイル「xc8-vx.xx-full-install-windows-installer.exe」をダブルクリックして実行を開始します。vx.xxの部分はバージョン番号なので、最新版をインストールします。

最初に図4-2-10のSetup開始ダイアログが表示されるのでここはそのまま［Next］とします。次のライセンス確認ダイアログでは、［I accept the agreement］にチェックを入れてから［Next］とします。

●図4-2-10　MPLAB XC8のインストール

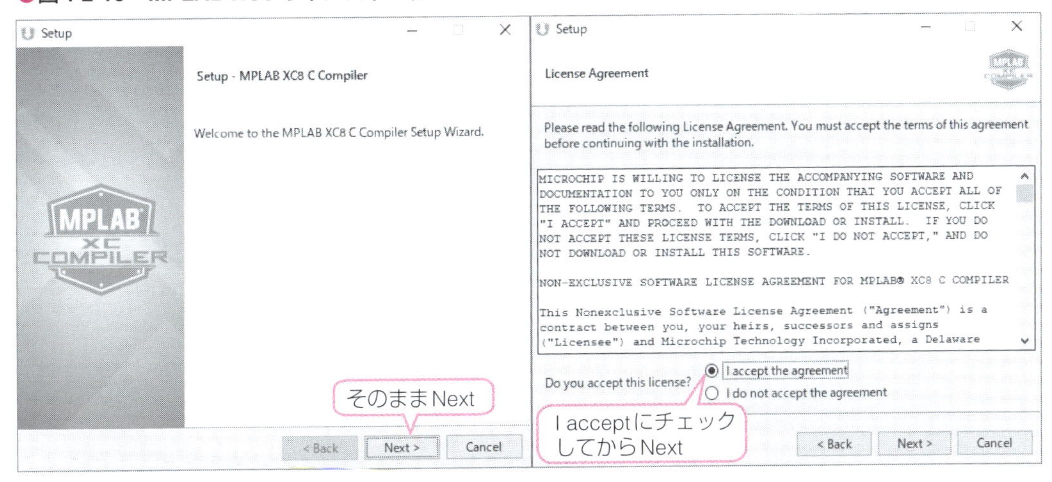

次に図4-2-11のライセンス選択ダイアログが表示されます。本書ではフリー版としてインストールするので、チェックは［Free］のままで［Next］とします。PRO版を購入した場合は、ライセンス形態にしたがってチェックを入れます。

次がインストールするディレクトリの指定で、変更せずそのままで[Next]とします。

●図4-2-11 MPLAB XC8のインストール

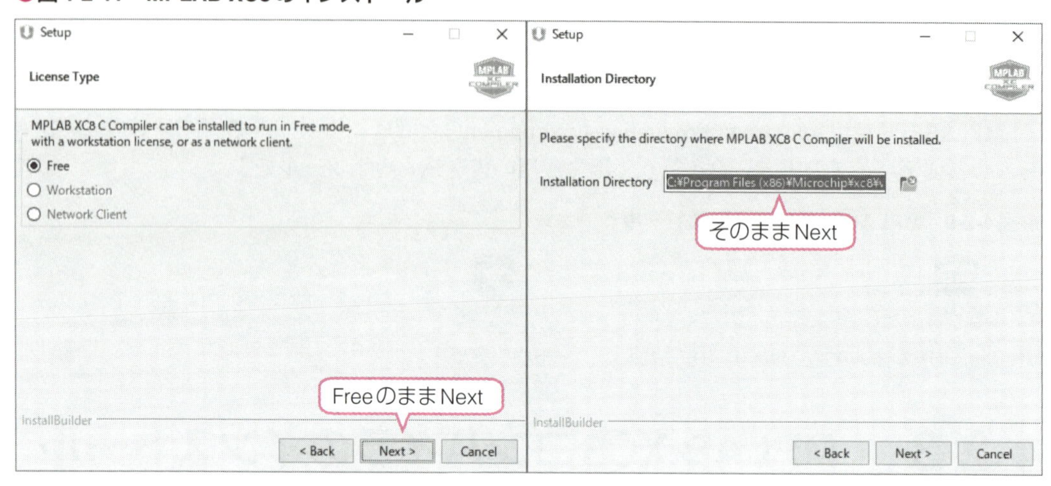

次に図4-2-12のパスなどの登録選択ダイアログが表示されます。ここではすべてにチェックを入れてから[Next]とします。PIC18用の設定も含まれていますが念のためチェックを入れておきます。これで準備完了ダイアログが表示されるので、そのまま[Next]とすればインストールを開始します。

●図4-2-12 MPLAB XC8のインストール

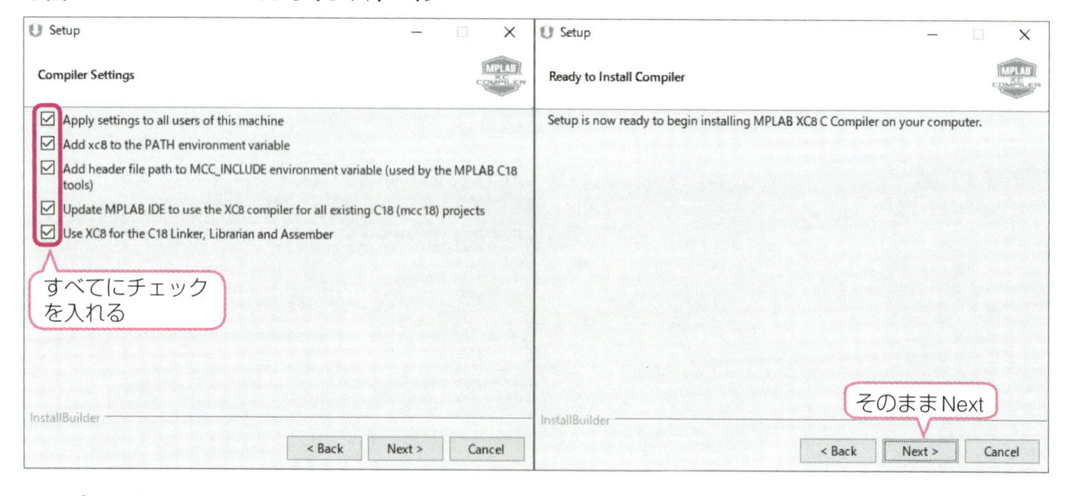

以上でインストールが開始され図4-2-13の進捗状況表示ダイアログが表示されます。インストールが終了したら[Next]をクリックすると次のライセンス登録ダイアログとなり、お使いのパソコンのMACアドレスが表示されます。このMACアドレスでライセンスが登録されますが、フリー版であり特に制約等はないので、そのまま[Next]とします。

これで完了ダイアログが表示されるので、[Finish]をクリックすれば完了です。

●図4-2-13　MPLAB XC8のインストール

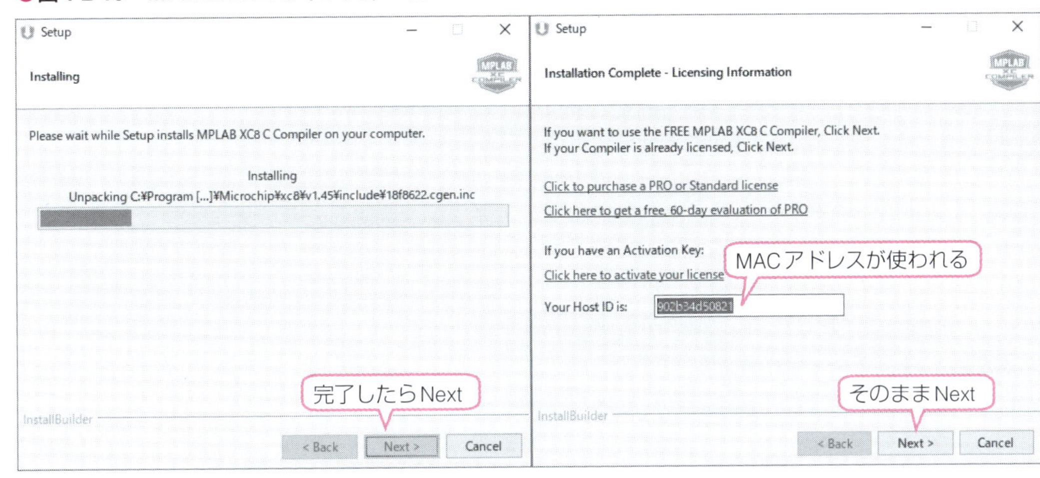

4-2-4　MPLAB X IDEの外観と構成

これで基本の環境が整いました。MPLAB X IDEを起動したときの通常の使用状態での外観は図4-2-14のようになります。

●図4-2-14　MPLAB X IDEの外観

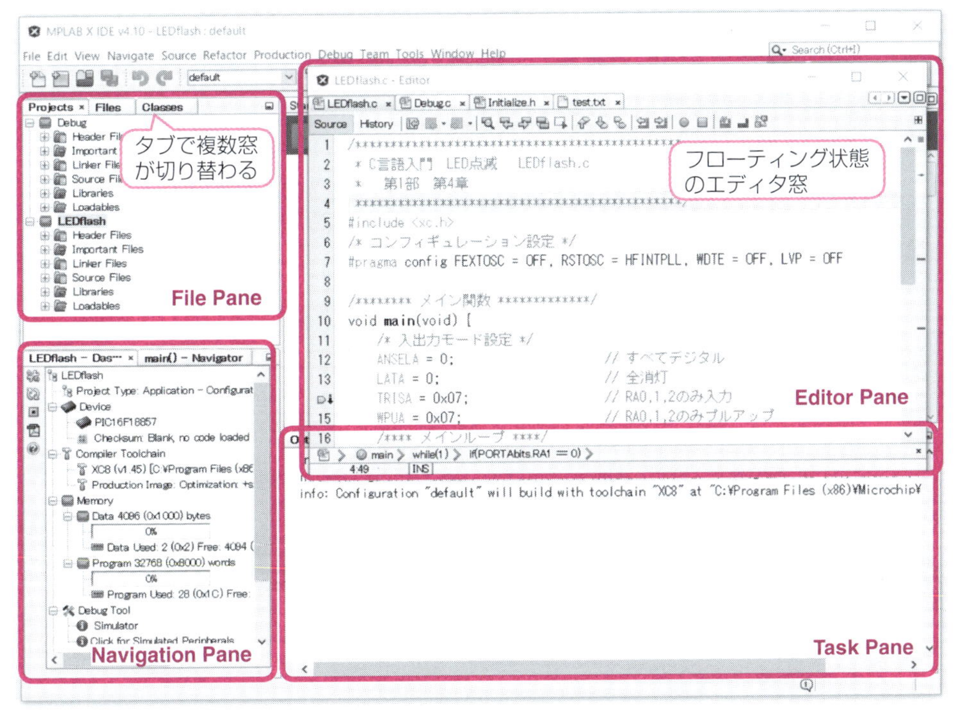

いくつかのPANE（ペイン）と呼ばれる窓で構成されています。それぞれのPANEは上側のタブをドラッグドロップすることで自由に位置を変更できます。位置を指定せずフローティング状態の窓とすることもできます。本書ではPANEを「窓」または「ダイアログ」と呼ぶことにします。

さらに同じ位置に複数PANEを移動した場合には、タブで区別されるようになります。この構成は自由に設定できます。いったん設定すると次に起動したときも同じ構成となります。

MPLAB X IDEの上側にアイコンが並んでいるツールバーは、表示内容を編集できます。つまり、常時使うアイコンを追加したり、滅多に使わないアイコンを削除したりできます。この操作は次のようにします。

メインメニューから、[View]→[Toolbars]とすると開く図4-2-15のドロップダウンメニューでアイコングループの単位で追加削除が自由にできます。

またアイコングループの先頭にある縦点線をドラッグドロップすると、そのアイコングループの表示位置を自由に移動させることができます。

●図4-2-15　ツールバーの編集

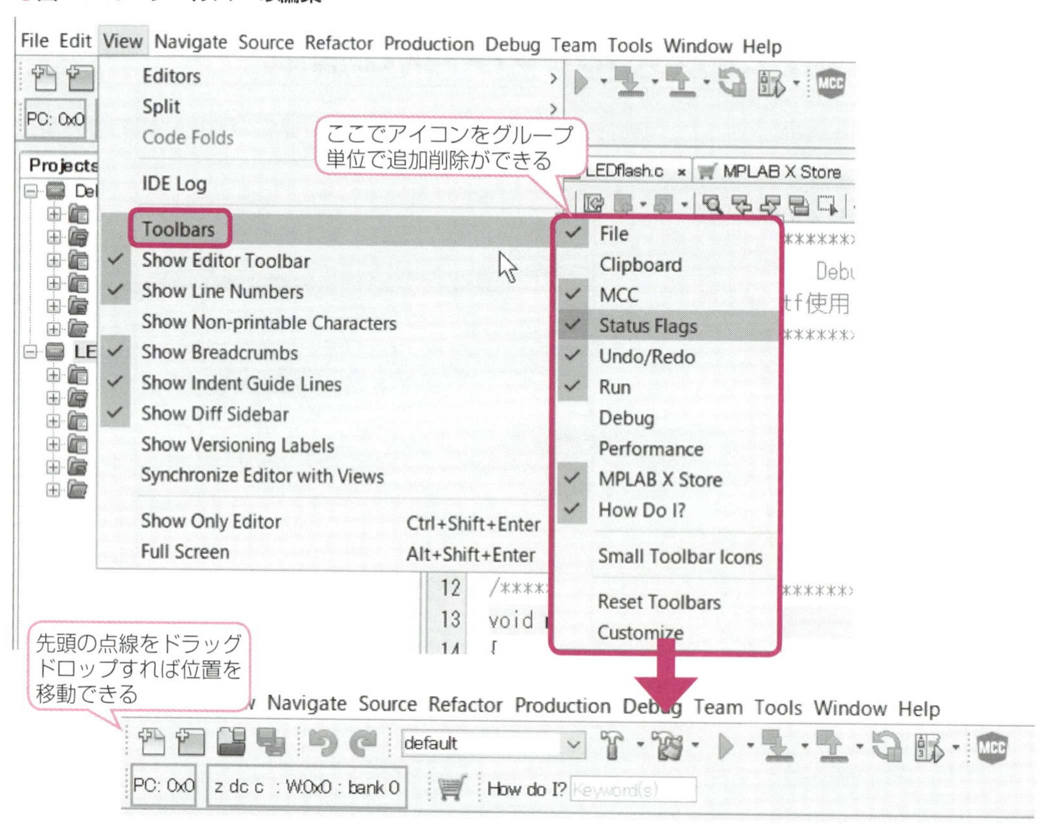

4-3 MPLAB X IDEの使い方

インストールが完了したMPLAB X IDEを実際に使ってみましょう。プロジェクトの作成からコンパイル、書き込みまでの一連の流れを説明します。

【プロジェクト名】 LEDflash

例題として作成するプログラムは、第3章で作成したデジタル演習ボードを使い、発光ダイオードを一定間隔で点滅させるというものとします。

4-3-1 MPLAB X IDEの起動

起動はデスクトップに生成された[MPLAB X IDE]アイコンをダブルクリックすれば起動します。MPLAB X IDEを起動すると、図4-3-1のようなスタートアップ画面が表示されます。

このスタートアップ画面には、MPLAB X IDEの使い方のガイダンスや、フォーラムへのリンクなどがあります。さらに上側にあるタブで画面を切り替えるとこれまでに作成したプロジェクトや、マイクロチップ関連の最新情報へのリンクがあり、関連情報源へのナビゲータとなっています。ただしインターネットに接続されているパソコンであることが前提となっています。

●図4-3-1　MPLAB X IDEのスタートページ

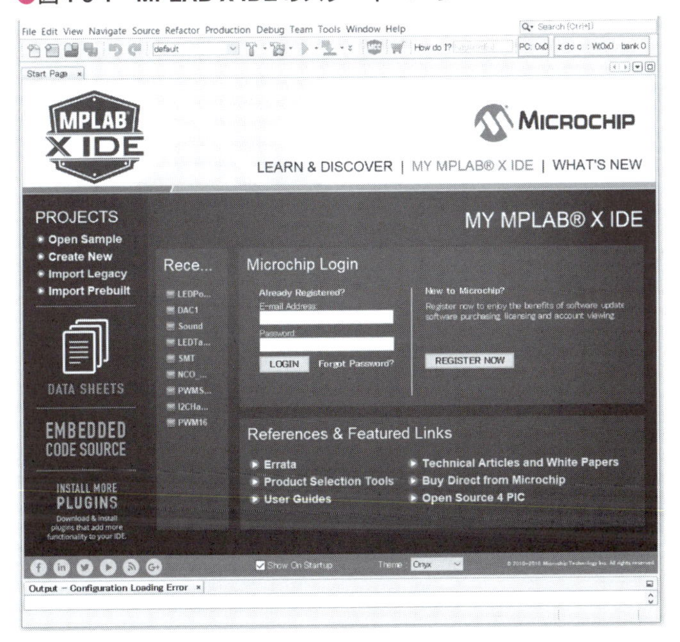

4-3-2 プロジェクトの作成

PICマイコンでプログラム開発を行う場合には、「**プロジェクト**」という単位で管理されます。このプロジェクト内に生成するファイル群を格納するので、プロジェクトごとにフォルダを分けると管理しやすくなります。したがって、**まずプロジェクトを作成する必要があります**。このプロジェクトの作成手順を順に説明します。

MPLAB X IDEではじめる前に、プロジェクトを格納するフォルダを先に作成しておくと進めやすく、管理しやすくなります。フォルダはファイルエクスプローラを使って通常の方法で作成します。第1部では、「D:¥Clang1」の下にフォルダを作成してすべてのプロジェクトのフォルダを作成し格納することにします。

最初のプロジェクトは「D:¥Clang1¥Sec4¥LEDflash」というフォルダに格納することにします。筆者はDドライブを使っていますが、これは読者が常にお使いのドライブで構いません。

1 ステップ1　作成するプロジェクト種別の選択

MPLAB X IDEのメインメニューから、[File]→[New Project]とすると図4-3-2のダイアログが開きます。ここからプロジェクト作成を開始します。

このダイアログではデフォルトの設定のままNextとします。これでPICマイコン用の標準プロジェクトの作成を指定したことになります。

●図4-3-2　プロジェクト作成開始ダイアログ

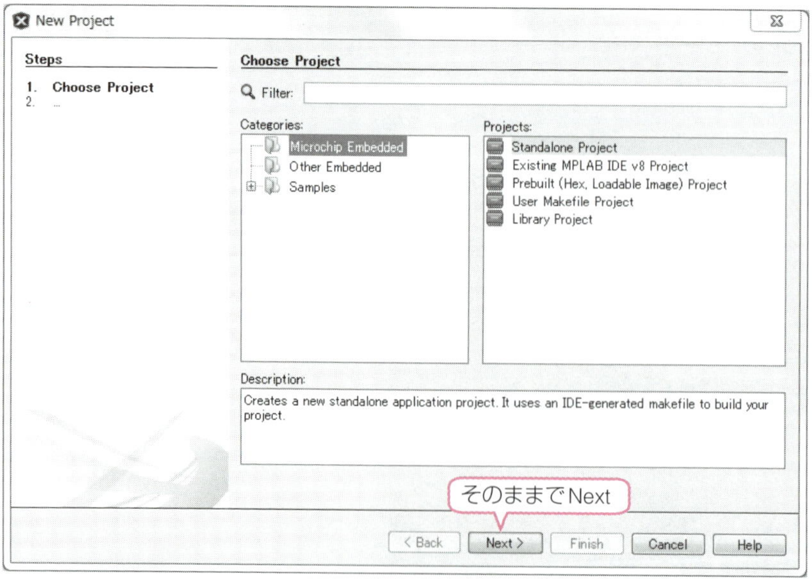

2 ステップ2　デバイスの選択

これで図4-3-3のダイアログが表示されます。この時点でダイアログの左側の欄に今後の作成ステップが表示されます。全部で7ステップであることがわかります。

なおここで設定した項目は、あとでプロジェクトのプロパティで変更することもできます。

ここではプロジェクトに使用するPICマイコンのデバイス名を選択します。デジタル演習ボードにはPIC16F18857が使われているので、まず上の欄で［Mid-Range 8-bit MCUs］を選択し、下の欄で［PIC16F18857］を選択してNextとします。あるいは下の欄に直接キーボードから型番を入力することもできます。

●図4-3-3　デバイスの選択ダイアログ

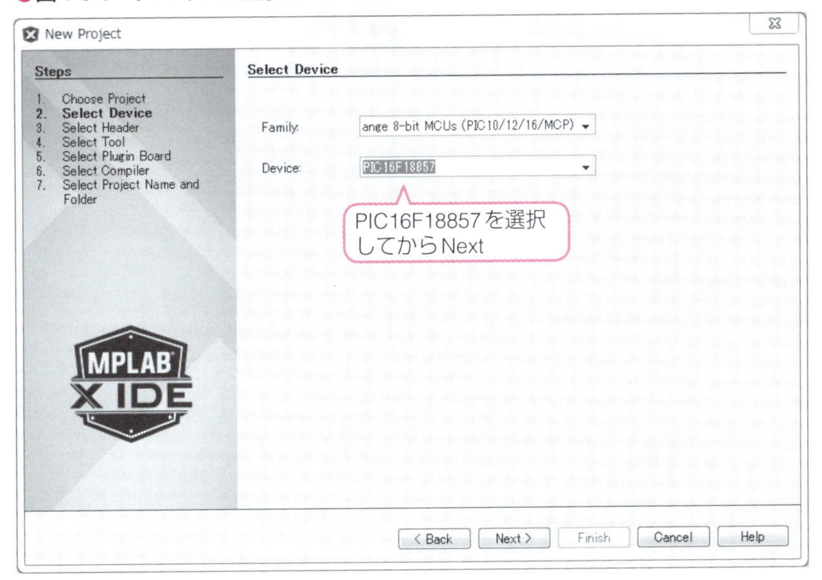

3 ステップ3　デバッグヘッダの選択

次のステップはデバッグヘッダの選択なのですが、ここで使用するPICマイコンにはデバッグヘッダが不要なため、自動的にスキップしてステップ4に進みます。

ここで**デバッグヘッダ**とは、8ピンなどの小ピンのデバイスで実機デバッグしたいときに使うエミュレーションデバイス搭載の小型ボードのことです。小ピンのデバイスではデバッグ用のピンが不足してしまうので、同じ機能を持ったピン数の多いエミュレーションデバイスに置き換えてデバッグします。

4 ステップ4　ツールの選択

次のステップは書き込みに使うツールの選択ダイアログで図4-3-4となります。本書ではすべてPICkit3を使います。PICkit3が既にパソコンに接続されている場合には、PICkit3の下にシリアル番号が表示されているはずなので、このシリアル番号を選択してから［Next］とします。未接続の場合は、［PICkit3］の項目を選択して［Next］とします。

●図4-3-4　プログラミングツールの選択

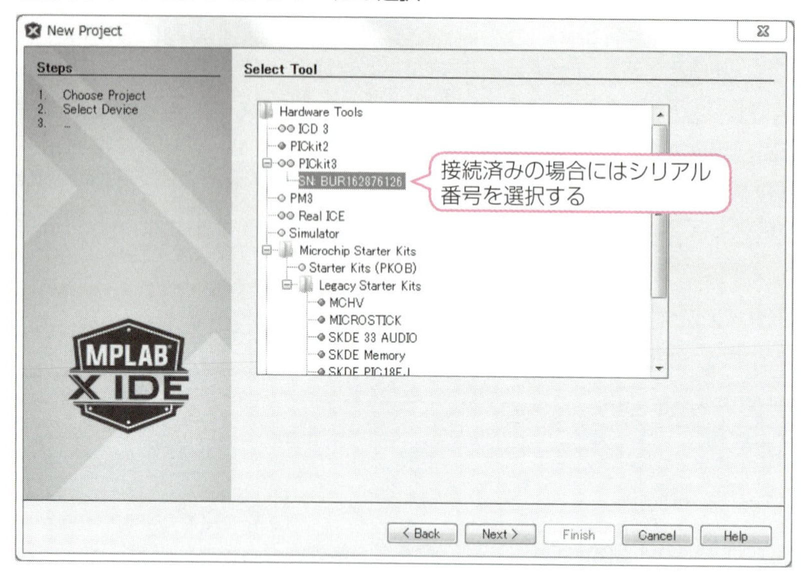

5 ステップ6　コンパイラの選択

次のステップは5を飛ばして6となります。ステップ6のダイアログは図4-3-5でコンパイラつまり言語の選択です。本書ではすべてXC8コンパイラを使ってC言語で作成するので、図のようにXC8 Compilerを選択してから[Next]とします。複数バージョンがインストールされている場合には、最新バージョンのほうを選択します。

●図4-3-5　コンパイラの選択

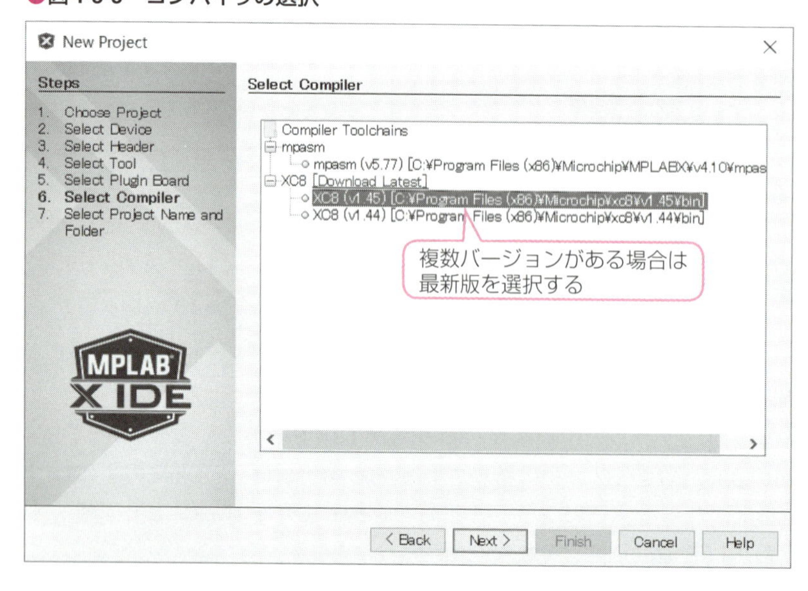

ここでコンパイラの前にある丸いボタンが緑色であることを確認して下さい。このボタンは緑色の場合は正常に使用可能、黄色は暫定版として使用可能、赤色は使用不可、ボタンなしの場合はインストールされていないことを示しています。前章の手順でCコンパイラをインストールしていれば、緑色ボタンで表示されたXC8の行があるはずです。

6 ステップ7　プロジェクト名とフォルダの指定

次のダイアログは図4-3-6で、ここでプロジェクトの名前と格納するフォルダを指定します。まずプロジェクト名を入力します。任意の名前にできますが日本語は使えないため**英文字とする必要があります**。ここではフォルダ名と同じ「LEDflash」というプロジェクト名としています。

次にフォルダを指定します。既にあるフォルダの場合はBrowseボタンをクリックしてそのフォルダを指定します。フォルダが未作成の場合は、新規フォルダ名を直接入力すれば自動的にフォルダを作成し、その中にプロジェクトを生成します。ここではあらかじめフォルダを作成しておいたので、そのフォルダを指定しています。

最後に文字のエンコードを指定し、日本語のコメントが使えるように、[Shift-JIS]を選択してから[Finish]ボタンをクリックして終了です(UTF-8でも問題はありません)。

●図4-3-6　プロジェクト名とフォルダの指定

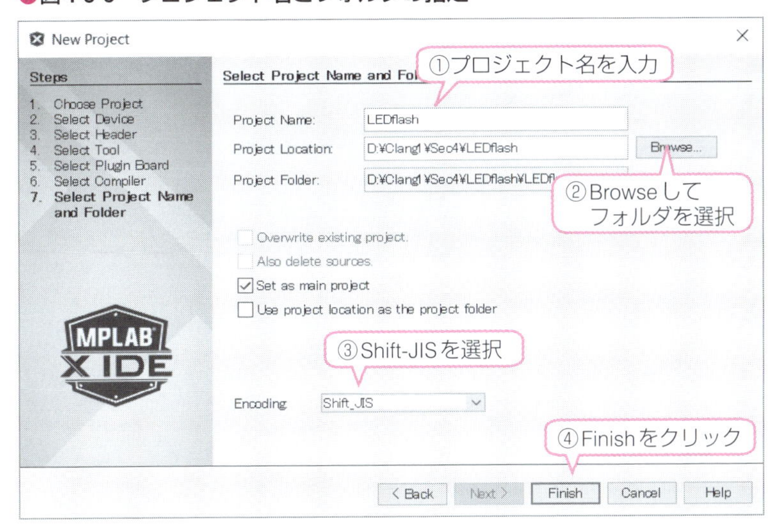

これでプロジェクトが生成され、図4-3-7のように画面の左端に[Project Window]が表示されます。ただし、ここで生成されたのは名前とフォルダだけの空のプロジェクトです。

●図4-3-7　プロジェクト窓に表示される

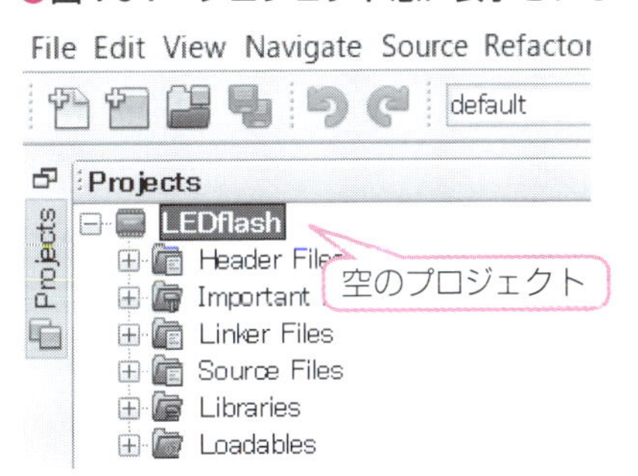

4-3-3 ソースファイルの作成

プロジェクトが生成できたので、次にプログラムのソースファイルを作成します。ソースファイルの作成にはエディタを使います。

1 新規ソースファイル作成の場合

まずプロジェクト管理窓(Project Window)でプロジェクトの[Source Files]を選択してから、MPLAB X IDEのメインメニューから、[File]→[New File]とすると図4-3-8のダイアログが開きます。

ここでソースの種類とタイプとを指定します。C言語のソースファイルの場合は、図のように[Categories]では[C]を選択し、[File Types]では[C Main File]を指定して[Next]とします。

●図4-3-8 ソースファイルの新規作成

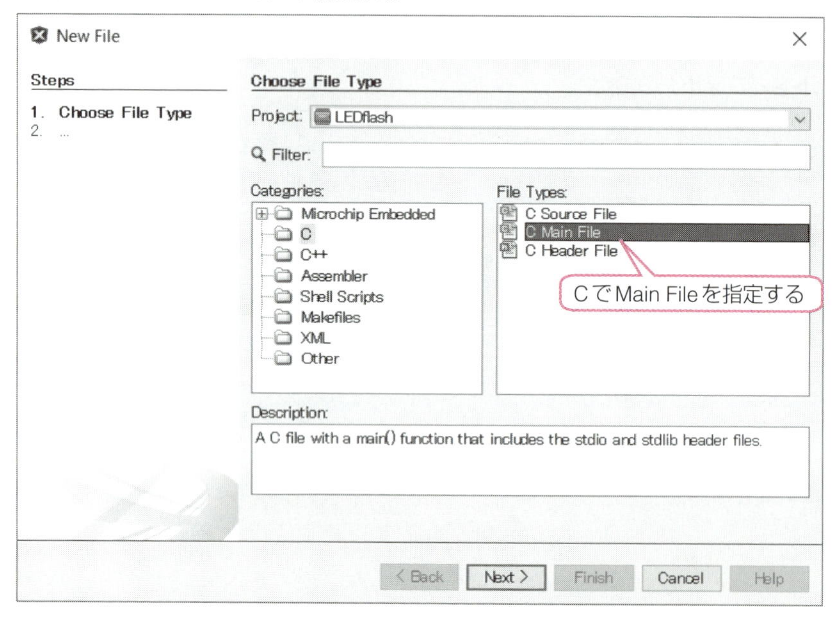

次に表示される図4-3-9のダイアログでファイルの名称と格納フォルダを指定しますが、拡張子とフォルダは自動的に表示されるので、ファイル名だけ入力すればOKです。図ではプロジェクト名と同じファイル名「LEDflash」としています。これで[Finish]とします。

●図4-3-9　ファイル名とフォルダの指定

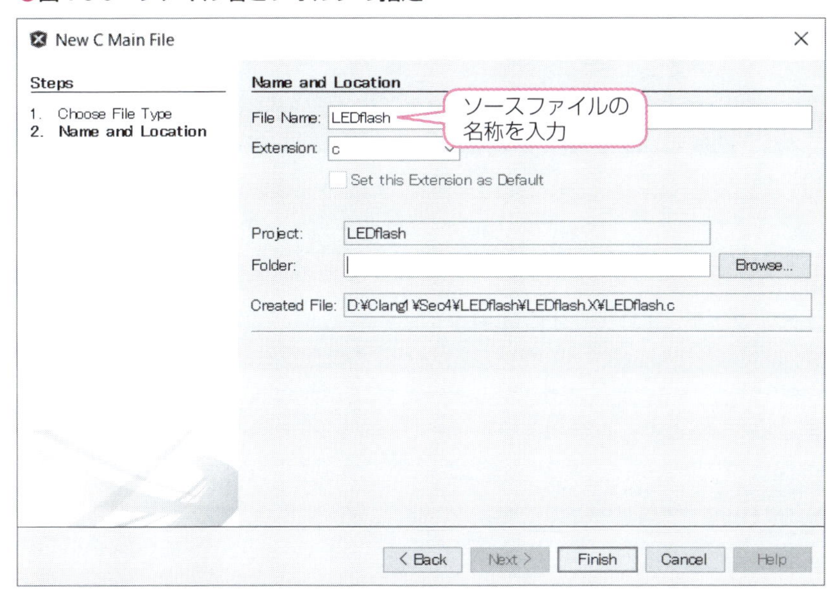

これでMPLAB X IDEのメイン画面に戻り、図4-3-10のようにエディタが開きます。エディタには自動的に生成された雛形が表示され、プロジェクトの[Source Files]にファイルが登録されます。しかし実際にはこの雛形を使わず、全部書き直すことがほとんどです。

●図4-3-10　自動生成されたソースファイルの雛形

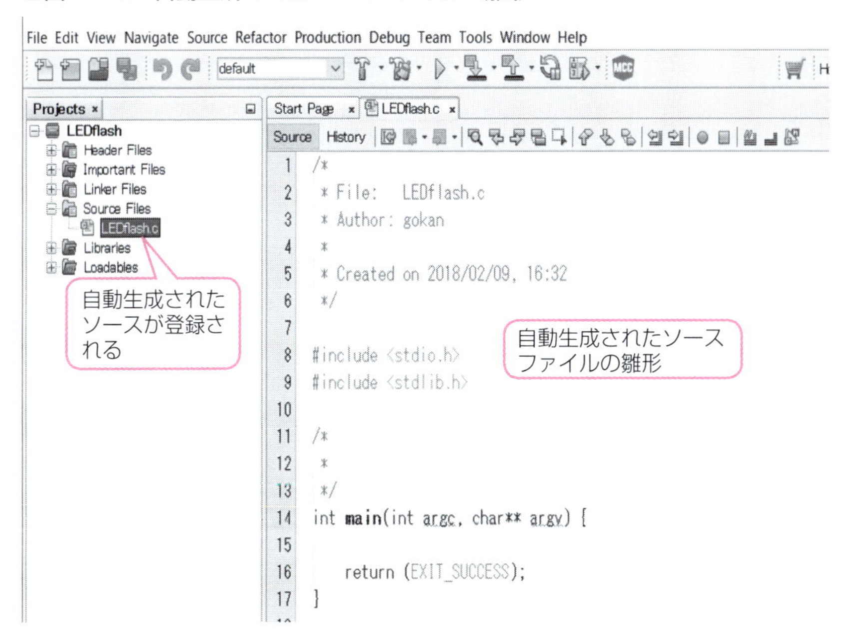

ここまででプログラムの入力準備ができたので、プログラムを入力していきます。ここでは入力手順については省略しますが、入力したソースリストはリスト4-3-1とします（巻末掲載の本書サポートサイトよりダウンロードできます）。

コンフィギュレーションという設定で、PICのハードウェアの設定をして、クロックの発振方法を指定しています。メイン関数という部分以下が実際のプログラム部です。最初に入出力ピンの初期設定をして入力モードと出力モードの設定をしています。次のメインループでは、3個のスイッチを押すと、スイッチごとに赤、緑、青のLEDが点灯するという動作をします。これらの入出力ピン制御の記述方法の詳細は、第3部で詳しく説明しています。

リスト 4-3-1 入力したソースファイルリスト（LEDflash）

```
/***********************************************
 * C言語入門 LED点滅  LEDflash.c
 *   第1部 第4章
 ***********************************************/
#include <xc.h>
/* コンフィギュレーション設定 */
#pragma config FEXTOSC = OFF, RSTOSC = HFINTPLL, WDTE = OFF, LVP = OFF

/******** メイン関数 *************/
void main(void) {
    /* 入出力モード設定 */
    ANSELA = 0;                     // すべてデジタル
    LATA = 0;                       // 全消灯
    TRISA = 0x07;                   // RA0,1,2のみ入力
    WPUA = 0x07;                    // RA0,1,2のみプルアップ
    /**** メインループ ****/
    while(1){
            if(PORTAbits.RA0 == 0)  // S1がオンの場合
                LATA = 0x20;        // 赤点灯
            if(PORTAbits.RA1 == 0)  // S2がオンの場合
                LATA = 0x08;        // 緑点灯
            if(PORTAbits.RA2 == 0)  // S3がオンの場合
                LATA = 0x10;        // 青点灯
    }
}
```

2 既存ソースファイルを使う場合

実際にプロジェクトを作成する場合には、まったく新規にソースファイルを作成することは少なく、何らかの既存のファイルをプロジェクトフォルダにコピーし、ファイル名を変更して始めることがほとんどです。この場合、ファイルエクスプローラを使って、他のプロジェクトにあるファイルを対象プロジェクトにコピーします。次にコピーしたファイルの名称を変更します。

このようにコピーした既存ソースファイルをプロジェクトに登録する場合には、次のようにします。

プロジェクトの[Source Files]で右クリックし、表示される図4-3-11のポップアップメニューで、[Add Existing Item]を選択します。これで表示されるファイルダイアログで目的の既存ソースファイルを選択すれば、図のようにプロジェクトの[Source Files]欄に追加されます。

●図4-3-11 既存ソースファイルの登録

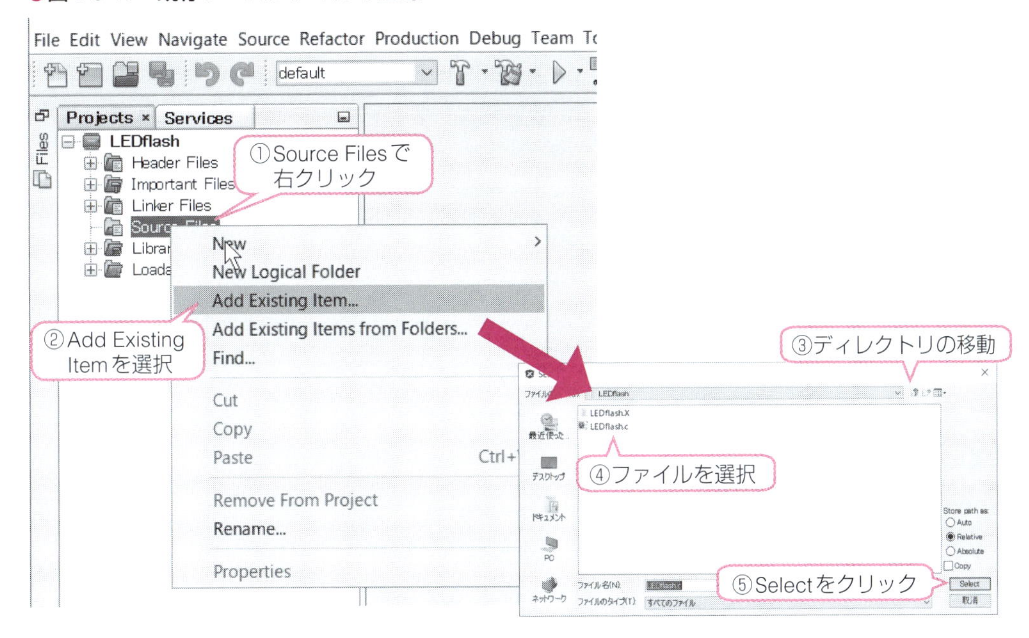

登録したファイルをエディタ画面で開くには、プロジェクト管理窓でファイル名をダブルクリックすれば開きます。

以上のような手順で必要なファイルをプロジェクトに登録すれば、プロジェクトの作成が完了します。

4-3-4 プロジェクトの変更

1 ファイルの登録削除

登録したファイルをプロジェクトから外したいときは、ファイルを選択後右クリックして開くポップアップメニューで図4-3-12のように[Remove From Project]を選択します。このとき、DELキーで取り外すとファイルも削除されてしまうので注意して下さい。

●図4-3-12 ファイルのとり外し

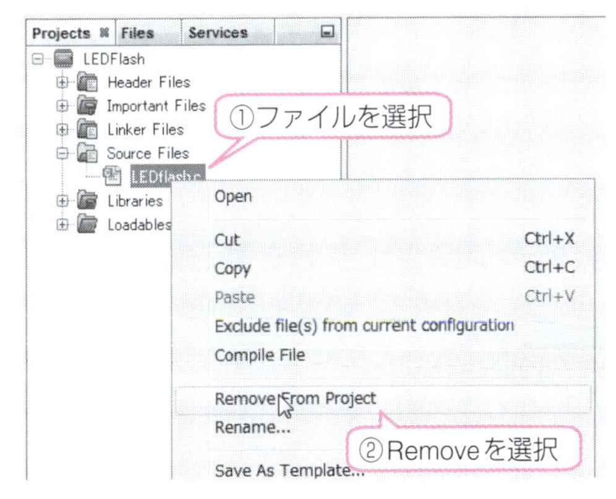

2 プロジェクト名の変更

作成したプロジェクトの名前を変更したい場合には、まずプロジェクト名を選択してから、右クリックし、表示されたポップアップメニューから図4-3-13のように[Rename]をクリックします。これで開くダイアログで新名称を入力します。プロジェクトのフォルダ名も一緒に変更したい場合にはチェックを追加します。

●図4-3-13 プロジェクト名の変更

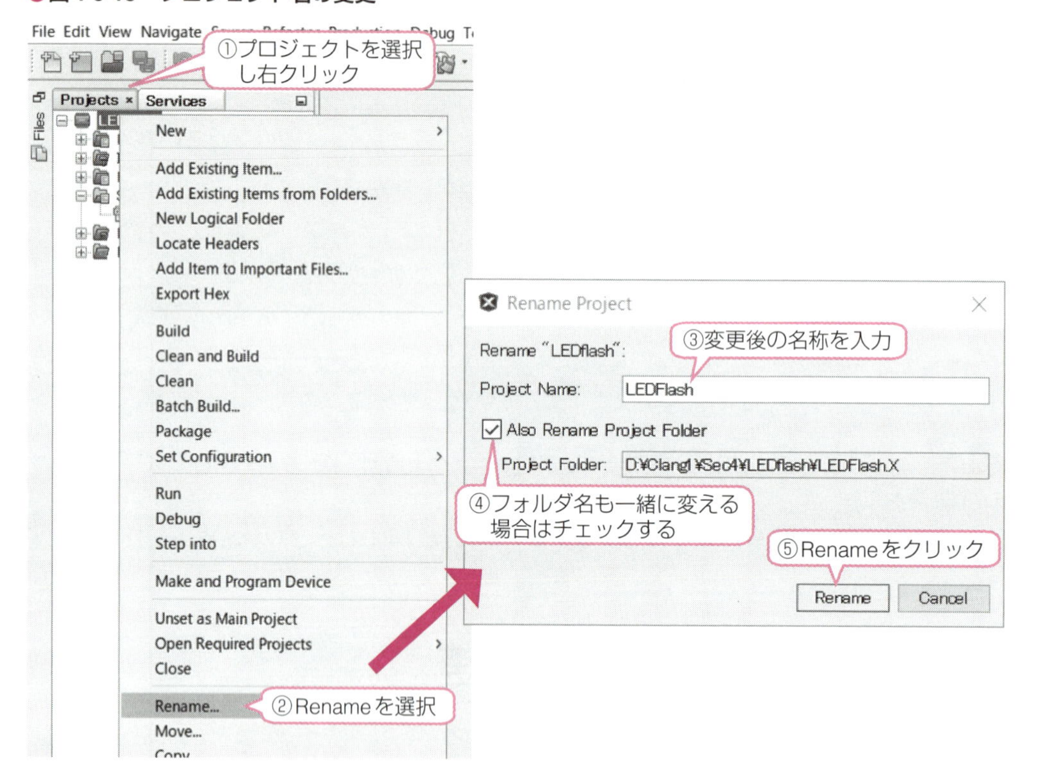

4-3-5 既存プロジェクトの取り扱い

ここまでは新規にプロジェクトを作成する手順でしたが、今度は、すでに作成済みのプロジェクトを開いたり、閉じたりする方法を説明します。

1 既存プロジェクトを読み込む

すでに存在するプロジェクトをMPLAB X IDEで読み込んで開く手順は図4-3-14のようにします。まずメインメニューから[File]→[Open Project・・・・]として開くファイルダイアログで、既存プロジェクトのフォルダに移動してから「・・・.X」というプロジェクトファイルを選択してダブルクリックするか、選択後[Open Project]とすれば開くことができます。

●図4-3-14 既存プロジェクトの開き方

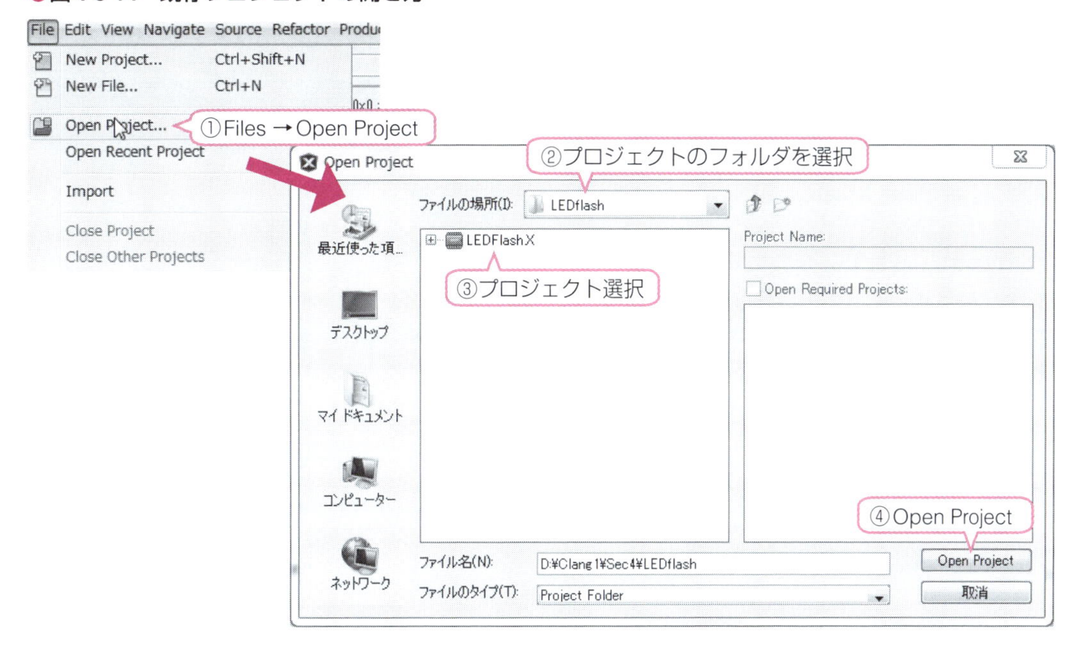

2 プロジェクトを閉じる

逆にすでに開いているプロジェクトを閉じるには、図4-3-15のようにプロジェクト管理窓で、閉じたいプロジェクトを選択してから、右クリックして開くポップアップメニューで［Close］をクリックすれば閉じることができます。Ctrl キーか Shift キーを押しながら複数プロジェクトを選択して同時に閉じることもできます。図では3つのプロジェクトを同時に閉じることになります。

●図4-3-15 プロジェクトを閉じる

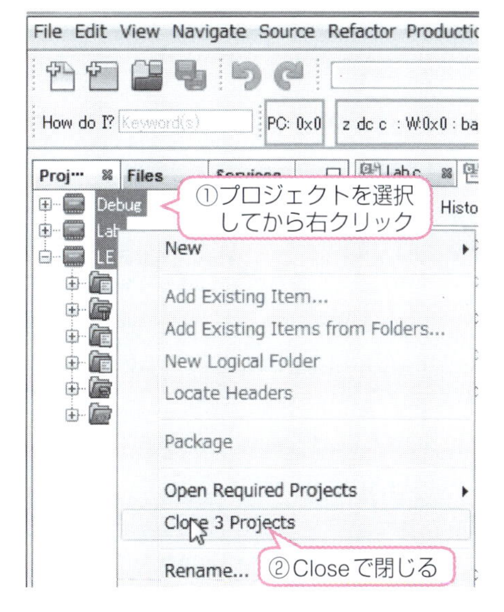

3 対象プロジェクトを切り替える

MPLAB X IDEは複数のプロジェクトを読み込んだ状態で扱うことができます。しかし、**コンパイルやデバッグの対象にできるのは、プロジェクト名が太字になっている1個のプロジェクトだけ**です。

このように複数のプロジェクトを開いた状態で、コンパイルなどの対象にするプロジェクトを切り替えるには、図4-3-16のように対象とするプロジェクトを選択してから、右クリックして開くポップアップメニューで、[Set as Main Project]をクリックします。これで選択したプロジェクトの名前が太字に変わって対象になったことがわかるようになっています。

●図4-3-16 対象プロジェクトを切り替える

4-3-6 MPLAB IDE v8のプロジェクトのインポート

MPLAB X IDEの前のMPLAB IDE v8で作成したプロジェクトを、MPLAB X IDEのプロジェクトに変換して開くこともできます。

この操作には[Import]機能を使います。図4-3-17のように、メインメニューから[Files]→[Import]→[MPLAB IDE v8]として開くダイアログで、旧プロジェクトのフォルダ内にある、MPLAB IDE v8のプロジェクトファイルである拡張子が「mcp」のファイルを指定して[Next]とします。

このあとは通常のMPLAB X IDEのプロジェクトを新規作成する際の手順と同じなので、必要な設定を行います。[Select Device]では既存のプロジェクトで選択されていたものと同じデバイスが自動的に選択されます。最後に[Summary]ダイアログで変換結果が表示されます。

●図4-3-17　旧MPLAB IDE v8のプロジェクトを開く

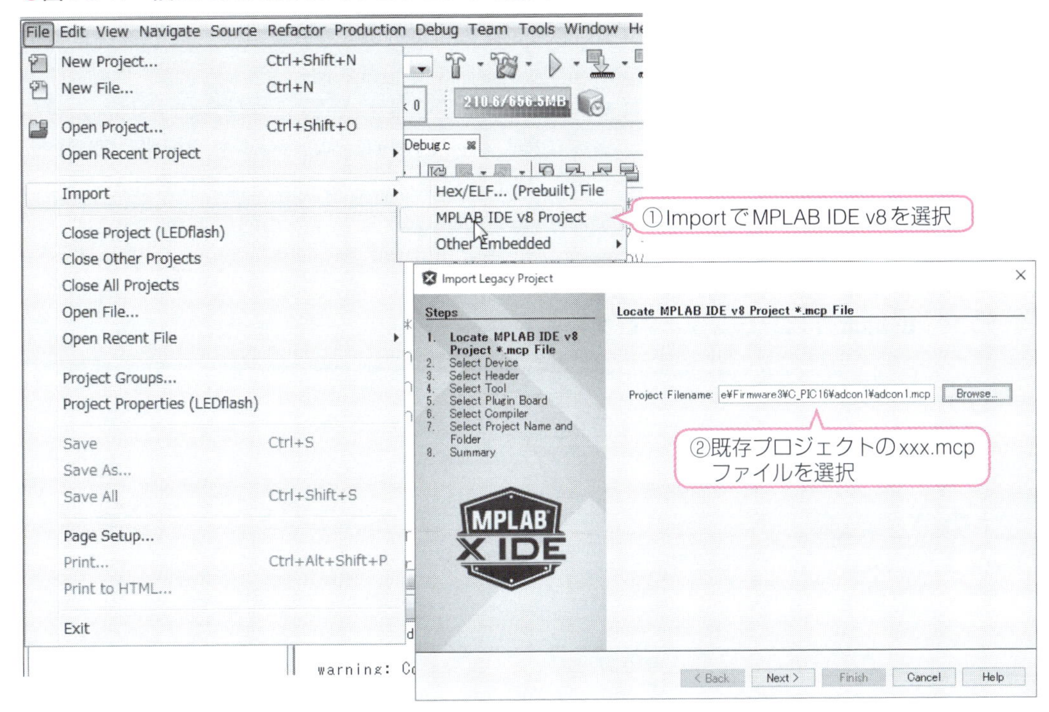

4-3-7　プロジェクトのプロパティ

MPLAB X IDEでプロジェクトを開いた状態で、プロジェクトのプロパティによりプロジェクトの設定内容を変更したりツールを変更したりできます。

まずプロパティ窓を開くには図4-3-18のようにします。対象とするプロジェクトを選択してから、メインメニューで、[File]→[Project Properties（対象プロジェクト名)]をクリックすればプロパティダイアログが表示されます。

またはプロジェクトを右クリックして開くポップアップメニューからも選択できます。

これで開くプロパティダイアログは非常に多くの設定ができるようになっています。最初に開いたときのdefaultのプロパティダイアログから説明します。

●図4-3-18　プロジェクトのプロパティを開く

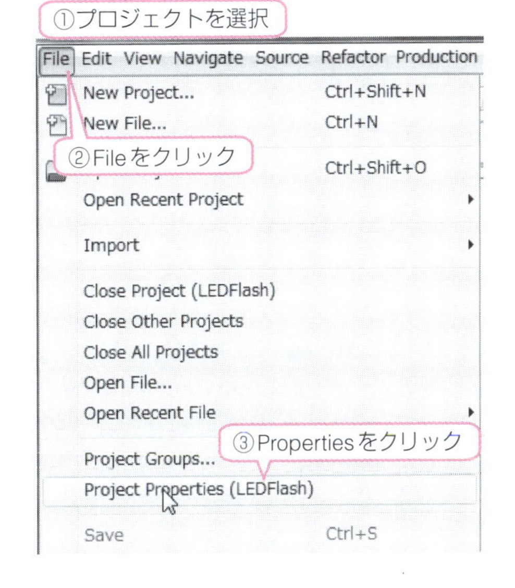

1 defaultのプロパティダイアログでの設定

最初に開いたデフォルトのダイアログでは図4-3-19のような設定ができます。これはプロジェクトを作成する際に設定した内容をあとから変更するような場合に使います。

右上の①欄ではデバイス名を変えられます。その下側の②デバッグヘッダ欄は、小ピンのデバイスで実機デバッグする際に、デバッグヘッダに差し替えてからここでヘッダを選択すればデバッグができるようになります。このデバイスでは［None］になっているので関係ありません。

右下側の2つの欄では、③ハードウェアツールと④ソフトウェアツールの設定ができます。これらもプロジェクト作成時に設定していますが、あとから変更もできるようになっています。

●図4-3-19　defaultのプロパティダイアログ

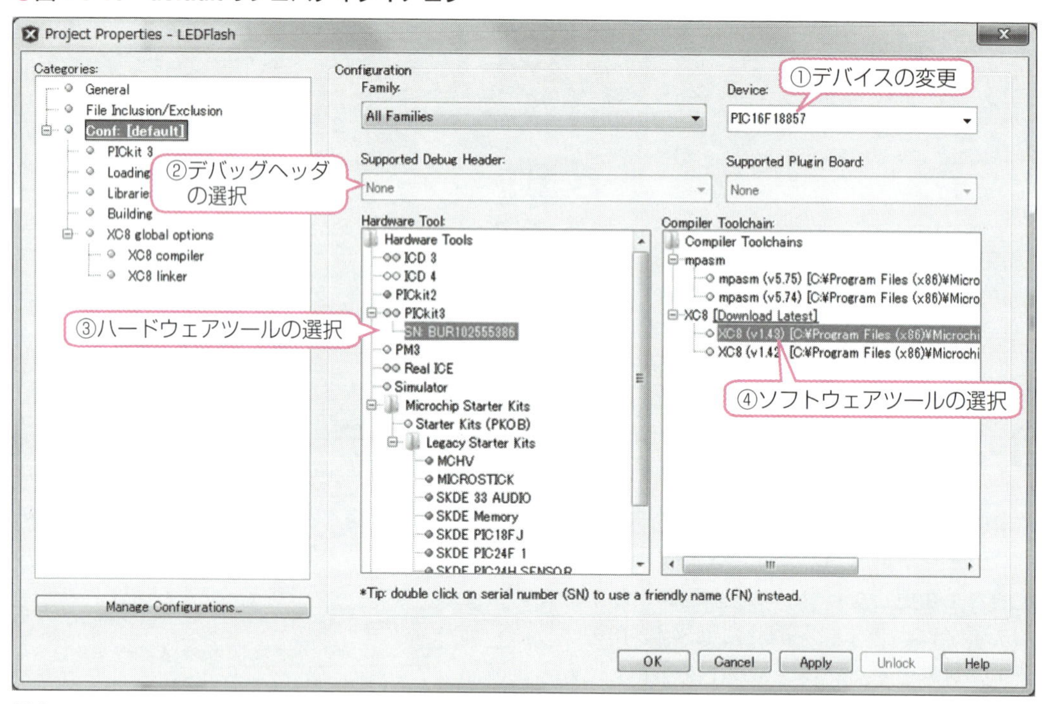

【注】MPLAB X IDEのバージョンアップにより、パッケージ（PACKS）という項目が追加されています。詳細はp.2掲載のWebサイトより「補足情報　開発環境のバージョンアップについて」をご覧ください。

さらに、やや高度な使い方になりますが、左下の［Manage Configurations］を使うと、同じプロジェクトの中に異なるPICマイコンやツールを使った派生プロジェクトを生成できます。例えば図4-3-20のように［Manage Configurations］をクリックして開くConfigurationsダイアログで［New］とすれば新たに派生プロジェクトを生成できます。例では同じPICファミリのPIC16F18855でも同じ機能を満足するプロジェクトを作成したことになります。どちらのほうを使うかは、Configurationsのダイアログで［Set Active］ボタンで切り替えます。

●図4-3-20　Manage Configurations

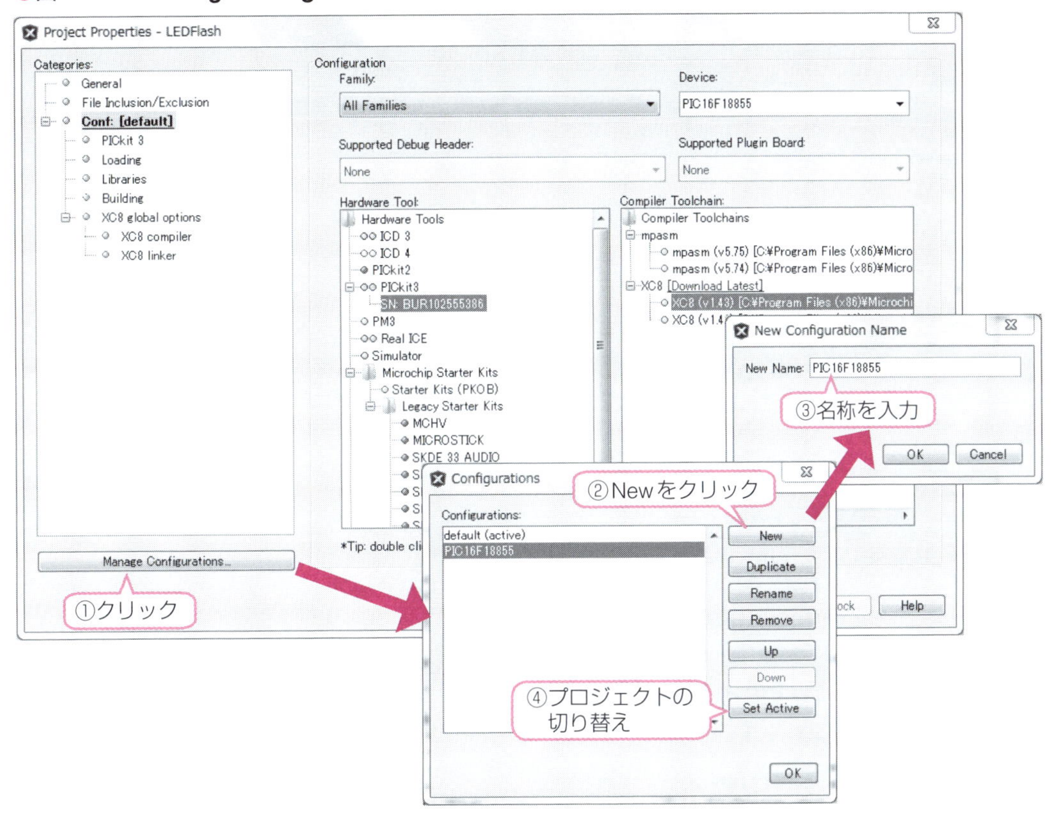

2 Generalのプロパティダイアログでの設定

プロジェクトを生成するとき、EncodingでShift_JISの設定を忘れると日本語が正常に表示されません。この設定をあとから行うには、プロパティダイアログの左側のCategories欄のGeneralを使います。

Generalを選択した場合のプロパティダイアログは図4-3-21のようになります。ここでは文字エンコーディングの設定変更ができます。プロジェクト作成時に設定をし忘れた場合でもあとから設定できます。

このダイアログでは前項で作成した派生プロジェクトもプロジェクト窓に表示されています。

●図4-3-21　Generalのプロパティダイアログ

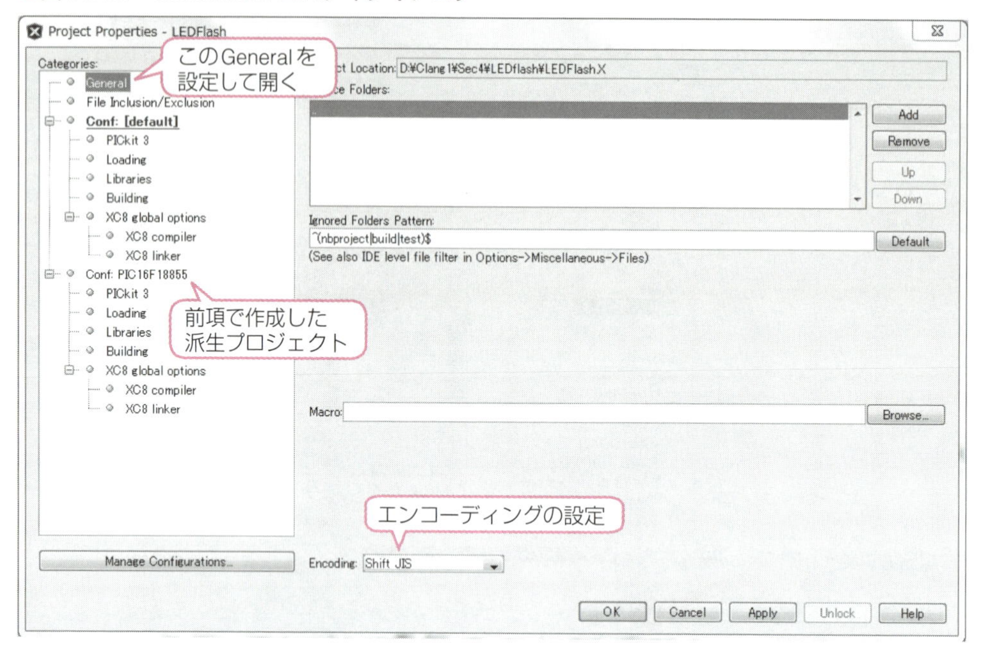

3 Compilerのプロパティダイアログ

左側のCategories欄でXC8 Compilerを選択した場合のダイアログが図4-3-22となります。

●図4-3-22　Compilerのプロパティダイアログ

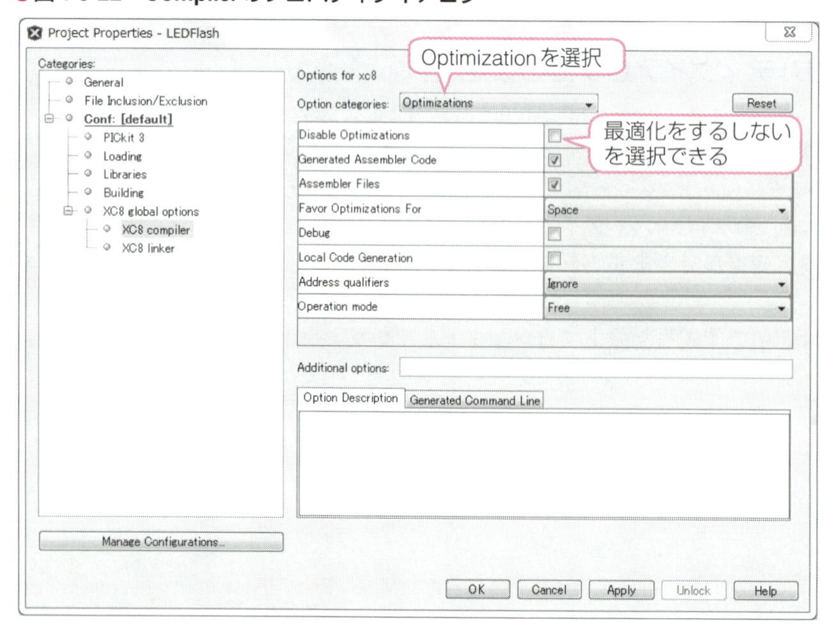

右側の一番上で［Optimization］を選択すると、最適化をするかしないかを設定できます。これは実機デバッグする場合、最適化が行われていると、不要な処理が省略されてソースファイル通りにならない場合があるので、最適化機能をなしとしてコンパイルするようなときに使います。

4 Linkerのプロパティダイアログで浮動小数のビット数変更

XC8 Linkerを選択すると図4-3-23のダイアログになります。ここで［Memory Model］を選択すると、floatとDoubleの型のビット幅を24ビットにするか32ビットにするかを選択できます。

●図4-3-23　Linkerのプロパティダイアログ

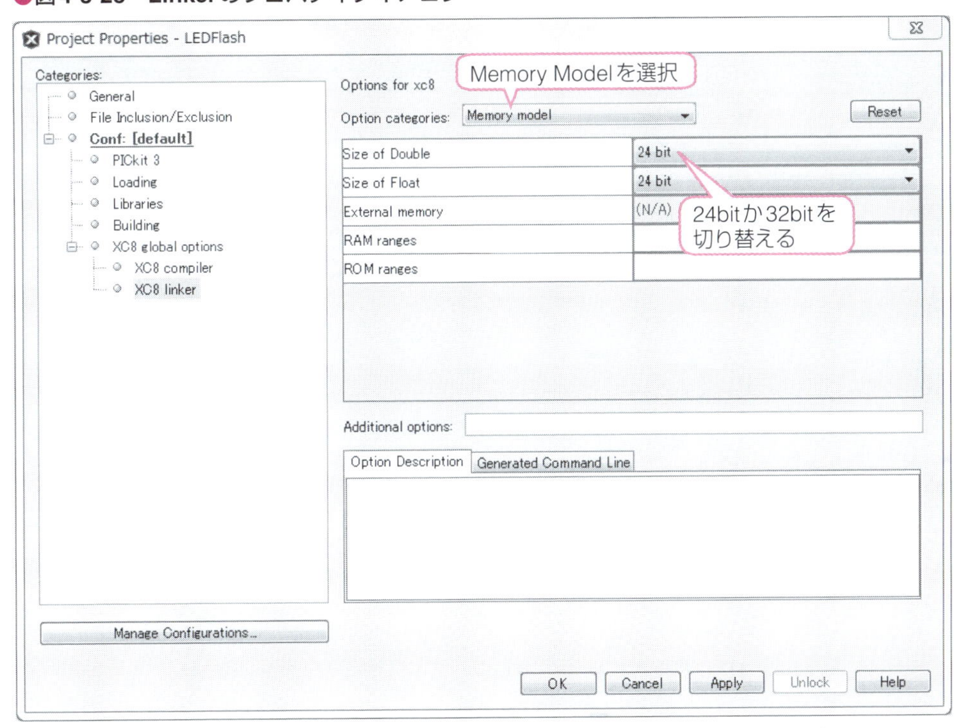

【注】XC8コンパイラのバージョンアップにより、実数のデフォルトが32ビットに変更されています。

5 スタックオーバーフロー対策

ソースファイルの関数が多くなったり、switch文などのネストが深くなり過ぎたりして、万一ハードウェアスタックを使い切ってしまってエラーとなった場合、LinkerのRuntimeオプションの設定でハードウェアスタック対策ができます。これには、図4-3-24のようにLinkerの［Properties Option］で［Runtime］を選択して、その下側にある欄で［Managed stack］欄にチェックを入れると、万一ハードウェアスタックを使い切った場合、関数呼び出しをルックアップテーブル方式にします。

●図4-3-24 ハードウェアスタックエラー対策

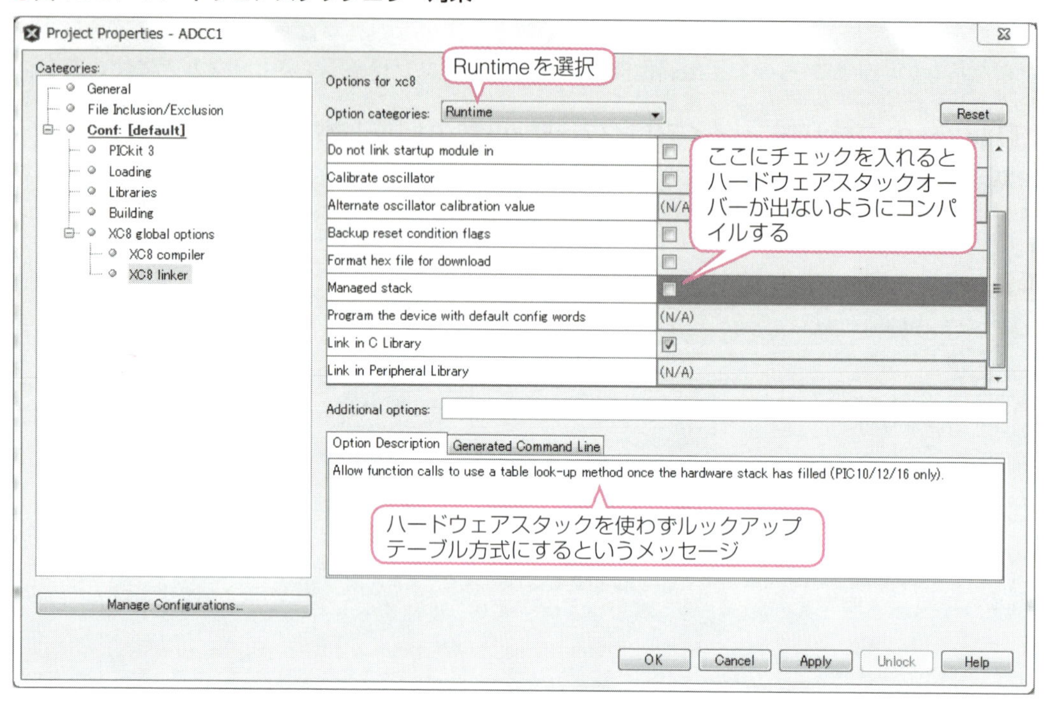

この他にも非常に多くの設定ができますが、通常はデフォルトのままで問題ないので、そのままとして使います。

4-4 ソースファイルの作成とエディタの使い方

プログラムのソースファイルの作成、つまりプログラム本体の入力にはMPLAB X IDEのエディタを使います。いろいろな便利機能が用意されていて、プログラム入力が楽にできるようになっているので、このエディタの使い方を説明します。

説明に使うプロジェクトは4-3節で作成した「Clang1¥Sec4¥LEDflash」とします。

4-4-1 エディタの特徴とツールバー

MPLAB X IDEのエディタの特徴は次のようになっていて、コード入力を支援する機能がたくさん用意されています。

- エディタ専用アイコンによる簡単操作
- 入力中のエラー表示と選択肢の表示
- コード自動補完
- 括弧の対応表示
- Ctrl キーによる豊富なオプション

MPLAB X IDEのエディタ窓の外観は図4-4-1のようになっています。

●図4-4-1　エディタの外観

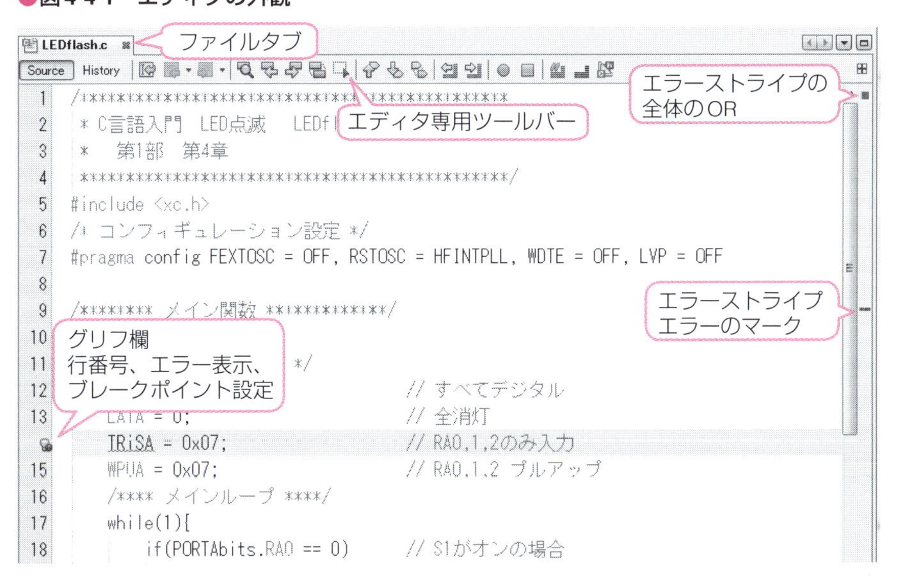

窓の上側にファイルごとのタブが開き、その下にファイルごとのエディタ専用ツールバーが用意されています。左端には行番号やエラーマーク、ブレークポイントなどを表示する欄があり、右端には、エラーを色のストライプで表示するエラーストライプ欄があります。

基本は英語ですが、**コメントには日本語が入力できる**ので、日本語変換機能が使えます。

エディタ窓の上部に用意されている専用ツールバーの機能は、図4-4-2のようになっています。検索機能、ブックマーク機能、行の左右移動、マクロ記録機能、コメント追加削除機能などがアイコンクリックだけでできるようになっています。

●図4-4-2 エディタ専用ツールバー

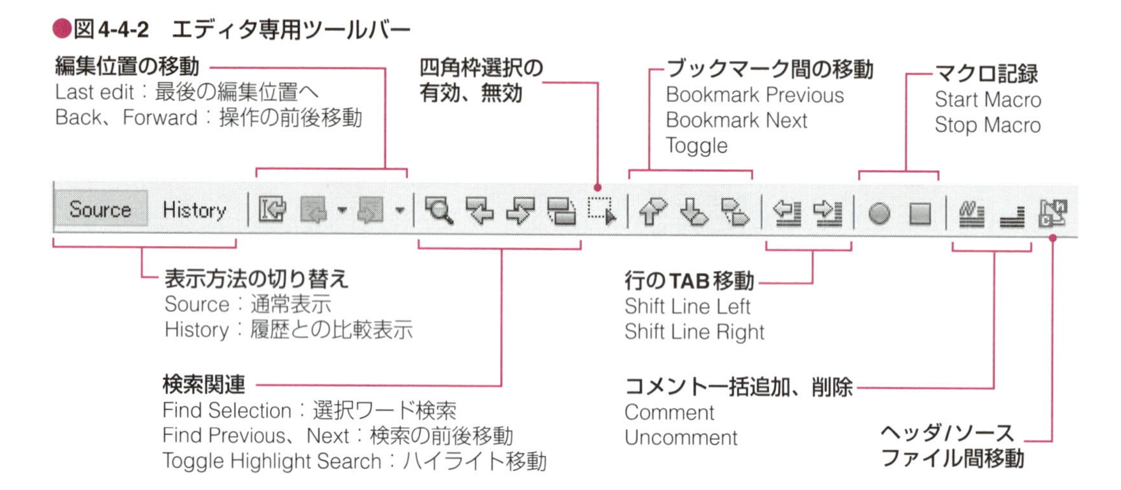

これらのアイコンの機能を説明します。

1 SourceとHistory

これはファイルの表示方法の指定で、[Source]の場合は通常のソースファイルとして表示します。[History]を選択すると、図4-4-3のように、これまでのファイルの変更の履歴を表示し、さらに現在と選択した日付のときのファイルとの差異を表示します。図の例では、これまでの保存履歴が5個あり日時で区別されています。下側では左側が選択した履歴の際のファイルで、右側が現在のファイルで互いの異なる部分を色付きのバーで表示しています。この色バー中の矢印をクリックすると旧ファイルの状態に戻すことになります。このようにHistory表示で変更した部分が明確に記録に残るので、確実に元に戻せます。

●図4-4-3 ソースファイルのHistory表示

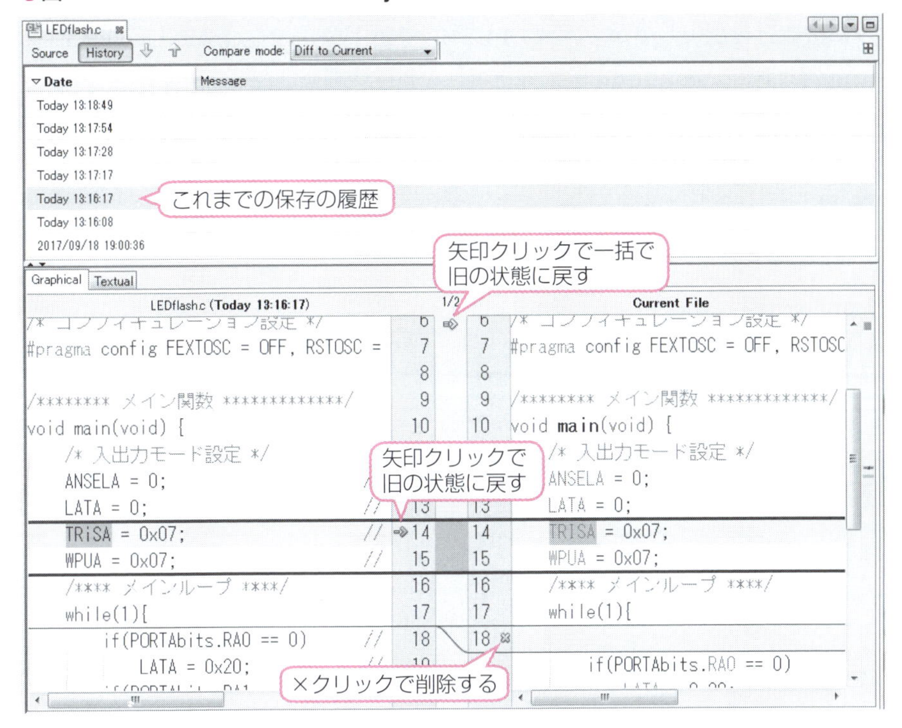

2 編集位置の移動

異なる位置での編集を続けたとき、以前の編集位置に戻ったり、次の編集位置に進んだり、最後の編集位置に戻ったりできます。別ファイルになっていても追従します。

3 検索関連

ソースファイル中の特定のワードを選択して検索を開始したり、次の検索位置に進んだり戻ったりできます。さらに検索語をハイライト表示するしないを指定できます。この検索機能は任意の検索語を入力することはできないので、簡単な検索の場合に使います。本格的な検索は、メインメニューの[Edit]→[Find…]を使うと便利です。

4 四角枠選択の有効、無効切り替え

四角枠選択を有効にすると、ソースファイル中で、四角で囲んだ部分だけを対象にして、削除、コピー、貼り付けができます。

5 ブックマークと移動

[Toggle Bookmark]で図4-4-4の②のように任意の行にブックマークを付けることができます。複数行にブックマークを付けたときには、図4-4-4③の[Previous]と[Next]アイコンでブックマーク行間を前後にジャンプできます。

6 複数行の一括インデント

図4-4-4④のように複数行を選択してから、図4-4-4⑤の[Shift Line Left]、[Shift Line Right]アイコンでまとめてタブの間隔、つまりインデントの単位で左右に移動させることができます。ソースファイルのインデント整理に便利に使えます。

●図4-4-4 ブックマークと一括移動

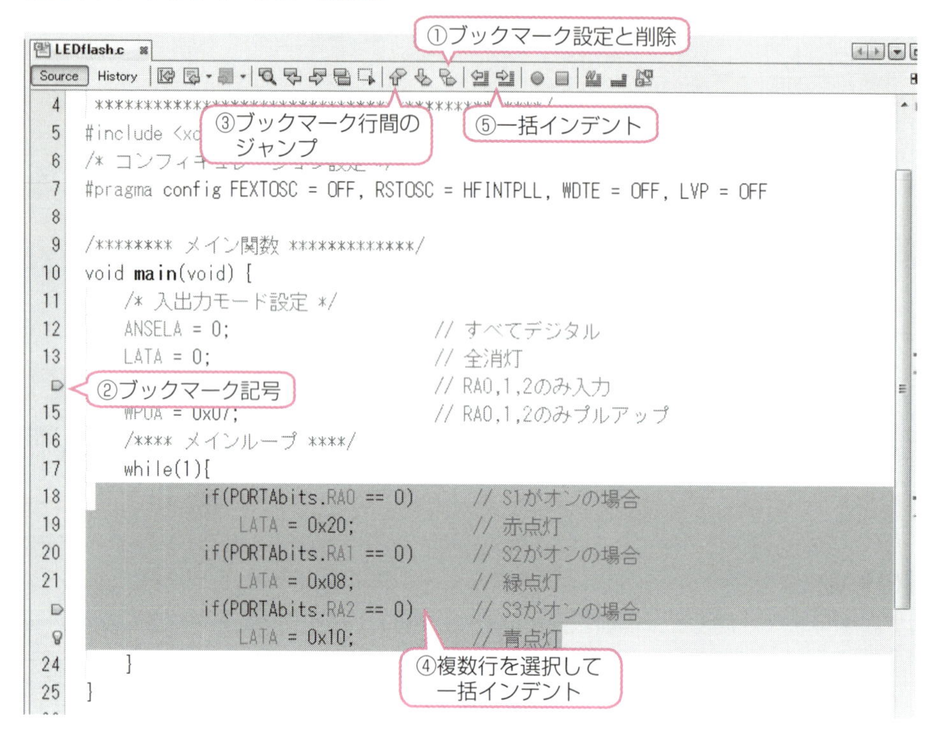

7 マクロ記録

操作手順をマクロとして記録でき、それをまとめて実行させることもできます。

8 コメント一括追加、削除

コメントアウトしたい複数行をまとめて行選択してから、[Comment]のアイコンをクリックすれば、選択したすべての行頭に「//」が追加されてすべてコメント行となります。元に戻したい場合は、同じように対象の行をまとめて選択してから、[Uncomment]のアイコンをクリックすれば、「//」が削除されて本来の実行文に戻ります。

9 ヘッダファイルとソースファイル間の移動

ファイル名が同じヘッダファイルとソースファイル間を交互に切り替えて移動します。

4-4-2 エディタのフォントの設定

このエディタ属性を設定するために専用のダイアログが用意されています。MPLAB X IDEのメインメニューから、[Tools]→[Options]とすると図4-4-5のようなエディタの各種設定をするダイアログが開きます。

フォント関連の設定をするためには、Optionsダイアログで[Font & Colors]のアイコンをクリックします。これで図4-4-5のダイアログとなります。この[Font & Colors]ダイアログでは、エディタのフォントと文字の色を設定できます。

●図4-4-5　フォント設定ダイアログ

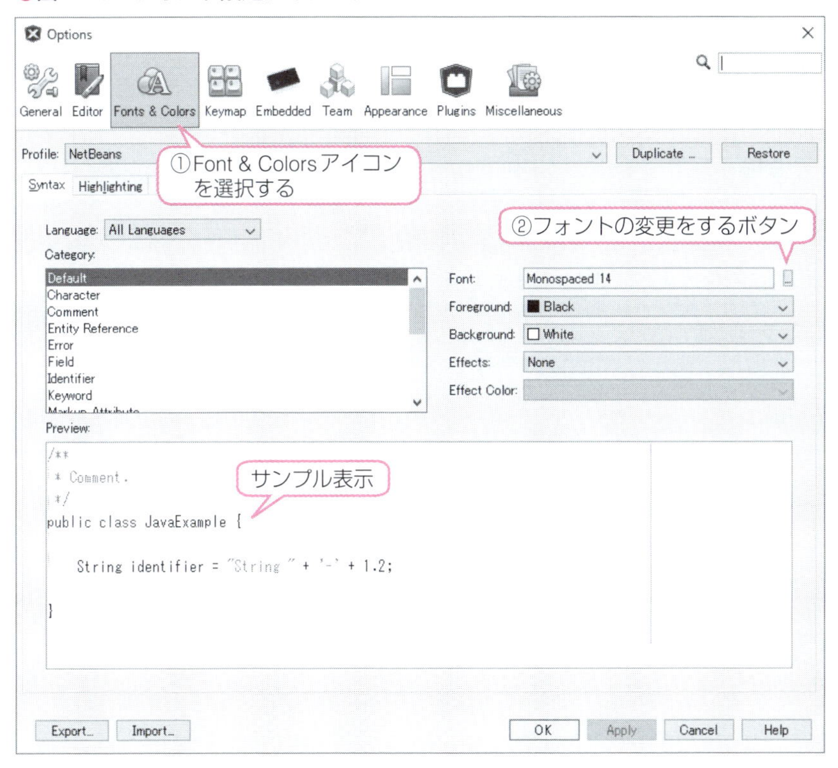

1 フォントの設定

図4-4-5の②に示した右端にある小さなボタンをクリックすると、図4-4-6のフォント選択ダイアログが表示され、ここで文字フォントの種類とサイズが選択できます。通常はフォントの種類はそのままにしておき、文字サイズだけを好みのサイズにします。

●図4-4-6 フォントの設定

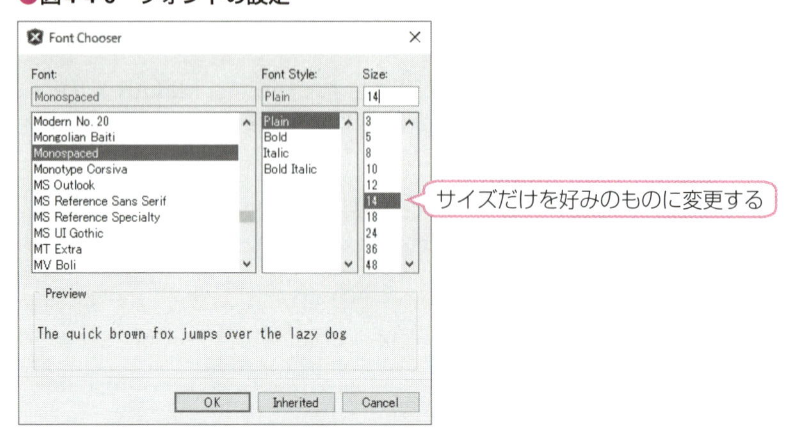

2 フォントの色の設定

フォントの色を変える場合の設定手順は図4-4-7のようにします。①で[Font & Colors]とし、②は[All Language]のままとします。③で特定の文やシンタックスを選択すれば、その文やシンタックスだけの設定となります。例えば、③でCommentを選択し、④で色を選択してから⑤でOkとすれば、コメント部のみの色を変えることになります。

●図4-4-7 フォントのカラー設定

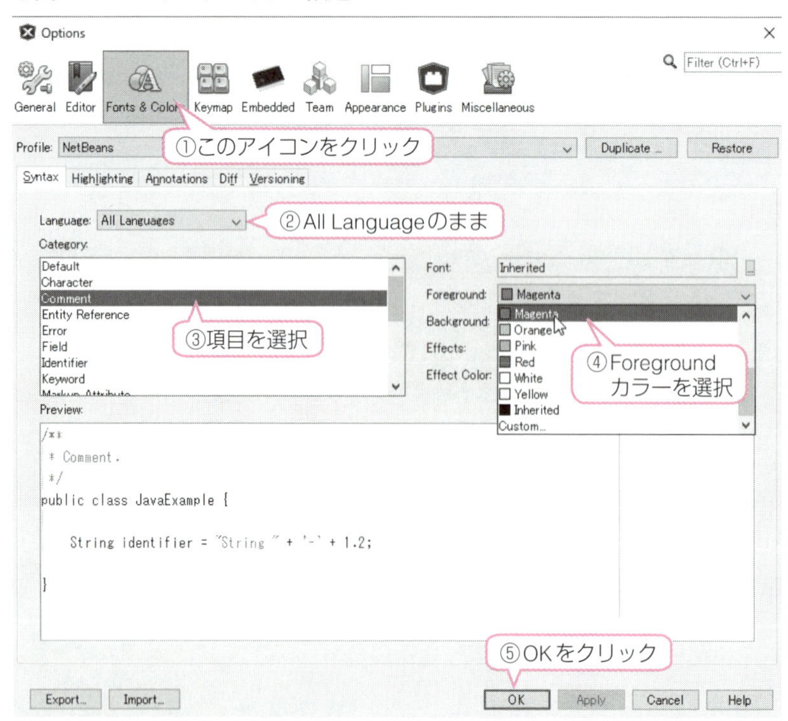

4-4-3　エディタの基本設定

Optionsダイアログで[Editor]アイコンをクリックすると、エディタの基本設定のダイアログが開きます。ダイアログ中のタブを切り替えることで画面内容が変わり設定内容も変わります。ここでは非常に多くの設定ができますが、ここでは代表的な設定方法を説明します。

1 フォーマット設定ダイアログ

[Formatting]タブを選択すると、図4-4-8のダイアログが開きます。ここでエディタのフォーマットの設定ができます。非常に多くの設定がありますが、通常はそのままの設定で使います。変更する場合は図のように、③でチェックを入れて上書きを許可してからその下の各種設定を行い最後に⑤のOKとします。多くの設定が可能ですが、Tabキーの扱いの設定程度で留めておいたほうがよいでしょう。

●図4-4-8　エディタの書式の設定

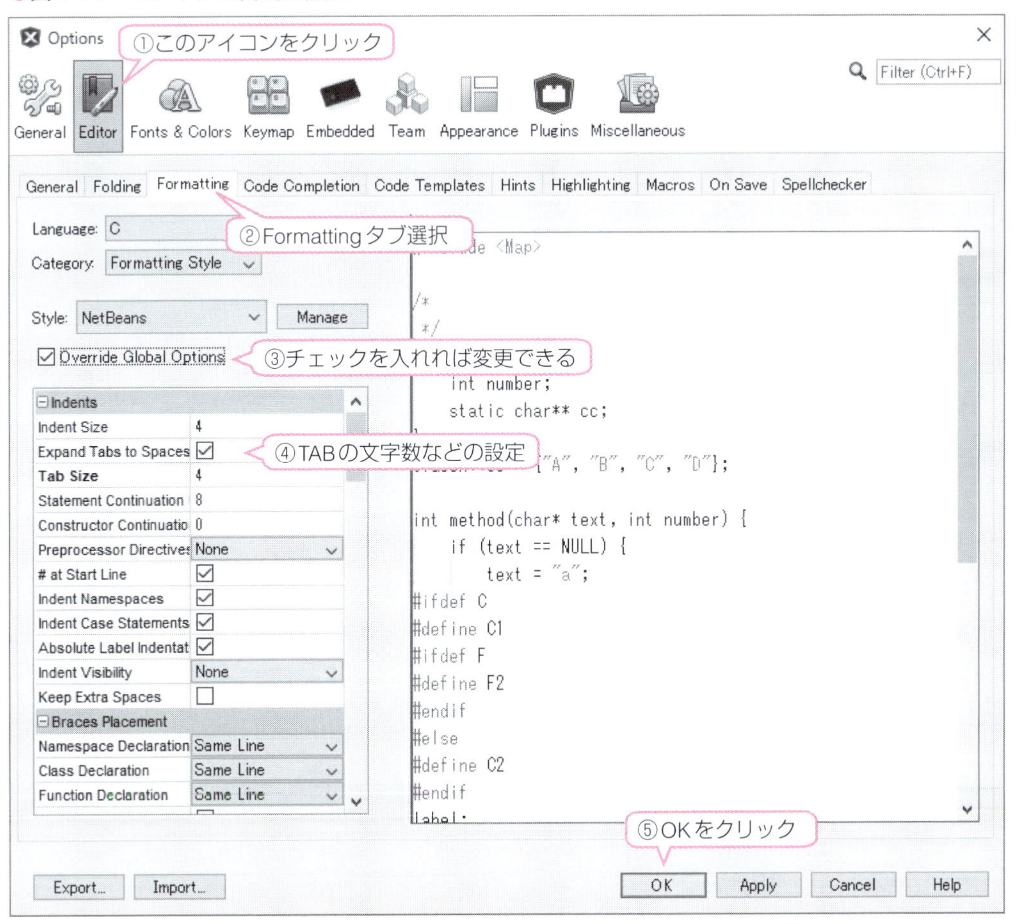

2 Code Templates 略号変換辞書

図4-4-8のオプションダイアログで②[Code Templatesタブ]→③Language欄で[C]選択とすると図4-4-9のようなダイアログが表示されます。このダイアログはソースコードを入力する際の略号の変換辞書となっています。

例えば図4-4-9では、"func"と入力して Tab キーを押すと図中の⑥Expand Text欄で表示された内容が自動的にソースコードとして入力されます。この例は関数の見出し用のフォーマットを入力するもので、内容は自由に編集できます。関数の見出しを統一したり、入力作業を大幅に減らしたりできるので、特にチームでプログラム開発をするような場合には、コーディングが統一できて便利に使えます。

他にも例えば"#define"の入力には、"def"と入力してから Tab キーを押せば自動的に"#define"に変換されます。このような、入力しにくい単語を登録しておけば入力作業が楽になります。ここで変換に Tab キーを使うのは図の⑦で Tab キーを指定しているからで、他のキーに変更することもできます。

●図4-4-9 Code Templateダイアログ

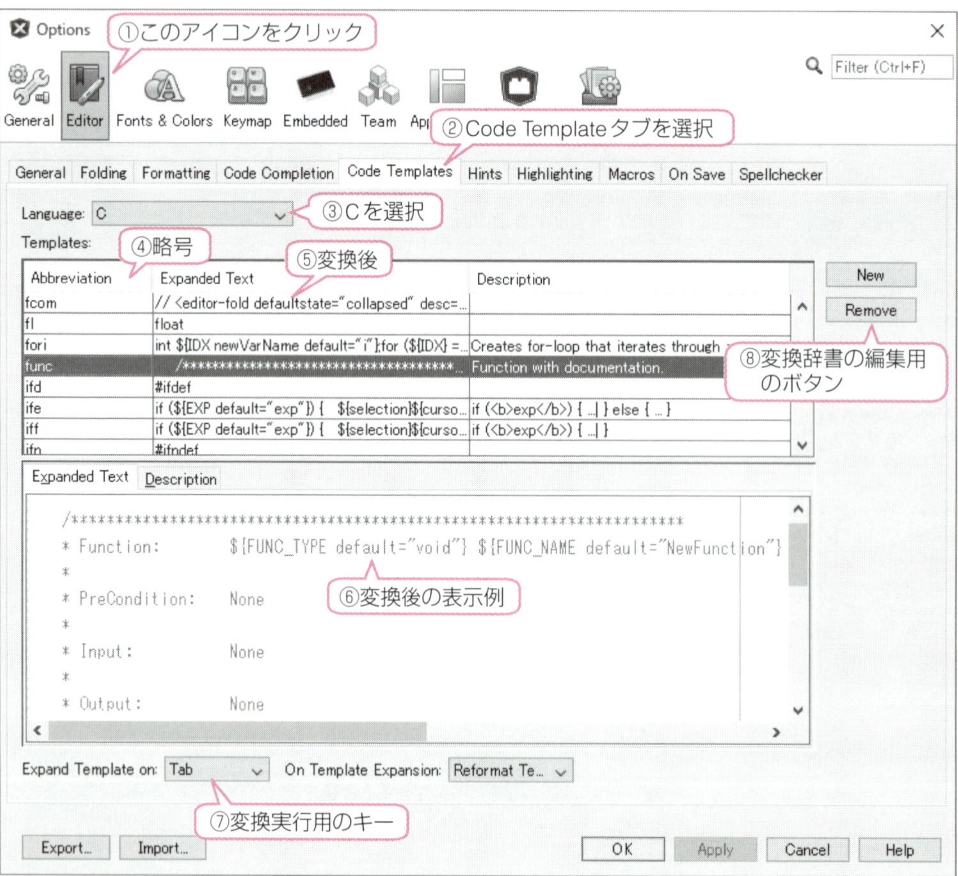

3 コンパイラの追加、削除

図4-4-8のプロパティダイアログで、[Embedded] アイコンをクリックすると、図4-4-10のダイアログが開きます。ここではコンパイラなどのソフトウェアツールの追加と削除ができます。

まず、インストール済みのコンパイラを自動的に探して登録する場合には、図の③の [Scan for Build Tools] ボタンをクリックすれば、自動で完了します。

逆に、コンパイラをアンインストールしても、プロジェクト作成時の言語の選択ダイアログには残ったままとなってしまいます。これを削除する場合には、図の④で対象とするコンパイルを選択します。次に⑤の [Remove] ボタンをクリックすればプロジェクト作成時の選択対象には現れなくなります。

●図4-4-10　コンパイラの追加削除ダイアログ

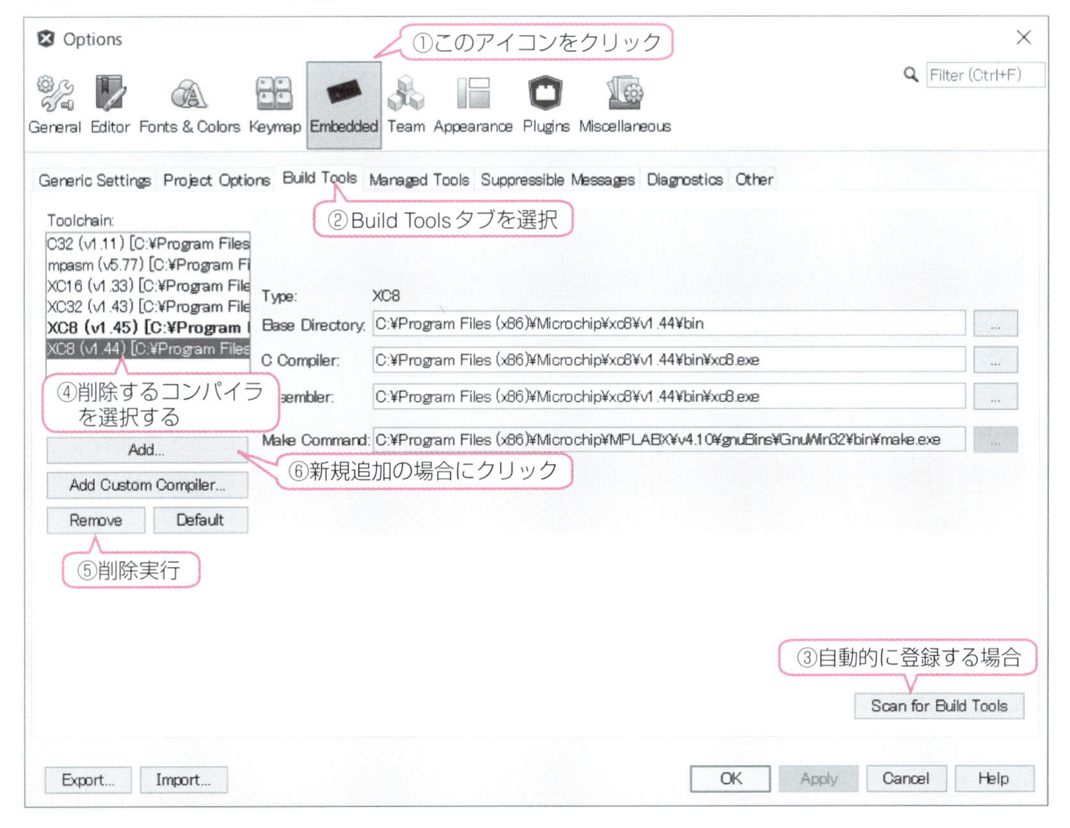

コンパイルをインストールしても自動スキャンで登録されない場合には、図4-4-10の⑥の[Add]ボタンをクリックします。これで図4-4-11のダイアログが表示されるので、コンパイラをインストールしたディレクトリを指定してOKとすれば追加登録されます。これでコンパイラツールの選択対象に含まれるようになります。図の例ではCCS社のコンパイラを追加しようとしています。

●図4-4-11 新規コンパイラの追加ダイアログ

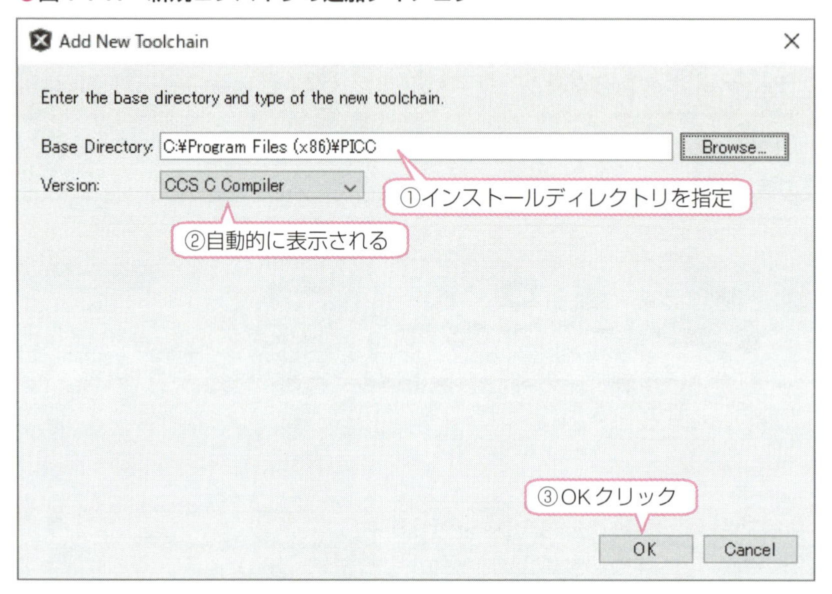

以上の他にも非常に多くの設定ができるようになっていますが、通常の使い方ではデフォルトのままで問題なく使えます。

4-5 コンパイルと書き込み実行

ソースファイルの入力が完了したらいよいよコンパイルを実行し、正常ならデジタル演習ボードのPICマイコンに書き込んで実行します。

4-5-1 コンパイル

ソースファイルの入力作業が完了したらコンパイル作業ができます。コンパイルはMPLAB X IDEのメインメニューのアイコンで実行させることができます。コンパイルに関連するアイコンは図4-5-1のようになっています。

コンパイルだけ実行するアイコンと、前回生成したファイルを削除する全クリア後コンパイルするアイコンがあります。さらに、コンパイル後に書き込みまで行うアイコンもあります。それ以外にアップロードでデバイスから読み込むためのアイコンと、書き込み後すぐ実行しないようにするリセット保持アイコンも用意されています。通常は全クリア後コンパイルでコンパイル結果を確認してから、ダウンロードアイコンで書き込みを行います。ただし書き込みのアイコンを実行するには、書き込みツールが接続済みであることが必要です。

●図4-5-1　コンパイル実行制御アイコン

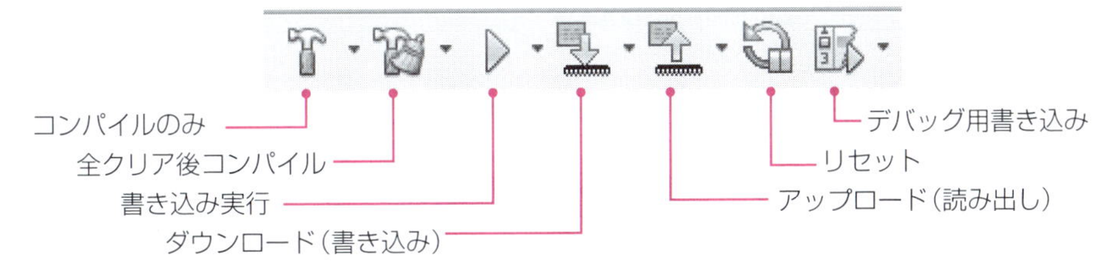

コンパイルすると、コンパイル状況と結果がMPLAB X IDEのOutput窓に表示されます。図4-5-2のように「BUILD SUCCESSFUL」というメッセージが表示されれば正常にコンパイルができたことになり、オブジェクトファイルが生成されています。この場合には、メモリの使用量が前のほうのメッセージで表示されます。Output窓がない場合は、メインメニューから、[Window]→[Output]とすれば追加されます。

●図4-5-2 コンパイル正常完了の場合のメッセージ

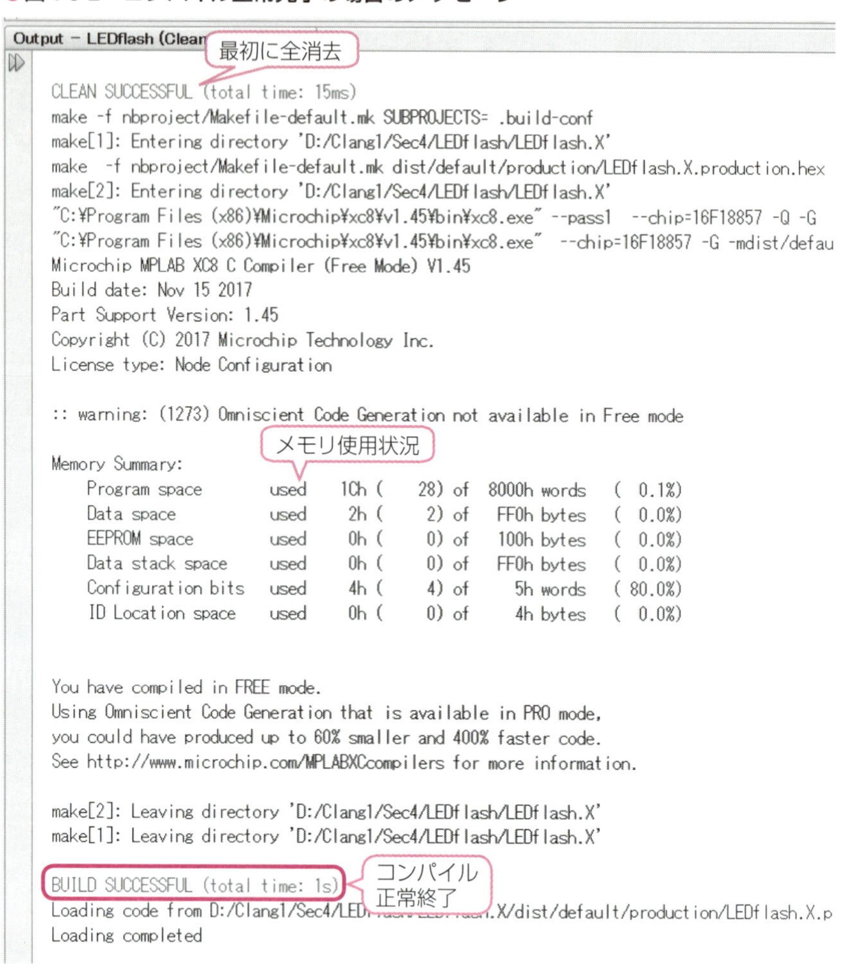

コンパイルエラーがある場合には、図4-5-3のように、赤字で「BUILD FAILED」と表示され、そのエラー原因が上のほうに青字のerror行で表示されます。この青字のerrorの行をクリックすれば、エラー発見行に自動的にカーソルがジャンプします。また、ソースファイルにはエラーが検出された行番号に赤丸印が付くので、こちらでもエラー個所がわかるようになっています。コンパイルが正常に完了しない限りオブジェクトファイルは生成されないので、**とにかくコンパイルが正常に完了するまで訂正しながら完了させる**必要があります。

コンパイルが正常に完了するとプロジェクトの属性を一覧で確認できるようになります。メインメニューから、[Window]→[Dashboard]とすると図4-5-4のような窓が開き、この窓で、使用デバイス、使用ツール、使用コンパイラ、メモリ使用量など、プロジェクトの属性を一覧で表示できます。コンパイルが正常に完了すればメモリ使用量もバーチャートで表示されます。さらにメモリのチェックサム値も表示されます。

●図4-5-3　コンパイルエラーの場合のメッセージ

```
16        /**** メインループ ****/
17
18              if(PORTAbits.RA0 == 0)      // S1がオンの場合
                    LAT = 0x20;             // 赤点灯
20              if(PORTAbits.RA1 == 0)      // S2がオンの場合
21                  LATA = 0x08;            // 緑点灯
main > while(1) > if(PORTAbits.RA0 == 0) > then LAT = 0x20 >

Output - LEDflash (Clean, Build, ...)

CLEAN SUCCESSFUL (total time: 16ms)
make -f nbproject/Makefile-default.mk SUBPROJECTS= .build-conf
make[1]: Entering directory 'D:/Clang1/Sec4/LEDflash/LEDflash.X'
make  -f nbproject/Makefile-default.mk dist/default/production/LEDflash.X.production.hex
make[2]: Entering directory 'D:/Clang1/Sec4/LEDfla
"C:¥Program Files (x86)¥Microchip¥xc8¥v1.45¥bin¥xc8.exe  --pass1  --chip=16F18857 -Q -G  --double=24 --float=24
../LEDflash.c:19: error: (192) undefined identifier "LAT"
(908) exit status = 1
nbproject/Makefile-default.mk:106: recipe for target 'build/default/production/_ext/1472/LEDflash.p1' failed
make[2]: Leaving directory 'D:/Clang1/Sec4/LEDflash/LEDflash.X'
nbproject/Makefile-default.mk:90: recipe for target '.build-conf' failed
make[1]: Leaving directory 'D:/Clang1/Sec4/LEDflash/LEDflash.X'
nbproject/Makefile-impl.mk:39: recipe for target '.build-impl' failed
make[2]: *** [build/default/production/_ext/1472/LEDflash.p1] Error 1
make[1]: *** [.build-conf] Error 2
make: *** [.build-impl] Error 2

BUILD FAILED (exit value 2, total time: 656ms)
```

ソースのエラーマーク
最初に全消去
コンパイルエラー内容の表示
コンパイルエラー表示

●図4-5-4　ダッシュボードによるプロジェクト属性一覧

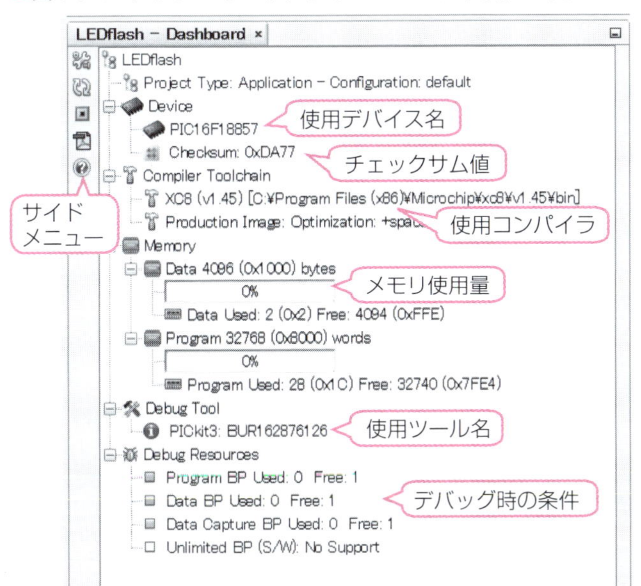

ダッシュボードの左側にサイドメニューがありますが、それらの機能は表4-5-1のようになっています。

▼表4-5-1 サイドメニューの機能

アイコン	機 能	アイコン	機 能
	プロジェクトのプロパティダイアログを開く		デバイスのデータシートを開く
	デバッグツール指定を最新の状態にする		コンパイラのヘルプを開く
	ブレークポイントの切り替えまたは有効無効の切り替え 赤：無効、緑：有効、黒：サポートなし（無効）		

4-5-2 書き込み

コンパイルが正常にSuccessとなったら、デジタル演習ボードのPICマイコンに書き込んで実機で実行します。通常はデバッグをしてから書き込むのですが、本書では書き込みの方法から説明します。

1 ツールを選択する

書き込みツールが未接続の場合はここでパソコンに接続します。本書ではPICkit3を使います。PICkit3をパソコンのUSBに接続後、MPLAB X IDEのメインメニューから、[File]→[Project Properties]で開く図4-5-5のダイアログで図のように[Hardware Tool]欄で接続しているツールのシリアル番号を選択して[Apply]ボタンをクリックします。これで図の左側の[Categories]欄にPICkit3が表示されるようになります。PICkit3のUSB接続がはじめての場合には、認識されるまでに少し時間がかかる場合があります。

●図4-5-5 ツールの指定

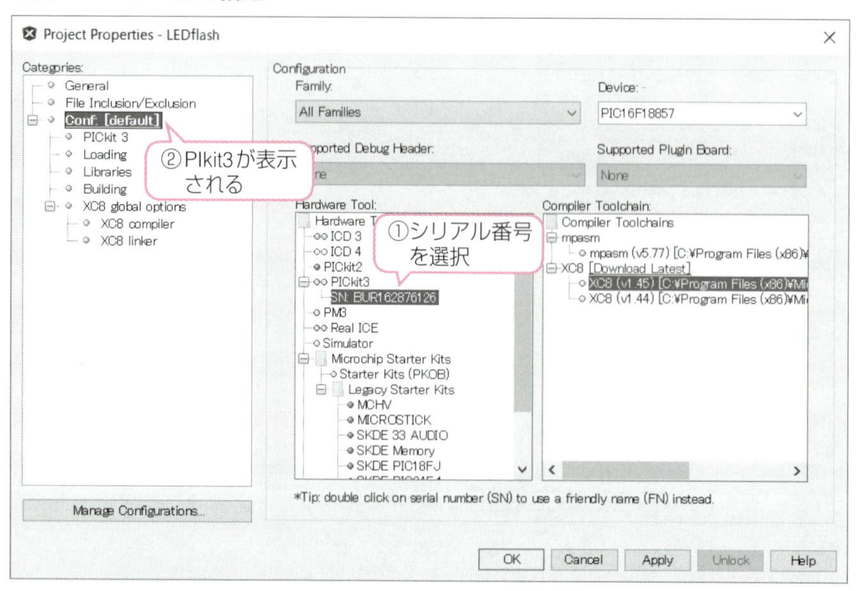

2 電源の供給

ターゲットボードに電源が供給できない場合、PICkit3(最大30mAまで)またはMPLAB ICD3(最大100mAまで)から電源を供給しながら書き込むことができます。ただし、**供給電源容量には制限がある**ので注意して下さい。本書第3章のデジタル演習ボードはこの方法では電流不足なので書き込めません。DC5VのACアダプタで電源を供給して下さい。

電源供給するためには、ツール側の設定が必要です。PICkit3の場合には次のようにします。

まず、メインメニューから[File]→[Project Properties]で図4-5-6のダイアログを開きます。ここで図の順番の手順で設定をします。

①[Categories]欄でPICkit3を選択する
②これで表示される右側の[Option categories]欄で[Power]を選択する
③下側に表示される欄で[Power target circuit…]にチェックを入れ、下側の欄で電圧を選択する
④Apply後OKとする

これでPICkit3からターゲットボードに電源が供給されます。

●図4-5-6 PICkit3から電源供給する場合の設定

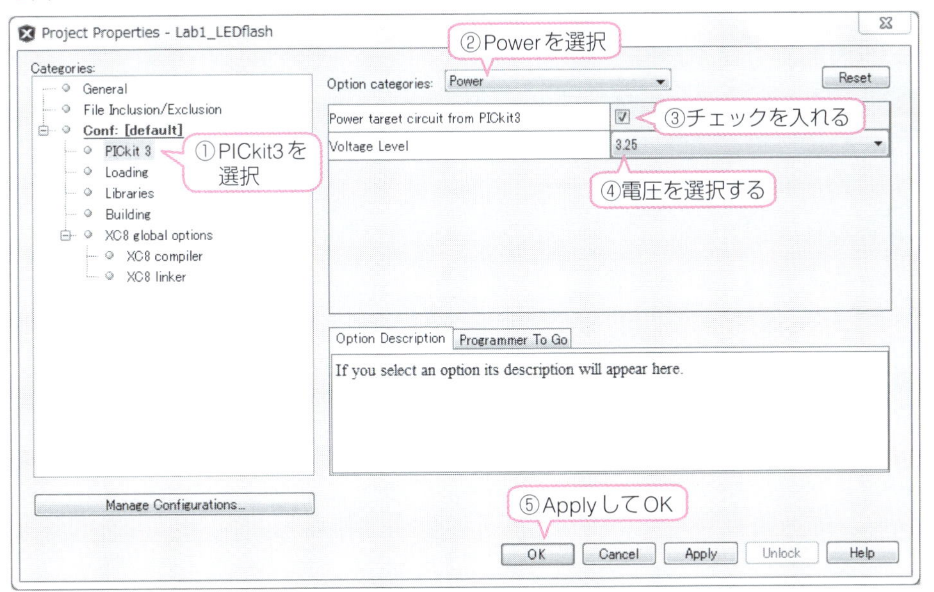

3 書き込み実行

このあと、実際の書き込みは、図4-5-1のダウンロード書き込みアイコンをクリックすれば再コンパイルし、書き込みを実行します。

このときV_{DD}が3.3V系と5V系があるので、図4-5-7の確認ダイアログが表示されます。電源を確認しOKとします。

●図4-5-7 電源電圧の確認ダイアログ

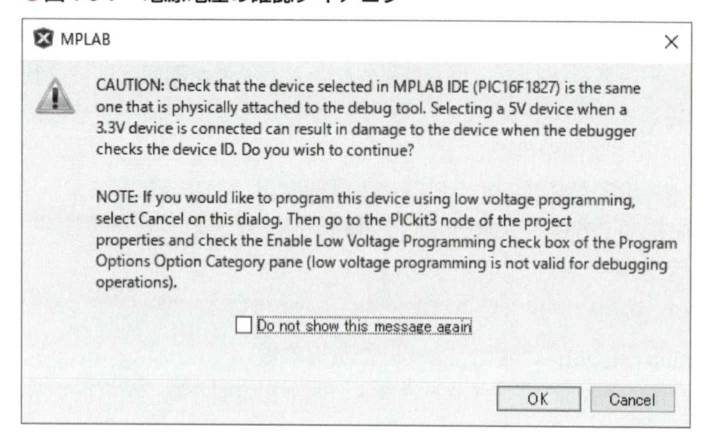

これで書き込みが開始されます。書き込みの状況と結果がやはりOutput窓に表示されます。正常に書き込みが完了した場合には、図4-5-8のように「Verify Complete」と表示され、すぐ実行が開始されます。

●図4-5-8 正常に書き込みが完了した場合

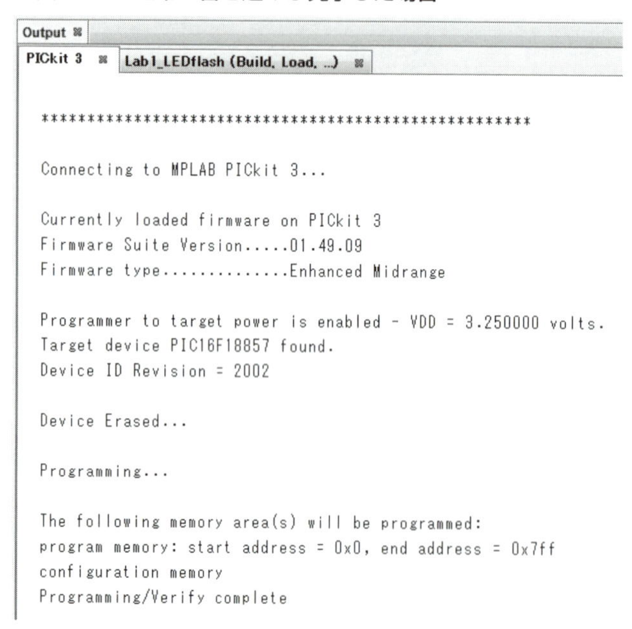

書き込みが失敗した場合、例えばターゲットボードとPICkit3が接続されていなかったような場合には図4-5-9のように警告メッセージが表示されます。ここでOKとしてさらに続けると書き込み失敗となります。

●図4-5-9 書き込みを失敗した場合

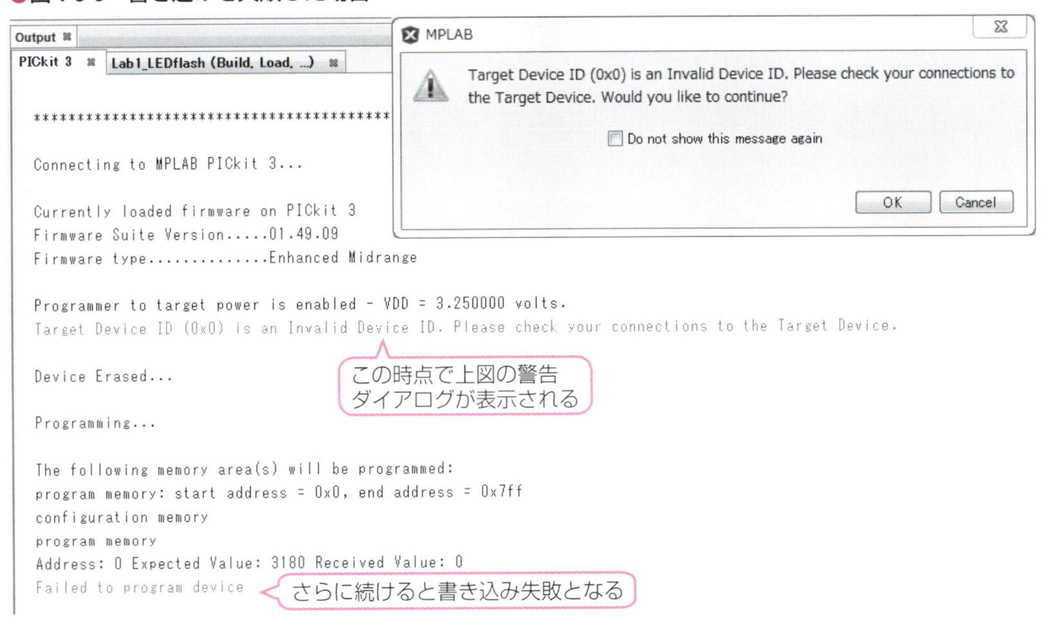

ここでPICkit3などのツールを最初に使う場合や、前回使用時と異なるPICファミリに書き込む場合、MPLAB X IDEをバージョンアップした場合などには、ツール本体のファームウェアをダウンロードして書き換える必要があります。

この操作はMPLAB X IDEで書き込み操作を行ったとき自動で実行されますが、ダウンロードに少し時間がかかります。この間、図4-5-10のようにOutput窓にメッセージが表示され、同時に書き換え中は最下部のステータスに緑色のバーチャートが点滅しています。

●図4-5-10 PICkit3のファームウェアの書き換え

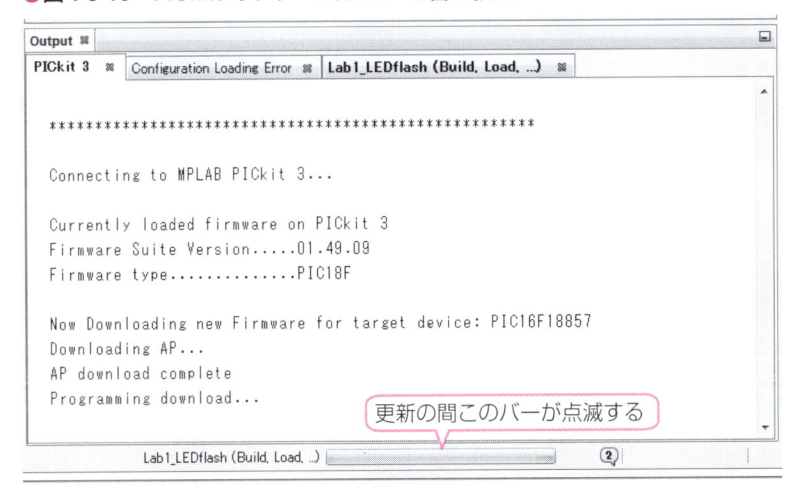

この点滅が終了し、メッセージで終了が通知されるまで待つ必要があります。この**書き換え中に他の操作をするとファームウェアが正常に更新されず、書き込みが失敗**し、さらに「Connection Error」となってしまうので注意して下さい。

書き換えが完了すると、自動的に図4-5-7のダイアログが表示され通常の書き込み動作が開始されます。

以上で最も基本的なプロジェクト作成から書き込み実行までの流れとなります。

4-5-3 PICkit3の詳細

本書では書き込みとデバッグに使うツールとして**PICkit3**を使っています。そこでこのPICkit3の詳細について説明します。

PICkit3の先端部のコネクタ部は写真4-5-1のような6ピンのメスのピンヘッダとなっています。

●写真4-5-1 PICkit3のコネクタ部

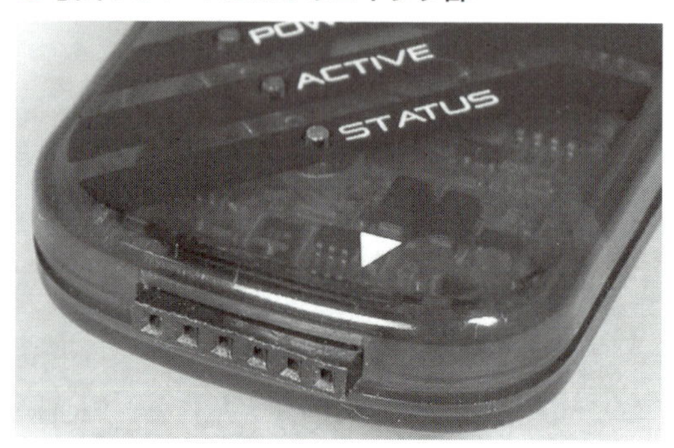

このPICkit3の6ピンコネクタのピン配置は図4-5-11のようになっていて、図のような接続とします。この中の第6ピンは通常は使わないので無接続とします。

●図4-5-11 PICkit3のコネクタのピン配置と接続

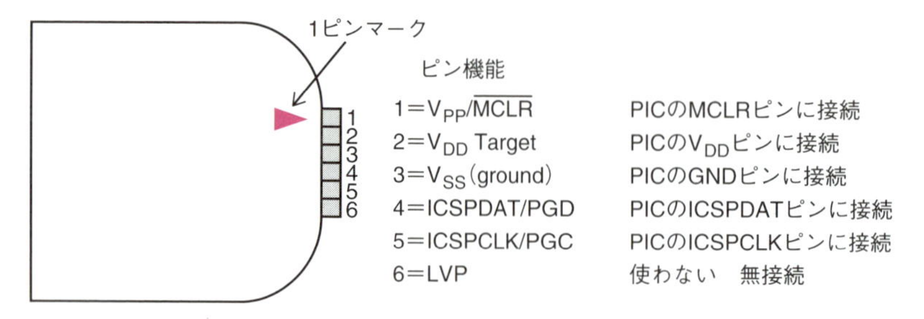

このように、このコネクタはピンヘッダに挿入するようになっているので、基板側には、0.1インチ(2.54mm)ピッチの6ピンのピンヘッダを使います。このピンヘッダには、写真4-5-2のよ

うな比較的太い角ピンのピンヘッダが合います。6ピンがない場合には多ピンのものを切断して使います。縦型と横型があるので、実装に合わせて適当なほうを使います。

●写真4-5-2 PICkit3に合うピンヘッダ

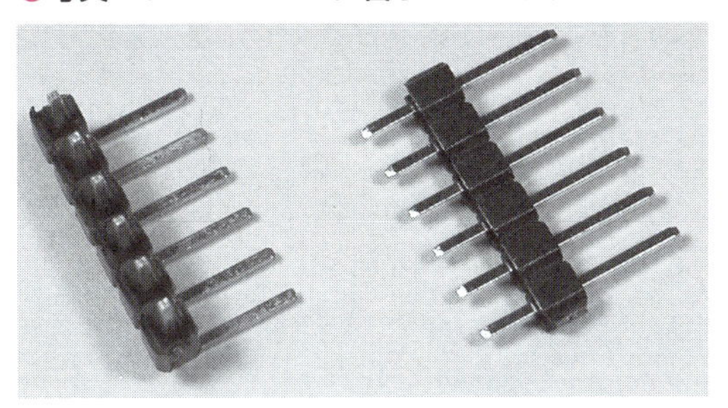

4-5-4 ICSPの詳細

PICマイコンへの書き込みはICSP方式となっています。この**ICSP**とは、「In Circuit Serial Programming」の略で、PICマイコンを基板等に実装したままの状態で、内蔵メモリにシリアル通信でプログラムを書き込む方法のことをいいます。

つまり、ICSP方式でPICマイコンのプログラミングを行えば、いちいちPICマイコンをソケットから外してプログラマのソケットに差し換える手間もなくなりますし、フラットパッケージの場合のように、基板にハンダ付けしたPICマイコンのプログラム書き込みも、そのままの状態で可能になります。

ICSPを正常に動作させるためには、PICマイコン側の回路設計で、図4-5-12のような注意を守る必要があります。

●図4-5-12 ICSP回路の注意

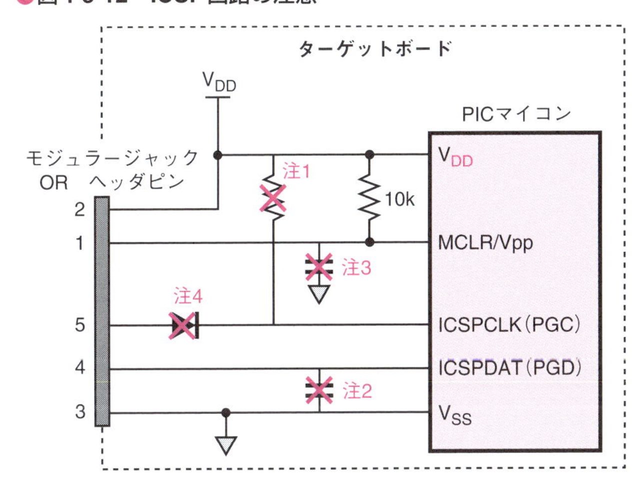

❶ICSPDAT（PGD）、ICSPCLK（PGC）ラインにはプルアップ抵抗を付けない

これはプログラマ側で4.7kΩの抵抗でプルダウンしているので、分圧されて電圧が下がり、正常な動作をしなくなってしまうからです。

❷ICSPCLK（PGC）、ICSPDAT（PGD）ラインにはコンデンサを付けない

高速なパルス信号でデータ伝送が行われるので、コンデンサにより波形がなまってしまうと正常なデータ伝送ができなくなるためです。

❸MCLRラインにもコンデンサは付けない

これも同じように高速パルスがなまってしまって書き込みモードが判定できなくなるためです。

❹ICSPCLK（PGC）、ICSPDAT（PGD）ラインにはダイオードを挿入しない

このラインは双方向通信をしているので、それができなくなってしまうためです。

この基本的な注意の他に、さらにPICマイコンの回路設計で注意が必要なことがあります。というのも、入出力ピンが、汎用入出力用と書き込み用と兼用のピンになっているためです。この注意内容をまとめたものが、図4-5-13となります。

●図4-5-13　ICSP用回路設計の注意

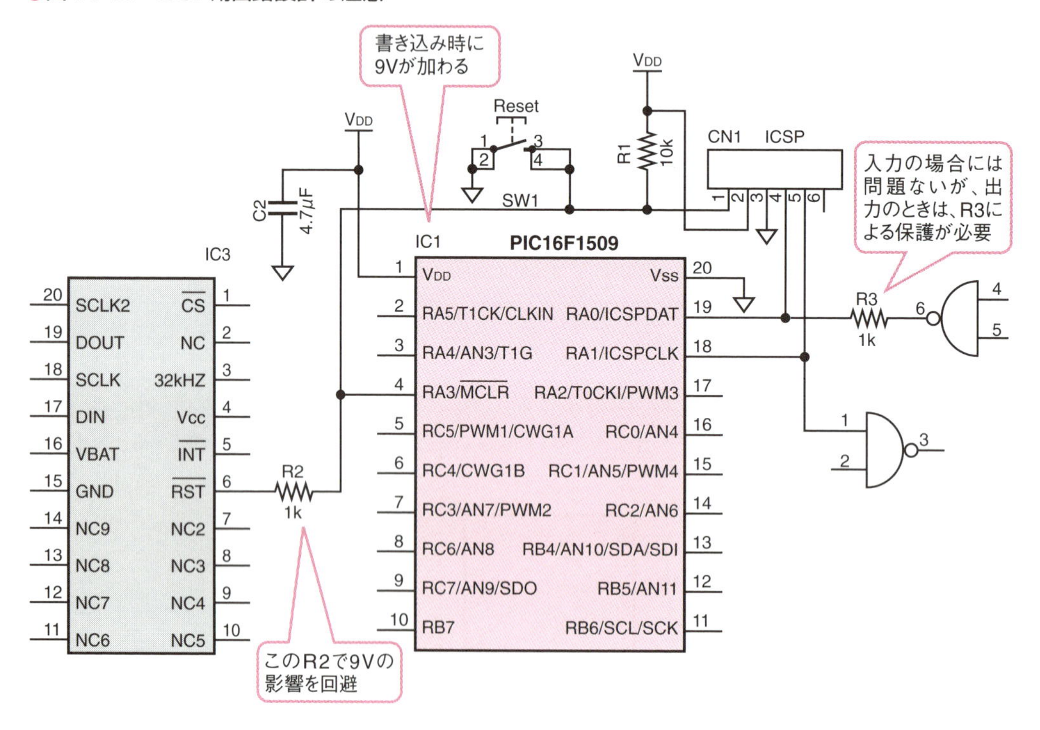

リセットを他のICと共用する場合に必要なのがMCLRの保護用の回路です。**MCLR**（Master Clear）ピンはプログラム書き込み及び、リセットのための端子です。MCLRピンには、書き込むときにV_{PP}として8Vから12Vの電圧が加わるので、MCLRに接続されている他の回路に悪影響を

与えないようにする必要があります。そのためには、図4-5-13のような回路構成として、1kΩ程度の抵抗R2で他のICなどにV_{PP}の影響がないようにします。

次は、ICSP用のピンを汎用の入出力ピンと兼用する場合の問題です。外部へ出力する場合には、書き込み用の信号が入っても、その先で動作上問題なければ直接接続しても構いません。しかし、入力の場合には、ICSPからも出力信号が接続され、出力同士がぶつかることになるので、対策が必要です。通常は、数kΩの抵抗R3を周辺の回路側に直列に挿入しておけば問題ありません。ICSP側に抵抗を入れてはだめです。

これらの対策をすれば、ICSPで何ら問題なく書き込むことができます。

実際のPIC16F1ファミリの場合のICSPの接続回路は図4-5-14のようにします。ICSPDAT(PGD)とICSPCLK（PGC）のピンについては、デバイスの種類により、RA0とRA1ピンを使うものと、RB6とRB7ピンを使うものとがあるので注意して下さい。またMCLRピンには外部リセット用のスイッチも一緒に接続しています。

●図4-5-14　ICSPの実際の接続回路

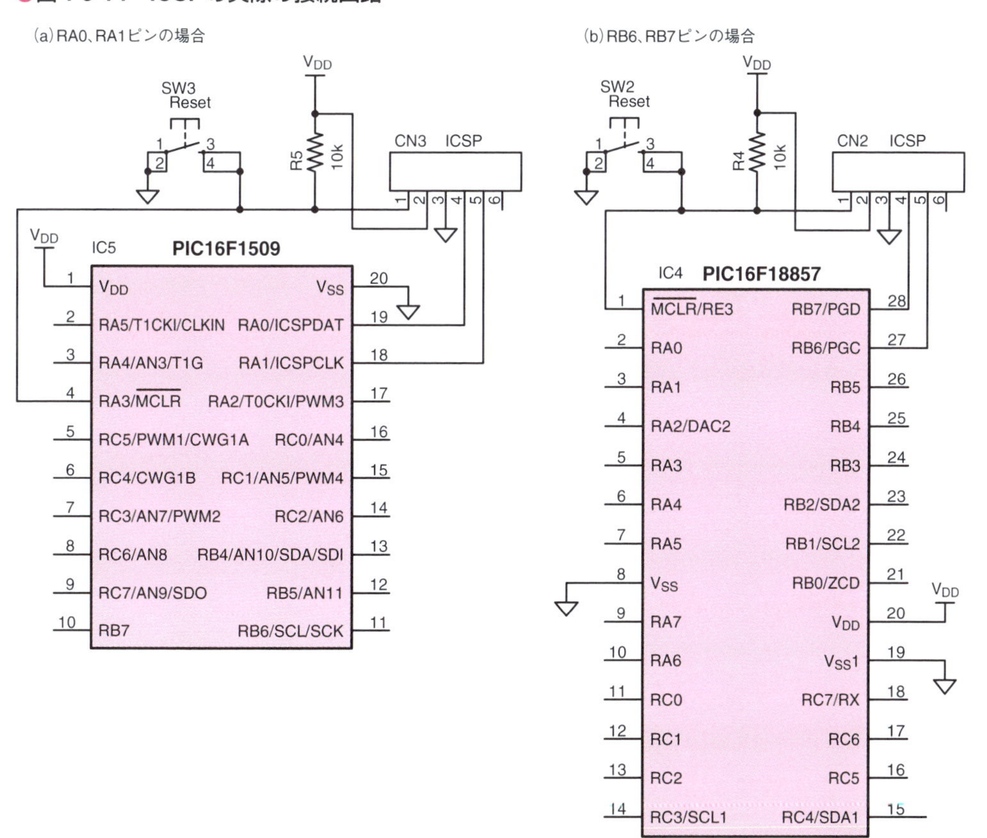

4-5-5 書き込み時の注意とPICkit3のエラー対処方法

ツールをパソコンに接続するときや、書き込みを実行するとき各種のメッセージが表示されることがあります。それぞれのメッセージが表示された場合の原因と対策方法を説明します。

1「Not Connect」

最初にPICkit3を接続しようとして「Not Connect」となったら、USBケーブルをいったん抜いて再度挿入するか、USBのポートを別のポートにして接続し直して認識されるまでしばらく待ちます。多くの場合はこれで正常に接続できるようになります。いったん正常に接続されれば最初のポートでも正常に接続されます。

2「PICkit3 not Found」

PICkit3を接続しないまま書き込みアイコンをクリックすると、図4-5-15のように「PICkit3 not Found」というダイアログでPICkit3が見つからないというメッセージになります。

●図4-5-15 PICkit3が未接続か異なる場合

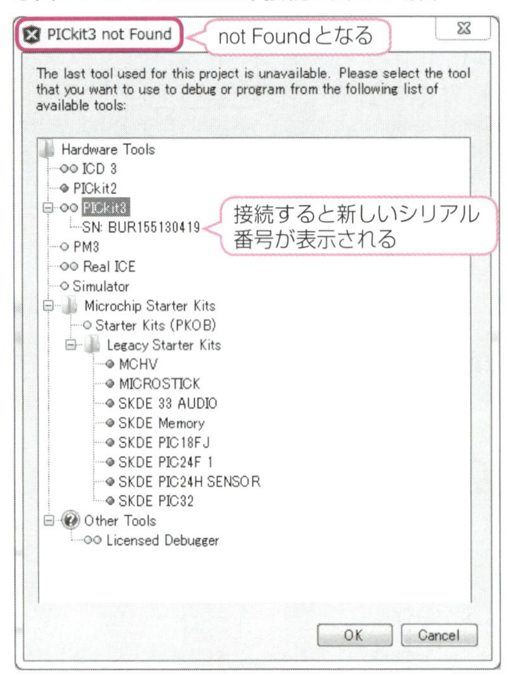

この場合はそのままでPICkit3を接続すればシリアル番号が追加表示されますから、それを選択してOKとすれば書き込みを正常に開始します。

また、前回プロジェクトで使ったPICkit3と別のPICkit3を使って書き込もうとした場合も同じように「PICkit3 not Found」というメッセージが表示されます。この場合にもそのままシリアル番号を選択してOKとすれば新しいPICkit3を使って書き込みを実行します。

3「Target device was not found」

Outputの窓に図4-5-16のように「Target device was not found」と赤字で表示された場合の原因には次のようなことが考えられますから、それぞれを確認して修正してから再度書き込みを実行すれば正常に書き込みができます。

●図4-5-16　Target was not Found

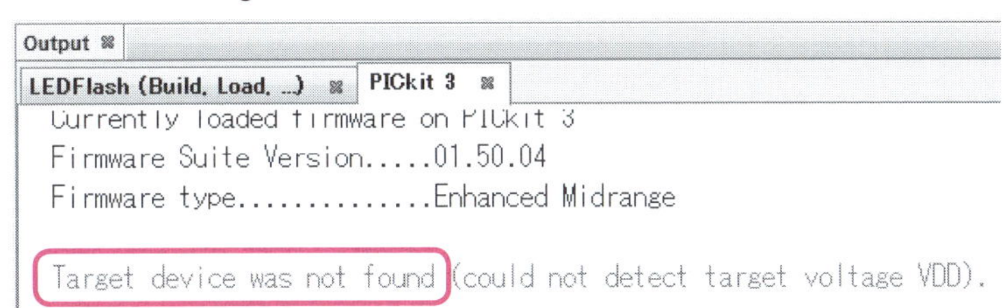

❶PICkit3とターゲットが接続されていない場合

ターゲットつまりPICマイコンが実装されている基板のICSPのヘッダピンにPICkit3が挿入されていない場合です。PICkit3を挿入してから書き込みを再実行すればOKです。

❷ターゲット側の電源が供給されていない場合

書き込み時にはターゲットボードの電源をオンにした状態とします。

❸PICkit3が逆向きに挿入されている場合

PICkit3をICSPのヘッダピンに逆向きに挿入している場合にもターゲットが接続されていないとみなされます。これでPICkit3が壊れることはありません。

❹ハンダ付け不良

ICソケット、ヘッダピンのハンダ付け不良で接触不良になっている場合です。接続部を指で押さえたりしたとき正常に書き込めたような場合には、ハンダ付け不良と思われます。

❺PICマイコンの足曲り

PICマイコンをICソケットに挿入する際、足が曲がってソケットに入っていないというような場合です。曲がってしまったICのピンは慎重に伸ばさないとすぐ折れてしまいますから注意して作業して下さい。

❻電池の電圧不足

電池の容量減で電圧が下がりすぎていると、電圧不足で書き込みができないことがあります。

4「Target Device ID (0x0) is an Invalid Device ID. Please check your connection to the Target Device.」

この場合はPICkit3とターゲットボードが正常に接続されていないということなので、コネクタ接続部か、ターゲットボード内の接続を確認して下さい。また、ターゲットボード上のICソケットにPICマイコンが挿入されていない場合も同じ状態になります。

5「Target device was not found (could not detect target voltage V_{DD}). You must connect to a target device to use PICkit3.」

ターゲットボードのV_{DD}が検出できない、つまり電源が接続されていないということなので、電源を供給するようにします。PICkit3から供給する場合には設定をします。

6「Too much current has been drawn on V_{DD}. Please disconnect your circuit, check the CLK and DATA lines for shorts and then reconnect.」

PICkit3から電源を供給している場合で、ターゲットボードへの供給電流オーバーの場合なので、回路を確認してからターゲットボードへ別電源から電源を供給するようにします。

7「Connection Failed.」

この場合はPICkit3のファームウェアが壊れている場合がほとんどなので、次のいずれかの方法で復活させせます。

①PICkit3のUSB接続をし直すか、別のUSBポートに接続してから書き込みを実行する
②PICkit3のボタンを押しながらUSBの接続をし直し、接続後ボタンを離し、書き込みを実行する
③MPLAB IPEを起動して[Connect]でファームウェアを更新したあと、MPLAB IPEを終了させ、MPLAB X IDEを再起動してから書き込みを実行する

8「Address: 0 Expected Value: 3180 Received Value: 0　Failed to program device」

PICkit3とターゲットボードとの間の接続不具合か、回路不具合で信号が正常に送受信できなかった場合なので、回路を確認します。

4-5-6 MPLAB IPEの使い方

もともと**MPLAB IPE**(Integrated Programming Environment)は、コンパイルで生成されたオブジェクトファイル(拡張子HEX)を直接読み込んでPICマイコンに書き込むためのツールです。

MPLAB IPEを起動すると図4-5-17のダイアログとなります。ここではすでにPICデバイスを選択し、Toolの[Connect]ボタンをクリックした状態です。

Tool欄で接続しているハードウェアツールが表示されていればUSB接続は正常です。ここで[Connect]ボタンをクリックすると、自動的にツールのファームウェアを更新します。

PICkit3がMPLAB X IDEで「Connection Failed」となった場合はこの作業で復旧します。

●図4-5-17　MPLAB IPEのダイアログ

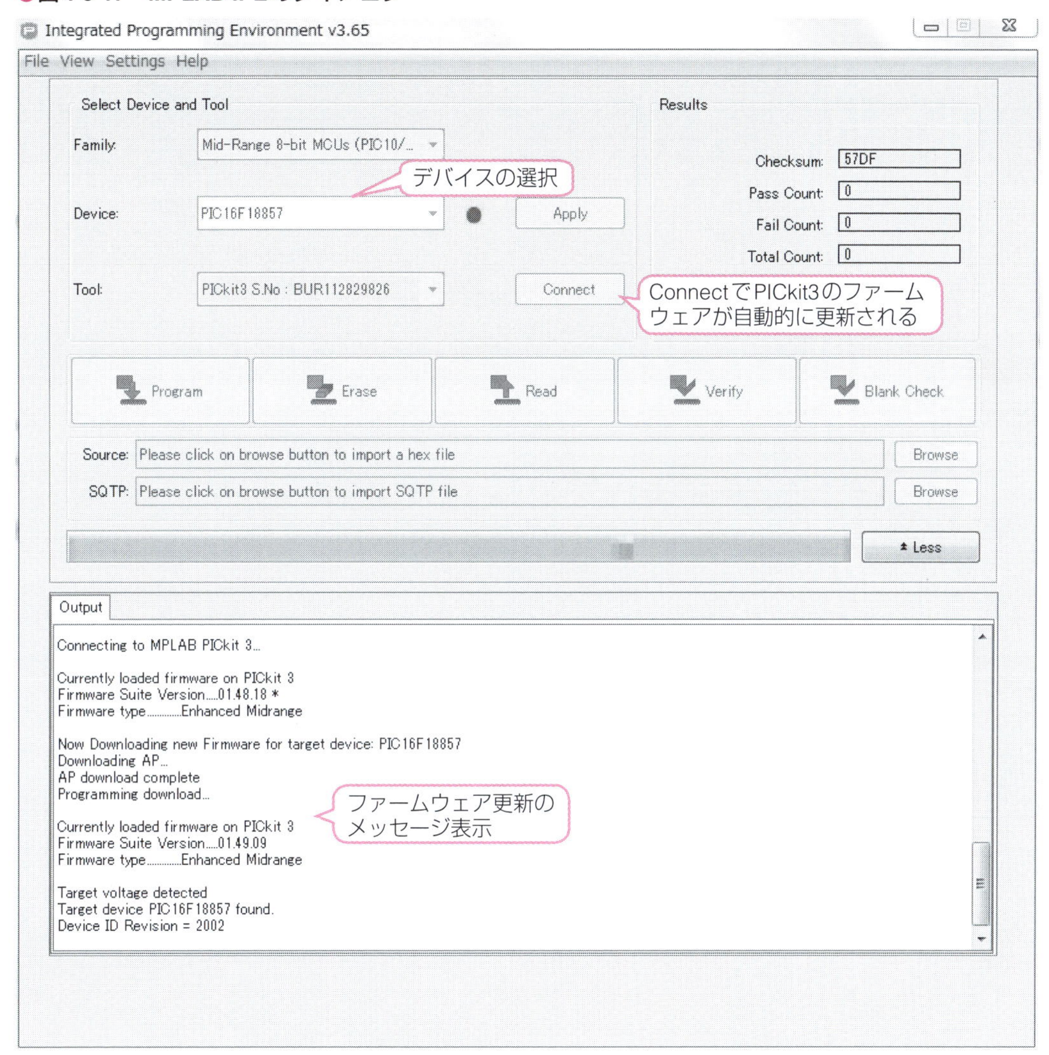

MPLAB IPEで実際にPICマイコンに書き込むときの手順は図4-5-18のようになります。

①書き込む対象のPICマイコンを選択
②Toolの[Connect]ボタンで接続する（ファームウェアの更新も実行される）
③HEXファイルを読み込む
　HEXファイルの所在はプロジェクト次のフォルダの中にあります。
　（プロジェクトフォルダ.X）¥dist¥default¥production¥（プロジェクト名.X.production）.hex
④[Program]ボタンをクリックすれば書き込み開始

●図4-5-18 MPLAB IPEでの書き込み手順

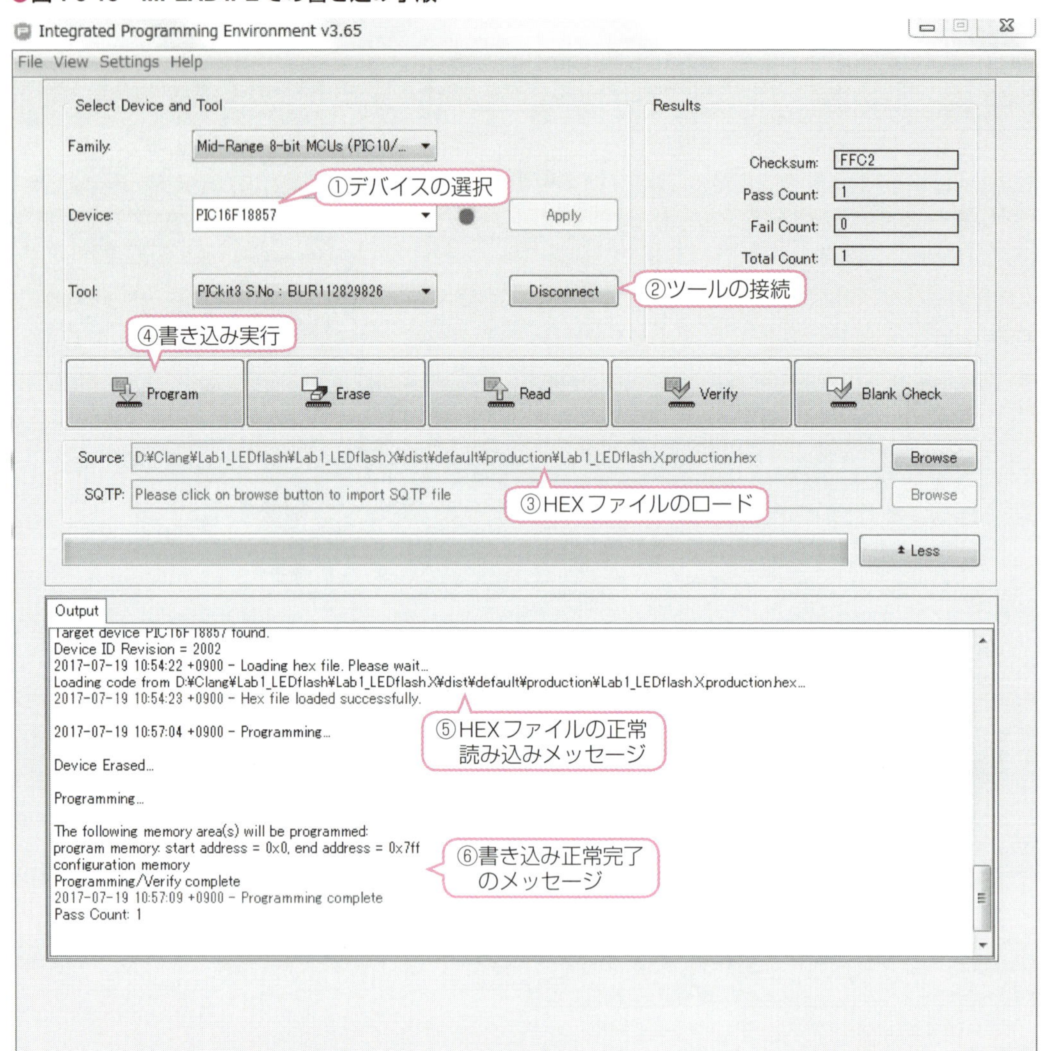

4-6 実機デバッグの方法

本書ではPICkit3をデバッグツールとしても使います。このPICkit3を使って実機デバッグする方法を説明します。実機デバッグにより実際の動作をさせながらプログラムの動作確認ができます。実行速度も通常の実行時と同じなので、デバッグが完了して通常の書き込みをすれば、まったく同じ状態で動作します。

このデバッグ方法の説明に使うプロジェクトは「Clang1¥Sec4¥Debug」とし、デジタル演習ボードを使います。

4-6-1 デバッグに使うプログラム

このデバッグに使うプロジェクトは、リスト4-6-1のようなものとします。このプログラムは、シリアル通信でパソコンと接続し、パソコンのキーボードから入力した1文字で次の動作をします。

- 最初に「`Input from Keyboard ->`」というメッセージを送信
- 受信文字がaだったら、カウンタを+1して「`Counter = xx`」というメッセージを送信
- 受信文字がその他だったら「`Key = x`」というメッセージを送信

プログラムはDebug.cというファイルとInitialize.hという2つのファイルで構成しています。本来はファイルを分ける必要はないのですが、本章での説明用にあえて分けています。

シリアル通信で`printf`というCの標準入出力関数を使えるようにするため、低レベル入出力関数である`putch`と`getch`という2つの関数をUSART1モジュール用に書き換えています。この使い方の詳細は、第2部 第10章で説明しているのでそちらを参照して下さい。

さらにUSART1モジュールを初期設定するための記述もInitialize.hに追加しています。

リスト 4-6-1　デバッグ用のプログラム（Debug）

(a) 初期化部（Initialize.h）

```
/*******************************************
 * デジタル演習ボード用初期化ファイル
 *  標準入出力関数を使うためのライブラリ
 *  低レベル入出力関数の上書き関数
 *  入出力モードとUARTの初期化
 ******************************************/
#include <stdio.h>
/* コンフィギュレーション設定 */
#pragma config FEXTOSC = OFF, RSTOSC = HFINTPLL, WDTE = OFF, LVP = OFF
/***  低レベル入出力関数の上書き ***/
void putch(unsigned char Data){
    while(!TX1STAbits.TRMT);
```

```
    TX1REG = Data;
}
unsigned char getch(void){
    while(PIR3bits.RCIF == 0);
    return(RC1REG);
}
/*** ボード初期化関数 *******/
void Initialize(void){
    /* 入出力モード設定 */
    ANSELA = 0;          // すべてデジタル
    ANSELC = 0;          // すべてデジタル
    TRISA = 0x07;        // RA0,1,2のみ入力
    TRISC = 0x80;        // RXのみ入力
    WPUA = 0x07;         // RA0,1,2 プルアップ
    /* USART1初期化 */
    RXPPS = 0x17;        // RX to RC7 pin
    RC6PPS = 0x10;       // TX to RC6 pin
    BAUD1CON = 0x08;     // SPBRG 16bit Mode
    RC1STA = 0x90;       // Async 8bit
    TX1STA = 0x24;       // Async 8bit
    SP1BRGL = 0x40;      // 9600bps
    SP1BRGH = 0x03;      // 9600bps
}
```

(b) メイン関数部(Debug.c)

```
/*************************************************
 * デバッグ用プログラム      Debug.c
 *    第1部  第4章     printf使用
 *************************************************/
#include <xc.h>
#include "Initialize.h"

/** グローバル変数定義 **/
unsigned char data;
int Counter;

/********* メイン関数 ****************/
void main(void)
{
    Initialize();                               // 初期設定
    Counter = 0;
    /********* メインループ  ********/
    while (1)
    {
        /** メッセージ送信 **/
        printf("¥r¥nInput from Keyboard -> ");  // ToDo
        /** 1文字入力し文字で分岐 ***/
        data = getch();                         // 1文字入力
        if(data == 'a'){                        // 文字aの場合
            Counter++;                          // カウントアップ
            printf("Counter = %u", Counter);    //ToDo
        }
        else                                    // 文字a以外
            printf("Key = %c", data);           // FIXME
    }
}
```

4-6-2 実機デバッグの開始方法とデバッグ用アイコン

Debugプロジェクトが正常に作成できたら、実機デバッグを開始します。このためには、写真4-6-1のように接続します。まずPICkit3とデジタル演習ボードを接続します。1ピン側を合わせるとPICkit3は裏向きになります。次にボードにDC5V出力のACアダプタを接続して電源を供給した状態とします。さらにUSBシリアル変換ケーブルを黒い線がGND側になるように接続し、ケーブルの反対側をパソコンのUSBに接続します。

●写真4-6-1　パソコンとの接続

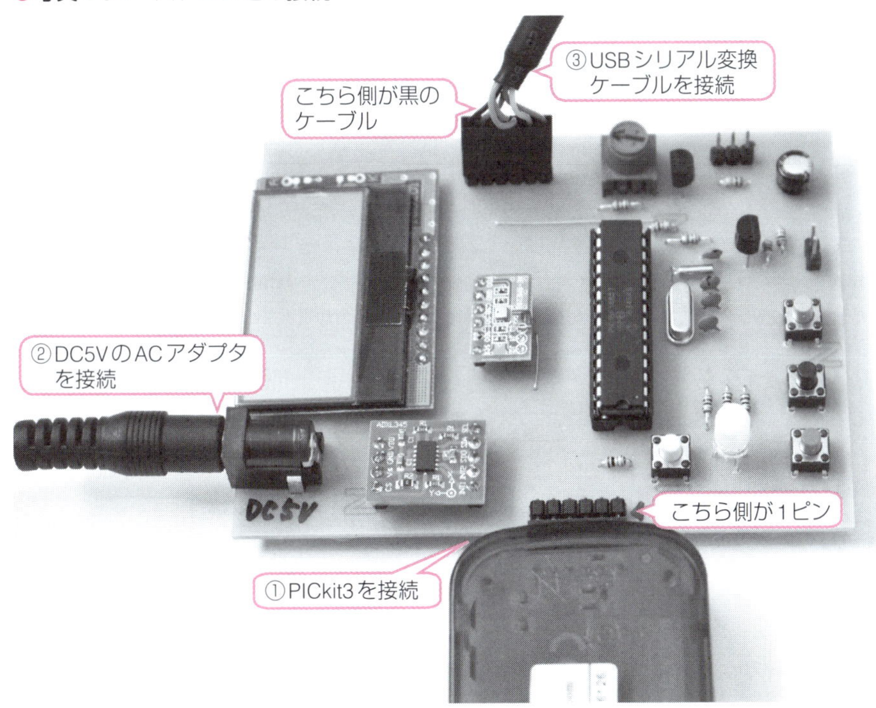

準備ができたら、図4-6-1のようにメインメニューの[Debug Main Project]というアイコンをクリックします。

これで図4-6-1の中ほどの注意ダイアログが表示されることがありますが、「実機デバッグの間はパワーアップタイマを無効にしますが、デバッグが終わったら元に戻しますよ」ということなので、ここはそのまま[Yes]とします。これで、プログラムをデバッグ用に再コンパイルして書き込みを行い、図4-6-1の下側のようにデバッグ用のアイコンが新規追加されます。

●図4-6-1 実機デバッグの開始

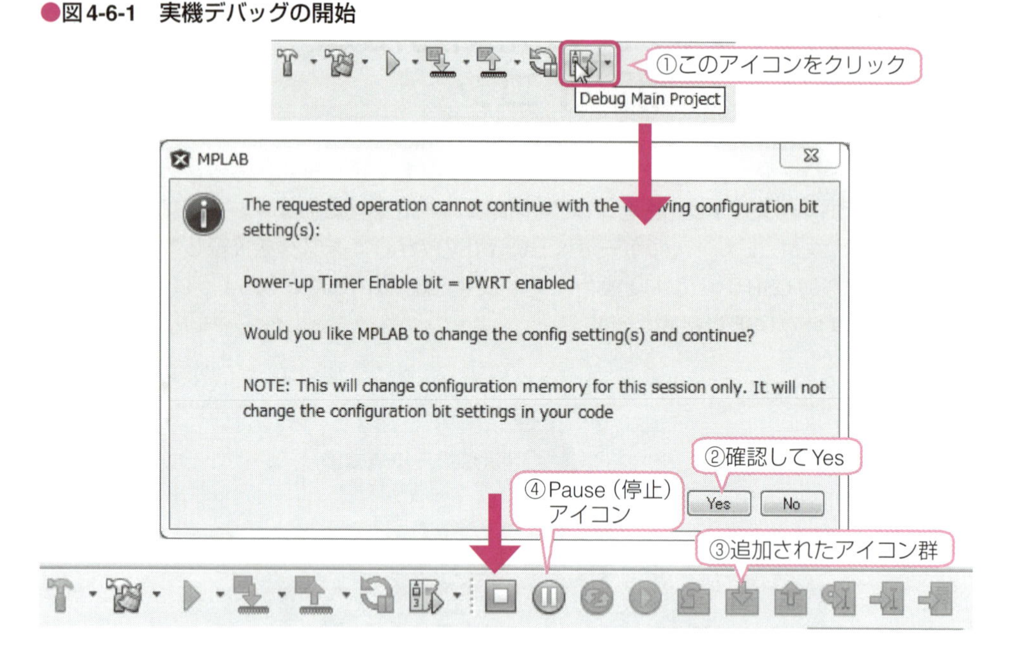

開始直後はRunningつまり実際に実行中の状態となっているので、[Pause] アイコンをクリックしていったん実行停止させると、図4-6-2のようなアイコン表示状態となります。

●図4-6-2 デバッグ用アイコン

それぞれのアイコンは次のような機能を持っていて、これらを使ってデバッグを進めます。

❶Resetアイコン
クリックすれば、初期化され、最初の実行文で実行待ちとなります。

❷Continueアイコン
クリックすると実行待ちの行から実行を開始し永久に実行を繰り返します。停止させるには再度[Pause]アイコンをクリックします。

❸Step Overアイコン
実行する行でサブ関数を呼んでいる場合でも、サブ関数にはステップでは入らず、サブ関数を高速で実行してすぐ次の行に進みます。これで、サブ関数で多くの繰り返しループがあってもステップ実行は必要ないので、ステップによるデバッグが効率良くなります。

❹Step Intoアイコン
クリックすると実行待ちの行を1行だけ実行します。この場合サブ関数内部も含めて1行ずつ実行します。したがって何らかの関数を呼ぶとそこにジャンプして順番に実行します。

❺Step Outアイコン
Step Intoでサブ関数の中に入ってしまった場合で、サブ関数の中はステップ実行する必要がない場合、このStep Outをクリックすればサブ関数の残りの部分を高速に実行してサブ関数を呼び出した文の次の実行文に進みます。

❻Run to Cursorアイコン
マウスで任意の実行文をクリックすると、その行に「カーソル」を置いたことになります。そして[Run to Cursor]アイコンをクリックすると、現在実行待ちの行からそのカーソルを設定した行まで連続的に実行していったん停止します。

❼Set PC at Cursorアイコン
マウスで指定した行を実行待ちの行とするので、次の実行では、その行から実行を開始することになります。つまり任意の位置から実行を開始できることになります。

❽Focus Cursor at PCアイコン
クリックすると、現在の実行待ちの行をカーソル行として設定します。

4-6-3 デバッグオプション機能

MPLAB X IDEには、デバッグを効率良く進めるため非常に多くの機能が用意されています。ここではデバッグの際によく使う便利な機能について説明します。

メインメニューから図4-6-3のように[Window]→[Debugging]として表示されるドロップダウンリストにデバッグ用オプション機能がたくさん用意されています。この中のよく使うオプションについて説明します。

●図4-6-3 デバッグ用オプションメニュー

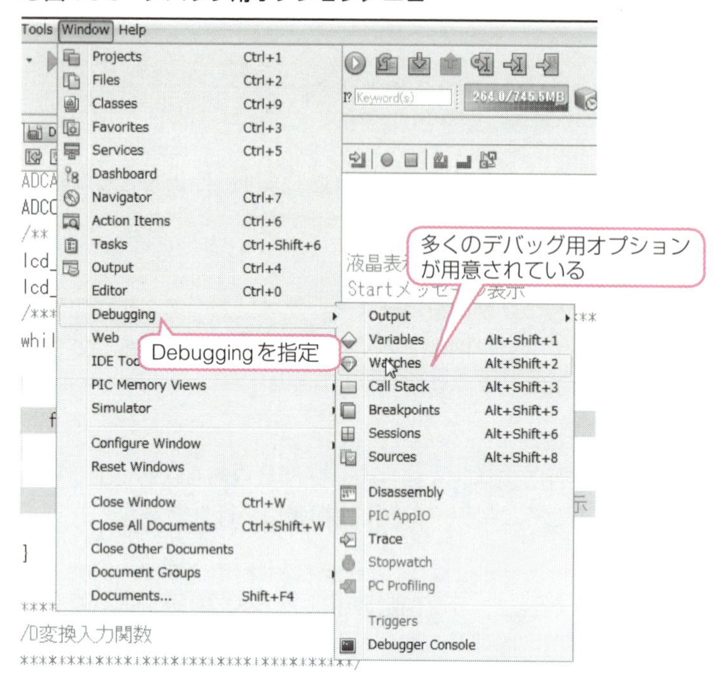

1 ブレークポイント

デバッグをする場合には、希望する位置でいったん停止させることが必要です。このための機能がブレークポイントです。ブレークポイントを設定するためには、[Pause]アイコンでいったん停止させ、さらに[Reset]アイコンをクリックするとプログラムは、mainの中の最初の実行文に移動して停止します。これで緑の背景も1行目に移動します。

このあと、任意の実行文の行の行番号をクリックすると図4-6-4のように行の背景が赤くなりブレークポイントを設定したことになります。図では次の行に進めていますが、緑色の背景の行が次に実行する行となります。設定したブレークポイントはもう一度同じ行番号をクリックすれば設定が解除されます。

図4-6-4のブレークポイントを設定した状態で、[Reset]アイコンをクリックすると「ブレークポイントがあるとリセットは無効です」と警告されます。そのときはいったんブレークポイントを削除してからリセットします。

ブレークポイントを設定したあと、[Continue]アイコンをクリックすれば実行を再開し、赤色の背景色の行で実行をいったん停止します。続いてブレークポイントを削除してから、[Step Into]か[Step Over]で1行ずつ進めて実行の流れを確認すれば、if文などの条件文の判定や流れの確認ができることになります。

このときブレークポイントを設定したまま[Step Over]を使うと「Debug Error」のダイアログで「ブレークポイントではStep Overは使えない」と警告されるので、先にブレークポイントを外してから［Step Over］を使うようにします。

ここで「`data = getch();`」の行をステップ実行すると永久待ちになります。これは入力を待っているからで、パソコン側の通信ソフトでキーボードから1文字入力すれば先に進んでデータ処理を実行します。

図4-6-4の左下のダッシュボードの窓に記述されているように、実機デバッグではPIC16F1ファミリはブレークポイント設定が有効になるのは1か所のみとなっています。したがって次のブレークポイントを設定すると、以前のブレークポイントは黒くなって無効となります。

●図4-6-4　ブレークポイントの設定

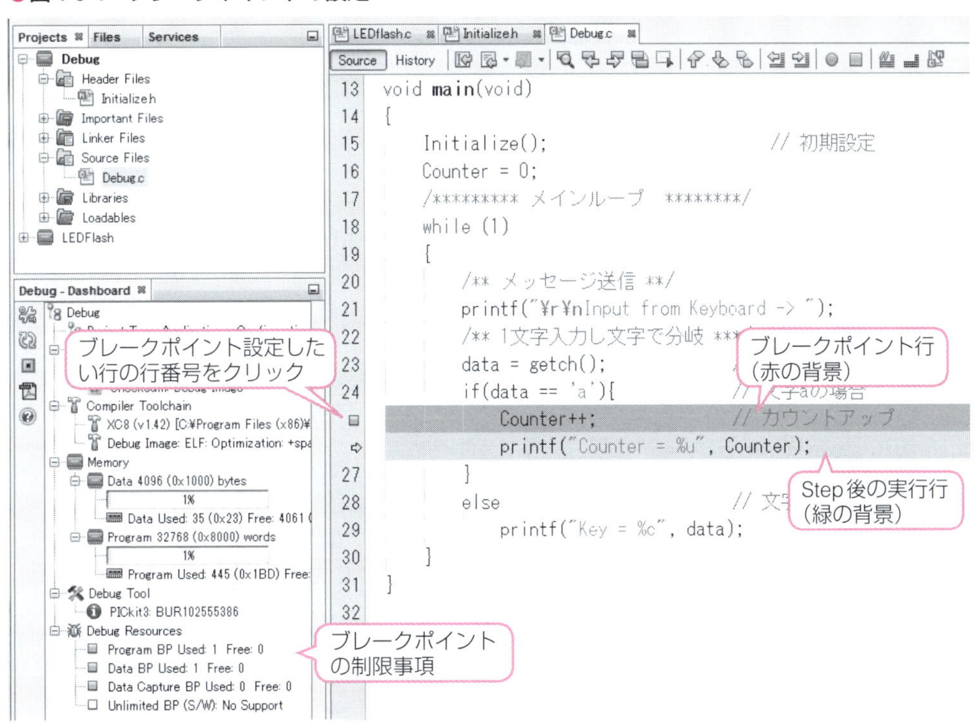

2 Variables窓

図4-6-3で［Variables］を選択すると、MPLAB X IDEの下部に図4-6-5の表示が追加されます。この窓は、現在ブレークポイントなどで停止中のブロックで使われているローカル変数とグローバル変数を自動的に表示します。図では受信データの`data`とカウンタの`Counter`の現在値が表示されています。`data`にはキーボードから入力した`a`という文字が入力されていることが確認できます。

また、Variables窓の表示メニュー欄で右クリックすると、図4-6-5の右下側のドロップメニューが表示されます。ここでチェックを入れればその形式の表示欄が追加され、チェックを外せば表示欄が削除されます。見やすい表示方法を選択します。

●図4-6-5 Variables窓の表示例

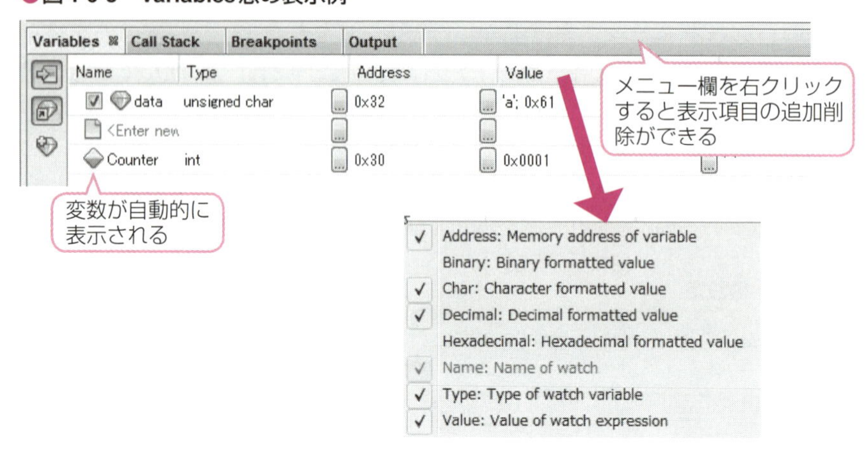

3 Watch窓

図4-6-3のDebuggingメニューで[Watches]を選択するとMPLAB X IDEの下部に図4-6-6のような窓が追加表示されます。この窓の<Enter new watch>と書かれた行に、変数名やレジスタ名をプログラムからドラッグドロップするか、行をダブルクリックすると開く変数一覧ダイアログから選択するか、キーボードで変数名などの名称を入力すると、その変数あるいはレジスタの現在値を表示します。

●図4-6-6 Watch窓の表示内容

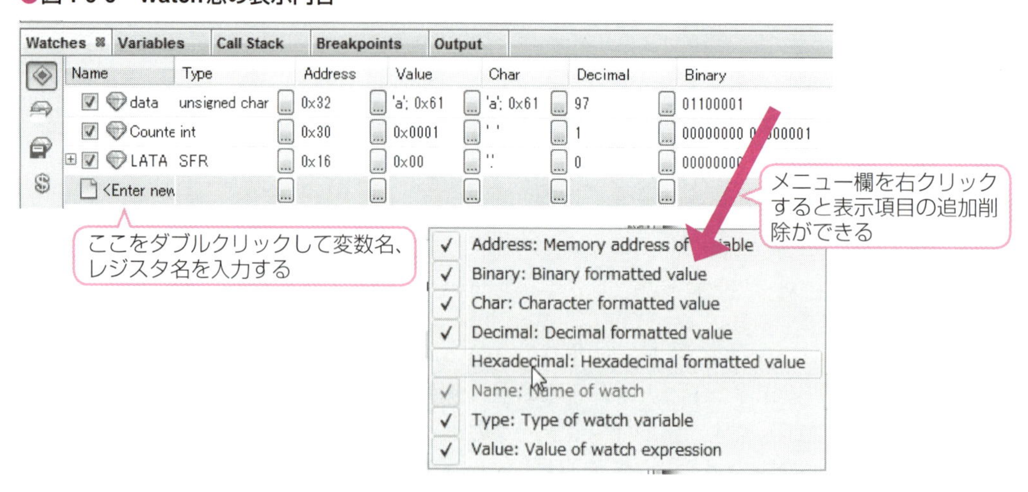

表示は前回停止時と同じ値であれば黒字で、前回と異なった値の場合は赤字で表示されます。さらに配列データやLATAのようにビットごとに名称が付与されているような場合には、先頭の＋マークをクリックすると要素ごとに分けて表示されます。表示形式欄はVariables窓と同じように追加削除ができます。

また、変数のValueの欄をダブルクリックすると入力モードになり、キーボードから値を変更できます。これで変更した値でプログラム動作を確認できるので、上下限の範囲があるようなデータの動作を確認できます。

4 Disassembly

図4-6-3で[Disassembly]を選択すると、図4-6-7のような表示がエディタ窓に表示されます。このリストは、CコンパイラがCの各実行文を展開したアセンブラ命令のリストとなっています。このリストでは、アセンブラ命令単位でステップ実行ができるので、デバッグをより細かなアセンブラ言語レベルで行う場合に使います。ブレークポイントはC言語の実行文単位となり、展開したアセンブラリストの先頭の命令で停止します。変数やレジスタの値もWatch窓やVariables窓に反映されます。

●図4-6-7　アセンブラ展開リスト

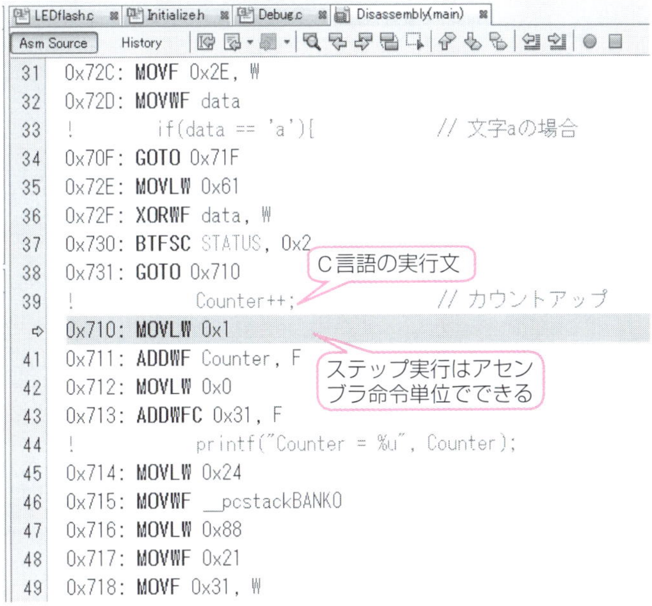

```
LEDflash.c | Initialize.h | Debug.c | Disassembly(main)
Asm Source   History
31  0x72C: MOVF 0x2E, W
32  0x72D: MOVWF data
33  !        if(data == 'a'){           // 文字aの場合
34  0x70F: GOTO 0x71F
35  0x72E: MOVLW 0x61
36  0x72F: XORWF data, W
37  0x730: BTFSC STATUS, 0x2
38  0x731: GOTO 0x710
39  !            Counter++;             // カウントアップ
⇨   0x710: MOVLW 0x1
41  0x711: ADDWF Counter, F
42  0x712: MOVLW 0x0
43  0x713: ADDWFC 0x31, F
44  !            printf("Counter = %u", Counter);
45  0x714: MOVLW 0x24
46  0x715: MOVWF __pcstackBANK0
47  0x716: MOVLW 0x88
48  0x717: MOVWF 0x21
49  0x718: MOVF 0x31, W
```

C言語の実行文

ステップ実行はアセンブラ命令単位でできる

4-6-4 メモリ内容表示

デバッグの際にメモリ内容を一覧で表示できる機能が用意されています。これで表示できるメモリは次のようになっています。

- プログラムメモリ(Flash Memory)
- データメモリ(File Registers)
- SFR(周辺モジュール制御用レジスタ)
- コンフィギュレーション

- EEPROM（EE Data Memory）
- スタックメモリ（Hardware Stack）
- リニアデータエリア（Linear Data）
- ユーザー ID（User ID Memory）

メモリ内容を表示させるには、MPLAB X IDEのメインメニューから、図4-6-8のように［Windows］→［PIC Memory View］を選択します。このあとメモリ種別を選択します。

●図4-6-8 メモリ表示用ドロップダウンリスト

例えば［File Registers］を選択した場合には、図4-6-9のような表示がMPLAB X IDEの下側に追加されます。この内容はデータメモリそのもので、デバッグの実行が停止したときに内容が反映されます。つまりデバッグ停止時に毎回PICkit3がPICマイコンからデータメモリを読み出して表示するため、表示更新には数秒間待たされます。このようなメモリ表示窓を複数開くとステップ実行の度にメモリ内容を読み出すことになり、デバッグ作業が非常に遅くなってしまうので注意が必要です。

表示内容は、前回停止時と内容が同じ場合は黒字で、異なる場合は赤字で表示されます。さらに値の部分をダブルクリックすると入力モードになり、変数などの値を変更できます。

左下の欄でメモリ種類の選択ができます。ここでは上記のすべてのメモリを指定できます。さらに表示形式をHEXとSymbolで切り替えることができます。

●図4-6-9　File Registersの表示例

Watches | Variables | Call Stack | Breakpoints | Output | File Registers

Address	00	01	02	03	04	05	06	07	08	09	0A	0B	0C	0D	0E	0F	ASCII
0000	00	00	10	1C	23	88	22	00	00	00	07	01	07	00	E1	--	....#.". ....-
0010	00	07	FF	80	--	--	00	00	21	--	--	--	00	FF	[illegible]	[illegible]	[illegible]
0020	24	88	01	00	23	88	00	00	C0	01	00	FF	22	00	[illegible]	[illegible]	[illegible]
0030	01	00	61	00	00	00	00	[illegible]	[illegible]	[illegible]	[illegible]	43	4F	00	[illegible]	[illegible]	[illegible]
0040	[illegible]	00	[illegible]	00	00	00	4F	[illegible]	[illegible]	[illegible]	[illegible]	[illegible]	20	3D	20	31	......O. VOLT = 1
[illegible]	[illegible]	38	[illegible]	[illegible]	56	6F	6C	[illegible]	[illegible]	[illegible]	[illegible]	[illegible]	00	00	00	00	.84 Volt ...?....
0060	00	00	00	00	00	00	00	00	00	00	00	00	00	00	00	00	....
0070	20	00	00	00	01	01	00	00	01	00	01	00	01	00	00	00	....
0080	[illegible]	[illegible]	[illegible]	[illegible]	23	88	22	00	00	00	07	01	00	00	00	00	..1.#.". ....
0090	[illegible]	[illegible]	[illegible]	[illegible]	00	00	00	00	00	00	00	00	00	00	00	--	..-..... ....-

Memory File Registers　Format Hex

Counter
Data
ダブルクリックで入力モードになる
変わった場合は赤字、同じときは黒字
メモリの選択
表示方法をHEXかSymbolかで切り替え

Configuration Bitsの表示の仕方は他のメモリとは大幅に異なり、図4-6-10のようになっています。この表示窓の使い方は第3部 第2章のコンフィギュレーションで説明します。

●図4-6-10　Configuration Bitsの表示例

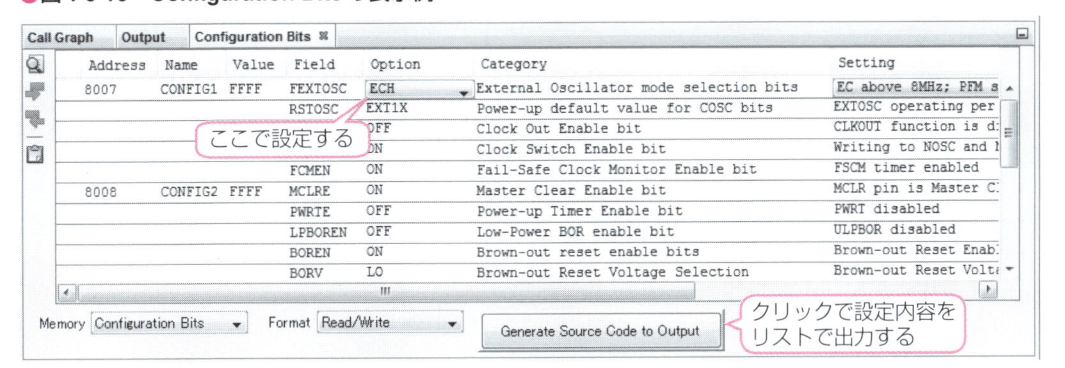

4-6-5　デバッグ時のナビゲーション機能

MPLAB X IDEではデバッグ時のナビゲーション機能が大幅に強化されていて、変数や関数の定義場所や関数の記述場所などにすぐにジャンプできるようになっています。

1 Ctrl キーによるNavigation

図4-6-11のように Ctrl キーを押しながら変数名または関数名にマウスオーバーすると、その変数名や関数名に青色のアンダーラインが表示されます。ここで、マウスで左クリックすると、その変数名の宣言部へジャンプします。関数の場合は、関数を記述している場所にジャンプします。これが別ファイルになっていてもそのファイルを自動的に開いて表示します。#includeのファイルの場合はそのファイルを開いて表示します。

●図4-6-11 Ctrl キーによるNavigation

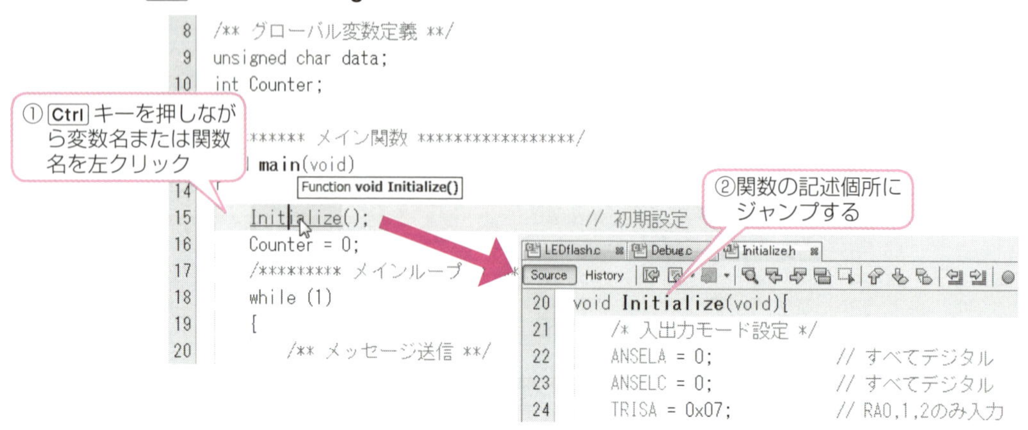

2 Navigationメニュー

変数名または関数名を選択してから右クリックすると、図4-6-12のようにプルダウンリストが表示されます。

●図4-6-12 Navigation機能

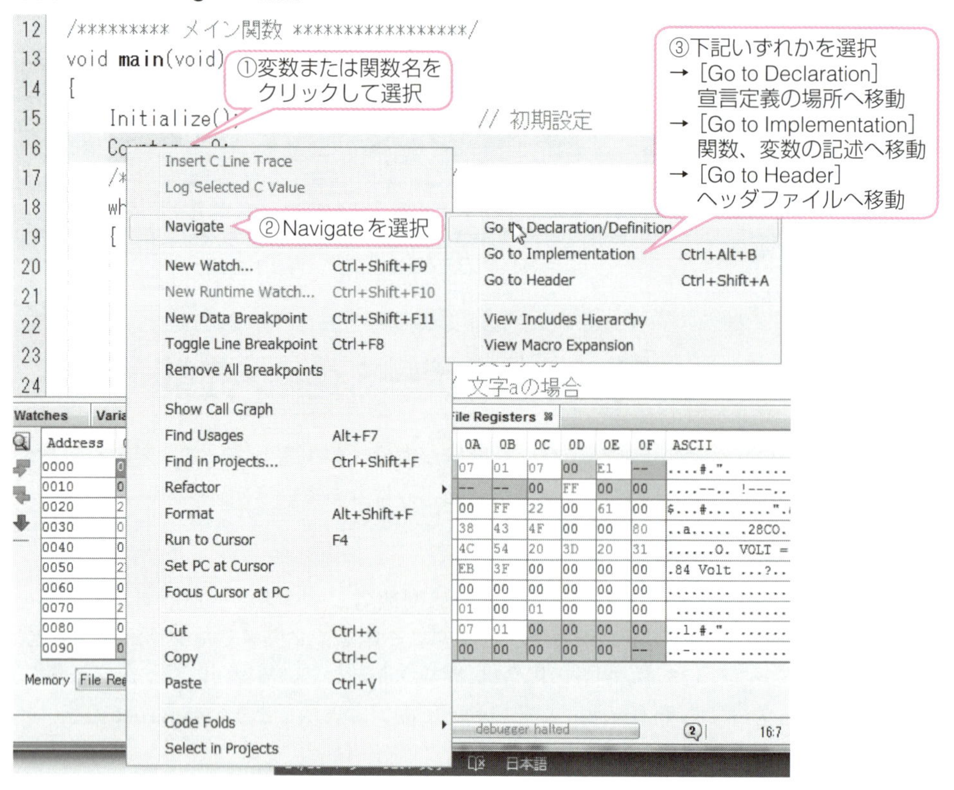

この中の［Navigate］を選択し、さらに開くプルダウンリストで次のいずれかを選択します。これでそれぞれの記述場所にジャンプします。ファイルが異なるものでもプロジェクトに登録されていれば問題なくジャンプします。

- Go to Declaration　　：変数の宣言部へジャンプ
- Go to Implementation：関数の記述場所へジャンプ
- Go to Header　　　　：変数の宣言あるいは関数のプロトタイピング記述があるヘッダファイルへジャンプ

3 Call Graph

関数を選択してから右クリックして表示される図4-6-13のプルダウンリストで［Show Call Graph］を選択すると、図4-6-13右下のような関数の呼び出し元と呼び出し先の関連グラフが表示されます。これにより関数同士の関連が一目でわかりますし、修正する場合などの影響範囲を確実に把握できます。このグラフで関数名をダブルクリックすれば関数の記述場所にジャンプします。

さらに、関数名で右クリックして［Expand Callers］とすると、その関数を呼んでいる関数があれば表示追加します。また［Expand Callees］を選択すれば、その関数から呼んでいる関数がさらにあれば表示追加します。このように関数の階層構造の関連をより広げて表示させることができます。

●図4-6-13　Call Graph機能

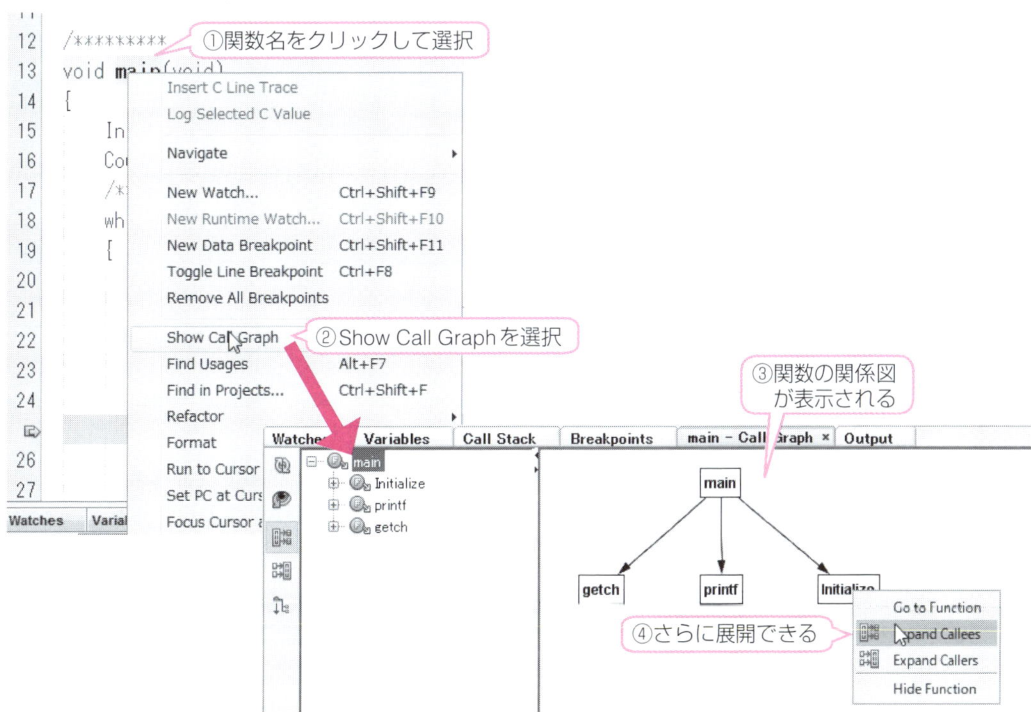

4-6-6 ソースファイルのメモ機能

MPLAB X IDEは、ソースファイル中にメモを残すことができるようになっています。例えば図4-6-14のようにソースファイルのコメントに「ToDo」か「FIXME」を記述しておき、コンパイルします。

このあと、MPLAB X IDEのメインメニューから、[Window]→[Action Items]とすると、図4-6-14の下側の図のようにToDoかFIXMEを記述した行をリストとして表示します。さらにリストの先頭にあるアイコンをクリックすればその記述のある行にジャンプします。これで、あとから記述を追加するつもりとか、確認が必要とかの個所にToDoかFIXMEを追加しておけば、忘れることなく作業を進めることができます。

●図4-6-14 メモ機能

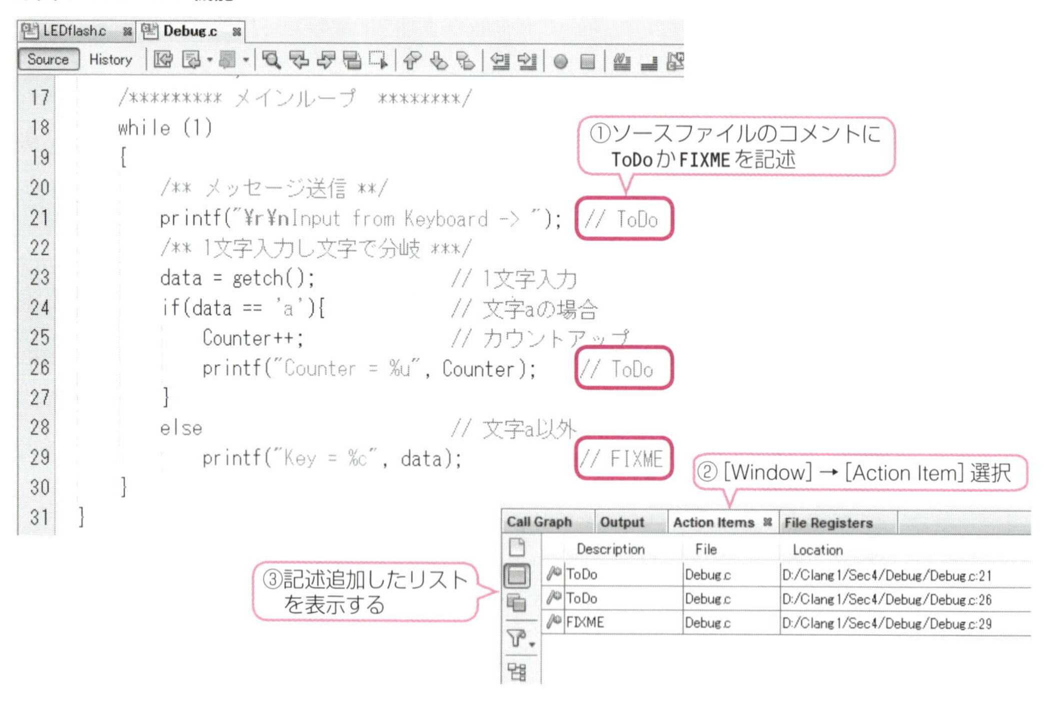

以上PICkit3とMPLAB X IDEを使った実機デバッグの基本的な操作方法を説明しましたが、このほかにもMPLAB X IDEには多くのデバッグ支援機能があり、デバッグをより簡単に確実にできるようになっています。

4-7 シミュレータの使い方

MPLAB X IDEには強力な**シミュレータ**も実装されています。このシミュレータを使えば、実機ハードウェアがなくてもかなりのデバッグを行うことができます。このシミュレータでデバッグする方法を説明します。

この説明に使うプロジェクトは、最初に作成した「Clang1¥Sec4¥LEDflash」と「Clang1¥Sec4¥Debug」とし、デジタル演習ボードは使いませんが、PICkit3と接続したままでも構いません。また、PICkit3のUSBケーブルは、そのままでも構いませんが、パソコンから抜き取っておいても構いません。

4-7-1 シミュレータの起動と特徴

最初は「Clang1¥Sec4¥Debug」のプロジェクトを使います。プロジェクトを開いたら、まず、シミュレータを使えるようにする必要があります。これには、デバッグするプロジェクトを開いた状態で、[File]→[Project Properties]としてプロジェクトのプロパティ設定ダイアログを開きます。もし前章の実機デバッグを継続している場合は、[Finish Debugger Session]という赤い四角のアイコンをクリックして実機デバッグモードを終了させてから、プロパティダイアログを開いて下さい。

このプロパティダイアログで図4-7-1のように、[Hardware Tool]欄で①[Simulator]を選択してから②[Apply]ボタンをクリックします。これで③左側の欄にSimulatorが表示されシミュレータを使う設定となります。

●図4-7-1　シミュレータの選択

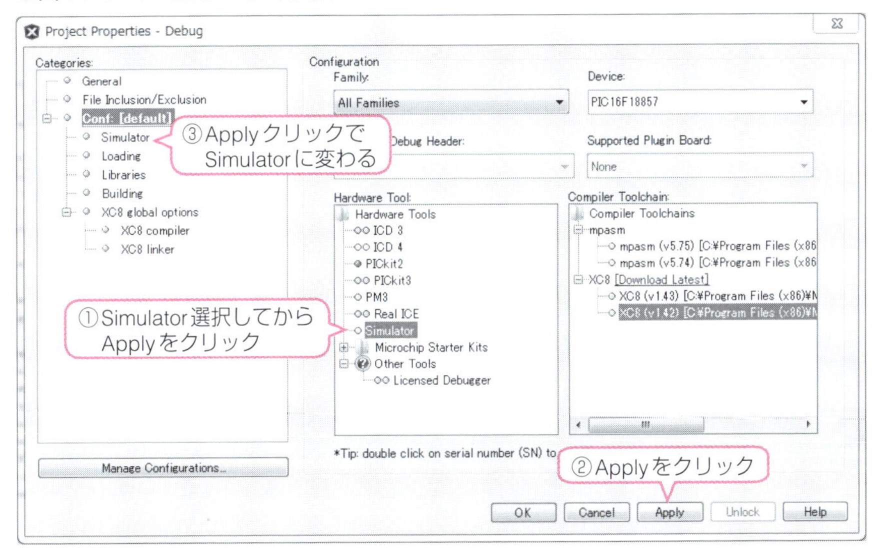

続いて、①この[Category]欄のSimulatorをクリックすると、図4-7-2のようなダイアログが表示されるので、ここで②Option欄で[Oscillator Options]を選択してから、③命令サイクルの周波数、つまりシステムクロック周波数の1/4の周波数を入力し④[Apply]します。この設定でシミュレータの命令実行時間を使った計測値が実機と同じになります。このあと[OK]ボタンをクリックして終了します。

●図4-7-2 クロック周波数の設定

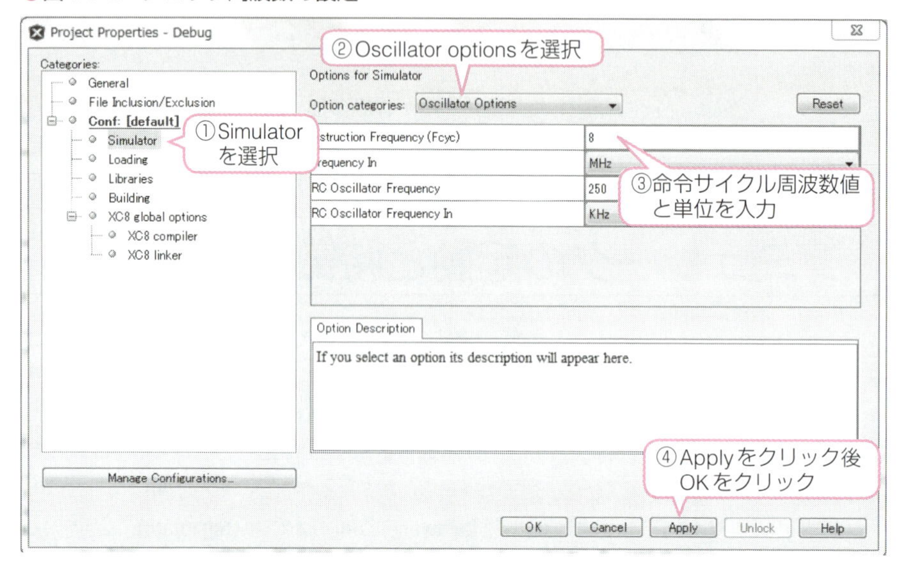

プロジェクト画面に戻ったところで、実機デバッグのときと同じようにメインメニューの[Debug Main Project]のアイコンをクリックします。これにより、デバッグモードで再コンパイルされてオブジェクトが生成されます。そして、メインメニューに実機デバッグのときと同じ図4-6-2のようなデバッグ実行制御アイコンが追加されます。この時点では、いきなり実行した状態となるので、[Pauseアイコン]をクリックしていったん停止させます。

ブレークポイントの設定、Watch窓の設定などすべてのデバッグオプションが実機デバッグと同じようにできます。シミュレーションデバッグが実機デバッグの場合と異なるのは次のような項目です。

❶ブレークポイントは、1000か所まで

ブレークポイントは、実機デバッグの場合と異なり、1000か所まで設定できます。

❷シミュレーションできない内蔵モジュールがある

SPIやI^2Cなど内蔵周辺モジュールで外部と接続して動作するものについてはシミュレーションではデバッグできません。したがって、これらに関する実行文は一時的にコメントアウトして省いてから動作確認する必要があります。

シミュレータがサポートしている周辺モジュールは表4-7-1のようになっています。ただし、これらの周辺モジュールも、シミュレーションを実行させて命令を実行しないと、命令クロックもシミュレートされず動作しないので注意して下さい。

▼表4-7-1　シミュレータがサポートする周辺モジュール

モジュール	詳　細
Timers	設定ごとの動作、割り込みのすべての動作がシミュレートされる
CCP/ECCP	キャプチャ、コンペア、PWMすべての動作がシミュレートされる。ただし、PWM動作のデッドバンドはできない
Comparator	V_{REF}ピンを使わないコンパレータ動作がシミュレートされる
AD Converter	すべての動作がシミュレートされる。ただし実際の電圧を変換するわけではないので、AD変換結果を可変する場合は、Stimulusの「Register Injection Tab」機能を使ってADRESレジスタに値を挿入する必要がある
USART	送受信ともプログラムでシミュレートされハードウェアモジュールは使わない。送信の場合は、USART_OUTの窓に送信キャラクタを表示し、受信動作は別途用意するテキストファイルのメッセージのキャラクタを順次挿入する形式でシミュレートされる
EEPROM Data Memory	すべての動作がシミュレートされ、割り込みも生成する。書き込みエラーの動作はStimulus機能を使ってレジスタを書き換えることでシミュレートする
I/O Ports	すべての入出力動作、状態変化割り込みをシミュレートする

4-7-2　Stopwatch　実行時間の測定

実機デバッグではできなくてシミュレータではできる機能に、プログラムの実行時間測定機能があります。この測定方法を説明します。

Running中のプログラムをいったん停止させます。次に図4-7-3の①のように実行時間を測定したい最初と最後の2か所にブレークポイントを設定します。次に②③のようにメインメニューから、[Window]→[Debugging]→[Stopwatch]としてストップウォッチを選択します。

●図4-7-3　Stopwatchの選択

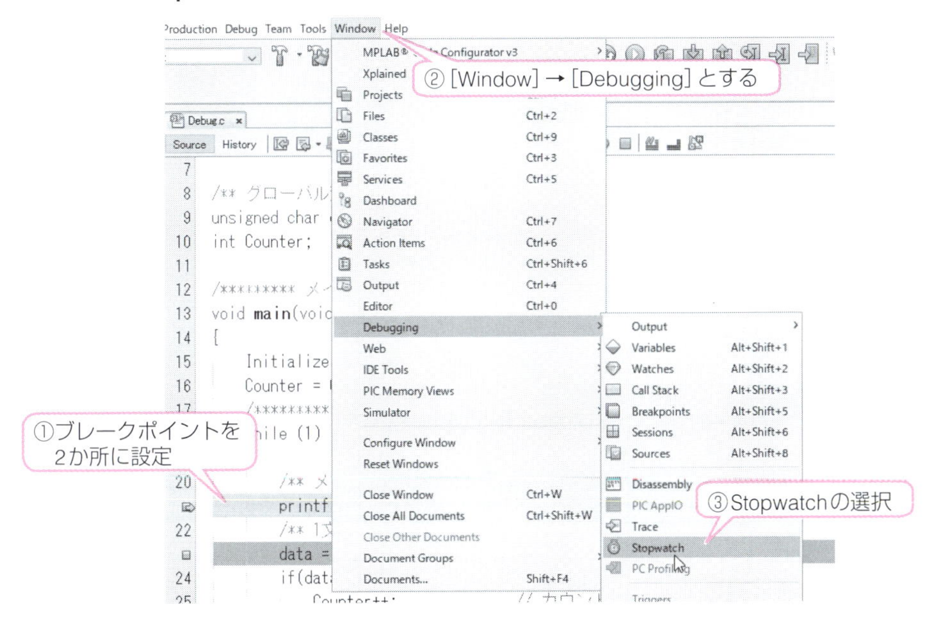

これで図4-7-4のようにMPLAB X IDEの下のほうにStopwatch窓が追加されます。

測定方法は、実行時間を測定したい部分の最初と最後にブレークポイントを設定します。またはループ時間の測定ならループの先頭にブレークポイントを設定します。次に①最初のブレークポイントで停止させ、図4-7-4の左側にあるサイドメニューで、[Reset stopwatch on run]アイコンをオンにして実行の度に時計の積算値を0にするようにしてから、次のブレークポイントまで実行させて計測するようにします。

これで図4-7-4の②のように前回停止時から今回停止時までに要した実行サイクル数と時間を表示します。この時間は図4-7-2で設定した命令サイクル周波数を元に換算するので、実機の命令サイクル周波数と設定値が合っていれば正確な実行時間となります。

図4-7-4では`printf`文の開始と次の文にブレークポイントを設定していますから、ちょうど`printf`文を実行する時間を計測していることになります。1010命令サイクルで126.25μsecかかっていることがわかります。ただしUSARTの場合、実際のシリアル通信で実行しているわけではなくプログラムで疑似通信を実行していますから、**実際の通信速度ではなく、実機での時間とは大幅に異なります**。さらに、`getch()`文などは外部から入力がないと進まないため、このような場合の時間測定は無意味になるので使い方に注意して下さい。

●図4-7-4 Stopwatchによる実行時間の測定

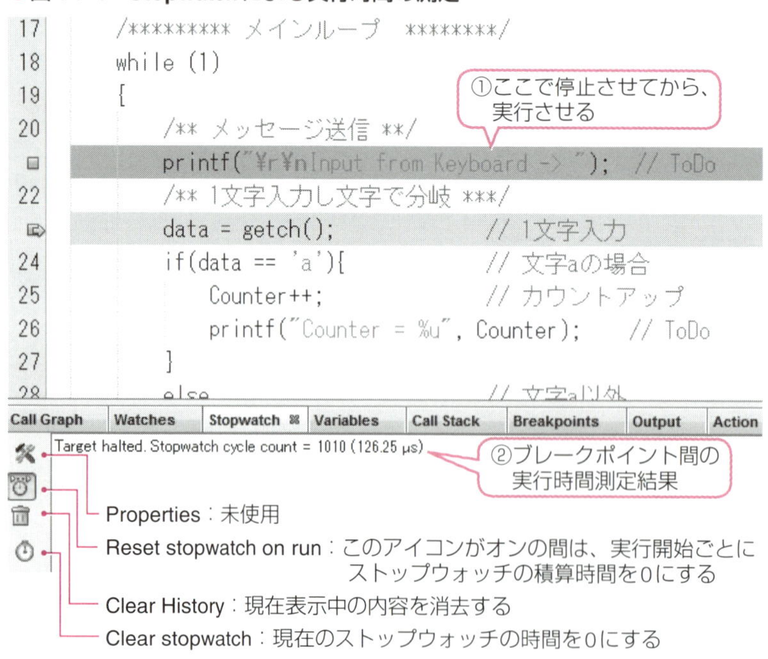

4-7-3 シリアル通信（USART）のシミュレーション

シミュレータを使ってシリアル通信のUSARTの動作を確認する方法が用意されています。その手順を説明します。この説明にもDebugのプロジェクトを使います。

まず、シミュレータを使ったデバッグモードにするため、プロジェクトのプロパティダイアログの［Hardware Tool］欄で［Simulator］を選択してApplyします。

1 送信のシミュレーション

同じプロパティダイアログの①［Category］欄で［Simulator］を選択します。これで開く図4-7-5の右側の窓で、②一番上の［Option categories］で［Uart IO Options］を選択します。これで開く下の窓で、③［Enable Uart IO］欄にチェックを入れ、［Output］欄を［Window］にして④［Apply］します。

これを［Window］にすると、Outputの窓に［UART 1 Output］という窓が追加され、UARTの出力が擬似的に表示されるようになります。もう1つの選択肢の［File］を選択したときは、その下の［Output File］欄で指定したファイルに出力内容を書き込みます。USARTの出力動作確認だけならこれだけの設定で完了です。

●図4-7-5　USARTのシミュレーションの有効化

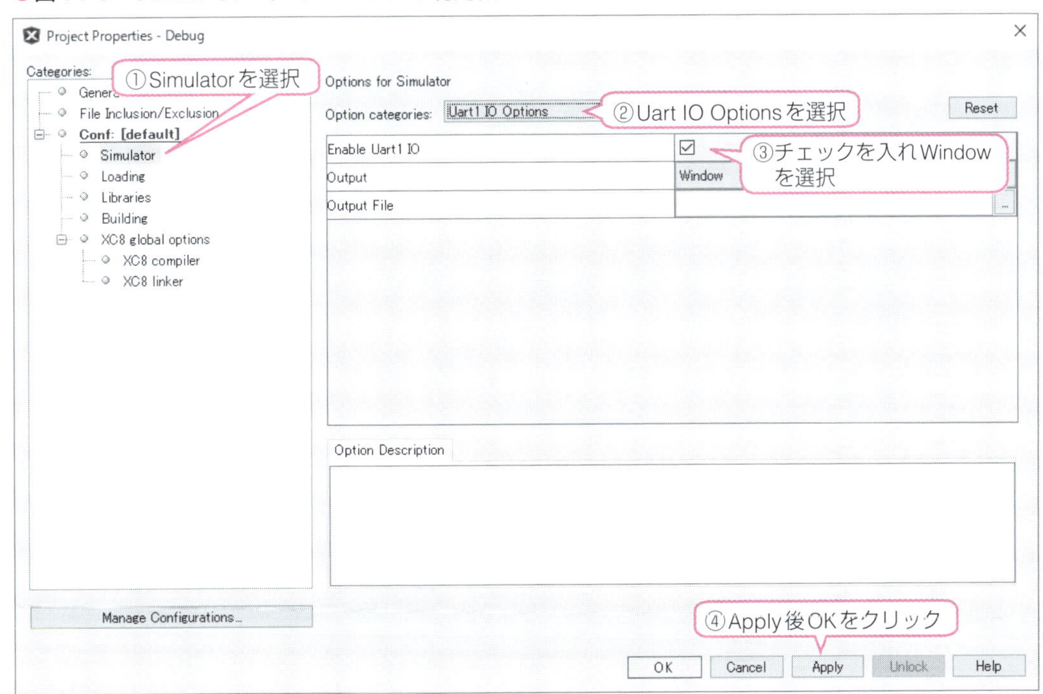

2 受信動作のシミュレーション

次に、受信動作のシミュレーションの設定をします。まず、デバッグモード状態で、メインメニューから図4-7-6のように、①② [Window] → [Simulator] → [Stimulus] を選択します。

●図4-7-6 Stimulusを開く

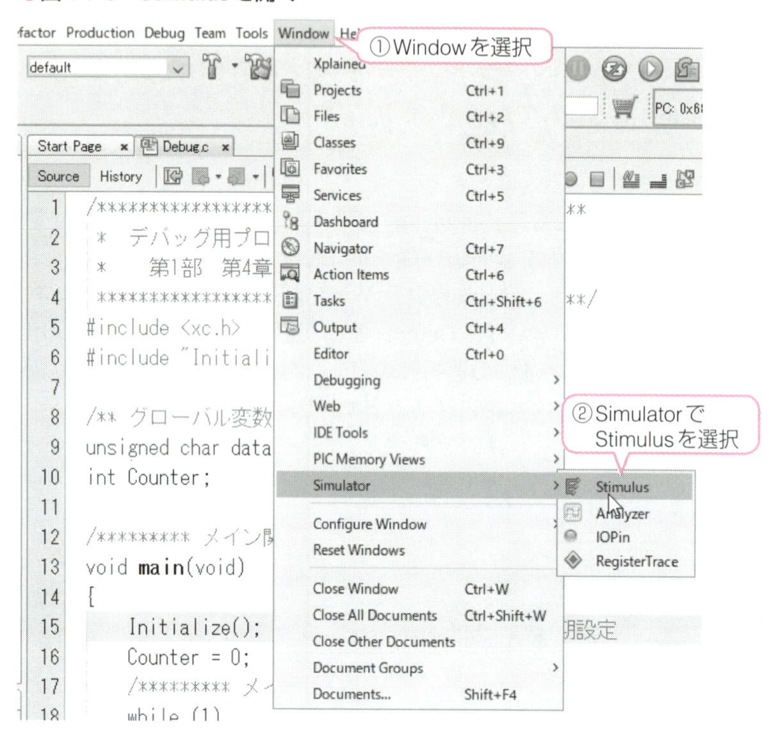

これで開いた図4-7-7のStimulusのダイアログで① [Register Injection] タブをクリックします。ここで図②から⑥のように設定します。これは受信レジスタRC1REGに、指定したファイル"test.txt"内のテキストデータの文字を1文字ずつ順番に代入するという意味になります。⑥WrapをYesにすると同じテキストを繰り返し代入します。⑦サイドメニューの一番上の [Apply synchronous stimulus] ボタンをオンにするのを忘れないようにして下さい。

●図4-7-7 StimulusのRegister Injectionの設定

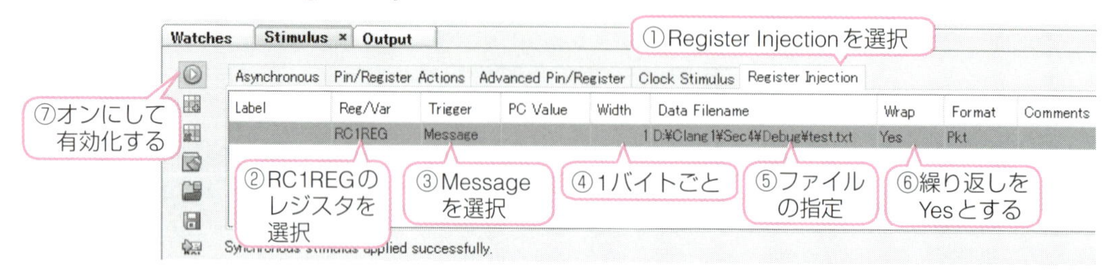

指定したテキストファイル"test.txt"の内容は図4-7-8(a)のような内容とします。つまり、1秒待ってから文字aを擬似的に受信データとして代入します。さらに1秒後に文字dを代入します。このwait文の単位にはps、ns、us、ms、sec、min、hrが使えます。送信データの記述には""で囲った文字列か、「05 07 6A 6B」などのスペースで区切った16進数が使えます。

これですべての準備が整ったので、プログラムをデバッグモードで実行開始します。すると図4-7-8(b)のように、Output窓内の[UART 1 Output]の窓に、プログラムが送信しているメッセージが1秒間隔で繰り返し表示追加されるようになります。[Pause]アイコンでデバッグモードを停止させれば表示は停止します。

これでUSARTの接続相手となるハードウェアがなくても、シミュレーションで動作を確認できます。ただし、**シミュレーションでは通信速度はどんな値でも正常動作するので、実機で動作確認する際には通信速度に注意する必要があります。**

●図4-7-8　シリアル通信のシミュレーション動作

(a) Testdata.txtのテキストファイルの内容

```
wait 1 sec
"a"
wait 1 sec
"d"
```

(b) シミュレーション動作結果

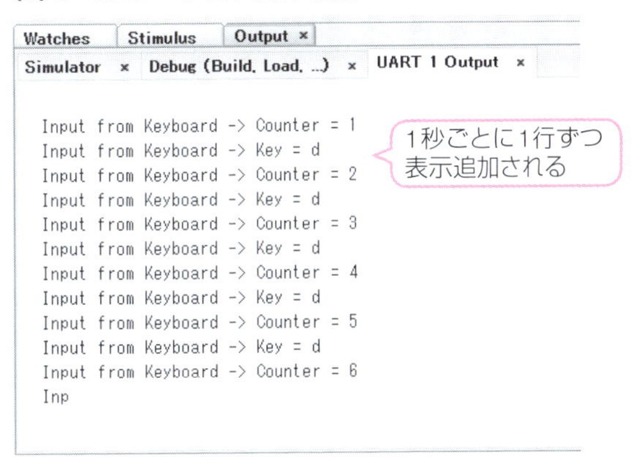

4-7-4　入力ピンへの擬似入力

入力ピンに対し、シミュレータで擬似的な信号を入力し、プログラム動作を確認できます。これには[IOPin]という窓を使います。

このシミュレーションの説明には、LEDflashプロジェクトを使うので、Debugプロジェクトをクローズしてから、LEDflashプロジェクトをオープンし、Propertiesダイアログの[Hardware Tool]でSimulatorを選択してApplyし、シミュレーションモードとします。

この「IOPin」機能を使うためには、先にデバッグ中の場合は、[Pause]アイコンをクリックしてデバッグを停止させるか終了させる必要があります。

この後、メインメニューから、①②で[Window]→[Simulator]→[IOPin]とすると、エディタ下に図4-7-9の③のようにIOPinの窓が開きます。

●図4-7-9　IOPinの窓を開く

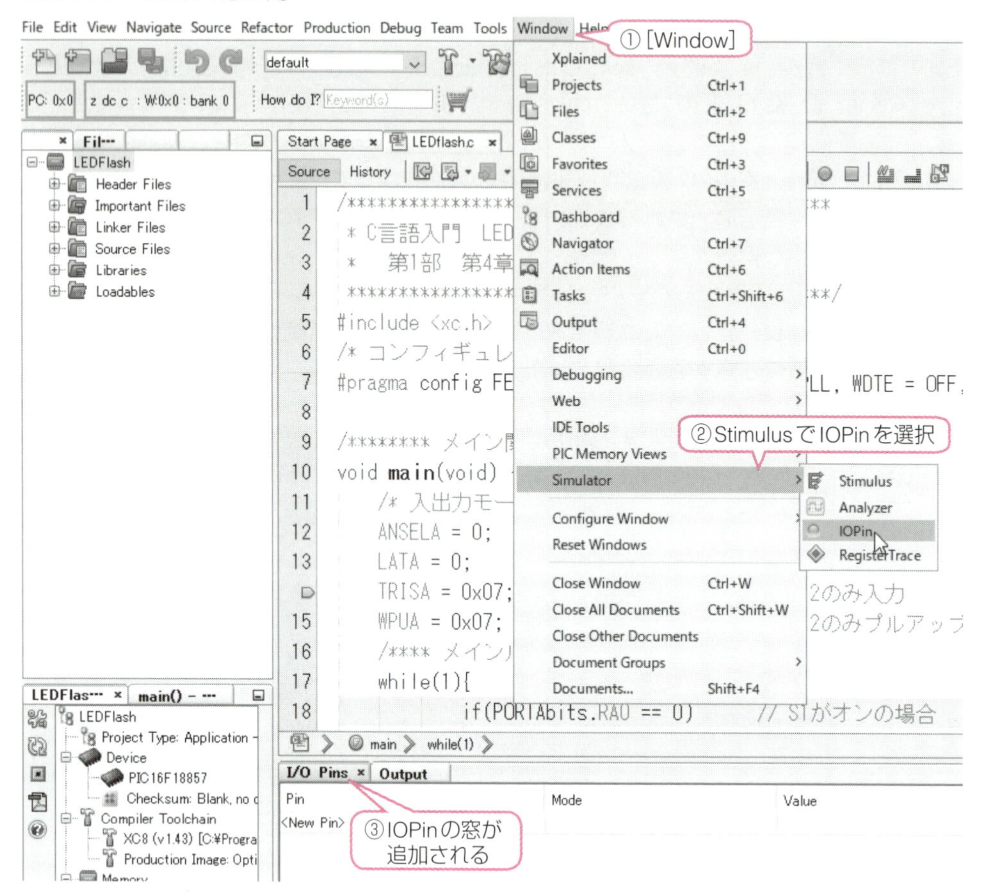

IOPinの窓の<New Pin>の欄をクリックして操作したい入出力ピンを追加します。これには図4-7-10のように<New Pin>をクリックすると①のように指定可能な入出力ピンがドロップダウンリストで指定できるようになるので、ここから選択します。

これで入出力ピンを指定すると、デバッグモードになっていれば、そのピンのモード(Mode)、現在状態(Value)、ピンの機能(Owner or Mapping)が②のように表示されます。モードには、Din、Dout、Ain、Aoutの4種類があってデジタルかアナログかと入力か出力かの区別が表示されます。現在状態には、デジタルの0か1が表示されます。ピンの機能には、そのピンに割り付けられている周辺モジュールの機能が表示されます。

さらにデジタル入力ピンの現在状態の欄をクリックすると、状態を変更できます。この変更は疑似的に入力ピンに信号を加えたのと同じ効果になり、プログラムで入力する状態も変更されますから、if文などのプログラムの流れを変更できます。ここではPauseで停止させてRA0、RA1、RA2にいずれかを0にしてから、プログラムを実行したあとPauseすると対応するRA3、RA4、RA5のいずれかが1になります。

●図4-7-10　IOPin窓に入出力ピンを追加する

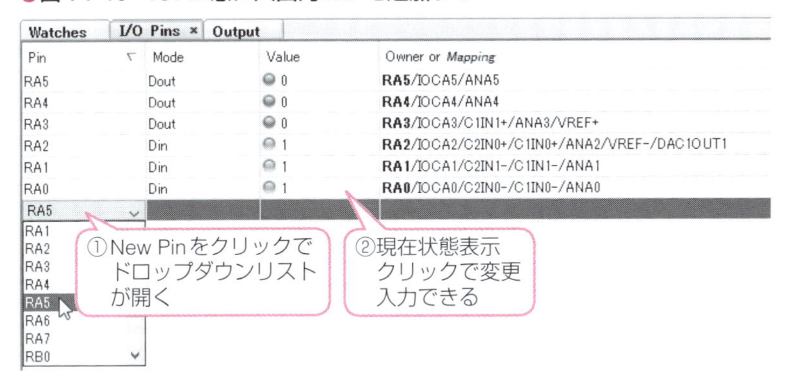

またI/O Pinの欄で右クリックして開くダイアログで[Run Time Update]を選択すると、実行中に自動的に値が更新されます。

4-7-5　Stimulusの使い方

入力ピンへの疑似入力をさせるにはもう1つ「Stimulus」という機能もあります。Stimulus窓はメインメニューから[Window]→[Simulator]→[Stimulus]とすることで開くことができます。このStimulusの窓は図4-7-11のようになっています。

●図4-7-11　Stimulusの窓

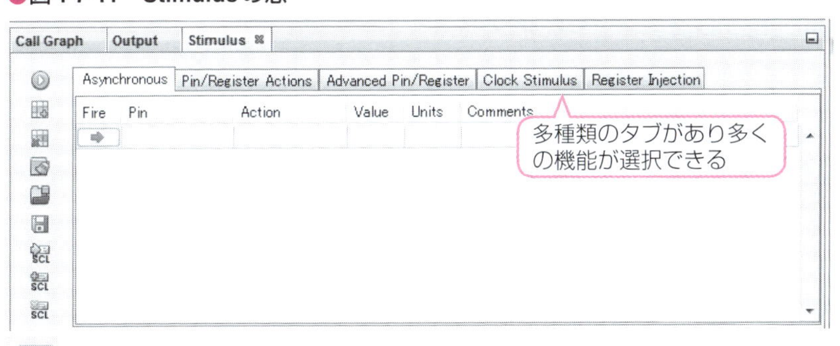

- **Apply asynchronous stimulus**：このアイコンがオンの間Asynchronousタブの機能を有効化する
- **Add a row**：1行追加する
- **Remove a row**：指定された行を削除する
- **Clear all tabs**：全タブの入力内容を消去する
- **Open a stimulus workbook**：Stimulus設定ファイルを読み込む
- **Save to a stimulus workbook**：現在の設定内容をファイルとして保存する
- **Generate SCL file**：現在の設定内容をSCL言語に展開する
- **Attach SCL file**：SCL言語ファイルを登録する
- **Dettch SCL file**：SCL言語ファイルの登録を外す

図のようにこの窓には多くのタブがあって入出力ピンだけでなく、いろいろな擬似動作を設定できます。またサイドメニューで設定内容の追加削除やファイルの保存読み込みができます。

ここで「**SCL言語**」という用語がありますが、これは「Stimulus Control Language」の略で、シミュレーションをプログラム化して行うための言語です。本書ではSCL言語についての説明は省略します。SCL言語に関する詳細は、MPLAB X IDEをインストールしたディレクトリ内のdocフォルダにマニュアルがあるので、そちらを参照して下さい。

1 Asynchronousの使い方

このAsynchronousタブは一番簡単に使える入力シミュレーション機能で図4-7-12のように設定します。この窓では図の①から④の順番で設定し⑤で実行します。

●図4-7-12 Stimulusによる入力シミュレーション

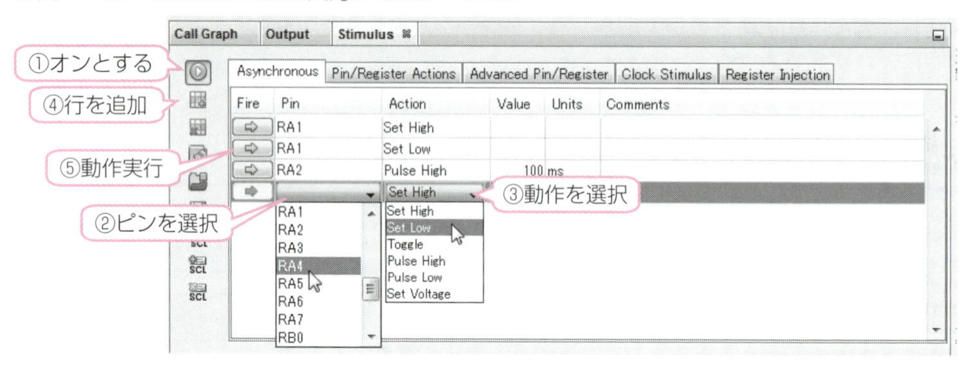

❶ [Apply Asynchronous stimulus] アイコンをオン

Asynchronous機能を有効化します。

❷ピンを選択

Pinの欄をクリックして、表示されるピンの一覧から希望するピンを選択します。

❸動作を選択

Actionの欄をクリックして、表示される動作一覧から希望する動作を選択します。この動作には次のような種類があります。

- Set High、Set Low ：HighかLowの状態にする
- Toggle ：HighとLowの状態を交互に設定する
- Pulse High、Pulse Low：一定時間HighまたはLowの状態とする
  時間単位(Units)は、cyc、ns、us、secから選択
- Set Voltage ：アナログピンに対し指定した電圧を加えた状態とする
  電圧単位(Units)は、V、uV、mVから選択

❹行を追加し、❶から❸を繰り返す

❺実行

Fire欄の矢印アイコンをクリックすると、指定した動作を実行します。

実際にこのStimulusでシミュレーションするときには次のようにします。

プログラムの適切な場所にブレークポイントを設定していったん停止させます。この後Fireの矢印ボタンをクリックしてStimulusを実行してから、ステップか実行でプログラムを進めて`if`文などの動作を確認します。

2 Pin/Register Actionの使い方

Pin/Register Actionsタブの窓では、時間間隔を指定して複数の入力ピンに擬似入力を加えることができます。使う場合には、Pin/Register Actionタブを選択すると図4-7-13の窓が開きます。この後の設定は次のようにします。

❶時間単位を設定する

Time Unit欄で時間単位を設定します。cyc（命令サイクル）、h:m:s（時分秒）、ms、us、nsが選択できます。

❷❸ピンを指定する

［Click here to Add/remove signals］という記述部分をクリックすると、図4-7-13の右下のダイアログが開きます。この左側の窓で希望する入力ピンを選択し右側に移動させれば、そのピンが対象として追加されます。

❹時間値とAction値を入力

Timeの欄の空欄をクリックして時間の値を入力します。この時間はデバッグでプログラムを実行開始してからの時間となります。続いてそのときの入力ピンに擬似入力する値を0か1でセットします。

❺行を追加し、④の入力を繰り返す

●図4-7-13　Pin/Register Actionsタブの窓の使い方

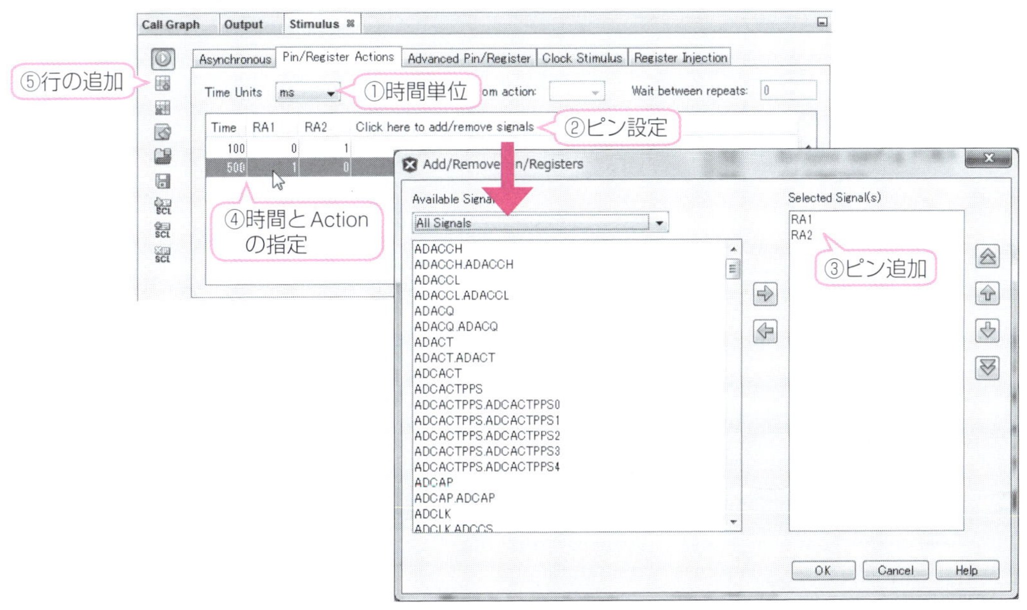

3 Advanced Pin/Registerの使い方

Pin/Register Actionと同じような機能で、より多くの条件が設定できるのが[Advanced Pin/Register]タブです。レジスタの値が指定した値と一致したら、何らかの擬似動作を実行させるという設定ができます。しかしこの設定は複雑で、あまり使い勝手がよくないので本書では説明を省略します。

4 Clock Stimulusの使い方

[Clock Stimulus]タブは指定されたパルス列を生成させる機能なのですが、こちらもあまり使う機会はないため説明は省略します。

4-7-6 Analyzerの使い方

シミュレータでは、出力ピンに出力される信号をモニタして、ロジックアナライザと同じように波形で表示させることができます。この機能が「Analyzer」です。

例として「LEDflash」のプロジェクトを使います。このAnalyzerを使うときには、いったん実行制御アイコンで[Finish Debugger Session]アイコンをクリックしてシミュレータを終了させます。

続いて、[Window]→[Simulator]→[Analyzer]とします。これで、図4-7-14のような窓とサイドメニューが追加表示されます。

●図4-7-14　Analyzerの窓

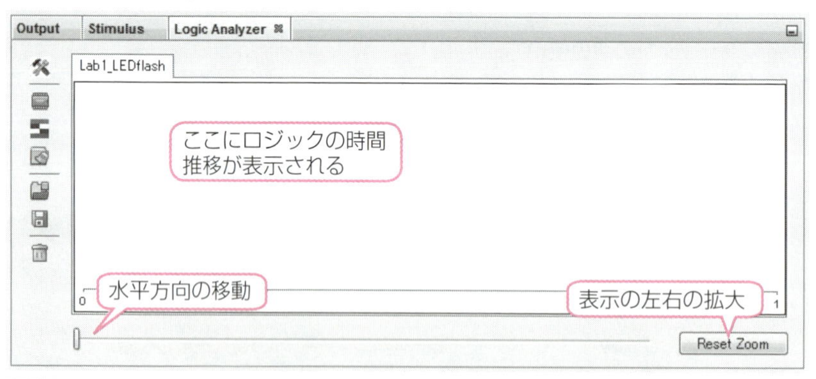

- **Logic Analyzer settings**：アナライザ用のバッファサイズの設定
- **Edit pin channel definitions**：表示するピンの追加と削除
- **Edit bus channel definitions**：表示するバスの追加と削除
- **Clear channel definitions**：ピンの設定の消去
- **Load channel definitions and analyzer settings**：設定内容をファイルから読み込む
- **Save channel definitions and analyzer settings**：現在の設定内容をファイルに保存する
- **Discard plot history**：プロット表示を消去する

この窓のサイドメニューにあるツールアイコン（Logic Analyzer Settings）をクリックして開く図4-7-15（a）のダイアログで、記録レコード数を200000に設定してOKをクリックします。あまり大きな値にするとStopしてから表示するまでの待ち時間が長くなります。

次にIC型のアイコン（Edit pin channel definitions）をクリックすると図4-7-15（b）のようにモニタするピンの選択ダイアログが表示されるので、ここでモニタするピンをダブルクリックして右側の窓に移動させて指定します。ここでは3個のスイッチが接続されているピン（RA0、RA1、RA2）と、フルカラーLEDのピン（RA3、RA4、RA5）を指定しています。これでLogic Analyzer側の設定は完了です。

●図4-7-15　Analyzerの設定

(a) Settingsのダイアログ

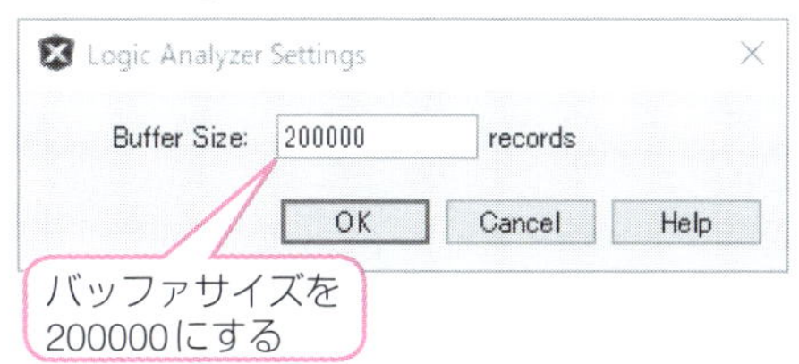

(b) Edit pinのダイアログ

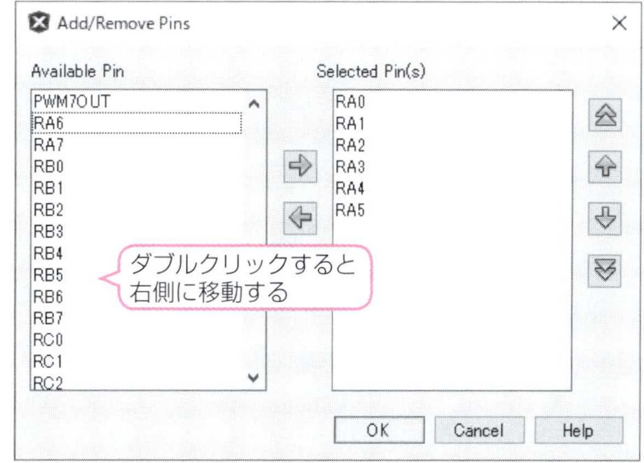

この次は、プロジェクトのプロパティでトレースを有効化します。[File]→[Project Properties]としてプロパティダイアログを開きます。ここで、図4-7-16の番号順に設定してトレースの設定を有効にします。

①Categoriesの欄でSimulatorを選択

②右側の[Option Categories]欄で[Trace]を選択
　これで下側の窓が変わり図のような内容となります。

③[Data Collection Selection]欄で[Instruction Trace]を選択

④[Data Buffer Maximum Size]欄で100000と入力
　100kバイトのバッファサイズとする。あまり大きなサイズにすると速度が遅くなる。

⑤[Reset Data File on Run]でチェックを入れてから[Apply]後[OK]をクリック
　これでRunの都度保存データがクリアされる。

●図4-7-16 プロパティのトレースの設定

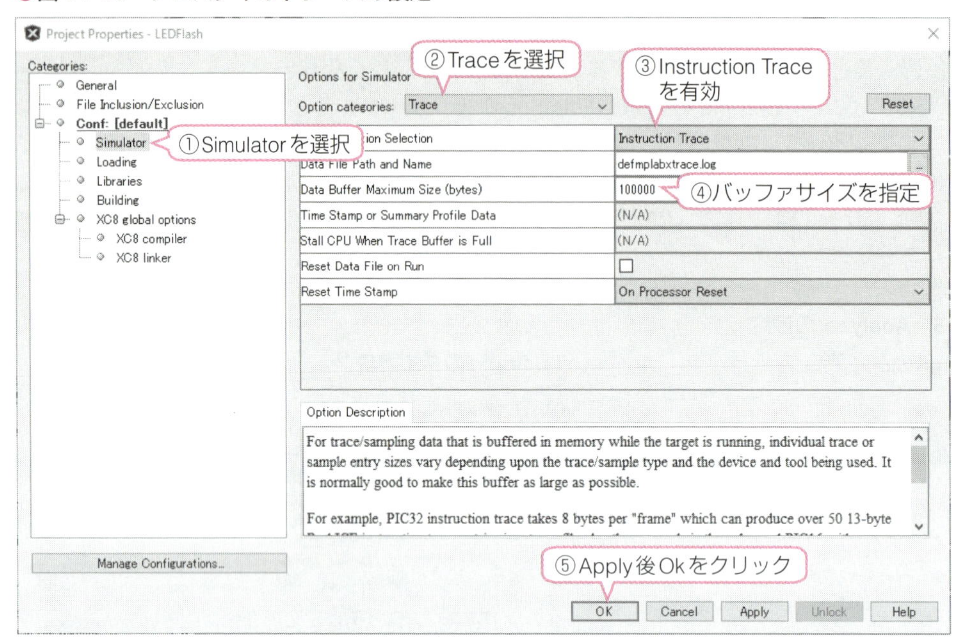

次に、自動的に入力動作をシミュレートするため、Stimulusの[Pin/Register Actions]の設定で動作させます。この設定は図4-7-17のようにしています。msec単位でRA0とRA1とRA2のオンオフを制御し、さらにRepeatを有効化して繰り返しの動作とし、繰り返しの間隔を3として3msecの間が空くようにしています。最後に⑧の有効化ボタンをクリックします。これで⑨のようにSuccessfullyとメッセージが出れば正常に動作をします。

●図4-7-17 Pin/Register Actionの設定内容

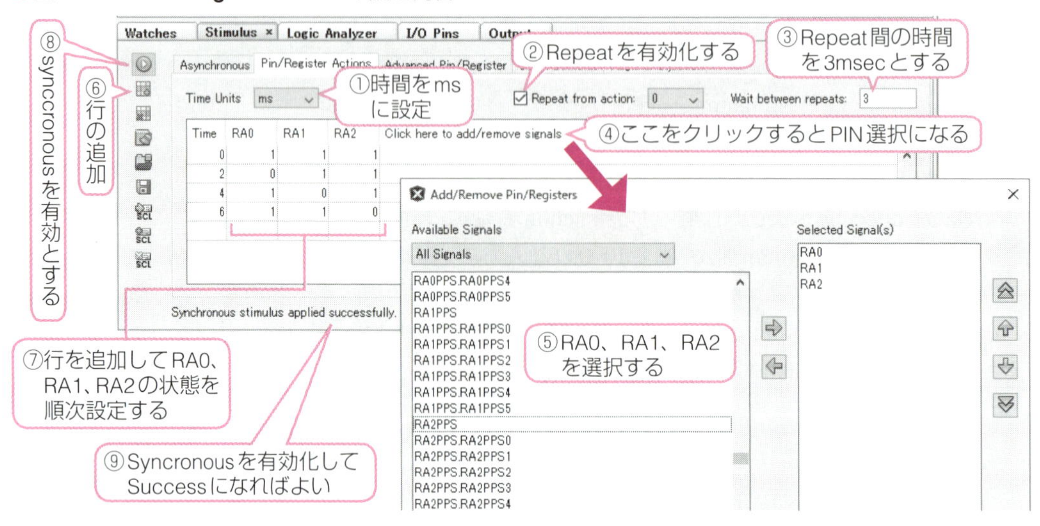

以上で準備ができたので、[Debug Main Project] アイコンをクリックして再度シミュレータを起動します。2、3秒程度待ってから [Pause] アイコンをクリックして停止させます。この後、[Logic Analyzer] タブをクリックすれば、図4-7-18のように、波形が表示されます。

再度試すときは、[Reset] アイコンでいったんリセットし、Analyzerのサイドメニューのゴミ箱アイコンでプロットをいったん消去します。次に [Continue] アイコンで実行を開始したら、2、3秒程度待ってから [Pause] アイコンをクリックして停止させます。これで繰り返すことができます。

●図4-7-18　Logic Analyzerの表示例

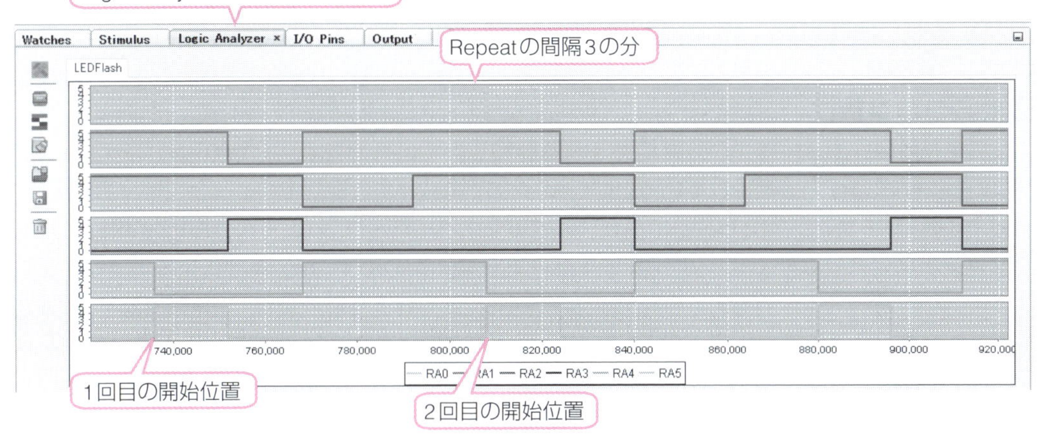

このようにAnalyzerを使うと、オシロスコープやロジックスコープがなくても、シミュレーションでピンに出力されている波形を確認できるので、PWM出力など高速パルスの確認などには非常に便利に使えます。

以上シミュレーションデバッグ時に有用なMPLAB X IDEの代表的な機能を説明しましたが、まだまだ多くの支援機能があります。MPLAB X IDEに使い慣れてきたら、いろいろ試してみて下さい。

コラムA コンパイルエラーの原因発見のコツ

プログラムの入力が完了したら、いよいよコンパイル実行の段階になります。コンパイルを実行するには［Clean & Build Main Project］のアイコンをクリックするだけです。これでOutputの窓にコンパイル状況が表示され、「Build Successful」となれば完了ですが、なかなか一発では成功しないものです。

コンパイルでErrorとなる要因でよくあるものは次のようもので、その原因の発見の仕方のコツは次のようになります。

1 セミコロン抜け

これが一番多いエラーですが、結構エラーを発見しにくいものです。その原因は、セミコロンがないと文が次の行まで継続しているとコンパイラが勘違いするからです。

例えば図4-C-1のような例で赤いエラーマークがいくつかついていますが、原因は47行目にセミコロンがないだけなのです。これはセミコロンがないため47行から51行目まで1つの文とコンパイラが勘違いするためです。中括弧が文の中に入ってしまうため全体の構成がおかしいと判断されて、あちこちにエラーマークがついてしまうことになります。このように**エラーマークがついた1つ前の行のセミコロンを確認する**と簡単に発見できます。

●図4-C-1 セミコロン抜けによるエラーの例

```
38      /******** メイン関数 *************/
39  ⊟  void main(void) {
40          /* 入出力モード設定 */
41          ANSELA = 0x01;              // RA0のみアナログ
42          ANSELB = 0;                 // すべてデジタル
43          ANSELC = 0;                 // すべてデジタル
44          TRISA = 0x07;               // RA0,1,2のみ入力
45          TRISB = 0x16;               // SDI,SCL,SDAのみ入力
46          TRISC = 0x98;               // RX,SCL,SDAのみ入力
47          WPUA = 0x06                // RA1,2 プルアップ
48          /**** メインループ ****/
●           while(1){
50              if(PORTAbits.RA1 == 0){      // S1がオンの場合
51                  LATCbits.LATC0 = 1;      // 赤点灯
52                  LATCbits.LATC1 = 0;      // 緑消灯
53              }
●               else{                        // S1がオフの場合
55                  LATCbits.LATC0 = 0;      // 赤消灯
●                   LATCbits.LATC1 = 1;      // 緑点灯
57              }
```

これがエラーの原因行

2 漢字のスペースの混在

日本語を使うために起きるエラーです。字下げをすべて Tab キーで実行していれば起きにくいエラーなのですが、一度起きると発見が非常に難しいエラーです。漢字のスペースも半角のスペースと同じように表示されてしまうためです。

例えば図4-C-2のようなエラーの場合、リストの記述内容そのものにはどこにも間違いがないので、原因の追究は難しくなります。エラーメッセージの中にillegal character (0x81) というコードが現れていますが、これがどこかにShift JISコードが含まれているというヒントになります。実際にどこに含まれているかはスペース部を削除して Tab キーで入れ直していくしか方法がありません。

●図4-C-2　漢字のスペースによるエラーの例

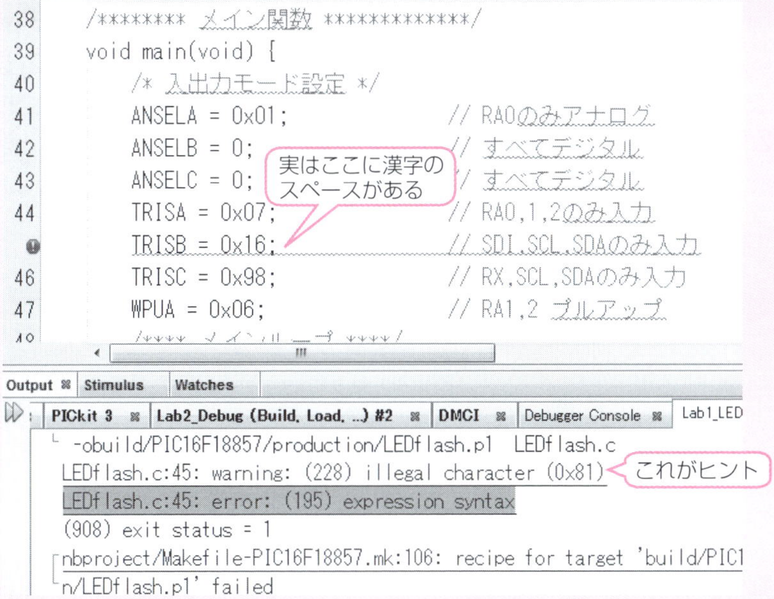

```
38    /******** メイン関数 ************/
39    void main(void) {
40        /* 入出力モード設定 */
41        ANSELA = 0x01;              // RA0のみアナログ
42        ANSELB = 0;                 // すべてデジタル
43        ANSELC = 0;                 // すべてデジタル
44        TRISA = 0x07;               // RA0,1,2のみ入力
 !        TRISB = 0x16;               // SDI,SCL,SDAのみ入力
46        TRISC = 0x98;               // RX,SCL,SDAのみ入力
47        WPUA = 0x06;                // RA1,2 プルアップ
```

実はここに漢字のスペースがある
これがヒント

```
Output | Stimulus | Watches
PICkit 3 | Lab2_Debug (Build, Load, ...) #2 | DMCI | Debugger Console | Lab1_LED
  -obuild/PIC16F18857/production/LEDflash.p1  LEDflash.c
 LEDflash.c:45: warning: (228) illegal character (0x81)
 LEDflash.c:45: error: (195) expression syntax
 (908) exit status = 1
 nbproject/Makefile-PIC16F18857.mk:106: recipe for target 'build/PIC1
 n/LEDflash.p1' failed
```

3 大文字と小文字の間違い

コンパイラはデフォルトでは大文字と小文字を別物と判定します。したがって変数名や関数名で綴りが合っていても大文字小文字が合わなければエラーとなります。

4 if文やwhile文にセミコロンを付けてしまった場合

通常`if`文や`while`文の下には中括弧で囲まれたブロックが続きます。しかし`if`や`while`文の最後にセミコロンを付けてしまうと、そのブロックは全く実行されないことになってしまいます。さらに悪いことにコンパイルのエラーにはなりません。例えば図4-C-3ではコンパイルは正常です。しかしLEDの点滅は実行されません。これも発見しにくいエラーの1つです。特に、コンパイルが正常なのに動作が異常になるという発見しずらいバグになります。

●図4-C-3　if文にセミコロンを付けてしまった場合

```
48        /**** メインループ ****/
49        while(1){
50            if(PORTAbits.RA1 == 0);         // S1がオンの場合
51            {
52                LATCbits.LATC0 = 1;     // 点灯
53                __delay_ms(100);
54                LATCbits.LATC0 = 0;     // 消灯
55                __delay_ms(100);
56            }
```

ここで文は終了

5 ライブラリファイルの登録抜け

外部のライブラリファイルを使っていて、そのライブラリをプロジェクトに登録するのを忘れた場合です。この場合のエラーメッセージは図4-C-4のようになりますが、ソースファイルにはどこにもエラーはなく、このERROR行をクリックしても無反応となってしまいます。

このエラーはLCDのライブラリをプロジェクトのソースに登録していなかったために起きていました。

●図4-C-4　ライブラリの登録忘れによるエラーの例

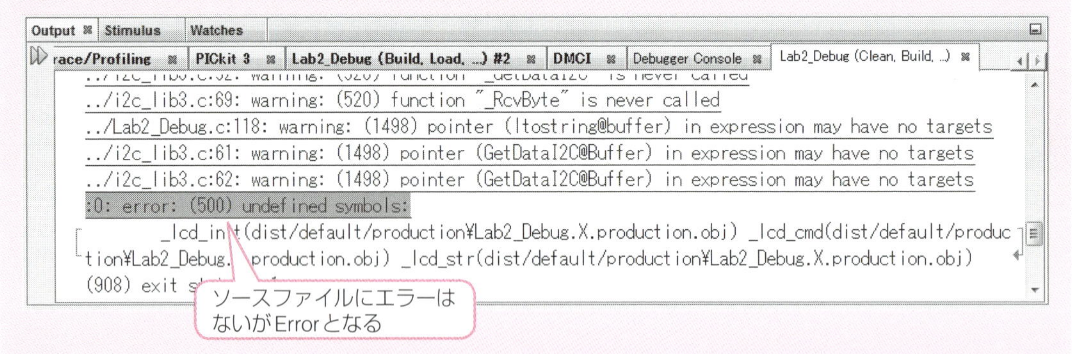

6 関数のプロトタイピング忘れ

ヘッダファイルがない場合、メイン関数の宣言部で関数のプロトタイピングを記述する必要があります。これがない場合、「function declared implicit …」というエラーになります。しかしERROR行が関連する変数を含む複数行に渡るため、なかなか関数がわからないことがあります。このような場合はエラーになっている行の関数をすべて調べるしか手がありません。

●図4-C-5　関数のプロトタイピング忘れ

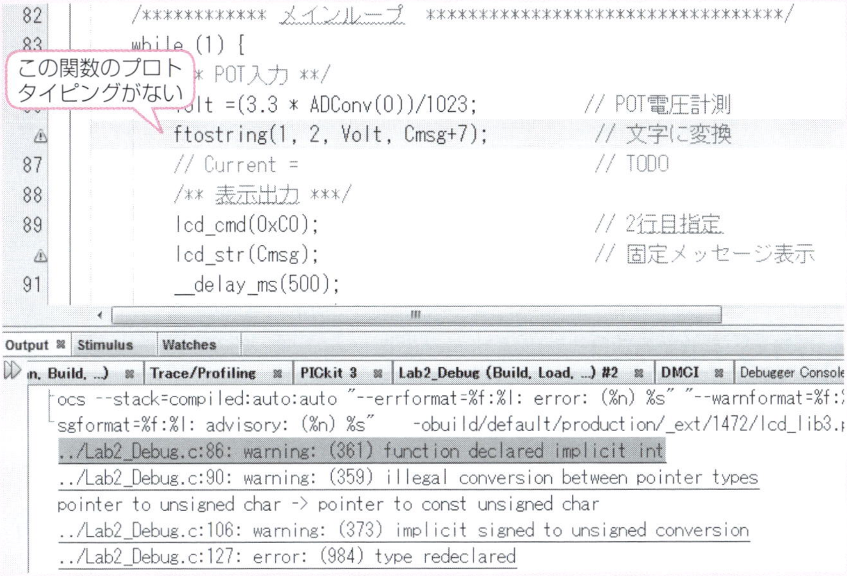

```
82      /************ メインループ  *********************************/
83      while (1) {
            /** POT入力 **/
            Volt =(3.3 * ADConv(0))/1023;           // POT電圧計測
            ftostring(1, 2, Volt, Cmsg+7);          // 文字に変換
87          // Current =                            // TODO
88          /** 表示出力 ***/
89          lcd_cmd(0xC0);                          // 2行目指定
            lcd_str(Cmsg);                          // 固定メッセージ表示
91          __delay_ms(500);
```

この関数のプロトタイピングがない

Output | Stimulus | Watches

n, Build, ...) | Trace/Profiling | PICkit 3 | Lab2_Debug (Build, Load, ...) #2 | DMCI | Debugger Console

```
ocs --stack=compiled:auto:auto "--errformat=%f:%l: error: (%n) %s" "--warnformat=%f:
sgformat=%f:%l: advisory: (%n) %s"    -obuild/default/production/_ext/1472/lcd_lib3.
../Lab2_Debug.c:86: warning: (361) function declared implicit int
../Lab2_Debug.c:90: warning: (359) illegal conversion between pointer types
pointer to unsigned char -> pointer to const unsigned char
../Lab2_Debug.c:106: warning: (373) implicit signed to unsigned conversion
../Lab2_Debug.c:127: error: (984) type redeclared
```

7 コメントアウトでエラー個所を見つける

どうしてもエラー個所が分からないときに使う手です。

MPLAB X IDEのエディタには、複数行をまとめてコメント行にしたりもとに戻したりするアイコンが用意されているので、これをうまく活用します。

最初にブロック全体の複数行をコメントアウトしてからコンパイルして、エラーが出なければコメントアウトした中にエラーがあることがわかります。次に、半分とか小ブロックだけコメントアウトを外してコンパイルします。これでエラーがなければ、さらに残りのコメントアウト部を減らします。こうやって**徐々に範囲を絞り込んでいけばエラーの行を見つけられ、その中のエラー原因を見つけることができます。**特に漢字のスペースの発見に役立ちます。

コラムB エディタの便利機能

MPLAB X IDEに内蔵のエディタは非常に高機能で、各種の入力支援機能の他に、実機デバッグやシミュレーションモードのデバッグにもそのまま使えるようになっています。

このエディタの便利な機能をピックアップして説明します。

B-1 入力支援機能

ソースファイルを入力する場合に入力作業を手伝ってくれる機能です。

1 括弧は自動で閉めが追加される

if文などの条件式の括弧や、ブロックの中括弧などで、括弧を入力した時点で閉め側の括弧も自動的に入力されます。しかも括弧の中は自動的にインデントされて字下げされます。

また括弧をマウスでクリックすると、対応する括弧が黄色でハイライトされて表示されます。これで括弧抜けなどをすぐに判定できます。

●図4-C-6 括弧の入力支援

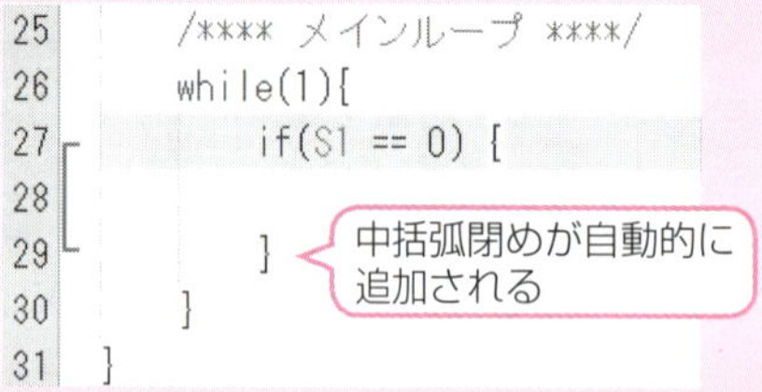

```
25      /**** メインループ ****/
26      while(1){
27          if(S1 == 0) {
28
29          }
30      }
31  }
```

中括弧閉めが自動的に追加される

2 ビット名称は自動的に表示される

レジスタ内のビット名称を入力する場合、例えばTMR2CONbits.TMR2ON という行の入力はbits.のドットまで入力するとTMR2CONというレジスタに含まれるビット名称の一覧が図4-C-7のように自動的にドロップダウンリスト表示されます。この中から選択するだけで入力できます。

●図4-C-7　レジスタのビット名称入力支援

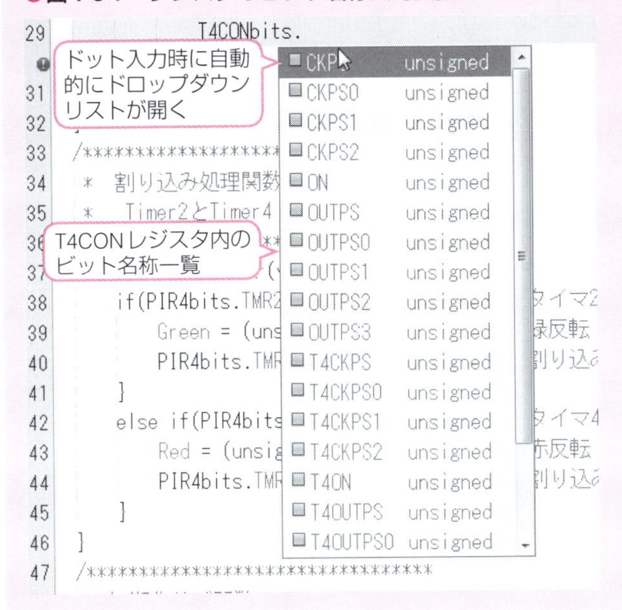
ドット入力時に自動的にドロップダウンリストが開く
T4CONレジスタ内のビット名称一覧

3 色分けでソースファイルが正しいかどうか判別できる

図4-C-7のようにシンタックスだけでなく、ユーザー定義の変数名も色が変わります。したがって変数名が正しいかどうかは色が変わるかどうかで判定できます。

4 インデントは Tab キーで

C言語の記述では中括弧{}の中はインデントをして字下げすると、プログラムの構造がわかりやすくなって読みやすいプログラムとなります。この字下げにはスペースキーではなく Tab キーを使います。Tab キーを1回押せば自動的に4文字分字下げするようになっていますから、こちらを使うとキータッチを大幅に減らすことができます。図4-C-7の例のようにインデントラインが縦の薄い線で表示されていますから、対応する括弧の位置などの確認に役立ちます。

5 略号変換辞書

例えば、#defineの入力には、略号変換辞書が用意されていて、defと入力してから Tab キーを押せば自動的に#defineに変換されます。このような略号変換辞書は自分用に作ることもできるようになっています。

この変換辞書はメインメニューから次のようにして開くことができます。[Tools]→[Options]で開く大きなダイアログで、[Editor]アイコン→[Code Templates]タブ→[Language]欄でC選択とします。

関数の見出し用のコメント文などをこれで入力すれば手入力の数を大きく減らすことができますし、常に同じ見出しの書式として統一することもできます(詳細は4-4-3項を参照してください)。

B-2 デバッグ支援機能

デバッグ中もエディタが多くの支援機能を持っています。

1 Ctrl +マウスクリックでファイルを開く

例えば、インクルードしているヘッダファイルの中身を見たいとき、Ctrl キーを押しながらヘッダファイル名をマウスオーバーすると、青色でアンダーラインの表示に変わります。ここで、マウスで左クリックすれば、このヘッダファイルを開くことができます。

●図4-B-8 Ctrl キーによる入力支援

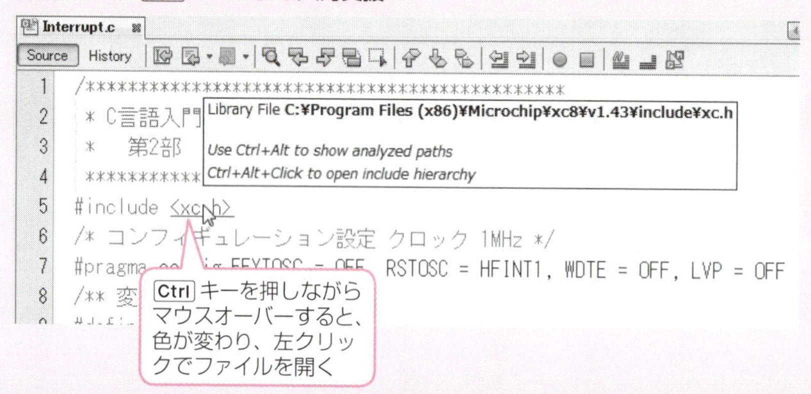

2 Ctrl +マウスクリックで変数や関数のナビゲート

Ctrl キーを押しながら、変数名や関数名をクリックすると、それらを定義している場所にジャンプしたり、関数を記述している場所にジャンプしたりします。

さらに#includeのファイル名で Ctrl を押して左クリックするとそのファイルを開いて表示します。

3 ハイライトで同じ変数や関数をすぐ探せる

変数名をクリックすれば、同じ名称の部分が黄色でハイライトされますから、使っている場所をすぐ見つけることができます。

第2部
C言語プログラミングの基礎

第1章
C言語プログラムとは

第2部では、C言語を使ってPICマイコン用のプログラムを記述する方法を詳細に解説します。MPLAB XC8 Cコンパイラをベースにして説明します。
例題の動作確認はデジタル演習ボードで動作させるか、MPLAB X IDEをシミュレーションモードで動作させて行います。シミュレーションモードで動作確認するためのプロジェクトの作成方法は、第1章のコラムを参照して下さい。
第1章では、C言語プログラミングの概要から説明します。

1-1 C言語の歴史

すべてのマイコンは、「**プログラム**」と呼ばれる、すべきことの手順を記述した「言葉」で動くようになっています。この言葉は最終的にはマイコンという機械が理解できるものなので「**機械語**」と呼ばれていて、0と1だけで表現されています。

このプログラムを創ることそのものは人間が行わなければなりません。しかし人間が0と1だけの世界で考えるのは、単純過ぎて途方もなく複雑になってしまいます。そこで、**できるだけ人間がわかる言葉でプログラムを記述する工夫**が色々なされてきました。それがプログラミング言語の歴史です。

機械語そのものと1対1に対応させた最も原始的な言語が「**アセンブラ言語**」です。これは機械語の各々にニックネームを付けて人間が覚えやすくしたものと思えばわかりやすいと思います。機械語と1対1なのできめ細かなことができる代わりに、ちょっと複雑なことをさせようとすると非常にたくさんの命令が必要になります。

そこでこれをもっと人間が楽に記述できて読みやすいものにしようと、いろいろな目的毎に異なったプログラミング言語が紹介されては消えるということが繰り返されました。その中でも早い時点で紹介され、現在でも広く流布し使われている言語として「**C言語**」があります。

C言語は図1-1-1に示すように、ルーツは1960年代に開発されたBCPL言語といわれています。その後このBCPL言語からB言語、B言語からC言語へと機能拡張されてできた言語です。

●図1-1-1 C言語誕生の歴史

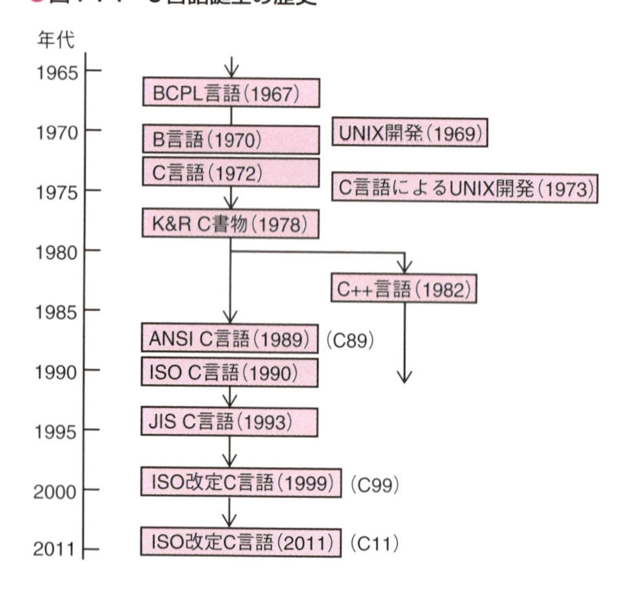

このC言語の開発は、1972年にAT&Tのベル研究所員であったブライアン・カーニハン（Brian W. Kernighan）とデニス・リッチー（Dennis. M. Ritchie）によって、DEC社のPDP-11というミニコンピュータで動作するUNIX（OS）を記述するための言語として開発されました。

もともとアセンブラ言語で記述されていたUNIXを書き直すために開発された言語なので、C言語はUNIXの副産物でもあります。この故か、UNIXのプログラム開発には、現在でもC言語がよく使われています。

このC言語が開発されてしばらくの間は、UNIXのプログラム記述のために使われていましたが、カーニハンとリッチーによって著されたC言語のバイブル的解説書「The C Programming Language」によってC言語の優れた点が広く受け入れられ、パソコンやワークステーションなど様々なコンピュータ用のC言語が創られました。これらはこの解説書にちなんで「K&R準拠」と呼ばれています。

その後、C言語は改良、拡張され数多くの方言に分かれてしまったため互換性が問題となりました。そこでこれを統一して可搬性をよくすることを目的に、米国国内規格協会ANSI（American National Standards Institute）によって標準化が進められ、1989年に標準規格が定められました。これ以降この規格に沿ったC言語を、「**ANSI-C**」と呼ぶようになりました。その後何回か標準規格が更新されたため、この最初の標準規格は「C89」と呼ばれています。現在の最新版は「C99」か「C11」となっています。

1-1-1　C言語の特徴

このような経緯で開発、標準化されたC言語には次のような特徴があります。

❶長所

- アセンブラ言語と同じようなビット操作などの細かな処理用のハードウェア制御命令をもっているが、アセンブラ言語より可読性は高い。
- 関数の集まりで構成された構造化プログラミング言語であるため、モジュール化がしやすい。
- データ構造は、構造体、共用体などレコードの扱いが可能で複雑なデータ構造も扱うことができる。
- 記述フォーマットはフリーである。
- リアルタイムシステム用の高速動作が可能。

❷短所

- プログラム自体のドキュメント性は低いのでコメントでの補充が必要。
- メモリを直接書き換えるので暴走する危険性がある。
- ポインタの扱いなど複雑な構造になることがある。

このような特徴を持つC言語は、事務処理などの帳票作成や一覧表、図を描くようなプログラムではなく、**主に機械を動かすために必要な「制御」に関する処理プログラムを作る**のに使われています。身近な例で言えば、家庭電化製品、産業ロボット、ネットワーク機器、自動車用などに使われているマイコン用のプログラム開発言語としてC言語が多く使われています。

1-2 C言語プログラムの構造と書式

ここではC言語プログラムの基本的な構成と、実際の記述スタイルについて説明します。

1-2-1 C言語プログラムの基本構成

C言語はフリーフォーマットということになっていて、自由に記述できますが、全体の構成には決まりがあります。以下ではC言語のプログラムの基本的な構成を説明していきます。

C言語のプログラムは、「**関数**」の集合体でできています。関数といっても数学で使うような因果関係を表す関数ではなく、**ある機能を果たす処理のまとまり**を関数と呼んでいます。

全体の機能を分解して、どのような処理のまとまりを関数にするかということが、「プログラムを設計する」という作業そのものになります。

このようなC言語のプログラム全体の基本構成は、図1-2-1のようになっています。まず、大きく宣言部、メイン関数部、その他の関数部の3部分で構成されています。それぞれの中身は次のようになっています。

●図1-2-1 Cプログラムの基本構成

```
宣言部
  インクルードファイル指定
  コンフィギュレーション設定

  グローバル変数宣言
  関数のプロトタイピング

メイン関数部
void main(void)
{
   初期設定用実行文
   while(1) //メインループ
   {
      機能実行文(式、文、関数)
   }
}

その他関数部
 関数1
 {
    機能実行文(式、文、関数)
 }
 関数2
 {
    機能実行文(式、文、関数)
 }
```

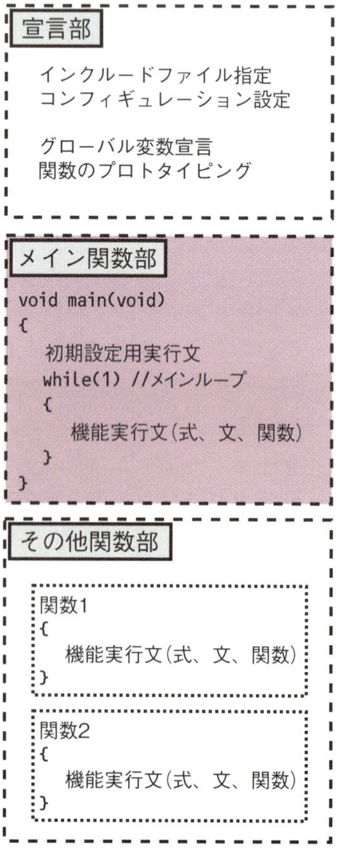

1 宣言部

使用する外部ファイルの取り込みや、全体で共用して使う変数(第3章参照)などの宣言をする部分です。

外部ファイルを取り込む「**インクルードファイル指定**」では、取り込む外部のファイル名を指定します。インクルードとは取り込むという意味で、あらかじめマイコン内部のレジスタやパラメータなどの名称を定義したファイルや、あらかじめ用意されている基本の関数を組み込んだ**ライブラリ**の関数を定義したファイルをインクルードします。これでライブラリに含まれている関数を自由に使うことができるようになります。

次に、プログラムが実行開始する前に決めておかなければならない主にハードウェアの動作モードを決める「**コンフィギュレーション**」の設定を行うようにします。PICマイコンではクロックの発振方法、ウォッチドッグタイマ(補足PDF参照)の動作、コードプロテクトの有無などを決めます。

「グローバル変数宣言」では全体で共通に使う変数のラベルとデータ型を宣言します。この宣言部で定義する変数は**グローバル変数**と呼ばれ、プログラム全体から参照することが可能になります。

「**関数のプロトタイピング**」というのは、その他関数部で記述される関数の型式をあらかじめ宣言しておくものです。こうすることで関数本体の記述が後ろのほうにあっても、関数を使うところで、呼び出し方などの使い方が正しいかどうかをコンパイラがチェックすることが可能になり、間違いを検出できるようになります。

2 メイン関数部

main（メイン）という関数は特別なもので、必ず全体で1個だけ存在し、マイコンがリセットされたり、電源が投入されたりしたときには、必ずこの`main`関数から実行が始まるようになっています。そしてすべての関数がこの`main`関数から直接呼び出されるか、別の関数経由で呼び出されるかして実行されることになります。

`main`関数の中は初期設定をする部分と、`while(1)`文で永久に繰り返されるメインループ部で構成されます。初期設定の部分は起動時に1回だけ実行される部分になり、ここで内蔵モジュールの初期設定や、変数の初期値を代入します。

`while(1)`文以下を永久ループとすることで、メイン関数は終了せず、常に何らかの動作を繰り返し継続させるようにできます。

3 その他の関数部

C言語のプログラムでは、関数は簡単にいえばサブルーチンです。C言語のプログラムは、全体がこの関数の集合体でできています。全体の機能を分解して関数へ割り振るという設計作業を上手に行えば、「**モジュール構造**」になり、あとで読みやすいプログラムとなって、後々の修正変更の作業がぐっと楽になります。

この関数の分け方と関数の名前の付け方で、プログラミングのスキルが分かるといわれています。それは、上手に関数に分けてうまく名前を付ければ、メイン関数の中を読むだけで、ほぼ何をしているかがわかるからです。

1-2-2 実際の記述形式

図1-2-1の全体構成に合わせて実際に記述するときの必要最小限の書式は、MPLAB XC8の場合にはリスト1-2-1のようになります。これだけの記述さえしておけば、正常にコンパイルが実行され、プログラムとしてPICマイコンに書き込むためのデータを生成してくれます。あとはメイン関数や、その他の関数群の中に実際の実行文を追加するだけです。

リスト 1-2-1 MPLAB XC8 C言語プログラムの基本書式(Lab2)

宣言部

```
/*********************************************
 * 基本のC言語プログラムの記述構成
 *  第2部 第1章     Lab2
 *********************************************/
/** ヘッダファイルインクルード **/
#include <xc.h>
/** コンフィギュレーション設定 **/
#pragma config FEXTOSC = OFF, RSTOSC = HFINTPLL, WDTE = OFF, LVP = OFF

/** グローバル変数定義 **/
int Counter;

/** 関数プロトタイピング **/
void FuncName(int a, int b);
```

メイン関数部

```
/******** メイン関数 *************/
void main(void) {

    /* 初期設定などの記述 */

    /**** メインループ ****/
    while(1){

        /* 実行文の記述 */

    }
}
```

その他関数部

```
/*****************************
 * その他の関数群
 *****************************/
void FuncName(int a, int b)
{

    /* 関数の実行文 */

}
```

コメント行
/*から*/の間はすべて
コメントと見なされる
関数群で記述する関数の
型部分のみ記述
この間に初期設定関連の
実行文を記述する。スタート時1回だけ実行される
以下の{ }内を永久に繰り返す指定
この間に実際のプログラムの実行文を
記述する。永久に繰り返される
複数の関数があれば順番にならべて
記述する。記述順序は問わない

この記述例のように、「/* と */」で挟まれた部分は複数行であってもすべてコメントと見なされます。また行の途中に「//」があると、そこから行末の改行まではやはりコメントとみなされます。いずれのコメント部にも日本語が使えるのでわかりやすくすることができます。

宣言部に相当する部分には、ヘッダファイル(xc.hなど)のインクルードと、コンフィギュレーションの設定、グローバル変数定義、関数プロトタイピングを記述します。

関数プロトタイピングには、その他関数群の部分で記述する関数の型宣言の部分のみをコピーして記述します。

メイン関数の`void main(void)`という記述の`void`というのは、`main()`関数には戻り値がなく、引数となるパラメータもないという意味になります。

メイン関数の内部では、起動時に1回だけ実行する初期設定関連のプログラムを記述する部分と、永久に繰り返す部分があります。

繰り返す部分はメインループと呼ばれwhile(1)文のブロックの中に記述します。このwhile(1)という文は、「(　)内の条件式が真(1)のあいだ直下の{　}内のブロックの実行を繰り返せ」という文です。この条件式が1という定数つまり常に真ということなので、永久に繰り返せということになります。

1-2-3　プログラム書式と記述スタイル

C言語のプログラムの記述スタイルはフリースタイルとなっています。つまりどこから書き始めても、どこで改行しても自由だということです。

しかし、好きなように書いて構いませんと言われても、かえってわからなくなってしまうかもしれません。そこでこれまでの経験則から、C言語プログラムの書き方のノウハウをまとめてみました。これは規則で決められていることもありますが、多くは慣習的に使っている記述スタイルです。

まず、プログラムを記述するときの基本的な約束事がいくつかあります。これらは必ず守る必要があります。守らないと文法エラーとしてコンパイラがエラーメッセージを出力します。

1 区切りには区切り文字(スペース、TAB、改行、コメント)を使う

C言語はフリーフォーマットなので、宣言文や実行文の書き方で「行」の概念がありません。ただ単に、文の終わりにはセミコロン「;」を用い、文中の区切りには、区切り文字(スペース、TAB、改行、コメント)を用いることになっているだけです。またこの区切り文字を、単語と単語の区切りとしても用います。

ここで紛らわしいのは、区切り文字として「改行」が入っていることです。この改行が単なる区切り記号の1つとして扱われているのでわかりにくくなってしまうのですが、改行が区切り記号だと思えば、複数文を1行に記述して詰め込んで記述することもできてしまいます。このような実際の例をリスト1-2-2に示します。しかし、このような記述では、実際には読みにくく、後から自分で見てもわからなくなってしまうので、よいプログラミングスタイルとは言えません。

リスト　1-2-2　複数文を1行に記述した例

```
/********* メイン関数 *****************/
void main(void){Initialize(); CCDNA=0x38;CCDPA=0x38; CCDCON=0x82;
Counter=0; while (1){ printf("¥r¥nInput from Keyboard"); data=getch();
switch(data){ case 'a': printf(" -> Data = %u", Counter); Counter++; break;
default: printf(" -> received %c", data); break; }}
```

このようなわかりにくい記述を避けるため、C言語のプログラム記述の基本は、誰が見ても読みやすくなるようにリスト1-2-3のようにします。この基本とは次のような規則となっています。

①「行」を意識して1行1文とする
②中括弧の内部はTABキーでインデントを挿入し字下げをした記述をする
これでプログラムのブロックが明確になり読みやすくなります。
③できるだけ行ごとにコメント文を追加する
④基本は小文字、定数のみ大文字で記述

C言語では大文字、小文字が区別されます。プログラムは小文字を基本として使います。大文字を使うのは、定数記号など限定された使い方をするのが通常です。**大文字と小文字で同じ名前を区別して使うのは絶対避けます。**余計な混乱を招くだけです。

リスト 1-2-3 1行1文にした例

```
/********* メイン関数 *****************/
void main(void)
{
    Initialize();                               // 初期設定

    /* 変数初期化 */
    Counter = 0;                                // カウンタリセット

    /********* メインループ  ********/
    while (1)
    {
        printf( "¥r¥nInput from Keyboard" );    // コマンド
        data = getch();                         // 1文字入力
        /** 文字で分岐 ***/
        switch(data)
        {
            case 'a':                           // 文字aの場合
                printf(" -> Data = %u", Counter); // カウンタ値を出力
                Counter++;                      // カウントアップ
                break;
            default:                            // 文字a以外の場合
                printf(" -> received %c", data); // 文字を出力
                break;
        }
    }
}
```

1行で記述するには長すぎる文を複数行に分けることで全体が見やすくなります。このときに改行が区切り記号であることが利用できます。リスト1-2-4がこの例で、そのままでは長すぎる行を、途中に改行を挿入し、さらに2行目をTABで字下げをして一緒の文であることがわかるようにします。このように記述しても2行分を1文として扱ってくれます。

リスト 1-2-4　文中の改行

```
LCDDATA6 &= 0xA8;                 // 小数点等固定部は残し数値部変更
LCDDATA6 |= Digit4[Digit[3]][6] | Digit3[Digit[2]][6] | Digit2[Digit[1]][6]
         | Digit1[Digit[0]][6];
LCDDATA7 &= 0x3D;                 // 小数点等の固定部は残し数値部変更
LCDDATA7 |= Digit4[Digit[3]][7] | Digit3[Digit[2]][7] | Digit2[Digit[1]][7]
         | Digit1[Digit[0]][7];
```

2 コメント行は、「/*と*/」で囲むか、行の途中からのコメントは「//」で始める

コメント行は複数行に渡って書くこともできますし、行の途中から書くこともできます。行全体を複数行に渡ってコメントにするときは、その最初に/*を記述し、最後に*/を追加します。これで、その間のすべての行がコメントとみなされコンパイラは無視するので、コメントには日本語が使えます。

コメントを実行文の後ろの行の途中から始めたいときは、「//」を追加します。これで、ここから次の改行までがコメントとみなされます。コメントを挿入するときには、**できるだけ各行のコメント開始位置を揃える**ようにして見栄えをよくします。リスト1-2-5がコメントの記述例ですが、コメントの記述方法は、関数の最初には複数行でその関数の機能やパラメータ条件などの解説を記述しておきます。そして各行に挿入するコメントには、何をしている行なのかをメモ記述しておきます。**あとから自分が読んだり、他人が読んだりするときの手助けになるように心がけてコメントを記述する**ようにします。

リスト 1-2-5　コメントの使用例

```
/**********************************************
 *  デバッグ説明用プログラム
 *     ・POT電圧測定  ：0V to 3.3V
 *     ・LCDに表示（I2C接続）
 **********************************************/
#include  <xc.h>
#include  "lcd_lib3.h"
#include  "i2c_lib3.h"

/** グローバル変数定義 **/
double Volt;
unsigned char Cmsg[] = "VOLT = x.xx Volt";
/* 関数のプロトタイピング */
void ltostring(char digit, unsigned long data, char *buffer);
unsigned int ADConv(unsigned char ch);

/******** メイン関数  ***************************/
void main(void) {
    /* 入出力モード設定 */
    LATA = 0;           // LED Off
    ANSELA = 0x01;      // RA0のみアナログ
    ANSELB = 0;         // すべてデジタル
    ANSELC = 0;         // すべてデジタル
    TRISA = 0x07;       // RA0,1,2のみ入力
    TRISB = 0x16;       // SDI,SCL,SDAのみ入力
    TRISC = 0x98;       // RX,SCL,SDAのみ入力
```

```
WPUA = 0x06;         // RA1,2 プルアップ
/** I2C初期化 **/
LATCbits.LATC5 = 1; // LCD Power On
RC3PPS = 0x14;       // SCL1 Output
RC4PPS = 0x15;       // SDA1 Output
SSP1ADD = 0x4F;      // 100kHz@8MHz
SSP1CON1 = 0x38;     // I2Cイネーブル
SSP1STAT = 0;        // 状態クリア
```

参考　エスケープコードを含む文字

//を使って日本語のコメントを追加する場合に注意しなければならないことがあります。それはエスケープコード(¥)を含む日本語文字がコメントの最後にくると、その行全体が正常に認識されなくなるという問題です。

つまりシフトJISコードは2バイトで日本語を表現しますが、2バイト目に¥(0x5C)のコードがあると、エスケープとして認識され、そのあとに続く改行コードが別の文字として扱われてしまうためです。

このコードは以下のような文字に含まれているため、注意が必要です。この問題を確実に回避するには、行の後半にコメントを追加する場合でも、/*と*/で挟んで記述するようにします。

ソ 構 十 申 貼 能 表 暴 予 兔

3 実行文はセミコロンで終了する

実際に実行される文の最後には必ずセミコロン「;」が必要です。

4 キーワード(予約語)は関数名や変数名に使えない

あらかじめコンパイラが用意している関数名や変数名は、キーワード(予約語)として定義されているので、これと同じ名前を関数名や変数名に使うとコンパイルエラーとなります。

ANSI標準のCコンパイラの予約語は下記のようになっています。この中に含まれる予約語を変数名や関数名として使うとコンパイラは文法エラーとなります。

```
auto  break  case  char  const  continue  default  do  double  else  enum  extern
float  for  goto  if  int  long  register  return  short  signed  sizeof
static  struct  switch  typedef  union  unsigned  void  volatile  while
```

5 空白（スペース）の有効活用

スペースを文の途中で適宜挿入すると、文全体がきれいになるのと、記述間違いや、読み間違いを減らせます。実際のスペースの入れ方には、やや細かくなりますが、次のような慣習があります。

❶関数名の後ろに続く　(　)　の前には空白を置かない

```
× printf ("Error 100¥n");     //余分な空白
○ printf("Error 100¥n");      //関連が明確
```

❷ (と、その直後の文字及び、) とその直前の文字との間に空白を置かない

```
× if ( c == EOF ) {           //余分な空白
○ if (c == EOF) {             //すっきりする
```

❸カンマ (,) の後には、原則として、空白を1つ置く

```
× printf("i = %d¥n",i);
○ printf("i = %d¥n", i);
```

これは、英文を書く場合には普通に行われていることなので、慣習的にそうします。

❹単項演算子とそれを作用させる式などの間には空白をあけない

```
× i ++;
○ i++;
```

単項演算子の優先順位はかなり高いので、強いつながりを持っているという意味を含ませて、つなげて書きます。

❺ 2項演算子の両側には、原則として空白を1つずつ置く

```
△ sum=a+b;                    //つまり過ぎて見にくい
○ sum = a + b;                //すっきりする
```

2項演算子は、単項演算子よりも優先順位が低いので、読み易さを優先します。for 文の条件式などで式が長くなってしまう場合には詰めることもあります。

❻配列の [] の前後には空白をあけない

```
× array [10 ]                 //余計な空白
○ array[10]                   //配列要素が明確になる
```

以上のようなノウハウを取り入れれば、かなり読みやすいプログラムスタイルになるものと思います。

1-3 コンパイル処理の流れ

コンパイルとは、**ソースファイル**(プログラミング言語で記述したテキストファイル)から**オブジェクトファイル**(機械語のファイル)を生成することです。本節では、MPLAB XC8コンパイラがどのような順序でソースファイルを処理して、オブジェクトファイルを生成するかを説明します。その途中で生成される各種のファイルについても説明します。

1-3-1 MPLAB XC8コンパイラの処理の流れ

MPLAB XC8 Cコンパイラでのコンパイルの流れは図1-3-1のようになっています。

●図1-3-1 コンパイルの処理の流れ

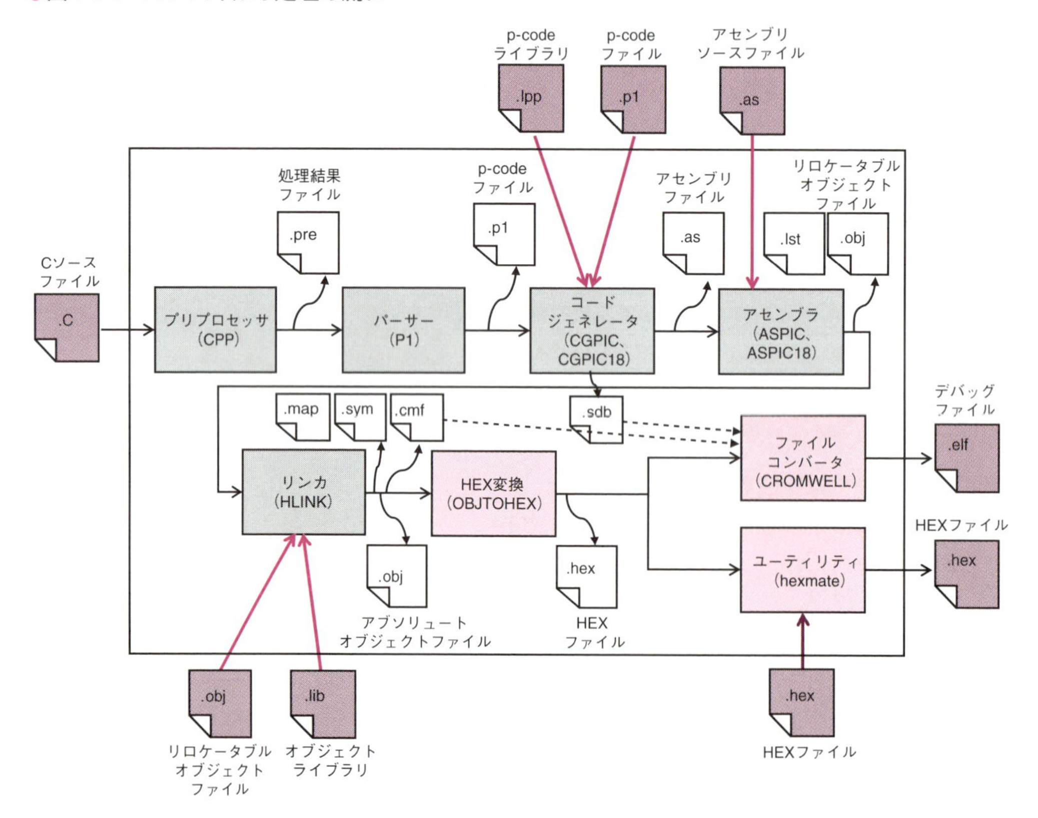

基本の流れは、左側のC言語のソースファイル(.c)をコンパイル処理して、右側のデバッグ用ファイル(.elf)と書き込み用ファイル(.hex)を生成するということです。ユーザは実際にはこの基本の流れだけ理解していれば特に問題ないですが、途中で生成される一時ファイルの意味がわかっていれば、デバッグなどの際に役に立つことがあります。

図のようにコンパイル途中で多くのファイルが生成されます。これらのファイルはプロジェクトのフォルダの中に格納されます。

コンパイラの中のそれぞれのアプリケーションの機能でコンパイラの処理の流れを説明します。

1 プリプロセッサ

C言語のソースファイルを読み込んで、プリプロセッサと呼ばれる記述部のプリプロセス処理をします。つまり、#ifなどの判定でソースの一部を削除したり、マクロ記述を展開したり、コメント部を削除したりして、必要なソース部のみの状態に変換し、拡張子が「.pre」のファイルを生成します。

2 パーサー

プリプロセス処理されたソースを、「pコード」と呼ばれる中間言語のファイル(拡張子.p1)に変換します。C言語のファイルごとにpコードファイルが生成されます。

3 コードジェネレータ

生成されたpコードと、ライブラリのpコードを一緒にして、1つのアセンブラ言語のソースファイル(拡張子.as)と型情報ファイル(拡張子.sdb)を生成します。ここはミッドレンジ用とハイエンド(PIC18)用とでアセンブラ言語が異なっているので、処理するアプリも分かれています。

4 アセンブラ

1つのアセンブラソースファイルになったプログラムをアセンブルして、リロケータブルなオブジェクトファイル(拡張子.obj)を生成します。さらにアセンブル結果のリスト(拡張子.lst)を生成します。ここで**リロケータブル**とは、プログラムをメモリの任意のアドレスに配置できる状態であることをいいます。

5 リンカ

生成されたリロケータブルなオブジェクトと、オブジェクトベースのライブラリを連結して1つの絶対アドレス(アブソリュート)のオブジェクトファイル(拡張子.obj)を生成します。これが実行可能な機械語のオブジェクトファイルとなっています。このとき一緒にメモリのマップ情報ファイル(拡張子.map)やシンボル情報(拡張子.symと.cmf)も一緒に生成します。シンボル情報とは、変数や関数などの名前(シンボル)と、実際のアドレスを紐づける情報です。

6 HEX変換

生成された絶対アドレスのオブジェクトファイルを、インテルヘキサ形式(拡張子.hex)のファイルに変換します。インテルヘキサ形式とは、インテルが提唱したメモリ書き込み用のデータ形式のことで、16進数のテキストデータになっています。HEXファイルとも呼ばれます。

7 ユーティリティ

生成されたHEXファイルに対し、未使用メモリやチェックサムのハッシュの変更、デバッグ用のコード追加などを行い、書き込みツール用にファイルを変更し、最終的な書き込み用HEXファイルを生成します。

8 ファイルコンバータ

シミュレーションや実機デバッグ時に必要となる、シンボルのリストを含めたデバッグ用ファイル(拡張子.elf)を生成します。これには、HEXファイルと、リンカが生成するシンボルとアドレス対応のファイル(拡張子.symと.cmf)と、コードジェネレータが生成する型情報ファイル(拡張子.sdb)を使います。

コンパイルによって生成されるファイルをまとめると、表1-3-1のようになります。すべてプロジェクトのフォルダの「dist¥default¥production」フォルダ内に格納されます。本書のサポートサイトからダウンロードできるプロジェクトファイルの中にも含まれているので、実際のファイルを開いてみてください。

▼表1-3-1 生成されるファイルの一覧

生成される段階	拡張子	ファイルの内容
プリプロセッサ	.pre	プリプロセス処理された結果のソースファイル
パーサー	.p1	中間言語(p-code)に変換されたファイル
	.lpp	中間言語レベルのライブラリファイル
コードジェネレータ	.as(.asm)	アセンブラコードに変換されたファイル
	.sdb	変数の型情報のファイル
アセンブラ	.obj	リロケータブルなオブジェクトファイル
	.lst	アセンブル結果のリスト
リンカ	.obj	アブソリュートアドレスのオブジェクトファイル
	.map	メモリレイアウトのマップ情報ファイル
	.sym	ラベルとアドレスの対応ファイル
	.cmf	メモリ内配置の情報ファイル
	.lib	リロケータブルなライブラリファイル
HEX変換	.hex	インテルヘキサ形式のファイル
	.hxl	ヘキサ変換のログファイル
ユーティリティ	.hex	実際に書き込みに使うインテルヘキサファイル
ファイルコンバータ	.elf	デバッグ時に使う情報ファイル(ELF形式)
	.cof	デバッグ時に使う情報ファイル(COFF形式)*1

*1 MPLAB V8のときはCOFF形式でMPLAB XでELF形式となった。

1-3-2　セクション（psect）とMAPファイル

リンカでリロケータブルなオブジェクトが1つのアブソリュートオブジェクトに変換されます。このとき「psect」と呼ばれる「**セクション**」ごとにプログラムコードやデータがメモリに配置されます。セクションのメモリ配置や構成はコンパイラが自動的に決定します。

コンパイラが自動的に生成するセクションは名称が決まっていて、プログラムコードに関するセクションは表1-3-2となり、データに関するセクションが表1-3-3となります。

▼表1-3-2　プログラムコード用セクション一覧

セクション名	配置される内容	備　考
checksum	チェックサム値	
cinit	スタートアップコード	
config	コンフィギュレーションワード	
const	定数値	PIC18専用
eeprom	EEPROMの初期値	PIC18はeeprom_data
idata	変数の初期値（スタートアップでRAMにコピーされる）	
idloc	IDレジスタの値	
init	アセンブリスタートアップモジュール	
intcode intcodelo	割り込み処理関数のコード PIC18はハイレベルとローレベル	
ivt0xn	割り込みレベルnのベクタ	
jmp_tab	ジャンプアドレスと戻り値	ベースラインファミリ専用
maintext	main()関数のコード	
mediumconst	const定義の変数と文字列定数	PIC18専用
powerup	ユーザ定義のパワーアップコード	
reset_vec	リセットベクタのコード	
reset_wrap	0番地にラップしたとき実行するコード	ベースラインファミリ専用
smallconst	const定義の変数と短めの文字列定数	
strings	const定義のもの　名前なしの定数	
stringtext	const定義のもの	ベースラインファミリ専用
textn	他とのリンク不要なコード群	nは10進数値
temp	コンパイラが自動生成した変数	
xxx_text	絶対アドレス配置のコード	xxxはアセンブラシンボル値
xxx_const	絶対アドレス配置の定数	xxxはアセンブラシンボル値

▼表1-3-3 データ用セクション一覧

セクション名	配置される内容	備考
nv	persistent定義の変数	スタートアップでは初期化されない
bss	初期化されない変数	
data	初期化されたRAMのイメージ	
cstack	コンパイラが使うスタック	auto変数、関数のパラメータで使う
stack	ソフトウェアスタックの領域	RAMの未使用空間を使う

通常はコンパイラがセクションをすべて自動配置しますが、ユーザが「__section()」指示命令を使って任意のセクションを作成し、プログラムコードやデータを配置指定することもできます。

さらにセクションを指定したメモリアドレスに配置するためには、リンカの「-L-」オプションを使います。その例が次のようになります。

❶セクションを新たに定義し変数や関数を配置する

```
int __section("myData") foobar;             // 変数foobarをセクションmyDataに配置
int __section("myCode") helper(int mode)    // 関数helper()をmyCodeに配置
{
        --------（実行文）
}
```

❷セクションをメモリの指定した場所に配置する

```
-L-PmyData=0200h        // myDataを200h番地から確保
-L-AMYCODE=50h-3ffh
-L-PmyCode=MYCODE       // myCodeは50hから3ffhの範囲の任意の場所に
```

リンカが実際に配置したセクション情報が保存されているファイルがMAPファイル（拡張子.map）になります。このファイルには次のような情報が格納されています。

- コンパイラ名とバージョン情報
- リンカが使ったコマンドラインのコピー
- リンクしたオブジェクトコードのバージョン番号
- デバイスのタイプ
- psectのセクション名とCLASSで並べられた一覧
- セグメントの一覧
- 未使用のアドレス範囲
- シンボルテーブル
- 関数の一覧
- プログラムモジュールの一覧

実際のMAPファイルの例がリスト1-3-1となります。MAPファイルを見ればセクションのメモリ配置や、シンボルのアドレスがわかります。

リスト 1-3-1 実際のMAPファイルの例

バージョン情報
コマンドラインの一部
オブジェクトのバージョン
デバイス名
セクションリスト
セグメント情報
未使用メモリ情報

```
Microchip MPLAB XC8 Compiler V1.42 ()
Linker command line:
-W-3 --edf=C:¥Program Files (x86)¥Microchip¥xc8¥v1.42¥dat¥en_msgs.txt -cs ¥
    -h+dist/default/production¥Lab3_UART.X.production.sym ¥
    --cmf=dist/default/production¥Lab3_UART.X.production.cmf -z -Q16F18857 ¥
(以下省略)
Object code version is 3.11
Machine type is 16F18857
                Name                   Link     Load   Length Selector   Space Scale
C:¥Users¥Gokan¥AppData¥Local¥Temp¥s588.obj
                end_init                 2        2        2        0        0
                reset_vec                0        0        2        0        0
                config                8007     8007        5    1000E        0
dist/default/production¥Lab3_UART.X.production.obj
                cinit                  7F8      7F8        8      FF0        0
                text6                  667      667       21      CCE        0
                text5                  65A      65A        6      CB4        0
                text4                  6B4      6B4       34      D68        0
                text3                  688      688       2C      D10        0
                text2                  660      660        7      CC0        0
                text1                  73E      73E       BA      E7C        0
                maintext               6E8      6E8       56      DD0        0
                cstackBANK0             20       20       12       20        1
                cstackCOMMON            70       70        E       70        1
                bssBANK0                32       32        4       20        1
                stringtext4            826      826        E     1000        0
                stringtext3            816      816       10     1000        0
                stringtext2            800      800       16     1000        0
                nvBANK0                 36       36        1       20        1
                stringtext1            834      834        A     1000        0
(以下省略)
SEGMENTS        Name            Load    Length   Top    Selector  Space   Class     Delta
                reset_vec       000000  000004  000004         0     0    CODE          2
                cstackBANK0     000020  000017  000037        20     1    BANK0         1
                cstackCOMMON    000070  00000E  00007E        70     1    COMMON        1
                text5           00065A  000006  000660       CB4     0    CODE          2
                text2           000660  000007  000667       CC0     0    CODE          2
                text6           000667  000021  000688       CCE     0    CODE          2
                text3           000688  00002C  0006B4       D10     0    CODE          2
                text4           0006B4  000034  0006E8       D68     0    CODE          2
                maintext        0006E8  000056  00073E       DD0     0    CODE          2
                text1           00073E  0000BA  0007F8       E7C     0    CODE          2
                cinit           0007F8  000008  000800       FF0     0    CODE          2
                stringtext2     000800  00003E  00083E      1000     0 STRCODE        2
                config          008007  000005  00800C     1000E     0  CONFIG        2

UNUSED ADDRESS RANGES
        Name              Unused          Largest block    Delta
        BANK0             00037-0006F           39           1
        BANK1             000A0-000EF           50           1
        BANK10            00520-0056F           50           1
        BANK11            005A0-005EF           50           1
        BANK12            00620-0066F           50           1
        BANK13            006A0-006EF           50           1
(以下省略)
```

シンボルリスト

```
Symbol Table
?___lwdiv           cstackCOMMON    00070
?___lwmod           cstackCOMMON    00078
?_printf            cstackBANK0     00020
_ANSELA             (abs)           01F38
_ANSELB             (abs)           01F43
_ANSELC             (abs)           01F4E
_BAUD1CON           (abs)           0011F
_CCDCON             (abs)           00814
_CCDNA              (abs)           01F40
_CCDPA              (abs)           01F41
_Counter            bssBANK0        00032
_Initialize         text6           00667
_PIR3bits           (abs)           0070F
_RC1REG             (abs)           00119
_RC1STA             (abs)           0011D
_RC6PPS             (abs)           01F26
（以下省略）
```

関数の情報

```
FUNCTION INFORMATION:
   *************** function _main *****************
   Defined at:
                    line 13 in file "../Lab3_UART.c"
   Parameters:   Size  Location   Type
                       None
   Auto vars:    Size  Location   Type
                       None
   Return value: Size  Location   Type
                 1     wreg       void
   Registers used:
                       wreg, fsr0l, fsr0h, fsr1l, fsr1h, status,2, status,0, pclath, cstack
（以下省略）
```

モジュールの情報

```
MODULE INFORMATION

Module          Function     Class           Link        Load        Size
C:¥Program Files (x86)¥Microchip¥xc8¥v1.42¥sources¥common¥lwdiv.c
                ___lwdiv             CODE            06B4        0000        53
C:¥Program Files (x86)¥Microchip¥xc8¥v1.42¥sources¥common¥lwdiv.c estimated size: 53
shared
                _dpowers             STRCODE         0834        0000        11
                __initialization     CODE            07F8        0000        6
shared estimated size: 17
C:¥Program Files (x86)¥Microchip¥xc8¥v1.42¥sources¥common¥lwmod.c
                ___lwmod                 CODE        0688        0000        45
C:¥Program Files (x86)¥Microchip¥xc8¥v1.42¥sources¥common¥lwmod.c estimated size: 45
../Lab3_UART.c
                _main                CODE            06E8        0000        87
../Lab3_UART.c estimated size: 87
```

1-4 プログラム実行時の環境

MPLAB XC8コンパイラがコンパイルした結果をメモリ内にどのように配置するのか、どのように実行するのかを説明します。基本的にすべて自動で行われていて、あらかじめ決められたレイアウトとはなっていません。

1-4-1 実行時のメモリレイアウト

1 データメモリは自動的な最適配置方式

データメモリへのデータ配置の方式については、8ビットのPICマイコンはデータメモリが少ないため、一般的に使われているヒープ(実行時に一時的に使用されるメモリ領域)を使ったダイナミックなメモリ配置方式は使っていません。したがって、`malloc`や`calloc`などの動的にメモリ領域を確保する関数はサポートされていません。またデータメモリに対する配置分けを決めたメモリモデルも使っていません。コンパイルする際に、常に自動的に最適な配置にするようにしています。

2 関数は常に非リエントラント

リエントラントとは、ある関数の実行中に、別の処理から同じ関数を呼び出しても正しく実行されることです。実行が中断された場合、途中の状態はスタックメモリに保存されます。

CコンパイラはPICマイコンのハードウェアスタックメモリ以外に、ソフトウェアスタックメモリを使って関数の呼び出しをしています。しかしこのソフトウェアスタックもデータメモリを使うため大きな領域が確保できないので、ソフトウェアスタックメモリを使うリエントラントな関数はデフォルトでは生成されません。

関数に「`reentrant`」という修飾を追加すればリエントラントな関数を生成しますが、コンパイラは必要なスタックメモリのサイズをコンパイル時に知ることができないので、実行時にスタック不足となって正常な実行ができなくなる可能性があります。使い方には注意が必要です。

3 ページをまたぐ関数配置もサポート

ミッドレンジのPICマイコンは、プログラムメモリが2kワードごとのページ構成になっています。関数がページ内に納まる場合は単純なジャンプ命令で移動できますが、関数がページをまたぐ配置になった場合には、コンパイラが自動的にページ指定を追加したジャンプ命令に置き換えます。したがってこの場合にはプログラムサイズも大きくなりますし、実行速度も遅くなるので、あまり大きな関数にすべきではありません。

ハイエンドのPIC18ファミリの場合には、ページの概念はなく、すべての空間を自由にジャンプできますから、このような制限はありません。

1-4-2 main関数とスタートアップコード

1 main関数

main関数の記述形式は決まっていて、次のようにパラメータ(引数)も戻り値もない書式となります。そしてC言語プログラムには必ず1個だけのmain関数が必要になります。

```
void main(void)
```

通常、main関数は内部で永久ループの形式として終了しないように作りますが、もしmain関数が終了したとすると、自動的に最後にジャンプ命令でリセットベクタ(0番地)にジャンプするようになっています。つまりソフトウェアリセットの状態となります。しかしハードウェアリセットと異なり、内部周辺モジュールなどのレジスタ類はリセット状態にはなりません。

例えば、中身がまったく何もないリスト1-4-1(a)のようなソースをコンパイルしてから、[Window]→[PIC Memory Views]→[Program Memory]として生成されたアセンブラコードを見ると、リスト1-4-1(b)のようになっています。このリストから、確かにmain関数に移ったあとは、2番地→7FD番地→7FB番地→2番地と永久に繰り返すだけになっていることがわかります。

リスト 1-4-1 内容のないプログラムの例(Root)

(a) C言語のソースファイル

```
/**********************************************
 * C言語入門　最小のプログラム　 Root.c
 *  第2部　第1章
 **********************************************/
/******** メイン関数 *************/
void main(void) {
}
```

(b) コンパイラ結果のアセンブラコード

Line	Address	Opcode	Label	DisAssy	
1	0000	3180		MOVLP 0x0	←Page0にセット(PCLACHに0をセット)
2	0001	2802		GOTO 0x2	←2番地にジャンプ
3	0002	3187		MOVLP 0x7	←Page7にセット
4	0003	2FFD		GOTO 0x7FD	←7FD番地にジャンプ
2,044	07FB	3180	main	MOVLP 0x0	←Page0にセット
2,045	07FC	2802		GOTO 0x2	←2番地にジャンプ
2,046	07FD	0140		MOVLB 0x0	←Bank0にセット(BSRに0をセット)
2,047	07FE	3187		MOVLP 0x7	←Page7にセット
2,048	07FF	2FFB		GOTO 0x7FB	←7FB番地にジャンプ

2 スタートアップコード

PICマイコンでのC言語プログラムの実行は、mainの中の最初の実行文から始まりますが、実際にはその前に「スタートアップコード」というプログラムが実行されています。このスタートアップコードでは次のようなことが実行されますが、すべて自動的に生成されるので、通常はユーザーが内容を知る必要はありません。

❶グローバル変数の初期化

変数の初期値が指定されていればその値にセットし、値指定がなければ0とします。この指定された初期値はコンパイル時にプログラムメモリに生成されていて、スタートアップ時にプログラムメモリからデータメモリにコピーされて初期値となります。

ただし、データで「persistent」修飾が付けられたものは、永続変数となり、このスタートアップでは何もせず、値がそのまま保持されます。

❷レジスタとデバイス状態を適切な値に設定

STATUSレジスタを起動内容に合わせて設定し、さらにバンクやページのレジスタをメモリ配置に合わせて設定します。

実際にデータ定義とwhile(1)文を追加した、リスト1-4-2（a）のソースをコンパイルした結果のプログラムメモリを見ると、アセンブラコードがリスト1-4-2（b）のようになっています。このアセンブラコードを解析すると、リセット後はプログラムメモリ内のデータの設定値をデータメモリにコピーし、その後mainの0x7EB番地にジャンプしています。そしてmain関数にはwhile(1)文しかないので、自分自身のアドレスにジャンプして何もしない永久ループとなっていることがわかります。

リスト 1-4-2　データ定義を追加した例（Root2）

(a) C言語のソースファイル

```
/**********************************************
 * C言語入門　最小のプログラム　 Root2.c
 *　 第2部　第1章
 **********************************************/
int data1, data2 = 0x1234;
char data3, data4 = 0x56;
/******** メイン関数 *************/
void main(void) {

    /**** メインループ ****/
    while(1){
    }
}
```

(b) コンパイラ結果のアセンブラコード

Line	Address	Opcode	Label	DisAssy	
1	0000	3180		MOVLP 0x0	
2	0001	2802		GOTO 0x2	←2番地にジャンプ
3	0002	3187		MOVLP 0x7	
4	0003	2FEF		GOTO 0x7EF	←7EF番地にジャンプ

2,028	07EB	2FEB	main	GOTO 0x7EB	←永久ループ
2,029	07EC	3434		RETLW 0x34	設定値保存部
2,030	07ED	3412		RETLW 0x12	
2,031	07EE	3456		RETLW 0x56	
2,032	07EF	3187		MOVLP 0x7	
2,033	07F0	27EC		CALL 0x7EC	←data2下位の取得
2,034	07F1	3187		MOVLP 0x7	
2,035	07F2	00F3		MOVWF __pdataCOMMON	←data2下位の設定
2,036	07F3	3187		MOVLP 0x7	
2,037	07F4	27ED		CALL 0x7ED	←data2上位の取得
2,038	07F5	3187		MOVLP 0x7	
2,039	07F6	00F4		MOVWF 0x74	←data2上位の設定
2,040	07F7	3187		MOVLP 0x7	
2,041	07F8	27EE		CALL 0x7EE	←data4の取得
2,042	07F9	00F5		MOVWF 0x75	←data4の設定
2,043	07FA	01F0		CLRF __pbssCOMMON	←data1下位の設定
2,044	07FB	01F1		CLRF 0x71	←data1上位の設定
2,045	07FC	01F2		CLRF 0x72	←data3のデータ設定
2,046	07FD	0140		MOVLB 0x0	←Bank0にセット
2,047	07FE	3187		MOVLP 0x7	
2,048	07FF	2FEB		GOTO 0x7EB	←7EB番地にジャンプ

❸パワーアップルーチン

通常、ユーザーはスタートアップコードの内容を知る必要はないのですが、main関数が実行開始する前にどうしても実行したい内容を追加できるように用意された部分が「**パワーアップルーチン**」です。例えば、ハードウェアの制限でリセット直後に実行しなければならないような処理を追加します。

追加方法は、コンパイラをインストールしたフォルダ内の「sources」フォルダ内に用意されている「powerup.as」というアセンブラソースにコメントにしたがって必要な処理を追加し、これをプロジェクトのソースに追加すれば自動的にスタートアップコードとして追加されて実行されます。追加するコードはアセンブラ命令で記述する必要があります。実際の「powerup.as」の内容はリスト1-4-3のようになっています。

リスト 1-4-3　powerup.asのリスト

```
;       HI-TECH PICC powerup routine
;
; This module may be modified to include custom code to be executed
; immediately after reset. After performing whatever powerup code
; is required, it should jump to "start"

#include"aspic.h"

        global  powerup,start
        psect       powerup,class=CODE,delta=2
powerup
;
```

ここにユーザーの部分を追加する

startがmainの最初のアドレス

```
;       Insert special powerup code here
;
;

; Now lets jump to start
#if     defined(_PIC14)
        clrf    STATUS
        movlw       start>>8
        movwf       PCLATH
        goto    start & 0x7FF | (powerup & not 0x7FF)
#endif
#if     defined(_PIC14E) || defined(_PIC14EX)
        clrf    STATUS
        movlp       start>>8
        goto    start & 0x7FF | (powerup & not 0x7FF)
#endif
#if     defined(_PIC16)
        movlw       start>>8
        movwf       PCLATH
        movlw       start & 0xFF
        movwf       PCL
#endif
        end
```

以上のような内容なので、スタートアップコードはプログラムごとに異なるものが自動生成されて実行されることになります。

コラム 第2部用のプロジェクトの作り方

第2部ではC言語の使い方を、実際に例題を動かしながら説明していきますが、動かす方法として、2つの方法で動作確認します。

❶デジタル演習ボードで実際に動作させて確認する

こちらの場合には第4-3章で説明したプロジェクトの作成方法で進めれば問題なくできます。

❷シミュレーションモードで動作させて確認する

MPLAB X IDEをシミュレーションモードで動作させて確認する方法です。このシミュレーションモードで動かせばハードウェアは必要なく、パソコンだけで動作確認ができます。そこでこのシミュレーションモードでプロジェクトを動作させる方法を説明します。

第2部では、「D:¥Clang2」の下にフォルダを作成してすべてのプロジェクトを格納することにし、ここでの例題のプロジェクトは「D:¥Clang2¥Sec1¥Lab」とすることにします。

1 ステップ1 作成するプロジェクト種別の選択

MPLAB X IDEのメインメニューから、[File]→「New Project」とすると図1-C-1のダイアログが開きます。ここからプロジェクト作成を開始します。

このダイアログではデフォルトの設定のままNextとします。これでPICマイコン用の標準プロジェクトの作成を指定したことになります。

●図1-C-1 プロジェクト作成開始ダイアログ

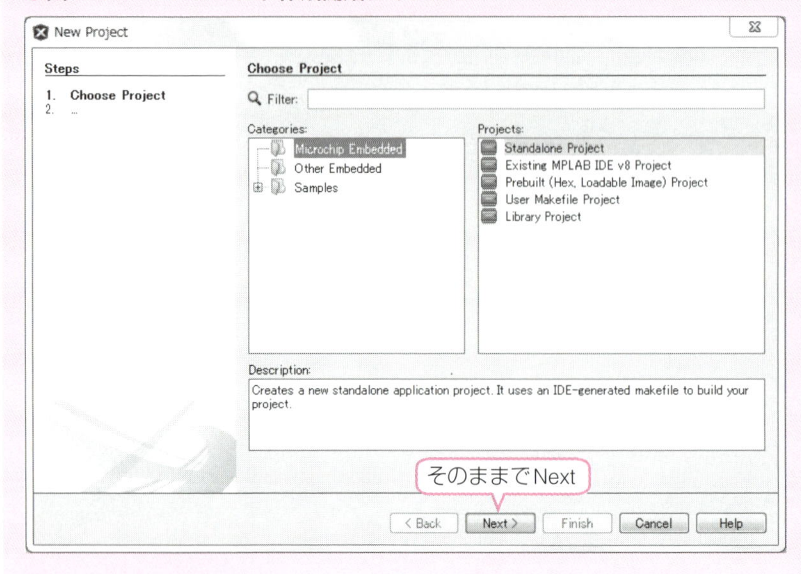

2 ステップ2　デバイスの選択

これで図1-C-2のダイアログが表示されます。ここではプロジェクトに使用するPICマイコンのデバイス名を選択します。シミュレーションモードで動作させるだけなので、デバイスはF1ファミリであればなんでも構いませんが、第3部で使うデジタル演習ボードにはPIC16F18857が使われているので、これを指定します。

●図1-C-2　デバイスの選択ダイアログ

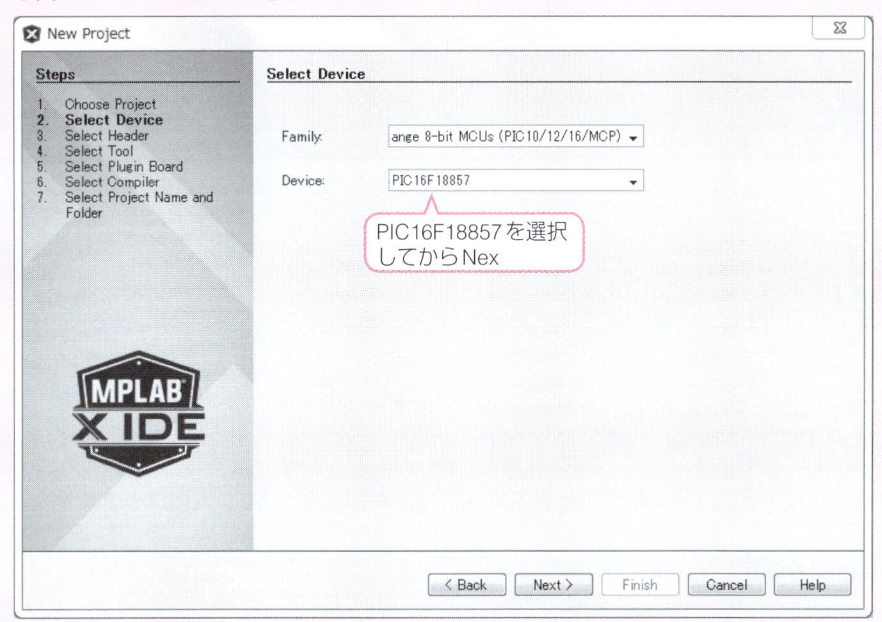

3 ステップ4　ツールの選択

次のステップは書き込みに使うツールの選択ダイアログで図1-C-3となります。ここで図のように「Simulator」の項目を選択して［Next］とします。ここがシミュレーションモードでプロジェクトを作成するときのポイントです。

●図1-C-3 プログラミングツールの選択

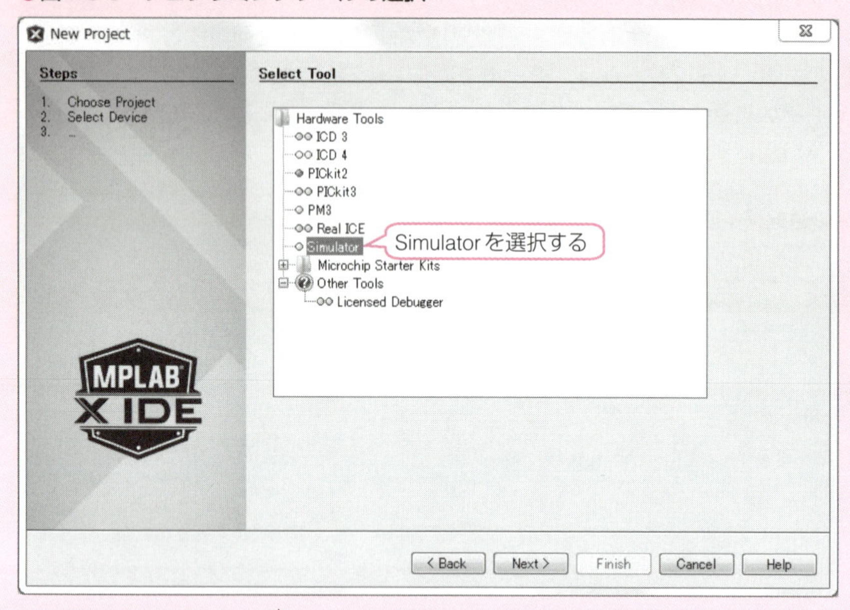

4 ステップ6 コンパイラの選択

次のダイアログは図1-C-4でコンパイラつまり言語の選択です。本書ではすべてXC8コンパイラを使ってC言語で作成するので、図のようにXC8 Compilerを選択してから[Next]とします。

●図1-C-4 コンパイラの選択

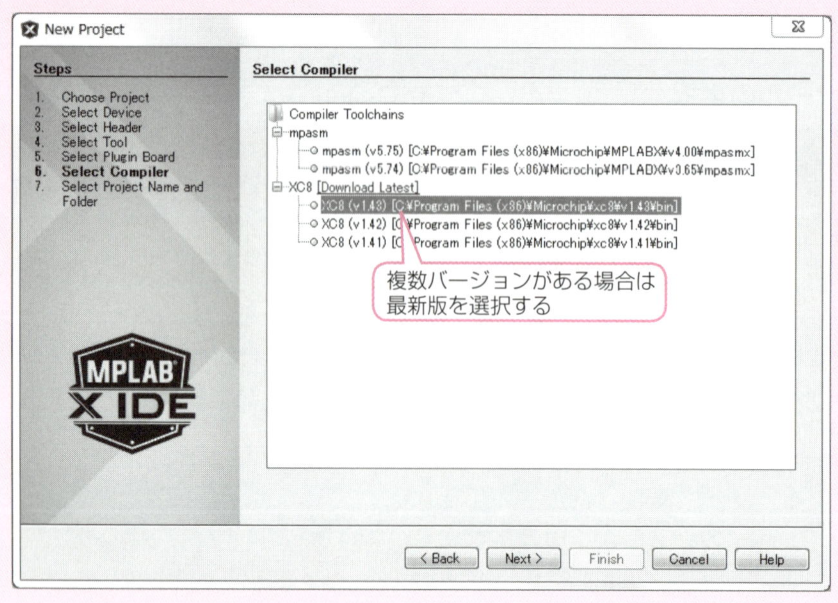

5 ステップ7　プロジェクト名とフォルダの指定

次のダイアログは図1-C-5で、ここでプロジェクトの名前と格納するフォルダを指定します。まずプロジェクト名「Lab」を入力します。次にフォルダを指定します。フォルダが未作成の場合は、新規フォルダ名を直接入力すれば自動的にフォルダを作成し、その中にプロジェクトを生成します。最後に文字のエンコードの指定で、日本語のコメントが使えるように、[Shift-JIS] を選択してから [Finish] ボタンをクリックして終了です。

●図1-C-5　プロジェクト名とフォルダの指定

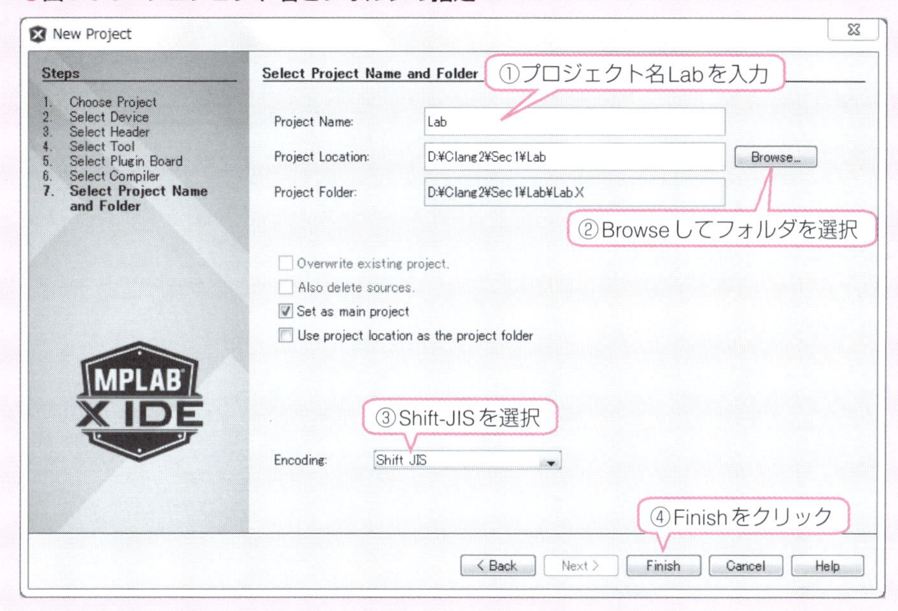

6 シミュレーションモードで動作させる

以上でシミュレーションモードでの空のプロジェクトができたので、あとはソースファイルを登録するか、新規作成すれば動作確認ができます。シミュレーションで動作させる場合には、コンフィギュレーションの設定も不要なので、簡単にソースファイルができます。

ソースファイルを作成し登録したあと、このプログラムを実行するには、図1-C-6のようにデバッグアイコンで実行します。これによりシミュレーションモードで実行を開始し、`while(1)`文で永久ループの状態になります。

●図1-C-6 デバッグモードで実行

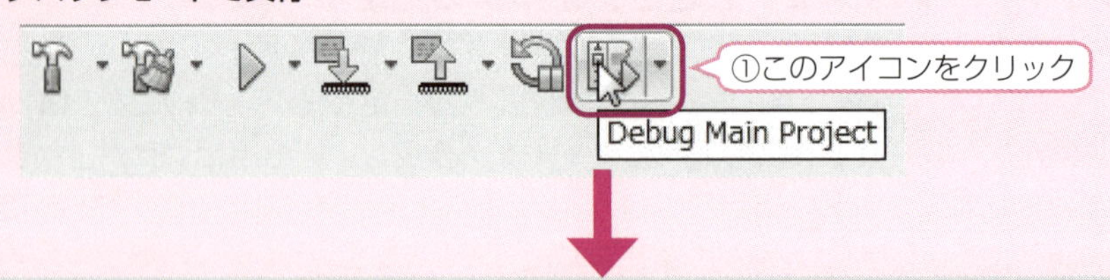

次にPauseアイコンをクリックしていったん停止させます。このあと、メインメニューから、[Windows]→[Debugging]→[Watches]として図1-C-7のWatch窓を開きます。

このあとは、Watch窓の「Enter new watch」欄をダブルクリックして変数名を入力して追加します。

表示方法は、図1-C-7の右側のように、見出し部を右クリックすると開くドロップダウンリストで表示形式を選択あるいは削除します。

●図1-C-7 Watch窓の使い方

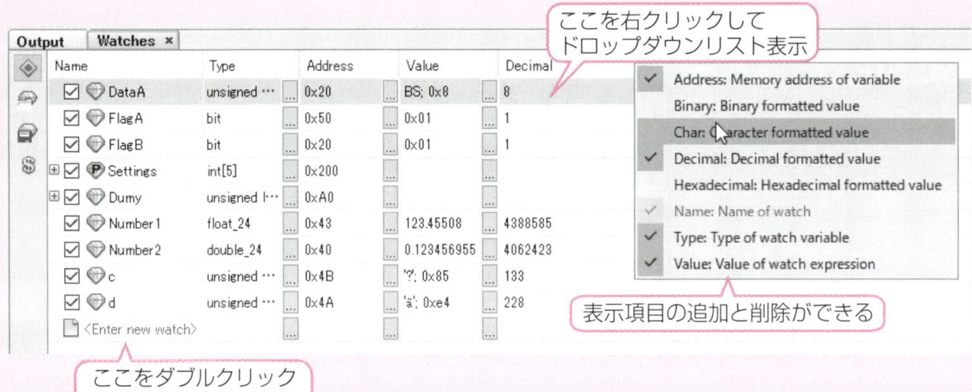

第2部 C言語プログラミングの基礎

第2章 プリプロセッサ

　コンパイラにコンパイル方法を指示する記述を「プリプロセッサ」と呼びます。
　本章では、これらのプリプロセッサについて役割と記述方法を説明します。

2-1 プリプロセッサ指示命令の使い方

プリプロセッサとは、標準Cで定義されているもので、コンパイラにコンパイル方法を指示する記述のことです。デバイスの指定や、条件によってコンパイル内容を変えたりするような、コンパイル方法の指示を指定します。

MPLAB XC8にも次のような種類のプリプロセッサが用意されています。プリプロセッサを使うことで便利な機能を使えるようにできますから、それぞれの使い方を説明します。

・プリプロセッサ指示命令
・pragma指示命令

まずはプリプロセッサ指示命令から説明します。

2-1-1 プリプロセッサ指示命令の種類

MPLAB XC8 Cコンパイラに組み込まれているプリプロセッサ指示命令は表2-1-1のようになっています。標準Cにいくつかの拡張を加えています。

表からわかるようにプリプロセッサ指示命令は「#」で始まるようになっていますが、実行文ではなくコンパイラに指示を与える処理をするだけなので、**文末にセミコロン「;」は付けない**ので注意して下さい。

▼表2-1-1　プリプロセッサ指示命令一覧

書　式	意味内容	使用例
#	何もしない	#
#advisory text	アドバイスメッセージtextを出力する	#advisory TODO: I need to finish this
#assert 条件式	条件不一致でエラーを出力する	#assert SIZE > 10
#asm	インラインアセンブラ記述の開始 終了は#endasm	#asm MOVLW FFh #endasm
#define id text	文字列idを文字列textと定義する	#define SIZE 5 #define FLAG #define add(a,b)　((a)+(b))

#if 条件式
#else
#elif　条件式
#endif
	条件式が真のとき直後から#elseまでの実行文をソースファイルに追加し、偽の時には#else文以下#endifまでを実行文として追加する。#else以降は省略可能。#elifで条件を複数にすることも可能	#if SIZE < 10
		  c = process(10);
		#else
		  skip();
		#endif

書　式	意味内容	使用例

#ifdef id
#else
#elif 条件式
#endif
	記号idが事前定義されていれば#elseまでの間をソースファイルに追加する。未定義なら#elseから#endifまでの間を追加する	#ifdef FLAG
		  do_loop();
		#elif SIZE == 5
		  skip_loop();
		#endif

#ifndef id
#else
#endif
	記号idが未定義なら#elseか#endifまでの間をソースファイルに追加する	#ifndef FLAG
		  jump();
		#endif

#include "filename"	指定ファイルを取り込む。最初にカレントディレクトリから探し、ないときは指定ディレクトリから探す	#include "project.h"
#include <filename>	指定ファイルを取り込む。指定ディレクトリから探す	#include <stdio.h>
#info text	#advisoryと同じ	#info I wrote this bit
#line	リスト出力する行番号とファイル名を指定する	#line 3 final
#pragma　cmd	pragma指似命令を指定する	pragmaの項を参照
#undef id	記号idを未定義にする	#undef FLAG
#warning	注意メッセージを出力する	#warning Length not set

2-1-2　#defineとマクロ機能の使い方

プログラムを記述するときに、定数データなど数値を扱うことがあります。それを数値のまま扱うと、プログラムが読みにくいだけでなく、間違いも起こしやすくなります。そこで、これらの**定数データに記号を付けてその記号で扱う**ようにすれば、意味内容もよくわかり、プログラムがぐっと読みやすくなります。さらに同じ定数データを複数個所で使っている場合でも、この#defineの定義だけ変更すれば、すべての使用個所を一斉に変更できます。

#defineプリプロセッサの書式は、次のように2種類の記述書式があります。

【書式1】 #define　記号　文字列
【書式2】 #define　記号(引数)　文字列

書式1は単純に記号に対して文字列を対応させるだけの定義です。この場合、数値は定数になるので記号には大文字を使います。

書式2は、引数として変数を持った書式で、記号として定義した関数などを文字列に置き換えますが、変数も一緒に置き換えます。このような形式を利用すると、**単純な単語を、意味のある実行文に置き換えることができます**。このような使い方を「**マクロ機能**」と呼んでいます。つまり、#define文で作った簡単な関数のようなものがマクロです。

このマクロ機能はXC8コンパイラの標準ヘッダファイル内の記述で頻繁に使われています。実際の例ではリスト2-1-1のようになります。

リスト 2-1-1 #defineの使い方

```
【書式1の例】
#define MAX  255
#define SAMPLE  100
#define SW1  PORTBbits.RB3
#define RED_LED  LATAbits.LATA7

【書式2のマクロ機能例】
#define  __delay_ms(x)  _delay((unsigned long)((x)*(_XTAL_FREQ/4000.0)))
#define  di()   (GIE = 0)       // disable interrupt
#define  hi(x)  (x << 4)

【マクロ使用例】
a = hi(a);                     // これはa = (a << 4);となる
```

2-1-3 #includeの使い方

#includeプリプロセッサを使うと、コンパイル直前に、その#includeがある行から**指定したファイルを挿入**できます。通常このようにして追加されるファイルのことを、「**ヘッダファイル**」と呼び、拡張子を「.h」としています。書式としては次のような2種類があり、書式により最初にどのディレクトリから指定ファイルを探すかが異なります。

```
【書式1】 #include  <filename.h>
【書式2】 #include  "filename.h"
```

書式1の場合は、あらかじめXC8コンパイラのインストール時にヘッダファイルをまとめて格納しているディレクトリから探します。見つからないときはエラーとなります。

書式2の場合は、最初にプロジェクトのソースファイルを格納しているカレントディレクトリを探し、見つからなければ、書式1と同じディレクトリを探します。

MPLAB X IDEのエディタでは、#include文で「"」か「<」を入力した時点で、図2-1-1（a）のように選択可能なファイルの一覧がポップアップされますから、ここから選択できます。また「..」の項を選択すると1つ上の階層のディレクトリに移動します。

図2-1-1（b）の場合は「#include <s」と「s」まで入力したときの選択肢です。このように検索機能が働きますから、より選択しやすくなるようになっています。

このようなヘッダファイルが、どうして必要か説明しておきます。あらかじめコンパイラが用意しているライブラリを使う場合、関数を呼んだり、内部変数を使ったりすると、コンパイラがその記述が正しいかどうかをチェックする必要があります。そのチェックができるように用意されているのが標準ヘッダファイルで、関数のプロトタイピングや変数の宣言定義部が含まれています。

さらに、プログラムを作るとき、大きなプログラムサイズになると、変数定義や記号定義の部分が結構大きくなります。また、複数人数で開発をするような場合に、各人が勝手にそれぞれで定義すると、同じ名前のものが重複したりして不具合が生じることがあります。そこで、これらの変数や記号の定義部分だけ集めて独立の共通ファイルとして作成します。これがヘッダファイルで、共通に使うので名前の重複を避けることができ、別の人が作った関数を呼び出すときの書式もわかります。

●図2-1-1　#includeの入力支援機能

(a) ""の場合　　(b) <>の場合

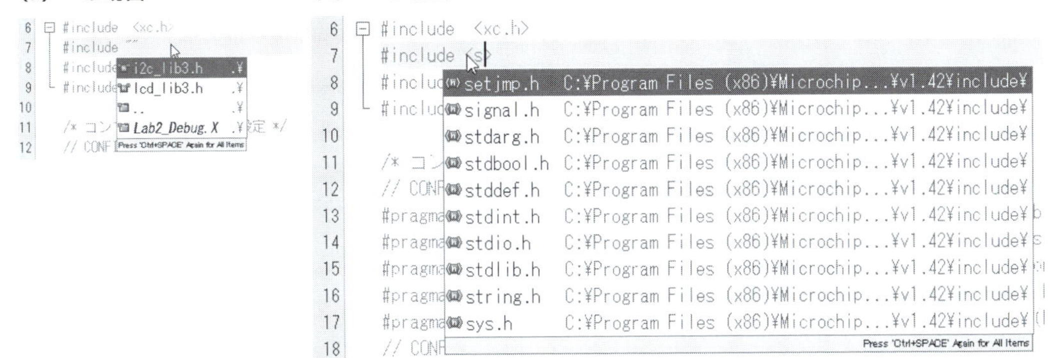

また、特定のLSIなどを接続して使う場合に、**内部のレジスタや指定ビットなどに名前を付けてわかりやすくする**ようにします。同じLSIを使うたびに毎回定義していては面倒ですし、間違いも起きます。そこでこれらの定義ファイルを独立にしてインクルードするだけにしておけば便利に使えます。

2-1-4　#ifによる条件付きコンパイル

プリプロセッサ指示命令の重要な機能として、「**条件付きコンパイル**」という機能があります。これは簡単に言えば、**ある指定した条件が成立するかしないかによって、ソースファイルの内容を変えて、コンパイルするソースファイルを異なるものにしてしまう機能**です。

このような目的のために用意されたプリプロセッサ指示命令には、`#if`、`#ifdef`、`#ifndef`、`#else`、`#elif`、`#endif`があります。以下それぞれの使い方を説明していきます。

1 #if文の使い方

`#if`は条件式が成立するかどうかという判定によってソースファイルの内容を切り替える機能を持っていて、書式としては、表2-1-2のように3種類の書式があります。

書式1では、条件式が成立して真のときだけ、実行文1が挿入されてコンパイルされます。

条件式によってソースファイルの内容を切り替えたいときには、書式2のように、`#else`文を使って2種類の実行文ブロックを切り替えることができます。つまり、条件式が成立して真のときには、実行文2が挿入され、成立しないで偽のときには、実行文3が挿入されます。

さらに複数の条件式によって、いくつかの実行文ブロックを切り替える場合には、書式3のように、`#elif`（`#else if`のこと）文を使って条件式を複数にできます。この場合には、例えば条件式1が成立したら実行文4が挿入され、条件式1が偽で条件式2が成立して真の場合には、実行文5が挿入されます。すべての条件が偽の場合には実行文7が挿入されます。

▼表2-1-2 #if文の書式

書式1	書式2	書式3
#if 条件式 　　実行文1; #endif	#if 条件式 　　実行文2; #else 　　実行文3; #endif	#if 条件式1 　　実行文4; #elif 条件式2 　　実行文5; #elif 条件式3 　　実行文6; #else 　　実行文7; #endif

#ifの使い方を具体的な例で説明しましょう。例えば、プログラムのデバッグをしている間だけ挿入したい実行文があり、実際に実行させるときにはそのデバッグ用の実行文はないようにしたいときには、リスト2-1-2のようにします。

リスト 2-1-2 #ifによるデバッグ文の挿入

```
【ヘッダファイル内】
#define  DEBUG  TRUE                  //ヘッダファイル等で定義しておく

【実行モジュール内】
#if DEBUG == TRUE
    printf( “Value=%d¥n” ,data);      //dataという変数の値を出力
#endif
```

こうすれば、printf文はDEBUGという定数がTRUEのときだけソースファイルとして挿入されることになります。この実行文を取り外したいときには、ヘッダファイルで、

```
#define  DEBUG  FALSE
```

と定義します。printf文が数多くあちこちに挿入してあったとしても、上例のように、**#if**文を使っていれば、一気にすべてのデバッグ用の実行文を取り外すことができます。

2 #ifdef文の使い方

記号定数の値により切り替えるのではなく、単に、記号定数が定義されているかいないかを条件にするのが、**#ifdef**文です。

#ifdef文の書式には、**#if**文と同様に表2-1-3のような種類があります。

▼表2-1-3　ifdef文の書式

書式1	書式2
#ifdef　記号定数 　　実行文; #endif	#ifdef　記号定数 　　実行文2; #else 　　実行文3; #endif

これを使って先のデバッグ文の挿入例と同じ機能を記述できます。記号定数を定義するには、#define文を使います。この使用例はリスト2-1-3のようになります。この場合にDEBUG文を外すためには、#define文を削除するだけになります。

リスト　2-1-3　#ifdefの使用例

```
【ヘッダファイル内】
#define  DEBUG        //ヘッダファイル等で定義しておく

【実行モジュールの中】
#ifdef DEBUG
    printf("Value=%d¥n",data);
#endif
```

この#ifdef文の派生として下記のようなプリプロセッサも使うことができます。

```
#if defined(条件式)
```

これは#ifdefと全く同じ機能で記述形式が異なるだけになります。ただし、この場合には記号定数の替わりに条件式を記述できるので、より複雑な条件を設定できます。

```
#ifndef　記号定数
```

これは#ifdefの条件と逆で、記号定数が定義されていなかったらという条件になります。書式は#ifdefと全く同じです。

2-2 デバイスヘッダファイルの役割

デバイスサポートファイルあるいは**ヘッダファイル**とも呼ばれるファイルは、マクロの定義やPICマイコンの特殊機能レジスタ（**SFR**）などの名称と、各SFRのビット構成とビット名称などをまとめたファイルです。このファイルの役割は、C言語でハードウェアに関連するレジスタなどを記述する際、アドレスなどの数値ではなく名称で扱えるようにするのが大きな役割です。

2-2-1 ヘッダファイルの呼び出し

このヘッダファイルは、あらかじめ8ビットファミリの全デバイスについて個別に用意されており、MPLAB XC8と一緒に提供されています。このファイルを使うには、**下記の1行をCのソースファイルに追加するだけ**です。

```
#include <xc.h>
```

本来は、`<pic16f18857.h>`などのように使用するデバイス名が付いたヘッダファイルを使うべきなのですが、`<xc.h>`をインクルードすれば、コンパイラが自動的にプロジェクト作成の際に指定したデバイスのヘッダファイルを探して使うようになっています。したがって**どのデバイスを使う場合でも同じ記述でよい**ようになっています。この呼び出す仕組みは、次のようになっていて、最後に呼び出されるファイルがデバイスそのもののヘッダファイルになります。

“xc.h” → “htc.h” → “pic.h” → “pic16f18857.h”

“htc.h”では、単純にPICマイコンのファミリで次に呼び出すファイルを切り替えているだけです。PIC18ファミリの場合には、”pic18.h”が呼び出され、その他の8ビットファミリの場合は”pic.h”が呼び出されます。“pic.h”からプロジェクトで指定したデバイスのヘッダファイルを呼び出しています。

2-2-2 デバイスヘッダファイルの内容

このデバイスヘッダファイルには、下記のような内容が記述定義されています。

- SFRレジスタの名称と物理アドレスの定義
- SFRレジスタのビット構成とビット名称の定義
- SFRレジスタの略称定義

このデバイスサポートファイル内で全SFRレジスタの名前が定義されているので、デバイスの**データシートで説明されているSFRレジスタ名称と同じ名称を、変数名として扱うことができます**。

また、SFR内の各ビットに対しても構造体（第2部8-1節参照）のビットフィールドとして名称が定義されているので、**ビットの名称を変数名として扱うことができます。**

実際の例でどのように使うか見てみましょう。例えば、タイマ2の設定を行う場合、タイマの章で詳しく説明しますが、まずT2CLKCONレジスタで入力クロックを指定し、T2CONレジスタによりプリスケーラなどの動作モードの設定をし、PR2レジスタで周期を設定してから、タイマをスタートさせます。このような設定は、下記記述方法でできます。

```
T2CLKCON = 0x01;            // Fosc/4を指定
PR2 = 200;                  // 周期設定
T2CON = 0xFF                // スケーラの設定、タイマスタート
```

また上記記述は下記のようにしても設定できます。

```
T2CLKCONbits.CS = 1;        // Fosc/4を指定
PR2 = 200;                  // 周期設定
T2CONbits.CKPS = 7;         // プリスケーラ値1:128
T2CONbits.OUTPS = 15;       // ポストスケーラ値1:16
T2CONbits.ON = 1;           // タイマ2のスタート
```

これらの記述はデバイスファイル内で、T2CLKCONレジスタ、T2CONレジスタがリスト2-2-1のように定義されていることによります。

リスト2-2-1 (a) でT2CONレジスタは`unsigned char`で8ビットのデータとして定義されていますから、8ビットの値を直接代入できます。上記例では記述方法として定数を`0xFF`と16進数表記で記述しています。

これとは別の方法として、T2CONレジスタはビットごとの制御もできるように、各ビットの名称がリスト2-2-1 (a) のように構造体(`struct`)のビットフィールドと共用体(`union`)で定義されています。構造体やビットフィールド、共用体の詳細は、第8章で詳しく説明しているので参照して下さい。

このリストの最後の行でT2CONレジスタのビットを扱うときの構造体の変数名が、「`T2CONbits`」として定義されていますから、例えば、この構造体の要素となるONビットを扱うときには、ドット演算子を使って、「`T2CONbits.ON = 1;`」というように記述できます。

さらにこの構造体は共用体として4通りで定義されていて、最初の構造体ビットフィールドではOUTPSビットとして4ビットがまとめて定義されていますが、後の構造体ビットフィールドではOUTPS0からOUTPS3まで1ビットごとに定義されています。

これで上記例のように「`T2CONbits.OUTPS = 15;`」というような記述で複数ビットをまとめて扱って数値を代入することもできます。

リスト 2-2-1 デバイスファイル内のSFRの定義例

(a) T2CONの例

物理アドレスの定義

```
// Register: T2CON
#define T2CON T2CON
extern volatile unsigned char       T2CON       @ 0x28E;
#ifndef _LIB_BUILD
asm("T2CON equ 028Eh");
```

```
#endif
// bitfield definitions
typedef union {
    struct {
        unsigned OUTPS              :4;
        unsigned CKPS               :3;
        unsigned ON                 :1;
    };
    struct {
        unsigned T2OUTPS            :4;
        unsigned T2CKPS             :3;
        unsigned T2ON               :1;
    };
    struct {
        unsigned T2OUTPS0           :1;
        unsigned T2OUTPS1           :1;
        unsigned T2OUTPS2           :1;
        unsigned T2OUTPS3           :1;
        unsigned T2CKPS0            :1;
        unsigned T2CKPS1            :1;
        unsigned T2CKPS2            :1;
    };
    struct {
        unsigned OUTPS0             :1;
        unsigned OUTPS1             :1;
        unsigned OUTPS2             :1;
        unsigned OUTPS3             :1;
        unsigned CKPS0              :1;
        unsigned CKPS1              :1;
        unsigned CKPS2              :1;
        unsigned TMR2ON             :1;
    };
} T2CONbits_t;
extern volatile T2CONbits_t T2CONbits @ 0x28E;
```

ビットフィールドによる名称定義
ビットフィールドによる代替名称定義
ビットフィールドによるビットごとの名称定義
ビットフィールドによるビットごとの代替名称定義
ビットフィールドのときの名称

(b) T2CLKCONの例

```
// Register: T2CLK
#define T2CLK T2CLK
extern volatile unsigned char       T2CLK       @ 0x290;
#ifndef _LIB_BUILD
asm("T2CLK equ 0290h");
#endif
// aliases
extern volatile unsigned char       T2CLKCON    @ 0x290;
#ifndef _LIB_BUILD
asm("T2CLKCON equ 0290h");
#endif
// bitfield definitions
typedef union {
    struct {
        unsigned CS             :4;
    };
    struct {
        unsigned CS0            :1;
        unsigned CS1            :1;
```

物理アドレスの定義
物理アドレスの定義
ビットフィールドによる名称定義
ビットフィールドによるビットごとの名称定義

```
        unsigned CS2            :1;
        unsigned CS3            :1;
    };
    struct {
        unsigned T2CS           :4;
    };
    struct {
        unsigned T2CS0          :1;
        unsigned T2CS1          :1;
        unsigned T2CS2          :1;
        unsigned T2CS3          :1;
    };
} T2CLKbits_t;
extern volatile T2CLKbits_t T2CLKbits @ 0x290;
```

ビットフィールドによる代替名称定義

ビットフィールドによるビットごとの代替名称定義

ビットフィールドのときの名称

2-2-3　マクロ機能と組み込み関数の使い方

ヘッダファイル"pic.h"には便利な**マクロ**がいくつか定義されています。これは、Cの関数ではないのですが、直接ある機能を持った記述ができるようにするもので、以下のような種類が用意されています。これらのマクロの使い方を説明します。

- アセンブラの制御命令のC言語記述マクロ
- 過去バージョンのコンパイラの記述サポート
  `__CONFIG(x)`、`__IDLOC(w)`、`__IDLOC7(a,b,c,d)`、`__PROG_CONFIG(a,x)`
- EEPROMの初期化関数
  `__EEPROM_DATA(a,b,c,d,e,f,g,h)`
- 組み込みdelay関数
  `_delay(x)`、`__delay_us(x)`、`__delay_ms(x)`

1 制御命令用マクロ

PICマイコンにはアセンブラの制御命令がいくつかありますが、C言語ではそれらを直接記述できません。このため制御命令用のマクロがいくつか用意されていて、これらが"pic.h"ヘッダファイルの中で定義されています。これらには表2-2-1の4つがあります。

▼表2-2-1　制御用マクロ

マクロ記述	機　能	アセンブラ展開内容
NOP();	NOP命令（NO Operation：何もしない）	"nop" 命令
CLRWDT();	ウォッチドッグタイマのクリア	"clrwdt" 命令
SLEEP();	スリープに入る	"pwrsav #0" 命令
IDLE();	アイドルに入る（PIC18のみ）	"pwrsav #1" 命令

2 コンフィギュレーションの記述(旧形式)

旧バージョンのコンパイラでのコンフィギュレーションの記述形式をサポートしています。コンフィギュレーションについての詳細は第3部の第2章で説明しますが、下記のような__CONFIGによる記述形式も認めています。

```
/***** コンフィギュレーションの設定 *********/
__CONFIG(FOSC_INTOSC & WDTE_OFF & PWRTE_ON & MCLRE_ON & CP_OFF
    & CPD_OFF & BOREN_ON & CLKOUTEN_OFF & IESO_OFF & FCMEN_OFF);
__CONFIG(WRT_OFF & PLLEN_OFF & STVREN_OFF & LVP_OFF);
```

3 EEPROMの初期化

EEPROMに初期値を書き込んでおくためのマクロ関数です。次のように記述します。

```
__EEPROM_DATA(0x00,0x01,0x02,0x03,0x04,0x05,0x06,0x07);
__EEPROM_DATA(0x08,0x09,0x0A,0x0B,0x0C,0x0D,0x0E,0x0F);
```

この2行の記述でEEPROMの0番地から15番地までに初期値として0x00から0x0Fまでの値を書き込んでくれます。括弧の中には必ず8バイトのデータを記述する必要があります。

4 組み込みdelay関数

命令の実行時間を使ったループディレイ関数が組み込み関数として用意されています。これには表2-2-2のような3種類があります。この関数を使う場合注意すべきは、__delay_usか__delay_msの関数を使う場合は、**あらかじめクロックの周波数を「_XTAL_FREQ」という定数として定義しておく必要がある**ことです。これがないとコンパイラは指定された時間に必要な命令の個数が計算できないのでディレイ関数も生成できないことになります。

さらに、パラメータxの型がunsigned longで定義されていますから、ほぼ無制限に値が設定できますが、指定された時間を生成するために使うサイクル数が50,463,240サイクルを超えるとコンパイルエラーとなります。時間にすると、**最高クロックの32MHzの場合約6.3秒以下の遅延時間が設定可能な遅延時間**ということになります。

▼表2-2-2 delay関数

マクロ記述	機 能	備 考
_delay(x)	命令サイクル時間単位の遅延	xは最大50463240サイクルまで
__delay_us(x)	マイクロ秒単位の遅延 32MHzの場合xは6307905以下	xはunsigned longで定義されている 下記の定義が必須 #define _XTAL_FREQ xxxxxx (xxxxxxはクロック周波数Hz単位) 最大50463240サイクルまでの遅延
__delay_ms(x)	ミリ秒単位の遅延 32MHzの場合xは6307以下	

(注意)__delay_usと__delay_msの先頭のアンダーバーは2個連続

2-3 pragma指示命令の使い方

pragma指示命令は、コンパイラにコンパイル方法を指示するための拡張命令で、コンパイラに特別な処理をするよう指示します。これらの指示命令の一覧が表2-3-1となります。

▼表2-3-1 pragma指示命令の一覧表

書　式	意味内容	使用例
addrqual　条件	メモリ範囲を限定する。PIC18ファミリでは near、farいずれも可能、その他ファミリでは bank0、bank1などが使える。サブオプションとして表2-3-2がある	#pragma addrqual require bank2 int foobar;
config	コンフィギュレーションビットの設定。コンフィギュレーション内容はデバイスごとに異なるのでデータシート参照	#pragma config WDT=ON #pragma config WTDPS=0x1A #pragma config CONFIG1=0x8F
inline	指定ユーザー関数をインラインでコンパイルする関数の修飾でinlineを付加しても同じ効果	#pragma inline(getPort)
intrinsic	指定組み込み関数をインラインでコンパイルする	#pragma intrinsic(_delay)

interrupt_level	mainと割り込み両方から呼び出される関数を、それぞれに別々に生成しないようにする関数、levelはPIC18の場合は1か2、他は1のみ	#pragma interrupt_level 1
		int read(char device){
		　　------- 	
		}

printf_check	printf形式の変数出力形式チェックを有効にする	#pragma printf_check(printf) const
psect	変数や関数を指定のセクションに配置する	#pragma psect standardPsect= newPsect
regused	関数の実行をレジスタで行うよう指定する。レジスタには表2-3-3が使える	#pragma regused myFunc wreg fsr
switch TYPE	switch文のコンパイル方法を指定する。TYPEには表2-3-4が使える	#pragma switch direct
warning enable warning disable	メッセージ出力を制御する	#pragma warning disable 299,407

1 #pragma addrqual指示命令の使い方

この指示命令は、コンパイラに対して非標準なメモリを使うよう指示します。サブオプションとして表2-3-2の4種類を指定できます。

▼表2-3-2 サブオプションの種類

指定種類	コンパイルの仕方
require	指示有効　不可能ならエラー出力する
request	指示有効　不可能でもエラー出力なし
ignore	指示を無視し、なかったことにする
reject	指示があればエラーを出力する

【例】
```
#pragma addrqual require
bank2 int foobar;                  // バンク2にfoobarを宣言定義する
```

2 #pragma config指示命令の使い方

この指示命令はPIC18ファミリのデバイスコンフィギュレーションの設定に使います。書式には次のような2通りがあります。

【書式】
```
#pragma config setting = statevalue
#pragma config register = value
```

【例】
```
#pragma config FEXTOSC = OFF, RSTOSC = HFINTPLL
#pragma config CONFIG1L = 0x8F
```

3 #pragma inline、#pragma intrinsic inline指示命令の使い方

いずれも指定した関数をインラインでコンパイル展開するよう指示する命令ですが、intrinsicの場合は_delay関数などの組み込み関数の場合のみに使います。

4 #pragma interrupt_level指示命令の使い方

割り込み処理関数をmain関数からも呼び出して使う場合、そのままだと2つの関数を生成してしまいます。これを関数の直前にこの指示命令を追加することで、重複して関数を生成しないように指示します。levelはPIC18ファミリの場合は割り込み優先順位に応じて1か2になりますが、その他のファミリの場合は1のみになります。

【例】
```
#pragma interrupt_level 1
int read(char device)              // 重複生成されない関数
{
//----
}
```

この例のように指定したread関数をmain関数から使う場合には、割り込みと同時使用されないように、次のように割り込みを禁止してから使う必要があります。

```
di();
read(IN_CN1);
ei();
```

5 #pragma printf_check指示命令の使い方

この指示命令は、printf文に使われているフォーマット指定の部分が正常かどうかをチェックする機能を有効化する命令です。ライブラリなどに含まれているprintf文と同じフォーマット指定の関数などの文法チェックを、コンパイル時にするように指示します。

6 #pragma psect指示命令の使い方

この指示命令では、指定したセクションを別のセクションに変更します。したがって元のセクションに配置される予定のものは、別のセクションに配置されます。

【例】 `#pragma psect standardPsect = newPsect`
　　　　// 標準のセクションstandardPsecを別のセクションnewPsectに変更する

7 #pragma regsused　指示命令の使い方

この指示命令は、指定した関数の中で使うレジスタを指定します。基本の書式は次のようになります。

【書式】 `#pragma regsused routineName registerlist`

routineNameで指定する関数は、アセンブラコードで書かれた関数名で、registerlistには使うレジスタ名をスペースで区切って複数指定できます。ここに使えるレジスタ名は表2-3-3となります。

【例】
```
extern void search(void);                    // アセンブラ関数
#pragma regsused search wreg status fsr0     // fsr0はFSR0HとFSR0L
```

▼表2-3-3　使えるレジスター覧

PICファミリ	使えるレジスタ名
ミッドレンジファミリ	W　STATUS　PCLATH　FSR
エンハンスドミッドレンジ	W　STATUS　PCLATH　BSR　FSR0L　FSR0H　FSR1L　FSR1H btemp　wtemp　ttemp　ltemp
PIC18ファミリ	W　STATUS　PCLATH　PCLATU　BSR　FSR0L　FSR0H　FSR1L　FSR1H FSR2L　FSR2H　TBLPTRL　TBLPTRU　TBLPTRH　TABLAT　PRODL　PRODH btemp　wtemp　ttemp　ltemp

8 #pragma switch指示命令の使い方

switch文のコンパイルは通常は最小のコードサイズになるように行われますが、この指示命令を使うと異なる方法でコンパイルするように指示できます。使用例は次のようになります。ここでの指示の種類は表2-3-4のようになります。

【例】 `#pragma switch speed`

▼表2-3-4　コンパイル方法の種類

指定種類	コンパイルの仕方
speed	速度優先でコンパイル
space	コードサイズ優先でコンパイル
time	一定の遅延になるようにコンパイル
auto	コードサイズ優先でコンパイル（デフォルト）
direct	一定の遅延になるようにコンパイル
simple	記述順にコンパイルする

9 #pragma warning enable/disable指示命令の使い方

この指示命令で、コンパイラが出力するワーニングメッセージの出力許可、禁止を制御できます。

第2部 C言語プログラミングの基礎

第3章 データ型

C言語では、変数を扱う際には「データ型」を必ず指定します。変数でのデータ型は格納するメモリのサイズを指定することになります。このデータ型が異なる代入を行うと、コンパイラがワーニングを出力します。

3-1 変数のデータ型

C言語で扱うデータは、「定数」と「変数」の2種類に分けられます。**定数**とは、プログラムの実行前からその値が決まっていて、プログラム実行後もその値は変わらないものです。これに対し**変数**とは、処理する情報を入れる器で、名前により区別され、中身の値はプログラム実行とともに色々な値に変化します。

本節ではこの変数の名前や**データ型**を指定する「**宣言定義**」の仕方や、データのサイズを指定するデータ型について、その使い方を説明します。

データ型を指定することで、少ないデータメモリ領域を有効に使うことができますから、重要な要素になります。

なお定数の場合は、大部分自動型変換で自動的に型が合わせられるので、あえてデータ型を指定することは少なくなっています。

3-1-1 変数の宣言書式

C言語では、**変数を使うときには、使う前に変数名と型を宣言**しておかなければなりません。宣言のための書式は、下記のように型と変数名を並べたもので行います。さらに前に修飾子を追加することもあります。[ ]内はオプションです。

【書式】[修飾子] データ型 変数名 [, 変数名, 変数名, ‥‥] ;

【例】
```
int Set = 0x1234;        // 初期値セット
int  Counter, Value;
unsigned char  Seg1, Seg2, Seg3;
char  Flag1, Flag2;
```

変数名には英数字とアンダーバーが使えますが、MPLAB XCコンパイラでは最大255文字までです。大文字、小文字はデフォルトでは区別するようになっていますが、プリプロセッサなどで指定して区別しないようにもできます。しかし、**同じ名前を大文字と小文字で使い分けるのは混乱の元**になるだけなので止めたほうがよいでしょう。

上記例のように、同じ型の変数がいくつかある場合には、型の後に変数名をカンマで区切って**1行でまとめて宣言**できます。また「= 値」を追加して**初期値を設定することもできます**。

変数名をC言語のキーワード(予約語)と同じ名前にするとコンパイルエラーとなるので、同じ名前にならないようにする必要があります。

3-1-2 データ型の種類

変数には「**データ型**」と呼ばれる、変数の中身の形と大きさを決める定義があり、**すべての変数はいずれかの型を定義して使います**。MPLAB XC8コンパイラの場合のデータ型には表3-1-1のような種類が用意されています。

▼表3-1-1　データ型一覧

種　別	データ型	内　容	最大数値（符号なし）
整数型	bit	1ビット数値	0か1のみ
	int	16ビット整数値	65,535
	short		
	short long	24ビット整数値	16,777,215
	long	32ビット整数値	4,294,967,295
	long long	32ビット整数値	4,294,967,295
文字型	char	8ビット文字データ　または　整数型	255
実数型	float	32または24ビット浮動小数　符号付き（ProjectのPropertiesで設定）	
	double	32または24ビット浮動小数、符号付き（ProjectのPropertiesで設定）	
型なし	void		

bitからcharまでは整数で、それぞれ1ビットから4バイトまでのサイズが決まっています。したがって**表現できる数値の最大値も型によって制限**されます。bitの場合は、複数の変数が1バイトのメモリにまとめて保存されます。

「short long」という型はANSI標準ではありませんが、メモリ使用の効率化のために用意されています。さらに「long long」もANSI標準では64ビットですが、サイズが32ビットに制限されています。

「void」というのは型なしということですが、これは**変数自身がない**ということになります。関数などで引数パラメータや戻り値がないようなときに使います。

実数はfloatとdoubleがありますが、XC8コンパイラでは同じ扱いとなっていて、24ビット（3バイト）か32ビット（4バイト）で扱われます。このバイト長はMPLAB X IDEの設定で指定できますが、デフォルトは3バイト長となっています。いずれも**常に符号付き**で扱われます。この設定変更は、プロジェクトのPropertiesでXC8 LinkerのMemory Modelで行います。

3-1-3 データ型の修飾子

データ型に対し表3-1-2のような修飾子を付加できます。単なる符号のありなし以外に重要な修飾があります。

▼表3-1-2 修飾子の種類

修飾子	意味内容
const	変更されない定数であることを指定し、ROM領域に配置する
volatile	複数の関数から変更され、値は保たれないことを指定する
persistent	初期スタートで変更されないように指定する
near	Common領域に配置しバンク切り替えを不要とする
signed	符号付変数であることを指定
unsigned	符号なし変数であることを指定

それぞれの修飾子は次のような使い方をします。

1 const修飾子

コンパイラに対しこの変数は**読み出し専用で書き換えられない**ことを伝えます。これでコンパイラは変数をプログラムメモリ領域に確保し、もしこの変数を書き換えるような記述があると警告を出力します。

2 volatile修飾子

この修飾はコンパイラに対し、変数の内容が複数の関数からアクセスされ、**値が常には保たれていないことを通知**します。コンパイラは、この指定がある変数については最適化により参照を省略するようなことをしなくなります。

例えばSFRレジスタはプログラムだけでなく、ハードウェアによっても書き換えられますから、内容はいつ変わるか保証されません。したがってヘッダファイルでは次のようにvolatile付きで定義されています。

```
// Register: PORTB
#define PORTB PORTB
extern volatile unsigned char   PORTB  @ 0x00D;
```

同じように、**割り込み関数とメイン関数両方からアクセスされる変数も**volatile指定をする必要があります。

しかし、この割り込み関数の場合は別の問題があります。8ビットファミリの場合、char型以外で定義した変数は、1つのアセンブラ命令ではアクセスできません。そうするとメイン関数内で、複数のアセンブラ命令によりアクセスしている最中に割り込みが入る可能性があります。このとき、割り込み処理関数の中で変数を参照したり書き換えたりすると、メイン関数に戻ったときにはデータ内容が書き変えられていますから、処理に矛盾が生じることになってしまいます。

したがって、割り込み処理関数とメイン関数の両方からアクセスする変数は、**必ずchar型の1バイトのデータ**として、1個のアセンブラ命令で書き換えられるデータとする必要があります。

3 persistent修飾子

Cコンパイラは特に指定されていない限り、すべての変数を初期スタート時にクリアします。しかしこのpersistent修飾子を付加すると、スタートアップ時に初期化して内容をクリアしないようになり、**常に値が元のまま保たれる**ようになります。この修飾が付加された変数はメモリ内の特別な領域に確保されるようになるので、次章で説明する、auto修飾は使えません。static修飾は問題なく使うことができます。

4 near修飾子

この修飾子を付加した変数は、PIC18ファミリの場合はアクセスバンクに確保され、その他の8ビットファミリではデータメモリの「Common領域」に確保されます。つまりこの変数のアクセスにはバンク切り替えが不要になります。したがって**非常に頻繁にアクセスする変数にnear修飾を付加すれば処理が高速化**されます。この修飾はauto、staticいずれの修飾も一緒には使えません。

ただし、XC8コンパイラでは、コンパイラオプションによりnear修飾が使えないようになっています。この場合には、「__near」修飾を使えば同じことが可能になります。

5 signed、unsigned修飾子

これは単純に変数が**符号ありか符号なしかを指定**します。符号ありにした場合には、変数の最上位ビットが符号になるので、扱える数値の最大値が半分になります。

char型で修飾がない場合は符号なしの扱いとなりますが、他の型は符号付きの扱いとなります。

3-2 定数の書式と文字定数

C言語だけでなくすべてのプログラミングで定数を扱う必要があります。この定数のC言語での書式について説明します。

3-2-1 定数の記述書式

定数の記述には数値を直接記述する必要があります。この数値の記述方法はXC8コンパイラでは表3-2-1のような4種類の書式に決められています。多くの場合、ビットパターンとの関連がわかりやすい16進数が使われています。英文字は大文字、小文字いずれでも構いません。浮動小数については10進数記述が使われます。

▼表3-2-1 定数の記述書式

書 式	意味内容	記述例
0xa2f	16進数	0x12fd　0XAF xは大文字でも小文字でもよい
789	10進数	123　255　134.5　0.5　18.0 実数の場合には浮動小数書式も可能
0256	8進数	0117　03777
0b0010	2進数	0b11100100　0B01 ビット数は任意だがデータ型以上にはできない。 bは大文字、小文字いずれでもよい

3-2-2 定数の修飾　接尾語

通常、定数はその値に応じた型が自動的に当てはめられますが、接尾語を付けることで型を強制的に指定できます。その接尾語には表3-2-2が使われます。

XC8コンパイラでは、longとlong longは同じ型扱いとなっているので、lとll、LとLLは同じ型扱いになります。uまたはUがint型になるかlong型になるかは、値自身の大きさによります。

▼表3-2-2　定数修飾用接尾語の種類

接尾語	10進数の場合	8進数または16進数の場合
uまたはU	unsigned int unsigned long unsigned long long	unsigned int unsigned long unsigned long long
lまたはL	long long long	long unsigned long long long unsigned long long
ulまたはUL	unsigned long unsigned long long	unsigned long unsigned long long
llまたはLL	long long	long long unsigned long long
ullまたはULL	unsigned long long	unsigned long long

実際の使用例としては次のようにします。

【例】
```
result = 1 << 20;       // この場合はint型として扱われ、resultは0になる
result = 1UL << 20      // この場合はunsigned longで扱われresult=0x100000
```

3-2-3 文字の扱い

1文字の文字コードをプログラム内に記述するときの書式には、表3-2-3のような書式が使用可能となっています。

▼表3-2-3　文字データの書式

書　式	意味内容	例
'x'	文字データ	'a'　'A' 半角カタカナは使用できない
0xA5	16進数 文字コード	0x30　0xC0 カタカナや制御コードはこの記述

C言語で扱う文字コードはASCIIコードとなっていて、表3-2-4で表される0x20から0x7Fまでの範囲の1バイトコードとなります。JISで拡張されたカタカナ部は文字としては使えません。

●表3-2-4 ASCIIコード表

	0	1	2	3	4	5	6	7	8	9	A	B	C	D	E	F
0	NU	DE	SP	0	@	P	`	p				ー	タ	ミ		
1	SH	D1	!	1	A	Q	a	q			。	ア	チ	ム		
2	SX	D2	"	2	B	R	b	r			「	イ	ツ	メ		
3	EX	D3	#	3	C	S	c	s			」	ウ	テ	モ		
4	ET	D4	$	4	D	T	d	t			、	エ	ト	ヤ		
5	EQ	NK	%	5	E	U	e	u			・	オ	ナ	ユ		
6	AK	SN	&	6	F	V	f	v			ヲ	カ	ニ	ヨ		
7	BL	EB	'	7	G	W	g	w			ァ	キ	ヌ	ラ		
8	BS	CN	(	8	H	X	h	x			ィ	ク	ネ	リ		
9	HT	EM	)	9	I	Y	i	y			ゥ	ケ	ノ	ル		
A	LF	SB	*	:	J	Z	j	z			ェ	コ	ハ	レ		
B	HM	EC	+	;	K	[	k	{			ォ	サ	ヒ	ロ		
C	CL	FS	,	<	L	¥	l	|			ャ	シ	フ	ワ		
D	CR	GS	−	=	M	]	m	}			ュ	ス	ヘ	ン		
E	SO	RS	.	>	N	^	n	‾			ョ	セ	ホ	゛		
F	SI	US	/	?	O	_	o	DL			ッ	ソ	マ	゜		

制御コード　　JISで拡張した部分

表3-2-4のASCIIコードの0x00から0x1Fの範囲は文字ではなく各種の制御コードなのですが、C言語では文字として扱うことができるようにしています。

この制御用文字コードを、C言語のプログラム上でデータとして記述するために、特殊な文字コードとして「**エスケープ文字**」と呼ばれているものが決められています。本来はESCコードが付いて区別されるのですが、C言語ではESCコードは扱いにくいため、「¥」が使われています。この¥文字を組み合わせて表現した特殊文字コードとしては、表3-2-5のようなものがあります。

▼表3-2-5 エスケープ文字

ESC文字	16進数	意 味	機能内容
¥0	00	NULL	通常は文字と認識しない。文字列の終わりマークとして使う
¥a	07	BEL	ブザーを鳴らす
¥b	08	BS	バックスペース(1文字前に戻る)
¥f	0C	FF	フォームフィード(次ページへ)
¥n	0A	LF	改行
¥r	0D	CR	復帰(行の先頭へ)
¥t	09	HT	水平タブ
¥v	0B	VT	垂直タブ
¥¥	5C	¥	¥(または\)を表示
¥?	31	?	?を文字とする
¥'	27	'	'を文字とする
¥"	22	"	"を文字とする

3-3 変数の宣言位置とスコープ

C言語では変数は必ず宣言定義しなければなりません。この宣言する場所による差異について説明します。

3-3-1 宣言位置とスコープ

変数の宣言で注意しなければならないのは、その宣言文を記述する位置です。**宣言位置によってその変数が使える範囲が変わります。**

宣言位置とそれが有効な範囲のことを「**スコープ**」と呼び、図3-3-1のようになっています。プログラム全体構成の中の宣言部で宣言定義した変数は「**グローバル変数**」と呼ばれ、どの関数からでも使うことができ共有されます。さらにメモリ内に固定的に配置され、なくなることがありません。

mainの関数やその他の関数の中で宣言定義された変数は「**ローカル変数**」と呼ばれ、宣言定義した関数の中だけでしか使うことができず、その関数を抜け出ると自動的に消滅して、他の変数で上書きされてしまいます。ただしstatic修飾を付けて宣言すると固定的に確保され、関数を抜けても変数は残ります。

その他の関数部の記述の中で、関数と関数の間で宣言定義してもグローバル変数となりますが、このようにすると宣言した場所がわからなくなって、名称がダブったり、誤った使い方をしたりして、バグの原因となるので避けるほうがよいでしょう。

グローバル変数として共通変数を用意し、どの関数からでも参照可能とすることで、関数の戻り値が1つだけしかないという使いにくさをカバーしています。

また、この宣言部だけを別のファイルとして作成しておき、#includeにより、プログラムの最初に取り込んでしまう方法もよく使われます。このような宣言のファイルを**ヘッダファイル**と呼んでいます。

しかし、このグローバル変数の使い方には注意が必要です。構造化プログラミングの原則から外れるからです。どういうことかというと、共用であることから、大きなプログラムになった場合、どの関数がどの共用変数を使っているか複雑でわからなくなってしまい、ある関数の変更が、全く別の関数に悪影響を与えることがあるのです。

このような理由で、**グローバル変数を多用せず、できるだけローカル変数と関数の引数でプログラムを作成して関数の独立性を保つ**ことが、わかりやすく良いプログラミングと言えます。

それでも、**基本となるデータ集合(データベース)となっているデータは共有のグローバル変数として明確に設計し**、定義して使うようにします。このようなデータの扱いで使われるのが配列や構造体と呼ばれるデータを一括して扱う方法です。配列や構造体については後章で詳しく説明しています。

●図3-3-1　変数のスコープ

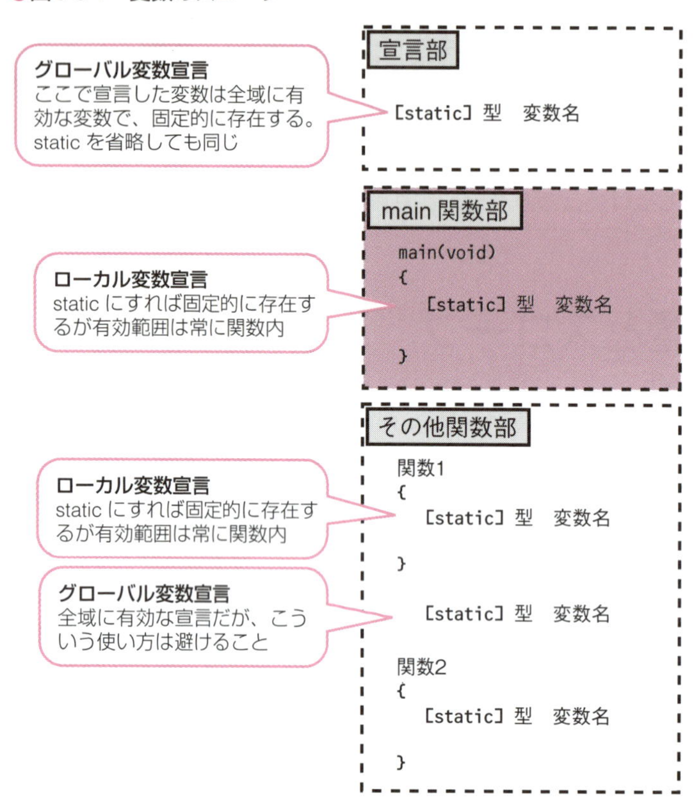
宣言部
グローバル変数宣言
ここで宣言した変数は全域に有効な変数で、固定的に存在する。static を省略しても同じ
[static] 型　変数名
main 関数部
main(void)
{
[static] 型　変数名
}
ローカル変数宣言
static にすれば固定的に存在するが有効範囲は常に関数内
その他関数部
関数1
{
[static] 型　変数名
}
ローカル変数宣言
static にすれば固定的に存在するが有効範囲は常に関数内
グローバル変数宣言
全域に有効な宣言だが、こういう使い方は避けること
[static] 型　変数名
関数2
{
[static] 型　変数名
}

3-3-2　変数の格納方法

こうして定義した変数のデータのメモリへの格納方法は、MPLAB XC8コンパイラは「**リトルエンディアン**」と呼ばれる方法で格納します。具体的には、図3-3-2のように、メモリへ格納するときは、下位アドレスに下位バイトを、最下位ビット位置に最下位ビットを格納します。

●図3-3-2　データの格納方法

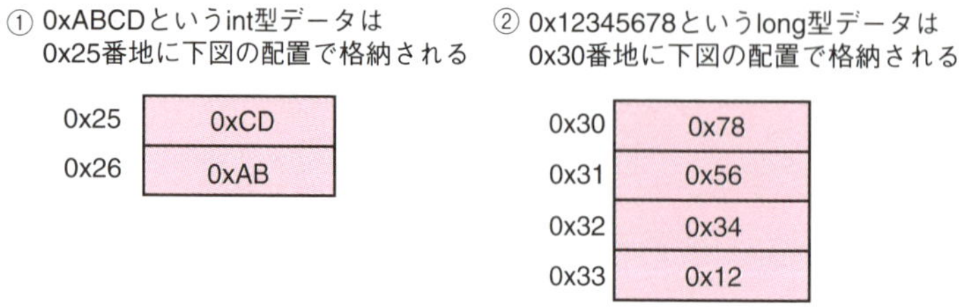

① 0xABCDというint型データは
0x25番地に下図の配置で格納される

0x25	0xCD
0x26	0xAB

② 0x12345678というlong型データは
0x30番地に下図の配置で格納される

0x30	0x78
0x31	0x56
0x32	0x34
0x33	0x12

3-3-3 自動配置の変数（Auto タイプ）

変数を宣言定義すると格納場所がメモリ内に配置されます。通常はコンパイラが自動的に最適な配置を決めて配置します。このような変数を**Auto タイプ**と呼び、名前の通りコンパイラが自動的にメモリ内に生成するもので、バンク0から順番に領域を確保していきます。

Auto タイプには、次の変数が該当します。コンパイラは、このようなタイプのためにメモリ領域を一定サイズだけ確保し、共用で使うようにしています。領域のサイズはコンパイラが自動的に決定します。

❶ローカル変数

関数の内部でだけ使われる変数で、関数が終了すると変数はなくなり、他のローカル変数に置き換わります。

❷関数のパラメータ

関数を呼ぶときに使われる引数で、こちらも関数が終了したらなくなります。

3-3-4 指定配置の変数（Non-Auto タイプ）

コンパイラが自動的に生成するのではなく、変数宣言で配置を定義されて生成される名前付きの変数です。変数を宣言定義する場合、メモリ配置に対する修飾として、表3-3-1のような修飾ができます。

▼表3-3-1 メモリ配置用修飾子の種類

修飾子	意味内容
static	永久にデータメモリに配置する
@ address	指定した番地に配置する
eeprom	EEPROM領域に配置する

【注】XC8コンパイラのバージョンアップにより、絶対アドレス指定の記述方法が変更されています。詳細はp.2掲載のWebサイトより「補足情報 開発環境のバージョンアップについて」をご覧ください。

1 static 修飾子

staticで修飾された変数は、ずっとデータメモリに配置され、なくなることがありません。したがって後述するウォッチドッグタイマを使って変数にアクセスすることもできます。

関数内部のローカル変数にstatic修飾を付けた場合にも、配置が確保され、消滅しないようになります。

2 @ address 修飾子

この修飾は絶対アドレスを指定してデータを配置する場合に使います。通常はバンクを意識したアドレスで、データメモリの汎用レジスタ（**GPR**）のアドレス部を指定する必要があります。PIC16F1ファミリの場合には、0x2000番地以降のリニアメモリ空間を使うことで連続した空間を使うことができます。これらの修飾を使う場合、**メモリ領域が重複しないように注意**する必要があります。実際の使用例が次のようになります。この例では配列を使っていますが、配列の詳細については第2部の第7章を参照して下さい。

【例】
```
volatile unsigned char DataA @ 0x20;      // バンク0のGPRの0x20番地に配置
bit FlagA @ 0x282;                        // 0x50番地の3ビット目に配置
bit FlagB @ ((unsigned)&DataA) * 8 + 3;  // DataAの4ビット目に配置
unsigned int BufferA[50] @ 0x120;         // バンク2,3のGPR領域に配置
unsigned int BufferB[50] @ 0x2140;        // リニア領域、バンク4,5に配置
const int Settings[] @ 0x200 = {1, 5, 10, 50, 100};     // ROM領域に配置
```

この例では、FlagAは、0x282で指定されています。これは0010 1000 0010という値ですが、下位3ビットと上位9ビットに分けられ、0 0101 0000 010という扱いになります。つまり上位9ビットがアドレスの0x050で、下位3ビットがビット位置を表しています。したがって0x050番地の3ビット目ということになります。FlagBの場合は、アドレス部がDataA番地でその4ビット目に配置されることになります。

3 eeprom修飾子

この修飾はEEPROMデータメモリに領域を確保します。EEPROMはイレーズすると0xFFという値になりますが、この修飾で確保した領域はスタートアップで0x00にクリアされます。

EEPROMデータメモリはデバイスにより実装されているものといないものがあり、サイズも異なるので、デバイスデータシートで確認が必要です。

【例】
```
static eeprom unsigned char EEdata[100]= {1,2,3,4,5};
```

この例では、EEPROMの0番地から100バイトを確保し、最初の5バイトには設定した定数が書き込まれ、残りの95バイトはすべて0x00となります。

3-3-5 実際の使用例

データ定義の実際の例をプログラム化したものがリスト3-3-1となります。さらにこれをMPLAB X IDEのシミュレータで動作させた結果のデータメモリの内容が図3-3-3と図3-3-4になります。こちらも例題も配列を使っていますが、配列の詳細については第2部　第7章を参照して下さい。

リスト 3-3-1 プログラムリスト(Data)

```
/************************************************
 * C言語入門　データ宣言、配列 Data.c
 *   第2部　第3章
 ************************************************/
#include <xc.h>

/*** 定数宣言 ***/
```

```
unsigned long A,B,C,D,E,F,G,H;
unsigned long Dumy[20] = {1,2,3,4,5};
volatile unsigned char DataA @ 0x20;
bit FlagA @ 0x282;
bit FlagB @ ((unsigned)&DataA) * 8 + 3;
unsigned int BufferA[50] @ 0x120;                   // Bank2,3
unsigned int BufferB[50] @ 0x2140;                  // Bank4,5
const int Settings[] @ 0x200 = {1, 5, 10, 50, 100}; // Flash
unsigned long i;
static eeprom unsigned char EEdata[100]= {1,2,3,4,5};

/******** メイン関数 *************/
void main(void) {
    A=0x12345678;
    B=0x789ABCDE;
    C=0xAAAAAAAA;
    D=0xBBBBBBBB;
    E=0xCCCCCCCC;
    F=0xDDDDDDDD;
    G=0xEEEEEEEE;
    H=0xFFFFFFFF;
    DataA = 0;
    FlagA = 1;
    FlagB = 1;
    BufferA[0] = 0x1111;
    BufferA[49] = 0xAAAA;
    BufferB[0] = 0x2222;
    BufferB[49] = 0xBBBB;
    EEdata[98] = 0x98;
    EEdata[99] = 0x99;
    if(Settings[1] == 5)
        BufferA[2] = 0xFFFF;
    for(i=0; i<20; i++)
        Dumy[i] = i;
    while(1){
    }
}
```


これをコンパイルした結果のメモリ内容をシミュレーションモードで実行し、データメモリ内容を表示させたものが図3-3-3となります。

図3-3-3のようにAからHまでのlong型の変数は、0x0040番地から0x0021番地まで逆順に4バイトずつ確保されています。値の格納も下位バイトが若いアドレスに格納されています。

DataAは0x0020番地でここにFlagBも配置されています。0x0050番地はFlagAの場所となります。Dumyのlong型の20個の配列データは0x00A0番地から確保されています。

BuferAは100バイトのサイズになるので、バンク2の80バイトとバンク3の20バイトにまたがって確保されていますし、BufferBの100バイトもバンク4と5にまたがって確保されていることがわかります。

●図3-3-3 変数のデータメモリへの格納結果(Data)

File Registers ×

Address	00	01	02	03	04	05	06	07	08	09	0A	0B	0C	0D	0E	0F	ASCII
0000	00	00	E3	0F	04	82	EC	00	00	00	02	01	00	00	00	--	....-
0010	00	FF	FF	FF	--	--	00	00	00	--	--	--	00	FF	00	00	....--.. .---....
[illegible]	08	FF	FF	FF	FF	EE	EE	EE	EE	DD	DD	DD	DD	CC	CC	CC	....
[illegible]	CC	BB	BB	BB	BB	AA	AA	AA	AA	DE	BC	9A	78	78	56	34	....xxV4
0040	12	00	00	00	00	[illegible]	[illegible]	00	00	00	00	00	00	00	00	00	....
[illegible]	04	00	00	00	00	[illegible]	[illegible]	00	00	00	[illegible]	[illegible]	[illegible]	00	00	00	....
[illegible]	00	00	00	00	00	00	00	00	00	00	[illegible]	[illegible]	[illegible]	00	00	00	....
0070	75	FF	01	76	63	99	75	63	26	00	14	00	00	00	00	00	u..vc.uc &.......
0080	00	00	E3	0F	04	82	EC	00	00	00	02	01	00	00	00	00	....
0090	00	00	--	00	00	00	00	00	00	00	00	00	00	00	00	--	..-..... ....-
[illegible]	00	00	00	00	01	[illegible]	[illegible]	00	02	00	00	00	03	00	00	00	....
[illegible]	04	00	00	00	05	[illegible]	[illegible]	00	06	00	00	00	07	00	00	00	....
00C0	08	00	00	00	09	00	00	00	0A	00	00	00	0B	00	00	00	....
00D0	0C	00	00	00	0D	00	00	00	0E	00	00	00	0F	00	00	00	....
00E0	10	00	00	00	11	00	00	00	12	00	00	00	13	00	00	00	....
00F0	75	FF	01	76	63	99	75	63	26	00	14	00	00	00	00	00	u..vc.uc &.......
0100	00	00	E3	0F	04	82	EC	00	00	00	02	01	00	00	00	00	....
0110	00	00	00	00	00	00	00	00	--	00	00	00	00	00	00	40	.... -......@
0120	11	11	00	00	FF	FF	00	00	00	00	00	00	00	00	00	00	....
0130	00	00	00	00	00	[illegible]	[illegible]	00	00	00	00	00	00	00	00	00	....
0140	00	00	00	00	00	[illegible]	[illegible]	00	00	00	00	00	00	00	00	00	....
0150	00	00	00	00	00	00	00	00	00	00	00	00	00	00	00	00	....
[illegible]	00	00	00	00	00	00	00	00	00	00	00	00	00	00	00	00	....
[illegible]	75	FF	01	76	63	99	75	63	26	00	14	00	00	00	00	00	u..vc.uc &.......
0180	00	00	E3	0F	04	82	EC	00	00	00	02	01	00	00	FF	00	....
0190	00	00	00	--	--	--	00	00	FF	00	00	00	00	--	--	--	...---.. .....---
01A0	00	00	00	00	00	00	00	00	00	00	00	00	00	00	00	00	....
01B0	00	00	AA	AA	00	00	00	00	00	00	00	00	00	00	00	00	....
01C0	00	00	00	00	00	[illegible]	[illegible]	00	00	00	00	00	00	00	00	00	....
01D0	00	00	00	00	00	[illegible]	[illegible]	00	00	00	00	00	00	00	00	00	....
01E0	00	00	00	00	00	00	00	00	00	00	00	00	00	00	00	00	....
01F0	75	FF	01	76	63	99	75	63	26	00	14	00	00	00	00	00	u..vc.uc &.......
0200	00	00	E3	0F	04	82	EC	00	00	00	02	01	00	00	00	00	....
0210	00	00	00	00	00	00	00	00	00	00	00	00	00	00	55	15	....U.
0220	22	22	00	00	00	00	00	00	00	00	00	00	00	00	00	00	""...... ....
0230	00	00	00	00	00	[illegible]	[illegible]	00	00	00	00	00	00	00	00	00	....
0240	00	00	00	00	00	[illegible]	[illegible]	00	00	00	00	00	00	00	00	00	....
0250	00	00	00	00	00	00	00	00	00	00	00	00	00	00	00	00	....
[illegible]	00	00	00	00	00	00	00	00	00	00	00	00	00	00	00	00	....
[illegible]	75	FF	01	76	63	99	75	63	26	00	14	00	00	00	00	00	u..vc.uc &.......
0280	00	00	E3	0F	04	82	EC	00	00	00	02	01	00	FF	00	00	....
0290	00	00	00	FF	00	00	00	00	00	FF	00	00	00	00	--	--	....--
02A0	00	00	00	00	00	00	00	00	00	00	00	00	00	00	00	00	....
02B0	00	00	BB	BB	00	00	00	00	00	00	00	00	00	00	00	00	....
02C0	00	00	00	00	00	[illegible]	[illegible]	00	00	00	00	00	00	00	00	00	....
02D0	00	00	00	00	00	[illegible]	[illegible]	00	00	00	00	00	00	00	00	00	....
02E0	00	00	00	00	00	00	00	00	00	00	00	00	00	00	00	00	....
02F0	75	FF	01	76	63	99	75	63	26	00	14	00	00	00	00	00	u..vc.uc &.......
0300	00	00	E3	0F	04	82	EC	00	00	00	02	01	00	00	00	00	....
0310	00	00	00	00	00	00	00	00	00	00	00	00	00	00	00	00	....
0320	00	00	00	00	00	00	00	00	00	00	00	00	00	00	00	00	....

同様にプログラムメモリの0x200番地からとEEPROMデータメモリの配置は図3-3-4のようになっています。

1
2
3

プログラムメモリが図3-3-4 (a) で0x0200番地からRETLW命令(命令コード0x34)で2バイトずつ5組のデータが確保されています。このデータのあとはすぐプログラムが書き込まれています。

EEPROMデータメモリは図3-3-4 (b) のように100バイトが0番地から確保されていて、データを書き込んでいない部分は0x00となっていることがわかります。未使用の部分は0xFFとイレーズ状態のままとなっています。

●図3-3-4 プログラムメモリ(Data)

(a) プログラムメモリの配置

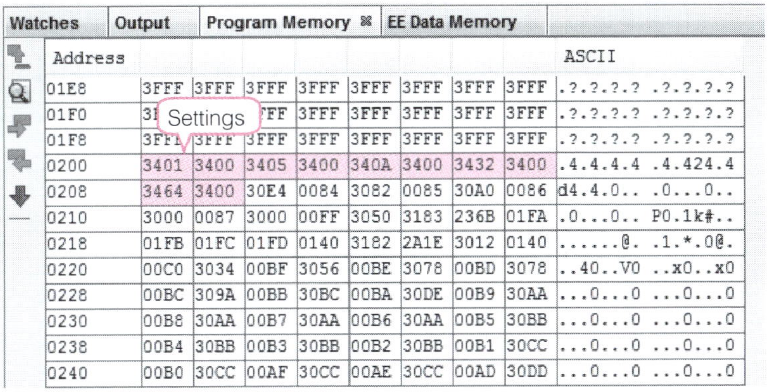

Watches | Output | Program Memory | EE Data Memory

Settings

Address									ASCII
01E8	3FFF	3FFF	3FFF	3FFF	3FFF	3FFF	3FFF	3FFF	.?.?.?.? .?.?.?.?
01F0	3F		FF	3FFF	3FFF	3FFF	3FFF	3FFF	.?.?.?.? .?.?.?.?
01F8	3FF	3FFF	3FFF	3FFF	3FFF	3FFF	3FFF	3FFF	.?.?.?.? .?.?.?.?
0200	3401	3400	3405	3400	340A	3400	3432	3400	.4.4.4.4 .4.424.4
0208	3464	3400	30E4	0084	3082	0085	30A0	0086	d4.4.0.. .0...0..
0210	3000	0087	3000	00FF	3050	3183	236B	01FA	.0...0.. P0.1k#..
0218	01FB	01FC	01FD	0140	3182	2A1E	3012	0140	......@. .1.*.0@.
0220	00C0	3034	00BF	3056	00BE	3078	00BD	3078	..40..V0 ..x0..x0
0228	00BC	309A	00BB	30BC	00BA	30DE	00B9	30AA	...0...0 ...0...0
0230	00B8	30AA	00B7	30AA	00B6	30AA	00B5	30BB	...0...0 ...0...0
0238	00B4	30BB	00B3	30BB	00B2	30BB	00B1	30CC	...0...0 ...0...0
0240	00B0	30CC	00AF	30CC	00AE	30CC	00AD	30DD	...0...0 ...0...0

(b) EPROMデータメモリの配置

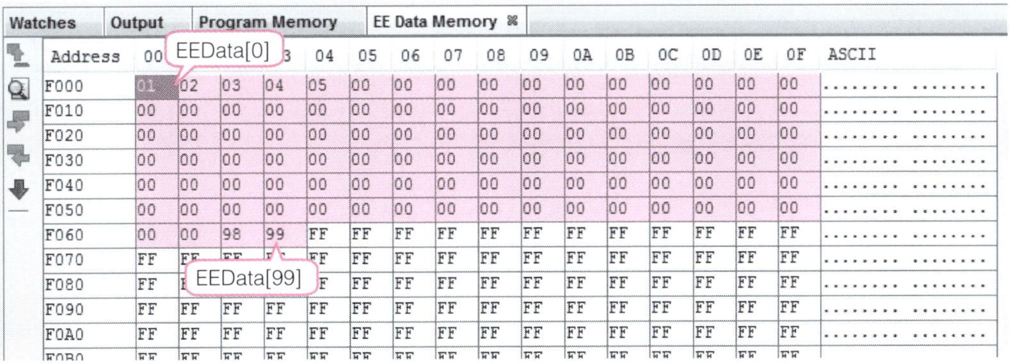

Watches | Output | Program Memory | EE Data Memory

EEData[0]
EEData[99]

Address	00			3	04	05	06	07	08	09	0A	0B	0C	0D	0E	0F	ASCII
F000	01	02	03	04	05	00	00	00	00	00	00	00	00	00	00	00	....
F010	00	00	00	00	00	00	00	00	00	00	00	00	00	00	00	00	....
F020	00	00	00	00	00	00	00	00	00	00	00	00	00	00	00	00	....
F030	00	00	00	00	00	00	00	00	00	00	00	00	00	00	00	00	....
F040	00	00	00	00	00	00	00	00	00	00	00	00	00	00	00	00	....
F050	00	00	00	00	00	00	00	00	00	00	00	00	00	00	00	00	....
F060	00	00	98	99	FF	FF	FF	FF	FF	FF	FF	FF	FF	FF	FF	FF	....
F070	FF	FF	FF	F	FF	FF	FF	FF	FF	FF	FF	FF	FF	FF	FF	FF	....
F080	FF	F			F	FF	FF	FF	FF	FF	FF	FF	FF	FF	FF	FF	....
F090	FF	FF	FF	FF	FF	FF	FF	FF	FF	FF	FF	FF	FF	FF	FF	FF	....
F0A0	FF	FF	FF	FF	FF	FF	FF	FF	FF	FF	FF	FF	FF	FF	FF	FF	....

3
データ型

3-4 変数の型変換

Cコンパイラでは変数や演算式の中で、型が異なる場合、自動的に型を合わせる機能があります。さらに、「**キャスト(cast)**」という方法により明示的に型を変えることもできます。その変換規則を説明します。

3-4-1 自動型変換(暗黙の型変換)

Cコンパイラは、式の中で異なる型の変数が使われていた場合、**自動的に型を1つの種類に変換**します。

1 左辺と右辺が異なる型の場合

この場合は、演算後の代入時に**左辺**の型に自動変換されます。

【例】
```
int   data;
double   x = 3.141516;
data = x;                    // data は3となる
```

この自動変換の中で、汎整数拡張(Integral Promotion)として、int型より小さな型(charかunsigned charの場合)を演算で使う場合には、演算の前に自動的にint型かunsigned int型に変換してから演算します。したがって**演算結果が元の型で表現できる値より大きな値になると演算は正常に行われますが、代入結果は異常値になってしまいます。**

【例】
```
unsigned char a = 100, b = 33, c, d;
unsigned int e;
c = a + b;        // 結果はcが133となって正常
d = a * b;        // 演算は正常実行、結果はdが228となって異常値となる
                  // 3300 = 0xCE4   0xE4 = 228
e = a * b;        // 結果はeが3300となって正常値となる
```

このように、自動型変換で注意が必要なことは、指定されている型より小さな型に代入する場合です。小さな型で表現できる値の場合は問題ありませんが、大きな値の場合には、結果が異常な値となります。

2 式の中で異なる型が混在した場合

式の中で異なる型が混在していた場合には、次の優先順位にしたがって**大きな型に優先的に合わせてから演算を実行**します。

double > float > long long > unsigned long > long > unsigned int > int > char

【例】
```
int  b = 1200;
long L = 60000;
float f = 3.3;
double  result;
result = (b * f) / L;    //すべての値がdouble型に変換されて演算される
```

3-4-2　明示的型変換（キャスト）

変数や定数の型を強制的に変更する方法で、キャスト演算子という方法を使います。このときのフォーマットは次のように記述します。これで（型）で指定した型に一時的に変換して扱われます。この（型）のことを「**キャスト**」と呼びます。

【書式】（型）（式または変数、定数）

例えば、10ビットのA/Dコンバータの結果を電圧に変換するような場合、次のような変換式を使います。

【例1】
```
double Volt;
unsigned int result;
Volt = result / 1023 * 3.3;
```

この場合、resultがA/D変換結果とすると、この式の演算は、先に割り算が実行されます。この割り算のときは整数同士なので、通常の整数で演算が行われます。すると、resultは常に1023以下なので、1023のときは結果が1になりますが、それ以外の場合はすべて0になってしまいます。

これで結果のVoltはresultが1023のときだけ自動的にdouble型に変換されて3.3となりますが、それ以外はすべて0.0となってしまいます。

この場合、次のような式で変換する必要があります。この(double)の部分を**キャスト演算子**と呼び、resultに対し明示的に型変換を指定することになります。こうすれば割り算がdouble型で行われますから、小数として扱われるので、正常な電圧値をもとめることができます。

```
Volt = (double) result / 1023 * 3.3;
```

また1023の定数を明示的に1023.0と小数にしても同じ結果が得られます。

【例2】
```
double  f;
int a = 10,  b = 3;
f = a / b;                          // fは3.0  演算は整数のままで行われるため
f = (double)a / (double)b;          // fは3.33333となる
f = (double)a / b;                  // 同上
f = (double)(a/b);                  // fは3.0となる  整数で演算した結果のキャスト
```

この場合aとbはいずれも整数なので、a/bは整数同士の演算になります。したがって先にいずれかを(double)型にキャストしないと、doubleの結果は得られないことになります。

第2部
C言語プログラミングの基礎

第4章
演算子の使い方

C言語プログラムには、非常にたくさんの演算子が用意されています。単純な算術演算用以外に、論理演算子や、条件演算子などがあります。本章ではこれらの演算子の使い方を説明します。

4-1 演算子の使い方

C言語にはアセンブラに比べ数多くの演算子が用意されています。それらを分類すると下記のようになります。以下各々について説明していきます。

- 算術演算子
- 関係演算子、等値演算子、論理演算子
- インクリメント、デクリメント演算子
- ビット演算子、シフト演算子
- その他(代入演算子、条件演算子、カンマ演算子、sizeof)

4-1-1 算術演算子と優先順位

算術演算を行うための演算子には、表4-1-1のような種類があります。

▼表4-1-1 算術演算子の一覧

記 号	機 能	使用例
+	加算	a + b　　aとbを足す
-	減算	a - b　　aからbを引く -b　　　-1 × bと同じ意味(単項演算子)
*	掛算	a * b　　aとbを掛ける
/	割算	a / b　　aをbで割る
%	剰余算	a % b　　aをbで割った余り

演算子にも優先順位があり、**乗除算のほうが加減算より優先順位が高くなっています。**優先順位がよく分からない場合は、( )で括って先に実行することを明確にします。

この他に、算術演算ではいくつか注意すべき点があります。それをまとめると次のようになります。

❶文字型の演算は整数型に変換して行われる

最上位ビットが1の場合には、符号なし正整数(unsigned char)として扱わないとコンパイルエラーとなります。

【例】
```
'¥xB0' + 1      // 結果は'0xB1' になる
'A' + 1         // 結果は'B'になる
'G' - 1         // 結果は'F'になる
```

❷すべての項が整数型の演算は結果も整数型になり、小数点以下は切り捨てられる

【例】　5 / 3　　　　　　// 結果は1（小数点以下切り捨て）
　　　　5 % 3　　　　　　// 結果は2

❸小数点を含む定数が項にあるときは、すべて実数として扱われる

逆にすべて整数の演算結果を実数の変数に代入すると、整数としての演算結果つまり小数が0の実数として代入することになります。

【例】　5 / 3　　　　　　// 結果は1.000000　（結果を実数型に代入したとき）
　　　　5 / 3.0　　　　　// 結果は1.666666

4-1-2　関係演算子と論理演算子

関係演算子（等値演算子を含む）は、2つの数値を比較して、真なら1、偽なら0という値となります。同じように、**論理演算子**は、論理演算を行うための演算子で、関係演算子と組み合わせて条件式を作るためによく使われます。

関係演算子と論理演算子には、表4-1-2のような種類があります。

▼表4-1-2　関係演算子と論理演算子

区　分	記　号	機　能	使用例
関係演算子	<	より小さい	a < b　aがbより小さければ真
	>	より大きい	a > b　aがbより大きければ真
	<=	以下	a <= b　aがb以下なら真
	>=	以上	a >= b　aがb以上なら真
等値演算子	==	等しい	a == b　aとbが等しければ真
	!=	等しくない	a != b　aとbが等しくなければ真
論理演算子	&&	論理積(AND)	(a > 3) && (a < 10) aが3より大きくかつ10より小さければ真
	||	論理和(OR)	(a >= 3) || (b <= 10) aが3以上かbが10以下なら真
	!	否定(NOT)	!(a == b)　aとbが異なれば真

4-1-3 インクリメント、デクリメント演算子

インクリメント演算子、デクリメント演算子には表4-1-3のような種類があります。

▼表4-1-3 インクリメント、デクリメント演算子

記 号	機 能	使用例
++	インクリメント	a++ ++a 前置と後置がある
--	デクリメント	a-- --a 前置と後置がある

インクリメント演算子と**デクリメント演算子**は、どちらも単純にカウントアップ、ダウンするものです。アセンブラ命令のインクリメント、デクリメント命令に直接置き換えられるので、**実行速度が算術演算子を使うより高速になると**いうメリットがあります。

両者とも、変数の前に置く記述方法と、後ろに置く記述方法とがあります。**前置型**は、その演算子を含む実行文を実行する前にインクリメント、デクリメントが行われます。これに対して、**後置型**は、実行文を実行した後で、インクリメント、デクリメントが実行されます。したがって下記のような例では結果が異なります。

【例】
```
int m, n;
n = 3;
m = n++;                    // mに代入後n+1
printf("%d  %d",m, n);      // 結果は  3,4

int m, n;
n = 3;
m = ++n;                    // n+1を実行後mに代入
printf("%d  %d",m, n);      // 結果は  4,4
```

4-1-4 ビット演算子とシフト演算子

ビット演算子は、各データのビット毎にANDやORなどの論理演算を行う演算子です。通常は整数型か文字型のデータに適用します。演算するビット幅はデータの型によります。

シフト演算子は、ビットの列を左右に指定ビット数だけシフトします。

ビット演算子、シフト演算子には表4-1-4のような種類があります。

▼表4-1-4 ビット演算子とシフト演算子

区 分	記 号	機 能	使用例	
ビット演算子	&	論理積(AND)	a & b	a AND b
	|	論理和(OR)	a | b	a OR b
	^	排他的論理和(XOR)	a ^ b	a XOR b
	~	1の補数	~ a	aの0,1を反転
シフト演算子	<<	左シフト	a << n	aをnビット左シフト
	>>	右シフト	a >> n	aをnビット右シフト

ビット演算の例は下記のようになります。

【例】
```
int port, sense;
sense = port & 0x0F;     // portの下位4ビットだけ取り出す
```

シフト演算では、対象となる型は整数型と文字型だけです。また、シフトは2で割算、掛算をしているのと同じ意味になります。つまり**左に1ビットシフトするごとに2倍になり、右に1ビットシフトするごとに1/2に**なります。これは、10進数の10を1桁左にシフトすると100になり、元の数の10倍になるのと同じ理屈です。これを上手く使うと、高速な演算が可能になります。

具体的な例は下記のようになります。例のように**シフトしてはみ出したビットは削除される**ので、演算の代用に使うときには、ビット長に気を付ける必要があります。

【例】
```
bがint型で0x38とするとbの記憶内容は
    0011 1000            // 10進では56
b << 2の結果は
    1110 0000            // 下位には0が補充される
                         // 10進では224で56の4倍
b >> 2の結果は
    0000 1110            // 0x0E上位には0が補充される
                         // 10進では14で56の1/4
同様に
bがint型で0x3Aとするとbの記憶内容は
    0011 1010            // 10進では58
b << 2の結果は
    1110 1000            // 下位には0が補充される
                         // 10進では232で58の4倍
b >> 2の結果は
    0000 1110            // 0x0E上位には0が補充される
                         // 10進では14で58の1/4倍の整数部
```

4-1-5 その他の演算子

その他の演算子としては、代入演算子、条件演算子、カンマ演算子、sizeofがあります。

1 代入演算子

C言語では変数に値を入れるには、代入文ではなく**代入演算子**を使います。この代入演算子には表4-1-5のような種類があります。

▼表4-1-5 代入演算子の種類

記号	機能	使用例
=	代入	a = b　bをaに代入
+=	加算と代入	a += b　a+bをaに代入
-=	減算と代入	a -= b　a-bをaに代入
*=	掛算と代入	a *= b　a*bをaに代入
/=	割算と代入	a /= b　a/bをaに代入
%=	剰余算と代入	a %= b　a/bの剰余をaに代入
<<=	左シフトと代入	a <<= b　aをbビット左シフト
>>=	右シフトと代入	a >>= b　aをbビット右シフト
&=	ビットANDと代入	a &= b　a&bをaに代入
^=	ビットXORと代入	a ^= b　a^bをaに代入
|=	ビットORと代入	a |= b　a|bをaに代入

この代入演算子を使うと、例えば複数の変数に同じ値を入れるときには、下記のような記述が可能になります。

```
a = b = c = 3;
```

2 条件演算子、3項演算子

条件演算子は条件式の結果により、2つの値のどちらかを取って演算を実行するものです。書式は次のようにします。

【書式】条件式？　式1 ： 式2
(条件式が真(0以外)のときは式1を採用し、偽(0)のときには式2を採用する)

【例】 `result = x < y ? y : x ;`
xがyより小さければresultはy、xがy以上ならresultはx
つまりxとyの大きいほうを取り出すことになる。

3 カンマ演算子

カンマ演算子は式と式をつないで書くための演算子で、普通は、1つの式しか書けないときに、複数の式を記述するのに使います。

【例】　for (i=0, j=0; i<10; i++, j++) {…

この例ではfor文の式1はi=0, j=0;となり複数の式を1つの式とみなして記述しています。

4 sizeof

sizeof演算子は、データ型や構造体で確保したメモリ領域の大きさを、バイト数で返します。普通はこのメモリ領域のサイズの計算はコンパイル時に行われます。書式は下記となります。

【書式】sizeof　(型名)

【例】
```
sizeof (int)          // int型のサイズ　2
sizeof (float)        // float型のサイズ　3
sizeof (struct data)  // 構造体のサイズ
sizeof (array)        // 配列のサイズ
```

4-1-6　演算子の使用例

演算子を実際に使った例で確認をしましょう。リスト4-1-1は、各演算子の使用例です。最初は文字に対する定数の加減算です。次が剰余算で整数と小数の扱いです。

次がインクリメント演算子の例で、前置と後置の違いを確認しています。その次はシフト演算子ではみ出したビットの扱いの確認です。

リスト 4-1-1　演算子使用例

```
/***********************************************
 * C言語入門　演算子　Operator.c
 *　 第2部　第6章　演算子の使用例
 ***********************************************/
#include <xc.h>

/** 変数の定義 **/
unsigned inta, b, c, d, e;
double fa, fb;
int i, j, k;
int x, y, z;

/******** メイン関数 *************/
void main(void) {
    /*** 算術演算子 ***/
    a = '¥x71' + 1;
    b = 'A' + 1;
    c = 'G' - 1;
    d = 5 / 3;
    e  = 5 % 3;
    fa = 5 / 3;
    fb = 5 / 3.0;
    /*** インクリメント演算子 ***/
    i = 3;
    j = i++;
```

```
    k = ++i;
    /*** シフト演算子 ***/
    x = 0x3A;
    y = x << 2;
    z = x >> 2;
    /**** メインループ ****/
    while(1){
    }
}
```

このリストの実行をMPLAB X IDEのシミュレーションモードで行い、Watch窓で各パラメータの値を表示させた結果が図4-1-1となります。

まず、a、b、cの文字の演算は正整数の演算として扱われて、単純にASCIIコード表の値で加減算されるので、演算結果は1つ前か後の文字となります。

次の剰余算の確認では、すべて整数の演算結果は整数で、小数点以下は切り捨てられます。実数定数が含まれている演算結果は実数となります。逆に整数同士の演算結果を実数として代入すると、整数としての演算結果を実数に変換した型になるので、小数点以下が切り捨てられた値となります。

前置と後置のインクリメントの差異では、jはiのインクリメント前の値となり、kはインクリメント後の値となっていることが確認できます。

シフトの結果では、0が追加挿入されて、はみ出たビットはなくなることが確認できます。

●図4-1-1　実行結果

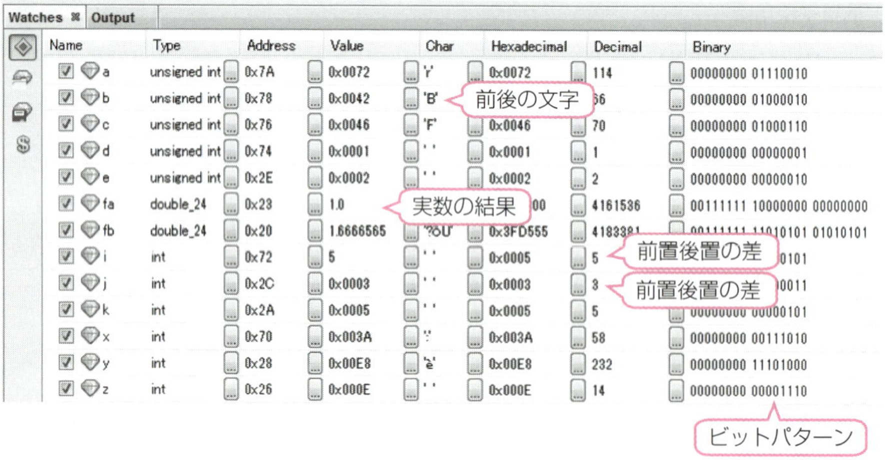

Watches | Output

Name	Type	Address	Value	Char	Hexadecimal	Decimal	Binary
a	unsigned int	0x7A	0x0072	'r'	0x0072	114	00000000 01110010
b	unsigned int	0x78	0x0042	'B'	[illegible]	66	00000000 01000010
c	unsigned int	0x76	0x0046	'F'	0x0046	70	00000000 01000110
d	unsigned int	0x74	0x0001	' '	0x0001	1	00000000 00000001
e	unsigned int	0x2E	0x0002	' '	0x0002	2	00000000 00000010
fa	double_24	0x23	1.0	[illegible]	00	4161536	00111111 10000000 00000000
fb	double_24	0x20	1.6666565	'?ÕU'	0x3FD555	41833[illegible]	00111111 11010101 01010101
i	int	0x72	5	' '	0x0005	5	0101
j	int	0x2C	0x0003	' '	0x0003	3	0011
k	int	0x2A	0x0005	' '	0x0005	5	00000000 00000101
x	int	0x70	0x003A	':'	0x003A	58	00000000 00111010
y	int	0x28	0x00E8	'è'	0x00E8	232	00000000 11101000
z	int	0x26	0x000E	' '	0x000E	14	00000000 00001110

4-2 標準算術ライブラリ関数

ANSIの標準Cには、多くの**標準関数**と呼ばれる関数がライブラリとして用意されています。MPLAB XC8 Cコンパイラにも、この標準関数に相当する関数が数多く用意されています。

MPLAB XC8コンパイラで使える標準算術関数は表4-2-1のようになっていて、数多くの関数が用意されています。この関数それぞれの詳細については、MPLAB XC8のユーザーズガイドまたはHELPを参照して下さい。使用例の`printf`については第2部10-2節をご覧ください。

▼表4-2-1　標準算術関数一覧

関数名	書式とパラメータ	使用例
abs()	数値の絶対値を計算する 【書式】stdlib.h value = abs(x); xは符号付き数値	signed int target, actual; ----- error = abs(target-actual);

labs()	絶対値の計算
	【書式】stdlib.h
	result = labs(value);
	valueは符号付きlong
		//上下限の監視
		if(labs(target - actual) > 500)
		printf("Error is over 500¥r¥n");

rand()	0～32767の間の擬似乱数を生成する。開始値はsrandで決まる
	【書式】stdlib.h
	int rand(void);
		time(&toc);
		srand((int)toc);
		for(i = 0 ; i != 10 ; i++)
		printf("%d¥t", rand());

srand()	seedから乱数の開始値を決める 【書式】stdlib.h void srand(unsigned int seed);	

div()
udiv()
uldiv()
ldiv()
	割り算し商と余りを求める
	【書式】stdlib.h
	div_t div(int num, int denom);
	int udiv(unsigned num, unsigned denom);
	int uldiv(unsigned long num, unsigned long denom);
	ldiv_t ldiv(long num, long denom);
		x = div(12345, 66);
		printf("quotient = %d, remainder = %d¥n",
		x.quot, x.rem);

acos()
asin()
atan()
atan2
cos()
sin()
tan()
cosh()
sinh()
tanh()
	基本の三角関数の計算をする
	【書式】math.h
	rad = acos(val);
	rad = asin(val);
	rad = atan(val);
	val = cos(rad);
	val = sin(rad);
	val = tan(rad);
		double phase;
		//1周期分の正弦波値出力
		for(phase=0; phase<2*3.14; phase+=0.01)
		set_analog_voltage(sin(phase)+1);

ceil()	value以上の最小の整数値を計算する
	【書式】math.h
	result = ceil(value);
	valueはdouble
		//金額の端数切り上げ計算
		cost = ceil(weight) * DollarsPerPound;

関数名	書式とパラメータ	使用例

floor()	value以下の最大の整数値を計算する
	result = floor(value);
		//端数を求める
		frac = value - floor(value);

exp()	指数関数の計算
	【書式】math.h
	result = exp(value);
	valueはdouble
		//xのy乗の計算
		seg = exp(y * log(x));

fabs()	double型数値の絶対値を計算 【書式】math.h double fabs(double f);	printf("%f %f¥n", fabs(1.5), fabs(-1.5));
fmod()	割り算x/yの商を返す 【書式】math.h double fmod(double x, double y);	x = 12.34; rem = fmod(x, 2.1);
modf()	浮動小数を整数と小数に分離する 【書式】math.h double modf(double value, double *iptr);	f_val = modf(-3.17, &i_val); 整数部はi_valに小数部がf_valに格納される
frexp()	浮動小数を2進数の固定小数に変換する 【書式】math.h double frexp(double f, int *p);	f = frexp(23456.34, &i); printf("23456.34 = %f * 2^%d¥n", f, i); 小数部がf、整数部はpに格納される
ldexp()	2進数の固定小数を浮動小数に変換する 【書式】math.h double ldexp(double f, int i);	f = ldexp(1.0, 10); printf("1.0 * 2^10 = %f¥n", f);

eval_poly()	多項式の計算をする。次数はn
	y=x*x*d2 + x*d1 + d0
	【書式】math.h
	double eval_poly(double x, const double *d, int n);
		x = 2.2;
		y = eval_poly(x, d, 2);
		printf("The polynomial evaluated at %f is %f¥n", x, y);

trunc()	浮動小数に最も近い整数を返す
	【書式】math.h
	double trunc(double x);
		double input, rounded;
		input = 1234.5678;
		rounded = trunc(input);

pow()	xのy乗の計算、xは正の値
	【書式】math.h
	f = pow(x, y); //x,yはdouble
		//体積の計算
		area = pow(size, 3.0);

round()	浮動小数に最も近い整数を浮動小数形式で返す
	【書式】math.h
	double rount(double x);
		double input, rounded;
		input = 1234.5678;
		rounded = round(input);

log()	xの自然対数の計算 【書式】math.h result = log(value); valueはdouble	lnx = log(x);

log10()	10を底数とする対数
	【書式】math.h
	result = log10(value);
	valueはdouble
		//デシベル値の換算例
		db = log10(read_adc()*(5.0/255))*10;

sqrt()	平方根の計算 【書式】math.h result = sqrt(value); valueはdoubleで正の値	//2点間の距離の計算例 distance = sqrt((x1-x2)^2+(y1-y2)^2);

第2部
C言語プログラミングの基礎

第5章
フロー制御関数の使い方

本章では、構造化プログラミングの手法に沿ったプログラムを作るための考え方とフロー制御関数の使い方を説明します。

5-1 構造化プログラミングと3種類の基本構造

プログラムを作るときに、条件によって流れを変えたいときが多くあります。C言語には、流れを制御するための関数がいくつか用意されていますが、その使い方次第でプログラム全体が読みやすくもなり、読みにくくもなります。プログラムを読みやすくし、あとから改良しやすいプログラムとするためには、プログラム構造を意識することが大切です。

このようにわかりやすく改良しやすい構造とするために考えられた手法に、「**構造化プログラミング**」があります。構造化プログラミングでは、図5-1-1のような「**直線型**」、「**分岐型**」、「**繰り返し型**」という3種類の基本構造を守ることが必要です。つまり、この3つの型の組合せだけでプログラム全体を構成するようにします。

こうすると、1個の入り口と1個の出口だけの流れにできるので、プログラムの流れが明確になり、余計な流れがないのでテストするときもきっちりと確認できます。当然、間違いも少なくなるので、品質の良いプログラムになります。

●図5-1-1 3種類の基本構造

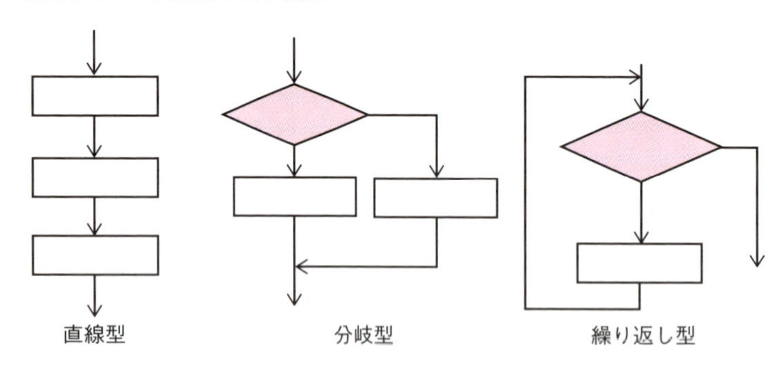

この3種類の基本構造に忠実なプログラムが記述できるように、C言語には**フロー制御関数**という関数が用意されています。MPLAB XC8コンパイラで用意されているフロー制御関数は、一般のC言語と同じで表5-1-1となっています。

▼表5-1-1　フロー制御関数一覧

関数名	書　式	機能と記述例

if文	if (式)
	  { 実行文; }
	else
	  { 実行文; }
		式の真偽により分岐し実行内容を変える
		if (X>=25)
		    x=1;
		else
		    x=x+1;

while文	while (式)
	{
	  実行文;
	}
		式の条件が真の間ブロック内の実行文を繰り返し実行する
		while (PORTBbits.RB7 == 0){
		    putc('n');
		}

do while文	do
	{
	  実行文;
	} while (式);
		式の条件が真の間ブロック内を繰り返し実行。条件判定より先に必ず1回ブロック内を実行する
		do
		{
		    putc(c=getc( ));
		} while (c !='0');

for文	for (式1; 式2; 式3)
	{
	  実行文;
	}
		指定回数だけ繰り返し実行する
		for (i=1; i<=10; ++i){
		    printf("%u¥r¥n",i);
		}

switch文	switch (式)
	{
	    case定数: 実行文;
	              break;
	    case定数: 実行文;
	              break;
	          ……
	    default: 実行文;
	              break;
	}
		式の値により多分岐し実行内容を変える
		switch (cmd)
		{
		  case '0': printf("cmd 0");
		            break;
		  case '1': printf("cmd 1");
		            break;
		  default: printf("bad cmd");
		            break;
		}

return文	return (data) ;	関数の戻り値として値を返す
break文	break ;	繰り返しブロックから強制的に抜け出す
continue文	continue ;	繰り返しの途中で強制的に現在の繰り返しループの最後にジャンプする

以下、これらの関数を使って、3種類の基本構造だけでプログラムを実現する記述方法について説明します。

5-2 if文の使い方

if文は、流れを分岐して別の流れを作るときに使います。分岐するための条件を指定することで、色々な流れを作り出すことができますが、基本的には、また元の流れに戻って出口は1つにするように流れを作ることで、間違いの少ないプログラムになります。

5-2-1 if文の書式

if文は、条件式の結果が真(0以外)か偽(0)により実行内容を変えるときに使いますが、その記述フォーマットは表5-2-1のようにします。この書式で条件式が真つまり成立したときにはif文のすぐ下のブロック内の実行文が実行され、成立しない、つまり偽のときにはelse文以下のブロック内の実行文が実行されます。

ここで、条件式が成立しないときには何もしなくてよい場合には、else文以下を省略できます。いずれの場合にも、実行文が1つだけの場合には、中括弧 { } を省略した省略形が使えます。

▼表5-2-1 if文の書式

	基本書式(IF THEN ELSE型)	else文省略型(IF THEN型)

基本形	if (条件式){
	　　実行文;
	　　実行文; } 条件式が真のとき実行される
	}
	else
	{
	　　実行文;
	　　実行文; } 条件式が偽のとき実行される
	}
		if (条件式){
		　　実行文;
		　　実行文; } 条件式が真のとき実行される
		}

省略形(実行文が1行だけ)	if (条件式)
	　　実行文;
	else
	　　実行文;
		if (条件式)
		　　実行文;

このif文によって実現できる流れをフロー図で表すと、図5-2-1のようにelse文の有無により2種類となります。

●図5-2-1　if文のフロー

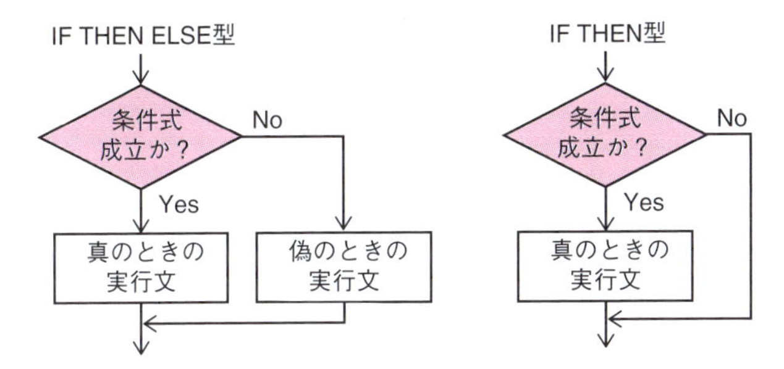

次の例がif文の基本の書式例で、SW1が0のときはResultがAとなり、SW1が1のときはResultがBとなります。

【例】
```
if(SW1 == 1){            // SW1が1の場合
    Result = 'A';        // 文字Aを代入
}
else{                    // SW1が0の場合
    Result = 'B';        // 文字Bを代入
}
```

5-2-2　if文のネスト

ネストとは「入れ子」といいますが、if文の中でさらにif文を使うことで、複数の条件のANDまたはOR条件を実現したり、多分岐を実現したりできます。

例えば図5-2-2のようなフローの場合は、条件式Aと条件式BのANDの条件となり、多分岐となります。

●図5-2-2　if文のネストと多分岐

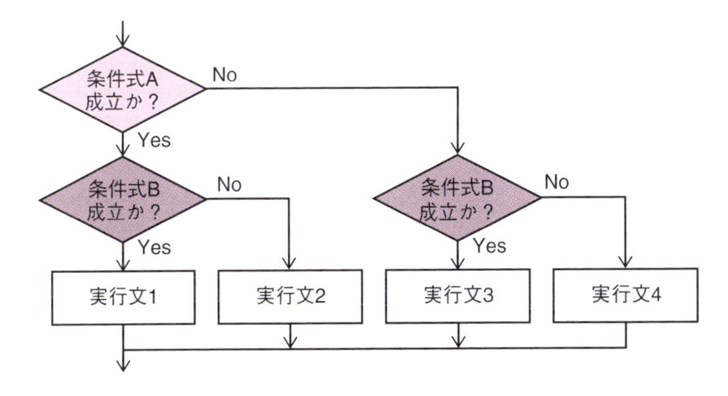

1
2
3
5
フロー制御関数の使い方

このようなネストの場合の書式は、インデントで字下げをしてネストの段階が明確にわかるようにします。これによって余計な間違いを起こすのを避けることができますし、見やすいプログラムとなります。

【例】if文のネストによる多分岐

```
if (条件式A)
{
    if (条件式B)
        実行文1;    //条件式A AND条件式B
    else
        実行文2;    //条件式A AND (NOT条件式B)
}
else
{
    if (条件式B)
        実行文3;    //(NOT条件式A) AND条件式B
    else
        実行文4;    //すべて偽
}
```

このif文をネストした実際の例が、リスト5-2-1です。デジタル演習ボードの3個のスイッチS1、S2、S3のオンオフにより、フルカラーLEDの消灯を加えた8色を切り替えています。

リスト 5-2-1 if文のネストの例(If1)

```
/***********************************************
 * C言語入門 if文 If1.c
 *   第2部 第5章 if文の使い方
 ***********************************************/
#include <xc.h>
/* コンフィギュレーション設定 */
#pragma config FEXTOSC = OFF, RSTOSC = HFINTPLL, WDTE = OFF, LVP = OFF

/******** メイン関数 *************/
void main(void) {
    /* 入出力モード設定 */
    ANSELA = 0;                         // すべてデジタル
    LATA = 0;                           // 全消灯
    TRISA = 0x07;                       // RA0,1,2のみ入力
    WPUA = 0x07;                        // RA0,1,2のみプルアップ
    /**** メインループ ****/
    while(1){
        if(PORTAbits.RA0 == 0){         // S1がオンの場合
            if(PORTAbits.RA1 == 0){     // S2がオンの場合
                if(PORTAbits.RA2 == 0)  // S1,S2,S3がオンの場合
                    LATA = 0x38;        // 3色とも点灯
                else                    // S1とS2がオン
                    LATA = 0x28;        // 赤と緑点灯
```

S1、S2、S3のオンオフで8通りの状態ができる

```
            }
            else{                       // S2がオフ
                if(PORTAbits.RA2 == 0)  // S1とS3がオン
                    LATA = 0x30;        // 赤と青点灯
                else                    // S1のみオン
                    LATA = 0x20;        // 赤点灯
            }
        }
        else {                          // S1がオフ
            if(PORTAbits.RA1 == 0){     // S2がオンの場合
                if(PORTAbits.RA2 == 0)  // S2,S3がオンの場合
                    LATA = 0x18;        // 青と緑点灯
                else                    // S2がオン
                    LATA = 0x08;        // 緑点灯
            }
            else{                       // S2がオフ
                if(PORTAbits.RA2 == 0)  // S3がオン
                    LATA = 0x10;        // 青点灯
                else                    // 全オフ
                    LATA = 0;           // 消灯
            }
        }
    }
}
```


5-2-3 条件式の記述方法

if文などに必要な条件式は、「演算子」を使って記述します。条件式の結果の値は、**偽の場合には「0」となり、真の場合には「0以外」**となります。これはすべての条件式について同じ規則となっています。

if文やwhile文などの条件式では、**比較演算子**をよく使います。代表的な比較演算子には、表5-2-2のような種類があり、それぞれ表のような意味と使い方をします。

キーボードには、数学で使う≦や≧の記号がないので、表のように<か>と=の2つの記号を組み合わせて使います。不等号の≠もないので、「!=」と記述します。

この中で、特に注意が必要なのは、**等しいかどうかという演算子には、「==」を使う**ことで、「=」ではないので気を付けましょう。「==」と間違えて「=」を使うと、警告は出ますがコンパイルエラーにならず、かつ必ず一致する条件になってしまうので、見つけにくいバグになります。

この比較演算子を使った例がリスト5-2-2です。この例では、デジタル演習ボードのフルカラーのLEDをCounterのカウント値で色分けをしています。そしてCounterが40000を超えたら0にリセットして同じことを繰り返しています。これで約1秒ごとに消灯→青→緑→赤という点灯を繰り返します。

▼表5-2-2 比較演算子

演算子	意味内容	使用例
<	aはbより小さい	a < b
>	aはbより大きい	a > b
<=	aはbより小さいか等しい	a <= b
>=	aはbより大きいか等しい	a >= b
==	aとbは等しい	a == b
!=	aとbは等しくない	a != b

リスト 5-2-2 比較演算子の使用例(If2)

```
/***********************************************
 * C言語入門  if文  If2.c
 *   第2部  第5章  比較演算子の使い方
 ***********************************************/
#include <xc.h>
/* コンフィギュレーション設定 */
#pragma config FEXTOSC = OFF, RSTOSC = HFINTPLL, WDTE = OFF, LVP = OFF
/** 変数の定義 **/
unsigned long Counter;

/******** メイン関数 *************/
void main(void) {
    /* 入出力モード設定 */
    ANSELA = 0;                 // すべてデジタル
    LATA = 0;                   // 全消灯
    TRISA = 0x07;               // RA0,1,2のみ入力
    WPUA = 0x07;                // RA0,1,2のみプルアップ
    Counter = 0;                // カウンタリセット
    /**** メインループ ****/
    while(1){
        Counter++;              // カウントアップ
        /** カウント範囲でLED制御 **/
        if(Counter > 300000)
            LATA = 0x20;        // 赤のみ点灯
        if((Counter <= 300000) && (Counter > 200000))
            LATA = 0x08;        // 緑のみ点灯
        if((Counter <= 200000) && (Counter > 100000))
            LATA = 0x10;        // 青のみ点灯
        if(Counter <= 100000)
            LATA = 0;           // 全消灯
        if(Counter > 400000)
            Counter = 0;        // カウンタリセット
    }
}
```

5-2-4 複合条件式の記述方法

単純な条件式以外に、複数の条件のAND条件やOR条件を指定する「**複合条件式**」も使うことができます。この場合に使う論理演算子には、表5-2-3のようなものがあります。

▼表5-2-3 論理演算子

演算子	意味内容	使用例
&&	論理積(AND)で、すべての条件式を満たす	((a < b) && (a > c)) c < a < bという条件
||	論理和(OR)で、どれかの条件式を満たす	((a < b) || (a > c)) a < bかa > cいずれか
!	否定(NOT)で、条件結果の否定	!(a < b) a < bでなければ

この論理演算子の「&&」や「||」は、**算術演算子の「&」や「|」とは意味が異なる**ので注意する必要があります。また、「& &」のように間にスペースを入れると、コンパイルエラーになってしまいます。

この複合の組合せは、2つ以上組み合わせることが可能ですが、1行があまり長くなるとわかりにくくなるので、1行で終わるようにしたほうがよいでしょう。

その他の演算子全体については第2部第4章の演算子の章で説明しているので、そちらを参照して下さい。

条件式に論理演算子を利用した例がリスト5-2-3で、機能はリスト5-2-1と全く同じなのですが、条件式にAND演算子などを利用して表現したため、行数が少なくなり、流れもわかりやすくなりました。また、1行を短く記述できるように、S1、S2、S3というマクロ変数を#define文で最初に定義しています。

リスト 5-2-3 複合条件式の利用例(If3)

```
/**********************************************
 * C言語入門  if文  If3.c
 *   第2部  第5章  複合条件式の使い方
 **********************************************/
#include <xc.h>
/* コンフィギュレーション設定 */
#pragma config FEXTOSC = OFF, RSTOSC = HFINTPLL, WDTE = OFF, LVP = OFF
/** 変数の定義 **/
#define  S1  PORTAbits.RA0
#define  S2  PORTAbits.RA1
#define  S3  PORTAbits.RA2

/******** メイン関数 *************/
void main(void) {
    /* 入出力モード設定 */
    ANSELA = 0;                  // すべてデジタル
    LATA = 0;                    // 全消灯
    TRISA = 0x07;                // RA0,1,2のみ入力
    WPUA = 0x07;                 // RA0,1,2のみプルアップ
    /**** メインループ ****/
    while(1){
        if((S1 == 0) && (S2 == 0) && (S3 == 0))
            LATA = 0x38;
        if((S1 == 0) && (S2 == 0) && (S3 == 1))
            LATA = 0x28;
        if((S1 == 0) && (S2 == 1) && (S3 == 0))
            LATA = 0x30;
        if((S1 == 0) && (S2 == 1) && (S3 == 1))
            LATA = 0x20;
        if((S1 == 1) && (S2 == 0) && (S3 == 0))
            LATA = 0x18;
        if((S1 == 1) && (S2 == 0) && (S3 == 1))
            LATA = 0x08;
        if((S1 == 1) && (S2 == 1) && (S3 == 0))
            LATA = 0x10;
        else
            LATA = 0;
    }
}
```

5-3 while文とdo while文の使い方

同じ処理を繰り返し実行するプログラムは、データを処理するときなどによく使われます。このようなプログラムは`while`文か`do while`文で実現できます。

いずれも**指定した条件が成立している間だけ繰り返す**ようになっていて、条件が不成立になると繰り返しを終了し抜け出てきます。

5-3-1 while文とdo while文の書式

1 while文とdo while文の書式

`while`文と`do while`文の基本的な書式は表5-3-1のようにします。これで条件式が真となって成立している間はブロック内の実行文が繰り返されます。

▼表5-3-1　while文とdo while文の書式

	while文の書式	do while文の書式

基本形	while（条件式）
	{
	　　実行文;
	　　実行文; } 条件式が真のとき実行される
	}
		do
		{
		　　実行文;
		　　実行文; } 条件式が真のとき実行される
		}while（条件式）;

省略形（実行文が1行だけ）	while（条件式） 　　実行文;	なし
実行文なし	while（条件式）;	なし

ここで条件式の値ですが、偽の場合には「0」で、真の場合には「0以外」なので、`while(1)`のように**条件式を「1」という定数にしてしまうと、永久に実行文の内容が繰り返される**ことになります。

また実行文がなく、`while`文だけの場合には、条件式が成立するまで待つという意味になります。

`do while`文の場合には、最後に`while`文と条件式を記述するのですが、**条件式の括弧の後にセミコロン`;`が必要**なので、忘れないように注意が必要です。

5-3-2 while文とdo while文の差異

`while`文と`do while`文の違いは、繰り返し実行文が必ず一度は実行されるか、されないかにあります。フロー図で違いを見てみましょう。それぞれのフロー図は図5-3-1のようになります。

このフロー図でわかるように、`while`文は、先に条件式を判定し、条件が成立している間実行文を実行するので、**場合によっては実行文が一度も実行されないことがありえます**。これに対して、do while文は実行文を実行してから条件式の判定をし、条件が成立している間実行文を繰り返し実行するので、**必ず1回は実行文が実行されます**。

実際のプログラム作成では、while文でもdo whileと同じ条件での記述が可能なので、do while文はあまり使われず、while文だけで記述することが多いようです。

●図5-3-1　while文とdo while文のフローの差異

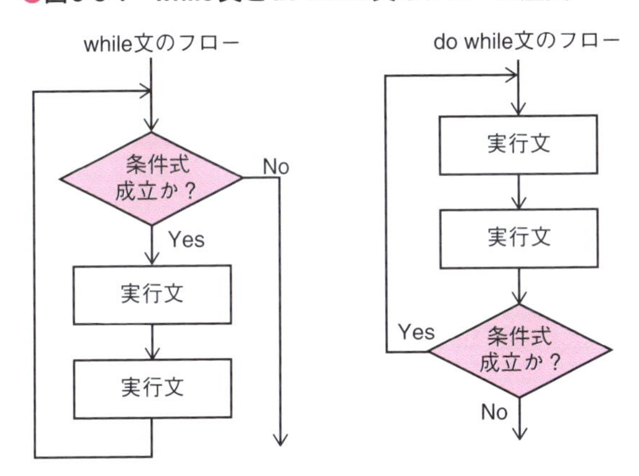

5-3-3　while文とdo while文の実際の例

リスト5-3-1は、while文の実際の例です。S2を押したとき、S1が押されていなければ何もしません。S1を押しながらS2を押すと赤色LEDが点滅します。

リスト 5-3-1　while文の例（While1.c）

```
/***********************************************
 * C言語入門　while文　While1.c
 *　　第2部　第5章　whileの使い方
 ***********************************************/
#include <xc.h>
/* コンフィギュレーション設定 */
#pragma config FEXTOSC = OFF, RSTOSC = HFINTPLL, WDTE = OFF, LVP = OFF
/** 変数の定義 **/
#define _XTAL_FREQ  32000000
#define S1  PORTAbits.RA0
#define S2  PORTAbits.RA1
#define Red LATAbits.LATA5

/******** メイン関数 *************/
void main(void) {
    /* 入出力モード設定 */
    ANSELA = 0;                  // すべてデジタル
    LATA = 0;                    // 全消灯
    TRISA = 0x07;                // RA0,1,2のみ入力
```

```
    WPUA = 0x07;                // RA0,1,2のみプルアップ
    /**** メインループ ****/
    while(1){
        if(S2 == 0){            // S2が押された場合
            while(S1 == 0){     // S1が押されている間
                Red = ~Red;     // 赤を反転
                __delay_ms(200);// 200msec遅延
            }
        }
    }
}
```

リスト5-3-2がdo while文の使用例です。前例のリスト5-3-1と同じ機能をdo whileで記述したものです。

これを実行し、S2を押すとS1が押されていなくても赤色が連続点灯します。S1を押しながらS2を押すとリスト5-3-1と同じ動作となり、赤色LEDが点滅します。

つまり、do whileの場合には、S2を押した時点で、条件判定の前にLEDの反転動作を一度してしまうため、消えていた赤色LEDが点灯状態となってしまうことになります。

リスト 5-3-2 do whileの使用例(While2)

```
/**********************************************
 * C言語入門  while文  While2.c
 *   第2部  第5章  whileの使い方
 **********************************************/
#include <xc.h>
/* コンフィギュレーション設定 */
#pragma config FEXTOSC = OFF, RSTOSC = HFINTPLL, WDTE = OFF, LVP = OFF
/** 変数の定義 **/
#define  _XTAL_FREQ  32000000
#define  S1  PORTAbits.RA0
#define  S2  PORTAbits.RA1
#define  Red LATAbits.LATA5

/******** メイン関数 *************/
void main(void) {
    /* 入出力モード設定 */
    ANSELA = 0;                 // すべてデジタル
    LATA = 0;                   // 全消灯
    TRISA = 0x07;               // RA0,1,2のみ入力
    WPUA = 0x07;                // RA0,1,2のみプルアップ
    /**** メインループ ****/
    while(1){
        if(S2 == 0){
            do
            {
                Red = ~Red;         // 赤を反転
                __delay_ms(200);    // 200msec遅延
            } while(S1 == 0);       // S1が押されている間
        }
    }
}
```

5-4 for文の使い方

for文は、while同様繰り返し型を実現するためのフロー制御関数ですが、**繰り返し回数をきっちり決めたい**ときに使います。

5-4-1 for文の書式

for文の書式は表5-4-1のようにします。ここで特徴的なのは条件式の記述方法です。

▼表5-4-1　for文の書式

	for文の書式	備　考

基本形	for (式1; 条件式2; 式3) {
	　実行文 ;　} 条件式2が真の間
	　実行文 ;　} 繰り返し実行される
	}
		式1　　：繰り返しに入る前に実行される
		条件式2：実際の繰り返しの条件で、これが真の間繰り返される
		式3　　：繰り返しの都度、実行文の後に実行される

この書式のように、for文の条件式の括弧の中には3つの式が記述されます。このfor文をフロー図で表すと図5-4-1のように表されます。式1と式3の実行位置がポイントです。

まず条件式の中の、式1は、forブロックの**実行の前に一度だけ実行される式**で、通常は条件の初期設定を行います。

次の条件式2が、**実際の繰り返しを決める条件式**で、この結果が真の間、中括弧内の実行文が繰り返されます。

さらに式3は、この繰り返しの実行文が毎回実行される都度、**最後に実行される式**で、通常は条件式のパラメータなどの更新を行います。式3の後のセミコロンは省略されるので注意が必要です。

例えば次の例では、10回だけ実行文を繰り返す指定になります。

●図5-4-1　for文のフロー

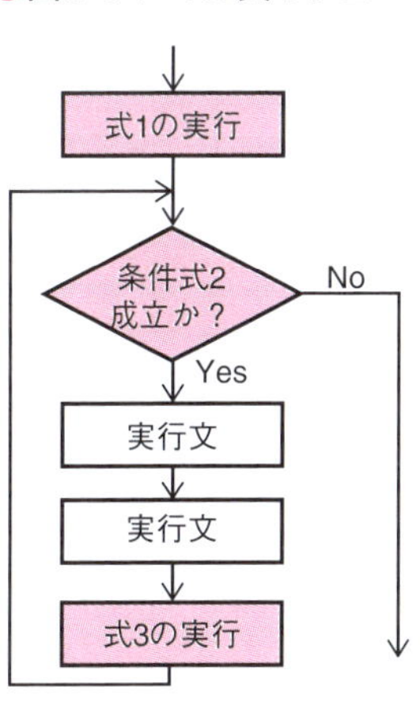

【例】10回の繰り返し

```
for(i=0; i<10; i++)
{
    実行文;      //10回繰り返される
}
```

for文の中の3つの式はいずれも必要なければ省略できますが、セミコロン ; は省略できません。したがって、条件式の括弧内には必ず2個のセミコロンがあることになります。例えば、次の例のようにすると、for文の条件式がないため終了判定ができないので、while(1)と同様に永久ループになります。

【例】for文による永久ループ

```
for (;;)          //永久ループ
{
    実行文 ;     //永久に繰り返される
}
```

また、式1、式2、式3のそれぞれに複数の式をカンマを使って記述できます。例えば次の例のように記述すると、iとjを1ずつ増やしながら100回繰り返すことになります。

【例】複数の式をまとめた記述

```
for(i=0, j=0; i<100; i++, j++)
    {
        iとjを使った実行文;
    }
```

5-4-2 for文の実際の使い方

for文を実際の例で見てみましょう。リスト5-4-1が単純なfor文の例です。デジタル演習ボードで実行させると、赤、緑、青の順でそれぞれ6回ずつ点滅することを繰り返します。この繰り返しは偶数回でないと前回の反転が点灯状態で残るので、色が混ざった状態になってしまいます。

リスト 5-4-1 for文の例(For1)

```
/*********************************************
 * C言語入門  for文  For1.c
 *   第2部  第5章  forの使い方
 *********************************************/
#include <xc.h>
/* コンフィギュレーション設定 */
#pragma config FEXTOSC = OFF, RSTOSC = HFINTPLL, WDTE = OFF, LVP = OFF
/** 変数の定義 **/
#define  _XTAL_FREQ  32000000
#define  Red     LATAbits.LATA5
#define  Green   LATAbits.LATA3
#define  Blue    LATAbits.LATA4
unsigned int i;

/******** メイン関数 *************/
void main(void) {
    /* 入出力モード設定 */
    ANSELA = 0;                 // すべてデジタル
    LATA = 0;                   // 全消灯
    TRISA = 0x07;               // RA0,1,2のみ入力
    WPUA = 0x07;                // RA0,1,2のみプルアップ
    /**** メインループ ****/
    while(1){
        for(i=0; i<6; i++){     // 6回繰り返し
            Red = ~Red;         // 赤LED反転
```

```
            __delay_ms(200);        // 200msec遅延
        }
        for(i=0; i<6; i++){         // 6回繰り返し
            Green = ~Green;         // 緑LED反転
            __delay_ms(200);        // 200msec遅延
        }
        for(i=0; i<6; i++){         // 6回繰り返し
            Blue = ~Blue;           // 青LED反転
            __delay_ms(200);        // 200msec遅延
        }
    }
}
```

もう1つのfor文の例がリスト5-4-2です。ここでは、S1を押している間、ASCIIコードである0x20から0x7Fまでのデータ、つまり文字コードの'スペース'から'DEL'までを標準出力関数で出力することを繰り返します。パソコンへの送信に標準出力関数printfを使っています。この標準入出力関数の使い方については、第2部第10章を参照して下さい。

このとき、1文字毎に間にスペースを入れ、かつ8文字ごとに改行するようにしていますが、この範囲指定と、8文字指定にfor文を使っています。

リスト 5-4-2　for文の例　(For2)

```
/**********************************************
 * C言語入門  for文  For2.c
 *   第2部  第5章  forの使い方
 **********************************************/
#include <xc.h>
#include <stdio.h>
/* コンフィギュレーション設定 */
#pragma config FEXTOSC = OFF, RSTOSC = HFINTPLL, WDTE = OFF, LVP = OFF
/** 変数の定義 **/
unsigned int i, j;

/***  低レベル入出力関数の上書き ***/
void putch(unsigned char Data){
    while(!TX1STAbits.TRMT);            // 送信レディ待ち
    TX1REG = Data;                      // データ送信
}

/********* メイン関数 ****************/
void main(void)
{
    /* 入出力モード設定 */
    ANSELA = 0;                         // すべてデジタル
    ANSELC = 0;                         // すべてデジタル
    TRISA = 0x07;                       // RA0,1,2のみ入力
    TRISC = 0x80;                       // RXのみ入力
    WPUA = 0x07;                        // RA0,1,2 プルアップ
    /* USART1初期化 */
    RXPPS = 0x17;                       // RX to RC7 pin
    RC6PPS = 0x10;                      // TX to RC6 pin
    BAUD1CON = 0x08;                    // SPBRG 16bit Mode
    RC1STA = 0x90;                      // Async 8bit
```

```
    TX1STA = 0x24;                    // Async 8bit
    SP1BRGL = 0x40;                   // 9600bps
    SP1BRGH = 0x03;                   // 9600bps
    /********* メインループ ********/
    while (1)
    {
        if(PORTAbits.RA0 == 0){       // S1がオンの間
            for(i=0x20; i<0x7F; i+=8){  // ASCII文字全体
                printf("¥r¥n");       // 改行
                for(j=0; j<8; j++)    // 8文字繰り返し
                    printf("%c ", i+j); // 1文字送信
            }
            printf("¥r¥n¥n¥n");
        }
    }
}
```

デジタル演習ボードとパソコンをUSBシリアル変換ケーブルで接続し、実行結果をパソコン側の通信ソフト(TeraTerm)で表示させた結果が図5-4-2のようになります。

確かに8文字1行で改行され、全文字出力後3行改行して繰り返しています。

●図5-4-2 実行結果のTeraTermの表示

```
COM3:9600baud - Tera Term VT
ファイル(F) 編集(E) 設定(S) コントロール(O) ウィンドウ(W) ヘルプ(H)

  ! " # $ % & '
( ) * + , - . /
0 1 2 3 4 5 6 7
8 9 : ; < = > ?
@ A B C D E F G
H I J K L M N O
P Q R S T U V W
X Y Z [ ¥ ] ^ _
` a b c d e f g
h i j k l m n o
p q r s t u v w
x y z { | } ~


  ! " # $ % & '
( ) * + , - . /
0 1 2 3 4 5 6 7
8 9 : ; < = > ?
@ A B C D E F G
H I J K L M N O
P Q R S T U V W
X Y Z [ ¥ ] ^ _
` a b c d e f g
h i j k l m n o
p q r s t u v w
x y z { | } ~
```

パソコン側のTeraTermの表示

5-5 switch文の使い方

switch文は、条件によって多分岐させる場合に使います。

5-5-1 switch文の書式

switch文の書式は表5-5-1のようにします。

▼表5-5-1　switch文の書式

	switch文の書式	備　考

基本形	switch (式) {
	　case 定数式1: 実行文01; 実行文02; } 式が定数式1のときに実行される
	　　break;
	　case 定数式2: 実行文11; 実行文12; } 式が定数式2のとき実行される
	　　break:
	　case 定数式3: 実行文31; 実行文32; } 式が定数式3のときに実行される
	　　break:
	　　⋮
	　default : 実行文n1; 実行文n2; } 式がどれにも該当しないとき実行される
	　　break;
	}
		式の値が定数になる必要がある
		
		defaultのbreakは省略可能

switch文の中身全体は中括弧{ }で囲み範囲を明確にします。このswitch文の書式をフロー図で表すと、図5-5-1のようになり、多分岐であることがわかります。

●図5-5-1　switch文のフロー

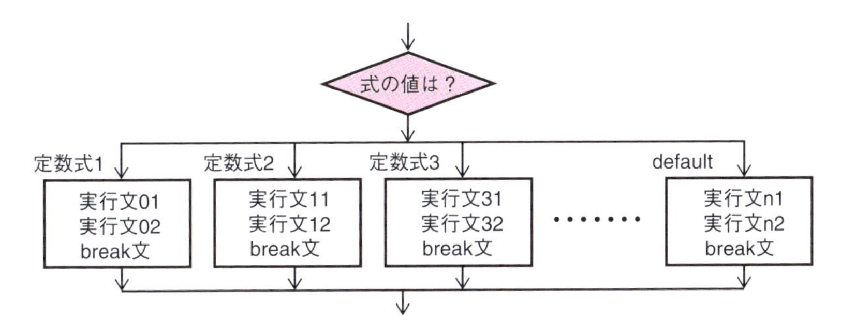

switch(式)に使う「式」は値がint型の定数になる必要があります。つまり、整数か文字を表す変数しか使えません。条件式ではないので、比較演算子などは使えませんが、代入式は使えます。

case文の書式は、「case定数式 :」と決まっていて、定数式の後にはコロン(:)を置いて区切りを明確にします。その後ろに続く実行文は、複数の実行文があっても構いません。そして実行文の最後に、break文を置きます。ここにbreak文を置くと、それ以後のcase文はすべて無視されてswitchブロックから抜け出します。

caseの最後には、どのcase文にも該当しなかったときのために、default文を置きます。このdefault文の後にはcase文はないので、break文を省略することもできます。

5-5-2 switch文の実際の例

実際のswitch文の使用例をみていきましょう。

リスト5-5-1は、switch文を使った簡単な例で、if文の例と同じ機能を実現しています。つまりS1、S2、S3のオンオフ状態でフルカラーLEDの色を8通りで設定しています。最初にValueにスイッチの状態を数値とみなして代入しています。このときPORTAの状態を反転させてオンのときが1となるようにしています。これで0から7までの定数値で8通りに区別できますから、switch文で分けてLEDの色を制御しています。

リスト 5-5-1 switch文の例

```
/**********************************************
 * C言語入門  switch文  Switch1.c
 *   第2部  第5章  switch文の使い方
 **********************************************/
#include <xc.h>
/* コンフィギュレーション設定 */
#pragma config FEXTOSC = OFF, RSTOSC = HFINTPLL, WDTE = OFF, LVP = OFF
/** 変数の定義 **/
int Value;

/******** メイン関数 *************/
void main(void) {
    /* 入出力モード設定 */
    ANSELA = 0;                 // すべてデジタル
    LATA = 0;                   // 全消灯
    TRISA = 0x07;               // RA0,1,2のみ入力
    WPUA = 0x07;                // RA0,1,2のみプルアップ
    /**** メインループ ****/
    while(1){
        Value = ~PORTA & 0x07;  // スイッチ状態を数値に変換
        switch(Value){
            case 7:             // S1,S2,S3オン
                LATA = 0x38;    // 白
                break;
            case 6:             // S2,S3オン
                LATA = 0x18;    // 青+緑
                break;
            case 5:             // S1,S3オン
                LATA = 0x30;    // 赤+青
                break;
            case 4:             // S3オン
                LATA = 0x10;    // 青
```

```
            break;
        case 3:                 // S1,S2オン
            LATA = 0x28;        // 赤+緑
            break;
        case 2:                 // S2オン
            LATA = 0x08;        // 緑
            break;
        case 1:                 // S1オン
            LATA = 0x20;        // 赤
            break;
        case 0:                 // すべてオフ
            LATA = 0;           // 消灯
        }
    }
}
```


5-5-3 ステートマシン

switch文の重要な使い方に「**ステートマシン**」があります。ステートマシンは実際の動作状態にいくつかの状態があり、順番に進めていく必要がある場合に使います。このような場合には、**ステート変数を用意し、これを順番に更新することで処理を順番に進める**ようにします。このステート変数をswitch文の条件式に使って処理を分けるようにします。

実際のステートマシンの例がリスト5-5-2となります。このプログラムでは、デジタル演習ボードをUSBシリアルケーブルでパソコンと接続し、パソコンのキーボードから、a、b、cの順番で入力したときだけ、フルカラーLEDを1秒間だけ点灯するという動作となります。

Stateという変数をステート変数として使い、文字入力ごとにカウントアップしてステートを進めています。a、b、cの順番でないときは常に最初のステート状態に戻るようにしているので、またaからの入力待ち状態となります。

リストの最初のほうの低レベル入出力関数の詳細については、第2部第10章を参照して下さい。

リスト 5-5-2 ステートマシンの例

```
/***********************************************
 * C言語入門  switch文  Switch2.c
 *   第2部  第5章  ステートマシンの例
 ***********************************************/
#include <xc.h>
/* コンフィギュレーション設定 */
#pragma config FEXTOSC = OFF, RSTOSC = HFINTPLL, WDTE = OFF, LVP = OFF
/** 変数の定義 **/
#define _XTAL_FREQ  32000000
int State;
unsigned char data;

/***  低レベル入出力関数の上書き ***/
void putch(unsigned char Data){
    while(!TX1STAbits.TRMT);            // 送信レディ待ち
    TX1REG = Data;                      // データ送信
}
unsigned char getch(void){
```

```
    while(PIR3bits.RCIF == 0);
    return(RC1REG);
}

/******** メイン関数 *************/
void main(void) {
    /* 入出力モード設定 */
    ANSELA = 0;                             // すべてデジタル
    ANSELC = 0;                             // すべてデジタル
    TRISA = 0x07;                           // RA0,1,2のみ入力
    TRISC = 0x80;                           // RXのみ入力
    WPUA = 0x07;                            // RA0,1,2 プルアップ
    /* USART1初期化 */
    RXPPS = 0x17;                           // RX to RC7 pin
    RC6PPS = 0x10;                          // TX to RC6 pin
    BAUD1CON = 0x08;                        // SPBRG 16bit Mode
    RC1STA = 0x90;                          // Async 8bit
    TX1STA = 0x24;                          // Async 8bit
    SP1BRGL = 0x40;                         // 9600bps
    SP1BRGH = 0x03;                         // 9600bps
    /* ステート変数初期化 */
    State = 0;                              // ステートリセット

    /**** メインループ ****/
    while(1){
        putch('¥r');                        // 復帰
        putch('¥n');                        // 改行
        putch('>');                         // プロンプト
        data = getch();                     // 1文字入力
        putch(data);                        // エコー出力
        switch(State){                      // State値で分岐
            case 0:                         // ステート0の場合
                if(data == 'a')             // a入力
                    State++;                // ステート1にする
                break;
            case 1:                         // ステート1の場合
                if(data == 'b')             // b入力
                    State++;                // ステート2にする
                else
                    State = 0;              // ステートリセット
                 break;
            case 2:                         // ステート2の場合
                if(data == 'c')             // c入力
                {
                    LATA = 0x38;            // LED点灯
                    __delay_ms(1000);       // 1秒遅延
                    LATA = 0;               // LED消灯
                    State = 0;              // ステートリセット
                }
                else
                    State = 0;              // ステートリセット
                break;
            default :                       // その他の場合
                break;                      // 何もしない
        }
    }
}
```

第2部
C言語プログラミングの基礎

第6章
モジュール化と関数

C言語のプログラムは関数の集合体でできています。この関数をどのように作るかがC言語のプログラムの見やすさ、維持管理のしやすさにつながります。本章では、プログラムを階層化してモジュール化する方法と、具体的な関数の作り方について説明しています。

6-1 プログラムのモジュール化

簡単なプログラムのうちは見通しもよく、すべてを把握しながらプログラムを作成できます。しかし、プログラムが大きく複雑になってきたり、時間が経ってからプログラムを見直したりするときに、読みやすく理解しやすいプログラムであるかどうかは、プログラム全体の機能をどのように分割して構成しているかが決め手になります。

このように分割することを「**モジュール化**」と呼び、「構造化プログラミング手法」の最も重要な要素となっています。

6-1-1 構造化プログラミング手法

少し大きなプログラムになると、全体の働きが複雑に込み入ってきて扱いにくくなります。しかしそのようなプログラムは、ほとんどの場合機能単位でいくつかの部分に分割することが可能です。その分割した機能群の上位に統括管理する処理を追加して、要求された機能によって処理を分岐します。さらに必要であれば、その部分処理をさらに分割して、もう一段下の処理を設けるという具合に機能単位ごとに細分化して考えます。これを図で表すと図6-1-1のようになり何段階かの階層構造になっていることがわかります。

このように階層化された構造を**モジュール構造**といい、各機能単位の処理を**モジュール**と呼びます。上のレベルにあるモジュール(処理)は下のレベルにあるモジュール(処理)を利用することを表わしています。

●図6-1-1 構造化、モジュール化

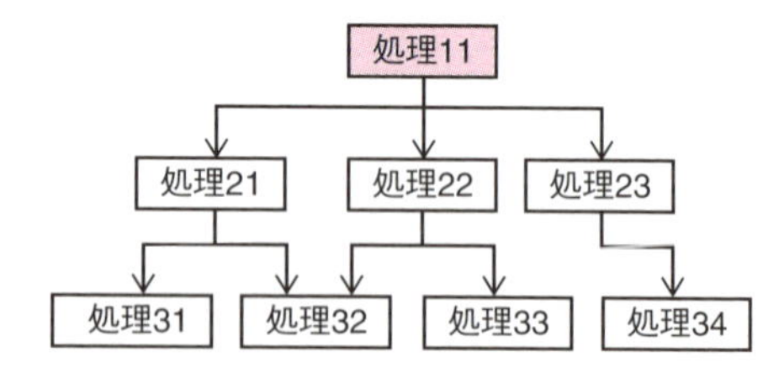

このようにプログラム全体に対してモジュール化と階層化を行って作成することを**構造化プログラミング**といいます。

プログラムを作成するとき、解決すべき問題(目的)を解析し、その中に含まれている内容、機能を上述のようなモジュール構造に分解し、階層的に構成します。この段階は手間がかかり、苦労しますが、構造的に物事を考えることは全体の働きを明確に把握でき、見落としやミスを減らし、見通しもよくなります。

プログラム作成段階では、前段階で得られたモジュール構造の各部について**フローチャート**などを作成し、処理内容を明確にします。

このようにして作成されたフローチャートに基づき、各モジュールをコーディング(記述)します。

コーディング段階では使用する言語に応じてフローチャートの各処理を記述していきますが、このとき各モジュールはC言語の関数として表現します。

このようにしておくと、モジュール構造とプログラムの対応が付きプログラムが読み易くなります。C言語では、この構造化を行うことでプログラムをスッキリと表現できます。

さらに関数の名前付けをモジュールの機能を表すように付けておけば、上位側のモジュールを読むだけで全体の構造や処理内容を理解できます。

6-1-2 良いプログラムとは

モジュール化で、1つのプログラムを機能ごとに分割し、さらにそれらを独立した構成要素つまりモジュールに分割して各々を作成しますが、この分割のときのポイントは、**プログラムの変更があったとき、特定のモジュールさえ置き換えれば済むようになっていること**です。

これがスムーズにできるようにするためには、次のようなことに注意して分割をします。

- 個々のモジュールの機能が単純で明快であること
- モジュール間のインターフェースが単純で明らかであること
- モジュール間で共有するデータはできるだけ少なくすること
- モジュールの名称でそのモジュールの機能内容が表せること

これらを実現しやすくするには、入り口、出口を1ヶ所にして、入出力データの条件を明確にすることです。これが構造化プログラミングの原点になります。

C言語プログラムでは、このモジュールに相当するものが「**関数**」になります。良いモジュール化をするためにC言語プログラミングで意識すべきことには、次のようなことがあります。

❶関数内で実現する機能はできるだけ単純にする

関数の中で複数の異なる処理をするときには、結局内部で別の関数を作ることになります。こうなったときは、明確に別関数として作るようにします。

❷関数は入り口、出口が1つになるようにする

入り口は自動的に1つになりますが、出口は`return`文などを複数使用すると複数の出口になってしまいます。

❸グローバル変数は少なくすること

複数の関数で使う変数はできるだけ少ないほうが、プログラムは理解しやすくなります。したがって特定の関数同士で必要になる変数は引数や戻り値で渡し、グローバル変数にすることはできるだけ避けるようにします。このような関数間の変数が多い場合には、同じ関数として扱うのが本来の分割方法です。

❹グローバル変数をまとめて独立のヘッダファイルとする

全体で共用するデータは明確にし、グローバル変数として定義するのですが、これが多い場合には独立のヘッダファイルとして作成し、使用するプログラムごとに同じヘッダファイルをインクルードして使うようにします。こうすれば複数ファイルに分割してプログラムを開発しても、ヘッダファイルを共有すれば、余計な間違いを防ぐことができます。

6-2 関数の作り方と書式

C言語のプログラムは「**関数**」の集まりでできていて、それぞれがモジュールとして機能します。C言語にはあらかじめ用意された標準関数がライブラリとして提供されていますが、それ以外に、自分で関数を自由に作ることもできます。ここでは自分で関数を作るときの方法について説明していきます。

6-2-1 関数の基本書式

C言語のプログラムでは、関数は基本の構成要素となっています。自分で関数を作るときには、基本的な関数の構文があるので、これに従って作ることが必要になります。

関数の基本書式は次のようになっていて、まずは関数名を決め、引数があれば記述します。そして、中括弧{ }で囲まれた「ブロック」と呼ばれる中に処理の実体を記述します。このブロックの中に、実体として記述できるのは、データ定義と実行文とサブ関数です。

```
【書式】データ型　関数名(型 仮引数名, 型 仮引数名･･･)
        {
            ローカル変数の宣言;
            実行文;
              ⋮
            return(戻り値)
        }
```

関数の名前は、最大256文字の英数字と記号が可能です。できるだけ**関数の機能を端的に表す名称を付けるようにします。**

6-2-2 実行文の種類

実際に命令として実行されるものとして記述するのが「**実行文**」で、これには、「式」と「文」と「関数」の区分があります。実際の例で説明しましょう。リスト6-2-1が実行文の例です。

リスト 6-2-1 実行文の例

```
【データ定義の例】
#define  MAX  100

【実行文の例】
y = x + 2 ;               // 式
x = x + 1 ;               // 式
data = (x * y) / 16 ;     // 式
while(Value == 1);        // 文
value = calc(3, 5) ;      // 文

【関数、ブロックの例】
int calc(int a, int b)  // 関数定義
{
    int c;              // 変数定義
    c = a + b ;         // 式
    return c ;          // 実行文
}
```

❶式

式というのは、数学でいう式と似ていて書式も似通っていますが、根本的に異なることがあります。上例のように、式で使われる「=」は、数学では「等しい」という意味ですが、C言語では、左辺へ右辺の結果を「**代入する**」という機能を果たします。そのため、例のような、`x = x + 1`という数学ではあり得ない記述も代入として見れば成立することになります。

❷文

最後がセミコロン(;)で終了している式を「**文**」と呼びます。文は1つ以上の式で構成することもあります。また複数の文の集まりを「**ブロック**」と呼び、中括弧`{ }`で囲みます。

❸関数

文のブロックが大きくなり全体の流れが読みにくくなるときには、文のまとまりを外に出しにして別ブロックとします。そしてそのブロックに名前を付けてサブ関数とします。

そしてその関数を使うときには、 `関数名(実引数);` という書式で呼び出すことができます。上記の例では `value = calc(3, 5);` がこれに相当します。

6-2-3 引数と戻り値

プログラムをモジュール化して関数にする場合、その関数にデータを渡したり、その関数から結果をもらったりする場合があります。そのような場合に使うのが関数の「引数」と「戻り値」です。引数と戻り値の基本的な関係は、次のようになっています。

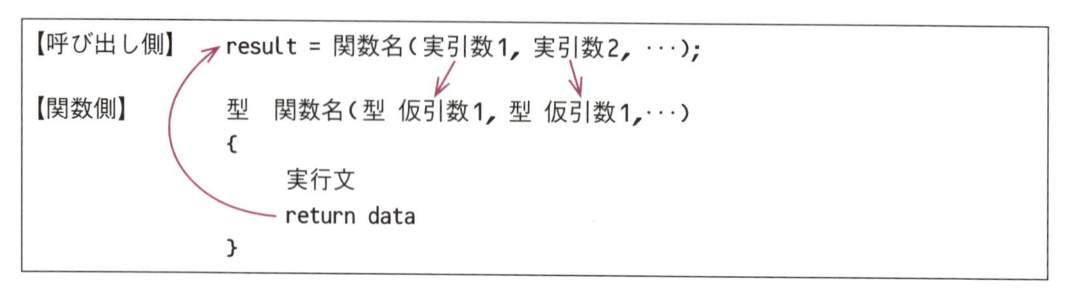

引数は、各関数側の( )の中で定義されます。このときの関数側の引数は定義だけなので、「**仮引数**」といい型定義と引数名だけで表現します。そして関数の内部の実行文では、この引数名で記述します。当然型宣言も有効になっているので、関数内部では仮引数として宣言した型の変数として扱う必要があります。引数がないときにはvoidだけを記述します。

そしてこの関数を呼び出す実行文では、次の形で呼び出します。

【書式】変数 = 関数名(引数、引数、・・・・) ;

関数名の( )の中に実際に渡す引数を記述しますが、この場合の引数は実際の値なので「**実引数**」と呼び、定数、変数、式のいずれも使えるので、仮引数の名前と合わせる必要はありません。しかし、基本書式のように記述順序と型は仮引数に合わせる必要があります。

このように**関数の仮引数は、呼び出される毎に実引数が仮引数にコピーされてから実行されるので、毎回の関数呼出し毎に実行する引数値は異なる**ことになります。

呼び出された関数が終了する際、処理結果のデータを呼び出し側に戻して処理を続行させたい場合には、次の書式で「戻り値」として記述します。そしてこの戻り値の型を関数の前に記述します。戻り値がないときは型にvoidを使います。

【書式】return (式);　　　( )は省略可能

このreturn文は戻り値がないときには省略しても構いません。また、関数の中に何回return文があっても構いませんが、構造化プログラミングの出口は1つという原則に反することになるのと、実際にわかりにくいプログラムになるので、1箇所だけにするよう心がけることが大切です。

しかし、return文が戻り値として( )内に記述できるのは1つだけです。そのためどうしても関数からの結果を返すのが難しくなってしまいます。このようなときには、グローバル変数として共用の変数を使う方法と、ポインタで返す方法と、関数を一緒にまとめてしまう方法がありますが、どの方法にするかは、十分考える必要があります。基本的には、**あまり大きな関数にはしない**ということです。

6-3 関数のプロトタイピング

コンパイラに対して、関数の型を宣言するプロトタイピングの方法について説明します。

6-3-1 プロトタイピングとその書式

C言語のプログラムは、複数のファイルで構成し、関数を色々なモジュールから使うことになります。このとき引数や戻り値を持つ関数の場合、呼び出して使う側と、呼び出される関数との間で、データ型や引数の数が合わない場合、コンパイル時にエラーとして検出できるようにする必要があります。

関数が実際に記述されている前のほうでその関数を使っているような場合、あるいは関数とその関数を使うプログラムが別ファイルになっているような場合、コンパイルする時点でエラーとして発見できるようにするため、「**プロトタイプ宣言**」(**プロトタイピング**)を各ファイルの宣言部に記述します。

このプロトタイプ宣言とは、**関数の型だけを定義したもの**で、C言語の基本構成のmain関数より前の宣言部に置くようにします。プロトタイプ宣言の書式は次のようにします。これは関数書式の最初の行にセミコロンを付けたものになっています。

【書式】 データ型　関数名(型 仮引数名, 型 仮引数名,･･･);

こうしてコンパイラに対して、関数の使い方をあらかじめ知らしめることで、プログラム中で関数呼び出しの記述があったときとき、コンパイラが戻り値や引数の型をチェックできますから、合っていなければコンパイルエラーとして検出できることになります。

6-3-2 プロトタイピングの例

簡単なプロトタイピングの実際例がリスト6-3-1 (a) とリスト6-3-1 (b) です。これはswitch文の章のステートマシン(Switch2)の例なのですが、入出力モードの初期設定とUSARTの初期設定、さらに低レベル入出力関数をサブ関数としてリスト6-3-1 (a) の後半のようにmain関数より後に記述しています。そしてメイン関数からこれらのサブ関数を呼んでいるのですが、関数記述より先に使っていますから、このままだとコンパイルエラーとなってしまいます。

そこで、リスト6-3-1 (b) のように宣言部にサブ関数の書式部だけを記述したプロトタイプを記述します。こうすれば、コンパイラは関数の呼び方が正しいかどうかのチェックができますから、正常にコンパイルが終了します。このようなプロトタイプの記述部を関数プロトタイピングと呼んでいます。

リスト 6-3-1 (a) 関数プロトタイピングの例 (Proto)

```
/******** メイン関数 *************/
void main(void) {
    IOInit();                       //  入出力モード設定
    USARTInit();                    // USART設定
    /* ステート変数初期化 */
    State = 0;                      // ステートリセット
    /**** メインループ ****/
    while(1){
        putch('¥r');                // 復帰
        putch('¥n');                // 改行
        putch('>');                 // プロンプト
        data = getch();             // 1文字入力
        putch(data);                // エコー出力
        switch(State){              // State値で分岐
            case 0:                 // ステート0の場合
                if(data == 'a')     // a入力
                    State++;        // ステート1にする
                break;
            case 1:                 // ステート1の場合
                if(data == 'b')     // b入力
                    State++;        // ステート2にする
                else
                    State = 0;      // ステートリセット
                 break;
            case 2:                 // ステート2の場合
                if(data == 'c')     // c入力
                {
                    LATA = 0x38;    // LED点灯
                    __delay_ms(1000);  // 1秒遅延
                    LATA = 0;       // LED消灯
                    State = 0;      // ステートリセット
                }
                break;
            default :               // その他の場合
                break;              // 何もしない
        }
    }
}
/*********************************
 * 入出力モード初期化
 *********************************/
void IOInit(void){
    /* 入出力モード設定 */
    ANSELA = 0;                     // すべてデジタル
    ANSELC = 0;                     // すべてデジタル
    TRISA = 0x07;                   // RA0,1,2のみ入力
    TRISC = 0x80;                   // RXのみ入力
    WPUA = 0x07;                    // RA0,1,2 プルアップ
}
/*********************************
 * USART初期化サブ関数
 *********************************/
void  USARTInit(void){
    /* USART1初期化 */
    RXPPS = 0x17;                   // RX to RC7 pin
```

```
    RC6PPS = 0x10;                          // TX to RC6 pin
    BAUD1CON = 0x08;                        // SPBRG 16bit Mode
    RC1STA = 0x90;                          // Async 8bit
    TX1STA = 0x24;                          // Async 8bit
    SP1BRGL = 0x40;                         // 9600bps
    SP1BRGH = 0x03;                         // 9600bps
}
/*********************************
 *   低レベル入出力関数の上書き
 *********************************/
void putch(unsigned char Data){
    while(!TX1STAbits.TRMT);                // 送信レディ待ち
    TX1REG = Data;                          // データ送信
}
unsigned char getch(void){
    while(PIR3bits.RCIF == 0);
    return(RC1REG);
}
```


リスト 6-3-1（b） 関数プロトタイピングの例 （Proto）


```
/**********************************************
 * C言語入門    Proto.c
 *   第2部  第6章  関数プロトタイピングの例
 **********************************************/
#include <xc.h>
/* コンフィギュレーション設定 */
#pragma config FEXTOSC = OFF, RSTOSC = HFINTPLL, WDTE = OFF, LVP = OFF
/** 変数の定義 **/
#define _XTAL_FREQ  32000000
int State;
unsigned char data;

/** 関数プロトタイピング **/
void IOInit(void);
void  USARTInit(void);
void putch(unsigned char Data);
unsigned char getch(void);
```

関数プロトの記述部

6-4 アセンブリ言語との共存

MPLAB XC8コンパイラはアセンブリ言語との共存をサポートしています。C言語プログラムの中でアセンブリプログラムを記述する方法には次の2通りがあります。

- アセンブラ部を別のモジュールとしてコンパイル時に組み込む方法
- Cプログラムの中にインラインアセンブラコードとして組み込む方法

6-4-1 アセンブラコードを別モジュールとする方法

アセンブラ部を拡張子が「.as」か「.asm」という**独立のソースファイルとして作成し、プロジェクトのソースファイルとして登録して組み込む**ことができます。

Cプログラムから呼び出すことができるアセンブラソースファイルを作成する場合には、次の条件を守る必要があります。

① アセンブラコード内でSFRを使う場合には、<xc.inc>というファイルを最初にインクルードする必要があります。これでアセンブラでもSFRを名前で扱うことができます。
②アセンブラコードを配置するセクションを`PSECT`を使って新規作成するか、プログラムセクションに配置する必要があります。
③アセンブラルーチンの名前にはアンダースコアを先頭に付ける必要があります。このルーチン名はグローバルとしてどこからアクセスされてもよいようにします。
④引数と戻り値は1バイトの変数に限定する必要があります。それ以上の変数はグローバル変数として共用するようにします。
⑤データのアクセスにはバンク切り替えを忘れないようにする必要があります。

実際のアセンブラで作成した関数例がリスト6-4-1となります。この例は、PORTAをいったんクリアしてからPORTAに引数で渡されたデータを出力し、次にPORTAの現在状態を戻り値として戻しています。

最初に<xc.inc>をインクルードしてSFRが使えるようにしています。次に`_add`という関数名をグローバル扱いとし、`SIGNAT`疑似命令でリンカに対して、この関数の`Signature`といわれる値を通知しています。`Signature`とはリンカに対し、アセンブラ関数がどのような型を持つかを通知するもので16ビットの数値で表します。この`4217`という数値で、この関数が1個の`char`型の引数で1個の`char`型の戻り値を持つことを知らしめます。

次に`PSECT`疑似命令で配置するセグメントを指定しています。名称が`mytext`で、`local`つまり唯一で他には同じ名称のものはなく、コードを格納するクラスで、2バイト単位のコードであることを指定しています。

アセンブラプログラムを作る際の詳細や、SIGNAT疑似命令、PSECT疑似命令のさらなる詳細については、マイクロチップ社から提供されている「MPLAB_XC8_C_Compiler_User_Guide」の「第6章 Macro Assembler」の章を参照して下さい。

リスト 6-4-1　アセンブラプログラム例　(GetPort)

```
;***********************************
;* アセンブラルーチン例    GetPort
;*   PORTAに出力し
;*   さらにPORTAの状態を返す
;***********************************
#include <xc.inc>

GLOBAL  _add                     ; _addをグローバル関数とする
SIGNAT _add, 4217                ; リンカへ呼び出し方法指定

;セクション指定
PSECT mytext, local, class=CODE, delta=2
;***** アセンブラルーチン ****
_add:
    BANKSEL    (PORTA)           ; PORTAのバンクアドレス取得
    CLRF       BANKMASK(PORTA)   ; PORTA全クリア
    MOVWF      BANKMASK(PORTA)   ; WREGをPORTAへ出力
    ADDWF      BANKMASK(PORTA), W ; PORTAをWREGへ取得
    RETURN                       ; WREGを返す
```

デジタル演習ボードのPORTAは図6-4-1のように使われていますから、このアセンブラコードで、引数で渡されたデータでLEDを点灯し、戻り値でスイッチ状態を返すことができます。

●図6-4-1　デジタル演習ボードのPORTA

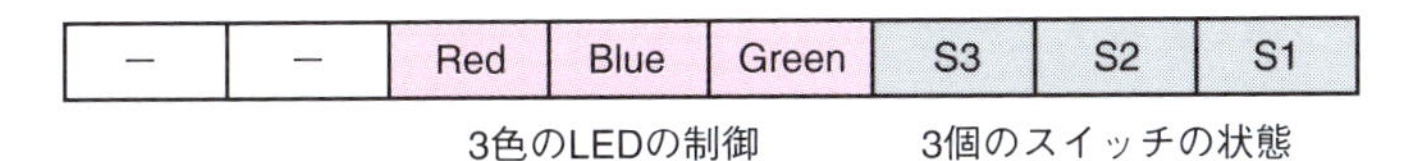

このアセンブラプログラムを実際に使ったCのプログラム例がリスト6-4-2となります。

アセンブラソースとこのCプログラムソースの2つをプロジェクトのソースファイルに登録してからコンパイルします。これで実行可能なオブジェクトが生成されますから、デジタル演習ボードに書き込んで実行します。

このプログラム実行すると、S1、S2、S3のスイッチを押すと対応するLEDが点灯し、スイッチをオフにすると消灯します。対応はビットの並び順になるのでS1→Green、S2→Blue、S3→Redとなります。

リスト 6-4-2 アセンブラを使ったCのプログラム例(Assembler1)

```
/*****************************************
 * アセンブラとの共存 Assembler1
 * 第2部 第6章   独立ファイルの例
 *****************************************/
#include <xc.h>
/* コンフィギュレーション設定 */
#pragma config FEXTOSC = OFF, RSTOSC = HFINTPLL, WDTE = OFF, LVP = OFF
/** アセンブラルーチンの外部宣言 **/
extern unsigned char add(unsigned char a);
/** グローバル変数定義 **/
volatile unsigned char result;

/******* メイン関数 ********/
void main(void) {
    /* 入出力モード設定 */
    ANSELA = 0;             // すべてデジタル
    LATA = 0;               // 全消灯
    TRISA = 0x07;           // RA0,1,2のみ入力
    WPUA = 0x07;            // RA0,1,2のみプルアップ

    /******* メインループ ********/
    while(1)
    {
        result = add((unsigned char)(~result << 3));
    }
}
```

6-4-2 インラインアセンブル

もう1つのアセンブラを組み込む方法として、MPALB XC8ではC言語記述のプログラムの任意の場所に、**インラインでアセンブラ命令を挿入できます**。

インラインでアセンブラ命令を挿入する方法にも、次の2つの方法が用意されています。

- #asmと#endasmで挟んで複数命令を記述する方法
- asm()で1命令ずつ挿入する方法

1 #asmと#endasmを使う方法

#asmと#endasmの行の間にアセンブラの命令を複数個記述できます。

実際の例で示すとリスト6-4-3のようになります。この例はリスト6-2-2と同じことをインライン形式に書き換えたものです。

バンクの動作の確認のため、result変数をあえてバンク2に指定して宣言しています。

Cの変数をアセンブラで使う場合には、変数名の先頭にアンダーバーを追加します。

リスト 6-4-3 インラインアセンブラの使用例 (Assembler2)

```
/******************************************
 * アセンブラとの共存 Assembler2
 * 第2部 第6章
 *   インラインアセンブル #asm、#endasm
 *****************************************/
#include <xc.h>
/* コンフィギュレーション設定 */
#pragma config FEXTOSC = OFF, RSTOSC = HFINTPLL, WDTE = OFF, LVP = OFF

/** グローバル変数定義 **/
volatile unsigned char result @ 0x130;  // バンク2に配置

/******* メイン関数 ********/
void main(void) {
    /* 入出力モード設定 */
    ANSELA = 0;                         // すべてデジタル
    LATA = 0;                           // 全消灯
    TRISA = 0x07;                       // RA0,1,2のみ入力
    WPUA = 0x07;                        // RA0,1,2のみプルアップ

    /******* メインループ ********/
    while(1)
    {
    #asm
        BANKSEL     (PORTA)             ; PORTAのバンクアドレス取得
        CLRF        BANKMASK(PORTA)     ; PORTA全クリア
        MOVWF       BANKMASK(PORTA)     ; WREGをPORTAへ出力
        ADDWF       BANKMASK(PORTA),W   ; PORTAをWREGへ
        BANKSEL     (_result)           ; resultのバンクアドレス取得
        MOVWF       BANKMASK(_result)   ; resultにWREG代入
    #endasm
        /** LED制御 **/
        PORTA = (unsigned char)(~result << 3);
    }
}
```

2 asm()

このasmという特別な構文によりアセンブラ命令の記述が可能となります。括弧の中には""で囲んだ中に通常のアセンブラ記述を挿入します。レジスタ名などはC言語の場合と同じです。

実際にインラインアセンブルを使う場面は、非常に処理時間が厳しい場合や、シーケンスやタイミングがシビアで特定の順序が必要な場合などです。

実際の例をリスト6-4-4に示します。これもリスト6-4-3と同じことを書き換えたものです。result变数は自動配置でバンク0に配置されます。

リスト 6-4-4 インラインアセンブラの使用例 （Assembler3）

```
/*****************************************
 * アセンブラとの共存 Assembler3
 * 第2部 第6章
 *   インラインアセンブル asm()
 *****************************************/
#include <xc.h>
/* コンフィギュレーション設定 */
#pragma config FEXTOSC = OFF, RSTOSC = HFINTPLL, WDTE = OFF, LVP = OFF

/** グローバル変数定義 **/
volatile unsigned char result;

/******* メイン関数 ********/
void main(void) {
    /* 入出力モード設定 */
    ANSELA = 0;             // すべてデジタル
    LATA = 0;               // 全消灯
    TRISA = 0x07;           // RA0,1,2のみ入力
    WPUA = 0x07;            // RA0,1,2のみプルアップ

    /******* メインループ ********/
    while(1)
    {
        asm("BANKSEL   PORTA");
        asm("CLRF     PORTA");
        asm("MOVWF   PORTA");
        asm("ADDWF   PORTA,W");
        asm("BANKSEL   _result");
        asm("MOVWF   _result");
        /** LED制御 **/
        PORTA = (unsigned char)(~result << 3);
    }
}
```

第2部 C言語プログラミングの基礎

第7章 配列とポインタ

C言語で同じ型のデータをまとめて扱う場合には配列を使います。文字列もこの配列で扱われます。配列のアクセスにはインデックスで扱う場合と、ポインタを使って扱う場合があります。これらの配列とポインタの使い方について説明します。

7-1 配列（array）とは

配列（**array**）**は同じ種類のデータを同じ型でまとめて扱いたいときに使います。**つまり配列は同じ型の集まりで、多くのデータをまとめて一度に宣言でき、変数名に添え字を付けることで個々にアクセス可能になり、プログラムで扱うのも簡単になります。

7-1-1 配列の書式

配列はいくつかの同じ型のデータを集めたもので、その名前を配列名として宣言した変数名で扱います。その配列名の宣言の書式は次のようにします。

【書式】
```
データ型　配列名[要素数];                    // 1次元配列の場合
データ型　配列名[2次要素数][1次要素数];      // 2次元配列の場合
```

実際に定義する記述は次のようにします。

【例】
```
int  data[4];
int  table[5][5];
```

上記で宣言した配列を実際に使うときの指定方法は次のような書式とします。

【書式】
```
配列名[要素番号]
配列名[2次要素番号][1次要素番号]
```

実際に記述した例は次のようになります。例のように配列は要素番号を使ってfor文などの繰り返しを記述するのに便利に使えます。

【例】
```
data[2] = 18;
table[1][2] = 10;
for (i=0; i<8; i++)
    data[i] = value * i;
```

上記のように、同じ型の変数を何個集めるかを要素数で宣言し、実際に使うときには、何番目の変数かを要素番号（**添字**、**インデックス**とも呼ばれる）で指定して行います。配列そのものの型は定義すれば何でも構いませんが、配列の要素番号は通常int型で扱います。

ここで注意が必要なことは、**要素番号は「0」から始めるので、要素数と比べると1つ少ない数となります。**つまり、int data[5];で5個の要素を持つ配列を宣言したとすると、data[0]からdata[4]が各要素となります。

配列の初期値を設定するためには、次のような書式とします。2次元の配列の初期化は、{ }の中で、

1次要素の数だけ初期値を定義し、それを2次要素数だけ繰り返して全体を{ }で囲んで定義します。要素ごとをカンマで区切り、最後にはセミコロンが必要です。

```
【書式】データ型　配列名[要素数] = {定数, 定数, ･･･ , 定数};

　　　　データ型　配列名[2次要素数m][1次要素数n] =
　　　　　　　{
　　　　　　　　{定数0, 定数1, ････ , 定数n} ,
　　　　　　　　{定数0, 定数1, ････ , 定数n} ,   m行
　　　　　　　　　......
　　　　　　　　{定数0, 定数1, ････ , 定数n}
　　　　　　　};
```

実際の記述例は次のようになります。

```
【例】　int data[10] = {10, 11, 12, 13, 14, 15, 16, 17, 18, 19};
　　　　int table[4][3] = {
　　　　　　　{1, 2, 3},
　　　　　　　{4, 5, 6},
　　　　　　　{7, 8, 9},
　　　　　　　{11,12,13}
　　　　　　　};
```

この例の1次元配列､2次元配列のメモリへの実際の格納順序は図7-1-1のようになります。まず、1次元の場合には､図7-1-1(a)のように要素の若い順にメモリのアドレス順に並んで格納されます。このとき､要素0が最も若いアドレスに配置され､あとは要素順に並びます。実際のアドレスはデータの型によりサイズが異なるので、サイズ単位でアドレスが増えていきます。

2次元配列の場合には、図7-1-1 (b)のように2次要素が0のものが、1次要素順に並んでアドレス順にメモリに格納され、次に2次要素が1のものが並ぶという順序になります。

さらにいずれの場合にも、配列名の要素記号の[ ]を取った配列名だけで表現したときには、その配列の格納先頭アドレスを指し示すポインタ、つまりメモリアドレスとなることになっています。

●図7-1-1　配列のメモリ格納順序

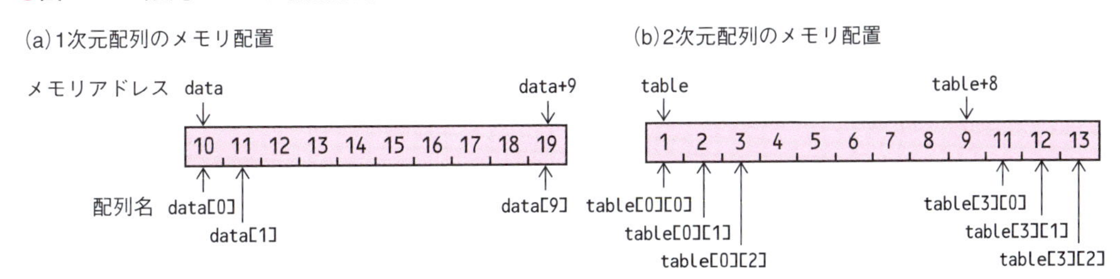

7-1-2 配列の実際の使い方

配列を使うと、要素番号を変数とすれば、**要素番号の変数をインクリメント演算子などで順次増やして行けば、順番に配列の中身を取り出すことができる**ので、繰り返しのプログラムで扱うことが容易になります。

配列の使い方を次のような実際の例で見てみます。この例では、表計算ソフトのように、横4列、縦3列の縦横の合計を計算して配列に格納します。

【例題】 下記表の小計と合計を計算する

11	22	33	44	小計
55	66	77	88	小計
10	20	30	40	小計
小計	小計	小計	小計	合計

この例題を実現した実際のプログラムがリスト7-1-1となります。最初の初期設定で上記の表を2次元配列として定義するようにしています。行単位で初期値を入力し、小計欄、合計欄は0としています。

次に、合計計算は`i`と`j`という変数を使って`for`文により、まず横の小計の計算をし、次に縦の小計と合計を計算して配列データ内に格納しています。

リスト 7-1-1 配列の使用例（Array）

```
/***********************************************
 * C言語入門 データ宣言、配列 Array.c
 *  第2部 第7章
 ***********************************************/
#include <xc.h>

/*** 定数宣言 ***/
unsigned int sheet[4][5] = {
    {11,22,33,44,0},
    {55,66,77,88,0},
    {10,20,30,40,0},
    {0,0,0,0,0}
};
unsigned int i, j;
/******** メイン関数 ************/
void main(void) {
    /* 横の小計計算 */
    for(i=0; i<3; i++){
        for(j=0; j<4; j++){
            sheet[i][4] += sheet[i][j];
        }
    }
    /* 縦の小計と合計の計算 */
    for(i=0; i<5; i++){
        for(j=0; j<3; j++){
```

```
            sheet[3][i] += sheet[j][i];
        }
    }
    /**** メインループ ****/
    while(1){
    }
}
```

このプログラムをMPLAB X IDEのシミュレーションモードで動作させたときの計算結果をWatch窓で表示させたデータが図7-1-2となります。このWatch窓では**sheet**の横の列ごとにまとめて表示されていて、各列の最後が小計となります。また一番下の**sheet[3]**が小計と合計の欄になります。

●図7-1-2　計算結果

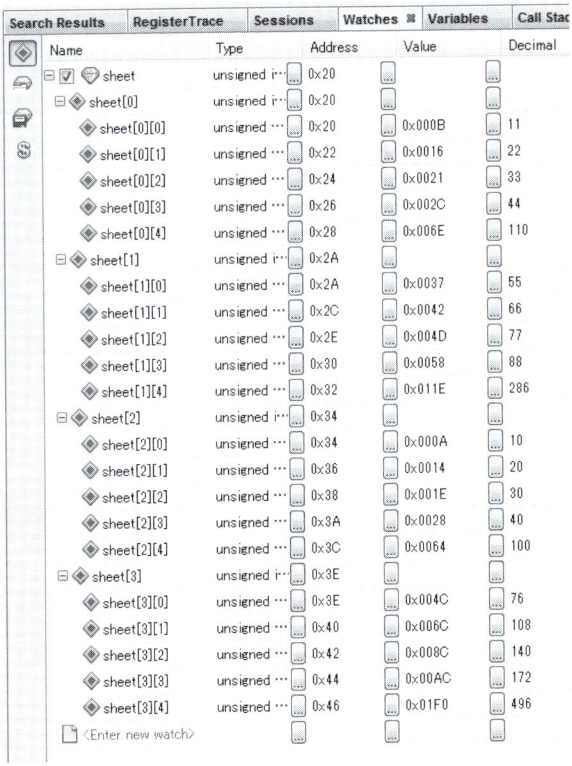

Search Results | RegisterTrace | Sessions | Watches | Variables | Call Stac

Name	Type	Address	Value	Decimal
sheet	unsigned i…	0x20		
sheet[0]	unsigned i…	0x20		
sheet[0][0]	unsigned …	0x20	0x000B	11
sheet[0][1]	unsigned …	0x22	0x0016	22
sheet[0][2]	unsigned …	0x24	0x0021	33
sheet[0][3]	unsigned …	0x26	0x002C	44
sheet[0][4]	unsigned …	0x28	0x006E	110
sheet[1]	unsigned i…	0x2A		
sheet[1][0]	unsigned …	0x2A	0x0037	55
sheet[1][1]	unsigned …	0x2C	0x0042	66
sheet[1][2]	unsigned …	0x2E	0x004D	77
sheet[1][3]	unsigned …	0x30	0x0058	88
sheet[1][4]	unsigned …	0x32	0x011E	286
sheet[2]	unsigned i…	0x34		
sheet[2][0]	unsigned …	0x34	0x000A	10
sheet[2][1]	unsigned …	0x36	0x0014	20
sheet[2][2]	unsigned …	0x38	0x001E	30
sheet[2][3]	unsigned …	0x3A	0x0028	40
sheet[2][4]	unsigned …	0x3C	0x0064	100
sheet[3]	unsigned i…	0x3E		
sheet[3][0]	unsigned …	0x3E	0x004C	76
sheet[3][1]	unsigned …	0x40	0x006C	108
sheet[3][2]	unsigned …	0x42	0x008C	140
sheet[3][3]	unsigned …	0x44	0x00AC	172
sheet[3][4]	unsigned …	0x46	0x01F0	496
<Enter new watch>				

7-2 文字列の扱い

C言語では文字と文字列は明確に区別されています。文字は基本データの1つですが、文字列は基本データには含まれていませんし、文字列に対する演算子もありません。

つまり、1文字の扱いはchar型で容易に処理できますが、文字が並んだ「文字列」を指定するデータ型はありません。そこで、このような**文字列は、配列データとして格納する**ようになっています。つまりchar型の配列として扱われることになります。

しかも、初期化と同じ書式で文字列を定数データとして確保できます。その書式は下記のようにします。文字列を「" "」で囲むだけです。文字列が長い場合には改行で区切って複数行に分けて書くことができます。ただしコンパイラはWarningを出力します。

【書式】
```
char  配列名[要素数] = "文字列"
char  配列名[要素数] = "文字列1"
                      "文字列2";       // 文字列1+文字列2の連続文字列で扱う
```

この書式では**要素数を省略することが可能**で、その場合には、文字列の文字数+1個の配列要素が自動的に確保されます。これは**文字列の最後に0x00が自動的に追加されて、終わりを示す**ようになっているためです。これにより可変長の扱いになり、配列の要素数がなくてもよいようになっています。

【例1】 1次元の文字列の例
```
char string[ ] = "Hello!!"
```
この場合には配列として下記のように確保されます。
```
string[0] = 'H' string[1] = 'e' string[2] = 'l' string[3] = 'l'
string[4] = 'o' string[5] = '!' string[6] = '!' string[7] = 0
```

この例のように文字列を配列にすると最後に必ず「0x00」のデータが追加されます。したがって要素数は文字数+1文字分となります。この0x00によって配列データの最後を知ることができます。

【例2】 2次元の文字列の例
```
char week[7][4] = {{"Sun"}, {"Mon"}, {"Tue"}, {"Wed"}, {"Thu"}, {"Fri"}, {"Sat"}};
```
2次元配列で文字列を定義する場合には**要素数を省略できません。**

このように文字列を定義した場合、メモリ内への格納は図7-2-1のようになります。例1の1次元の場合のメモリ配置は図7-2-1(a)のように単純に要素0から若いアドレス順に並べて格納されます。例2の2次元配列の場合のメモリへの格納は図7-2-1(b)のようになり、文字列ごとに0x00が追加されます。

●図7-2-1 文字列配列のメモリ配置

(a) 1次元の文字列配列のメモリ配置

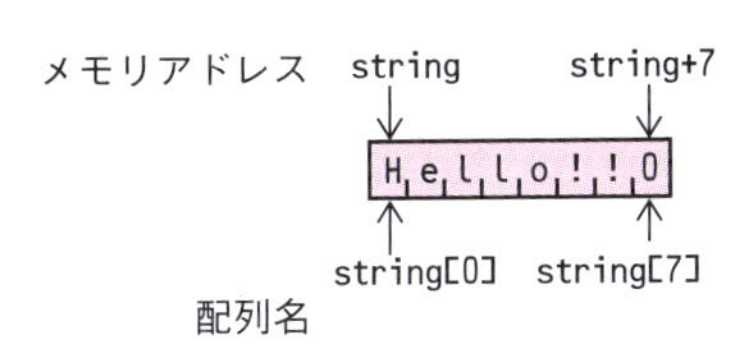

(b) 2次元の文字列配列のメモリ配置

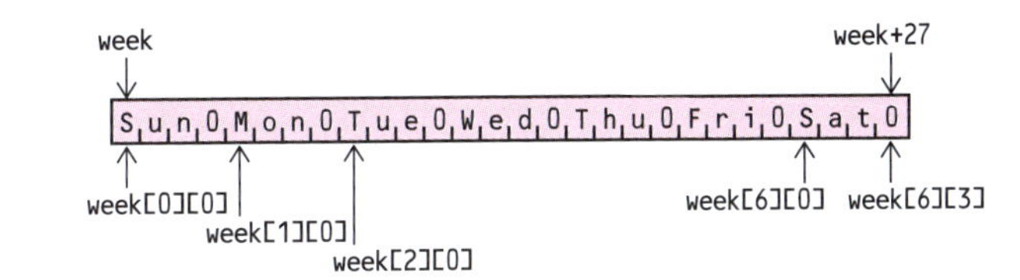

実際のプログラムでこれらを試してみたのがリスト7-2-1です。このプログラムは、文字列の文字数をカウントして1次元の文字列の文字数をcounter1とcounter2に、2次元の文字列の文字数をcount配列変数に格納します。曜日はconst修飾を追加してプログラムメモリ領域に確保するようにしています。

MPLAB X IDEのシミュレータで実行した結果の値をWatch窓で表示したのが図7-2-2です。

リスト 7-2-1　文字列の使用例（String）

```
/***********************************************
 * C言語入門　文字列、配列 String.c
 *　 第2部　第7章
 ***********************************************/
#include <xc.h>

/*** 定数宣言 ***/
char string[] = "Hello!";
char longstr[] = "My Name is "
                 "Tetsuya Gokan";
const char week[7][4] ={
    {"Sun"}, {"Mon"}, {"Tue"}, {"Wed"}, {"Thu"}, {"Fri"}, {"Sat"}
};
unsigned int i,j, counter1, counter2, count[7];
/******** メイン関数 *************/
void main(void) {
    while(string[i++] != 0){        // 0x00まで繰り返し
        counter1++;                 // 文字数カウントアップ
    }
    while(longstr[j++] != 0){       // 0x00まで繰り返し
        counter2++;                 // 文字数カウントアップ
    }
    for(i=0; i<7; i++){             // 7曜日繰り返し
        j = 0;                      // インデックスリセット
        while(week[i][j++] != 0){   // 0x00まで繰り返し
            count[i]++;             // 文字数カウントアップ
        }
    }
    /**** メインループ ****/
    while(1){
    }
}
```

このプログラム例の文字数カウント結果が図7-2-2 (a) で、counter1は6文字、counter2が24文字、countは7組ともすべて3文字の文字数をカウントしていますから、正しい結果です。コンパイル時には、longstrに対して「分離されている」という警告が出ますが、正常にデータは確保されています。

このときデータメモリには図7-2-2 (b) のように「My Name is Tetsuya Gokan」が0x0020番地から、「Hello!」が0x0039番地から格納されています。プログラムメモリには図7-2-2 (c) のように、0x0800番地から曜日のデータがアセンブラ命令のRETLW命令(34xx)で1文字ずつ格納されているのがわかります。この格納番地はコンパイラが自動的に決定します。

●図7-2-2 実行結果

(a) カウンタの内容

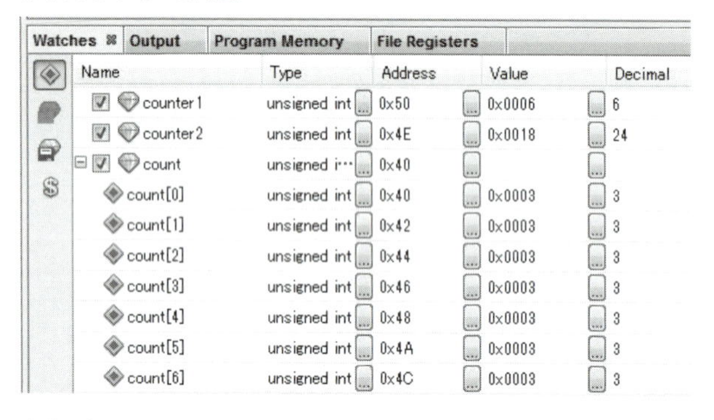

Watches | Output | Program Memory | File Registers

Name	Type	Address	Value	Decimal
counter1	unsigned int	0x50	0x0006	6
counter2	unsigned int	0x4E	0x0018	24
count	unsigned i…	0x40		
count[0]	unsigned int	0x40	0x0003	3
count[1]	unsigned int	0x42	0x0003	3
count[2]	unsigned int	0x44	0x0003	3
count[3]	unsigned int	0x46	0x0003	3
count[4]	unsigned int	0x48	0x0003	3
count[5]	unsigned int	0x4A	0x0003	3
count[6]	unsigned int	0x4C	0x0003	3

(b) データメモリの内容

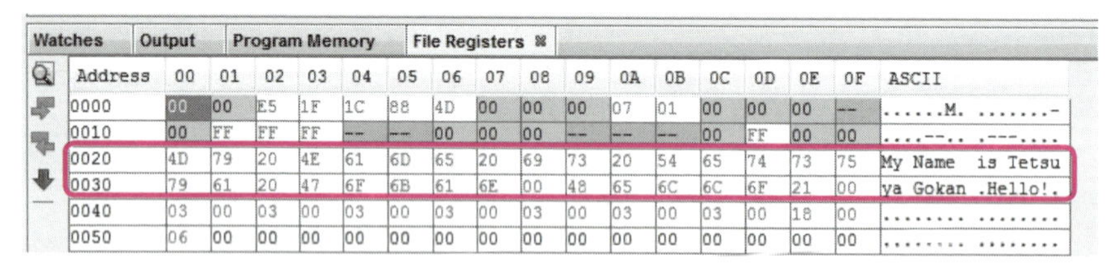

Watches | Output | Program Memory | File Registers

Address	00	01	02	03	04	05	06	07	08	09	0A	0B	0C	0D	0E	0F	ASCII
0000	00	00	E5	1F	1C	88	4D	00	00	00	07	01	00	00	00	--	......M. ....-
0010	00	FF	FF	FF	--	--	00	00	00	--	--	--	00	FF	00	00	....--.. .---....
0020	4D	79	20	4E	61	6D	65	20	69	73	20	54	65	74	73	75	My Name is Tetsu
0030	79	61	20	47	6F	6B	61	6E	00	48	65	6C	6C	6F	21	00	ya Gokan .Hello!.
0040	03	00	03	00	03	00	03	00	03	00	03	00	03	00	18	00	....
0050	06	00	00	00	00	00	00	00	00	00	00	00	00	00	00	00	....

(c) プログラムメモリの内容

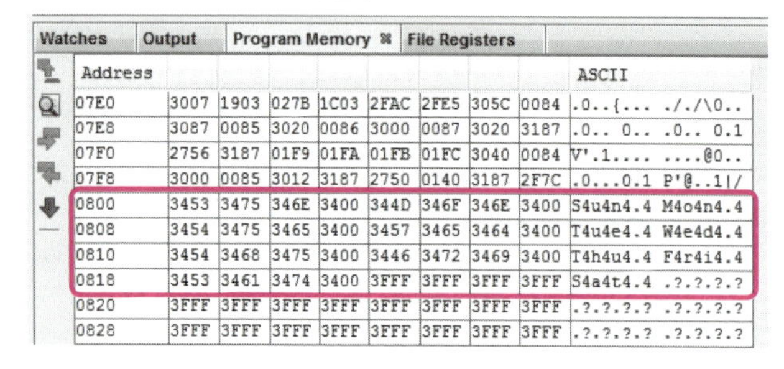

Watches | Output | Program Memory | File Registers

Address									ASCII
07E0	3007	1903	027B	1C03	2FAC	2FE5	305C	0084	.0..{... ././\0..
07E8	3087	0085	3020	0086	3000	0087	3020	3187	.0.. 0.. .0.. 0.1
07F0	2756	3187	01F9	01FA	01FB	01FC	3040	0084	V'.1.... ....@0..
07F8	3000	0085	3012	3187	2750	0140	3187	2F7C	.0...0.1 P'@..1|/
0800	3453	3475	346E	3400	344D	346F	346E	3400	S4u4n4.4 M4o4n4.4
0808	3454	3475	3465	3400	3457	3465	3464	3400	T4u4e4.4 W4e4d4.4
0810	3454	3468	3475	3400	3446	3472	3469	3400	T4h4u4.4 F4r4i4.4
0818	3453	3461	3474	3400	3FFF	3FFF	3FFF	3FFF	S4a4t4.4 .?.?.?.?
0820	3FFF	3FFF	3FFF	3FFF	3FFF	3FFF	3FFF	3FFF	.?.?.?.? .?.?.?.?
0828	3FFF	3FFF	3FFF	3FFF	3FFF	3FFF	3FFF	3FFF	.?.?.?.? .?.?.?.?

7-3 ポインタの使い方

C言語では「**ポインタ**」と呼ばれるものをよく使います。**ポインタとは実質の中身はメモリアドレス**となっていて、このアドレスを使って間接的にデータを読み出したり、関数を起動したりできます。

なぜこのポインタがよく使われるかを説明しましょう。例えばメモリ内にたくさんのデータが順番に格納されているとき、この中からデータを取り出すとすると、何番目のデータという方法で指定した場合には、内部的には格納されている場所のメモリアドレスを計算してからデータを取り出すことになります。

しかし、ポインタつまりメモリアドレスで指定すれば、ポインタが直接アドレスを表している訳ですから、**アドレスの計算が不要になり、その分だけ高速にアクセスできる**ことになります。特にデータ数が多い場合にはこの差が明確になって現れます。このためにC言語のプログラムではポインタがよく使われています。

このポインタは、C言語のプログラミングの急所です。これが間違いなく理解できれば、C言語はマスタしたといってもよいでしょう。このポインタのメカニズムの詳細をコラムで説明しているので参考にして下さい。

7-3-1 ポインタ変数

まず、データを扱うポインタについて説明します。このポインタを格納するポインタ変数は下記のような書式で定義します。

【書式】 データ型　*変数名;

通常の変数の宣言との違いはアスタリスク「*」があることで、これでポインタ変数であることを明確にしています。この場合の*は単なる記号で演算子ではありません。例えば下記のようにポインタ変数を宣言したとします。

```
char  *ptr;
```

この宣言は、変数ptrが、char型のデータをアクセスするためのポインタ変数であることを表しています。この場合、変数名はptrであって*ptrではありませんし、ptrはchar型の変数ではありません。ptr自身のデータ長は8ビットか16ビットで、さらにPIC18ファミリでは24ビットがあり、コンパイラが最適なサイズを選択します。

この宣言だけでは、ptrには値が何も入らないので、**ポインタ変数の初期化**を行う必要があります。つまりこのポインタ変数に何らかの実際のアドレス値を代入する必要があります。そのためには「&演算子」を用い下記のようにします。

```
ptr = &data;
```

この初期化は宣言と同時に下記のように記述しても構いません。

```
int  *ptr  =  &data;
```

このように「&」を変数名の直前に付けると、その変数の格納されているアドレスを返します。したがって上記では、int型のdataが格納されているアドレス値がptrに代入されることになります。

今度は逆に、アドレスが示す場所のデータを取り出すためには、「*演算子」を使い、下記のようにします。

```
x = *ptr;
```

この場合には、ptrが持つアドレスが指し示している場所の中身のデータを取り出してxに代入します。ただし、この場合正しく代入されるようにするためには、格納されているデータの型と、xの型が同じであることが必要です。

さらにポインタを便利に使えるように、インクリメント演算子(++)やデクリメント演算子(--)による計算が、データ型に合わせてデータ型のバイト数単位で行われるようになっています。つまり、int型の配列を扱うときには、ポインタは2ずつ増減され、long型配列を扱うときには4ずつ増減され、double型のときは3または4ずつ増減するようになっています。

実際の例でこれらの関係を確かめてみましょう。リスト7-3-1が実際の例で、aとbという整数変数に対して、ptr_aとptr_bというポインタ変数を用意します。そしてこれらに対して&演算子と*演算子の結果を確認しています。同様にlong型とdouble型の例も試しています。

リスト 7-3-1 ポインタの使用例(Pointer1)

```
/**********************************************
 * C言語入門 ポインター Pointer1.c
 *   第2部 第7章
 **********************************************/
#include <xc.h>

/*** 変数宣言 ***/
int  a = 1, b = 2, *ptr_a, *ptr_b, g_a, g_b;      // int型の変数とポインタの宣言
longla, lb, *ptr_la, *ptr_lb, g_la, g_lb;         // long型の変数とポインタの宣言
double  fa, fb, *ptr_fa, *ptr_fb, g_fa, g_fb;     // double型の変数とポインタの宣言

/******** メイン関数 *************/
void main(void) {
    /* int型のデータ代入 */
    a = 1;              b = 2;                    // データ代入
    ptr_a = &a;         ptr_b = &b;               // ポインタアドレス代入
    g_a = *ptr_a;       g_b = *ptr_b;             // ポインタ中身取り出し
    /* long型のデータ代入 */
    la = 10101;         lb = 20202;               // データ代入
    ptr_la = &la;       ptr_lb = &lb;             // ポインタアドレス代入
    g_la = *ptr_la;  g_lb = *ptr_lb;              // ポインタ中身取り出し
    /* double型のデータ代入 */
    fa = 123.456;       fb = 456.789;             // データ代入
    ptr_fa = &fa;       ptr_fb = &fb;             // ポインタアドレス代入
```

```
    g_fa = *ptr_fa;  g_fb = *ptr_fb;            // ポインタ中身取り出し
    /**** メインループ ****/
    while(1){
    }
}
```

これを実行した結果が、図7-3-1で、変数a、bの&演算子で求めたポインタアドレスptr_aとptr_bが0x7B番地と0x79番地になっていることがわかりますし、*演算子を使って、その場所の内容がg_aとg_bで、確かにaとbと同じ値になっていることがわかります。その他のlong型、double型も同じですが、double型のポインタの値がおかしな値になっていますが、表現の仕方が異なるためで、中身は正しいアドレスとなっています。

●図7-3-1　実行結果

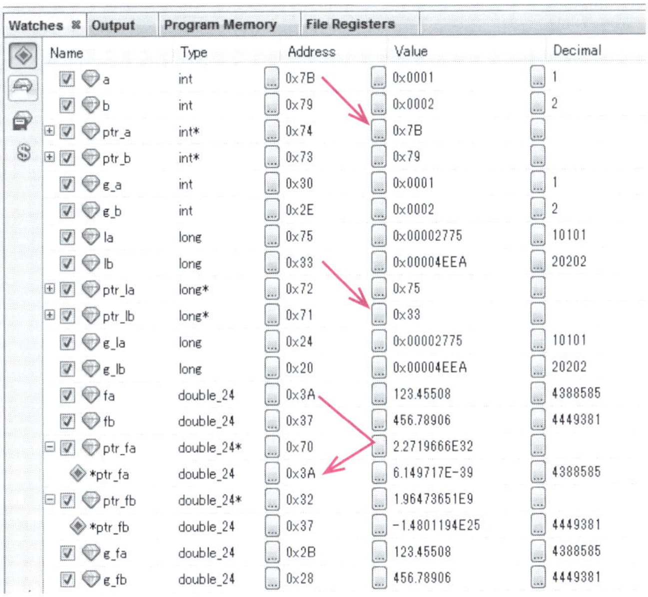

Watches | Output | Program Memory | File Registers

Name	Type	Address	Value	Decimal
a	int	0x7B	0x0001	1
b	int	0x79	0x0002	2
ptr_a	int*	0x74	0x7B	
ptr_b	int*	0x73	0x79	
g_a	int	0x30	0x0001	1
g_b	int	0x2E	0x0002	2
la	long	0x75	0x00002775	10101
lb	long	0x33	0x00004EEA	20202
ptr_la	long*	0x72	0x75	
ptr_lb	long*	0x71	0x33	
g_la	long	0x24	0x00002775	10101
g_lb	long	0x20	0x00004EEA	20202
fa	double_24	0x3A	123.45508	4388585
fb	double_24	0x37	456.78906	4449381
ptr_fa	double_24*	0x70	2.2719666E32	
*ptr_fa	double_24	0x3A	6.149717E-39	4388585
ptr_fb	double_24*	0x32	1.96473651E9	
*ptr_fb	double_24	0x37	-1.4801194E25	4449381
g_fa	double_24	0x2B	123.45508	4388585
g_fb	double_24	0x28	456.78906	4449381

7-3-2　配列とポインタ

配列はメモリ上に順番に格納されていますから、**ポインタで扱うには最も適したもの**になります。しかも、配列変数の配列名だけを指定すると、その配列の先頭アドレスを表すことになっているので、&演算子も不要になります。つまり、下記のようにすれば、配列のポインタが代入されることになります。

```
int     data[20];
int     *ptr;
ptr = data;          または  ptr = &data[0];
```

配列の要素順に内容を取り出すには、単にポインタをインクリメントするだけでよく、しかもインクリメント演算子やデクリメント演算子による増し分は、データ型に合わせてデータ型のバイト数単位で行われるようになっていますから、データ型のバイト数を気にしなくても済みます。

これを実際に利用した例をリスト7-3-2に示します。この例ではint型、long型、double型のそれぞれの配列とポインタを用意し、さらにアドレス値を取り出す配列をそれぞれのポインタ型で用意しています。そして、プログラムとして、アドレスの配列にポインタの値そのものをインクリメントしながら代入しています。

リスト 7-3-2 データポインタのインクリメント例(Pointer2)

```
/***********************************************
 * C言語入門 ポインター Pointer2.c
 *  第2部 第7章 ポインターのインクリメント
 ***********************************************/
#include <xc.h>

/*** 変数宣言 ***/
int     *ptr_data, data[5] = {1, 2, 3, 4, 5};
long    *ptr_ldata, ldata[5] = {0x1111, 0x2222, 0x3333, 0x4444, 0x5555};
double  *ptr_fdata, fdata[5] = {1.1, 1.2, 1.3, 1.4, 1.5};
unsigned int i;
int     *adrs[5];
long    *ladrs[5];
double  *fadrs[5];

/******** メイン関数 *************/
void main(void) {
    /* int型のデータ処理 */
    ptr_data = data;            // アドレス代入
    for(i=0; i<5; i++){
        adrs[i] = ptr_data++;   // ポインタインクリメント
    }
    /* long型のデータ処理 */
    ptr_ldata = ldata;          // アドレス代入
    for(i=0; i<5; i++){
        ladrs[i] = ptr_ldata++; // ポインタインクリメント
    }
    /* double型のデータ処理 */
    ptr_fdata = fdata;          // アドレス代入
    for(i=0; i<5; i++){
        fadrs[i] = ptr_fdata++; // ポインタインクリメント
    }
    /**** メインループ ****/
    while(1){
    }
}
```

これをMPLAB X IDEのシミュレータで実行した結果を、Watch窓で表示させたものが図7-3-2となります。

HexaDecimalの欄を見ると、いずれのポインタも1バイトで構成されていて、インクリメント演算である、ptr_data++、ptr_ldata++、ptr_fdata++で、確かにデータ型に従って、必要なバイト数分だけ増し分が実行されていることがわかります。つまり、ptr_dataは2ずつ、ptr_ldataは4ずつ、fptr_fdataは3ずつカウントアップしています。

●図7-3-2 実行結果

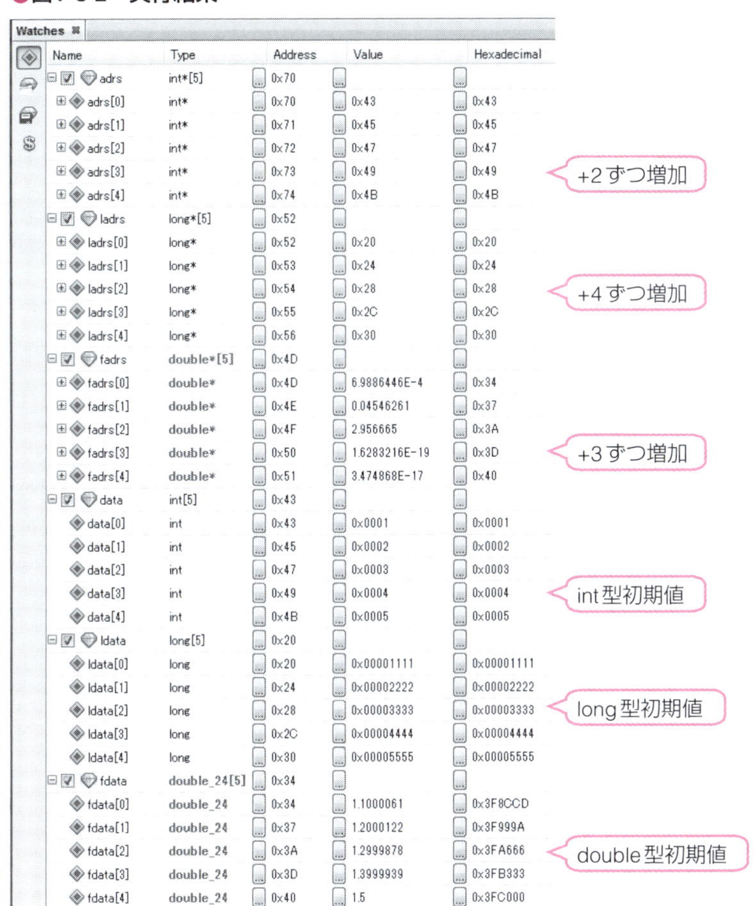

Watches

Name	Type	Address	Value	Hexadecimal
adrs	int*[5]	0x70		
adrs[0]	int*	0x70	0x43	0x43
adrs[1]	int*	0x71	0x45	0x45
adrs[2]	int*	0x72	0x47	0x47
adrs[3]	int*	0x73	0x49	0x49
adrs[4]	int*	0x74	0x4B	0x4B
ladrs	long*[5]	0x52		
ladrs[0]	long*	0x52	0x20	0x20
ladrs[1]	long*	0x53	0x24	0x24
ladrs[2]	long*	0x54	0x28	0x28
ladrs[3]	long*	0x55	0x2C	0x2C
ladrs[4]	long*	0x56	0x30	0x30
fadrs	double*[5]	0x4D		
fadrs[0]	double*	0x4D	6.9886446E-4	0x34
fadrs[1]	double*	0x4E	0.04546261	0x37
fadrs[2]	double*	0x4F	2.956665	0x3A
fadrs[3]	double*	0x50	1.6283216E-19	0x3D
fadrs[4]	double*	0x51	3.474868E-17	0x40
data	int[5]	0x43		
data[0]	int	0x43	0x0001	0x0001
data[1]	int	0x45	0x0002	0x0002
data[2]	int	0x47	0x0003	0x0003
data[3]	int	0x49	0x0004	0x0004
data[4]	int	0x4B	0x0005	0x0005
ldata	long[5]	0x20		
ldata[0]	long	0x20	0x00001111	0x00001111
ldata[1]	long	0x24	0x00002222	0x00002222
ldata[2]	long	0x28	0x00003333	0x00003333
ldata[3]	long	0x2C	0x00004444	0x00004444
ldata[4]	long	0x30	0x00005555	0x00005555
fdata	double_24[5]	0x34		
fdata[0]	double_24	0x34	1.1000061	0x3F8CCD
fdata[1]	double_24	0x37	1.2000122	0x3F999A
fdata[2]	double_24	0x3A	1.2999878	0x3FA666
fdata[3]	double_24	0x3D	1.3999939	0x3FB333
fdata[4]	double_24	0x40	1.5	0x3FC000

7-3-3 ポインタによる文字列の扱い

文字列は配列として定義されますから、ポインタで扱うことができます。しかも配列の終わりが0x00で区別できますから、さらにポインタで扱うのに好都合です。

例えば次のように文字列を定義したとき、文字列を標準出力関数で出力する記述はwhile文を使って簡単に記述できます。ptrをポインタ変数としてメッセージの先頭アドレスにします。そのあとは、*演算子で文字を1文字ずつ取り出してはポインタをインクリメントして、値が0x00になるまで順に文字を出力しています。

【例】 文字列を出力する

```
Message[] = "This is test message for pointer.";  // メッセージの定義
unsigned char *ptr = Message;                     // ポインタ定義　先頭アドレス代入
while(*ptr != 0)                                  // 0でない間繰り返し
    putch(*ptr++);                                // Messageのデータを順次出力
```

実際の例で試してみます。リスト7-3-3は、曜日ごとの英文字を文字列で定義しています。すべての曜日に10文字分の配列を用意しているので、文字列の終わりを示すためにそれぞれの文字列に¥0を追加しています。さらに7個のカウント変数を配列で用意しています。そして、文字列用ポインタptr1とカウンタ用のポインタptr2を別に用意しています。

プログラムでは、曜日ごとの文字数をcounter変数でカウントしています。このカウンタもポインタでアクセスしています。

リスト 7-3-3 ポインタで文字列を扱う例(Pointer3)

```
/**********************************************
 * C言語入門　ポインター Pointer3.c
 *   第2部　第7章　文字列をポインタで扱う
 **********************************************/
#include <xc.h>

/*** 変数宣言 ***/
char week[7][10] = {              // 曜日文字列定義
    {"Sunday¥0"},
    {"Monday¥0"},
    {"Tuesday¥0"},
    {"Wednesday¥0"},
    {"Thursday¥0"},
    {"Friday¥0"},
    {"Saturaday¥0"}
};
char *ptr1;                       // 文字列用ポインタ
unsigned int i, counter[7];       // カウンタ定義
unsigned int *ptr2 = counter;     // カウンタ用ポインタ
/******** メイン関数 *************/
void main(void) {
    for(i=0; i<7; i++){           // 7曜日繰り返し
        ptr1 = &week[i][0];       // 文字列の先頭アドレス代入
        while(*ptr1++ != 0)       // 0x00でない間繰り返し
            *ptr2 += 1;           // カウントアップ
        ptr2++;                   // カウンタポインタアップ
    }

    /**** メインループ ****/
    while(1){
    }
}
```

このプログラムの実行結果が図7-3-3となります。この結果は、MPLAB X IDEのシミュレータで実行した結果のcounterの値をWatch窓で表示したものです。確かに曜日ごとの文字数をカウントできていることがわかります。

●図7-3-3　実行結果

Output　Watches ×

Name	Type	Address	Value	Decimal
counter	unsigned int[7]	0x20		
counter[0]	unsigned int	0x20	0x0006	6
counter[1]	unsigned int	0x22	0x0006	6
counter[2]	unsigned int	0x24	0x0007	7
counter[3]	unsigned int	0x26	0x0009	9
counter[4]	unsigned int	0x28	0x0008	8
counter[5]	unsigned int	0x2A	0x0006	6
counter[6]	unsigned int	0x2C	0x0009	9

曜日ごとの文字数のカウント

7-3-4　関数間のポインタのやりとり

C言語では、関数にデータを引数として渡すとき、基本的には「**値渡し**」という直接データそのものを渡す方法を取りますが、たくさんのデータを渡したいときには、全部を引数で指定していると大変面倒な記述になってしまいます。またreturn文で返す値も1個に限定されてしまっています。

このようなときにポインタを使うと、渡す値はポインタ変数1個だけでも、メモリ上の存在位置を渡せますから、受け取ったほうは、**必要な数だけ自由にデータを取り出すことが可能**になります。さらにデータをあらかじめグローバル変数として確保しておく必要もなくなるので、より構造化プログラミングに沿った記述が可能になることになります。

しかし、この場合注意が必要なことは、メモリアドレスだけで書き換えが可能なので、間違って別のアドレスのデータを書き換えてしまうことが起こり得ます。このようなことがあると、**プログラムを暴走させてしまうことにもなりかねない**ので、ポインタの扱いには十分な注意が必要です。

このように引数としてポインタを使った実際の例をリスト7-3-4に示します。

この例では、int型の配列dataを用意し、それぞれの要素に対して、定数を加算するサブ関数をfuncとして用意しています。このサブ関数に対して変数dataのポインタを引数として渡しています。

さらにfunc関数のローカル変数としてArrayという配列を用意しそれを加工したデータを戻り値として戻すようにしています。戻り値としては5個必要になるのでreturn文では直接は戻せませんが、ポインタを戻り値とすれば、関数内のローカル変数も読み出しが可能になるので、戻り値の数はいくつにでもできることになります。

リスト 7-3-4　関数の引数にポインタを使った例（Pointer4）

```
/*************************************************
 * C言語入門　ポインター Pointer4.c
 *　 第2部　第7章　ポインタを関数の引数に使う
 ************************************************/
#include <xc.h>

/*** 変数宣言 ***/
int  data[5] = {1000, 2000, 3000, 4000, 5000};   // 初期値
```

```
long result[5];                                 // 戻り値の格納場所
long *ptr;                                      // 戻り値のポインタ
unsigned int  i;

/** 関数の定義 **/
long *func(int *a){
    static long  Array[5] = {1, 2, 3, 4, 5};   // ローカル変数
    unsigned int j;

    for(j=0; j<5; j++){                         // 5個の要素の繰り返し
        *a += j*1000;                           // 元の変数に加算
        Array[j] += (long)(*a);                 // さらにローカル変数を加算
        a++;                                    // ポインタインクリメント
    }
    return(Array);                              // ローカル変数のポインタを返す
}
/******** メイン関数 *************/
void main(void) {
    ptr = func(data);                           // 関数を呼び出す
    for(i=0; i<5; i++){                         // 5個の要素の繰り返し
        result[i] = *ptr++;                     // ローカル変数の取り出し格納
    }
    /**** メインループ ****/
    while(1){
    }
}
```

実行結果は図7-3-4のようになり、dataの各要素は関数funcで加算された結果となっていることがわかります。さらに、関数内のローカル変数を加え、さらにlong型に変換された結果の配列もポインタでまとめて返していますから、加工後の5個のデータを取り出すことができます。

このようにポインタを使うとグローバル変数も関数内のローカル変数も、メイン関数からも、サブ関数からもポインタで読み書きができてしまいますから、使い方には注意が必要です。

●図7-3-4 実行後の結果

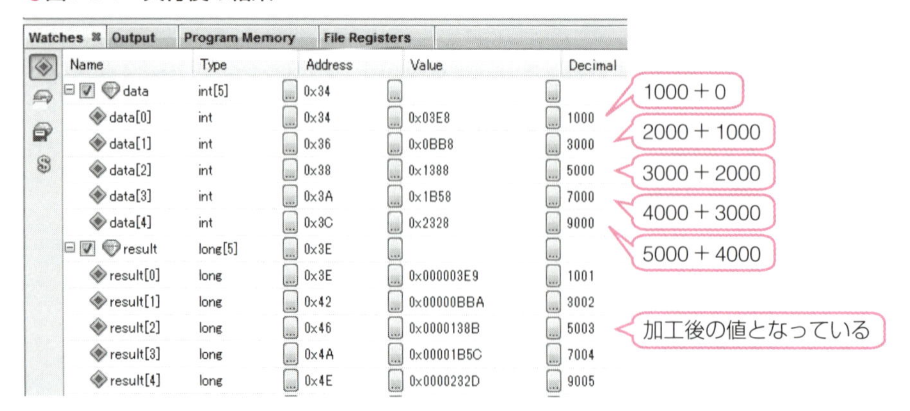

7-4 複雑なポインタの使い方

ポインタは変数のアドレスを格納している変数です。したがってポインタ自身もメモリのどこかに配置されているのでアドレスを持っています。このポインタのアドレスを格納する**ポインタ変数**を使うと、複雑なプログラムを簡単に高速化できます。つまりポインタのポインタを使うことになります。

このような少し複雑なポインタの使い方を説明します。

7-4-1 ポインタの配列

ポインタも変数なので、これを配列化できます。このときの記述は次のようにします。このときのデータ型は、ポインタではなく、ポインタが指し示すアドレスにあるデータの型を指定しています。

【書式】データ型　*変数名[要素数];

実際の例で説明します。次のように月の名称の文字列を定義すると、const修飾なのでプログラムメモリに文字列データを配置し、各文字列の先頭アドレスがポインタ配列として定義されます。

【例】　月名の文字列の宣言

```
const char *month[] = {
    {"January"}, {"February"}, {"March"}, {"April"},
    {"May"}, {"June"}, {"July"}, {"August"}, {"September"},
    {"October"}, {"November"}, {"December"}};
```

この定義では次のようにポインタ配列month[]が定義されます。

```
month[0] = "January"の先頭アドレス
month[1] = "February"の先頭アドレス
month[2] = "March"の先頭アドレス
    ----
month[11] ="December"の先頭アドレス
```

実際にこれを使ったプログラムがリスト7-4-1で、月ごとの文字列の文字数をカウントしています。次の文字列の指定にmonth[i]をポインタとして使っています。

リスト 7-4-1　ポインタの配列の例（Pointer5）

```
/**********************************************
 * C言語入門　ポインター Pointer5.c
 *   第2部　第7章　複雑なポインタ
 **********************************************/
```

```
#include <xc.h>

/*** 変数宣言 ***/
const char *month[] = {
    {"January"}, {"February"}, {"March"}, {"April"}, {"May"},
    {"June"}, {"July"}, {"August"}, {"September"}, {"October"},
    {"November"}, {"December"}
};
unsigned int i, counter[12]; // カウンタ定義

/******** メイン関数 *************/
void main(void) {
    for(i=0; i<12; i++){      // 12月繰り返し
        while(*month[i]++ != 0)
            counter[i]++;
    }

    /**** メインループ ****/
    while(1){
    }
}
```

これをシミュレーションモードで実行し、結果の**counter**の値をwatch窓に表示したのが図7-4-1となります。確かに月ごとの文字数を正しくカウントしていることがわかります。

また**month[]**の中身はプログラムメモリのアドレスになります。アドレスは16ビット幅で最上位ビットが1になっているので、例えば0x8835はプログラムメモリの0x0835番地を示しています。

●図7-4-1 実行結果

Watches | Output | Breakpoints | Program Memory

Name	Type	Address	Value	Hexadecimal
counter	unsigned int[12]	0x20		
counter[0]	unsigned int	0x20	0x0007	0x0007
counter[1]	unsigned int	0x22	0x0008	0x0008
counter[2]	unsigned int	0x24	0x0005	0x0005
counter[3]	unsigned int	0x26	0x0005	0x0005
counter[4]	unsigned int	0x28	0x0003	0x0003
counter[5]	unsigned int	0x2A	0x0004	0x0004
counter[6]	unsigned int	0x2C	0x0004	0x0004
counter[7]	unsigned int	0x2E	0x0006	0x0006
counter[8]	unsigned int	0x30	0x0009	0x0009
counter[9]	unsigned int	0x32	0x0007	0x0007
counter[10]	unsigned int	0x34	0x0008	0x0008
counter[11]	unsigned int	0x36	0x0008	0x0008
month	unsigned char*[12]	0x38		
month[0]	unsigned char*	0x38	0x8835	0x8835
month[1]	unsigned char*	0x3A	0x8825	0x8825
month[2]	unsigned char*	0x3C	0x8842	0x8842
month[3]	unsigned char*	0x3E	0x8848	0x8848
month[4]	unsigned char*	0x40	0x8856	0x8856
month[5]	unsigned char*	0x42	0x884D	0x884D
month[6]	unsigned char*	0x44	0x8852	0x8852
month[7]	unsigned char*	0x46	0x883C	0x883C
month[8]	unsigned char*	0x48	0x880A	0x880A
month[9]	unsigned char*	0x4A	0x882D	0x882D
month[10]	unsigned char*	0x4C	0x881C	0x881C
month[11]	unsigned char*	0x4E	0x8813	0x8813

7-4-2　ポインタのポインタ

ポインタも変数なのでメモリのどこかに格納されていて、アドレスを持っています。このアドレスを示すポインタを作成すると、それがポインタのポインタということになり、次のように記述します。

【書式】データ型　**変数名;

つまり*を2個連続にすることでポインタのポインタであることを示すことになります。

実際の例でみてみましょう。前章の例をサブ関数の形にし、月の文字列をサブ関数内のローカル変数という構成にします。この関数を指定した月の文字列のポインタを、ポインタのパラメータで返すことにします。このときの関数の構成は次のようになり、ポインタのポインタ形式(**mon)でパラメータをやりとりすることになります。

```
void func(unsigned int num, const char **mon);
```

実際のプログラムがリスト7-4-2となります。ポインタのポインタで値を返してもらうことになるので、それを格納するポインタ変数nameを用意し、関数を呼ぶときには&nameとしてnameのアドレスを渡すようにしています。while文内の*name++の*は*演算子で、ポインタnameが指し示すアドレスの中身、つまり月の文字列の文字を示しています。

リスト 7-4-2　ポインタのポインタの例(Pointer6)

```
/**********************************************
 * C言語入門　ポインター　Pointer6.c
 *　 第2部　第7章　ポインタのポインタ
 **********************************************/
#include <xc.h>

/*** 変数宣言 ***/
unsigned int i, counter[12];          // カウンタ定義
char *name;                           // 月のポインタへのポインタ変数

/*** 関数定義 ****/
void func(unsigned int num, const char **mon){
    const char *month[] = {
        {"January"}, {"February"}, {"March"}, {"April"}, {"May"},
        {"June"}, {"July"}, {"August"}, {"September"}, {"October"},
        {"November"}, {"December"}
    };
    if((num >= 0) && (num < 12))      // 正常な範囲の場合
        *mon = month[num];            // 指定月のポインタを返す
    else                              // 異常な場合
        *mon = month[0];              // 常に0番目を返す
}

/******** メイン関数 *************/
void main(void) {
    for(i=0; i<12; i++){              // 12月繰り返し
        func(i, &name);               // 月の文字列へのポインタを得る
        while(*name++ != 0)           // 文字が0でない間繰り返す
            counter[i]++;             // 文字数のカウント
```

```
    }

    /**** メインループ ****/
    while(1){
    }
}
```

実行結果が図7-4-2で、前節の図7-4-1とまったく同じ結果となっています。またnameの内容が確かにプログラムメモリのアドレス値になっていることがわかります。

このようにポインタを使うと関数内部のローカル変数を取り出すこともできますから、より構造化プログラミングに近いといえます。しかし、**ポインタには制限がないので、C言語プログラミングで一番危険な使い方でもあります。**したがって関数内でパラメータの範囲を厳しくチェックする必要があります。

●**図7-4-2 実行結果**

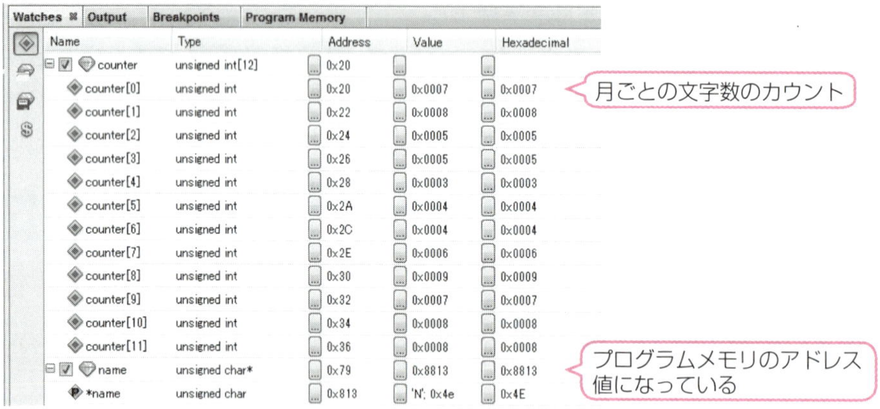

Watches | Output | Breakpoints | Program Memory

Name	Type	Address	Value	Hexadecimal
counter	unsigned int[12]	0x20		
counter[0]	unsigned int	0x20	0x0007	0x0007
counter[1]	unsigned int	0x22	0x0008	0x0008
counter[2]	unsigned int	0x24	0x0005	0x0005
counter[3]	unsigned int	0x26	0x0005	0x0005
counter[4]	unsigned int	0x28	0x0003	0x0003
counter[5]	unsigned int	0x2A	0x0004	0x0004
counter[6]	unsigned int	0x2C	0x0004	0x0004
counter[7]	unsigned int	0x2E	0x0006	0x0006
counter[8]	unsigned int	0x30	0x0009	0x0009
counter[9]	unsigned int	0x32	0x0007	0x0007
counter[10]	unsigned int	0x34	0x0008	0x0008
counter[11]	unsigned int	0x36	0x0008	0x0008
name	unsigned char*	0x79	0x8813	0x8813
*name	unsigned char	0x813	'N'; 0x4e	0x4E

月ごとの文字数のカウント

プログラムメモリのアドレス値になっている

7-4-3 関数へのポインタ

関数もメモリ内のどこかに格納されていますから、関数をポインタとして扱うこともできます。関数へのポインタは次のような記述で宣言できます。最後に括弧が追加されています。

【書式】データ型 (*変数名)();

実際の例で示すと次のように記述できます。ここで宣言したpfuncはポインタなので中身は空の状態です。したがって2行目でポインタ変数に関数のアドレスを代入しています。関数の名前だけ指定すると関数のアドレスとなります。

```
void (*pfunc)();        // 関数へのポインタ変数の宣言定義
pfunc = func;           // ポインタ変数への関数アドレスの代入
```

この関数ポインタを使って、実際の関数を呼び出すときには、次のような記述とします。引数は元の関数と同じ記述となります。

【書式】データ型 (*変数名)(データ型 引数);

変数名はポインタなので、関数へのポインタを配列とすることもできます。この場合の宣言記述は次のようにします。引数の数が異なる場合には、引数を配列か構造体にしてポインタ渡しとします。

【書式】データ型　(*変数名[要素数])(データ型 引数);

これらを実際の例でためしてみます。リスト7-4-3が関数へのポインタの例で加算と減算を実行する2つの関数をポインタの配列で定義して呼び出しています。

リスト 7-4-3　関数へのポインタの例（Pointer7）

```
/***********************************************
 * C言語入門　ポインター Pointer7.c
 *　　第2部　第7章　関数へのポインタ
 ***********************************************/
#include <xc.h>

/** 変数定義 */
int c, d;
/*** 関数定義 ****/
int plus(int a, int b){
    return(a + b);          // 加算実行
}
int minus(int a, int b){
    return(a - b);;         // 減算実行
}

/******** メイン関数 ************/
void main(void) {
    /* ポインタ定義 */
    int (*pfunc[2])(int a, int b) = {plus, minus};
    /* 関数呼び出し */
    c = (*pfunc[0])(11, 22);
    d = (*pfunc[1])(33, 22);

    /**** メインループ ****/
    while(1){
    }
}
```

このプログラムの実行結果が図7-4-3となります。確かに加算と減算が実行されていることがわかります。このように関数もポインタで呼び出すことができ、しかも関数をポインタの配列として定義できますから、より複雑なプログラムを作成できることになります。

しかし、ポインタには値の制限がないので、とんでもない場所の関数を呼び出すこともあり得ます。使い方には細心の注意が必要です。

●図7-4-3　実行結果

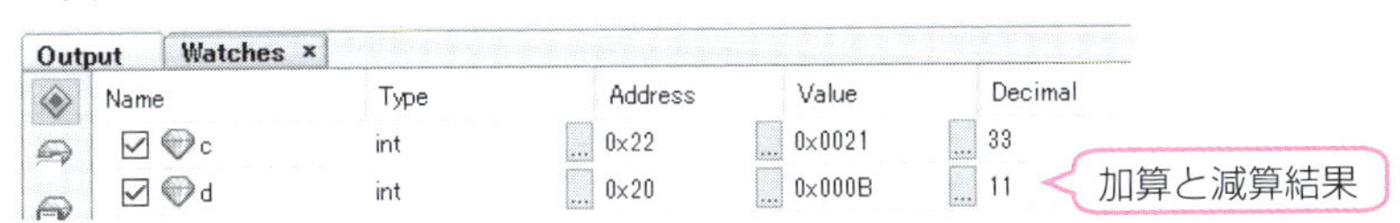

コラム ポインタのメカニズム

1 ポインタと演算子

ポインタはC言語のプログラミングのポイントになります。このポインタの動作の理解を深めるため、ポインタの動きのメカニズムを説明します。まず、図7-C-1は、ポインタの基本的な位置付けをあらわしています。

まず、データを扱うことを考えます。dCH1からdCH4というchar型の1バイトデータや、dINT1、dINT2というint型の2バイトデータを宣言すると、コンパイラによりデータメモリのどこかに格納位置が確保されます。どの位置、つまりアドレスに確保されたかは、コンパイラが自動的に処理しているので実行時までわかりません。

そこで用意されたのが「&演算子」別名「アドレス演算子」で、これを使えば格納アドレスを求めることができます。つまり、dINT1の格納アドレスは「&dINT1」で知ることができます。

また、「int *ptr;」としてint型を扱うポインタ変数を宣言すると、同じようにポインタ変数自身の格納位置が確保されますが、宣言だけでは中身は空の状態のままです。

ここで、例えば、「ptr = &dCH2;」とすれば、ポインタ変数ptrにはdCH2の格納アドレスが保存されます。この状態では、図7-C-2のように「*演算子」によりdCH2の内容は、「*ptr」で表せます。つまり間接的にポインタでアドレス指定されたメモリ内容を取り出すことができるわけです。

さらにポインタは、++演算子でインクリメントすると、＋1されて次のアドレスを指すことになるので、「ptr++;」を実行後は、「*ptr」と同じ記述でも今度はdCH3の中身を取り出すことができます。このようにしてポインタ変数をインクリメントして行けば、連続的に並んでいるデータを効率良く扱うことができることになります。

●図7-C-1 ポインタと&演算子

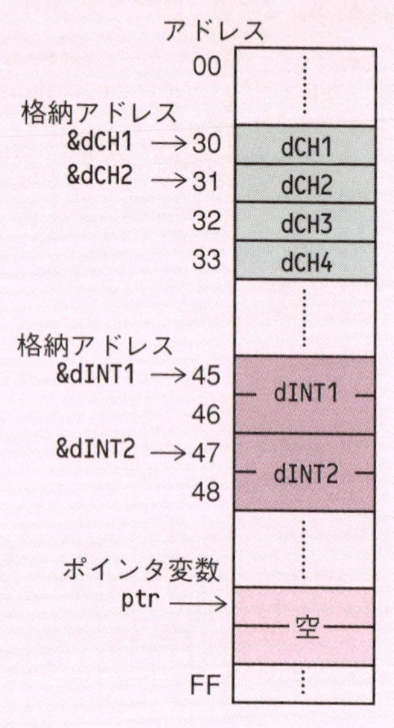

●図7-C-2 ポインタと＊演算子

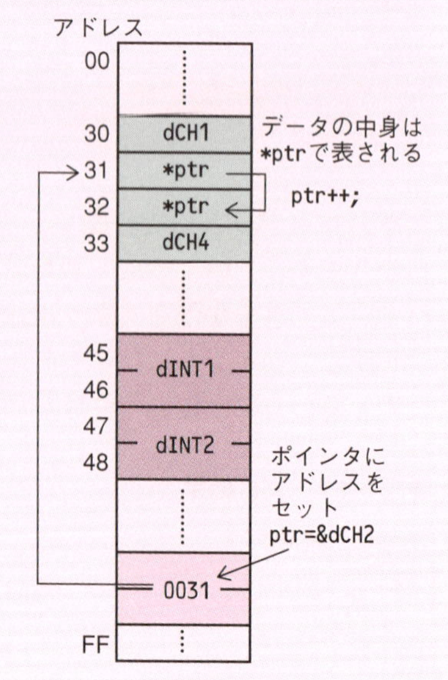

さらにポインタの便利な点は、型を意識して動いてくれることです。例えば図7-C-2はchar型の例でしたが、図7-C-3のようにint型の変数領域が並んでいるような場合、「int *ptr;」としてint型を扱うポインタ変数として宣言し、「ptr = &dINT1;」で代入したとします。すると図7-C-3のように「*ptr」でdINT1の内容を取り出せます。さらに++演算子でインクリメントすると、自動的に型のバイト数に合わせて必要なアドレスを加算してくれるので、ptrは＋2され、同じ記述の「*ptr」でdINT2のデータを取り出すことができます。このようにポインタ変数は、連続的にデータを扱うのが便利になるようになっています。

●図7-C-3　ポインタと＋＋演算子

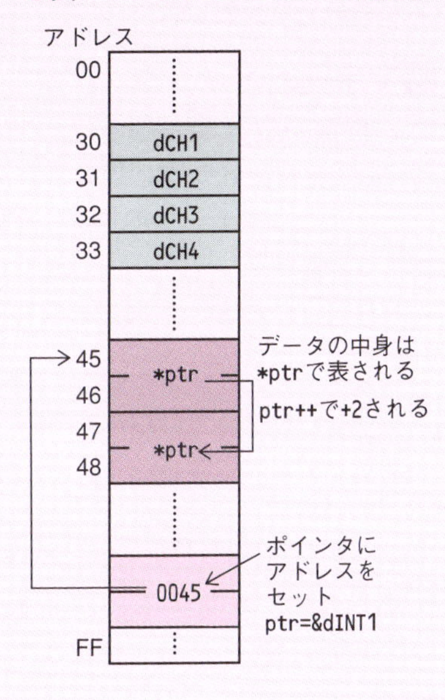

ここで演算子に使う「*」ですが、いくつか種類があるので混乱しがちで、確かにプログラムの間違いもこの演算子の使い方の間違いが多くなっています。整理すると下記3種類があるので使い方に注意して下さい。

❶算術演算子の乗算（2項演算子）

　式 * 式　の形で使う2つの項の演算子

❷ポインタ変数宣言用

この場合には演算子ではないが、ポインタであることを明確にします。

```
int  *ptr;       float  *fptr;
```

❸間接演算子（単項演算子）

ポインタで間接アドレス指定により中身を取り出します。右側にある単項の式だけが対象になります。

```
x = *fptr;
```

2 ポインタと配列

配列はメモリの中にインデックス順に格納されていきます。つまり同じ型のデータが連続的にメモリに確保されるので、ポインタで扱うには好都合なデータです。例えば次のような配列が定義されていたとすると、データメモリ上には図7-C-4のように配置されているはずです。

```
int  data[10] = { 10, 11, 12, 13, 14 };
```

しかも、配列の配列名だけを代入するとそれは配列の最初のメモリアドレスを指すようになっているので、ptr = data;でポインタ変数にアドレスとして代入できます。あとは、ptr++;でポインタ変数をインクリメントしていくだけで、同じ*ptrで順番に配列データにアクセスできます。

●図7-C-4　ポインタと配列

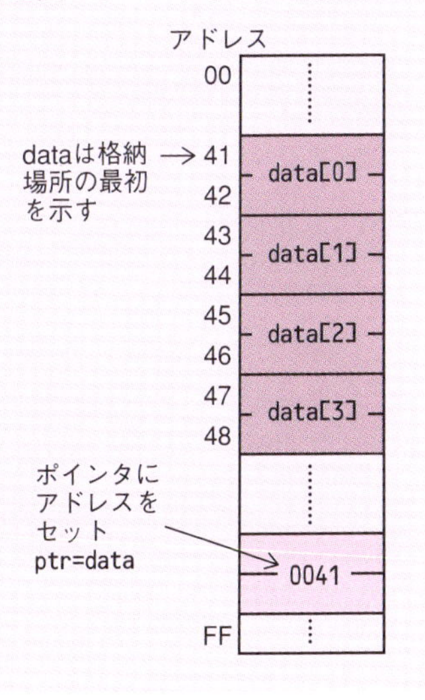

このように配列の先頭アドレスをポインタ変数に代入すれば、data[0]から順番にデータを扱うことができます。

3 文字列とポインタ

文字列も配列の特別なものとして扱われますから、メモリに順番に格納されます。つまり配列と同じようにポインタで扱うことができます。ただし文字列変数の場合には、配列の大きさが不定で、終わりをデータの「¥0」で判定しているので、ポインタで取り出した内容を見て終了を判断する必要があります。

例えば下記のような文字列を定義したとすると、図7-C-5のようにメモリ内のどこかに格納されます。

```
char  msg[] = "Error¥r¥n";
```

このような順番で配置されているので、

```
char  *ptr = msg;
```

としてポインタを宣言し初期値として代入すれば、ptrには文字列msgの最初のアドレスが代入されるので、x = *ptr; で最初の文字データ'E'をxに代入します。

以下ptr++;でポインタ変数をインクリメントするだけで順番に文字データを取り出せます。そして終わりの判定は最後の「00」で行うことができます。

●図7-C-5 文字列とポインタ

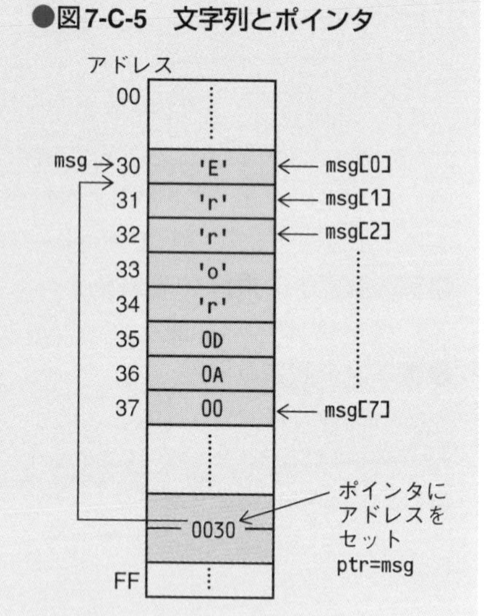

第2部
C言語プログラミングの基礎

第8章
構造体、共用体、列挙型の使い方

C言語プログラムで大きなデータや、複雑なデータをわかりやすい構造として扱えるようにするのが、構造体（Structure）や共用体（Union）です。C言語でデータベースを作成するのと同じ考え方が使えるので、データを元にしたプログラム作成がわかりやすく、効率的に作成できます。

また名前を変数扱いできるようにするのが列挙型（Enumeration）で、ステート変数などの定義によく使います。

本章では、この基本となるデータの扱い方について説明しています。

8-1 構造体（structure）の使い方

複数のデータを1つにまとめて扱う方法として、配列がありますが、配列はすべて同じ型でなければならないという制限があります。しかし、C言語でも、データベースの様に**種類の異なるデータをひとまとめにしてレコードのように扱えれば便利**です。これを実現するのが「**構造体**」(structure)です。

8-1-1 構造体の定義と宣言書式

このような型の異なるデータの集合である構造体は、次のような書式で定義します。構造体を構成する各メンバの記述はセミコロンで終わることに注意して下さい。

```
【書式】struct　構造体タグ名
        {
            データ型　メンバ名1;
            データ型　メンバ名2;
            データ型　メンバ名3;
            ......
        };
```

この定義書式では、構造体の型枠の定義だけで、実体であるメモリエリアを確保することはしません。単なる定義だけです。この定義を使って実体であるメモリエリアを確保するためには、次のように実体を宣言します。

```
【書式】struct　構造体タグ名　構造体名1　[,構造体名2,･･･];
            （[ ]内は省略可能であることを示す）
```

この書式により、**同じ構造体の型枠を持つ複数の構造体の実体を、名前を変えることで生成することが可能になります。**つまり、それぞれに構造体名1、構造体名2、…という名前が付けられます。

このように定義と宣言を分離する方法もありますが、次のような書式で、**定義と宣言を一緒にしてしまう方法**もあります。この場合には構造体タグ名を省略でき、記述が少なくなるのでよく使われます。

```
【書式】struct　{
            データ型　メンバ名1;
            データ型　メンバ名2;
```

```
    データ型  メンバ名3;
    ......
} 構造体名1 [, 構造体名2, ...];
```
（[ ]内は省略可能であることを示す）

多くの場合、構造体は共有データとして扱うので、構造体の宣言はプログラムの最初のほうに記述したり、ヘッダファイルに記述したりして、グローバル変数として扱うことが多くなります。

具体的な例で説明すると、次の例では、seisekiという構造体の型枠で、Yamada、Aoki、Ito、Kato、Initの5つの構造体を宣言しています。

【例】
```
struct seiseki {
    char seibetu[10];    // 性別
    int  eigo;           // 英語
    int  suugaku;        // 数学
    int  kokugo;         // 国語
};
struct seiseki  Yamada, Aoki, Ito, Kato, Init;
```

上記のような同じ構造を持つ構造体であれば、構造体同士で代入を行うこともできます。例えば上記の構造体YamadaとInitでは、メンバごとに代入しても構わないのですが、

```
Yamada = Init;
```

という形で一括して代入することも可能です。例えばInitを初期値のデータとしておけば、これで初期値が一括で代入できます。

このように定義した構造体の各メンバにアクセスするときの書式は下記のようにします。即ち、**構造体名とメンバ名を「ドット演算子」で結び付けて指定**します。

【書式】構造体名.メンバ名

上記の例の場合では、次のように記述します。

```
Yamada.seibetu     Aoki.eigo
```

8-1-2 構造体の使用例

この構造体を実際の例で試したものが、リスト8-1-1となります。この例では、構造体の実体の宣言定義と同時に初期値を代入しています。

構造体に初期値を代入する場合、この例のように構造体の実体の宣言定義と同時に中括弧を使って初期値を代入すれば問題なく実行されますが、構造体の実体を宣言定義したあと、

```
構造体名 = {初期値, 初期値,...}:
```

とするとコンパイルエラーとなって初期化はできないので注意が必要です。

リスト 8-1-1 構造体の使用例(Structure1)

```
/*********************************************
 * C言語入門  構造体  Structure1.c
 *   第2部  第8章  構造体
 *********************************************/
#include <xc.h>

/** 構造体定義 */
struct seiseki {                          // seisekiという構造体の枠定義
    char seibetu[6];                      // 性別
    int eigo;                             // 英語
    int suugaku;                          // 数学
    int kokugo;                           // 国語
};
/** 構造体の実体定義と初期値設定 **/
struct seiseki  Yamada ={"dansi", 83, 77, 90};
struct seiseki  Aoki = {"josi", 75, 63, 60};
struct seiseki  Ito = {"dansi", 50, 60, 72};
struct seiseki  Kato = {"josi", 65, 75, 54};
// Yamada = {"dansi", 100, 100, 100};     // これはコンパイルエラーとなる

/******* メイン関数 ************/
void main(void) {
    double AvrEigo, AvrSuugaku, AvrKokugo;

    /** 科目ごとの平均値を求める **/
    AvrEigo = (double)(Yamada.eigo + Aoki.eigo + Ito.eigo + Kato.eigo)/4;
    AvrSuugaku = (double)(Yamada.suugaku + Aoki.suugaku + Ito.suugaku + Kato.suugaku)/4;
    AvrKokugo = (double)(Yamada.kokugo + Aoki.kokugo + Ito.kokugo + Kato.kokugo)/4;
    /**** メインループ ****/
    while(1){
    }
}
```

実行結果が図8-1-1となります。確かに初期値が名前ごとに代入されていて、平均値も正しく求められています。

●図8-1-1 実行結果

Output | Watches × | File Registers

Name	Type	Address	Value	Decimal
AvrEigo	double_24	0x64	68.25	4360320
AvrSuugaku	double_24	0x67	68.75	
AvrKokugo	double_24	0x6A	69.0	4360704
Yamada	seiseki	0x44		
seibetu	unsigned c…	0x44	"dansi¥¥0"	
eigo	int	0x4A	0x0053	83
suugaku	int	0x4C	0x004D	77
kokugo	int	0x4E	0x005A	90
Aoki	seiseki	0x38		
seibetu	unsigned c…	0x38	"josi¥¥0¥¥0"	
eigo	int	0x3E	0x004B	75
suugaku	int	0x40	0x003F	63
kokugo	int	0x42	0x003C	60

平均値となっている

初期値が代入されている

8-1-3　構造体の配列

構造体も通常の変数と同じ扱いなので、配列を作ることができます。構造体の配列を宣言するには、構造体の定義がなされているものとすると、下記書式で行います。

【書式】struct　構造体タグ名　構造体名[要素数];

例えば次の例のように、構造体の型枠の定義と構造体配列変数の宣言をします。

【例】
```
struct log {
    char time[10];      // 時間
    long ch0;           // チャネル0
    long ch1;           // チャネル1
} ;

struct log logger[10];  //10 event
```

この配列型構造体のlogger[10]という配列変数は、時刻データとそのときの計測データ2つを一組にしたものを要素としていて、その組を最大10個確保する指定になります。

次にこのようにして定義した配列型構造体の各メンバの参照は、次の書式で行います。

【書式】構造体名[要素番号].メンバ名

上記の例でいうと、各データは、logger[5].ch0とかlogger[3].ch1という書式で参照できることになります。

構造体を実際の例でみてみましょう。リスト8-1-2が例題のリストです。この例題では、前述の例と同じように時間、チャネル0、チャネル1という3つのデータの構造体を定義し、さらにこの構造体の実体を10組の構造体配列として定義し、それぞれに初期値を設定しています。この例のように、構造体配列への初期値は中括弧で配列要素ごとに囲う必要があります。
プログラムでは、10組の構造体配列のチャネル0とチャネル1の平均を計算しています。

リスト 8-1-2　構造体の使用例（Structure2）

```
/**********************************************
 * C言語入門　構造体　Structure2.c
 *　第2部　第8章　構造体配列
 **********************************************/
#include <xc.h>

/** 構造体定義 */
struct log{                    // 構造体の枠定義
    char time[9];              // 時間
    int ch0;                   // チャネル0
    int ch1;                   // チャネル1
};
```

```
/** 構造体の初期値設定 **/
struct log  logger[10] = {        // 10個の構造体配列として定義
    {"15/03/00", 25, 165}, {"15/04/00", 33, 170}, {"15/05/00", 45, 180},
    {"15/06/00", 50, 178}, {"15/07/00", 56, 167}, {"15/08/00", 64, 175},
    {"15/09/00", 52, 170}, {"15/10/00", 48, 180}, {"15/11/00", 40, 178},
    {"15/12/00", 38, 167}
};
int AvrCh0, AvrCh1;              // 平均値用変数の宣言

/******** メイン関数 *************/
void main(void) {
    unsigned int i;

    for(i=0; i<10; i++){         // 配列の要素数だけ繰り返し
        AvrCh0 += logger[i].ch0;// チャネル0を加算
        AvrCh1 += logger[i].ch1;// チャネル1を加算
    }
    AvrCh0 /= 10;                // 平均化
    AvrCh1 /= 10;                // 平均化
    /**** メインループ ****/
    while(1){
    }
}
```

この例題の実行結果は図8-1-2となります。図8-1-2(a)ではチャネル0とチャネル1の平均値が確かに計算されています。

この構造体のメモリ内の配置は図8-1-2(b)のようにリニアメモリ空間の最後に確保されています。構造体の場合も、配列と同じようにメモリ内に順番に格納されていることがわかります。

●図8-1-2 実行結果

(a) 平均値の計算結果

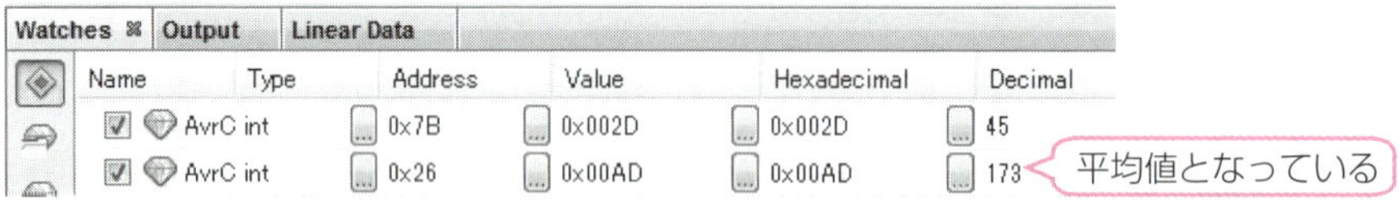

Watches | Output | Linear Data

Name	Type	Address	Value	Hexadecimal	Decimal
AvrC	int	0x7B	0x002D	0x002D	45
AvrC	int	0x26	0x00AD	0x00AD	173

平均値となっている

(b) リニアメモリ内の配置

Watches | Output | Linear Data

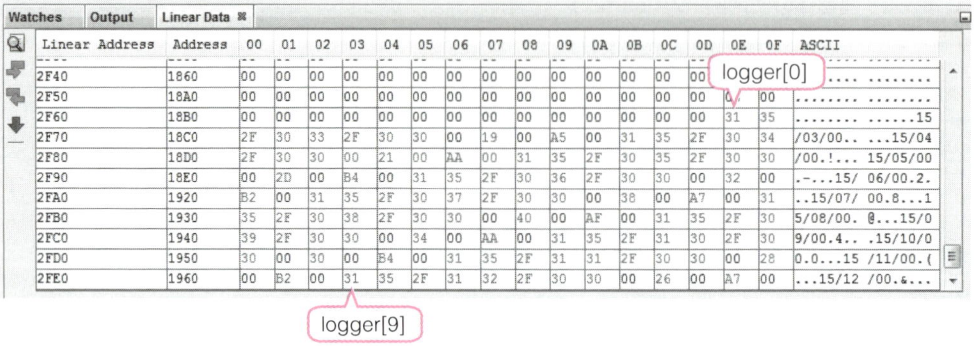

Linear Address	Address	00	01	02	03	04	05	06	07	08	09	0A	0B	0C	0D	0E	0F	ASCII
2F40	1860	00	00	00	00	00	00	00	00	00	00	00	00	00	00	[illegible]	[illegible]	....
2F50	18A0	00	00	00	00	00	00	00	00	00	00	00	00	00	00	[illegible]	00	....
2F60	18B0	00	00	00	00	00	00	00	00	00	00	00	00	00	00	31	35	15
2F70	18C0	2F	30	33	2F	30	30	00	19	00	A5	00	31	35	2F	30	34	/03/00.. ...15/04
2F80	18D0	2F	30	30	00	21	00	AA	00	31	35	2F	30	35	2F	30	30	/00.!... 15/05/00
2F90	18E0	00	2D	00	B4	00	31	35	2F	30	36	2F	30	30	00	32	00	.-...15/ 06/00.2.
2FA0	1920	B2	00	31	35	2F	30	37	2F	30	30	00	38	00	A7	00	31	..15/07/ 00.8...1
2FB0	1930	35	2F	30	38	2F	30	30	00	40	00	AF	00	31	35	2F	30	5/08/00. @...15/0
2FC0	1940	39	2F	30	30	00	34	00	AA	00	31	35	2F	31	30	2F	30	9/00.4.. .15/10/0
2FD0	1950	30	00	30	00	B4	00	31	35	2F	31	31	2F	30	30	00	28	0.0...15 /11/00.(
2FE0	1960	00	B2	00	31	35	2F	31	32	2F	30	30	00	26	00	A7	00	...15/12 /00.&...

logger[0]

logger[9]

8-1-4 ビットフィールド

構造体の**メンバ**（構造体を構成する要素）を宣言するとき、ビット単位でメンバを指定して名前を付けて宣言できます。これを「**ビットフィールド**」と呼んでいます。基本的な宣言書式は構造体と同じですが、次のように記述します。

```
【書式】struct　構造体タグ{
　　　　　データ型　メンバ名　：ビット数;　　// 最下位ビット
　　　　　データ型　メンバ名　：ビット数;
　　　　　・・・・・・・
　　　　　データ型　メンバ名　：ビット数;　　// 最上位ビット
　　　　} 変数名;
```

この記述方法でわかるように、各メンバ（これを**フィールド**とも呼ぶ）にはビット指定のための「: ビット数」という指定が追加されています。そして最初の行が0ビット目となり、順次上位ビットとなります。ビット数に2以上を指定すると、複数ビットをまとめて扱うという意味になります。

データ型はintかunsigned型とします。扱うのはビット単位なので、符号がないことを表すだけです。

ビットフィールドの機能は、メモリが少ないマイコン用にメモリ節約ができるように用意されたものです。しかし現在のマイコンはメモリも多くなったので、一般の変数としてビットフィールドを使うことはあまりありません。周辺モジュール用のレジスタを使う場合に、**ビット位置を気にせず名前で扱えるようにするために使う**ことがほとんどです。

実際の例で使い方をみてみましょう。リスト8-1-3はタイマ0用のSFRであるT0CONレジスタのヘッダファイル内の記述で、最後の行でビットフィールドを定義した構造体の名前を「T0CONbits」と定義しています。

ビットフィールドの定義では、複数ビットをまとめて1つの名前で扱うこともできますし、使わないビットに対しては名前を省略して無名フィールドとしてビット数だけ定義することもできます。

この例ではunionを使って1つのレジスタのビットフィールドを2種類の名称で定義しています（詳細は8-2節参照）。つまり最初のT0OUTPSは4ビットまとめて定義されていますが、2つ目のビットフィールの定義ではこれを1ビットずつの名称に分けて定義しています。

リスト 8-1-3　ビットフィールド定義の例（pic16f18857.h）

```
// Register: T0CON0
#define T0CON0 T0CON0
extern volatile unsigned char    T0CON0  @ 0x01E;
#ifndef _LIB_BUILD
asm("T0CON0 equ 01Eh");
#endif
// bitfield definitions
typedef union {
    struct {
        unsigned T0OUTPS     :4;
        unsigned T016BIT     :1;
```

4ビットまとめた定義

1ビットごとに分けた定義

```
        unsigned T0OUT      :1;
        unsigned            :1;
        unsigned T0EN       :1;
    };
    struct {
        unsigned T0OUTPS0   :1;
        unsigned T0OUTPS1   :1;
        unsigned T0OUTPS2   :1;
        unsigned T0OUTPS3   :1;
    };
} T0CON0bits_t;
extern volatile T0CON0bits_t T0CON0bits @ 0x01E;
```

各ビットフィールドを参照するときには、一般の構造体メンバの参照と同じ書式でドット演算子を使って

```
T0CONbits.T0OUTPS = 13;
```

というように指定します。

8-1-5 構造体をポインタで扱う

構造体の配列ができるということは、ポインタ変数で配列型構造体を扱うこともできます。配列型構造体データを参照するためのポインタ変数は下記書式で定義できます。

【書式】struct　構造体タグ名　*ポインタ変数名

そしてこのポインタ変数に配列型構造体の先頭アドレスを代入するためには、一般の配列と同じように、構造体名が配列型構造体の先頭アドレスを持つので、実行文として

【書式】ポインタ変数名 = 構造体名　または

ポインタ変数名 = &構造体名[0]

とすれば配列型構造体の先頭アドレスを代入できます。このポインタを使って配列型構造体メンバを参照するには、一般の配列メンバの参照と同じような考え方で、次の書式で可能になります。

【書式】(*ポインタ変数名).メンバ名

しかし、この書式は面倒なので、「アロー演算子 -> 」を使って、下記書式で上記と同じ意味になるようになっています。

【書式】ポインタ変数名 -> メンバ名

ポインタを使って構造体を扱うと便利な点は、単に**ポインタを増減するだけで、構造体配列の各要素のメンバを連続的に参照できること**です。

ここで重要なことは、ポインタをインクリメントすると単に＋1ではなく、構造体のサイズだけ加算されるので、**構造体の次の同じ要素の先頭アドレスを指すことになる**ということです。具体的な例でみてみましょう。

リスト8-1-4はリスト8-1-2と同じ機能を構造体配列用のポインタを使って書き直したものです。

●図8-1-4 構造体配列をポインタで扱った例(Structure3)

```
/***********************************************
 * C言語入門 構造体 Structure3.c
 *  第2部 第8章 構造体配列をポインタで扱う
 ***********************************************/
#include <xc.h>
/** 構造体定義 */
struct log{                     // 構造体の枠定義
    char time[9];               // 時間
    int ch0;                    // チャネル0
    int ch1;                    // チャネル1
};
/** 構造体の初期値設定 **/
struct log  logger[10] = {      // 10個の構造体配列として定義
    {"15/03/00", 25, 165}, {"15/04/00", 33, 170}, {"15/05/00", 45, 180},
    {"15/06/00", 50, 178}, {"15/07/00", 56, 167}, {"15/08/00", 64, 175},
    {"15/09/00", 52, 170}, {"15/10/00", 48, 180}, {"15/11/00", 40, 178},
    {"15/12/00", 38, 167}
};
/** 構造体用ポインタ定義 **/
struct log *ptr;                // ポインタ変数定義
int AvrCh0, AvrCh1;             // 平均値用変数の定義

/******** メイン関数 *************/
void main(void) {
    unsigned int i;

    ptr = logger;               // ポインタアドレス代入
    for(i=0; i<10; i++){        // 配列の要素数だけ繰り返し
        AvrCh0 += (ptr -> ch0); // チャネル0を加算
        AvrCh1 += (ptr -> ch1); // チャネル1を加算
        ptr++;                  // ポインタ更新
    }
    AvrCh0 /= 10;               // 平均化
    AvrCh1 /= 10;               // 平均化
    /**** メインループ ****/
    while(1){
    }
}
```

シミュレータでの実行結果が図8-1-3となり、図8-1-2と同じ結果となっていることがわかります。ポインタの値も最後はリニア領域の最後にあるlogger[9]の次の位置を示していて、確かにlogger[9].ch1を読み出した後であることがわかります。

●図8-1-3 実行結果

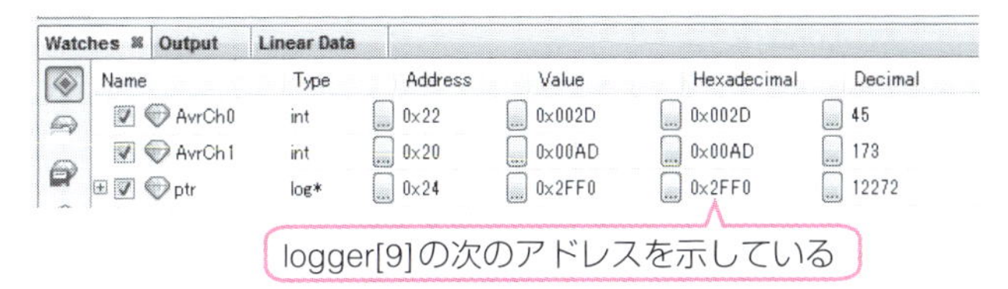

8-2 共用体（union）

構造体で異なる型のデータの集まりが定義できますが、**同じ領域を別の型で扱いたい**ときがあります。このようなときに**共用体**（union）を使います。

つまり、1つのデータ領域を全く別の扱い方で共用することになるわけです。

8-2-1 共用体の定義書式

共用体の定義をするときの書式は次のようにします。構造体のstructをunionに変えただけです。下記は定義と宣言を同時に済ませる書式です。

【書式】
```
union　共用体タグ名
{
    データ型　メンバ名1;
    データ型　メンバ名2;
    データ型　メンバ名3;
    ....
} 共用体名;
```

定義の仕方は構造体と全く同じで、使い方も、次のように共用体名を使って構造体と同じように「ドット演算子」で結合した書式で呼び出すので全く同じです。

【書式】 共用体名.メンバ名

書式はよく似ていますが、メモリへの格納方法は全く異なります。構造体はメンバのメモリ領域を順番に独立に確保しますが、共用体では、メンバの中で最大サイズのメモリ領域1個分だけを確保し、残りのすべてのメンバをこのメモリ領域を共用して使います。したがって、**あるメンバに対して値を代入すると、別のメンバで呼び出したときにも値は変わっている**ことになるので注意が必要です。

具体的な例で説明しましょう。共用体Convertを次のように定義したとします。

【例】
```
/** ユニオン宣言と定義 **/
union {
    long    ldata;              // long型
    char    cdata[4];           // char型
} Convert;
```

この場合には、ldataとcdata[4]が定義されていますが、メモリ上での関係は図8-2-1のようになります。ldataは4バイトで構成されるので、1個で4バイトを占有します。charは1バイト単位なので、4個分で4バイトとなり、配列にすると低位アドレス側から要素0となります。つまり同じメモリの範囲を異なった使い方で共用していることになります。したがって片方で変更すれば、もう片方で使うときにも内容は変わっていることになります。

●図8-2-1　共用体のメモリ配置

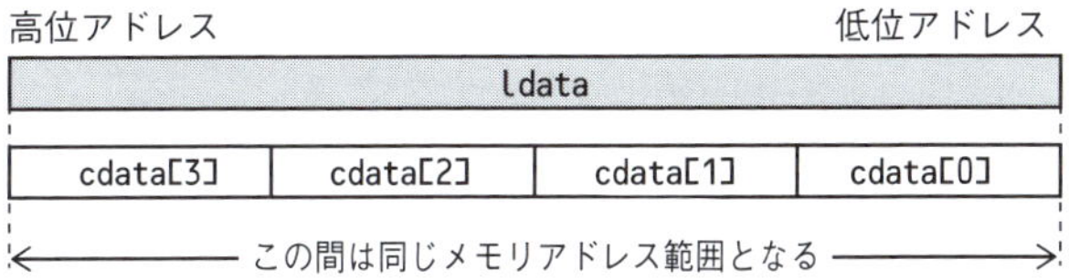

高位アドレス　　　　　　　　　　　　　　　　低位アドレス

ldata			
cdata[3]	cdata[2]	cdata[1]	cdata[0]

←――― この間は同じメモリアドレス範囲となる ―――→

これを使えば、例えばバイト列で取り込んだデータをlong型の値として取り出すということが可能になります。

8-2-2　共用体(union)の使い方

共用体をよく使う例としては、シリアル通信などで、バイト単位で受信したデータを、long型のデータに変換する場合があります。

実際の使用例は、リスト8-2-1のようになります。この例では4バイトの領域をlong型の変数と、char型の4要素の配列変数とで共用しています。このchar型の変数に0、1、2、3という値を代入したあと、long型の値を取り出しています。

この例をMPLAB X IDEのシミュレータで実行した結果が図8-2-2のようになります。確かにlong型のtempの値はchar型に代入した値がそのままlong型の値となっていることがわかります。

リスト 8-2-1　共用体の使用例

```
/***********************************************
   * C言語入門　共用体　Union1.c
   *　 第2部　第8章　共用体
   ***********************************************/
#include <xc.h>

/** 共用体定義 */
union data {                      // dataという共用体の枠定義
      char cdata[4];              // char型
      long ldata;                 // long型
}Convert;                         // Convertを実体で定義
/* 変数の定義 */
unsigned int i;
long   temp;

/******** メイン関数 *************/
void main(void) {
      for(i=0; i<4; i++)          // 4バイト繰り返し
            Convert.cdata[i] = i; // データ代入
      temp = Convert.ldata;       // long型取り出し
      /**** メインループ ****/
      while(1){
      }
}
```

●図8-2-2　実行結果

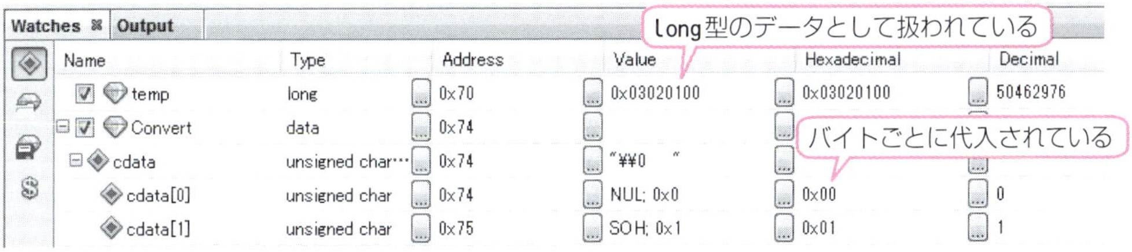

Watches　Output

Name	Type	Address	Value	Hexadecimal	Decimal
temp	long	0x70	0x03020100	0x03020100	50462976
Convert	data	0x74			
cdata	unsigned char…	0x74	"¥¥0 "		
cdata[0]	unsigned char	0x74	NUL; 0x0	0x00	0
cdata[1]	unsigned char	0x75	SOH; 0x1	0x01	1

long型のデータとして扱われている

バイトごとに代入されている

8-3 列挙型(enum)

列挙型はenumerationの訳で、ある変数が取りうる値を明確に定義したいときや、連続した整数値に対して名前を付け、その名前で扱いたいような場合に使います。こうすれば無味乾燥の数値ではなく、**名前で数値を扱うことができます**から、わかりやすいプログラムになります。

列挙型の定義書式は次のようにします。この場合も定義と宣言を一緒にしてしまう書式です。

【書式】
```
enum　列挙型タグ名
{
    名前1 = 初期値,
    名前2
    名前3,
    ....
    名前4 = 初期値,
    名前5,
    ....
} 列挙型名;
```

このようにすると、初期値の正整数には名前1が割り振られ、その後＋1した整数値に順に名前2、名前3が割り振られます。途中で初期値が再定義されると、あらためてそこから順に＋1された定数が割り付けられます。例で示すと次のような書式になります。

【例】
```
enum week {sun = 1, mon, tue, wed, thu, fri, sat = 0} day ;
```

この例の場合、sun、monの各曜日の名前には1、2、3、4、5という数値が割り当てられ、friには6が割り当てられます。ます。そしてsatには0が割り振られます。したがって、monという定数を指定したら、内容は整数の2となります。文字列ではなく数値が中身です。

【例】
```
enum {sun, mon, tue, wed, thu, fri = 8, sat} day ;
```

この例の場合には　初期値が指定されていないので、自動的に初期値は0となります。したがって、sunには0が割り当てられ順次monは1、tueは2となり、thuが4となります。friが8で新たに定義されているので、satは9になります。

この列挙型を実際に使用した例をリスト8-3-1に示します。この例題はswitch文の使い方の例題と同じものです。この例のように列挙型は、ステートマシンを構成したときのステートの値を示すのによく使われます。ステートを数値のままで扱うとわかりにくくなりますが、ステートを単語で表現すればわかりやすくなります。

この例題はUSBシリアル変換ケーブルでデジタル演習ボードとパソコンを接続し、パソコン側の通信ソフト(TeraTermなど)を使ってキーボードからa、b、cの順に入力すると、フルカラーLEDが白色に点灯します。途中で指定以外の文字を入力すると最初に戻ります。

リスト 8-3-1 列挙型の使用例

```
/*********************************************
 * C言語入門 列挙型 Enum1.c
 *  第2部 第8章 列挙型
 *********************************************/
#include <xc.h>
/* コンフィギュレーション設定 */
#pragma config FEXTOSC = OFF, RSTOSC = HFINTPLL, WDTE = OFF, LVP = OFF
/** 変数の定義 **/
#define _XTAL_FREQ  32000000
int State;
unsigned char data;
/** 列挙型定義 */
enum {
    Idle = 0,                       // ステート変数の値の定義
    Wait_a,
    Wait_b,
    Wait_c
};
/** 関数プロトタイピング **/
void putch(unsigned char Data);
unsigned char getch(void);
void Initialize(void);

/******** メイン関数 *************/
void main(void) {
    Initialize();                   // デバイス初期化
    State = Wait_a;                 // ステートリセット
    /**** メインループ ****/
    while(1){
        putch('¥r');                // 復帰
        putch('¥n');                // 改行
        putch('>');                 // プロンプト
        data = getch();             // 1文字入力
        putch(data);                // エコー出力
        switch(State){              // State値で分岐
            case Wait_a:            // a入力待ちの場合
                if(data == 'a')     // a入力
                    State = Wait_b; // ステートアップ
                break;
            case Wait_b:            // b入力待ちの場合
                if(data == 'b')     // b入力
                    State = Wait_c; // ステートアップ
                else
                    State = Wait_a; // ステートリセット
                 break;
            case Wait_c:            // c入力待ちの場合
                if(data == 'c')     // c入力
                {
                    LATA = 0x38;        // LED点灯
                    __delay_ms(1000);   // 1秒遅延
                    LATA = 0;           // LED消灯
                    State = Wait_a;     // ステートリセット
```

```
                }
                else
                    State = Wait_a;      // ステートリセット
                break;
            default :                    // その他の場合
                break;                   // 何もしない
        }
    }
}
```

第2部 C言語プログラミングの基礎

第9章 割り込み処理関数

「割り込み」はマイコンでは非常に重要な働きをする機能です。この割り込みによるプログラム動作とそのメリットを説明し、MPLAB XC8コンパイラで割り込み処理関数を作成する方法を説明します。

9-1 割り込み処理の流れとメリット

「**割り込み**」はマイコンでは非常に重要な働きをする機能です。この割り込みとは一体どういうことなのでしょうか。ことばから想像できるのは、「たくさんの人が並んでいる列に横から割り込む」といった状況です。

プログラムの世界での割り込みも全く同じ意味で使われています。つまり、あるプログラムを実行中に、ほかのプログラムを実行させたい。これが割り込みという概念が生まれたきっかけです。

9-1-1 割り込み処理の流れ

割り込みによってプログラムがどのように実行されるかをタイムチャート図で表現すると、例えば最も簡単なインターバル割り込みのような場合には図9-1-1のような流れで表すことができます。

常時実行機能Aの処理中に、インターバルタイマなどの一定間隔の割り込みが入るとすると、それに対応するBという割り込み処理に実行を移します。このBの処理が完了したら、Aの続きの処理に戻るという流れを繰り返します。このとき処理Bにはハードウェアでジャンプするので、即時に応答処理ができます。

またハードウェアでジャンプするということは、処理Aと処理Bにはプログラム上は全くつながりがなく、独立のプログラムとなります。

●図9-1-1 インターバルタイマの割り込み処理例

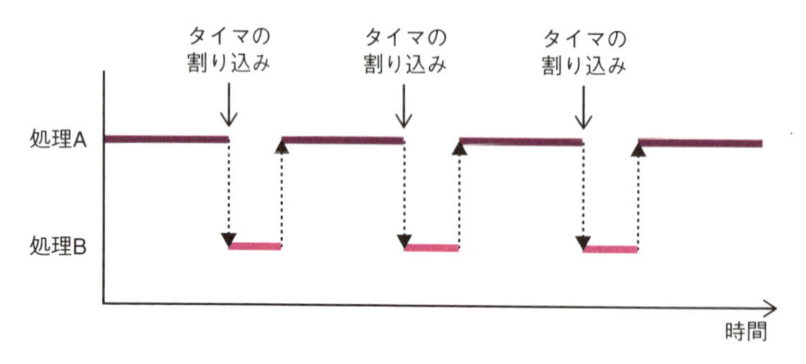

したがって、処理Aは、割り込みのことは全く気にせず連続的に機能を実行すればよく、割り込みの発生で、ハードウェアで割り込み処理Bのほうにいったん処理が移りますが、割り込み処理Bが完了したら処理Aの続きの場所に自動的に戻ってきます。この間、処理Aはいったん中断することになりますが、自動的に元に戻るので、プログラムとしては特に処理Bのことを意識する必要はありません。ただし、処理Aの全体の処理時間は、処理Bを実行した分だけ余分にかかることになります。

このように、**割り込み処理プログラムは、他のプログラムと独立したプログラムとして構成できる**ので、プログラムの全体構成をすっきりとさせることができます。

もう少し複雑な場合を考えましょう。図9-1-2のような場合を考えます。

まず割り込み1はインターバルタイマの一定周期の割り込みの場合で、図9-1-1と同じ流れになります。

割り込み2は、何らかの周辺モジュールに出力をし、その動作終了を待っているような場合です。周辺モジュールに出力をしたあと、その動作完了を待つ必要がある場合、この待ち時間の間何もしないで待っているのは無駄なので、この間にメイン処理Aを継続して実行します。周辺モジュールの動作完了で割り込み2が発生するようにすれば、ここでその周辺モジュールの割り込み処理に移り、次の出力をするなどの動作を実行し、またメイン処理Aに戻ります。これで周辺モジュール動作待ち時間を有効に活用でき、無駄時間をなくすことができます。

ここで、この割り込み2の処理中に割り込み3が発生した場合はどうなるでしょうか。PIC16F1ファミリの場合には、いったん割り込み信号が受け付けられると自動的に全割り込みが禁止状態となります。これは割り込みハードウェアで行われるので瞬時です。そして割り込み処理が終了し、メイン処理Aに戻った直後に割り込みが再許可されます。したがって、割り込み3は割り込み2の処理が終了するまで待たされることになり、割り込み処理2が終了してメイン処理Aに戻った直後に割り込みとして受け付けられ、割り込み処理3に移行します。

このような条件になるので、**割り込み処理はできる限り短時間で終わるように作成する**のが基本です。割り込み処理で長くかかる処理をしなければならない場合は、フラグを使って割り込み処理内ではフラグだけセットし、実際の処理はメイン処理Aの中でフラグをチェックすることで行うようにします。

●図9-1-2　複雑な割り込み処理の流れ

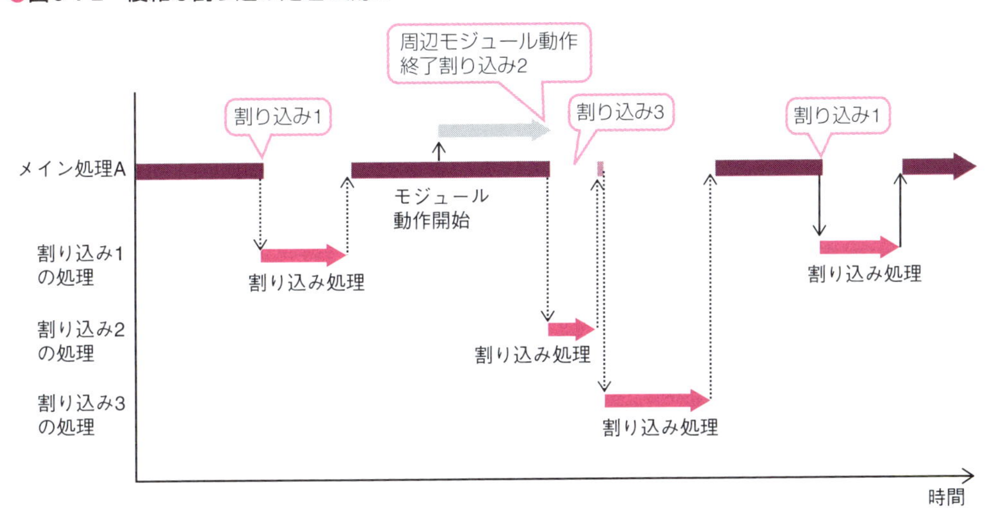

9-1-2 割り込みのメリット

このような動作により、割り込みは次のようなメリットがありますが、一番のメリットは、プログラムの構成を単純でわかりやすいものにしてくれるということです。

❶常時実行すべき機能を実行しながら同時に別のことができる

例えば、常時実行しなければならない機能があり、さらに一定時間間隔でしなければならないことがある場合、一定間隔の機能に対して割り込みを使って処理すれば、あたかも同時に両方の処理を実行しているようにできます。

❷イベントが発生したときすぐに一定時間で応答できる

イベントの割り込みの発生により、ハードウェアでジャンプして割り込み処理を実行するので、イベントへの応答が即時でしかも一定時間で応答できます。

割り込みを使わない場合には、常時実行すべき機能の中で、イベント発生をチェックすることになるので、イベント検出時間は最悪このチェック周期になりますし、どの時点でイベントが発生したかにより検出時間がばらつくことになります。

❸デバイスの実行が遅い場合の応答待ち時間を有効活用できる

動作速度の遅いデバイスの動作完了を待つような場合、デバイスの動作完了に割り込みを使えば、デバイス処理実行待ち中に他の機能を実行できます。これで無駄時間を大幅に削減できます。

❹プログラム構成を単純化できる

割り込み処理とメインの処理はまったく独立に考えることができ、互いのことを意識せずに作成できますから、すっきりとした流れのプログラムとできます。

9-2 割り込みの要因と許可禁止

PICマイコンには色々な周辺モジュールが内蔵されていますが、ほぼすべての周辺モジュールが割り込み機能を持っており、動作の完了や状態の変化などを割り込みでプログラムに通知できるようになっています。

9-2-1 割り込み回路ブロックの動作と割り込み許可

周辺モジュールのすべての割り込み要因は、リセットで割り込み禁止となり、**割り込み許可しないと割り込みは発生しない**ようになっています。

これらの周辺モジュールの割り込みにはすべて、割り込み要因発生を示す割り込みフラグビット（xxIF：Interrupt Flag）と、個別に割り込みを許可、禁止するビット（xxIE：Interrupt Enable）とが用意されています。それらの論理関係は、PIC16F1ファミリでは図9-2-1のような回路ブロックとなっています。

●図9-2-1　割り込み回路ブロック

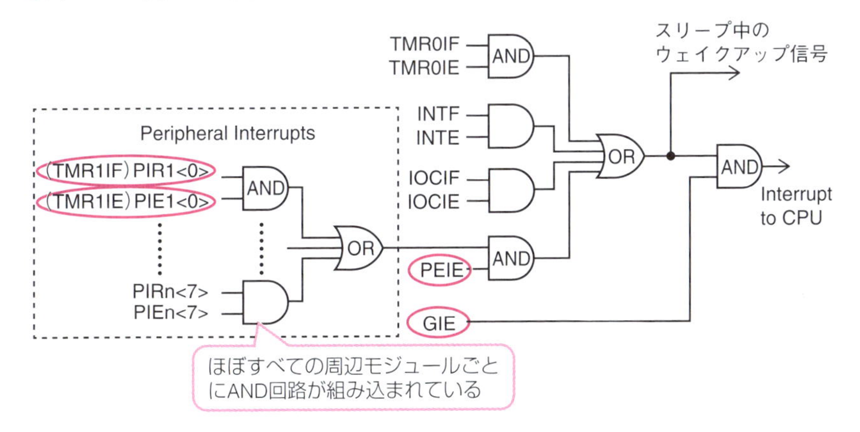

この回路で、周辺モジュールで割り込み要因が発生すると、対応するxxIFビットが「1」にセットされます。このとき、図9-2-1の右端のANDゲートの出力（Interrupt to CPU）が「1」になると割り込みが発生しプログラムが特定番地にジャンプします。

したがって割り込みが入るようにするためには、下記の手順で割り込みを許可して、最後のAND出力が「1」になるようにすることが必要です。

①対応する周辺モジュールのxxIEビットを「1」にして、xxIFとのAND条件が成立するようにし、そのモジュールの割り込みを許可します。xx記号は周辺モジュールごとに決まっています。
②図中、左側にある拡張周辺モジュールの場合には、PEIE（Peripheral Interrupts Enable：周辺一括許可）ビットも「1」にして途中にあるANDゲートのAND条件も成立するようにします。
③最終段のGIE（Global Interrupt Enable：全体割り込み許可）ビットを「1」にして全体のAND条件が成立するようにして全体割り込みを許可します。

これで指定したモジュールの割り込み要因が発生して、許可されたxxIFの割り込みフラグが「1」になると、最後の割り込み出力が「1」となって割り込みが発生します。

このときPICマイコンがスリープ中の場合には、割り込みではなく、ウェイクアップ信号として使われ、スリープからウェイクアップして命令実行動作を再開します。

割り込みでは、**割り込みフラグビット**（xxIF）が重要な働きをしています。

PIC16F1ファミリでは割り込み信号は1つで、割り込み用のジャンプ先も4番地の1つだけしかありません。しかし割り込み機能は全モジュールにあるので、どの割り込みが発生してもすべて4番地にジャンプします。では、これをどう区別すればよいのでしょうか。

それは、割り込み処理の最初で許可した周辺モジュールの割り込みフラグxxIFビットをチェックして、**どの割り込みフラグが「1」になっているかを確認することで、どの割り込みが発生したかを区別**します。したがってこの割り込みフラグビットを見る順番が**割り込みの優先順位**ということになります。

さらに割り込みフラグビットは、命令でクリアしなければ「1」のまま残るので、**割り込み処理の中で、処理した割り込みフラグビットだけをクリア**します。

これで、同時に複数の割り込みが発生した場合や、割り込み処理中に他の割り込みが発生した場合でも、現在処理中の割り込み処理が完了して割り込み位置に戻り、割り込みが再許可されるまで新たな割り込みは待たされ、再許可された時点で残っている割り込みフラグにより新たな割り込み信号が発生することになります。

こうして割り込みが無視されたり、抜けたりすることがなくなります。逆に割り込みフラグビットのクリアを忘れると、同じ割り込みが永久に発生し、同じプログラムを繰り返し実行する永久ループとなってしまうので注意しなければなりません。

9-2-2　割り込み関連レジスタの詳細

以上の割り込み制御ビットはINTCONレジスタとPIRx、PIExレジスタに集約されています。（INTCON：Interrupt Control、PIR：Peripheral Interrupt Request、PIE：Peripheral Interrupt Enable）

例えばデジタル演習ボードのPIC16F18857では図9-2-2のようになっています。実際のデバイスに実装されている内容はデバイスごとに異なっているので、データシートで確認が必要です。個々のビットの詳細は対応する周辺モジュールの項で説明しているので、第3部を参照して下さい。

●図9-2-2　割り込み関連レジスタ

Name	Bit7	Bit6	Bit5	Bit4	Bit3	Bit2	Bit1	Bit0
INTCON	GIE	PEIE	－	－	－	－	－	INTEDG
PIE0	－	－	TMR01E	IOCIE	－	－	－	INTE
PIE1	OSFIE	CSWIE	－	－	－	－	ADTIE	ADIE
PIE2	－	ZCDIE	－	－	－	－	C2IE	C1IE
PIE3	－	－	RCIE	TXIE	BCL2IE	SSP2IE	BCL1IE	SSP1IE
PIE4	－	－	TMR6IE	TMR5IE	TMR4IE	TMR3IE	TMR2IE	TMR1IE
PIE5	CLC4IE	CLC3IE	CLC2IE	CLC1IE	－	TMR5GIE	TMR3GIE	TMR1GIE
PIE6	－	－	－	CCP5IE	CCP4IE	CCP3IE	CCP2IE	CCP1IE
PIE7	SCANIE	CRCIE	NVMIE	NCO1IE	－	CWG3IE	CWG2IE	CWG1IE
PIE8	－	－	SMT2PWAIE	SMT2PRAIE	SMT21E	SMT1PWAIE	SMT1PRAIE	SMT1IE
PIR0	－	－	TMR0IF	IOCIF	－	－	－	INTF
PIR1	OSFIF	CSWIF	－	－	－	－	ADTIF	ADIF
PIR2	－	ZCDIF	－	－	－	－	C2IF	C1IF
PIR3	－	－	RCIF	TXIF	BCL2IF	SSP2IF	BCL1IF	SSP1IF
PIR4	－	－	TMR6IF	TMR5IF	TMR4IF	TMR3IF	TMR2IF	TMR1IF
PIR5	CLC4IF	CLC3IF	CLC2IF	CLC1IF	－	TMR5GIF	TMR3GIF	TMR1GIF
PIR6	－	－	－	CCP5IF	CCP4IF	CCP3IF	CCP2IF	CCP1IF
PIR7	SCANIF	CRCIF	NVMIF	NCO1IF	－	CWG3IF	CWG2IF	CWG1IF
PIR8	－	－	SMT2PWAIF	SMT2PRAIF	SMT2IF	SMT1PWAIF	SMT1PRAIF	SMT1IF

（注）略称の意味は下記

GIE：グローバル許可　　PEIE：周辺一括許可　　INTEDG：INT割り込みエッジ　　TMRx：タイマx
IOC：状態変化割り込み　　TMRxG：タイマxゲート　　OSF：クロック停止　　CSW：クロック切替
ADT：ADスレッショルド　　AD：ADコンバータ　　ZCD：ゼロクロス　　Cx：コンパレータ
RC：USARTn受信　　TX：USARTn送信　　BCL：I2C衝突　　CLCn：CLCモジュール
CCPx：CCPxモジュール　　SSPn：シリアル通信　　SCAN：スキャナ　　CRC：巡回冗長符号検査
NVM：データEEPROM　　NCO：周波数変調　　CWG：相補PWM波形　　SMT：信号計測タイマ

9-2-3 割り込み動作の詳細

割り込み発生時の内部の動作をもう少し詳しく見てみます。ある周辺モジュールの割り込みの要因が発生すると、割り込みフラグxxIFビットが「1」にセットされ、対応する周辺モジュールの割り込み許可ビットxxIEとPEIEビット、GIEビットが「1」にセットされていれば割り込み信号が発生します。このあとの動作は図9-2-3のようなステップとなります。

●図9-2-3 割り込み発生時の動作詳細

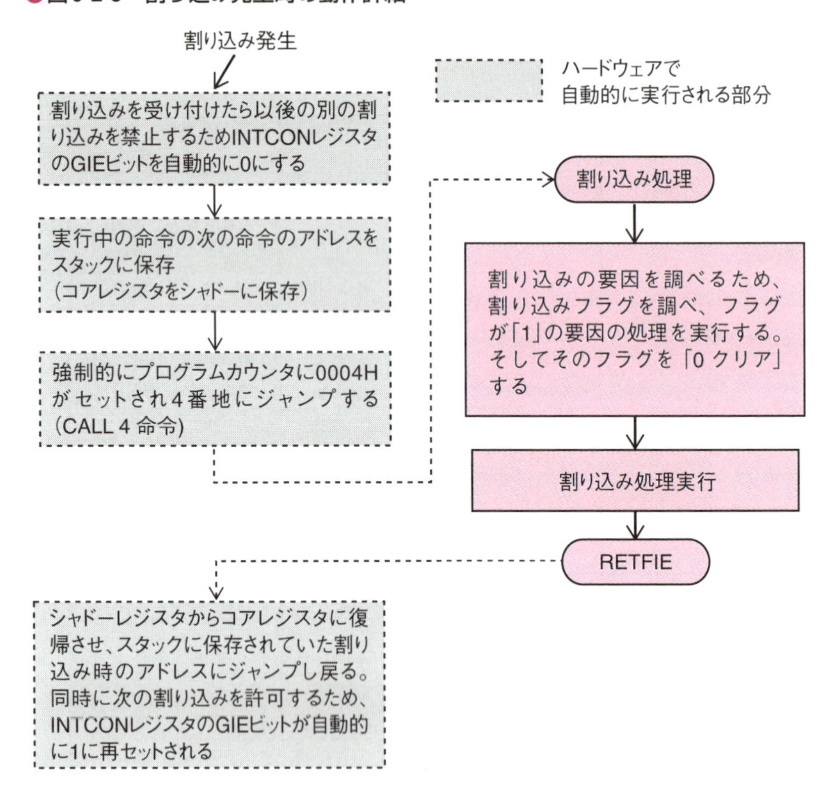

割り込み信号がハードウェアで受け付けられると、全体割り込み許可ビット(GIEビット)を0にしていったん全割り込みを禁止します。そしてそのときのプログラムカウンタの値をスタックメモリに保存し、さらにコアレジスタをシャドーレジスタにコピーして保存します。その後4番地にジャンプします。このジャンプはハードウェアで強制的に行われるので、プログラムは知らないことになります。

このような割り込み処理で課題となるのは、割り込み処理からメイン処理に戻るときです。

PICマイコンの状態を、メイン処理を中断させたときと同じ状態にして戻らなければ、メイン処理は正常に継続処理ができません。では、PICマイコンの状態を元に戻すにはどうするのでしょうか。

PICマイコンはすべてレジスタ操作で動作が制御されています。ここで一般のレジスタ（SFR）はプログラマが意識して変更するので制御できますが、ワーキングレジスタ（WREG）やステータスレジスタ（STATUS）などのコアレジスタの一部は、演算の結果で自動的に書き換えられたりしてしまっているので、プログラマが制御するのは困難です。

したがって、この勝手に変化する**レジスタを割り込みが入った時点ですぐデータメモリに保存しておき、割り込み処理から戻る直前にデータメモリからレジスタに復帰させる**ようにすれば、メイン処理を元の状態と同じとして戻ることができます。

このレジスタの保存と復帰にはPIC16F1ファミリには特別な機能として「**シャドーレジスタ**」が組み込まれており、シャドーレジスタに一瞬で保存され、戻る際にも同じように一瞬で戻されるようになっています。したがってプログラマとして何かする必要はなく、すべて自動的に行われます。またその分だけ割り込み処理が早くなります。逆に割り込み処理関数の中でこれらのレジスタを変更しても、割り込み処理から戻るときには元の状態に戻ってしまいます。

シャドーレジスタに自動保存されるレジスタは次のようなレジスタとなっています。

- Wレジスタ
- STATUSレジスタ
- BSRレジスタ
- FSRレジスタ
- PCLATHレジスタ

割り込み処理の最後には`RETFIE`（Return from Interrupt Enabled）命令を実行します。これでまず、シャドーレジスタに保存しておいたコアレジスタを元に戻し、続いてスタックに保存しておいたメイン処理の戻り場所にジャンプします。さらに続いてGIEビットを1に戻して割り込みを再許可します。これでメイン処理の続きが継続処理されることになります。

C言語を使うと、`RETFIE`命令も自動的に生成してくれますから、割り込み処理関数で記述しなければならないのは、本来の割り込みアプリケーション部と割り込みフラグ関連だけとなります。

9-3 割り込み処理の記述方法

MPLAB XC8コンパイラを使って割り込み処理を記述する方法を説明します。

9-3-1 割り込み処理に必要な記述

割り込みを使う場合に必要となる記述は、割り込みの許可と割り込み処理関数作成の2つとなります。

1 割り込みの許可

メイン関数の初期化部で周辺モジュールの初期化とともに割り込みを許可します。この割り込みの許可には次の3つの記述が必要です。

❶周辺モジュールの割り込み許可

INTCONbits.xxxIE = 1;　または

PIEybits.xxxIE = 1;

yは周辺モジュールにより0から8のいずれかで、xxxは周辺モジュールごとに決められている略号です。これらの詳細は図9-2-2の割り込み関連レジスタを参照して下さい。

❷周辺一括割り込み許可

INTCONbits.PEIE = 1;

❸全体一括割り込み許可

INTCONbits.GIE = 1;

2 割り込み処理関数の作成

最も基本的な割り込み処理関数の書式は次のようになります。関数名（ここではISR）は自由に付けられ、その関数に「__interrupt」という修飾子を付けて記述すれば割り込み処理関数となります。RETFIE命令は自動的に追加されますから記述は不要です。

割り込みフラグビットは、周辺モジュール（ここではxxxかzzz）ごとに存在するレジスタ名（ここではPIRyかPIRw）が異なるので、図9-2-2を参照して下さい。

```
【書式】 void __interrupt ISR(void) {
            if(PIRybits.xxxIF == 1){            // 周辺モジュールの判定
                PIRybits.xxxIF = 0;             // 割り込みフラグのクリア
                ----------------
                (割り込み処理記述)               // 実行文
                 -----------------
```

```
        }
        else if(PIRwbits.zzzIF == 1){          // 周辺モジュールの判定
            PIRwbits.zzzIF = 0;                // 割り込みフラグのクリア
            ------------------
            (割り込み処理記述)                   // 実行文
            ------------------
        }
    }
```


9-3-2 割り込み処理の実際例

割り込みを使った実際の例をリスト9-3-1に示します。この例は、常時タイマ2の0.5秒周期の割り込みで緑LEDを点滅させ、S1が押されたときにタイマ4をスタートさせ、タイマ4の1秒周期の割り込みで、赤LEDを点滅させるというものです。

この例題ではタイマの周期が長いので、クロックをコンフィギュレーションで1MHzに変更しています。

割り込み処理関数isr内では、タイマ2のTMR2IFビットとタイマ4のTMR4IFビットをチェックしてどちらの割り込みかを判定しています。さらにそれぞれの処理でLEDを反転させたあと、割り込みフラグをクリアしています。両方のフラグビットが同じPIR4レジスタに存在するので、PIR4bitsを付加しています。

タイマの初期設定の仕方の詳細については、第3部を参照して下さい。

リスト 9-3-1 割り込み処理の実際例

```
/***********************************************
 * C言語入門　割り込み　Interrupt1.c
 *   第2部　第9章　割り込み処理
 ***********************************************/
#include <xc.h>
/* コンフィギュレーション設定 クロック 1MHz */
#pragma config FEXTOSC = OFF, RSTOSC = HFINT1, WDTE = OFF, LVP = OFF
/** 変数の定義 **/
#define S1     PORTAbits.RA0
#define Red    LATAbits.LATA5
#define Green  LATAbits.LATA3
#define Blue   LATAbits.LATA4
/** 関数プロトタイピング **/
void Initialize(void);

/******** メイン関数 *************/
void main(void) {
    Initialize();                       // デバイス初期化
    /** 割り込み許可 **/
    PIE4bits.TMR2IE = 1;                // タイマ2 割り込み許可
    PIE4bits.TMR4IE = 1;                // タイマ4 割り込み許可
    INTCONbits.PEIE = 1;                // 周辺一括割り込み許可
```

```
    INTCONbits.GIE = 1;                 // グローバル割り込み許可
    T2CONbits.T2ON = 1;                 // タイマ2 スタート
    /**** メインループ ****/
    while(1){
        if(S1 == 0) {                   // S1オンの場合
            Red = 1;                    // 赤点灯
            T4CONbits.T4ON = 1;         // タイマ4スタート
        }
    }
}
/**********************************
 *  割り込み処理関数
 *   Timer2とTimer4
 **********************************/
void interrupt isr(void) {
    if(PIR4bits.TMR2IF == 1){           // タイマ2割り込みの場合
        Green = (unsigned char)~Green;  // 緑反転
        PIR4bits.TMR2IF = 0;            // 割り込みフラグクリア
    }
    else if(PIR4bits.TMR4IF == 1){      // タイマ4割り込みの場合
        Red = (unsigned char)~Red;      // 赤反転
        PIR4bits.TMR4IF = 0;            // 割り込みフラグクリア
    }
}
/**********************************
 * 初期化サブ関数
 **********************************/
void Initialize(void){
    /* 入出力モード設定 */
    ANSELA = 0;                         // すべてデジタル
    ANSELC = 0;                         // すべてデジタル
    LATA = 0;                           // LED消灯
    TRISA = 0x07;                       // RA0,1,2のみ入力
    WPUA = 0x07;                        // RA0,1,2 プルアップ
    /** タイマ2、4の初期設定 Fosc=1MHz */
    T2CLKCON = 0x01;                    // タイマ2クロック選択 Fosc/4=0.25MHz
    PR2 = 61;                           // 0.5sec周期設定
    T2CON = 0x7F;                       // スケーラ1/128, 1/16 停止
    T4CLKCON = 0x01;                    // タイマ4クロック選択 Fosc/4
    PR4 = 122;                          // 1sec周期設定
    T4CON = 0x7F;                       // スケーラ1/128 1/16 停止
}
```

コラム PIC18Kファミリのベクタ割り込みとDMA

ハイエンドシリーズの最新デバイスであるPIC18FxxK42ファミリには、ベクタ割り込み機能とDMAモジュール(DMA：Direct Memory Access)が8ビットファミリでは初めて搭載されました。これらの概要を説明します。

1 ベクタ割り込み

これまでのPIC18ファミリでは割り込みラインは2本のみで、すべての周辺モジュールの割り込みがこのいずれかで通知されます。このため、割り込み処理の中で割り込みフラグをチェックして、どの周辺モジュールの割り込みかを判定する必要がありました。

これに対し**ベクタ割り込み**では、割り込みが入ったとき、すべての周辺モジュールごとに独立にジャンプ先が割り当てられています。したがって**割り込み要因を区別する必要がなく、すぐ対応する割り込み処理を開始できる**ようになっています。

このジャンプ先をまとめたものを**ベクタテーブル**と呼び、表9-C-1のように2ワードごとにジャンプ先を並べたテーブルをプログラムメモリ内に確保するようになっています。テーブル内の位置をベクタアドレスと呼び、このアドレスにより周辺モジュールが特定されるようになっています。

▼表9-C-1　ベクタテーブルの一部

ベクタ番号(n)	割り込みベクタアドレス(既定値 IVTBASE)	割り込みベクタアドレス(IVTBASE = 40F0h)	割り込み要因
39	0056h	413Eh	CLC1
40	0058h	4140h	INT1
41	005Ah	4142h	CMP2
42	005Ch	4144h	DMA2SCNT
43	005Eh	4146h	DMA2DCNT
44	0060h	4148h	DMA2OR
45	0062h	414Ah	DMA2ABRT
46	0064h	414Ch	I2C2RX
47	0066h	414Eh	I2C2TX
48	0068h	4150h	I2C2
49	006Ah	4152h	I2C2E
50	006Ch	4154h	U2R
51	006Eh	4156h	U2T
52	0070h	4158h	U2E
53	0072h	415Ah	U2G
54	0074h	415Ch	TMR3

割り込み処理関数も、周辺モジュールごとに独立に作成することになり、ベクタテーブルからジャンプするようになっています。これで、割り込み処理が高速化されることになります。

2 DMA（Direct Memory Access）

DMAはCPUとは独立にメモリと周辺モジュール間、メモリメモリ間でデータの転送を行う機能で、転送はプログラムとは独立にハードウェア速度で行われるため、高速な転送が可能です。この転送はCPUがメモリや周辺モジュールを使っていない時間を盗み取ることで行われるので、プログラム実行時間に影響を与えることがありません。

実際の例として次のような使い方があります。

❶UARTのRXバッファから連続的にデータを読み出してメモリバッファに保存する

高速大容量のデータの転送が可能になります。

❷ADCの変換結果レジスタから値を読み出してメモリバッファに保存する

高速の一定間隔のサンプリングが可能になります。

❸メモリテーブルからデータを読み出してPWMデューティサイクル値としてロードする

例えば高い周波数の正弦波などの出力が可能になります。

❹メモリテーブルからUARTで連続送信する

このようにDMAで送受できるメモリと周辺モジュールは次のようになります。

- プログラムメモリ → 周辺モジュールまたはデータメモリ
- EEPROM → 周辺モジュールまたはデータメモリ
- データメモリ → 周辺モジュールまたはデータメモリ

第2部
C言語プログラミングの基礎

第10章
標準関数と標準入出力関数

ANSIの標準Cには、多くの標準関数と呼ばれる関数がライブラリとして用意されています。MPLAB XC8コンパイラはANSI準拠なので、この標準関数に相当する関数ライブラリが用意されています。本章ではこれらの関数と、標準入出力関数と呼ばれる関数の使い方を説明します。

10-1 標準C関数ライブラリ

MPLAB XC8コンパイラはANSI準拠の標準ライブラリ関数をサポートしています。

ANSI準拠の標準関数には、文字列を扱う関数群、データを変換する関数群、メモリを扱う関数群、算術演算用の関数、その他ユーティリティ関数があります。算術演算関数については、第4章で説明しているので、他の関数について説明します。

本章では、標準関数の一覧で説明しますが、詳しい使い方は、「MPLAB XC8 C Compiler User's Guide」のAppendix Aを参照して下さい。

10-1-1 文字列処理関数

文字列を処理する関数が表10-1-1と表10-1-2となります。表10-1-1は比較的単純な文字または文字列を扱う関数で、表10-1-2は文字列を加工できる関数となります。

表の中の【書式】の次にあるヘッダファイルは、その関数を使うためにインクルードが必要なヘッダファイル名です。

▼表10-1-1 単純な文字列処理関数一覧

関数名	書式とパラメータ

atoi
atol
atof
xtoi
	【機能】文字列を数値に変換する。文字列は10進表記、xtoiは16進表記
	【書式】stdlib.h
	int atoi(const char *s);
	long atol(const char :s);
	double atof(const char *s);
	unsigned int xtoi(const char *s);
	【例】 x = atoi("12345"); // 10進表記をint型整数に
	y = atol("4657668"); // 10進表記をlong型整数に
	f = atof("123.456"); // 浮動小数点数表記を数値に
	z = xtoi("0xEF3D"); // 16進数表記を数値に

itoa
ltoa
utoa
	【機能】数値(val)を指定された基数(base)で文字列に変換しバッファ(buf)に格納する
	【書式 stdlib.h
	char itoa(char *buf, int val, int base); // int型数値
	char ltoa(char *buf, long val, int base); // long型数値
	char utoa(char *buf, unsigned val, int base); // 正整数
	【例】 char buf[5];
	itoa(buf, 1234, 10); // bufは"1234"
	utoa(buf, 1023, 16); // bufは"3FF"

関数名	書式とパラメータ

ftoa	【機能】浮動小数数値を文字列に変換しバッファに格納する
	【書式】stdlib.h
	　　char *ftoa(float f, int *status); // statusは変換結果状況
	【例】　char *buf;
	　　val = 12.34;
	　　int status;
	　　buf = ftoa(val, &status);　　// buf内は"12.34"

tolower
toupper
toascii
	【機能】英文字を小文字、大文字に変換する。対象はa～z、A～Zのみで他の文字はそのまま。
	　　toasciiはASCIIコードの値を返す
	【書式】インクルードなし
	　　char tolower(int c);　　　// 小文字に変換
	　　char toupper(int c);　　　// 大文字に変換
	　　char toascii(int c);　　　// 0～177の値に制限
	【例】　switch(toupper(getc()) {　　　// 入力をすべて大文字にする
	　　　　case 'R': read_cmd();break;
	　　　　case 'W': write_cmd();break;
	　　}

isalnum
isalpha
isascii
iscntrl
isdigit
islower
isprint
isgraph
ispunct
isspace
isupper
isxdigit
	【機能】パラメータの文字種類を調べ、真なら1を偽なら0を返す
	【書式】ctype.h
	　　int isalnum(char c);　　// 数字か英大小文字
	　　int isalpha(char c);　　// 英大小文字
	　　int isascii(char c);　　// 7ビットのASCIIコード
	　　int iscntrl(char c);　　// 制御文字
	　　int isdigit(char c);　　// 10進数数値
	　　int islower(char c);　　// 英小文字
	　　int isprint(char c);　　// 印刷可能文字
	　　int isgraph(char c);　　// スペースでない印刷可能文字
	　　int ispunct(char c);　　// 英大文字でない
	　　int isspace(char c);　　// スペース
	　　int isupper(char c);　　// 英大文字
	　　int isxdigit(char c);　　// 16進数文字（大小文字）
	【例】　char id[20];　　　　// データ格納
	　　......
	　　if(isalpha(id[0])) {　　　　// 先頭文字英語の場合
	　　　　valid_id = TRUE;　　　　// 正しい、次へ
	　　　　for(i=1; i<strlen(id); i++)　　// 全部チェック
	　　　　　　valid_id = valid_id && isalnum(id[i]);　// 英数字ならOK
	　　}
	　　else　　　　// 先頭が英語でない
	　　　　valid_id = FALSE;　　　　// 誤り

isdig	【機能】数値0-9のチェックでTRUEを返し、数値以外ならFALSEを返す
	【書式】ctype.h
	　　int isdig(int c);
	【例】　if(isdig(buf[0]))
	　　　　printf("Type is OK");

▼表10-1-2 文字列を加工する関数

関数名	書式とパラメータ

strcat
strchr
strichr
strrchr
strrichr
strcmp
strncmp
strnicmp
strncpy
strspn
strcspn
strlen
strpbrk
strstr
stristr
	【機能】文字列に種々の加工を施した文字列にする
	【書式】string.h
	char *strcat(char *s1, const char *s2); // 文字列s1に文字列s2を連結
	char *strchr(const char *s1, int c); // 文字列s1内の文字cの位置
	char *strichr(const char *s1. int c); // 同上(大小文字区別なし)
	char *strrchr(char *s1,int c); // 同上(後ろから探す)
	char *strrichr(char *s1. int c); // 同上(大小文字区別なし)
	int strcmp(const char *s1, const char *s2); // 文字列s1とs2の比較
	int stricmp(const char *s1, const char *s2); // 同上(大小文字区別なし)
	int strncmp(const char *s1, const char *s2, size_t n);
	int strnicmp(const char *s1, const char *s2, size_t n); //大小区別なし
	// 文字列s1とs2の頭からnバイト比較 戻り値は等しいとき0
	char *strncpy(char s1, const char *s2, size_t n);
	// s2からs1へnバイトコピー S2がn文字より少ないなら0を挿入
	size_t strspn(const char *s1, conts char *s2);
	// s2の文字のいずれかが含まれるs1の文字数を返す
	size_t strcspn(const char *s1, const char *s2);
	// s2のいずれの文字も含まれないs1の文字数を返す
	size_t strlen(const char *s); // sの文字数を返す
	char *strpbrk(const char *s1, const char *s2);
	// s2のいずれかの文字が現れたs1の場所のポインタを返す
	char *strstr(const char *s1, const char *s2);
	char *stristr(const char *s1, const char *s2); // 大小区別なし
	// s2と同じ文字列が現れたs2のポインタを返す
	【例】chr string1[10],strng2[10];
	strcpy(string1, "hi ", 3);
	strcpy(string2, "there", 5);
	strcat(string1, string2, 8);
	printf("Length is %u¥r¥n",strlen(string1));

strtok()	【機能】s2のいずれかの文字で区切られた最初の文字列を探し0で分割してからこの文字列へのポインタを返す
	【書式】string.h
	char *strtok(char *s1, const char *s2);
	【例】char *ptr;
	char buf[] = "This is a string of wor.";
	char *sep_tok = ",?! ";
	ptr = strtok(buf, sep_tok);
	while(ptr != NULL) {
	printf("%s¥n", ptr);
	ptr = strtok(NULL, sep_tok); // 次の文字列の先頭ポインタを返す
	}

strtod()
strtol()
	【機能】strの文字列の最初の部分を指定された型の数値に変換して戻り値とし、残りの先頭ポインタを引数で返す
	【書式】stdlib.h
	doubl strtod(const char *s, const char **res);
	long strtol(const char *s, const char **res, int base);
	【例】
	float num;
	char buf[]="123.45hello";
	chr *ptr
	num = strtod(buf, &ptr); // numは123.45 ptrは"hello"の先頭

10-1-2　メモリ処理関数

表10-1-3はメモリに直接アクセスする関数で、高速な文字列処理やバッファ処理ができます。しかし、**メモリに直接アクセスするので使い方に注意が必要**です。

▼表10-1-3　メモリアクセス関数

関数名	書式とパラメータ

memchr	【機能】valで指定されたバイト列がblockで指定されたブロック中で最初に見つかった場所を返す。lengthでblock内を探す長さを指定する
	【書式】void *memchr(const void *block, int val, size_t length);
	【例】string.h
	unsigned int ary[] = {1, 5, 0x6789, 0x23};
	char *cp;
	cp = memchr(ary, 0x89. size_of ary);
	if(!cp)
	    printf("not found¥n");
	else
	    printf("Found %u¥n", cp-(char*)ary);

memcmp	【機能】2つのメモリを指定された長さのバイト単位で比較する。等しければ0を返し、異なれば0以外を返す。strncmpとの違いはNULLでも停止しないこと
	【書式】string.h
	int memcmp(const void *s1, const void *s2, size_t n);
	【例】int buf[10] = {1, 3, 4};
	int cow[10] = {1, 3, 5};
	i = memocmp(buf, cow, 3*sizeof(int));
	if(i < 0)
	    printf("Less than¥n");
	else if(i == 0)
	    printf("Equal¥n");

memcpy	【機能】sアドレスからnバイトだけdアドレスにコピーする
	【書式】string.h
	void *memcpy(void *d, const void *s, seize_t n);
	【例】char buf[80];
	memset(buf, 0, sizeof buf); // clear
	memcpy(buf, "A partial string", 10);
	printf("buf = '%s'¥n", buf);

memmove	【機能】memcpyと同じでsアドレスからnバイトだけdアドレスにコピーする ただしsとdのオーバーラップが可能 【書式】void *memmove(void *d, const void *s, size_t n);

memset	【機能】dアドレスからnバイト目にcを書き込む
	【書式】string.h
	void *memset(void *d, int c, size_t n);
	【例】char abuf[20];
	strcpy(abuf, "This is a string");
	memset(abuf, 'x', 5);
	printf("buf = '%s'¥n", abuf);

10-1-3 その他の関数

その他の関数として用意されている関数が表10-1-4になります。マイコンの特定の制御を実行する関数となっています。

▼表10-1-4 特定の制御用の関数

関数名	書式とパラメータ
CLRWDT	【機能】ウォッチドッグタイマ(WDT)をクリアする 【書式】xc.h CLRWDT();

di
ei
	【機能】割り込みを許可、禁止する
	【書式】void ei(void);
	void di(void);
	【例】 countが割り込み処理でカウントアップされるlong型整数
	di();
	val = count; // countを取り出す間割り込みを禁止する
	ei();

NOP	【機能】NOP命令を実行する 【書式】NOP();
RESET	【機能】ソフトウェアリセットを実行する 【書式】xc.h RESET();
SLEEP	【機能】デバイスをスリープ状態にする。割り込みでウェイクアップする 【書式】xc.h SLEEP();

10-2 標準入出力関数の使い方

前項の標準C関数ライブラリの標準入出力関数（stdio.h）の中の、入出力デバイスへ入出力を行う関数について使い方を説明します。

ANSIのC標準入出力関数は、コンソールデバイスを標準入出力デバイスとしています。MPLAB XC8コンパイラでは、この標準入出力デバイスとしては特に割り当てられているものがなく、低レベル入出力関数のputch()とgetch()関数の中身は空になっています。

通常は、この入出力デバイスにUSARTモジュールを割り当て、シリアル通信でパソコンなどに接続して使います。したがって、これに合わせた低レベル入出力関数を作成し、**既存の関数を上書きして書き換える必要があります。**この書き換えは次のようにします。実際に使えるようするには、USARTモジュールの動作モード設定が必要となりますが、設定の仕方は第3部を参照して下さい。

```
void putch(unsigned char Data){
    while(!TX1STAbits.TRMT);
    TX1REG = Data;
}
unsigned char getch(void){
    while(PIR3bits.RCIF == 0);
    return(RC1REG);
}
```

【注】XC8コンパイラのバージョンアップにより、標準入出力関数のデータ型が変更されています。詳細はp.2掲載のWebサイトより「補足情報　開発環境のバージョンアップについて」をご覧ください。

これでUSARTモジュールを使ってシリアル通信で接続できる機器が用意されれば、標準入出力関数で簡単に入出力を行うことができます。簡単に用意できる機器はパソコンです。パソコンとUSBシリアル変換ケーブルなどで接続し、TeraTermなどの通信ソフトを使えば、PICマイコン用の入出力デバイスつまりコンソールとして使うことができます。

さらに、この低レベル入出力関数を書き換えれば、任意のデバイスをコンソールとして使うことができます。例えば液晶表示器を出力デバイスにするためには、次のように関数を定義すればできてしまいます。これでprintf文を使って表示出力ができます。

```
void putch(unsigned char Data){
   lcd_data(Data);
}
```

なお標準入出力関数を使うためにはputch()、getch()関数の上書きが必要ですが、gets()、cgets()関数を使うためにはさらにgetche()関数の上書きが必要です。下記のように関数を上書きします。

```
unsigned char getche(void){
        unsigned char c;
        putch(c = getch()); // エコー出力
        return c; // 入力データを返す
}
```

10-2-1 標準入出力関数一覧

MPLAB XC8コンパイラで使える標準入出力関数の使い方は、表10-2-1のようにします。表の中の【書式】の次にあるヘッダファイルは、その関数を使うためにインクルードが必要なヘッダファイル名です。

▼表10-2-1 標準入出力関数一覧

関数名	書式と機能と使用例

getchar
getch
	【機能】標準入力デバイスからのデータを入力し、1バイトのデータとして返す。未受信のときはEOFを返す。入力があるまで待たないので、この関数の前で入力を待つ処理を追加するか、受信割り込み処理関数の中で使う
	【書式】stdio.h
	int getchar(void);
	【例】while((c=getchar()) != EOF); // 入力待ち
	putchar(c); // エコー出力

getche	【機能】標準入力デバイスからのデータを入力し、1バイトのデータとして返す。
	さらに入力データをエコー出力する
	【書式】conio.h
	char getche(void);
	【例】result = getche(); // エコー出力つき

gets	【機能】標準入力デバイスから¥rまたは¥nまでの1行分を入力し、¥n、¥rを省いて指定バッファに格納する
	【書式】stdio.h
	char *gets(char *s);
	【例】char buf[80];
	if(gets(buf)) // バッファに1行入力
	puts(buf); // 1行出力

cgets	【機能】標準入力デバイスから¥rまたは¥nまでの1行をエコー出力しながら入力し指定バッファに格納する。バックスペースで1文字削除し、「CTRL-U」でバッファクリアする
	【書式】conio.h
	char *cgets(char *s);
	【例】cgets(buf);
	if(strcmp(buf, "exit") == 0)
	break;

putchar	【機能】文字を標準出力デバイスに出力する。エラー時はEOFを返す。出力データがint型扱いなので要注意
	【書式】stdio.h
	int putchar(int c); // cは出力文字
	【例】while(*ptr != 0) // 文字列の最後まで繰り返し
	putchar(*ptr++); // 文字列を出力

関数名	書式と機能と使用例

putch	【機能】printfなどのための低レベル入出力関数で、特定のデバイスへ1バイト出力する関数として作成し上書きする必要がある
	【書式】conio.h
	void putch(char c);
	【例】void putch(char data){
	while(!TXIF);　　　// 送信レディー待ち
	TXREG = data;　　　// 送信実行
	}

cputs()	【機能】putsと同じだが戻り値なし 【書式】conio.h void cputs(const char *s);
puts	【機能】文字列sを標準出力デバイスに出力し、最後に改行を付加出力する 【書式】stdio.h int puts(const char *s);　　// sは文字列 【例】puts("This is text");　　// 1行出力
printf	【機能】文字列や変数を指定フォーマットで標準出力デバイスに出力する 戻り値は出力した文字数 【書式】stdio.h int printf(string); int printf(const char *format,var1,･･･); stringは文字列 formatは出力制御文字列、var1,･･は変数群 変数を出力するフォーマットは下記format指定に従う。この書式は%で始まる %[flags][width][.precision]type (1) flags　：出力形式で下記がある -　：左つめとする 0　：ゼロサプレスしないで0を出力する +　：正のとき+記号を出力する space　：正のとき空白とする #　：16進数、8進数、10進で小数点が最初のとき0を先頭に付加する l　：long int、unsigend long int (n型の場合) (2) width　：出力文字数指定で下記フォーマットのいずれか n　：出力する文字数をn文字とする *n　：最小n文字で左つめで自動調整する (3) .precisiion：桁数指定 .n　：n桁で出力する(小数点以下の桁数) (4) typeは変数の型指定で下記のいずれか d　：符号つき整数　　o：符号なし8進数 u　：符号なし整数　　x：符号なし16進数(小文字) X　：符号なし16進数(大文字)　　e：doubleの指数形式 f　：浮動小数点の実数　　g：double c　：文字　　s：文字列 p　：ポインタ値　　%：%文字そのもの 【例】printf("¥r¥nHello!¥r¥n"); printf("¥r¥n%.4d　%#.4X　%#.6x¥r¥n", data1, data2, data3); printf("¥r¥n%.2f DegC　%.3fg¥r¥n", fData1, fData2);
sprintf	【機能】指定されたフォーマットに変換して指定バッファに格納する 【書式】stdio.h int sprint(char *buf, const char *format,var1,･･･) フォーマット指定方法はprintfと同じ

10-2-2 入出力関数の基本的な使い方

最も基本的な1文字のデータの入力を行う関数がgetch関数です。最も基本的な使い方としてはリスト10-2-1、リスト10-2-2のようにします。この例題ではgetch関数内のUSARTの受信エラー処理の有無で2通りの使い方の例を示しています。使用したボードはデジタル演習ボードです。

まずリスト10-2-1は、USARTの受信のエラー処理を省略した使い方の例です。この例題の設定は、通信速度9600bps、データ8ビット、パリティなし、ストップビット1ビット、フロー制御なし、という設定となっていますが、この設定方法の詳細は第3部を参照して下さい。

最初にプロンプト(>)を送信しています。このあと1文字入力し、無条件ですぐデータを取り出して、そのデータが文字「s」であればCounterのカウント値をカウントアップしながらメッセージを送信します。その他の文字を受信したら、Error!というメッセージを返送します。

リスト 10-2-1 getchの例題エラー処理なし(Getch1)

```
/**********************************************
 * C言語入門    Getch1.c
 *   第2部  第10章  標準入出力関数
 **********************************************/
#include <xc.h>
#include <stdio.h>
/* コンフィギュレーション設定 */
#pragma config FEXTOSC = OFF, RSTOSC = HFINTPLL, WDTE = OFF, LVP = OFF
/** 変数の定義 **/
char data;
int Counter;
/** 関数プロトタイピング **/
void IOInit(void);
void putch(char Data);
char getch(void);

/******** メイン関数 *************/
void main(void) {
    IOInit();                       // システム初期設定
    /**** メインループ ****/
    while(1){
        putch('¥r');                // 復帰
        putch('¥n');                // 改行
        putch('>');                 // プロンプト
        data = getch();             // 1文字入力
        putch(data);                // エコー出力
        if(data == 's'){
            printf("  Counter = %u", Counter++);
        }
        else
            printf("  Error!");
    }
}
/********************************
 *   低レベル入出力関数の上書き
 ********************************/
```

```
void putch(char Data){
    while(!TX1STAbits.TRMT);        // 送信レディ待ち
    TX1REG = Data;                  // データ送信
}
char getch(void){
    while(PIR3bits.RCIF == 0);
    return(RC1REG);
}
/**********************************
 * 入出力モード初期化
 **********************************/
void IOInit(void){
    /* 入出力モード設定 */
    ANSELA = 0;                     // すべてデジタル
    ANSELC = 0;                     // すべてデジタル
    TRISA = 0x07;                   // RA0,1,2のみ入力
    TRISC = 0x80;                   // RXのみ入力
    WPUA = 0x07;                    // RA0,1,2 プルアップ
    /* USART1初期化 */
    RXPPS = 0x17;                   // RX to RC7 pin
    RC6PPS = 0x10;                  // TX to RC6 pin
    BAUD1CON = 0x08;                // SPBRG 16bit Mode
    RC1STA = 0x90;                  // Async 8bit
    TX1STA = 0x24;                  // Async 8bit
    SP1BRGL = 0x40;                 // 9600bps
    SP1BRGH = 0x03;                 // 9600bps
}
```

この例題の実行結果のTeraTermの表示は図10-2-1のようになります。キーを通常の速さで押せばどのキーを押しても正常にError!やカウント値を出力しますが、両手ですばやくキー入力するとハングアップした状態になり、そのあとはどのキーを押しても何も反応しないようになってしまいます。つまり、一度通信エラーが発生すると以降は受信動作をしても、受信レジスタの更新が行われないということになります。

●図10-2-1 入出力関数の実行例

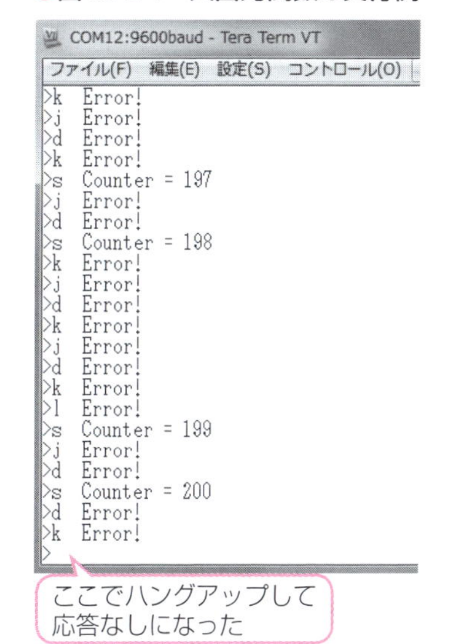

次の例題は受信エラー処理を実行している場合の例で、リスト10-2-2のようになります。

最初の初期設定までの部分は全く先の例題と同じで、今度は文字「s」の場合にCounterのカウント値を送り返します。メインループでの繰り返しでは、受信を待ち、受信ができたらまず受信エラーがあったかどうかを判定しています。受信エラーがあった場合には、USARTを初期化する必要があるので、いったんUSARTモジュールを無効にしてから再度有効にしています。これで再初期化され正常に通信が可能となるので、再度受信を待ちます。

正常に受信できた場合には、データを取り出しデータが文字sの場合にはCounterをカウントアップしてメッセージ出力します。それ以外の場合にはErrorメッセージを出力します。

リスト 10-2-2 Getchの例題2（受信エラー処理ありの場合）

```
/**********************************************
 * C言語入門    Getch2.c
 *   第2部  第10章  標準入出力関数 その2
 **********************************************/
#include <xc.h>
#include <stdio.h>
/* コンフィギュレーション設定 */
#pragma config FEXTOSC = OFF, RSTOSC = HFINTPLL, WDTE = OFF, LVP = OFF
/** 変数の定義 **/
char data;
int Counter;
/** 関数プロトタイピング **/
void IOInit(void);
void putch(char Data);
char getch(void);

/******** メイン関数 *************/
void main(void) {
    IOInit();                   // システム初期設定
    /**** メインループ ****/
    while(1){
        putch('¥r');            // 復帰
        putch('¥n');            // 改行
        putch('>');             // プロンプト
        data = getch();         // 1文字入力
        putch(data);            // エコー出力
        if(data == 's'){
            printf("  Counter = %u", Counter++);
        }
        else if(data == 0xFF)
            printf("¥r¥nReceive Error!!!");
        else
            printf("  Error!");
    }
}
/********************************
 *   低レベル入出力関数の上書き
 ********************************/
void putch(char Data){
    while(!TX1STAbits.TRMT);    // 送信レディ待ち
    TX1REG = Data;              // データ送信
}
char getch(void){
    while(PIR3bits.RCIF == 0);
    if((RC1STAbits.FERR)||(RC1STAbits.OERR)){
        RC1STA = 0;
        RC1STA = 0x90;
        return(0xFF);
    }
    else
        return(RC1REG);
}
/********************************
 * 入出力モード初期化
 ********************************/
void IOInit(void){
```

```
    /* 入出力モード設定 */
    ANSELA = 0;                  // すべてデジタル
    ANSELC = 0;                  // すべてデジタル
    TRISA = 0x07;                // RA0,1,2のみ入力
    TRISC = 0x80;                // RXのみ入力
    WPUA = 0x07;                 // RA0,1,2 プルアップ
    /* USART1初期化 */
    RXPPS = 0x17;                // RX to RC7 pin
    RC6PPS = 0x10;               // TX to RC6 pin
    BAUD1CON = 0x08;             // SPBRG 16bit Mode
    RC1STA = 0x90;               // Async 8bit
    TX1STA = 0x24;               // Async 8bit
    SP1BRGL = 0x40;              // 9600bps
    SP1BRGH = 0x03;              // 9600bps
}
```

この例題で、パソコンでハイパーターミナルを起動して接続し動作させせると、図10-2-2のようなメッセージとなります。

キーボードを高速で入力すると、途中で受信エラーが発生していますが、すぐに次の入力ができるようになります。これで確かにエラー回復が行われていることがわかります。

●図10-2-2 エラー処理によるメッセージの乱れ

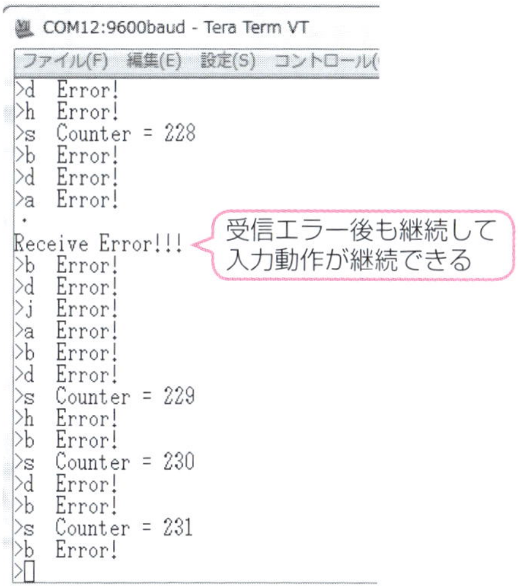

```
COM12:9600baud - Tera Term VT
ファイル(F) 編集(E) 設定(S) コントロール(
>d  Error!
>h  Error!
>s  Counter = 228
>b  Error!
>d  Error!
>a  Error!
.
Receive Error!!!
>b  Error!
>d  Error!
>j  Error!
>a  Error!
>b  Error!
>d  Error!
>s  Counter = 229
>h  Error!
>b  Error!
>s  Counter = 230
>d  Error!
>b  Error!
>s  Counter = 231
>b  Error!
>
```

受信エラー後も継続して
入力動作が継続できる

10-2-3 printf関数の使い方

前項の例でもprintf関数を使いましたが、基本的な使い方です。これ以外にいろいろな型の変数の出力例をリスト10-2-3に、出力結果を図10-2-3に示します。サブ関数部は省略しています。

printf文は、特に10進数から16進数などへの型変換も同時に行うことができ、便利に使えます。ただしprintf文を使うと大きなプログラムとなるので注意して下さい。

リスト 10-2-3　prntf文の使用例

```
/**********************************************
 * C言語入門     Printf1.c
 *   第2部  第10章  printf文の使用例
 **********************************************/
#include <xc.h>
#include <stdio.h>
/* コンフィギュレーション設定 */
#pragma config FEXTOSC = OFF, RSTOSC = HFINTPLL, WDTE = OFF, LVP = OFF
/** 変数の定義 **/
char data;
int Counter;
/** 関数プロトタイピング **/
void IOInit(void);
void putch(char Data);
char getch(void);
void PPSLock(void);

/******** メイン関数 *************/
void main(void) {
    IOInit();                    // システム初期設定
    PPSLock();
    /**** メインループ ****/
    while(1){
        /** printf実行文 **/
        printf("¥r¥nHello!¥r¥n");
        /**  左つめと右つめ **/
        printf("¥r¥n|%-4d | %4d|¥r¥n", -12, 34);
        /** 8進数、16進数への変換出力と桁数指定 **/
        printf("¥r¥n%.4o  %#.4x  %#.6X¥r¥n", 25, 2047, 4090);
        /** 浮動小数形式 **/
        printf("¥r¥n%.2f DegC  %.3fg¥r¥n", 2.3456, 234.5);
        /** 指数形式 **/
        printf("¥r¥n%E¥r¥n", 1.1e18);
        /** 入力待ち **/
        putch('¥r');             // 復帰
        putch('¥n');             // 改行
        putch('>');              // プロンプト
        data = getch();          // 1文字入力
    }
}
```

●図10-2-3　実行結果

```
COM12:9600baud - Tera Term VT
ファイル(F)  編集(E)  設定(S)  コントロ

Hello!
|-12  |   34|
0031  0x07ff  0X000FFA
2.35 DegC  234.500g
1.100000E+18
>
```

10-3 標準入出力によるデバッグ方法

標準入出力デバイスとしてパソコンが使えるようになると、プログラムデバッグ用の道具としてパソコンが使えるようになります。

パソコン側で通信ソフト（TeraTermなど）を使えるようにしておき、PICマイコンのプログラムからメッセージを出力するように作成すれば、簡単でしかも効率のよいデバッグ用ツールとして使うことができます。

10-3-1 デバッグの仕方

標準入出力デバイスを使ってデバッグを効率良く進める方法について説明します。通常下記のような手順でデバッグを進めます。

1 スタートメッセージ

基本的に標準入出力デバイスと通信ができているかどうか、PICマイコン側が動作開始したかどうかを確認するため、PIC側からスタートメッセージを`printf`文などで挿入しておきます。

【例】
```
printf("¥r¥nStart!!");          // for debug
```

このようにデバッグ用として挿入する文には、コメント欄に　// for debug　とかの決まった同じ目印を入れておけば、あとから検索で探せるので忘れずに削除できます。特にエラー処理部などに挿入したデバッグ文は、削除を忘れても通常は実行されないので削除忘れに気が付かず、そのまま残ってしまうようなこともあるので注意が必要です。

2 段階的に進む処理の要所に出力文を挿入する

通信や、制御対象にシーケンス手順があるような場合には、シーケンスが進む都度メッセージやアルファベットなどを出力するようにすると、進み具合が目でわかるようになり、実機でのデバッグが進めやすくなります。こうすれば、プログラムを止める必要もなく、よほど時間に厳しい条件でない限りシーケンスを乱すこともないので便利に使えます。

【例】
```
putchar('A');             // for debug
printf("¥r¥nReceive"):   // for debug
```

3 エラー処理部にメッセージを入れておく

通信エラーや、シーケンス異常処理などの部分には、具体的なエラー内容を示すメッセージを挿入しておくと、デバッグ中に、処理途中でどんなエラーが起きたかどうかを判定できます。

【例】
```
printf("¥r¥n--- Timing Error"); // for debug
```

4 長時間テストや、繰り返しテストには時間や回数を出力する

長時間の繰り返しテストのような場合には、繰り返しの要所に、その実行回数や、時計機能があれば時間などを出力するようにすれば、記録を残すことができます。

【例】
```
printf("¥r¥nTest %5d", Count++); // for debug
```

5 テスト条件を変えたいような場合には、入力機能を使う

テストのときだけ、いろいろテスト条件を変えたいというときには、簡単な入力コマンド処理を追加し、パソコンのキーボードからの入力を受け付け、その値によって処理を行うようにすれば、効率良く条件を変えてテストができます。

第3部 MCCと周辺モジュールの使い方

第1章 MCCの概要

PIC16F1ファミリには非常に多種類の周辺モジュールが内蔵されています。さらにこれらのモジュールを簡単に使えるように、「MCC：MPLAB Code Configurator」というコード自動生成ツールが提供されています。第3部ではこのMCCの使い方を解説し、実際に周辺モジュールを使う場合の設定方法を具体的な例題で解説していきます。

まず本章では、コードを自動的に生成する便利なツール「MPLAB Code Configurator（MCC）」の概要について説明します。

1-1 MCCとは

MPLAB X IDEには数多くのツールがプラグインとして用意されています。そのプラグインの中に「**MPLAB Code Configurator**」(**MCC**と略)というコード自動生成ツールがあります。

このツールを使えば面倒なコンフィギュレーションや周辺モジュールの設定を、グラフィック画面を使ってわかりやすい作業手順で行うことができます。さらにこの設定をするだけで基本的な関数コードを自動で生成してくれます。

MCCには初期のころから含めるとVer1.x、Ver2.x、Ver3.xの3種類があり、画面構成がそれぞれのバージョンで大幅に異なっています。本書では、MCC Ver3.45.1を使っています。

1-1-1 MCCの対応デバイス

本書執筆時点でMCC Ver3.45.1が対応しているPICマイコンはおよそ次のようになっていますが、詳細なサポートデバイスについては、MCCのウェブサイト(http://www.microchip.com/MCC)にある[Current Download]タブの下にある各MCUごとのライブラリの「Release Notes」を参照して下さい。

- PIC10/12 ……PIC10F32xファミリ、PIC1xF75xファミリ、PIC12F1ファミリ
- PIC16 …………PIC16F1ファミリ
- PIC18 …………PIC18F Kファミリ
- PIC24 …………PIC24EP GPファミリ、PIC24EP MCファミリ
  PIC24F KA/KMファミリ、PIC24FJ GA/GB/DAファミリ
- dsPIC …………dsPIC33EP GP/GS/MCファミリ、dsPIC33EV GMファミリ
- PIC32 …………PIC32MM GPファミリ、PIC32MX1/2/3/4/5ファミリ

1-1-2 自動生成されるコードの関係

MCCのグラフィック画面で設定した結果、自動生成される内容は次のようなものになります。

- コンフィギュレーションワードの設定
- クロック発振方法の初期設定
- 入出力ピンの入出力モードなどの初期設定
- 周辺モジュールの初期化関数
- 周辺モジュール制御用関数
- 割り込み処理関数
- メイン関数のひな型

つまり、**プログラムの初期化と周辺モジュール用のライブラリ関数がすべて自動生成される**ということです。

この他に作成が必要なのはアプリケーション部で、実際の機能を実現する部分を追加します。これで、PICマイコンを使う際の、煩わしい内蔵周辺モジュールのレジスタ設定作業から解放されますから、データシートをいちいち読む必要もなくなり、実際に必要なアプリケーション部の作成に専念できます。

このようにMCCで自動生成されるファイルと含まれる関数の関係は、図1-1-1のようになります。

周辺モジュールについては、周辺モジュールライブラリ関数ともいうべきものが自動生成されます。つまり、初期化関数と、実際に使うための関数が自動生成されます。

メイン関数（main.c）も自動生成され、生成された状態でコンパイルが完了するようになっています。しかし、自動生成されるメイン関数の中身は初期化関数を呼び出しているひな形だけなので、この中にアプリケーションを記述追加します。

「mcc.c」というファイルが生成され、ここにコンフィギュレーション設定とシステム初期化関数が含まれます。このシステム初期化関数では、すべてのモジュールの初期化関数を呼び出して全体の初期化を実行するので、**メイン関数から「SYSTEM_Initialize()」という関数を呼び出すだけですべての初期化が完了**します。

モジュールごとに自動生成されるファイルには、初期化関数だけでなく周辺モジュールを使うための**制御関数も自動生成**されます。メイン関数にアプリケーションを追加するとき、これらの制御関数を使うことができますから、プログラミング作業負荷を確実に減らしてくれます。

さらに割り込みを使う設定をすると、**割り込み処理関数も自動的に生成**され、ユーザ割り込み処理をcallback関数として呼び出すので、main.cの中にユーザ割り込み処理関数を追加して、これをcallback関数とします。

●図1-1-1 MCCで自動生成される関数の関係

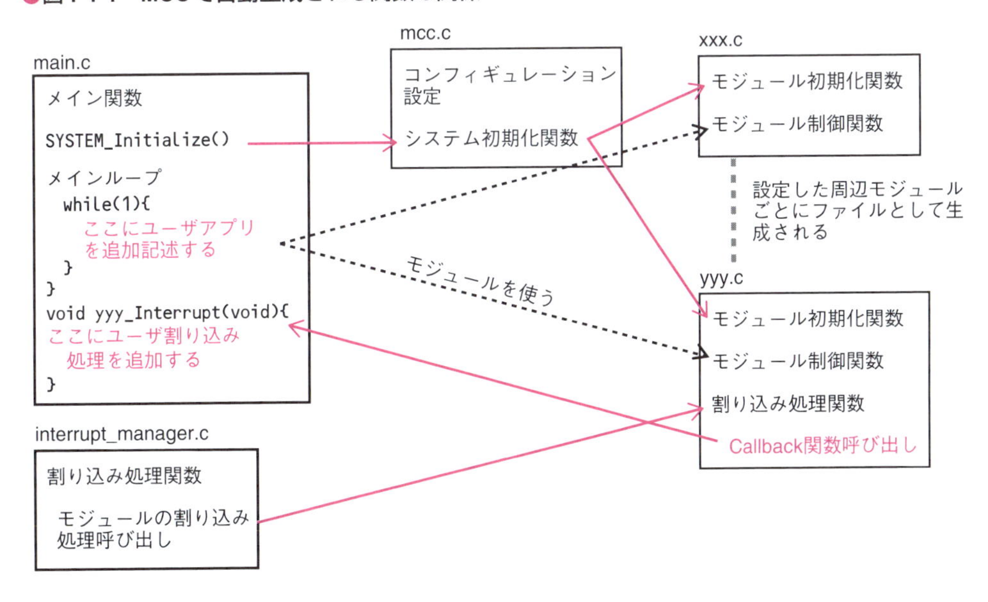

1-2 MCCのインストール

MCCのインストールは簡単です。もともとMPLAB X IDEのプラグインなので、次の手順でインストールできます。ただし、インストール時にはネットワーク経由で最新版をダウンロードするので、インターネットに接続されていることが必要です。

MPLAB X IDEのメインメニューから次の手順でインストールします。

1 [Tools] → [Plugins]を選択

これで開く図1-2-1のダイアログで［Available Plugins］タブを選択します。これで表示されるプラグインの一覧表から、［MPLAB Code Configurator］の前の四角にチェックを入れます。これで右側の窓にプログラムの詳細が表示されます。確認後、左下のほうにある［Install］ボタンをクリックすればインストール開始です。

●図1-2-1　Pluginの選択

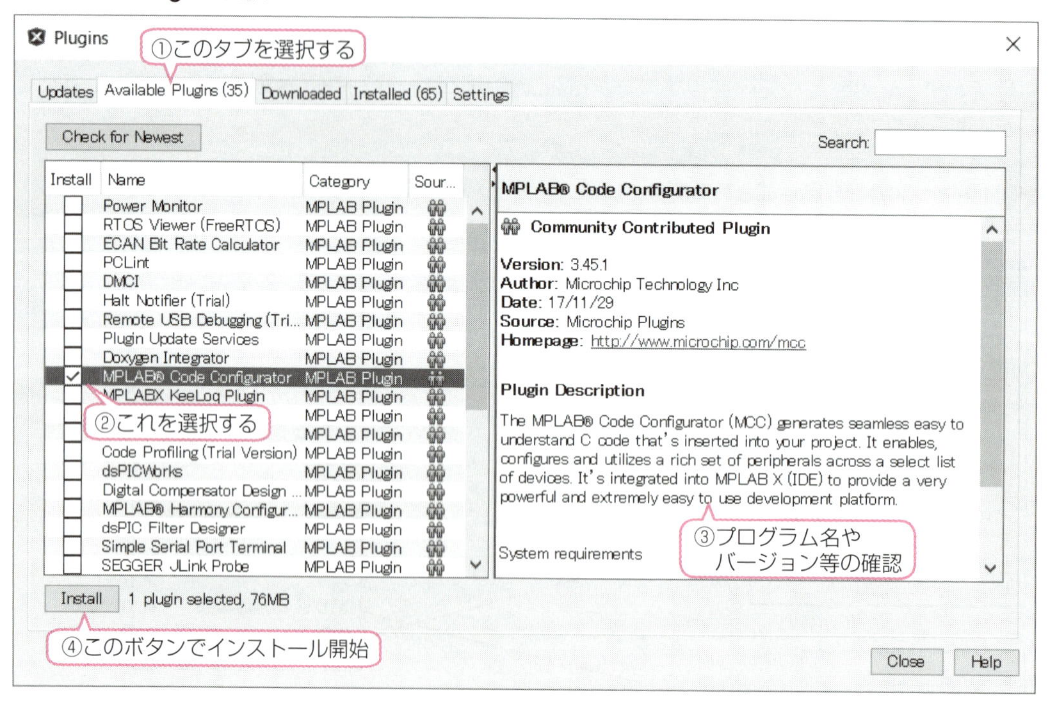

2 ライセンス認証の確認

続いて図1-2-2の左側のダイアログが表示されるので、そのまま[Next]とし、次は右側のダイアログになるので[I accept …]にチェックを入れてから[Install]ボタンをクリックします。これで実際のインストールが開始されます。

●図1-2-2　MCCのインストール　2

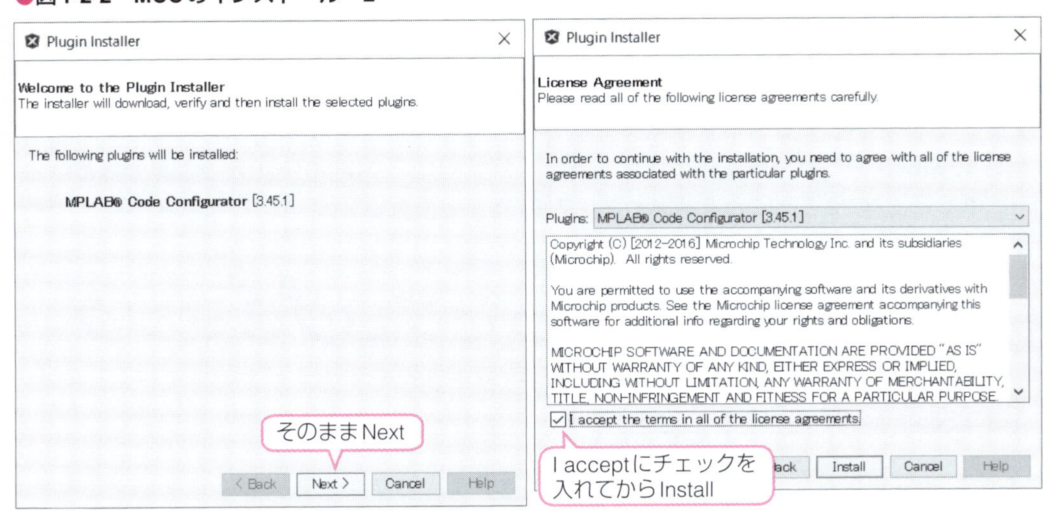

3 インストール後Finish

インストール中は図1-2-3左側のように、インストールの進捗がバーで表示され、100%になったあと、図1-2-3の右側のようにリスタートを促すダイアログが表示されるので、ここでは[Restart Now]のまま[Finish]ボタンをクリックします。これで、MPLAB X IDEそのものがいったん終了し再起動します。

●図1-2-3　MCCのインストール 3

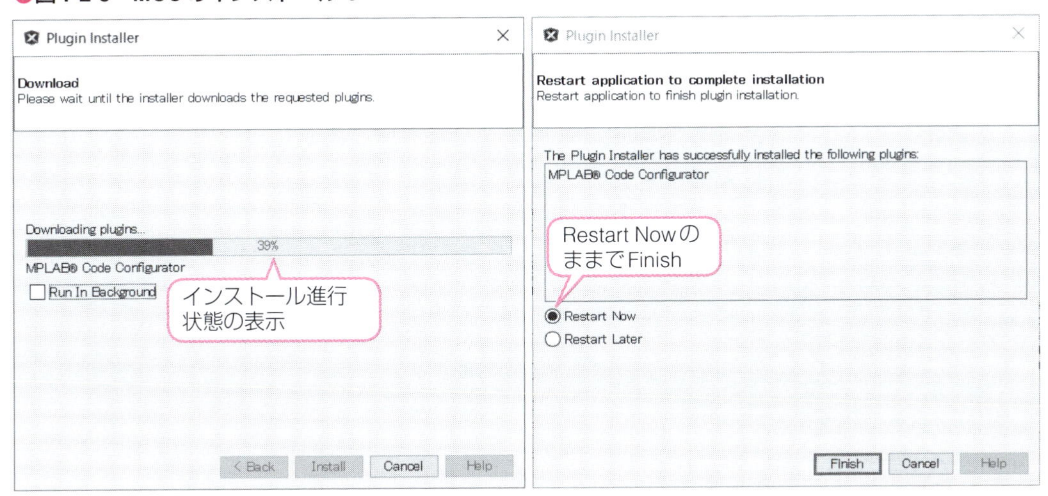

4 再起動後のMCCのアイコン確認

MPLAB X IDEが再起動すると、図1-2-4のようにMCCの起動アイコンがメインメニューに追加されているはずです。

●図1-2-4 MCCの起動アイコンの確認

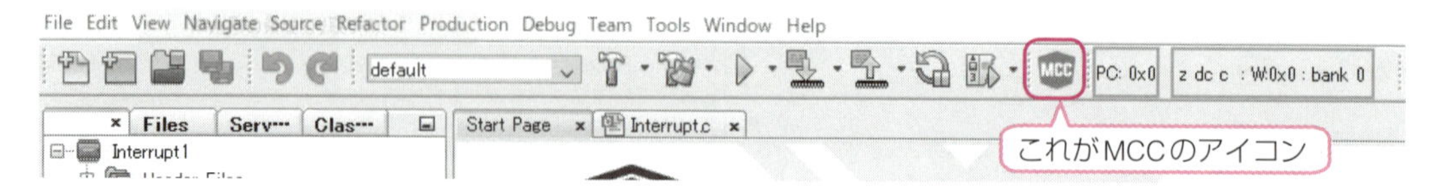

これでMCCのインストール作業は完了です。このあとは、MPLAB X IDEを起動するだけで、常にMCCアイコンが追加された状態となります。

1-3 MCCを使ったプログラミング手順

MCCを使った場合のプログラム作成手順は図1-3-1のようになります。

●図1-3-1 MCCを使ったプログラム作成手順

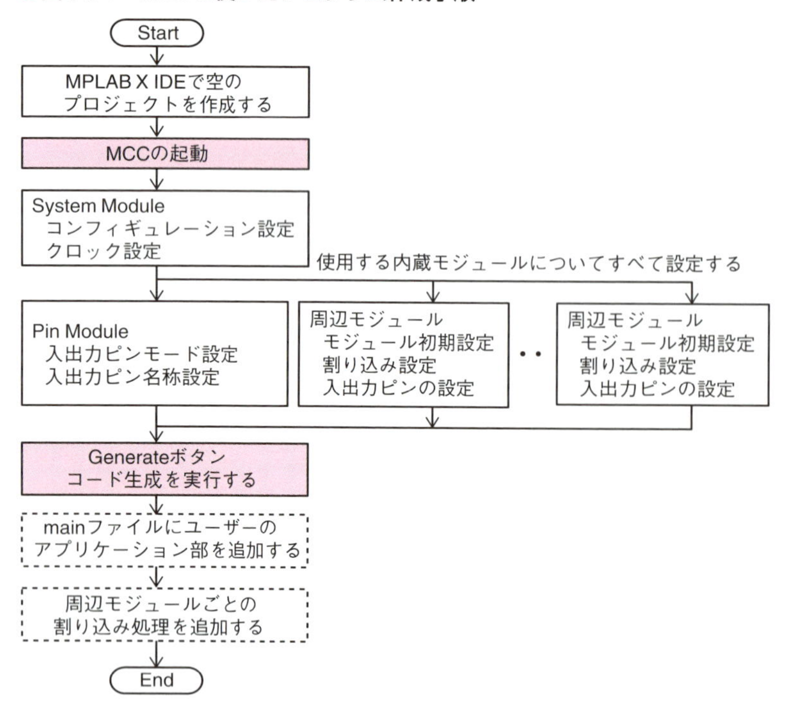

手順の詳細は次のようになります。

1 空のプロジェクトを作成する

MCCを使う前にMPLAB X IDEで空のプロジェクトを作成します。つまり、通常の新規プロジェクト作成手順にしたがってプロジェクトを作成します。これでソースファイルが何もない空のプロジェクトができたことになります。

2 MCCを起動する

MPLAB X IDEのMCCのアイコンをクリックしてMCCを起動します。これで、図1-3-2のようなMCCの最初の画面になります。この起動にはかなりの時間がかかるので、しばらくお待ち下さい。

MCCを起動するといきなりファイル保存のダイアログが現れます。ここではそのまま保存とすれば、対象プロジェクトのフォルダにMCC設定内容を保存してくれます。

●図1-3-2　MCCの起動後の画面

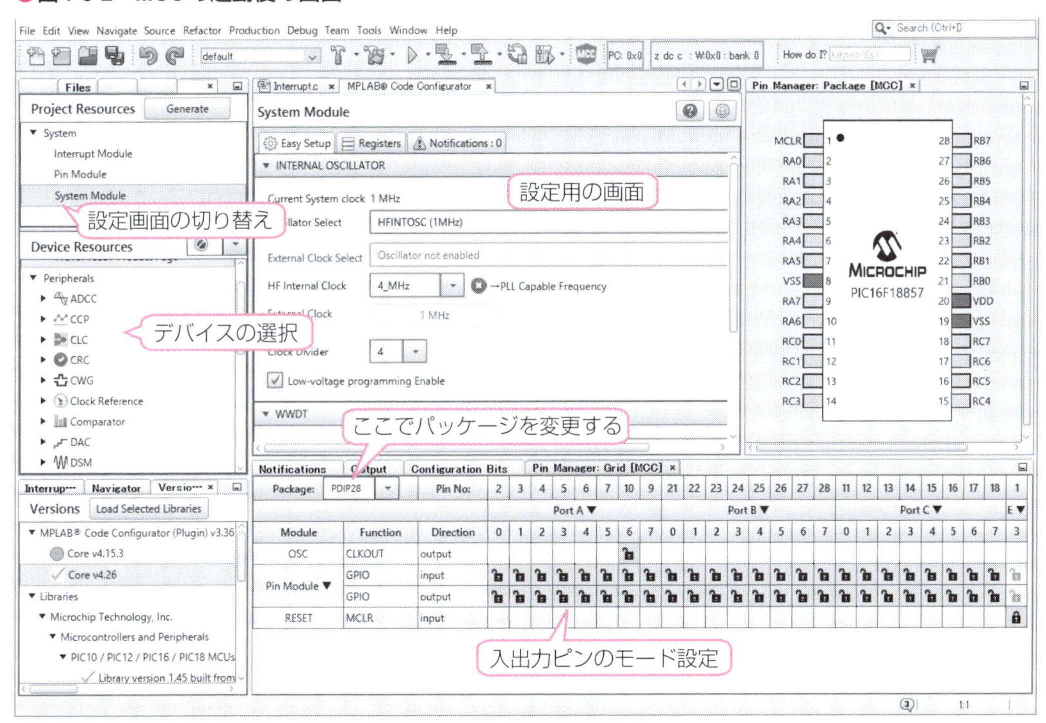

3 クロックとコンフィギュレーションの設定

最初の図1-3-2の設定画面では、クロックとコンフィギュレーションの設定となっていますから、ここでクロックの発振方法とコンフィギュレーションの設定を行います。

4 周辺モジュールの設定

使う周辺モジュールを左側の［Device Resources］の窓から選択すると、設定画面が切り替わるので、そこで周辺モジュールごとの設定を行います。使う周辺モジュールすべてについてこれを繰り返します。

周辺モジュールの設定には、入出力ピンの設定も含まれますから、画面下側にある［Pin Manager Grid[MCC]］の窓で設定を追加します。特にピンアサイン機能を使っている周辺モジュールはこれを行わないと動作しません。

5 [Generate] でコードを生成する

すべてのMCCの設定が完了したら、左上にある［Generate］のボタンをクリックします。これで、必要なコードがすべて自動的に生成されます。生成されたファイルはすべて、自動的にプロジェクトのフォルダ内に保存され、プロジェクトに登録されます。

6 アプリケーション部（ユーザ処理部）を作成する

生成されたmain.cファイルにアプリケーションのコードと周辺モジュールの割り込み処理を追加して、本来の機能を果たすプログラムとして完成させます。必要であれば、新たに関数を追加して作成することも問題ありませんし、他のライブラリなどの別ファイルを追加登録して作成しても構いません。

以上の流れでプログラム全体を作成することになります。以降ではそれぞれの手順をさらに詳細に説明します。

第3部 MCCと周辺モジュールの使い方

第2章 コンフィギュレーションとクロックの設定

本章ではMCCの最初の設定となる、コンフィギュレーションの設定方法とクロックの発振方法の設定について説明します。

2-1 コンフィギュレーションと設定方法

PICマイコンを使う際に最初の難関となるのが、この**コンフィギュレーション**です。プログラムとは直接関係なく、**PICマイコンのハードウェアの動作を設定するためのもので、設定値をメモリの特別な番地に書き込む**必要があります。

このコンフィギュレーションを設定しないと、クロック信号が生成されず、ウォッチドッグタイマが有効になったりするため、まったく動作しなかったり動作がおかしくなったりします。設定内容がなかなか理解できないのと、設定パラメータが探せないため、これまではこのコンフィギュレーションで躓いて先に進めないということがよくありました。

このため、MCCではこれを簡単に設定できるようにして、最初の壁をなくしています。この設定方法を説明します。

2-1-1 コンフィギュレーションの種類と内容

MCCによる設定の前に、実際のコンフィギュレーション設定にはどんな項目があるかを説明します。ただし、設定項目は、PICマイコンのファミリごとに異なっているので、最終的には、それぞれのデータシートで確認する必要があります。

ここでは、デジタル演習ボードでつかっているPIC16F18857のコンフィギュレーション設定レジスタの内容で説明します。

このPIC16F18857のコンフィギュレーション設定レジスタの詳細は図2-1-1となっていて、それぞれの設定内容は表2-1-1のようになっています。他の8ビットファミリも同じような内容なので、1つ理解できれば他のデバイスも理解できると思います。

このコンフィギュレーション設定レジスタは、フラッシュメモリの特別な番地に書き込みます。PICマイコンをイレーズすると、フラッシュメモリはすべて「1」の状態になるので、コンフィギュレーション設定レジスタのデフォルト値はすべて「1」となります。表2-1-1では各項目の最上段がデフォルトの設定値となっています。

多くの設定がこのデフォルトのままでよいように作られているので、**設定変更しなければならないのは、通常は次の3つだけです。**

①クロックの生成方法 → RSTOSCとFEXTOSC
②ウォッチドッグタイマの無効化 → WDTE
③低電圧プログラムの無効化 → LVP

●図2-1-1 コンフィギュレーションレジスタの内容

(a) CONFIG1レジスタ

FCMEN	—	CSWEN	—	—	CLKOUTEN	—	RSTOSC<2:0>	—	FEXTOSC<2:0>

FCMEN:クロックモニタ
1=有効 0=無効

CSWEN:クロック切り替え
1=有効 0=無効

CLKOUTEN:クロック出力
1=無効 0=有効

RSTOSC<2:0>:POR時クロック選択
111=EXT1X EXTOSC
110=HFINT1 HFINTOSC(1MHz)
101=LFINT LFINTOSC
100=SOSC 011=予約
010=EXT4X 外部発振×4
001=HFINTPLL 16MHz×2
000=HFINT32 32MHz

FEXTOSC<2:0>:外部発振選択
111=ECH 110=ECM
101=ECL 100=予約
011=予約 010=HS
001=XT 000=LP

(b) CONFIG2レジスタ

DEBUG	STVREN	PPS1WAY	ZCDDIS	BORV	—	BOREN<1:0>	LPBOREN	—	—	—	PWRTE	MCLRE

DEBUG:デバッグモード
1=無効 0=有効
(通常自動設定される)

STVREN:スタック異常の
リセット設定
1=有効 0=無効

PPS1WAY:PPSロック1回
1=有効 0=無効

ZCDDIS:ZCD無効化
1=無効 0=有効

BORV:BOR電圧設定
1=Low 0=High

BOREN:BOR設定
11=常時有効
10=Sleep中無効
01=SBORENに依存
00=無効

LPBOREN:LPBOR有効化
1=無効 0=有効

PWRTE:PWRタイマ有効化
1=無効 0=有効

MCLRE:MCLRピン機能
1=有効
0=無効 RE3となる
(LVP=1のとき常に有効)

(c) CONFIG3レジスタ

WDTCCS<2:0>	WDTCWS<2:0>	—	WDTE<1:0>	WDTCPS<4:0>

WDTCCS<2:0>:WDTクロック
111=ソフトウェア設定
110 --- 010=予約
001=31.25kHz(HFINTOSC)
000=31.0kHz(LFINTOSC)

WDTCWS<2:0>:WDT窓選択%
111=0~100 110=0~100
101=25~75 100=37.5~62.5
011=50~50 010=62.5~37.5
001=75~25 000=87.5~12.5

WDTE<1:0>:WDT設定
11=常時有効
10=スリープ中無効
01=WDTCON0で設定
00=無効

WDTCPS<4:0>:WDT期間設定
11111=デフォルト
11110 ---- 10011=未使用
10010:=56s 10001=128s

01010=1s 01001=512ms

00001=2ms 00000=1ms

(d) CONFIG4レジスタ

LVP	SCANE	—	—	—	—	—	—	—	—	—	—	WRT<1:0>

LVP :低電圧プログラム
1=有効 0=無効

SCANE:スキャナ有効化
1=有効 0=無効
(SCANMDの設定が必要)

WRT<1:0>:セルフライト保護
11=保護なし
10=0~0x01FF保護 01=0~0x0FFF保護
00=0~0x1FFF保護

(e) CONFIG5レジスタ

—	—	—.	—	—	—	—	—	—	—	—	—	CPD	CP

CPD:EEPROM保護
1=無効 0=有効

CP:プログラムメモリ保護
1=無効 0=有効

▼表2-1-1 最新のPIC16F1ファミリのコンフィギュレーション種類

項目名	選択肢	意味内容
RSTOSC リセット時 発振モード設定	EXT1X	外部発振でPLLなし
	HFINT1	内蔵発振(HFINTOSC)でPLLなし(初期値1MHz) (OSCFREQレジスタで周波数設定)
	LFINT	内蔵発振器(LFINTOSC)
	SOSC	サブ外部発振(32.768kHz)
	EXT4X	外部発振で4倍のPLL
	HFINTPLL	内蔵発振(HFINTOSC)で2倍のPLL(32MHz)
	HFINT32	内蔵発振(HFINTOSC)で32MHz設定

項目名	選択肢	意味内容
FEXTOSC 外部発振の選択 (RSTOSCでEXT1XかEXT4Xを選択した場合)	ECH	外部発振器を使う
	ECM	
	ECL	
	HS	クリスタル発振子かセラミック発振子を使う
	XT	
	LP	
	OFF	外部発振を使わない(内蔵発振の場合)
CLKOUTEN クロック信号の外部出力	OFF	出力しない
	ON	出力する(Fosc/4の周波数)
CSWEN クロック内部外部切り替え	ON	切り替え有効化(OSCCON1レジスタで指定)
	OFF	切り替え無効
FCMEN クロックモニタ	ON	クロック監視を有効とする
	OFF	クロック監視無効
MCLRE 外部リセット有効化	ON	外部リセット有効
	OFF	外部リセット無効で汎用入力ポートとする
PWRTE パワーアップタイマ	OFF	パワーアップタイマを使用しない
	ON	パワーアップタイマを使用する
LPBOREN 低電力BOR(ULPBOR)	OFF	使わない
	ON	使う
BOREN ブラウンアウトリセット	ON	常時BORを使う
	NSLEEP	実行中のみ使い、スリープ中は使わない
	SBOREN	ソフトウェアによるBOR制御を許可する
	OFF	使わない
BORV BOR電圧選択	LO	BOR電圧を1.9V(LFの場合)2.45V(Fの場合)
	HI	BOR電圧を2.7Vとする
ZCDDIS ゼロクロス検出有効化	OFF	無効とする
	ON	有効とする
PPS1WAY ピンアサインを1回限定	ON	PPSLOCKビットをセットして1回のみとする
	OFF	PPSLOCKビットをクリアしてさらに有効化
STVREN スタック超えでリセット	ON	スタックオーバー、アンダーでリセット
	OFF	リセットしない
DEBUG バックグランドデバッグ	OFF	ICDデバッグ機能を使わない
	ON	ICDデバッグ機能を使う

項目名	選択肢	意味内容
WDTCPS WDT周期設定	WDTCPS_0から WDTCPS_31まで	WDTCPS_0からWDTCPS_18まで 1/32から1/8388608まで指定 WDTCPS_19～WDTCPS_30まで常に1/32 WDTCPS_31　は1/65536でWDTPSで制御
WDTE ウォッチドッグタイマ	ON	常時有効
	SWDTEN	WDTCON0レジスタのSWDTENビットで制御
	NSLEEP	実行中有効、スリープ中は無効
	OFF	無効
WDTCWS WDTウィンドウの指定	WDTCWS_0 WDTCWS_1 WDTCWS_2 WDTCWS_3 WDTCWS_4 WDTCWS_5	87.5%～12.5% 75%～25% 62.5%～37.5% 50%～50% 37.5%～62.5% 25%～75%
	WDTCWS_6	100%で指定固定
	WDTCWS_7	100%で指定、ソフト制御可能
WDTCCS WDT用クロック選択	SC	ソフト制御
	HFINTOSC	HFINTOSCの31.25kHz
	LFINTOSC	LFINTOSCの31.0kHz
WRT プログラムメモリ 書き込み保護	OFF	保護なし
	WRT_upper	0x0000から0x01FFまで保護
	WRT_lower	0x0000から0x3FFFまで保護
	ON	0x0000から0x7FFFまで保護
SCANE メモリスキャン有効化	available	スキャナモジュール有効
	not_available	無効
LVP 低電圧プログラム	ON	低電圧プログラムをする
	OFF	低電圧プログラムをしない
CP コードプロテクト	OFF	コードをプロテクトしない
	ON	コードをプロテクトする
CPD EEPROMプロテクト	OFF	EEPROMデータプロテクトをしない
	ON	EEPROMデータプロテクトをする

これらのパラメータを使って実際にコンフィギュレーションを記述するには、#pragmaを使って次のように記述します。複数設定をまとめるときはカンマで区切ります。

【例】
```
#pragma config FEXTOSC = OFF,  RSTOSC = HFINTPLL
#pragma config CLKOUTEN = OFF, CSWEN = ON
#pragma config FCMEN = ON
```

本書の第2部で使っている設定は大部分次の設定になっています。

```
#pragma config FEXTOSC = OFF, RSTOSC = HFINTPLL, WDTE = OFF, LVP = OFF
```

参考までに、PIC18ファミリのコンフィギュレーションレジスタは、最新のPIC18F55K42では図2-1-2のようになっています。PICファミリの中でも最も項目が多くなっていますが、設定内容はほぼ同じような内容となっているので、詳細内容はここでは省略します。

設定が必須の項目はやはりクロック関連、WDT、LVPの3項目となっています。

●図2-1-2　PIC18ファミリのコンフィギュレーションの例(PIC18F55K42の例)

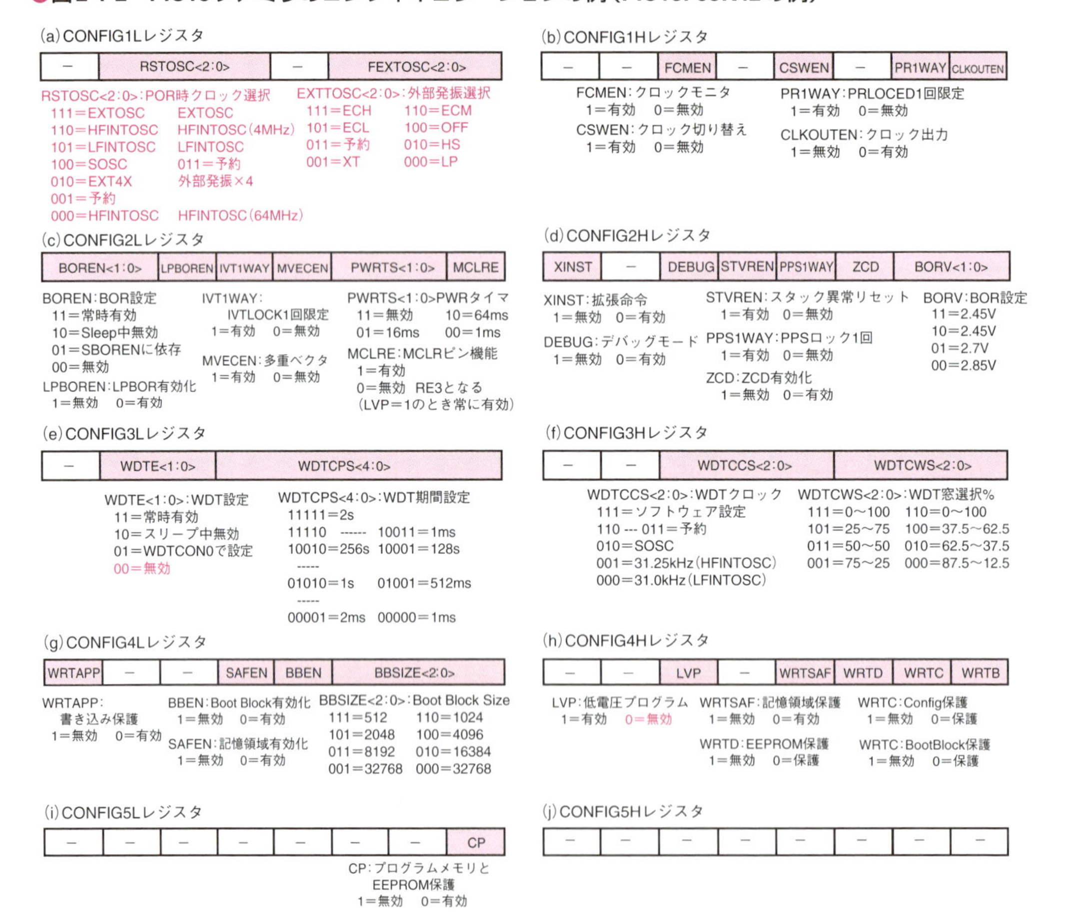

2-1-2　MCCによるコンフィギュレーションの設定方法

MCCで最初に設定するコンフィギュレーションの設定方法は、[Project Resources] 欄で [System Module] を選択すると開く右側の設定欄で、[Easy Setup] タブを選択して設定します。

この窓では、必要最小限の設定、つまり、クロックとWDTとLVPの設定だけができるようになっています。通常はこの画面の設定だけで正常に動作します。クロックの設定の詳細は第2-2章で説明しますが、図2-1-3の設定では一番上に表示されているように、クロックは内蔵発振器の8MHzで動作します。

●図2-1-3　コンフィギュレーションの設定方法　(Config)

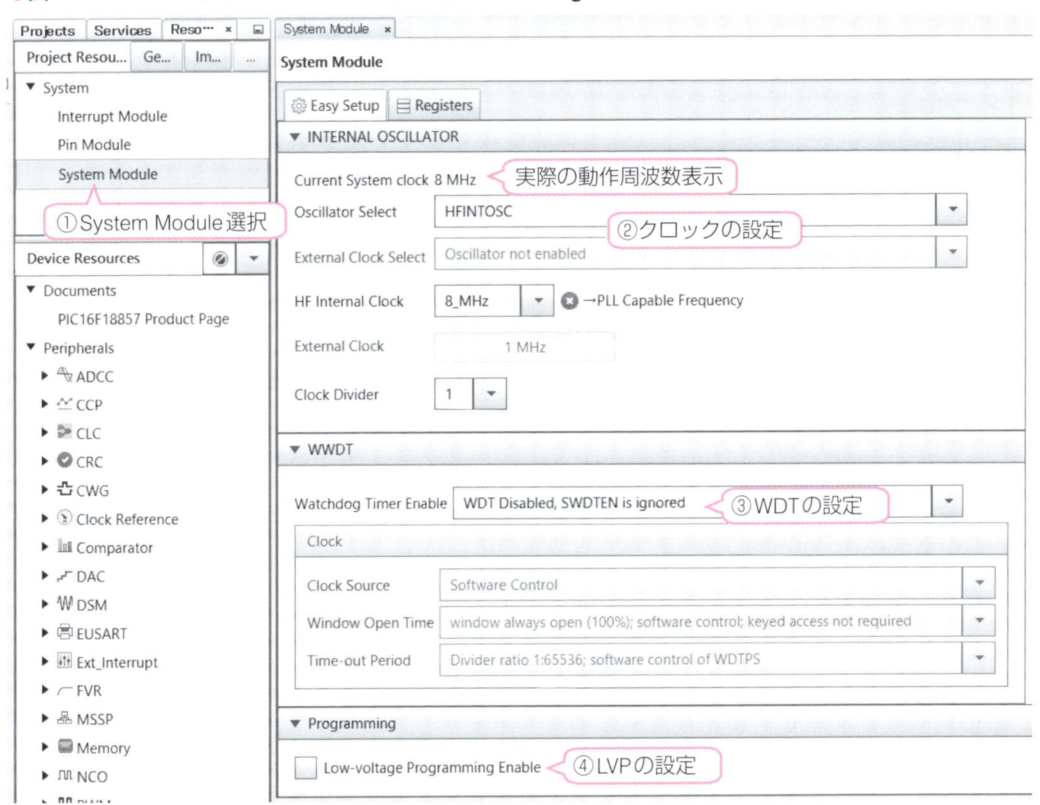

次に設定欄で [Registers] タブをクリックすると、図2-1-4のようにコンフィギュレーション設定レジスタを個別に設定できます。こちらではすべての項目の設定ができるようになっています。この画面は特別に設定しなければならない項目がある場合のみ必要で、通常は設定する必要はありません。

●図2-1-4 コンフィギュレーションの詳細設定方法

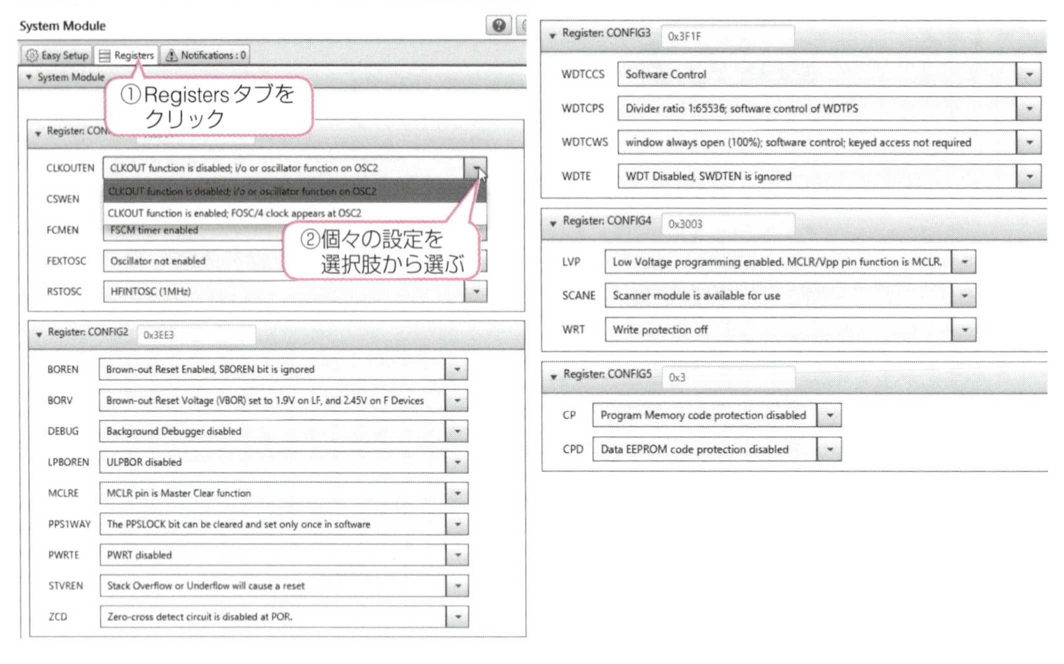

以上でコンフィギュレーションの設定は終わりです。

2-1-3 コンフィギュレーション設定専用ダイアログの使い方

コンフィギュレーションは項目が多く、重要な設定であるため、MPLAB X IDEには、MCCを使わない場合でも、コンフィギュレーションを簡単に設定できるように［Configuration Bits］という専用ダイアログが用意されました。ここで設定すれば、設定用のリストを出力してくれます。この専用ダイアログの使い方を説明します。

MPLAB X IDEでプロジェクトを作成し、ソースファイルの作成を開始します。ソースファイル作成の最初で、図2-1-5のように、［Window］→［PIC Memory Views］→［Configuration Bits］とします。

●図2-1-5　Configuration Bitsダイアログの開き方

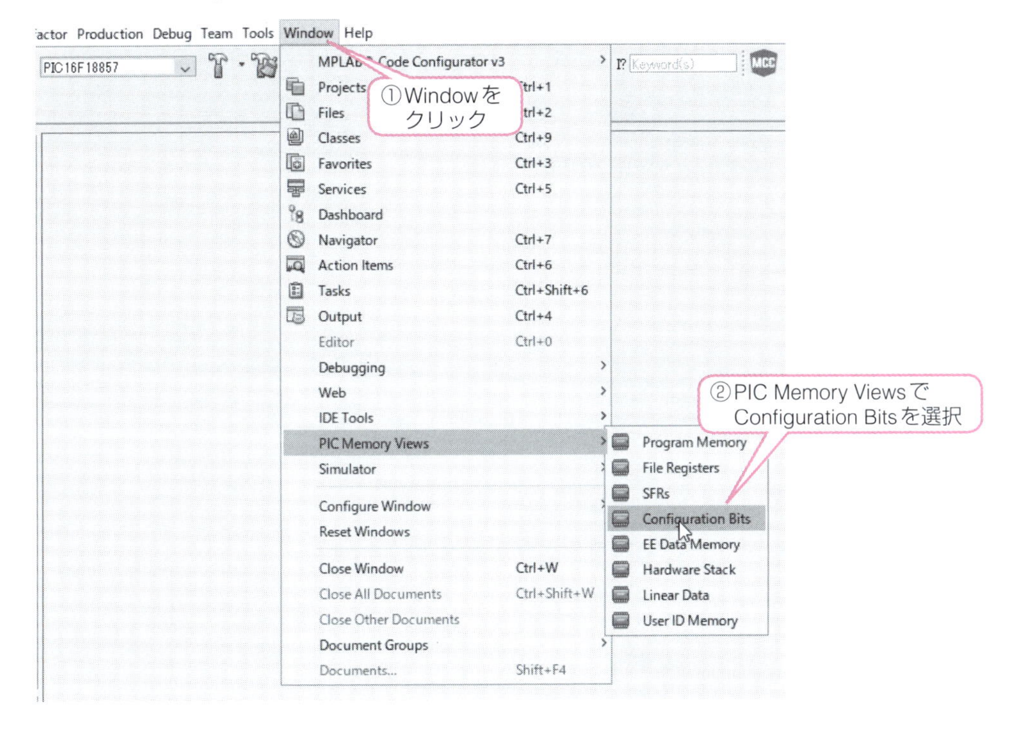

これで図2-1-6のように、MPLAB X IDEの下方にコンフィギュレーション設定用ダイアログが開きます。Field欄が項目名で、表2-1-1左欄の項目欄の名称になり、Category欄が項目の説明になっています。Options欄をクリックすると表2-1-1の選択肢と同じ名称の選択肢が表示されますから、ここで適切なものを選択します。選択変更するとSettingの欄に設定内容の説明が青字で表示されますから確認ができます。

●図2-1-6　Configuration Bitsダイアログ

すべての設定が完了したら、一番下側にある[Generate Source Code to Output]のボタンをクリックします。これで、コンフィギュレーション設定の記述そのものが図2-1-7のようにOutputの窓に表示されます。設定は1行1項目となっています。ここに表示された内容をコピーしてソースファイルに貼り付ければコンフィギュレーションの設定が完了します。

●図2-1-7 出力されたコンフィギュレーションの設定

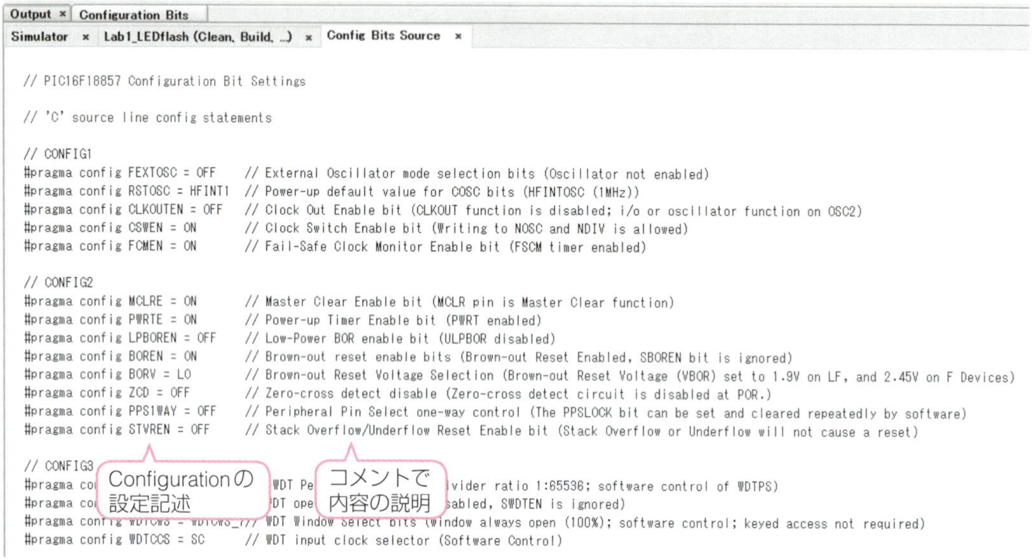

Output × | Configuration Bits
Simulator × | Lab1_LEDflash (Clean, Build, ...) × | Config Bits Source ×

```
// PIC16F18857 Configuration Bit Settings

// 'C' source line config statements

// CONFIG1
#pragma config FEXTOSC = OFF    // External Oscillator mode selection bits (Oscillator not enabled)
#pragma config RSTOSC = HFINT1  // Power-up default value for COSC bits (HFINTOSC (1MHz))
#pragma config CLKOUTEN = OFF   // Clock Out Enable bit (CLKOUT function is disabled; i/o or oscillator function on OSC2)
#pragma config CSWEN = ON       // Clock Switch Enable bit (Writing to NOSC and NDIV is allowed)
#pragma config FCMEN = ON       // Fail-Safe Clock Monitor Enable bit (FSCM timer enabled)

// CONFIG2
#pragma config MCLRE = ON       // Master Clear Enable bit (MCLR pin is Master Clear function)
#pragma config PWRTE = ON       // Power-up Timer Enable bit (PWRT enabled)
#pragma config LPBOREN = OFF    // Low-Power BOR enable bit (ULPBOR disabled)
#pragma config BOREN = ON       // Brown-out reset enable bits (Brown-out Reset Enabled, SBOREN bit is ignored)
#pragma config BORV = LO        // Brown-out Reset Voltage Selection (Brown-out Reset Voltage (VBOR) set to 1.9V on LF, and 2.45V on F Devices)
#pragma config ZCD = OFF        // Zero-cross detect disable (Zero-cross detect circuit is disabled at POR.)
#pragma config PPS1WAY = OFF    // Peripheral Pin Select one-way control (The PPSLOCK bit can be set and cleared repeatedly by software)
#pragma config STVREN = OFF     // Stack Overflow/Underflow Reset Enable bit (Stack Overflow or Underflow will not cause a reset)

// CONFIG3
#pragma co                    WDT Pe             ivider ratio 1:65536; software control of WDTPS)
#pragma co                    DT ope             sabled, SWDTEN is ignored)
#pragma config WDTCWS = WDTCWS_7// WDT Window Select bits (Window always open (100%); software control; keyed access not required)
#pragma config WDTCCS = SC      // WDT input clock selector (Software Control)
```

Configurationの設定記述

コメントで内容の説明

このダイアログを使って設定すれば設定忘れもなくなりますし、コメントで内容も確認できますから間違いなく設定ができます。

2-1-4 コンフィギュレーションのヘルプ

デバイスごとのコンフィギュレーション詳細の情報は、MPLAB X IDEで作業中にヘルプファイルとして確認できます。

実際には、図2-1-8、図2-1-9のような手順で見ることができます。MPLAB X IDEでプロジェクトを開いている状態で操作します。

①MPLAB X IDEの[Dashboard]窓のサイドメニューにある[?]をクリックする
②これで図2-1-8の右側のような「8-bit Language Tools Master Index」が開く
③下のほうにある「Configuration Settings Reference PIC10/12/16」またはPIC18をクリック
④これで図2-1-9のデバイスの一覧が表示されるので、そこからデバイスを選択
⑤コンフィギュレーションの設定パラメータの解説が表示される

【参考】Dashboardはメインメニューから[Windows]→[Dashboard]で開けます。

●図2-1-8　コンフィギュレーションの情報取得方法

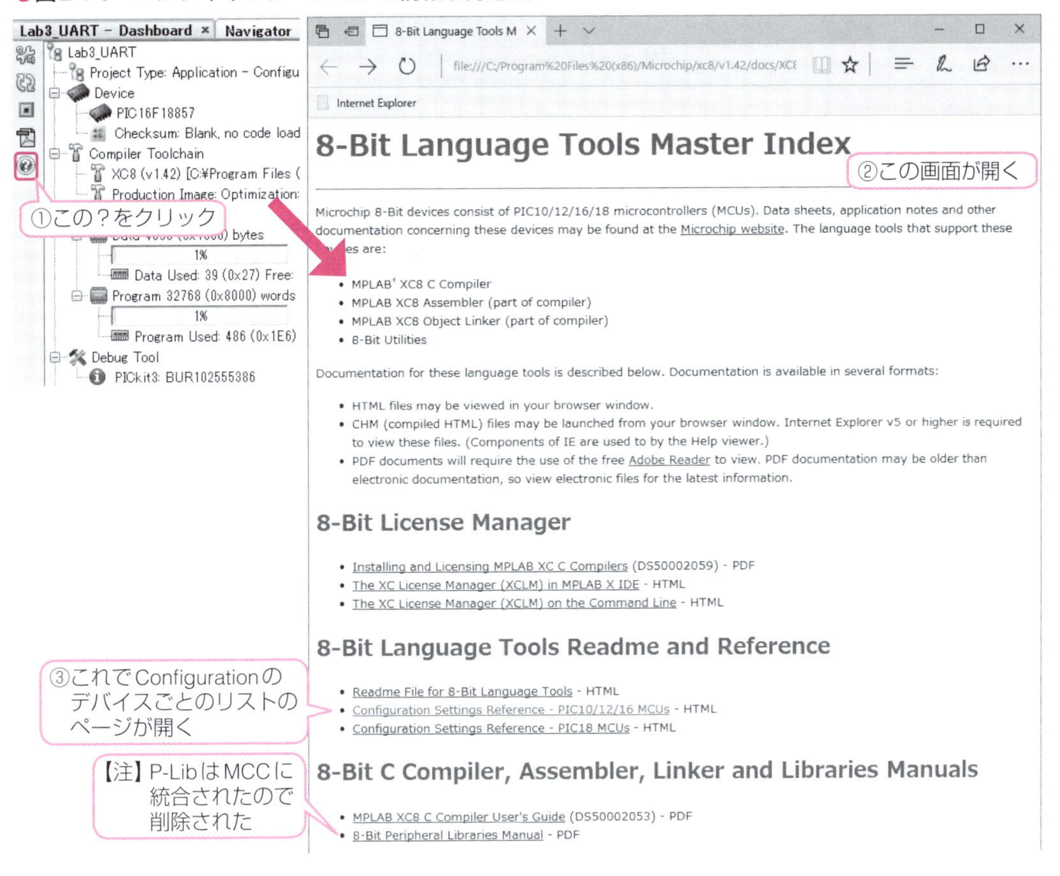

●図2-1-9　コンフィギュレーションの情報取得方法

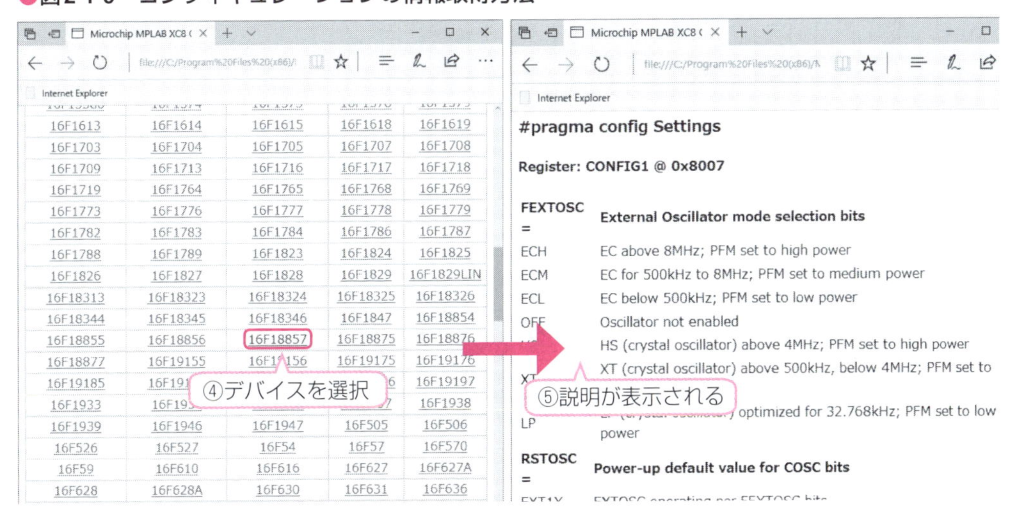

2-2 クロックの設定

クロックとは、コンピュータの世界や、ディジタルロジックの世界では、**回路を動かすためのペースメーカ**として使われる信号のことを言い、常に一定の周波数の信号を使います。いわば人間の心臓と同じ働きをし、すべての回路のタイミングのもととなる信号です。PICマイコンは、**外部に発振子を接続して発振させる発振回路**と、**内蔵のクロック発振回路**とを持っており、多くの種類のクロックから選択して使うことができるようになっています。

2-2-1 クロック生成ブロックの構成

PIC16F1ファミリのクロックは、多くのクロック生成方法が構成できるようになっています。デジタル演習ボードに使っているPIC16F18857の発振回路のブロック構成は図2-2-1のようになっています。この構成はPICマイコンのファミリごとに少しずつ異なっているので、**使うPICマイコンのデータシートで確認して下さい。**

●図2-2-1 PIC16F18857のクロック生成回路構成

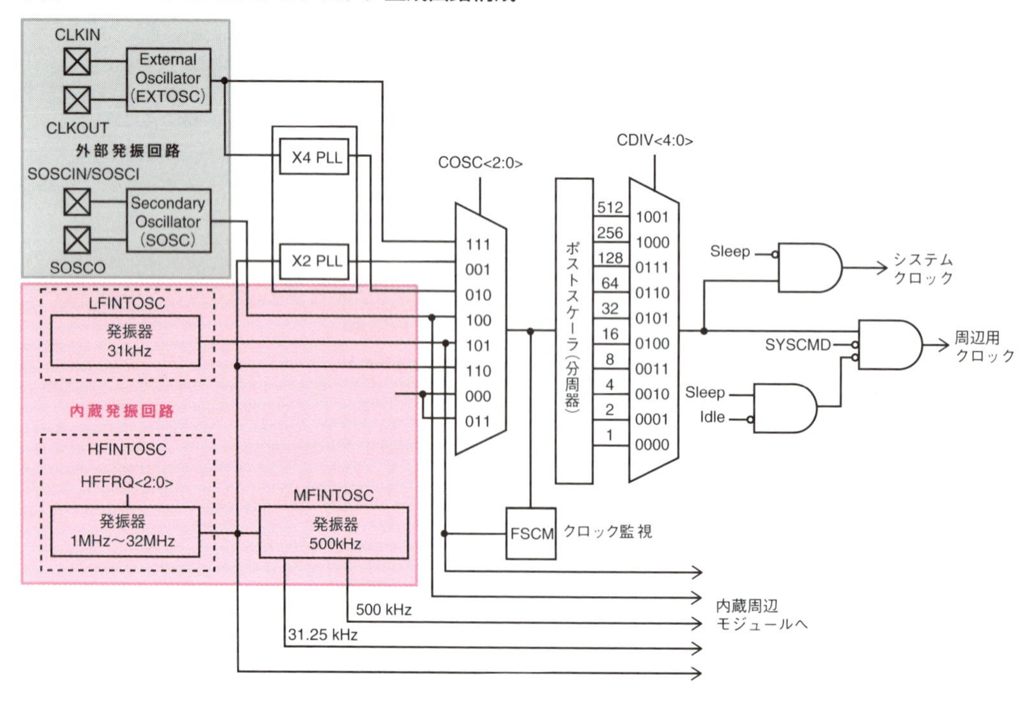

図の左上側の部分が、外部にクリスタル発振子やセラミック発振子を接続して発振させる外部発振回路部となっています。左下側が内蔵発振回路部です。中央上側にある**PLL**（Phase Lock Loop）**回路**で4倍か2倍の周波数に上昇させることができ、F1ファミリは、最高32MHzのクロックまで動作可能となっています。

いずれかの発振回路の1つがコンフィギュレーションで指定されたあと、ポストスケーラで分周されてからシステムクロックとして供給されます。ここで**ポストスケーラ**とは、クロックの周波数を下げるために挿入される分周器です。ポストスケーラはプログラム実行中でも、クロック切り替えがコンフィギュレーションで有効化されていれば変更できます。このクロック切り替えは、特に消費電力を少なくしたい場合に、クロック周波数を低くすることで消費電力を少なくする目的で使われます。

2-2-2　発振モードの種類

PICマイコンのクロック生成の方法には、表2-2-1のような選択肢があります。

▼表2-2-1　クロック発振モード一覧

設定モード		概　要	周波数範囲	クロック周波数精度
EXT1X	ECL	外部発振器を使用	～ 0.5MHz	高精度発振器を使えば3ppm程度まで可能
	ECM		～ 8MHz	
	ECH		～ 32MHz	
EXT4X	ECM	外部発振器で4倍PLL使用	16MHz ～ 32MHz	
EXT1X	LP	外部発振子と内蔵発振回路を使用	～ 100kHz	クリスタル：約50ppm セラミック：約0.5%
	XT		～ 4MHz	
	HS		～ 20MHz	
EXT4X	XT	外部発振子で4倍PLLを使用	16MHz ～ 32MHz	
HFINT1		内蔵発振器（高周波）	1,2,4,8,16,32MHzが選択可 OSCFRQレジスタで指定	温度により±2% ～ 5%
HFINT32			32MHz固定	
HFINTPLL		内蔵発振器（高周波）	16MHz×2倍PLL=32MHz	
LFINT		内蔵発振器（低周波）	31kHz	
SOSC		サブ発振回路	32.768kHz	クリスタルで数十ppm

大別すると、次のような5種類となりますが、どれを使うかの選択は必要なクロック周波数の精度と消費電流に依存します。

- 外部発振器を使う
- 外部発振子と内蔵発振回路を使う
- 内蔵高周波発振器（HFINTOSC：High-Frequency Internal Oscillator）を使う
- 内蔵低周波発振器（LFINTOSC：Low-Frequency Internal Oscillator）を使う
- サブ外部発振回路（SOSC：Secondary Oscillator）を使う

この4種類のどれを使うかは、コンフィギュレーションのCONFIG1レジスタ内のRSTOSC<2:0>ビット（Reset Oscillator）とFEXTOSC<2:0>ビットで設定して決定します（図2-1-1参照）。

HFINT1の内蔵発振モードを選択した場合には、図2-2-2のようにOSCFRQレジスタ（Oscillator Frequency）で周波数を1MHzから32MHzまでで選択できます。

●図2-2-2 OSCFRQレジスタ詳細

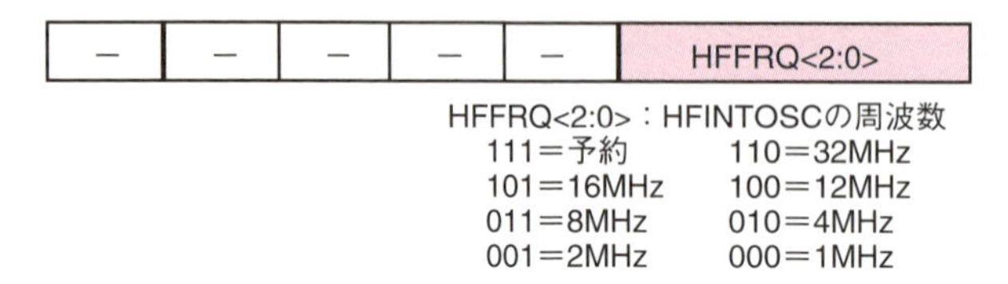

ただし、**クロックの最高周波数は電源電圧で制限されます。**PIC16F18857ではデータシートに図2-2-3のようなグラフがあり、電源が2.5V以上でないと最高周波数の32MHzでは動作保障がないことになります。2.5Vより低い電源電圧の場合は16MHzが最高周波数となります。

●図2-2-3 電源電圧と最高クロック周波数

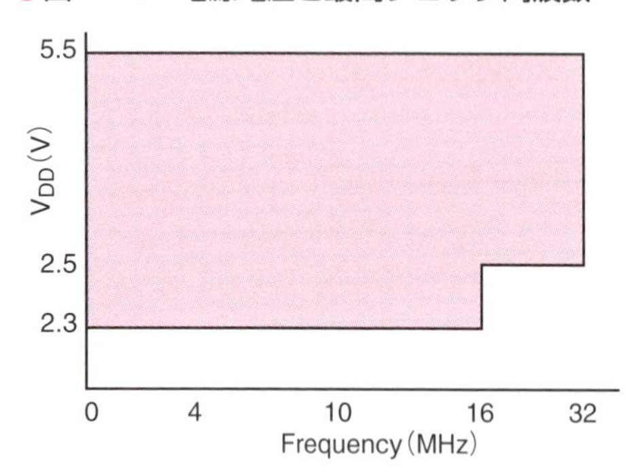

2-2-3 MCCによるクロック指定方法

MCCでクロックを設定する方法は図2-2-4のようにします。まず、［Project Resources］欄で［System Module］を選択してから右側の欄で設定します。

設定欄では最初に図2-2-4（a）のように最上段の欄でクロック発振回路の選択をします。

1 内蔵発振

内蔵発振HFINTOSCを選択する場合には、図2-2-4（a）のようにINTOSCのいずれかを選択し、さらに図2-2-4（b）のように周波数を選択します。次に図2-2-4（c）のように分周比を選択します。これで周波数を下げることができます。最後に、最上段の欄で出力クロック周波数を確認します。この周波数がシステムクロックとして供給される周波数となります。

●図2-2-4　MCCによるクロックの指定

(a) クロック源の選択

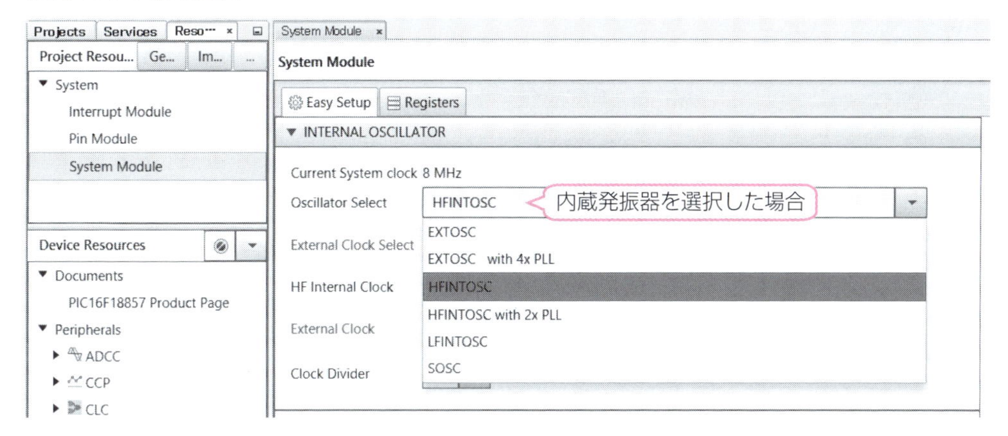

(b) 周波数の選択

(c) 分周比の選択

2 外部発振

外部発振を選択する場合には、図2-2-5のように設定します。まず図2-2-5 (a) のようにEXTOSCのPLLありかなしを選択します。次に図2-2-5 (b) のように発振子または発振器 (EC) の周波数に応じて発振モードを選択します。次に図2-2-5 (c) のように発振周波数の値を入力し、出力デバイダ (ポストスケーラのこと) の分周比を設定をします。これで最終的な出力周波数を最上段の欄で確認します。

●図2-2-5 MCCによるクロック指定(外部発振の場合)

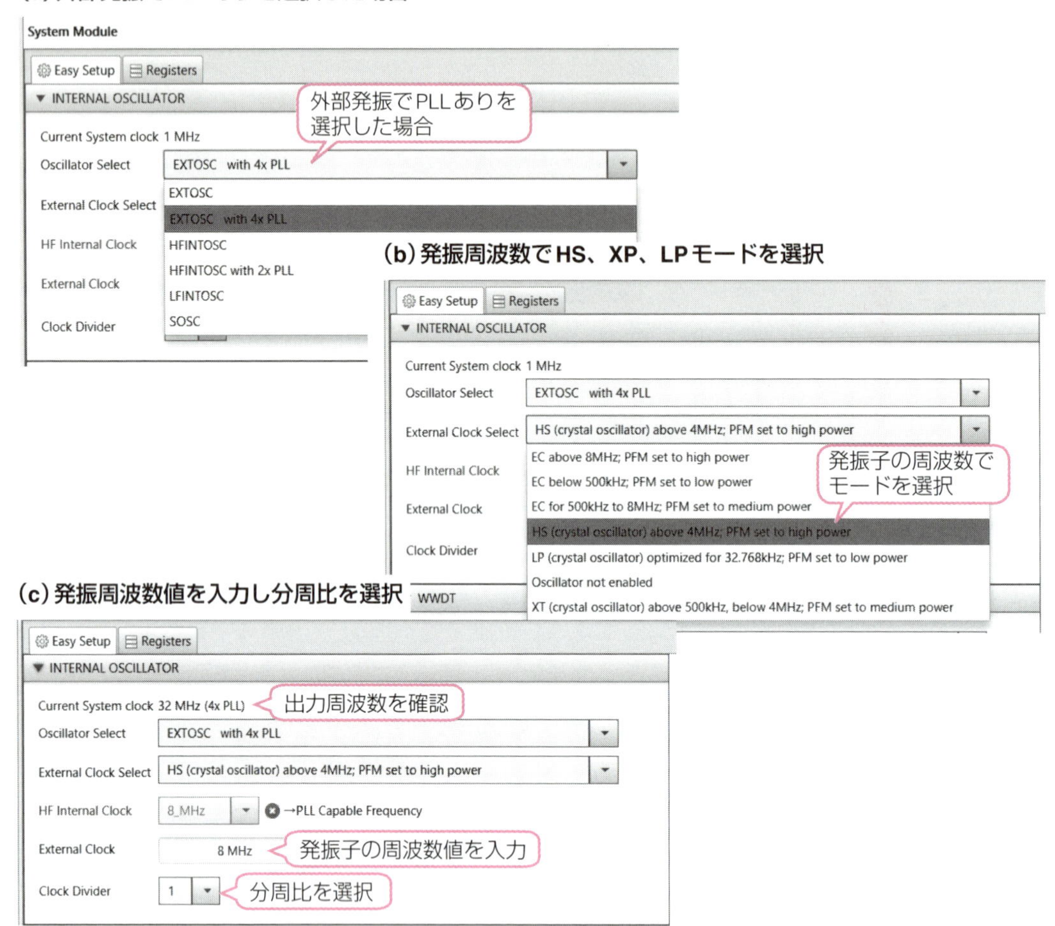

なお、外部発振の素子や回路、その他クロック関連機能については、Webから補足説明をダウンロードできます。また、リセットについての説明も同様です。

第3部
MCCと周辺モジュールの使い方

第3章
入出力ピンの使い方

PICマイコンで外部といろいろなものを接続できる入出力ピンの使い方について説明します。
すべてレジスタ設定で行われますから、これらのレジスタの関連を説明します。

3-1 入出力ピンのハードウェアとレジスタの関係

PICマイコンは入出力に関する回路を内蔵しており、PICマイコンの外にでているピンは直接入出力が可能なピンとなっています。しかも、1ピンごとに入力か出力かプログラムで自由に設定できるため便利に使えます。

ここではそれらの入出力ピンの内部回路とレジスタの関連について説明します。

3-1-1 入出力ピンとSFRレジスタの関係

PICマイコンは、**プログラムで入出力が自由に設定できる入出力ピン**(I/Oピン)をもっています。そしてこれらの入出力ピンをレジスタに割り振って制御するため、8ビットレジスタで扱えるように8ピンごとにまとめて「**入出力ポート**」と呼んでいます。

例えばPIC16F18857の場合、図3-1-1のようなピン配置となっていますが、この図の中のRA0とかRB0とかRで始まる記号が入出力ピンの名称となり、AとかBとかが入出力ポートのまとまりになります。図で示したように、このPICマイコンはポートAからポートCまで8ピンずつあり、順番にならんでいます。さらにMCLRピンがV_{PP}とRE3の3通りの役割があることになります。

このピン配置はPICファミリごとにほとんど共通になるようになってはいますが、異なっているものもあるのでデータシートでの確認が必要です。

この入出力ポートのデジタル制御に関係する基本のレジスタには下記の3種類があります。レジスタ名のxは入出力ポートごとにA、B、C、・・・　となります。

- **TRISxレジスタ**：Tristate。入出力モードを設定する
- **LATxレジスタ**：Latch。出力動作を行う
- **PORTxレジスタ**：Port。入力動作を行う

これら3種のレジスタの関係は図3-1-2のようになっています。

TRISxレジスタがピンごとの入出力モードを設定するレジスタで、0と設定されたビットに対応するピンは出力モードになり、1と設定されたビットに対応するピンは入力モードになります。

実際にピンに出力するレジスタがLATxレジスタで、入力するレジスタがPORTxレジスタとなります。

●図3-1-1　入出力ピンの配置例

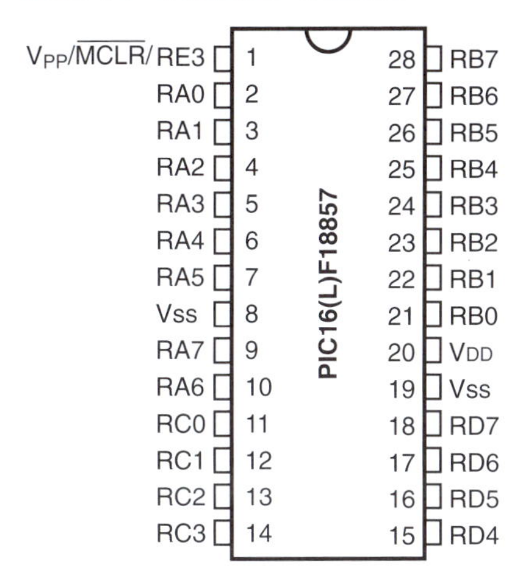

●図3-1-2　入出力ピンとSFRレジスタの関係

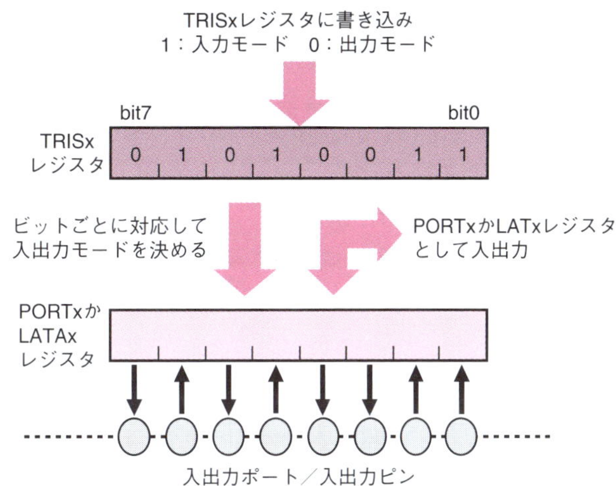

この機能を実現するため入出力ピンの1ピン当たりの基本の回路構成は図3-1-3のようになっています。入出力ピンの直後にある2個のダイオードは、過電圧や負電圧から入出力回路を保護するための保護ダイオードです。

●図3-1-3　入出力ピン基本回路構成

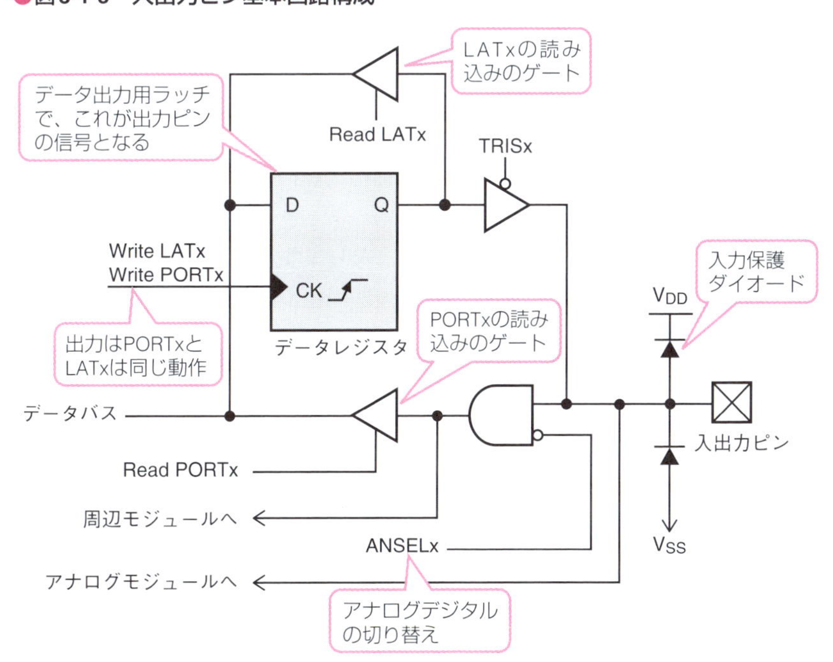

1 出力動作

図3-1-3のTRISx信号が入出力のモードを決めるTRISxレジスタからの信号で、これで出力ドライバのオンオフをしています。出力モードのときには、このTRISxで出力ドライバが有効となり、LATxかPORTxレジスタにデータを書き込むと、そのデータがデータバスに出力され、Write LATxかWrite PORTxの信号のタイミングでデータレジスタに保持されます。これによりデータが1なら入出力ピンにはV_{DD}電圧が出力され負荷に電流を供給します。データが0なら入出力ピンにはV_{SS}電圧が出力され、負荷から電流を引き込みます。したがってLATxレジスタでもPORTxレジスタでも同じ動作となります。

このときPORTxを読み込むと、Read PORTxのタイミングで読み込めるのですが、自分が出力している内容を読み込むことになります。

2 入力動作

入力モードのときには、TRISxの信号で出力ドライバの出力がオフとなって出力回路は無関係となります。

このときPORTxレジスタを読み出すと、ゲートバッファを通って入出力ピンの電圧に応じたデータがRead PORTx信号のタイミングでデータバスに乗せられてPORTxレジスタの値として読み出されます。

しかしLATxレジスタを読み出した場合には、データレジスタに保持されているデータがRead LATx信号のタイミングでデータバスに乗せられてLATxレジスタとして読み出されるので、入出力ピンには全く関係がなくなってしまいます。

このように入力動作が異なるので、**慣習的に、入力はPORTxレジスタで、出力はLATxレジスタで行うようにしています。**

3 アナログ入力

図のANSELx信号は、同じピンをアナログ入力ピンとしても使っている場合に、デジタルかアナログかを切り替えるレジスタである**ANSELxレジスタ**からの信号です。アナログピンとして指定するとデジタルゲートが閉じられてアナログ回路が有効となります。

4 周辺モジュール用入出力ピン

内蔵の周辺モジュールが入出力ピンを使う場合には、自動的に入出力ピンモジュールとしての機能が停止され、周辺モジュール用の入出力ピンとして使われます。

3-1-2　実際の使い方と電気的特性

入出力ピンの使い方を具体的な例で説明していきます。

1 スイッチの入力

例えばスイッチのオン／オフの状態を読み込みたいというときには、図3-1-4のように接続します。そして入力モードに設定されると出力ドライバは停止し、バッファ側を通ってスイッチの状態が読み込まれます。

スイッチがオフのとき、入出力ピンは抵抗経由でV_{DD}電圧になるので読み込むと「1」となり、スイッチがオンのときにはV_{SS}電圧になるので、読み込むと「0」となります。これで**スイッチのオン／オフが0／1で区別がつく**ことになります。この抵抗のことを電源電圧に引っ張り上げるように動作するので「**プルアップ抵抗**」と呼んでいます。

●図3-1-4　スイッチの入力例

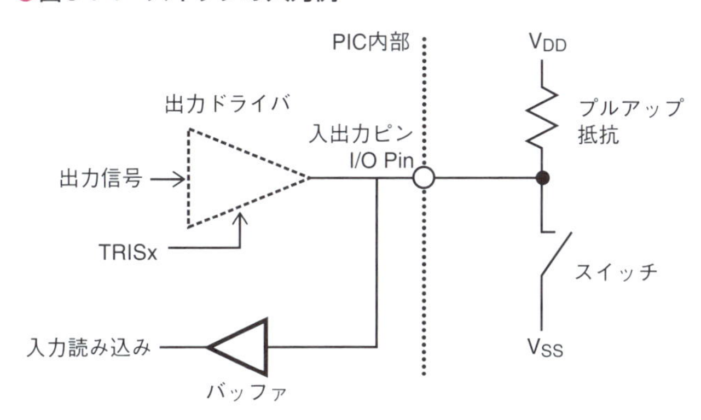

2 LEDの制御

PICマイコンで発光ダイオードの点灯、消灯を制御する場合には、図3-1-5のように接続します。

出力データが「1」のときには、出力ドライバの出力で入出力ピンはV_{DD}電圧になりますが、出力回路もV_{DD}に接続されていて同電位のため電流は流れず、発光ダイオードは消灯します。

出力データが「0」の場合には、出力ドライバの出力がV_{SS}になって、電流をV_{SS}に引き込むので、V_{DD}から外部の発光ダイオードを通って電流が流れ込んで発光ダイオードが点灯します。このようにして発光ダイオードの電流のオン／オフを行うことで、発光ダイオードが点灯／消灯することになります。

●図3-1-5 入出力ピンの出力動作

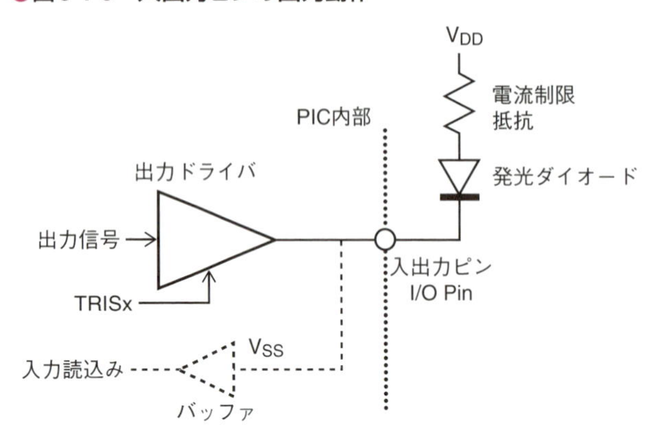

3 電気的特性

この入出力ピンの電気的特性は表3-1-1のようになっています。入力／出力いずれの場合にもスレッショルドとなる電圧は、電源電圧であるV_{DD}によって値が変わるので、異なる電源で動作させるときには注意が必要です。

▼表3-1-1 入出力ピンのDC特性

L/H	項 目	最小値	最大値
入力特性			
Low	I/O Ports TTLバッファ	—	0.15×V_{DD}
	同上(4.5V＜V_{DD}＜5.5Vのとき)		0.8V
	I/O Ports Schmitt Trigger		0.2×V_{DD}
	MCLR、OSC1(RCモード)		0.2×V_{DD}
	I^2Cモード		0.3×V_{DD}
High	I/O Ports TTLバッファ	0.25V_{DD}+0.8	V_{DD}
	同上(4.5V＜V_{DD}＜5.5Vのとき)	2.0V	
	I/O Ports Schmitt Trigger	0.8×V_{DD}	
	MCLR	0.7×V_{DD}	
	I^2C	0.7×V_{DD}	
他	Week Pullup電流(V_{DD}=3.3V)	25μA	200μA
L/H	**項 目**	**最小値**	**最大値**
出力特性			
Low	I/O ports	—	0.6V
High	I/O ports	V_{DD}－0.7V	—

表中で、入力がSchmitt Trigger（**シュミットトリガ**）タイプになっている入出力ピンは、入力のスレッショルド電圧に0.1V程度のヒステリシス特性があり、電圧がゆっくりと変動する入力信号に対しても安定にHigh/Lowを検出できるようになっています。これによりタイマでカウント動作をさせるような場合に、外部の入力信号の立上り、立下りが遅いような信号でも正しくカウントさせることができます。

4 入出力ピンの駆動能力

入出力ピンが駆動できる能力です。データシートの絶対最大定格では入出力ピンのドライブ能力は表3-1-2のようになっています。

▼表3-1-2　入出力ピンのドライブ能力

項　目	ドライブ能力	備　考
最大消費電力	800mW	パッケージ当たり
最大電源供給電流	250mA	V_{DD}端子より供給
		-40℃～ 85℃のとき
1ピン最大供給電流	50mA	Highのとき
1ピン最大吸収電流	50mA	Lowのとき
V_{SS}に流せる最大電流	350mA	外部からの流入も含む
		− 40℃～ 85℃のとき
保護ダイオード電流	± 20mA	

この表から、1ピン当たり最大50mAまでドライブできますが、同時にドライブできるのは、電源供給電流の制限から250mA ／ 50mA＝5ピン以下ということがわかります。

さらに、PIC全体の消費電力からみると、5V電源だとすれば、800mW ／ 5V＝160mAとなってさらに厳しい3ピンまでという条件になります。さらに外部からも流れ込む電流があり、Vssピンに流せる電流が制限を受けます。**このようなことを考え合わせた上で、入出力ピンの合計最大ドライブ電流を考慮する必要があります。**

また、同時に多くの電流をオンオフするような場合には、しっかりとしたグランドパターンで、**パスコン**も十分に対策していないとPICマイコンそのものが誤動作することになってしまうので注意が必要です。

参考　**パスコン（バイパスコンデンサ）**

電源ピンの近くで、電源とグランドの間に挿入するコンデンサのことです。電源の供給を手助けすることで、グランドに流れるパルス電流を平均化してノイズ電流を減らし、デジタル回路の誤動作を防ぐ役割があります。

3-1-3 関連レジスタ詳細

前述の3種類のレジスタを含めて、入出力ピンに関連するすべてのレジスタは図3-1-6となっています。ポートごとのものと共通のものとがあります。図中のxはポートごとにA、B、C、…となります。

入出力ピンにこれらすべてのレジスタが関係しているわけではなく、レジスタには一部ないものもあるので、データシートで確認する必要があります。

●図3-1-6 入出力ピンの関連レジスタ

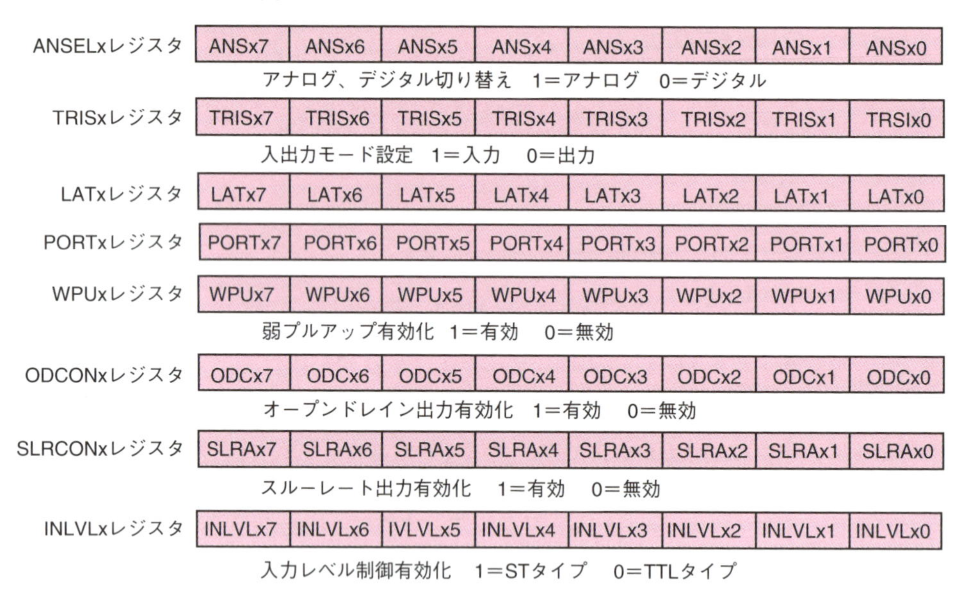

それぞれのレジスタの機能を説明します。

1 ANSELxレジスタ（Analog Select）

アナログ入力ピンと共用となっているピンに関係するものです。PICマイコンは電源オン後やリセット後のデフォルト状態では、アナログ入力モードとなっています。したがって、デジタルピンとして使う場合には、このANSELxレジスタでピンに対応するビットを0にする必要があります。

2 WPUxレジスタ（Weak Pull Up）

入出力ピンごとにプルアップ抵抗に相当する機能を内蔵しているPICマイコンがありますが、このWPUxレジスタのビットを1にセットすると、対応するピンの内蔵プルアップ抵抗を有効にします。出力モードに設定したピンは自動的にプルアップが無効となります。

このプルアップ抵抗を有効にすると図3-1-4の外部に接続しているプルアップ抵抗が不要とな

ります。しかし、内蔵プルアップ抵抗は約40kΩ相当の抵抗になるので、25μAというわずかの電流しか流れないため、ノイズにはあまり強くありません。したがってスイッチのプルアップにする場合には、スイッチとの距離が短くノイズの少ないときに限定して使います。スイッチとの距離が長くなったり、ノイズの多い環境で使ったりする場合には、外付けで10kΩ以下の低抵抗でプルアップする必要があります。

3 ODCONxレジスタ（Open Drain Control）

出力ピンの出力は通常は図3-1-7のようなトランジスタ2個を使ったトーテンポール構成なのですが、このレジスタを使うとPチャネルのトランジスタを常時オフとして、出力をオープンドレイン構成にできます。これで相手の電源電圧が異なる場合でも、相手の電源に抵抗でプルアップすることで直接接続できます。

●図3-1-7　トーテンポール構成とオープンドレイン

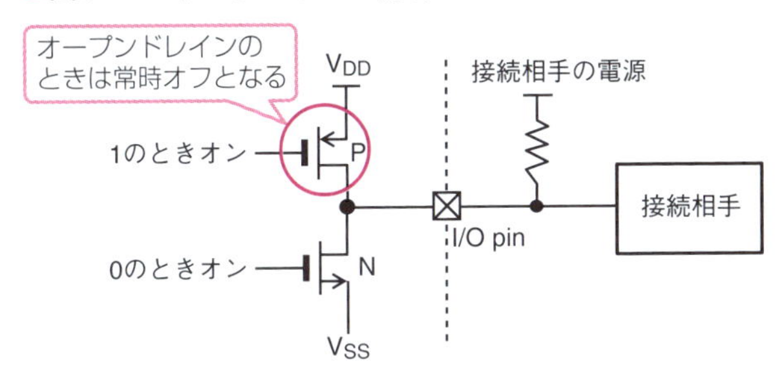

4 SLRCONxレジスタ（Slew Rate Control）

このレジスタで出力ピンの立上り、立下りのスルーレートを制御できるようになっていて、このレジスタで1にセットした出力ピンのスルーレートは25nsec程度となり、0にすると5nsec程度になります。

5 INLVLxレジスタ（Input Level）

このレジスタで入力ピンのスレッショルドの設定が変更できるようになっていて、このレジスタで1にセットした入力ピンはST（シュミットトリガ）タイプとなり、0にするとTTLタイプとなります。このスレッショルドの実際の値は表3-1-1となります。

3-2 ピン割り付け機能

PIC16F1ファミリには、周辺モジュールの入出力ピンを自由に設定できる「ピン割り付け機能」が内蔵されています。この機能の使い方を説明します。

3-2-1 ピン割り付け機能とは

PIC16F1ファミリでは28ピンから64ピンの数多くのデバイス種類があり、いずれにもたくさんの周辺モジュールが内蔵されています。したがって少ピンのデバイスでは、周辺モジュールの入出力ピン割り付けが固定的になっていると、1つのピンに複数モジュールが重複して使い難くなってしまいます。そこで、初期値では周辺モジュールの入出力ピンはどこにも接続せず、ユーザーが使用する周辺モジュールごとに、使用するピンを自由に割り当てられるようにしたのが「**ピン割り付け機能**」です。これで、ピンの重複により周辺モジュールが使えないという使い難さが解消されます。

ピン割り付け可能な周辺モジュールは、アナログモジュールを除くデジタル周辺モジュールです。

ピン割り付けは入力用と出力用とに、割り付けを指定するSFRレジスタが用意されていて、レジスタ設定でピン割り付けを行います。このピン割り付けを指定するとこの設定が最優先され、その他のピン機能は無効となります。

3-2-2 入力ピンの割り付け方

入力ピンの割り付けには、「zzzPPS」(PPS：Peripheral Pin Select) というレジスタを使い、次のフォーマットで定義します。

```
zzzPPS = yy;
```

このzzzには周辺モジュールの名称が入ります。名称の一覧が表3-2-1となります。この表3-2-1は名称だけでなく、実際に割り当てが可能なピンをドットで示しています。yyには16進数のピンの割り当て番号が入り、この番号は表3-2-2となります。

▼**表3-2-1** 入力割り当て設定レジスタの名称

周辺モジュール名称	入力設定レジスタ名	初期設定のピン	割り当て可能なピン		
			PIC16F18857		
			PORTA	PORTB	PORTC
INT	INTPPS	RB0	●	●	
T0CKI	T0CKIPPS	RA4	●	●	
T1CKI	T1CKIPPS	RC0	●		
T1G	T1GPPS	RB5		●	●
T3CKI	T3GKIPPS	RC0		●	●
T3G	T3GPPS	RC0	●		●
T5CKI	T5CKIPPS	RC2	●		●
T5G	T5GPPS	RB4		●	●
T2IN	T2INPPS	RC3	●		●
T4IN	T4INPPS	RC5		●	●
T6IN	T6INPPS	RB7		●	●
CCP1	CCP1PPS	RC2		●	●
CCP2	CCP2PPS	RC1		●	●
CCP3	CCP3PPS	RB5		●	●
CCP4	CCP4PPS	RB0		●	●
CCP5	CCP5PPS	RA4	●		●
SMTWIN1	SMTWIN1PPS	RC0		●	●
SMTSIG1	SMTSIG1PPS	RC1		●	●
SMTWIN2	SMTWIN2PPS	RB4		●	●
SMTSIG2	SMTSIG2PPS	RB5		●	●
CWG1IN	CWG1PPS	RB0		●	●
CWG2IN	CWG2PPS	RB1		●	●
CWG3IN	CWG3PPS	RB2		●	●
MDCARL	MDCARLPPS	RA3	●		●
MDCARH	MDCARHPPS	RA4	●		●
MDMSRC	MDSRCPPS	RA5	●		●
CLCIN0	CLCIN0PPS	RA0	●		●
CLCIN1	CLCIN1PPS	RA1	●		●
CLCIN2	CLCIN2PPS	RB6		●	●
CLCIN3	CLCIN3PPS	RB7		●	●
ADCACT	ADCACTPPS	RB4		●	●
SCK1/SCL1	SSP1CLKPPS	RC3		●	●
SDI1/SDA1	SSP1DATPPS	RC4		●	●
SS1	SSP1SSPPS	RA5	●		●
SCK2/SCL2	SSP2CLKPPS	RB1		●	●
SDI2/SDA2	SSP2DATPPS	RB2		●	●
SS2	SSP2SSPPS	RB0		●	●
RX/DT	RXPPS	RC7		●	●
TX/CK	TXPPS	RC6		●	●

▼**表3-2-2** 入力ピンの割り当て番号

入力ピン	割り当て番号
RA0	0x00
RA1	0x01
RA2	0x02
RA3	0x03
RA4	0x04
RA5	0x05
RA6	0x06
RA7	0x07
RB0	0x08
RB1	0x09
RB2	0x0A
RB3	0x0B
RB4	0x0C
RB5	0x0D
RB6	0x0E
RB7	0x0F
RC0	0x10
RC1	0x11
RC2	0x12
RC3	0x13
RC4	0x14
RC5	0x15
RC6	0x16
RC7	0x17
RD0	0x18
RD1	0x19
RD2	0x1A
RD3	0x1B
RD4	0x1C
RD5	0x10
RD6	0x1E
RD7	0xIF
RE0	0x20
RE1	0x21
RE2	0x22
RE3	0x23

実際の記述例は次のようになります。この例ではUSART1のRX、SPI1のSDI1とSCK1を各ピンに割り当てています。

```
RXPPS = 0x17;          // RX to RC7pin
SSP1DATPPS = 0x0B;     // SDI1 to RB3pin
SSP1CLKPPS = 0x0D;     // SCK1 to RB5pin
```

3-2-3 出力ピンの割り付け方

モジュールの出力ピンの割り当てには次のようにレジスタで記述します。

```
mmmPPS = nn;
```

ここでmmmには出力ピンの名称、RA5やRC6などが入り、nnには16進数のモジュールの割り当て番号が入ります。このモジュールの割り当て番号は、表3-2-3となっています。

▼表3-2-3 モジュールの割り当て番号

周辺モジュール名称	周辺モジュール割り当て番号	割り当て可能なピン		
		PIC16F18857		
		PORTA	PORTB	PORTC
ADGRDB	0x25	●		●
ADGRDA	0x24	●		●
CWG3D	0x23	●		●
CWG3C	0x22	●		●
CWG3B	0x21	●		●
CWG3A	0x20		●	●
CWG2D	0x1F		●	●
CWG2C	0x1E		●	●
CWG2B	0x1D		●	●
CWG2A	0x1C		●	●
DSM	0x1B	●		●
CLKR	0x1A		●	●
NCO	0x19	●		●
TMR0	0x18		●	●
SDO2/SDA2	0x17		●	●
SCK2/SCL2	0x16		●	●
SDO1/SDA1	0x15		●	●
SCK1/SCL1	0x14		●	●
C2OUT	0x13	●		●
C1OUT	0x12	●		●
RX/DT	0x11		●	●
TX/CK	0x10		●	●
PWM7OUT	0x0F	●		●
PWM6OUT	0x0E	●		●
CCP5	0x0D	●		●
CCP4	0x0C		●	●
CCP3	0x0B		●	●
CCP2	0x0A		●	●
CCP1	0x09		●	●
CWG1D	0x08		●	●
CWG1C	0x07		●	●
CWG1B	0x06		●	●
CWG1A	0x05		●	●
CLC4OUT	0x04		●	●
CLC3OUT	0x03		●	●
CLC2OUT	0x02	●		●
CLC1OUT	0x01	●		●

実際の記述例は次のようになります。この例ではUSART1のTX、I²CのSDAとSCLを各ピンに割り当てています。

```
RC6PPS = 0x10;      // TX to RC6pin
RC4PPS = 0x15;      // SDA1 to RC4pin
RC3PPS = 0x14;      // SCL1 to RC3pin
```

3-2-4　割り付けの保護

デバイスがパワーオンリセットされると、このピン割り付けはデフォルト値にリセットされます。したがってリセットされたあとは、毎回割り付けを再設定する必要があります。

リセット後はPPSLOCKEDビット（PPSLOCK<0>）がクリアされ、ピン割り付けはアンロック状態になっているのでピン割り付けは自由にできます。プログラム実行中も可能です。

逆に、**誤ってピン割り付けを実行することがないように、保護することが必要になります**。保護には、PPSLOCKEDビットを1にセットすればよいのですが、このビットの制御には特別なシーケンスが必要になります。

実際のPPSLOCKEDビットをセットあるいはクリアする手順はリスト3-2-1のようにします。この例はセットする場合で、クリアする場合はBSFをBCFにします。

リスト 3-2-1　アンロックとロックシーケンス例

```
/*********************************
* PPSLOCKのシーケンス
*********************************/
void PPSLock (void){
#asm
    BANKSEL PPSLOCK
    MOVLW 0x55
    MOVWF PPSLOCK
    MOVLW 0xAA
    MOVWF PPSLOCK
    BSF PPSLOCK , 0
#endasm
}
```

ピン割り付け設定を保護する方法にはもう1つあります。コンフィギュレーション ビットのPPS1WAYビット（PPSLOCKED One-Way Set Enable）でPPSLOCKビットの書き換え保護を行う方法です。

PPS1WAYビットがデフォルトの1のままのときは、リセット後いったんPPSLOCKビットを1にしてロックすると2度とクリアできなくなります。つまりいったんPPSLOCKをロック状態にするとアンロックできなくなり、ピン割り付けができなくなるようになります。これを解除するにはデバイスをパワーオンリセットする以外には方法がなくなります。

逆にPPS1WAYビットをクリア状態にすると、いつでもPPSLOCKビットの書き換えがリスト3-2-1の手順で可能となります。

3-3 状態変化割り込みの使い方

PICマイコンには、入出力ピンにHigh/Lowの変化があったとき割り込みを生成する機能があります。この機能には次の2種類があるので、それぞれの使い方を説明します。

・外部割り込み(INT：Interrupt)
・状態変化割り込み(IOC：Interrupt On Change)

3-3-1 外部割り込み(INT割り込み)

入出力ピンの中で特別に割り込みを生成するピンが用意されています。「**INTピン**」と呼ばれているピンで、PIC16F1ファミリでは、14ピン以下のデバイスではRA2ピンが、18ピン以上のデバイスではRB0ピンが対応しています(一部異なるデバイスもあるのでデータシートで確認して下さい)。

この外部割り込みを許可すると、**INTピンの入力信号の立上りか立下りで割り込みが発生**します。これらの設定は図3-3-1のレジスタで次の手順で行います。

①INTCONレジスタのINTEDGビットで割り込み検出エッジを立上りか立下りかを指定する(INTCON：Interrupt Control、INTEDG：Interrupt Edge)
②ANSELxレジスタでINTピンをデジタルにし、TRISxレジスタで入力モードにする
③PIE0レジスタのINTEビットを「1」にセットして割り込みを許可する(INTE：INT Enable)
④割り込み処理関数を用意
　この中でPIR0レジスタのINTFビットをクリアする(INTF：INT Flag)
⑤INTCONレジスタのPEIE、GIEビットを1にして割り込み許可

以上の設定でINTピンの信号のいずれかのエッジで割り込みが発生しますが、この割り込みは非常に敏感なので、信号にはノイズがのらないように注意する必要があります。

●図3-3-1 INT割り込み関連レジスタ

INTCONレジスタ

GIE	PEIE	－	－	－	－	－	INTEDG

INTEDG　1＝立上り　0＝立下り

PIE0レジスタ

－	－	TMR0IE	IOCIE	－	－	－	INTE

PIR0レジスタ

－	－	TMR0IF	IOCIF	－	－	－	INTF

3-3-2　状態変化割り込み（IOC）

入出力ピンにはもう1つの割り込み生成機能があり、状態変化割り込み（IOC：Interrupt On Change）と呼ばれています。

PIC16F1ファミリでは、ポートA、B、Cに割り当てられていますが、デバイスごとにAだけ、AとB、AとBとCというように異なっているので、必ずデバイスのデータシートを参照して下さい。

この状態変化割り込みを使えるようにすると、**設定したピンのHigh/Lowが変化するエッジで割り込みを発生**します。関連レジスタは図3-3-2となり、これらの設定は次の手順で行います。

❶ANSELxレジスタで使用するピンをデジタルにし、TRISxレジスタで入力モードにする

❷IOCxPとIOCxNレジスタで立上りか立下りの検出エッジを指定する

IOCxPレジスタに「1」をセットすると対応するピンの立上り検出で割り込みを生成します。IOCxNレジスタに「1」をセットすると対応するピンの立下り検出で割り込みを生成します。「0」にすると検出を無効にします。（P：Positive、N：Negative）

❸IOCxFレジスタをクリア

ピンごとの割り込みフラグなので、過去の割り込み発生をリセットしてクリアします。

（IOCxF：Interrupt On Change Interrupt Flag）

❹PIE0レジスタのIOCIEビットを「1」にして割り込みを許可

（IOCIE：Interrupt On Change Interrupt Enable）

❺割り込み処理関数を作成

この中でPIR0レジスタのIOCIFビットをクリアします。さらにIOCxFレジスタをチェックしてどのピンの変化割り込みかをチェックします。そして処理したIOCxFxビットをクリアします。この両方の割り込みフラグをクリアしないと永久に同じ割り込みが入るので注意して下さい。

❻INTCONレジスタのPEIE、GIEビットを「1」にして割り込み許可

これで入力ピンに変化があると割り込みが発生します。この割り込みも敏感なので、入力ピンにはノイズがのらないように注意する必要があります。

●図3-3-2　状態変化割り込み（IOC）関連レジスタ

INTCONレジスタ

GIE	PEIE	−	−	−	−	−	INTEDG

PIE0レジスタ

−	−	TMR0IE	IOCIE	−	−	−	INTE

PIR0レジスタ

−	−	TMR0IF	IOCIF	−	−	−	INTF

IOCxPレジスタ

IOCxP7	IOCxP6	IOCxP5	IOCxP4	IOCxP3	IOCxP2	IOCxP1	IOCxP0

IOCxPx　1＝立上り　0＝検出なし

IOCxNレジスタ

IOCxN7	IOCxN6	IOCxN5	IOCxN4	IOCxN3	IOCxN2	IOCxN1	IOCxN0

IOCxNx　1＝立下り　0＝検出なし

IOCxFレジスタ

IOCxF7	IOCxF6	IOCxF5	IOCxF4	IOCxF3	IOCxF2	IOCxF1	IOCxF0

IOCxFx　1＝変化あった　0＝変化なし

3-4 例題　フルカラーLEDの点滅

MCCを使って入出力ピンを設定する使い方を説明します。デジタル演習ボードを使った例題で説明します。

【例題】プロジェクト名　IOC1

S1、S2、S3の3個のスイッチの状態変化割り込みで、それぞれ赤、緑、青のLEDの点灯と消灯を交互に制御します。クロックは内蔵発振で8MHzとします。

まず通常どおり空のプロジェクトIOC1を作成してからMCCを起動し、図2-1-3の手順でクロックとコンフィギュレーションを設定します。この設定で、システムクロックは8MHzとなります。

3-4-1 Pin Manager Gridの設定方法

MCCを起動すると右下に表示される［Pin Manager Grid］では、単純に入出力ピンをアナログで使うかデジタルで使うか、入力で使うか出力で使うかを設定します。デジタル演習ボードでは、図3-4-1（a）のようにスイッチとLEDが接続されていますから、これに基づいてPin Manager Gridでは図3-4-1（b）のように設定します。

①RA0、RA1、RA2がスイッチ入力なので、Input欄をクリックします。これで鍵がロックした状態で緑色になれば設定完了です。

②RA3、RA4、RA5がLEDの制御出力なので、Output欄をクリックします。これで同じように鍵がロックした状態で緑色になれば設定完了です。

これだけで、入出力ピンの入出力モードの設定をしたことになります。

●図3-4-1　Pin Manager Gridの設定方法

（a）デジタル演習ボードの回路選択

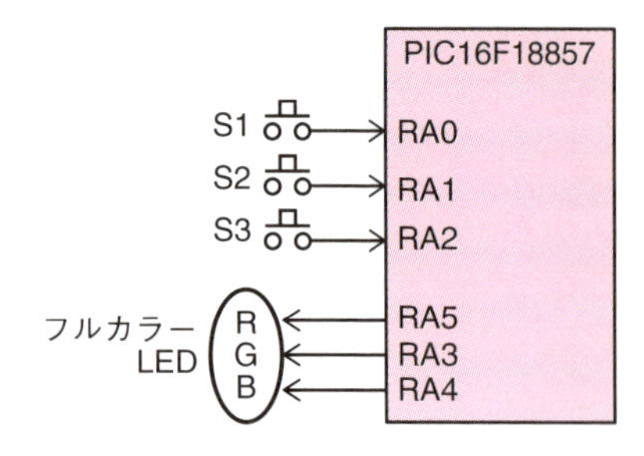

(b) Pin Maneger Gridの設定内容

Output - MPLAB® Code Configurator　Pin Manager: Grid [MCC] ×

Package:	SOIC28	Pin No:	2	3	4	5	6	7	10	9	21	22	23	24	25	26	27	28	11	12	13	14	15	16	17	18	1
			Port A ▼								Port B ▼								Port C ▼								E ▼
Module	Function	Direction	0	1	2	3	4	5	6	7	0	1	2	3	4	5	6	7	0	1	2	3	4	5	6	7	3
OSC	CLKOUT	output							🔓																		
Pin Module ▼	GPIO	input	🔒	🔒	🔒	🔓	🔓	🔓	🔓	🔓	🔓	🔓	🔓	🔓	🔓	🔓	🔓	🔓	🔓	🔓	🔓	🔓	🔓	🔓	🔓	🔓	🔓
	GPIO	output	🔓	🔓	🔓	🔒	🔒	🔒	🔓	🔓	🔓	🔓	🔓	🔓	🔓	🔓	🔓	🔓	🔓	🔓	🔓	🔓	🔓	🔓	🔓	🔓	🔓
RESET	MCLR	input																									🔒

①RA0、1、2を入力　①RA3、4、5を出力

3-4-2　Pin Moduleの設定方法

次に、[Project Resources] 欄で [Pin Module] を選択すると、右側の設定窓が変わります。ここで図3-4-2のように設定します。

①出力ピンでAnalogにチェックが入っているのを外します。これでデジタルピン扱いになります。
②ピンにそれぞれの接続先のデバイスの名称を入力します。これでプログラムではこの名称を使った関数として扱えるようになります。
③スイッチのS1、S2、S3のWPU欄にチェックを入れます。これでこれらのピンの「Week Pull Up」が有効となりプルアップ抵抗が追加されたことになります。
④スイッチのS1、S2、S3のIOC欄をPositiveに変更します。これで立上り、つまりスイッチを押して離したときに状態変化割り込みを生成することになります。

●図3-4-2　Pin Moduleの設定

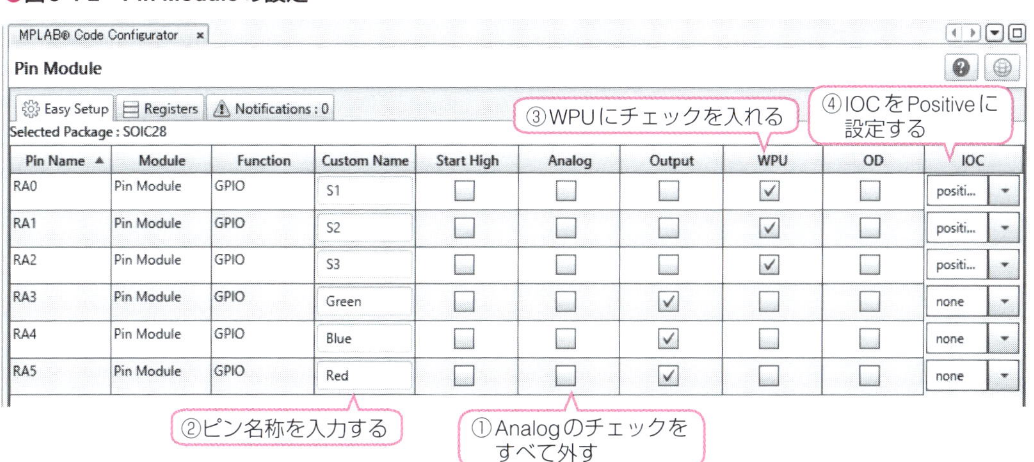

Pin Name ▲	Module	Function	Custom Name	Start High	Analog	Output	WPU	OD	IOC
RA0	Pin Module	GPIO	S1	☐	☐	☐	☑	☐	positi...
RA1	Pin Module	GPIO	S2	☐	☐	☐	☑	☐	positi...
RA2	Pin Module	GPIO	S3	☐	☐	☐	☑	☐	positi...
RA3	Pin Module	GPIO	Green	☐	☐	☑	☐	☐	none
RA4	Pin Module	GPIO	Blue	☐	☐	☑	☐	☐	none
RA5	Pin Module	GPIO	Red	☐	☐	☑	☐	☐	none

これで設定完了なので、[Generate] ボタンをクリックしてプログラムコードを生成します。

3-4-3 生成される入出力ピン制御用関数の使い方

入出力ピン用として自動生成される関数は、生成された「pin_manager.h」ファイルの中身を見るとわかるようになっています。例えばRedと名前を付けたRA5ピンに関連する関数はリスト3-4-1のようになっていて、マクロ関数としてピンの制御関数が生成されています。これらの関数の名称の先頭の名前が、RedとかS1とかのPin Moduleで設定した名前になっています。

例えば、スイッチの入力の場合には、**S1_GetValue()** 関数でS1の現在状態を入力できますし、**Red_SetHigh()** 関数で赤色LEDが点灯し、**Red_SetLow()** 関数で消灯します。さらに **Red_Toggle()** 関数で反転することになります。その他1ピンごとにすべての設定ができる関数が用意されています。

リスト 3-4-1 自動生成された入出力ピン関連マクロ関数

```
162: // get/set Red aliases
163: #define Red_TRIS                 TRISAbits.TRISA5
164: #define Red_LAT                  LATAbits.LATA5
165: #define Red_PORT                 PORTAbits.RA5
166: #define Red_WPU                  WPUAbits.WPUA5
167: #define Red_OD                   ODCONAbits.ODCA5
168: #define Red_ANS                  ANSELAbits.ANSA5
169: #define Red_SetHigh()            do { LATAbits.LATA5 = 1; } while(0)
170: #define Red_SetLow()             do { LATAbits.LATA5 = 0; } while(0)
171: #define Red_Toggle()             do { LATAbits.LATA5 = ~LATAbits.LATA5; } while(0)
172: #define Red_GetValue()           PORTAbits.RA5
173: #define Red_SetDigitalInput()    do { TRISAbits.TRISA5 = 1; } while(0)
174: #define Red_SetDigitalOutput()   do { TRISAbits.TRISA5 = 0; } while(0)
175: #define Red_SetPullup()          do { WPUAbits.WPUA5 = 1; } while(0)
176: #define Red_ResetPullup()        do { WPUAbits.WPUA5 = 0; } while(0)
177: #define Red_SetPushPull()        do { ODCONAbits.ODCA5 = 1; } while(0)
178: #define Red_SetOpenDrain()       do { ODCONAbits.ODCA5 = 0; } while(0)
179: #define Red_SetAnalogMode()      do { ANSELAbits.ANSA5 = 1; } while(0)
180: #define Red_SetDigitalMode()     do { ANSELAbits.ANSA5 = 0; } while(0)
```

3-4-4 IOC割り込みの使い方

Pin ModuleでIOCにpositiveかnegativeかanyを設定すると、状態変化割り込みを使うことになります。anyの場合は立上り、立下り両方という条件になります。

これで自動生成される割り込み処理関数は、「pin_manager.c」ファイルの中に生成されます。自動生成される関数は表3-4-1のようになっています。

▼表3-4-1　自動生成される関数

関数名	機　能	使い方
PIN_MANAGER_Initialize	入出力ピンの初期設定	mainから自動的に使われる
PIN_MANAGER_IOC	状態変化割り込みのメイン関数	ここからピンごとの割り込み処理関数に自動的に分岐する
IOCxFy_ISR	ピンごとの割り込み処理関数 xはポート記号のA、B、C… yはピン番号　0から7のいずれか	ここにユーザーの割り込み処理を追加する

例えば今回の例題のS1（RA0ピン）の状態変化割り込み処理関数は、リスト3-4-2のようになっています。この中で「// Add custom IOCAF0 code」の行の下にRA0つまりS1のユーザーの割り込み処理を追加します。ここでは赤色LEDを反転させる処理を追加しています。

リスト 3-4-2　自動生成されたRA0ピンのIOC割り込み処理関数

```
143: /**
144:     IOCAF0 Interrupt Service Routine
145: */
146: void IOCAF0_ISR(void) {
147:
148:     // Add custom IOCAF0 code
149:     Red_Toggle();
150:     // Call the interrupt handler for the callback registered at runtime
151:     if(IOCAF0_InterruptHandler)
152:     {
153:         IOCAF0_InterruptHandler();
154:     }
155:     IOCAFbits.IOCAF0 = 0;
156: }
```

ここにユーザー割り込み処理を追加する（149行目）

あとは、main関数でリスト3-4-3のようにINTERRUPT Enableの2ヶ所のコメントアウトを外してEnableにするだけでIOC割り込みが入るようになります。

リスト 3-4-3 割り込みの許可

①コメントアウトを削除（60行）
②コメントアウトを削除（63行）

```
51: void main(void)
52: {
53:     // initialize the device
54:     SYSTEM_Initialize();
55:
56:     // When using interrupts, you need to set the Global and Peripheral Interrupt Enable bits
57:     // Use the following macros to:
58:
59:     // Enable the Global Interrupts
60:     INTERRUPT_GlobalInterruptEnable();
61:
62:     // Enable the Peripheral Interrupts
63:     INTERRUPT_PeripheralInterruptEnable();
64:
65:     // Disable the Global Interrupts
66:     //INTERRUPT_GlobalInterruptDisable();
67:
68:     // Disable the Peripheral Interrupts
69:     //INTERRUPT_PeripheralInterruptDisable();
70:
71:     while (1)
72:     {
73:         // Add your application code
74:     }
75: }
```

以上の結果をコンパイルしてデジタル演習ボードに書き込めば動作を開始します。

3個のスイッチのいずれかを押して離したとき、対応する色のLEDが反転します。このとき、スイッチの**チャタリング**（バウンシングともいう）により、複数回の状態変化割り込みが入って、反転動作を複数回繰り返してしまうことがあります。これを回避するためには、LEDの反転制御のすぐあとに、数十msecの遅延を挿入すれば解決しますが、割り込み処理時間が長くなるのであまり推奨できる解決策ではありません。

このため、スイッチをIOC割り込みで使うことはあまりありませんが、使う場合には、ハードウェアでチャタリングをなくす工夫が必要です。

第3部 MCCと周辺モジュールの使い方

第4章 タイマモジュールの使い方

PICマイコンには8ビットと16ビットの汎用タイマモジュールが複数内蔵されています。このタイマの構成はPIC16F1ファミリでは共通になっていますが、実装されているタイマの数はデバイスにより異なっています。大きく分けると次の3種類の汎用タイマがあります。

- タイマ0
- タイマ1、タイマ3、タイマ5
- タイマ2、タイマ4、タイマ6、タイマ8、タイマ10

本章ではこれらの汎用タイマと、次の専用タイマについて使い方を説明します。

- SMT（信号計測タイマ）

4-1 タイマ0の使い方

タイマ0は基本のタイマモジュールで、すべてのPICマイコンに実装されています。このタイマ0の使い方を説明します。

4-1-1 タイマ0の内部構成と動作

最新のPIC16F1ファミリのタイマ0の内部構成は図4-1-1のようになっています。

タイマ本体はTMR0上位バイトとTMR0Lとの2つのレジスタで構成された16ビットカウンタとなっています。これにパルスが入力されると＋1するアップカウンタとなっていて、フルカウントからさらに1パルス入るとロールオーバーして0に戻りますが、そのとき**ポストスケーラ**（タイマの後段に入れるカウンタ）にオーバーフローパルスを出力します。**このポストスケーラで指定された回数だけオーバーフローパルスが発生するとTMR0IFビット**（TMR0 Overflow Interrupt Flag）**が1**となって割り込み要因となります。

●図4-1-1 タイマ0の構成

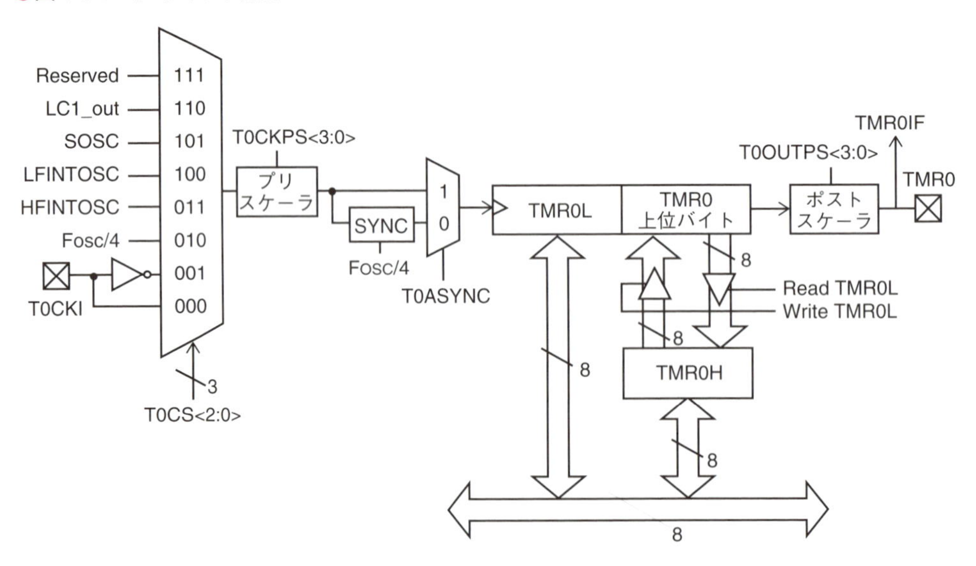

また、他のタイマ1/3/5にオーバーフロー信号を出力して、これで**タイマ1/3/5のゲート機能を制御することもできます**。さらにTMR0ピンとして**外部へのパルス出力**とすることもできます。

パルス源となるクロックはいくつかのクロック源から選択でき、さらにプリスケーラで分周されてからパルス源となります。パルスは内部クロックに同期させるか、させないかを選択できます。

オーバーフローパルスが発生する時間間隔は、TMR0HとTMR0Lにあらかじめ値を設定することで時間を短縮する方向に調整します。この場合、16ビットモードという設定とすると、先にTMR0Hレジスタに値を書き込み、次にTMR0Lに値を書き込むと、そのタイミングでTMR0Hの値も一緒に16ビットの値として書き込まれます。これで、2つのレジスタを別々に書き込む間にカウントアップしてしまって、期待どおりの動作をしなくなることを回避できます。

このレジスタへの書き込みは、割り込みごとに再設定する必要があります。

外部パルスを選択した場合には、T0CKIピン（Timer0 Clock Input）に入力されるパルス数をカウントすることになるので、何らかのイベントごとに1パルス発生するようにすれば**イベントの回数をカウント**できます。例えば、荷物が1つ通過するごとに1パルス発生するようにすれば荷物をカウントできます。

T0CKIピンからの外部パルスをクロック源としたとき、非同期にすれば、スリープ中でもカウントができるようになるので、**タイマの割り込みでウェイクアップ**させるようなこともできます。

このT0CKIピンとTMR0の外部出力ピンは、ピン割り当て機能により任意のピンに接続できます。ピン割り当ての詳細は第3部　第3章を参照して下さい。

4-1-2　タイマ0制御レジスタ

タイマ0に関連するレジスタの詳細は図4-1-2のような2つのレジスタに集約されています。T0ENビット（TMR0 Enable）でタイマ0の動作の開始／停止が制御できます。T016BITビット（TMR0 16-bit）がタイマ0にカウント開始値を書き込む際の、8/16ビットモードの切り替えビットになります。

●図4-1-2　タイマ0関連レジスタの詳細

(a) T0CON0レジスタ

T0EN	－	T0OUT	T016BIT	T0OUTPS<3:0>			

T0EN：タイマ0動作
　1＝動作　0＝停止

T0OUT：タイマ0出力状態
T016BIT
　8/16ビットモード切替
　1＝16ビット　0＝8ビット

T0OUTPS<3:0>:ポストスケーラ選択
　1111＝1/16　1110＝1/15
　－－－－－－
　0001＝1/2　0000＝1/1

(b) T0CON1レジスタ

T0CS<2:0>			T0ASYNC	T0CKPS<3:0>			

T0CS<2:0>クロック選択
　111＝未使用
　110＝LC1
　101＝SOSC
　100＝LFINTOSC
　011＝HFINTOSC
　010＝Fosc/4
　001＝T0CKIPPS（INV）
　000＝T0CKIPPS

T0ASYNC：同期
　1＝非同期
　0＝同期

T0CKPS<2:0>:プリスケーラ選択
　1111＝1/32768　1110＝1/16384
　1101＝1/8192　1100＝1/4096
　－－－－
　0011＝1/8　0010＝1/4
　0001＝1/2　0000＝1/1

クロック源の選択肢も多く、プリスケーラも非常に多種類の分周比が選択できますから、短時間から長時間まで幅広い時間間隔を生成できます。

割り込みを使う場合には、INTCONレジスタのTMR0IE（TMR0 Interrupt Enable）ビットを「1」にセットすれば、タイマ0の割り込みが許可され、オーバーフローで割り込みフラグTMR0IF（TMR0 Interrupt Flag）が「1」にセットされると割り込みの要因となり、INTCONレジスタのGIEビットが「1」にセットされていれば割り込みが発生します。

4-1-3 例題 割り込みによるLEDの点滅

MCCを使ってタイマ0を使う場合の設定方法を説明します。実際の例題で試してみます。

【例題】プロジェクト名 Timer0

デジタル演習ボードを使い、タイマ0の1秒周期の割り込みで、赤色LEDを点滅させます。クロック源はHFINTOSC（内蔵高周波発振器）とし、システムクロックは8MHzとします。

1 プロジェクト作成とクロック設定

この例題をMCCで作成します。まず、通常どおり空のプロジェクトTimer0を作成してからMCCを起動して、図4-1-3のように、クロックの設定とコンフィギュレーションの設定をします。

●図4-1-3 クロックの設定とコンフィギュレーションの設定

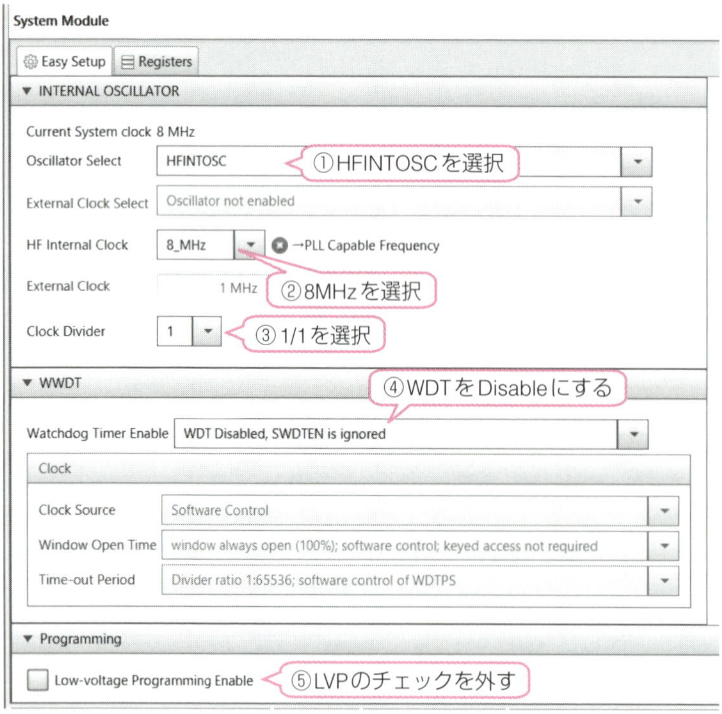

①でHFINTOSCを選択し、②で8MHzを選択します。③で1/1とします。この設定でシステムクロックは8MHzとなります。続いて④でWDT（ウォッチドッグタイマ）をDisableとし、⑤でLVP（定電圧プログラム）のチェックを外します。

2 入出力ピンの設定

次に入出力ピンの設定を図4-1-4のように行います。①でRA0,1,2を入力に、②でRA3,4,5を出力に設定します。次に名称などをPin Moduleの設定で行います。③でAnalogのチェックをすべて外し、④でスイッチのWPU（内蔵プルアップ抵抗）にチェックを入れます。最後に⑤で名称を入力します。ここで使うピンはRedのピンだけなのですが、前章と同じように設定しています。

●図4-1-4　ピンの設定

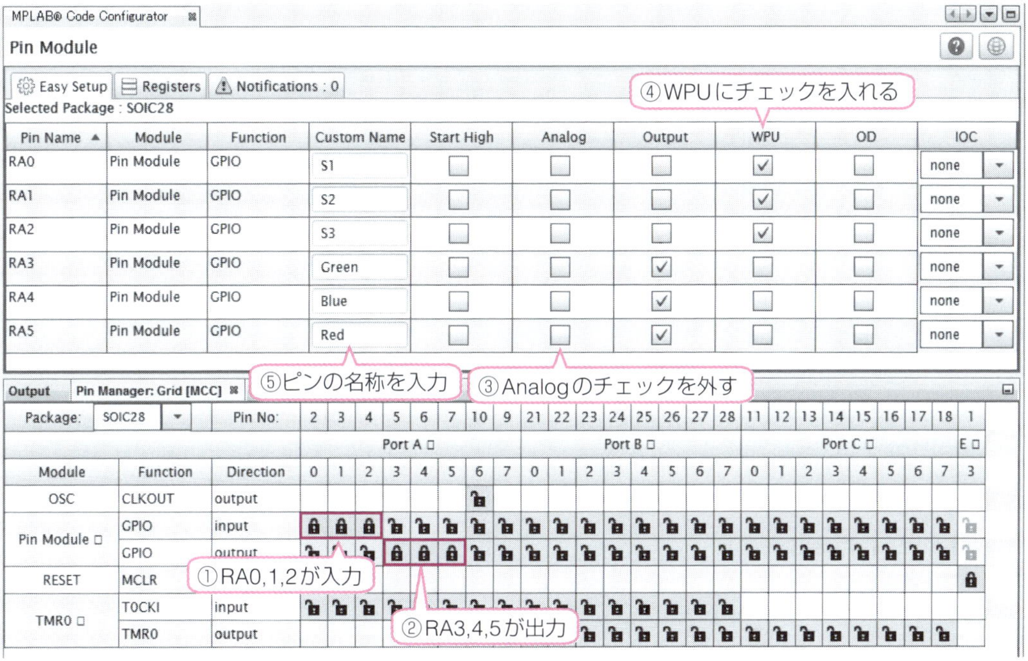

MPLAB® Code Configurator

Pin Module

Easy Setup　Registers　Notifications : 0

Selected Package : SOIC28

Pin Name ▲	Module	Function	Custom Name	Start High	Analog	Output	WPU	OD	IOC
RA0	Pin Module	GPIO	S1	☐	☐	☐	☑	☐	none
RA1	Pin Module	GPIO	S2	☐	☐	☐	☑	☐	none
RA2	Pin Module	GPIO	S3	☐	☐	☐	☑	☐	none
RA3	Pin Module	GPIO	Green	☐	☐	☑	☐	☐	none
RA4	Pin Module	GPIO	Blue	☐	☐	☑	☐	☐	none
RA5	Pin Module	GPIO	Red	☐	☐	☑	☐	☐	none

④WPUにチェックを入れる

⑤ピンの名称を入力

③Analogのチェックを外す

Output　Pin Manager: Grid [MCC]

Package: SOIC28　Pin No: 2 3 4 5 6 7 10 9 21 22 23 24 25 26 27 28 11 12 13 14 15 16 17 18 1

Port A　Port B　Port C　E

Module	Function	Direction
OSC	CLKOUT	output
Pin Module	GPIO	input
	GPIO	output
RESET	MCLR	input
TMR0	T0CKI	input
	TMR0	output

①RA0,1,2が入力

②RA3,4,5が出力

3 タイマ0の設定

最後にタイマ0の設定を行います。設定は図4-1-5のようにします。まず、周辺モジュールの選択は左下にある、［Device Resources］の窓で行います。①のようにTimerの中にあるTMR0をダブルクリックすると図のように［Project Resources］欄のPeripheralsに追加されて、右側が設定窓になります。ここでは次のように設定します。④でクロック源にHFINTOSCを選択し、③で16ビットモードとしてから②でプリスケーラを1/256とすると、設定可能な時間が右側の欄で32usから2.09sの範囲となります。

そこで⑤のように1000msか1sと入力すれば1秒間隔の設定となります。次に⑥で割り込みを許可し、⑦で1と入力して毎回ごとに処理することにします。

これだけの設定でタイマ0を1秒間隔の割り込みを生成するインターバルタイマとして設定したことになります。

●図4-1-5 タイマ0の設定

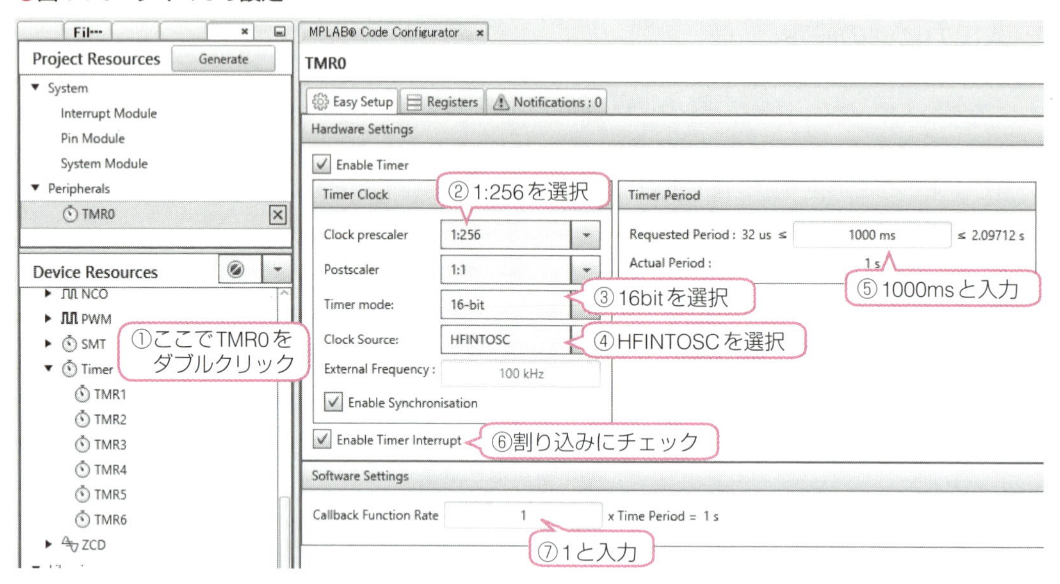

4 コードの生成

以上ですべての設定が完了したので[Generate]ボタンを押してソースコードを生成します。これで生成されるソースファイルtmr0.cに含まれるタイマ0の制御関数は表4-1-1のようになっています。タイマ0を割り込みで使うとMCCが必要な処理をほとんどすべて自動生成するので、生成された関数を使うことはほとんどありません。

▼表4-1-1 タイマ0用制御関数

関数名	書式と使い方
TMR0_Initialize	【機能】タイマ0の初期設定を行う。mainから自動的に呼び出される 【書式】void TMR0_Initialize(void);
TMR0_StartTimer TMR0_StopTimer	【機能】タイマ0の動作を開始/停止する 【書式】void TMR0_StartTimer(void); void TMR0_StopTimer(void);
TMR0_Read16bitTimer	【機能】タイマ0の現在のカウント値を取得する 【書式】uint16_t TMR0_Read16bitTimer(void); 戻り値：16ビットのカウント値
TMR0_Write16bitTimer	【機能】タイマ0のカウンタにカウント開始値を設定する 【書式】void TMR0_Write16bitTimer(uint16_t timerVal); timerVal：設定する16ビットの値
TMR0_Reload16bit	【機能】タイマ0にカウント開始値を再設定する 【書式】void TMR0_Reload16bit(void);
TMR0_CallBack	【機能】タイマ0の割り込み処理関数 【書式】ユーザの割り込み処理を呼び出す

5 ユーザ処理部の追加

あとはユーザ処理部を追加しますが、リスト4-1-1のように、メイン関数内に割り込み関数の処理を追加します。まず宣言部に、①ユーザ割り込み処理関数のプロトタイプを追加します。次に②初期化部に割り込み処理関数の呼び出し関数を定義します。ここではユーザ割り込み処理関数を関数ポインタで呼び出すようにします。そして③割り込みを許可するためにEnableの2行のコメントを外して有効化します。④最後にメイン関数の後に、実際のユーザ割り込み処理関数を追加します。ここでは赤色のLEDを反転させているだけです。

リスト 4-1-1 ユーザ部の追加

①割り込み処理関数のプロトタイピング（48行）
②ユーザ割り込み処理関数の定義（58行）
③割り込みを許可（64行）
④タイマ0ユーザ割り込み処理関数（80行）

```
46: #include "mcc_generated_files/mcc.h"
47: /* 関数プロトタイプ */
48: void TMR0_Interrupt(void);
49:
50: /*
51:             Main application
52: */
53: void main(void)
54: {
55:     // initialize the device
56:     SYSTEM_Initialize();
57:
58:     TMR0_SetInterruptHandler(TMR0_Interrupt);
59:
60:     // When using interrupts, you need to set the Global
61:     // Use the following macros to:
62
63:     // Enable the Global Interrupts
64:     INTERRUPT_GlobalInterruptEnable();
65:
66:     // Enable the Peripheral Interrupts
67:     INTERRUPT_PeripheralInterruptEnable();
68:
69:     // Disable the Global Interrupts
70:     //INTERRUPT_GlobalInterruptDisable();
71:
72:     // Disable the Peripheral Interrupts
73:     //INTERRUPT_PeripheralInterruptDisable();
74:
75:     while (1)
76:     {
77:         // Add your application code
78:     }
79: }
80: void TMR0_Interrupt(void){
81:     Red_Toggle();
82: }
```

6 書き込みと確認

以上ですべてのプログラムが完成です。これをコンパイルしてデジタル演習ボードに書き込めば、赤色LEDが1秒間隔で点滅します。

4-2 タイマ1/3/5の使い方

タイマ1、タイマ3、タイマ5はちょっと高機能なタイマです。**ゲート機能**があり、**外部からの信号でカウントの仕方を制御できる**ようになっています。

4-2-1 タイマ1/3/5の内部構成と動作

タイマ1/3/5の内部構成はすべて同じで、図4-2-1のようになっています。

●図4-2-1　タイマ1/3/5の構成

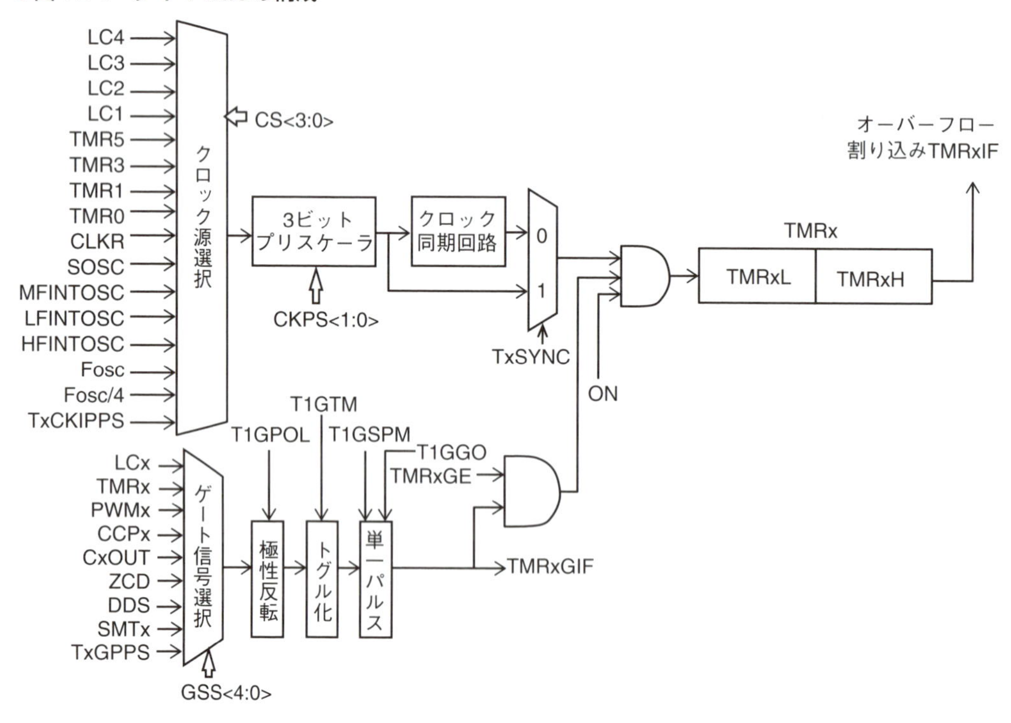

図のTMRx（xは1、3、5のいずれか）が16ビットカウンタの本体で、TMRxHレジスタとTMRxLレジスタの2個のレジスタを接続して構成されています。カウントトリガとなるパルスは、図の左端にあるマルチプレクサで**非常に多くの選択肢から選ぶことができます**。システムクロックだけでなく、CLC（内蔵簡易ロジック回路）の出力（LCx）や、他のタイマの出力（TMRx）をクロック源にできます。

選択されたパルスはプリスケーラで分周して使うことができます。プリスケーラの分周比は1/1、1/2、1/4、1/8の4種類しかありません。

そのあとにクロック同期の有効/無効を選択できます。外部クロックでスリープ中にも動作させたい場合には同期を無効にします。

タイマ1/3/5は単独で使うだけでなく、CCPモジュール（Capture/Compare/PWM）のキャプチャ機能やコンペア機能と組み合わせることができます。これにより、**時間測定**や、**パルス幅測定**など、さらに高機能な使い方ができます。

1 インターバルタイマ

タイマ1/3/5を**インターバルタイマ**として使う場合の時間設定は、タイマ0の場合と同じように、必要なカウント数となるよう、オーバーフローするごとにカウント開始値をTMRxHとTMRxLに代入して設定する必要があります。

この設定の場合には、2個のレジスタの設定の間もカウントを継続していますから、設定の間に下位側から桁上げが起きないように、16ビットモードに設定します。これでタイマ0同様に上位側から設定し、そのあとで下位側を設定すると、そのとき上位側も同時に設定するようになります。

2 ゲート

タイマ1/3/5はこの基本機能の他に、図4-2-1の下側にある**ゲート機能**が追加されています。ゲート機能を使うと、**ゲートが有効な間だけカウント動作をさせることができます**。このゲートのオンオフも多種類の入力源から選択でき、特にTxGPPSピン（Timer x Gate Peripheral Pin Select）からの入力パルスだけでなく、PWMモジュールの出力やコンパレータの出力（CxOUT）、ゼロクロス検出の出力（ZCD）などの内部信号もゲート信号として使うことができます。

そしてこれらの入力源をそのままゲート信号とするか、単一パルスとしてゲート信号とするか、入力のエッジごとにトグルさせた信号をゲートとするかを指定できます。

実際のゲート動作をタイマ1のタイムチャートで示すと図4-2-2のようになります。

単純なゲート動作の場合が図4-2-2（a）で、例えばT1GPPSピンをゲート信号とした場合には、T1GPPSピンの信号がHighの間だけカウントが行われます。したがってT1GPPSピンの**信号のパルス幅を測定**することになります。

このときのゲートの有効期間のHigh、LowはT1GPOLビット（Timer1 Gate Polarity）で切り替えができ、T1GPOLを「0」にセットすると、図4-2-2（a）とは逆にT1GPPSピンの信号がLowの間だけカウントを行います。

図4-2-2（b）がトグルモードの場合で、この場合にはT1GPPSピンの信号の立上りでゲートが有効となり、次の立上りで無効になるということを繰り返します。したがってこの場合にはT1GPPSピンの信号の1周期間だけカウントするので**周期を測定**することになります。

図4-2-2（c）は**1回だけパルス幅を測定**する場合で、T1GGOビット（Timer1 Gate Go）をセットしたあと、T1GPPSピンの信号がHighの間だけカウントし、Lowになった時点でゲートがオフとなって以降のカウント動作はしなくなります。これで、パルス幅を測定する場合連続でカウントすると計測しにくくなるので、1回だけ計測するということが可能になります。

トグルモードと単一パルスモードを一緒に設定すれば、同じように周期を1回だけ測定できます。

外部パルスを選択した場合には、TxCKIPPSに入力されるパルス数をカウントすることになるので、何らかのイベントごとに1パルス発生するようにすれば**イベントの回数をカウント**できます。例えば、人が通過するごとに1パルス発生するようにすれば人数をカウントできます。

TxCKIPPSピンからの外部パルスをクロック源としたとき、非同期にすれば、スリープ中でもカウントできるので、タイマの割り込みでウェイクアップさせるようなこともできます。

このTxCKIPPSとTxGPPSの外部入力ピンは、ピン割り当て機能により任意のピンに接続できます。

●**図4-2-2　タイマ1のゲート動作**

(a)単純なゲートの場合

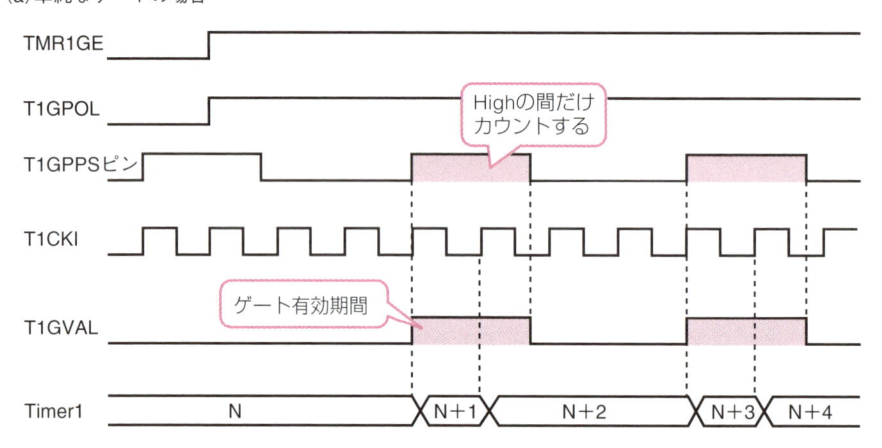

(b)トグルモードのゲートの場合

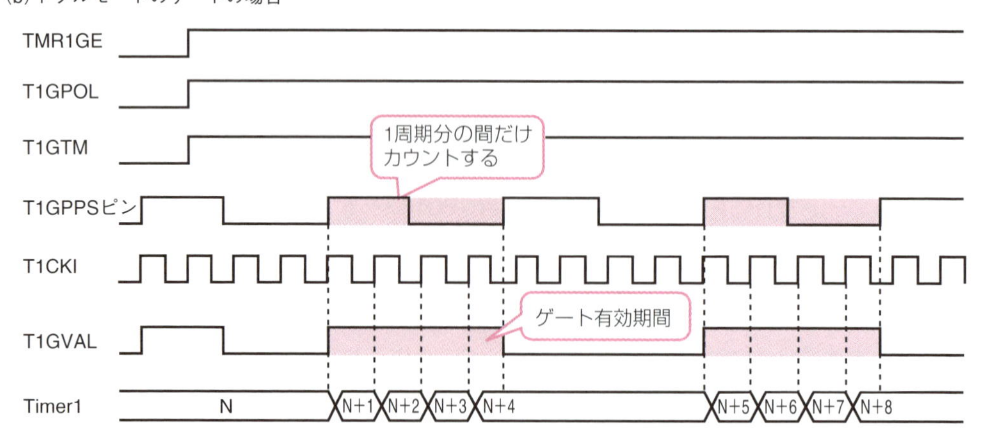

(c)単純パルスモードのゲートの場合

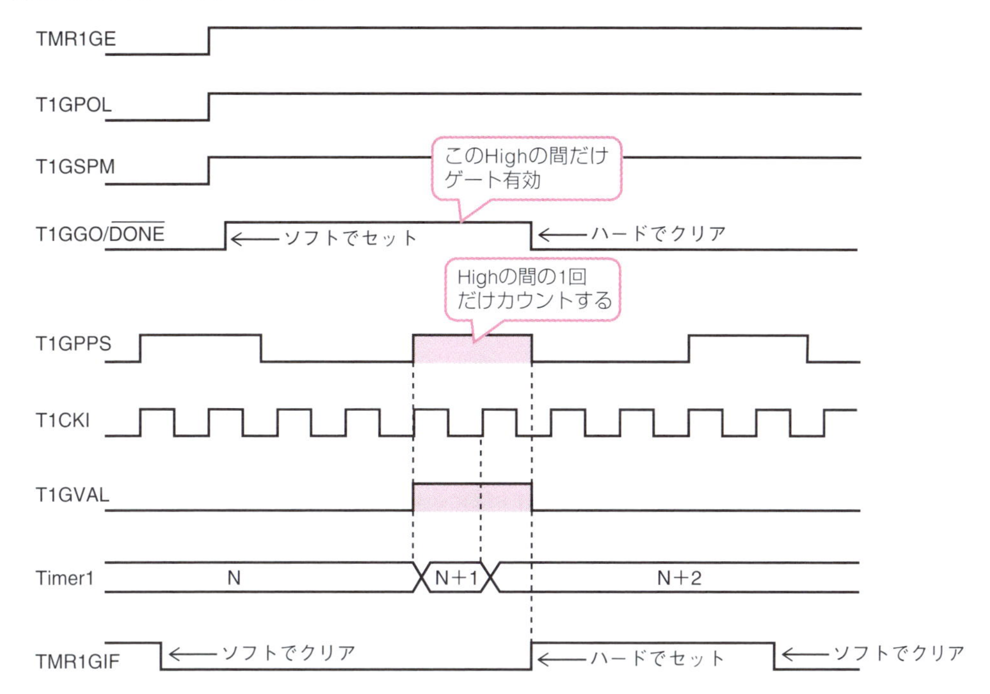

4-2-2　タイマ1/3/5制御レジスタ

タイマ1/3/5に関連するレジスタの詳細は図4-2-3のような4つのレジスタに集約されています。

タイマxの基本動作はTxCONレジスタ(Timer x Control)で、ゲート機能はTxGCONレジスタ(Timer x Gate Control)で行うことができます。クロック源とゲート入力源はそれぞれTxCLKレジスタ(Timer x Clock)とTxGATEレジスタ(Timer x Gate)で選択します。

タイマ1、3、5を割り込みで使う場合も、タイマ0と同じように、TMRxIEビット(xは1、3、5のいずれか)を「1」にセットして割り込みを許可し、INTCONレジスタのGIEビットとPEIEビットを「1」にセットすれば、タイマxのオーバーフローで割り込みが発生します。割り込み処理では、タイマxのカウント開始値を再セットし割り込みフラグTMRxIFをクリアする必要があります。

これらのTMRxIEビットとTMRxIFビットは、PIEyレジスタとPIRyレジスタ(yは1、2、3のいずれか)に用意されているので、レジスタを間違えないように設定する必要があります。

またデバイスごとに実装されているレジスタ内の構成が一部異なっているのでデータシートでの確認が必要です。

●図4-2-3 タイマ1/3/5関連レジスタの詳細

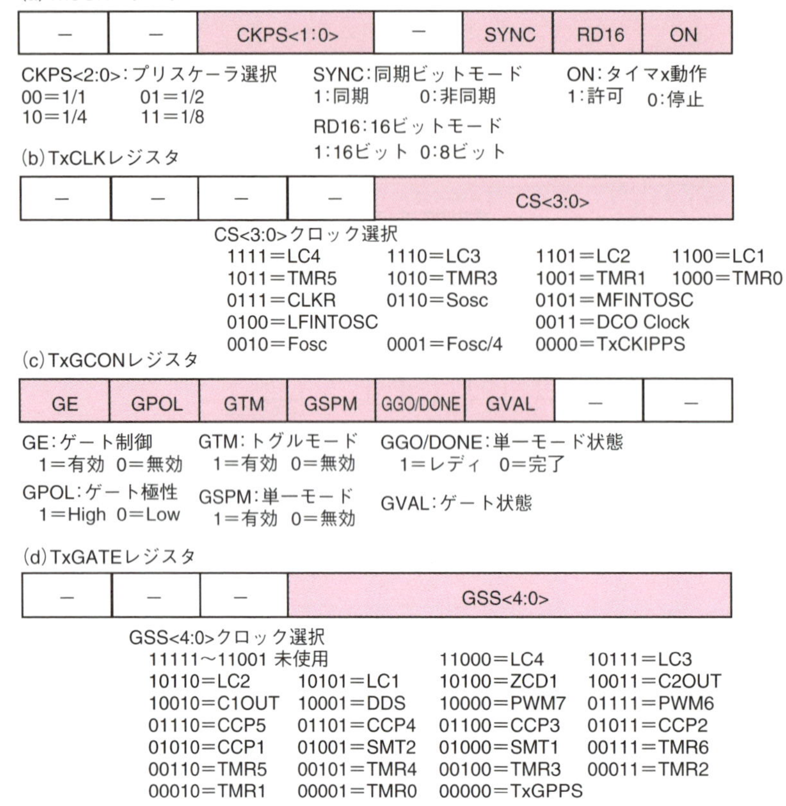

4-2-3 例題 フルカラーLEDの割り込みによる点滅

MCCを使ってタイマ1/3/5を設定する方法を説明します。この説明にも例題を使いますが、タイマのクロックにはサブ発振回路(SOSC)を使うものとします。

【例題】プロジェクト名 Timer135

実際にタイマを使ったプログラムの例です。デジタル演習ボードを使い、タイマのインターバル割り込みで3色のLEDを次のように点滅させます。システムクロックは内蔵クロックの32MHzとし、タイマ1/3/5のクロック源はSOSCとします。

- タイマ1の0.5秒間隔の割り込みで青色LEDを点滅させる
- タイマ3の1秒間隔の割り込みで緑色LEDを点滅させる
- タイマ5の2秒間隔の割り込みで赤色LEDを点滅させる

1 プロジェクト作成とクロック設定

この例題をMCCで作成します。まず、通常どおり空のプロジェクトTimer135を作成してからMCCを起動して、図4-2-4のように、[System Module] の設定をします。①でクロックをHFINTOSCとし、②で32MHzを選択し、③で1/1とします。コンフィギュレーションの設定は④でWDTをDisableとし、⑤でLVPをオフとします。この設定でシステムクロックは32MHzとなります。

●図4-2-4　クロックとコンフィギュレーションの設定

System Module
Easy Setup　Registers
▼ INTERNAL OSCILLATOR
Current System clock 32 MHz
Oscillator Select　HFINTOSC　①HFINTOSCを選択
External Clock Select　Oscillator not enabled
HF Internal Clock　32_MHz　→PLL Capable Frequency
External Clock　1 MHz　②32MHzを選択
Clock Divider　1　③1/1を選択
▼ WWDT　④WDTをDisableにする
Watchdog Timer Enable　WDT Disabled, SWDTEN is ignored
Clock
Clock Source　Software Control
Window Open Time　window always open (100%); software control; keyed access not required
Time-out Period　Divider ratio 1:65536; software control of WDTPS
▼ Programming
Low-voltage Programming Enable　⑤LVPのチェックを外す

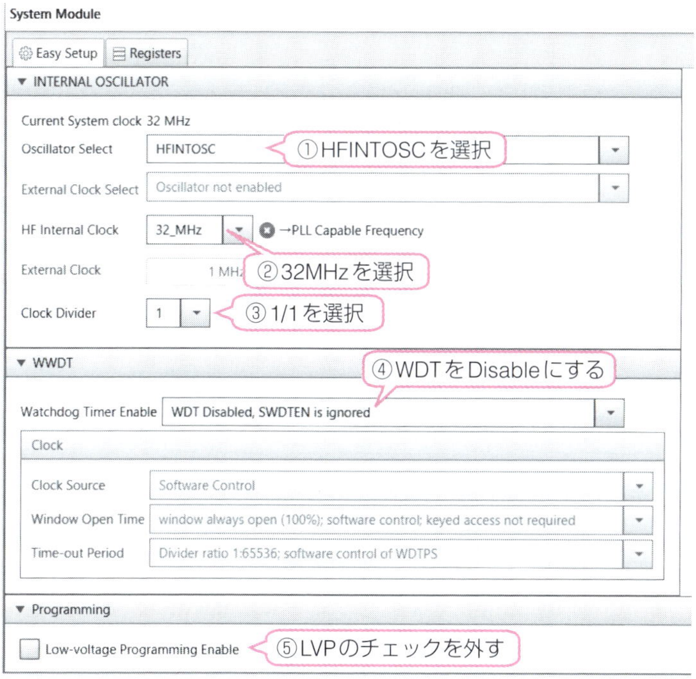

2 SOSCの設定

次にサブクロック(SOSC)の発振の設定をします。これには、図4-2-4の設定画面で[Registersタブ]を選択してから、図4-2-5の②の[Register：OSCEN]までスクロールして移動します。そこで③のようにSOSCEN欄で[enabled]を選択します。

デジタル演習ボードには32.768kHzのクリスタル発振子が接続してあるので、これでサブクロックの発振ができるようになります。サブクロックを有効にしたときは、入出力ピンのRC0とRC1ピンは発振用になるので使えなくなります。

●図4-2-5　SOSCの設定

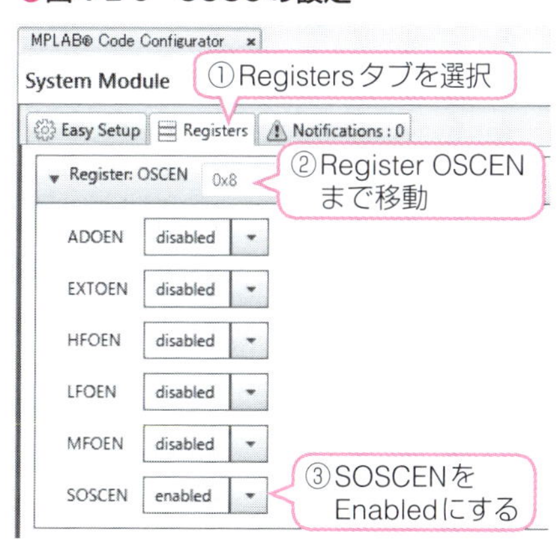

3 入出力ピンの設定

次に入出力ピンの設定を図4-2-6のように行います。①でRA0、RA1、RA2を入力に、②でRA3、RA4、RA5を出力に設定します。

次に名称などをPin Moduleの設定で行います。③でAnalogのチェックをすべて外し、④でスイッチのWPUにチェックを入れます。最後に⑤で名称を入力します。ここで使うピンはLEDのピンだけなのですが、前章と同じように設定しています。

●図4-2-6 入出力ピンの設定

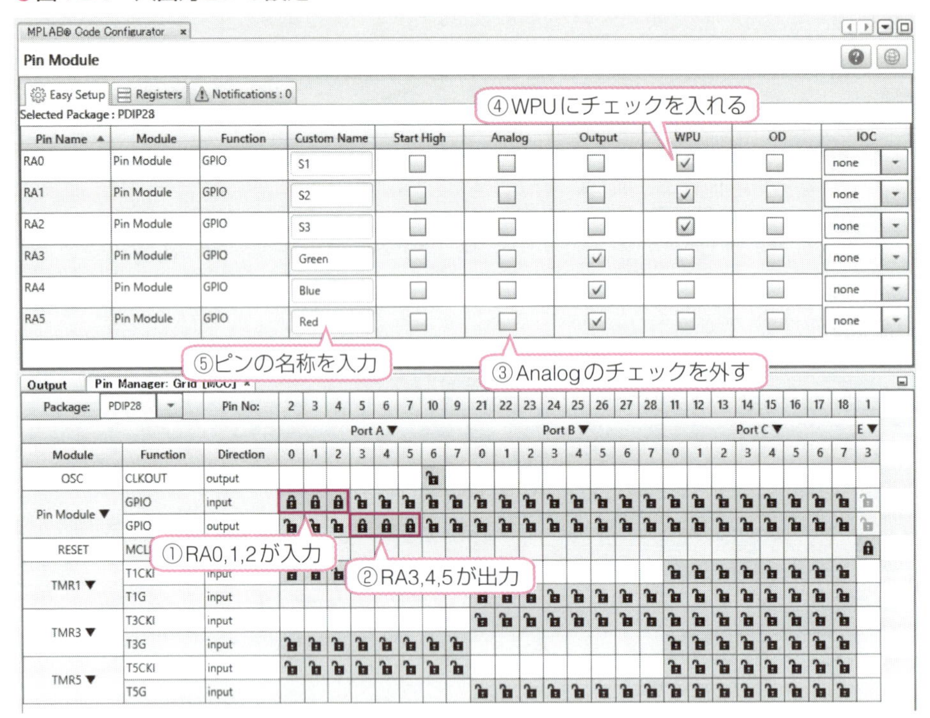

4 タイマの設定

次に、図4-2-7のように左下にある①の［Device Resources］欄のTimerの中にあるTMR1をダブルクリックすれば、②のようにTMR1が［Project Resources］に追加され右側にタイマ1の設定窓が開きます。

この設定窓で図4-2-7のように設定します。まず③でクロック源にSOSCを選択します。次に④でチェックを外して非同期とします。これで⑤のように時間設定が30usから2sまで可能になるので、ここに0.5sと入力します。

続いて⑥で16ビットモードを選択し、⑦で割り込みをEnableにして、⑧で1と入力して毎回割り込み処理とします。これでタイマ1の設定は完了です。

次はタイマ3とタイマ5をタイマ1とまったく同じように設定します。ただし時間の欄は1sと2sとします。

●図4-2-7　タイマ1の設定

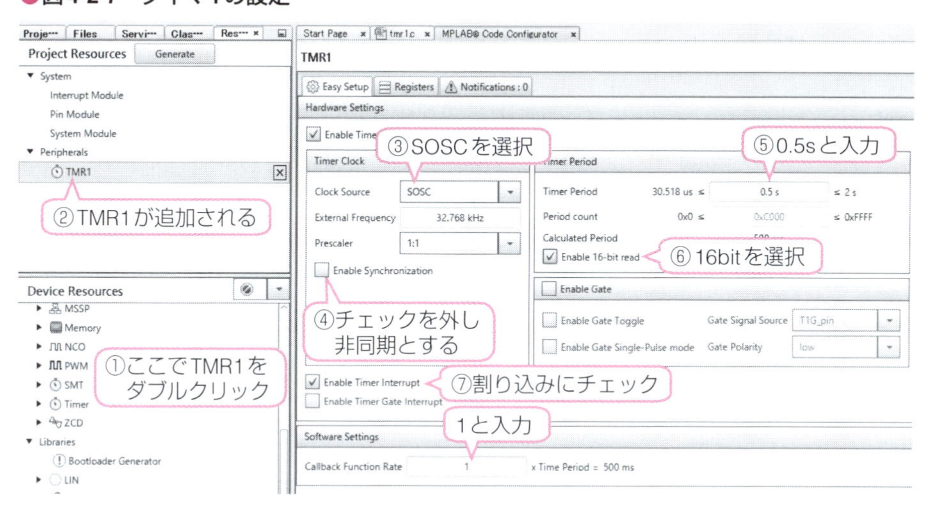

5 コードの生成

以上でMCCの設定はすべて完了したので[Generate]ボタンを押してコードを自動生成します。これで生成されるソースファイルtmr1.cに含まれるタイマ1の制御関数は表4-2-1のようになっています。タイマ3と5にも同じ関数が生成されます。

タイマを割り込みで使うとMCCが必要な処理をほとんどすべて自動生成するので、生成された関数を使うことはほとんどありません。

▼表4-2-1　タイマ1用制御関数

関数名	書式と使い方
TMR1_Initialize	【機能】タイマ1の初期設定を行う。mainから自動的に呼び出される 【書式】void TMR1_Initialize(void);
TMR1_StartTime TMR1_StopTimer	【機能】タイマ1の動作を開始/停止する 【書式】void TMR1_StartTimer(void); void TMR1_StopTimer(void);
TMR1_ReadTimer	【機能】タイマ1の現在のカウント値を取得する 【書式】uint16_t TMR1_ReadTimer(void); 戻り値：16ビットのカウント値
TMR1_WriteTimer	【機能】タイマ1のカウンタにカウント開始値を設定する 【書式】void TMR1_WriteTimer(uint16_t timerVal); timerVal：設定する16ビットの値
TMR1_Reload	【機能】タイマ1にカウント開始値を再設定する 【書式】void TMR1_Reload(void);
TMR1_StartSinglePulseAcquisition	【機能】単一モードをセットして1回だけゲートを開ける 【書式】void TMR1_StartSinglePulseAcquisition(void);
TMR1_CheckGateValueStatus	【機能】ゲートの状態を返す 【書式】uint8_t TMR1_CheckGateValueStatus(void); 戻り値：1=有効　0=無効
TMR1_CallBack	【機能】タイマ1の割り込み処理関数 【書式】ユーザの割り込み処理を呼び出す

6 ユーザ処理部の追加

このあとはユーザ処理部を追加しますが、リスト4-2-1のようにメイン関数に割り込み処理部を追加します。

まず①宣言部にリスト4-2-1(a)のようにユーザ割り込み処理関数のプロトタイプを追加します。次に②初期化部に割り込み処理関数の呼び出し関数を定義します。ここではユーザ割り込み処理関数を関数ポインタで呼び出すようにします。③そして割り込みを許可するためにEnableの2行のコメントを外して有効化します。④最後にメイン関数の後に、実際のユーザ割り込み処理関数を追加します。ここでは各色のLEDを反転させているだけです。

リスト 4-2-1 ユーザ部の追加

(a) 宣言部と初期化部への追加

①割り込み処理関数のプロトタイピング
②ユーザ割り込み処理関数の定義
③割り込みを許可

```
46: #include "mcc_generated_files/mcc.h"
47: /* 関数プロトタイプ */
48: void TMR1_Interrupt(void);
49: void TMR3_Interrupt(void);
50: void TMR5_Interrupt(void);
51:
52: /*
53:              Main application
54: */
55: void main(void)
56: {
57:     // initialize the device
58:     SYSTEM_Initialize();
59:
60:     TMR1_SetInterruptHandler(TMR1_Interrupt);
61:     TMR3_SetInterruptHandler(TMR3_Interrupt);
62      TMR5_SetInterruptHandler(TMR5_Interrupt);
63:
64:     // When using interrupts, you need to set the Global
65:     // Use the following macros to:
66:
67:     // Enable the Global Interrupts
68:     INTERRUPT_GlobalInterruptEnable();
69:
70:     // Enable the Peripheral Interrupts
71:     INTERRUPT_PeripheralInterruptEnable();
72:
73:     // Disable the Global Interrupts
74:     //INTERRUPT_GlobalInterruptDisable();
```

(b) その他の関数の追加

④タイマごとのユーザ割り込み処理関数

```
83: void TMR1_Interrupt(void){
84:     Blue_Toggle();
85: }
86: void TMR3_Interrupt(void){
87:     Green_Toggle();
88: }
89: void TMR5_Interrupt(void){
90:     Red_Toggle();
91: }
```

7 書き込みと確認

追加ができたら完成なので、そのままコンパイルしてデジタル演習ボードに書き込めば動作を開始します。赤LEDが2秒間隔で、緑LEDが1秒間隔で、青LEDが0.5秒間隔で点滅を始めるはずです。色が重なるのでちょっと複雑な色になります。

4-2-4 MCCで自動生成された関数間の関係

ここでMCCで自動生成された関数間の関係を「Show Call Graph」機能を使って図示すると、図4-2-8のようになっています。全体がリセットで始まるメインの流れと、割り込みで始まる割り込み処理の流れとに分離されています。

メインの流れは図4-2-8(a)のようにmain関数で構成されていて、ここには初期化関数の「System_Initialize」関数ですべてのモジュールの初期化関数を呼び出し、割り込み処理のユーザ処理関数をここに用意していて割り込み処理から呼び出されるようにしています。

割り込み処理の流れでは、図4-2-8 (b) のように、最初に割り込みを受け付けるINTERRUPT_InterruptManager関数が割り込み要因のモジュールを判定し、それぞれの割り込み処理を呼び出しています。さらに各モジュールの割り込み処理ではCallBack関数を呼び出しています。このCallBack関数の中からTMRx_SetInterruptHandler経由でTMRx_Interrupt関数が呼び出されて実行されることになります。

●図4-2-8　自動生成された関数間の関係

(a) メインの流れ

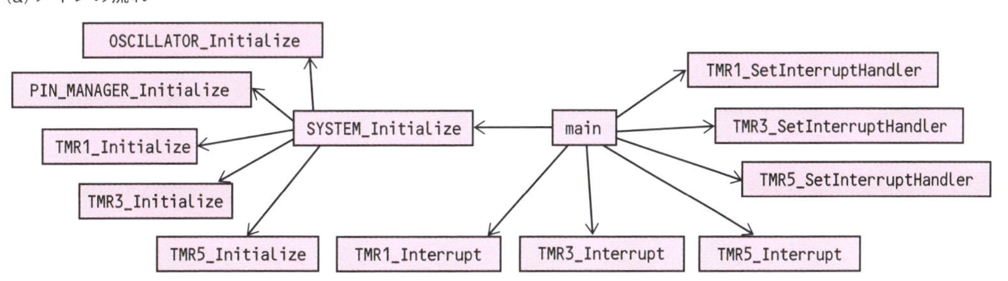

(b) 割り込み処理の流れ

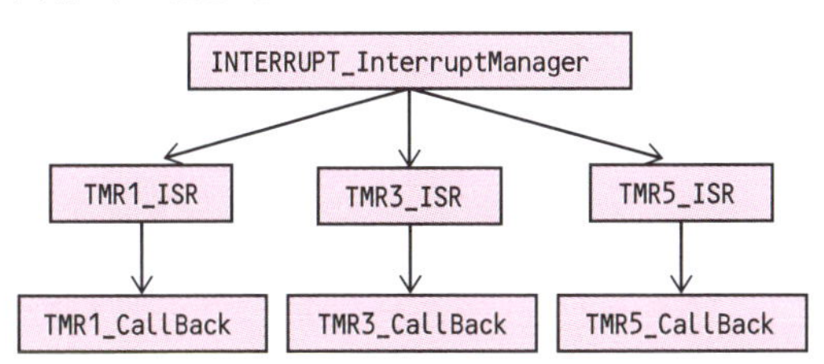

4-3 タイマ2/4/6/8/10の使い方

タイマ2タイプのタイマは2/4/6/8/10と最大5個のモジュールを内蔵しているデバイスがありますが、各タイマはすべて同じ構成となっています。実際の内蔵タイマ数はデバイスごとに異なっているのでデータシートで確認して下さい。

デジタル演習ボードに使った最新のPIC16F18857のタイマ2/4/6には外部リセット機能が追加され、**HLT**（Hardware Limit Timer）としてさらに高機能になっているので、これまでのものを基本構成とし、高機能版を外部リセット付きとして区別して説明します。

タイマ2タイプのタイマの特徴は、**周期レジスタと周期コンパレータをもっている**ことです。これによりハードウェアで自動的に周期を生成するので、割り込み処理でのタイマ値の再セットは必要なくなりますし、ハードウェアだけで動作するので正確な周期が得られます。タイマ2/4/6/8/10はCCPモジュールの周期を決めるタイムベースとしても使われます。

外部リセットが追加されたタイマ2タイプのタイマは、これまでと同じフリーランモードの他に、ワンショットモードやモノステーブルモードができるようになっています。

4-3-1 基本構成のタイマ2/4/6/8/10の内部構成と動作

基本構成のタイマ2/4/6/8/10の内部構成は同じとなっていて図4-3-1(a)のようになっています。

基本構成のタイマ2/4/6/8/10の本体は8ビットのカウンタTMRxで、他と同じように入力パルスによるアップカウンタです。他と異なるのはこのTMRxにコンパレータが接続されていて、常時周期レジスタPRx（Period Register）と比較されていることです。そしてこの両者が一致するとタイマx一致出力として出力され、同時にTMRxが0にクリアされます。これで、図4-3-1（b）のようにTMRxは0からカウントを再開することになります。さらに再度PRxと同じ値までカウントするとまた0に戻されます。こうして**一定間隔でタイマx一致出力が出力される**ことになります。しかもこの間、ハードウェアだけで動作しているので、正確な一定間隔となります。

このタイマx一致出力には**ポストスケーラ**と呼ばれる分周器が接続されており、設定された回数の一致出力が出力されるとはじめて実際の割り込み要因となるTMRxIFビットがセットされます。タイマx一致出力はCCPのPWMの周期を決める信号としても使われますが、詳細は第3部第6章で説明しています。

タイマxのパルス入力源はFosc/2の命令サイクルに決まっていて、これにプリスケーラが接続されて最大64分周まで分周できます。

●図4-3-1 基本構成のタイマ2/4/6/8/10の内部構成

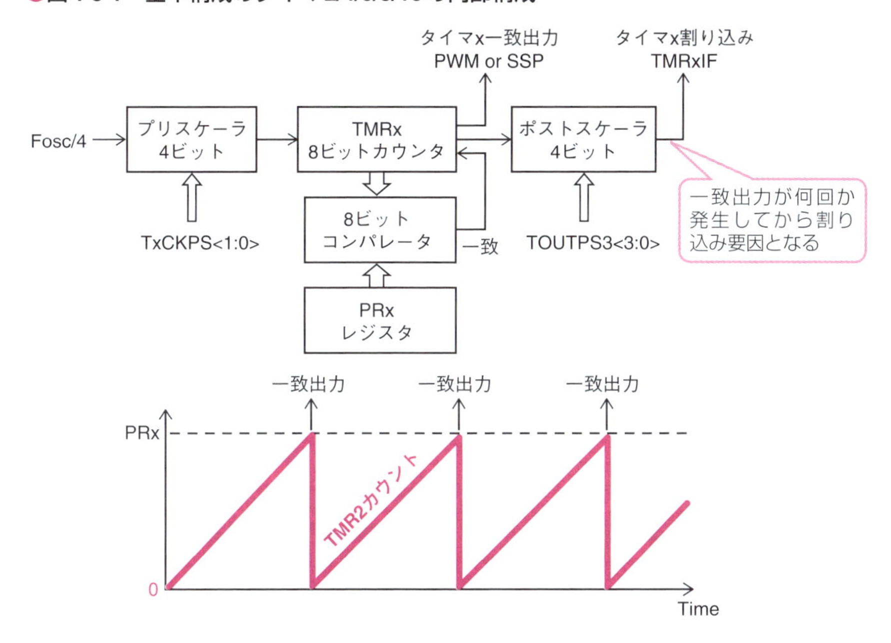

4-3-2 基本構成のタイマ2/4/6/8/10制御レジスタ

基本構成のタイマ2/4/6/8/10に関連するレジスタは図4-3-2のような1つのレジスタに集約されているので、簡単な設定で使うことができます。

タイマxで実際にインターバル時間を設定する方法は次のようにします。

例えばシステムクロックが32MHzの最高速度とした場合、10msecというインターバル時間とするためには、次のようにします。

まずタイマxの入力パルスは32MHz ÷ 4 = 8MHz → 0.125 μ sec　となります。これで10msecとするには、ポストスケーラを1/10にしてタイマxの周期を1msec周期とすることにします。これで1msec ÷ 0.125 μ sec = 8000　カウントとなります。プリスケーラを最大の64分周とすれば、8000 ÷ 64 = 125　となるので、1を引いた124をPRxに設定すれば正確な10msec周期のインターバルが得られます。

これでタイマxの割り込みを許可すれば、正確な10msec周期の割り込みが得られ、また割り込み処理の中では、割り込みフラグTMRxIFをクリアするだけで、TMRxの再設定は必要ありません。

タイマxの割り込みを許可するには、他と同様に、TMRxIEビットを「1」にセットし、INTCONレジスタのPEIEビットとGIEビットを「1」にセットすれば、TMRxIFが「1」にセットされたときに割り込みを発生します。

●図4-3-2 基本構成のタイマ2/4/6/8/10関連レジスタの詳細

TxCONレジスタ

—	TxOUTPS<3:0>	TMRxON	TxCKPS<1:0>

TxOUTPS<2:0>：ポストスケーラ設定
1111＝1/16 1110＝1/15

0101＝1/6 0100＝1/5
0011＝1/4 0010＝1/3
0001＝1/2 0000＝1/1

TMRxON：タイマx動作
1＝許可
0＝禁止

TxCKPS<2:0>：
プリスケーラ設定
11＝1/64
10＝1/16
01＝1/4
00＝1/1

4-3-3 外部リセット付きタイマ2/4/6の内部構成と動作

外部リセットが追加されたタイマ2/4/6/の内部構成は図4-3-3のようになっています。

図の中央上側の部分が外部リセット機能で、これにいくつかの動作モードが設定できるようになっています。さらにクロック源の種類が増え、クロックとの同期の有効、無効も設定できるようになったので、非同期でスリープ中にも動作ができるようになりました。

●図4-3-3 外部リセットが追加されたタイマ2/4/6の内部構成

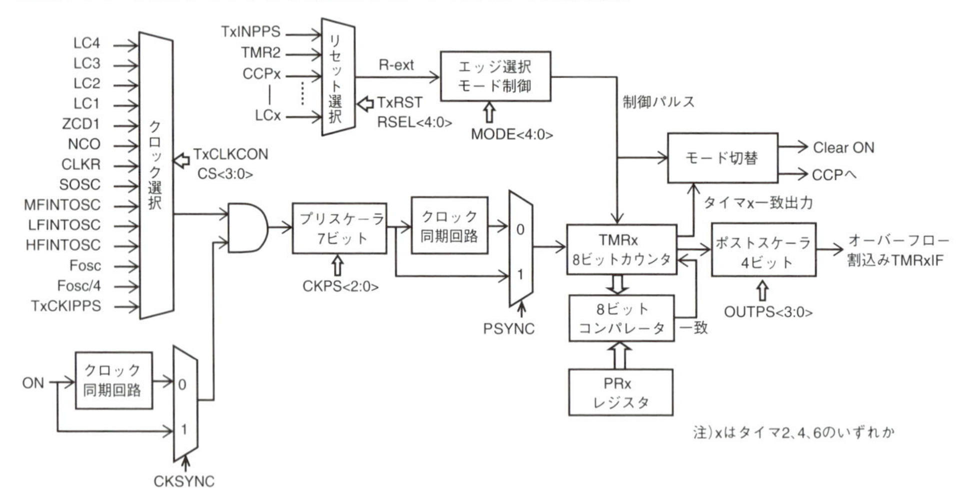

この外部リセット付きタイマ2/4/6の動作モードは表4-3-1のようなモードが設定できます。基本はフリーラン（ロールオーバーパルス）、ワンショット、モノステーブルの3モードですが、それぞれがスタート、ストップ、リセットの方法により細分されます。

- **フリーランモード**：基本のタイマ2/4/6と同じ動作で、ロールオーバーにより割り込み要因を生成する
- **ワンショットモード**：PRxとの一致でONビットがクリアされて停止する
- **モノステーブルモード**：ワンショットモードと同じだがONビットがクリアされない

▼**表4-3-1　リセット付きタイマ2/4/6の動作モード**

Mode	MODE<4:0>		出　力	動　作	タイマ制御		
	<4:3>	<2:0>			スタート	リセット	ストップ
フリーラン モード	00	000	周期パルス	ソフトゲート制御	ON=1	—	ON=0
		001		ハードゲート制御 正論理	ON=1 and R-ext=1	—	ON=0 or R-ext=0
		010		ハードゲート制御 負論理	ON=1 and R-ext=0	—	ON=0 or R-ext=1
ロールオーバー パルスモード		011	ハードリセット 付き周期パルス	両エッジでリセット	ON=1	R-ext ↑ ↓	ON=0
		100		立上りでリセット		R-ext ↑	
		101		立下りでリセット		R-ext ↓	
		110		Lowでリセット		R-ext=0	ON=0 or R-EXT=0
		111		Highでリセット		R-ext=1	ON=0 or R-ext=1
ワンショット モード	01	000	ワンショット	ソフトスタート	ON=1	—	ON=0 or TMRx=PRx
		001	エッジトリガ	立上りスタート	ON=1 and R-ext ↑	—	
		010	スタート	立下りスタート	ON=1 and R-EXT ↓	—	
		011		両エッジ	ON=1 and R-ext ↓ ↑	—	
		100	ハードリセット 付き エッジトリガス タート	立上りスタート 立上りリセット	ON=1 and R-ext ↑	R-ext ↑	
		101		立下りスタート 立下りリセット	ON=1 and R-ext ↓	R-ext ↓	
		110		立上りスタート Lowでリセット	ON=1 and R-ext ↑	R-ext=0	
		111		立下りスタート Highでリセット	ON=1 and R-ext ↓	R-ext=1	
モノステーブル モード	10	000		未使用			
		001	エッジトリガス タート	立上りスタート	ON=1 and R-ext ↑	—	ON=0 or TMRx=PRx
		010		立下りスタート	ON=1 and R-ext ↓	—	
		011		両エッジスタート	ON=1 and R-ext ↓ ↑	—	
未使用		100		未使用			
未使用		101		未使用			
ワンショット モード		110	ハードリセット つき レベルトリガス タート	Highでスタート Lowでリセット	ON=1 and R-ext=1	R-ext=0	ON=0 or Reset
		111		Lowでスタート Highでリセット	ON=1 and R-ext=0	R-ext=1	
未使用	11	xxx		未使用			

これらの動作モードは、外部リセット信号でタイマの動作を停止させるので、「Hardware Limit Timer」(**HLT**)とも呼ばれることがあります。

4-3-4 外部リセット付きタイマ2/4/6制御レジスタ

外部リセット付きタイマ2/4/6の制御用レジスタは、図4-3-4の4つにまとめられています。図4-3-4（a）のTxCLKCONレジスタ（Timer x Clock Control）と（b）のTxCONレジスタ（Timer x Control）だけで基本のタイマ2/4/6と同じ動作が設定できますが、クロック源の選択肢が多種類になり、**非常に広範囲のインターバル時間が設定できる**ようになりました。さらに、非同期にも設定できますから、**スリープ中でも動作を継続させ、ウェイクアップ用に使うこともできる**ようになりました。

残りの（c）のTxRSTレジスタ（Timer x Reset）と（d）のTxHLTレジスタ（Timer x Hardware Limit）が外部リセットにより拡張された機能を設定するためのレジスタとなります。これらの設定は表4-3-1の動作モードにより決定します。リセット要因の選択肢も多いので、いろいろな周辺モジュールと連携させてワンショットタイマにしたり、モノステーブルタイマにしたりできます。

●図4-3-4 外部リセットつきタイマ2/4/6制御レジスタ

（a）TxCLKCONレジスタ

－	－	－	－	CS<3:0>

CS<3:0>:クロック選択
1111＝未使用　1110＝未使用　1101＝LC4　1100＝LC3
1011＝LC2　1010＝LC1　1001＝ZCD1　1000＝NCO
0111＝CLKR　0110＝Sosc　0101＝MFINTOSC
0100＝LFINTOSC　0011＝HFINTOSC
0010＝Fosc　0001＝Fosc/4　0000＝TxCKIPPS

（b）TxCONレジスタ

ON	CKPS<2:0>	OUTPS<3:0>

ON:タイマx動作
1＝許可
0＝禁止

CKPS<2:0>:プリスケーラ選択
111＝1/128　110＝1/64
101＝1/32　100＝1/16
011＝1/8　010＝1/4
001＝1/2　000＝1/1

OUTPS<3:0>:ポストスケール値設定
1111＝1/16　1110＝1/15
－－－－－－
0101＝1/6　0100＝1/5
0011＝1/4　0010＝1/3
0001＝1/2　0000＝1/1

（c）TxRSTレジスタ

－	－	－	RSEL<4:0>

RSEL<4:0>:リセット要因選択
11111～10010＝未使用
10001＝LC4　10000＝LC3　01111＝LC2
01110＝LC1　01101＝ZCD　01100＝C2OUT
01011＝C1OUT　01010＝PWM7　01001＝PWM6
01000＝CCP5　00111＝CCP4　00110＝CCP3
00101＝CCP2　00100＝CCP1　00011＝TMR6
00010＝TMR4　00001＝TMR2　00000＝TxINPPS

（d）TxHLTレジスタ

PSYNC	CKPOL	CKSYNC	MODE<4:0>

PSYNC:プリスケーラ同期
1＝有効　0＝無効

CKSYNC:クロック同期
1＝有効　0＝無効

MODE<4:0>:動作モード選択
表4-3-1を参照

CKPOL:クロック極性
1＝立下り　0＝立上り

注）xは2、4、6、8、10のいずれか

4-3-5　例題　フルカラーLEDの割り込みによる点滅

MCCを使ってタイマ2/4/6/8/10を設定する方法を説明します。この説明にも例題を使います。

【例題】プロジェクト名　Timer246

実際にタイマを使ったプログラムの例です。デジタル演習ボードを使い、タイマのインターバル割り込みで3色のLEDを次のように点滅させます。システムクロックは内蔵クロックの1MHzとします。

- タイマ2の100msec周期で青LEDを点滅
- タイマ4の200msec周期で緑LEDを点滅
- タイマ6の500msec周期で赤LEDを点滅

1 プロジェクト生成とクロック設定

この例題をMCCで作成します。まず、通常どおり空のプロジェクトTimer246を作成してからMCCを起動して、図4-3-5のように、［System Module］の設定をします。①でクロックをHFINTOSCとし、②で1MHzを選択し、③で1/1とします。コンフィギュレーションの設定は④でWDTをDisableとし、⑤でLVPをオフとします。この設定でシステムクロックは1MHzとなります。

●図4-3-5　クロックの設定とコンフィギュレーションの設定

System Module
Easy Setup | Registers
INTERNAL OSCILLATOR
Current System clock 1 MHz
Oscillator Select: HFINTOSC　①HFINTOSCを選択
External Clock Select: Oscillator not enabled
HF Internal Clock: 1_MHz　→PLL Capable Frequency
External Clock: 1 MHz　②1MHzを選択
Clock Divider: 1　③1/1を選択
WWDT　④WDTをDisableにする
Watchdog Timer Enable: WDT Disabled, SWDTEN is ignored
Clock
Clock Source: Software Control
Window Open Time: window always open (100%); software control; keyed access not required
Time-out Period: Divider ratio 1:65536; software control of WDTPS
Programming
Low-voltage Programming Enable　⑤LVPのチェックを外す

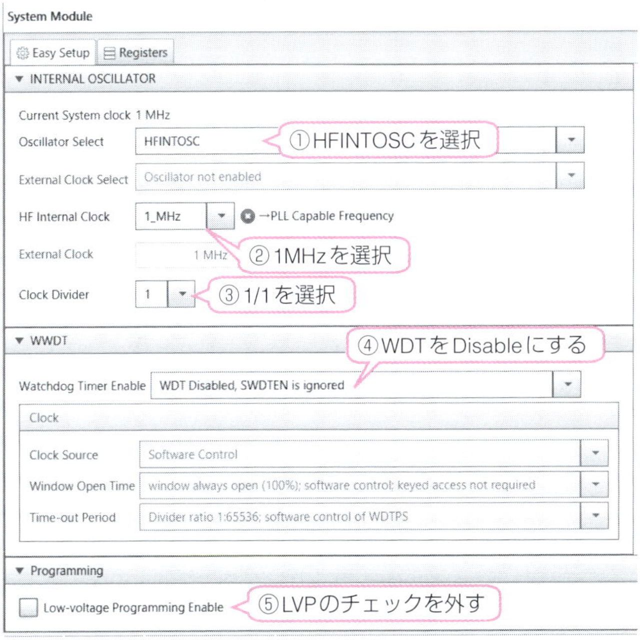

2 入出力ピンの設定

次に入出力ピンの設定を図4-3-6のように行います。①でRA0、RA1、RA2を入力に、②でRA3、RA4、RA5を出力に設定します。次に名称などをPin Moduleの設定で行います。③でAnalogのチェックをすべて外し、④でスイッチのWPUにチェックを入れます。最後に⑤で名称を入力します。ここで使うピンはLEDピンだけなのですがスイッチも設定しています。

●図4-3-6 Pin Moduleの設定

Pin Name	Module	Function	Custom Name	Start High	Analog	Output	WPU	OD	IOC
RA0	Pin Module	GPIO	S1	☐	☐	☐	☑	☐	none
RA1	Pin Module	GPIO	S2	☐	☐	☐	☑	☐	none
RA2	Pin Module	GPIO	S3	☐	☐	☐	☑	☐	none
RA3	Pin Module	GPIO	Green	☐	☐	☑	☐	☐	none
RA4	Pin Module	GPIO	Blue	☐	☐	☑	☐	☐	none
RA5	Pin Module	GPIO	Red	☐	☐	☑	☐	☐	none

Module	Function	Direction
OSC	CLKOUT	output
Pin Module	GPIO	input
	GPIO	output
RESET	MCLR	
TMR2	T2IN	

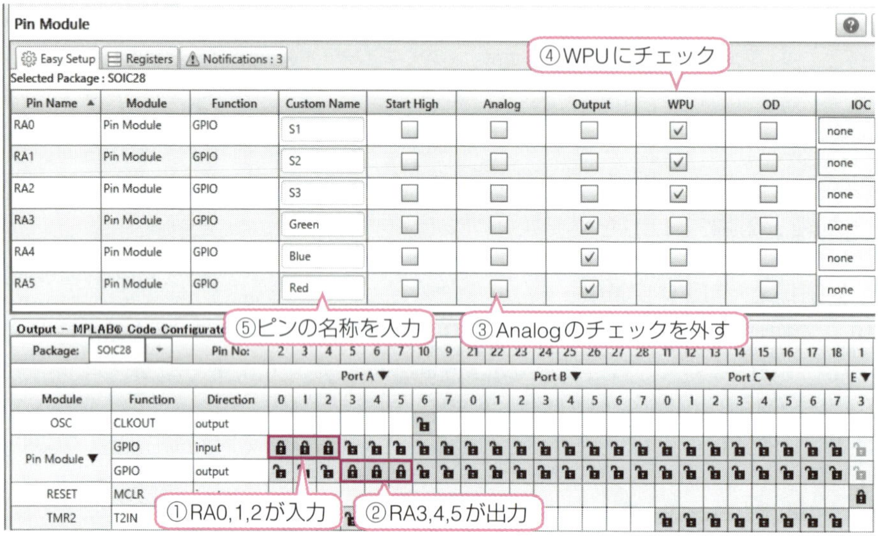

3 タイマ2の設定

次にタイマ2の設定を行います。設定は図4-3-7のようにします。

まず、タイマ2の選択は左下にある［Device Resources］の窓で行います。Timerの中にあるTMR2をダブルクリックすると図のように［Project Resources］欄の［Peripherals］にTMR2が追加されて、右側が設定窓になります。ここでは次のように設定します。

③でクロック源にHFINTOSCを選択し、④でポストスケーラを1/16にし、さらに⑤でプリスケーラを1/128とします。これで設定可能な時間が右側の欄で2msから524msの範囲となります。そこで⑥のように100msと入力すれば約100ms間隔の設定となります。

次に⑦で割り込みを許可し、⑧で1と入力して毎回ごとに割り込み処理することにします。

最後にリセット入力がT2CKIPPSピンとなっていますが、使いませんので、⑨のようにRC3をクリックして使用しないようにします。

これだけの設定でタイマ2を100ms間隔の割り込みを生成するインターバルタイマとして設定したことになります。

4 タイマ4とタイマ6の設定

次はタイマ4とタイマ6をタイマ2とまったく同じように設定します。ただし時間の欄は200msと500msとします。

●図4-3-7　タイマ2の設定

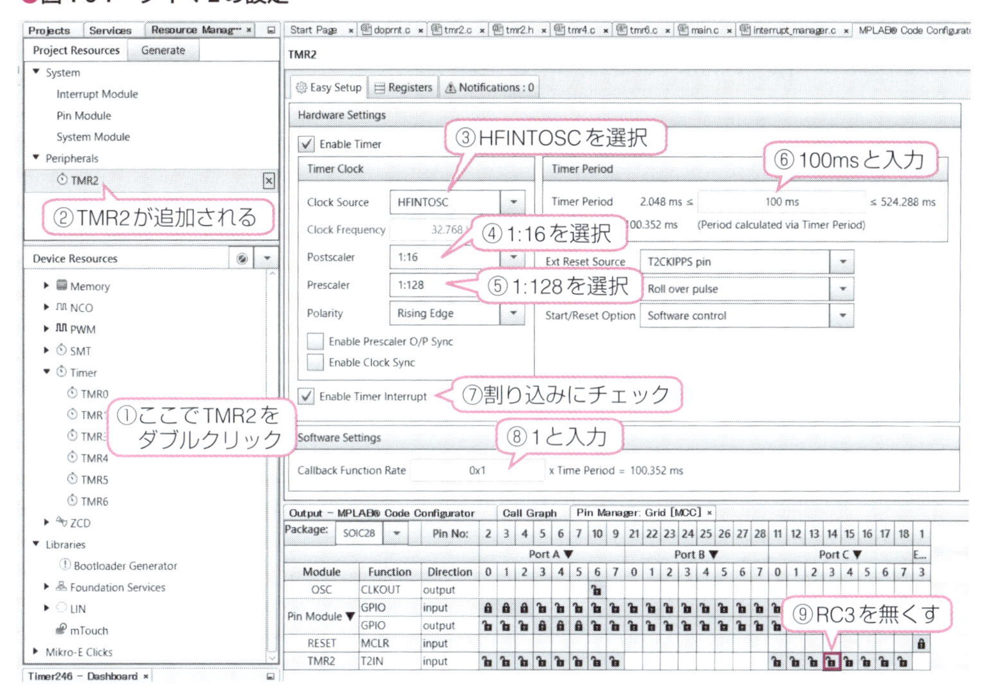

5 コードの生成

以上でMCCの設定はすべて完了したので［Generate］ボタンを押してコードを自動生成します。

これで生成されるソースファイルtmr2.cに含まれるタイマ2の制御関数は表4-3-1のようになっています。タイマ4と6にも同じ関数が生成されます。タイマを割り込みで使うと必要な処理はMCCがほとんど自動生成するので、生成された関数を使うことはほとんどありません。

▼表4-3-1　タイマ2用制御関数

関数名	書式と使い方
TMR2_Initialize	【機能】タイマ2の初期設定を行う。mainから自動的に呼び出される 【書式】void TMR2_Initialize(void);
TMR2_ModeSet	【機能】タイマ2の動作モードを設定する 【書式】void TMR2_ModeSet(TMR2_HLT_MODE mode); mode：TMR2_HLT_MODEで定義されたパラメータを指定（詳細はtmr2.h参照）
TMR2_ExtResetSourceSet	【機能】リセット要因を設定する 【書式】void TMR2_ExtResetSourceSet(TMR2_HLT_EXT_RESET_SOURCE reset); reset：TMR2_HLT_EXT_RESET_SOURCEで定義されたパラメータを指定する（tmr2.hを参照）

TMR2_Start
TMR2_StartTimer
TMR2_Stop
TMR2_StopTimer
	【機能】タイマ2の動作を開始/停止する
	【書式】void TMR2_Start(void);
	void TMR2_StartTimer(void);
	void TMR2_StopTimer(void);
	void TMR2_StopTimer(void);

関数名	書式と使い方
TMR2_Counter8BitGet TMR2_ReadTimer	【機能】タイマ2の現在のカウント値を取得する 【書式】uint8_t TMR2_Counter8BitGet(void); uint8_t TMR2_ReadTimer(void); 戻り値：8ビットのカウント値
TMR2_Counter8BitSet TMR2_WriteTimer	【機能】タイマ2のカウンタにカウント開始値を設定する 【書式】void TMR2_Counter8BitSet(uint8_t timerVal); void TMR2_WriteTimer(uint8_t timerVal); timerVal：設定する8ビットの値
TMR2_Period8BitSet	【機能】タイマ2の周期を設定する 【書式】void TMR2_Period8BitSet(uint8_t periodVal); periodVal：PR2に設定する周期値
TMR2_CallBack	【機能】タイマ2の割り込み処理関数 【書式】ユーザの割り込み処理を呼び出す

6 ユーザ処理部の追加

このあとはユーザ処理部を追加しますが、リスト4-3-1のようにメイン関数に割り込み処理部を追加するだけです。

まず宣言部にリスト4-3-1 (a) のようにユーザ割り込み処理関数のプロトタイプを追加します。次に初期化部に割り込み処理関数の呼び出し関数を定義します。ここではユーザ割り込み処理関数を関数ポインタで呼び出すようにします。そして割り込みを許可するためにEnableの2行のコメントを外して有効化します。

最後にメイン関数の後に、実際のユーザ割り込み処理関数を追加します。ここでは各色のLEDを反転させているだけです。

追加ができたら完成なので、そのままコンパイルしてデジタル演習ボードで書き込めば動作を開始します。赤LEDが0.5秒間隔で、緑LEDが0.2秒間隔で、青LED0.1秒間隔で点滅を始めるはずです。

リスト 4-3-1 ユーザ部の追加

(a) 宣言部と初期化部への追加

```
46: #include "mcc_generated_files/mcc.h"
47: /* 関数プロトタイプ */
48: void TMR2_Interrupt(void);
49: void TMR4_Interrupt(void);
50: void TMR6_Interrupt(void);
51:
52: /*
53:             Main application
54: */
55: void main(void)
56: {
57:     // initialize the device
58:     SYSTEM_Initialize();
59:
60:     TMR2_SetInterruptHandler(TMR2_Interrupt);
61:         TMR4_SetInterruptHandler(TMR4_Interrupt);
62          TMR6_SetInterruptHandler(TMR6_Interrupt);
63:
64:         // When using interrupts, you need to set
            the Global
65:         // Use the following macros to:
66:
67:         // Enable the Global Interrupts
68:         INTERRUPT_GlobalInterruptEnable();
69:
70:         // Enable the Peripheral Interrupts
71:         INTERRUPT_PeripheralInterruptEnable();
72:
73:         // Disable the Global Interrupts
74:         //INTERRUPT_GlobalInterruptDisable();
```

①割り込み処理関数のプロトタイピング

②ユーザ割り込み処理関数の定義

③割り込みを許可

(b) その他の関数の追加

```
84:  void TMR2_Interrupt(void){
85:      Blue_Toggle();
86:  }
87:  void TMR4_Interrupt(void){
88:      Green_Toggle();
89:  }
90:  void TMR6_Interrupt(void){
91:      Red_Toggle();
92:  }
```

④タイマごとのユーザ割り込み処理関数

4-3-6　MCCで自動生成された関数間の関係

MCCで自動生成された関数間の関係を「Show Call Graph」機能を使って図示すると、図4-3-8のようになっています。全体がリセットで始まるメインの流れと、割り込みで始まる割り込み処理の流れとに分離されています。

メインの流れは図4-3-8 (a) のようにmain関数で構成されていて、ここには初期化関数のSystem_Initialize関数で、すべてのモジュールの初期化関数を呼び出し、割り込み処理のユーザ処理関数をここに用意していて割り込み処理から呼び出されるようにしています。

割り込み処理の流れでは、図4-3-8 (b) のように、最初に割り込みを受け付けるINTERRUPT_InterruptManager関数が割り込み要因のモジュールを判定し、それぞれのタイマの割り込み処理を呼び出しています。さらに各モジュールの割り込み処理では「TMRx_CallBack」関数を呼び出しています。

●図4-3-8　自動生成された関数間の関係

(a) メインの流れ

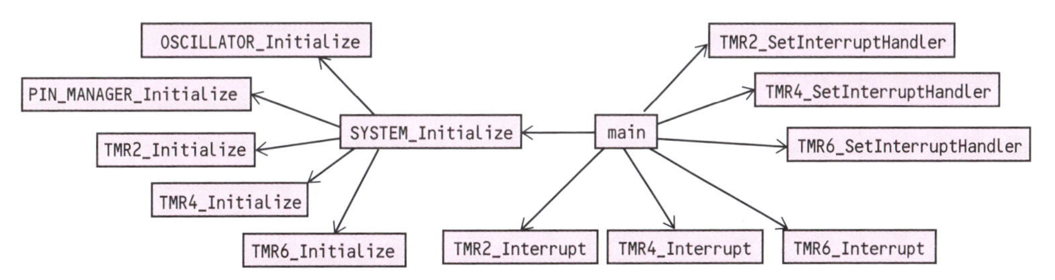

(b) 割り込み処理の流れ

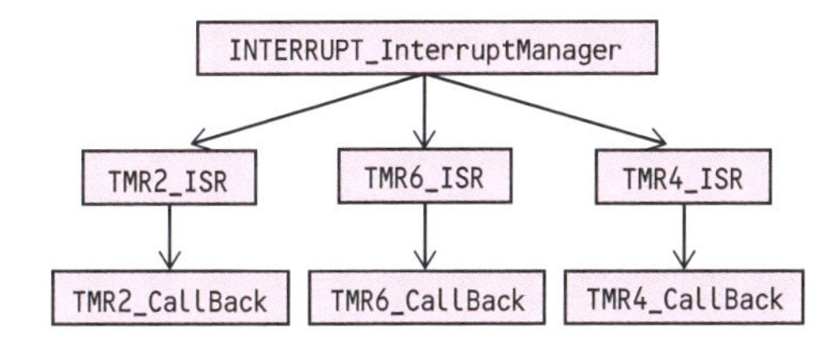

4-4 SMTの使い方

信号測定用タイマ**SMT**（Signal Measurement Timer）は、24ビットのカウンタと各種のゲート信号を組み合わせて、**外部信号のパルス幅、周期、デューティ比、エッジの時間差などを測定するためのタイマ**で次のような特徴を持っています。

- 24ビットのタイマ/カウンタで幅広い時間測定が可能
- 2組の24ビット幅のキャプチャレジスタで周期とデューティなど2要素を同時測定可能
- 多くの動作モードを持っていて多種類の測定方法が可能

デジタル演習ボードのPIC16F18857には、2組のSMTが内蔵されています。

4-4-1 SMTの内部構成と動作

SMTの内部構成は図4-4-1のようになっていてちょっと複雑な構成になっています。

●図4-4-1　SMTの構成

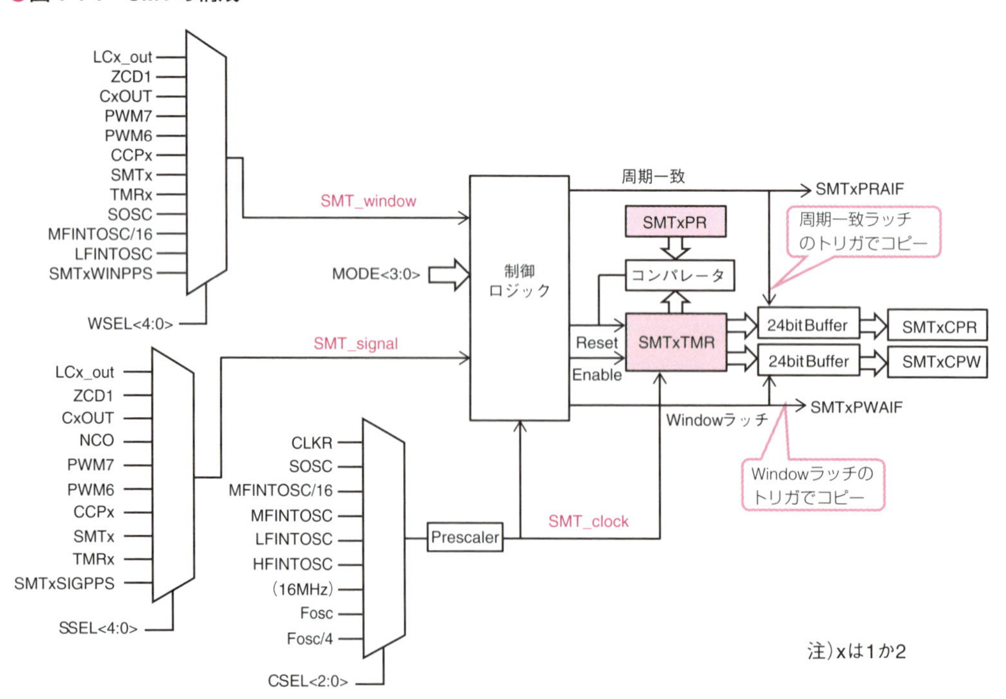

基本の動作は、タイマ2と同じように、選択されたクロック信号で24ビットカウンタ(SMTxTMR：SMT Timer)がカウントアップし、周期レジスタ(SMTxPR：SMT Period Register)の設定値と等しくなったら0にリセットされ、またカウントを再開するという動作です。

このカウント途中でSignalとWindowという2つの外部信号のトリガでSMTxTMRの値をバッファにコピーします。そのバッファの値を2つのレジスタSMTxCPR (SMT Captured Period Register)とSMTxCPW (SMT Captured Pulse Width)で読み取ることができます。

SMTはSMT_clockとSMT_signalとSMT_windowの3つの信号の組み合わせで動作するようになっていて、表4-4-1のような多くの動作モードを持っています。さらにそれぞれに単発動作モードと繰り返し動作モードがあります。

▼表4-4-1 SMTの動作モード

Mode	動作モード	動作内容概要
0000	Timer	単純なタイマ動作でSMT_clockによりSMTxTMRをカウントアップし、SMTxPRと一致したら割り込み発生
0001	Gated Timer	SMT_signalの信号をゲート信号としてSMT_clockでSMTxTMRをカウントアップし、SMT_signalの立下りでカウント値をSMTxCPWにコピーする。SMT_signalのHigh期間のパルス幅を測定できる
0010	Period and Duty Cycle Acquisition	SMT_signalの信号をゲートとし、その立下りでSMTxTMR値をSMTxCPWにコピーし、立上りでSMTxCPRにコピーする SMT_signalのHighのパルス幅と周期の同時測定ができる
0011	High and Low Time Measurement	SMT_signalの信号をゲートとし、その立下りでSMTxTMR値をSMTxCPWにコピーしてからSMTxTMRをクリアしてカウントを再開し、次の立上りでSMTxTMR値をSMTxCPRにコピーする SMT_signalのHighとLowのパルス幅を同時に測定できる
0100	Windowed Measurement	SMT_windowの信号の周期間SMT_clockでSMTxTMRをカウントアップし結果をSMTxCPRにコピーする SMT_windowの信号の周期を測定できる
0101	Gated Windowed Measurement	SMT_windowの1周期間のSMT_signalのHighの期間をSMT_clockでカウントし、SMT_windowの立ち上りでSMTxTMR値をSMTxCPRにコピーしてからSMTxTMRをクリアする 一定期間内のデューティ比を測定できる
0110	Time of Flight	SMT_windowの立上りからSMT_signalの立上りまでの期間をSMT_clockで測定しSMTxTMR値をSMTxCPRにコピーする SMT_signalがなかったときはSMT_windowの周期値をコピーする
0111	Capture	SMT_windowの両エッジでSMTxTMR値をSMTxCPRとSMTxCPWにコピーする。SMTxTMRはカウントを継続する
1000	Counter	SMT_windowの周期の間SMT_signalのエッジ数をカウントし、SMT_windowの立上りでSMTxTMR値をSMTxCPRにコピーする SMT_windowが1秒周期なら周波数カウンタとなる
1001	Gated Counter	SMT_windowがHighの間SMT_signalのエッジ数をカウントし、SMT_windowの立下りでSMTxTMR値をSMTxCPWにコピーする
1010	Windowed Counter	SMT_windowの立上りでカウントを開始し、立下りでSMTxTMR値をSMTxCPWにコピーし、次の立上りでSMTxTMR値をSMTxCPRにコピーし、SMTxTMRをクリアする SMT_windowのHighのパルス幅と周期を同時に測定できる

例えば、Windowed Measurementモードの場合のタイムチャートが図4-4-2のようになり、SMTxWIN (SMT x Window)に入力された信号の周期の測定がSMTxClockの分解能でできることになります。

●図4-4-2　Windowed Measurementモードのタイムチャート

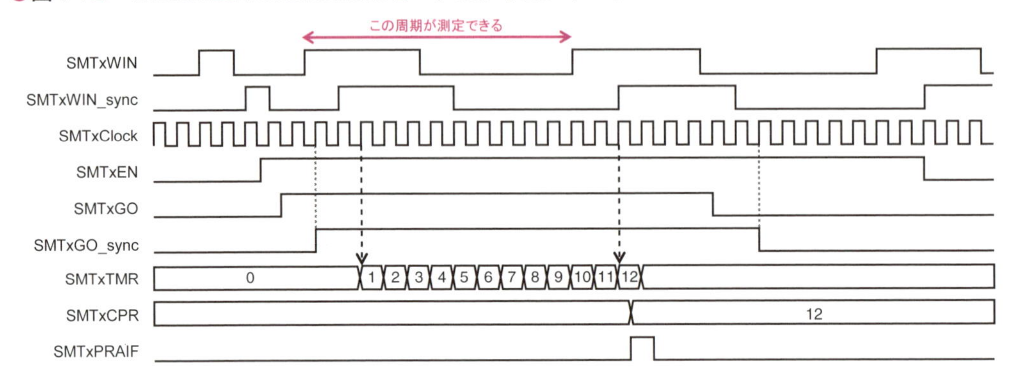

この他の動作を簡略化して表すと図4-4-3のようになります。

●図4-4-3　SMTの動作例

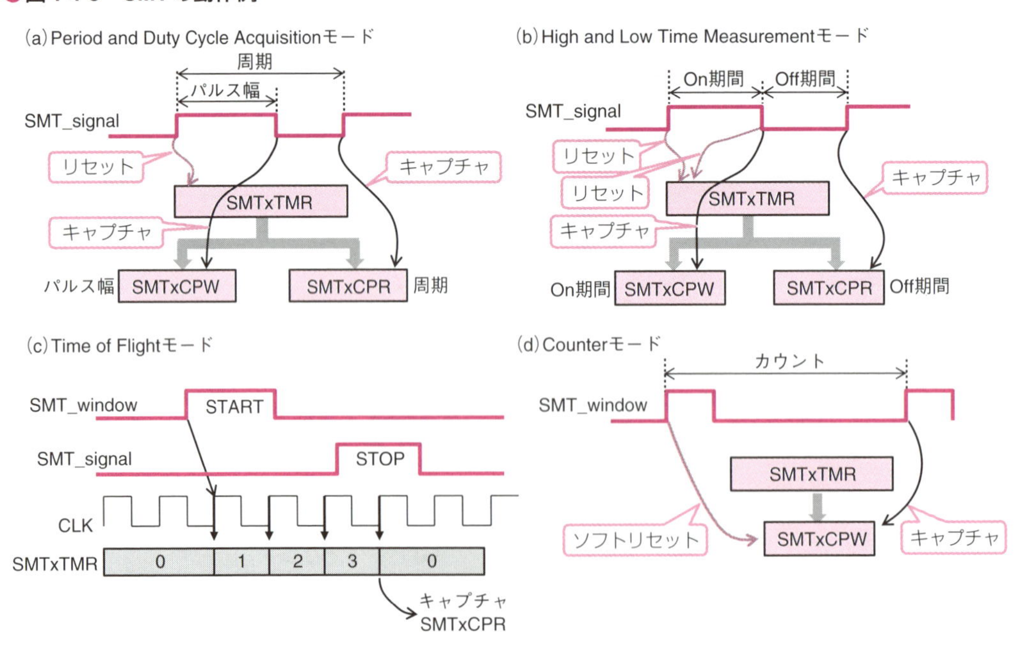

4-4-2　SMT制御レジスタ

SMTを制御するためのレジスタは図4-4-4の6個ですが、これ以外に次のような24ビット幅のレジスタが4種類あります。(xは1か2)

・タイマ本体カウンタ　………SMTxTMR = SMTxTMRU ＋ SMTxTMRH ＋ SMTxTMRL
・周期レジスタ　…………………SMTxPR = SMTxPRU ＋ SMTxPRH ＋ SMTxPRL
・周期ラッチレジスタ　………SMTxCPR = SMTxCPRU ＋ SMTxCPRH ＋ SMTxCPRL
・パルス幅ラッチレジスタ　…SMTxCPW = SMTxCPWU ＋ SMTxCPWH ＋ SMTxCPWL

皆24ビット幅なので3個のレジスタで構成されています。この3個のレジスタは3回に分けて読み書きする必要があるので、動作中に読み書きすると誤ったデータとなることがあります。したがって必ず停止中に読み書きする必要があります。

基本的な設定は、最初にモードを決め、次にクロックを決めます。モードによってはさらにWindowとSignalの信号を選択する必要があります。

●図4-4-4　SMT制御レジスタ

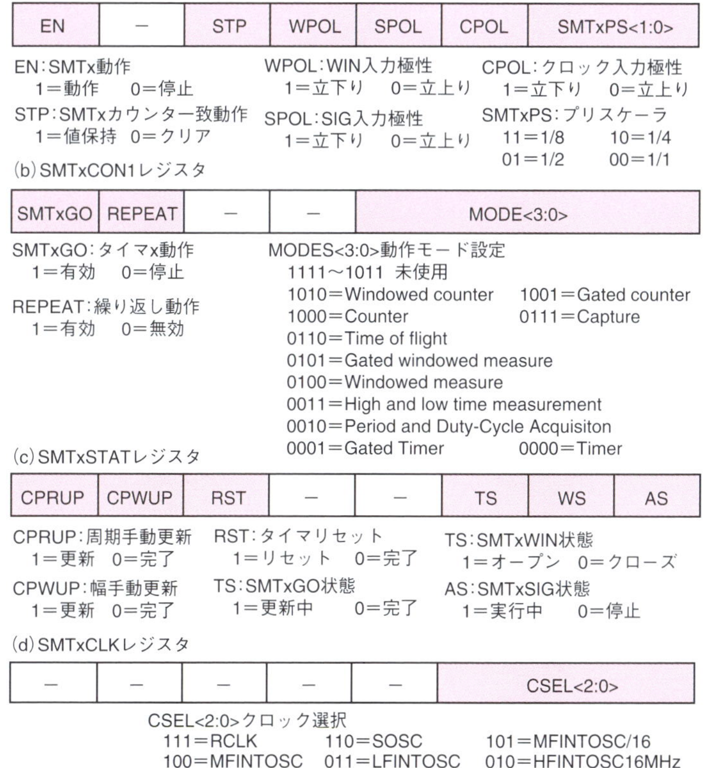

●図4-4-4　SMT制御レジスタ（つづき）

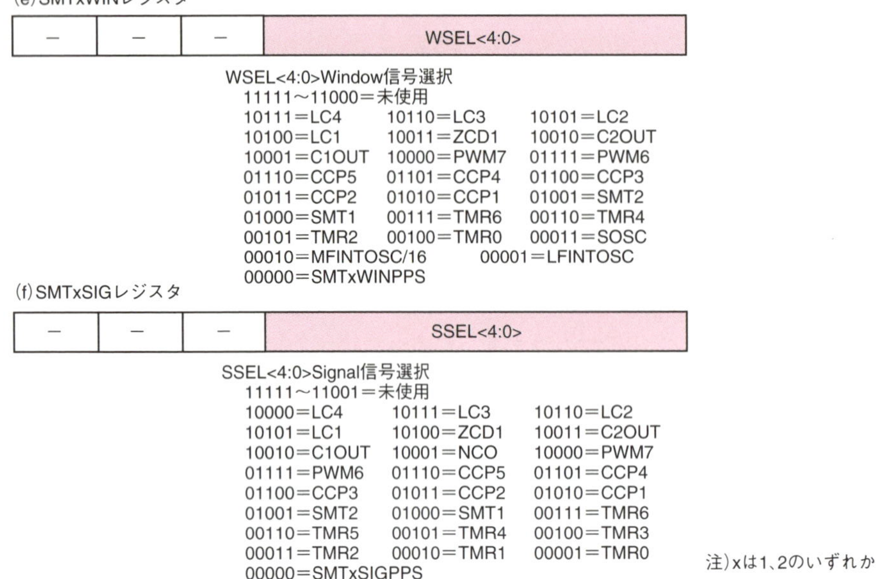

4-4-3　例題　SOCの周波数測定

MCCを使ってSMT1を使う場合の設定方法を説明します。ここではデジタル演習ボードを使った実際の例題で試してみます。

【例題】プロジェクト名　SMT

演習ボードに付けたサブの発振子（SOC）の発振周波数32.768kHzを、クリスタル発振による32MHzのFoscで計測し、結果をシリアル通信でパソコンに送信します。パソコン側は通信ソフトTeraTermで表示させます。SOCを直接計測しても分解能が出ないので、図4-4-5のような構成として、タイマ2を125msec周期として動作させこの周期をSMTで計測します。通信速度は115.2kbpsとします。

●図4-4-5　例題のシステム構成

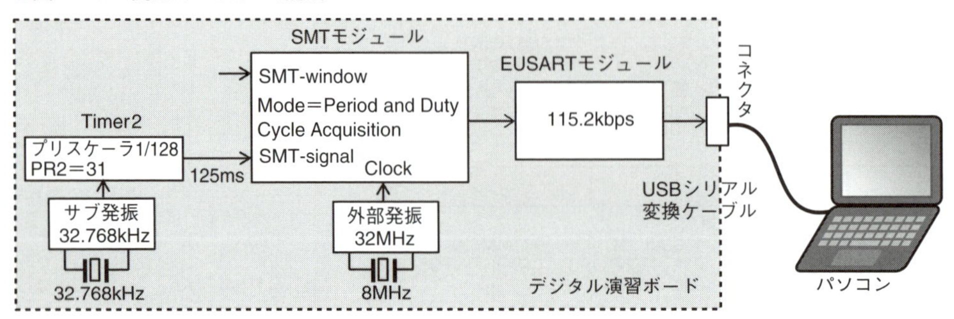

1 プロジェクト作成とクロック設定

この例題をMCCで作成します。まず、通常どおり空のプロジェクトSMTを作成してからMCCを起動して、図4-4-6のように、クロックの設定とコンフィギュレーションの設定をします。

図4-4-6①でEXTOSCの4倍PLLを指定し、②でHSモードを選択します。次に③でクリスタルの周波数8MHzを入力し、④でデバイダは1/1とします。この設定でシステムクロックは外部の8MHzのクリスタルを使った32MHZのクロックとなります。コンフィギュレーション設定ではLVPをオフ、WDTをDisableにするのはこれまでの例題と同じです。

続いて図4-4-6のRegisterタブを選択し、図4-4-7のように［Register OSCEN］の欄で［SOSCEN］をEnableにしてサブクロック発振を有効化します。

●図4-4-6　クロックとコンフィギュレーションの設定

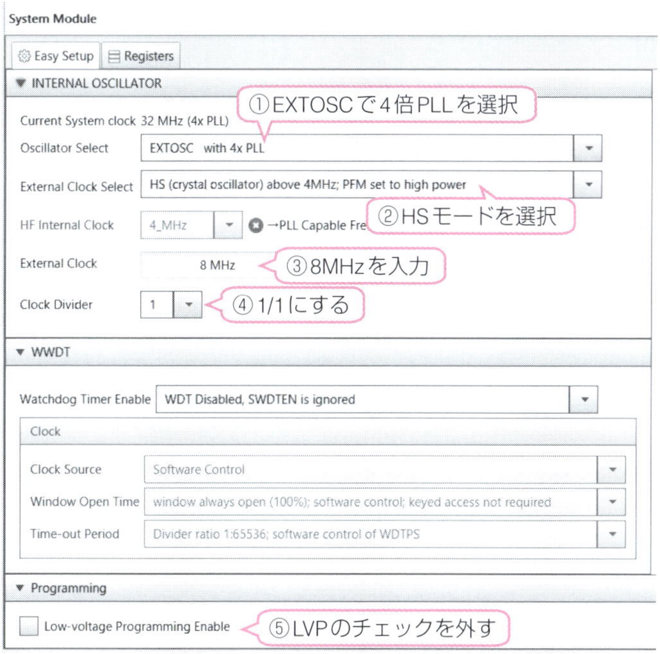

●図4-4-7　サブクロック発振の有効化

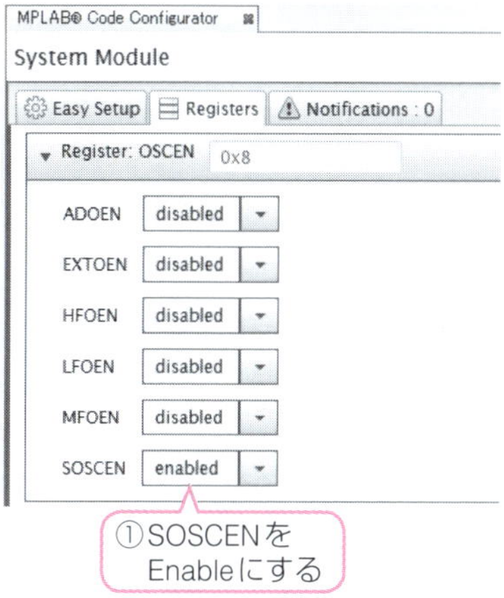

2 EUSARTの設定

次にシリアル通信ができるようにEUSARTの設定を図4-4-8のようにします。これで調歩同期の115.2kbpsの通信速度になります。この設定方法の詳細は第5-1章を参照して下さい。

●図4-4-8　EUSARTの設定

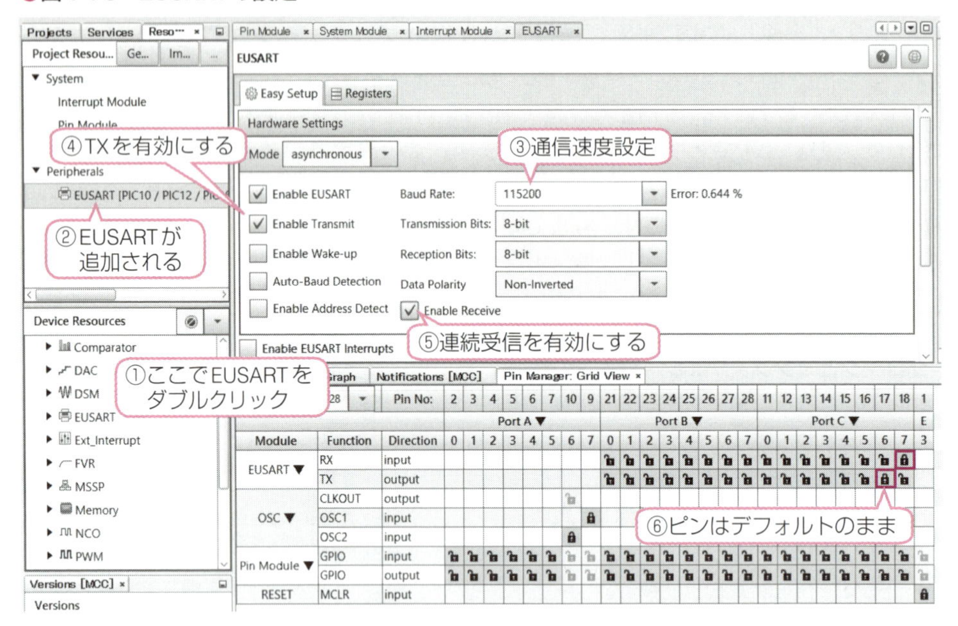

3 SMTの設定

次にSMTの設定をします。設定は図4-4-9のようにします。まず、図4-4-9の①でSMT1をダブルクリックして選択します。これで右側が設定窓になります。

最初に③で動作モードを［Period and Duty Cycle Acquisition］を選択します。次に④でクロックを最速のFoscの32MHzにし⑤でプリスケーラを1/1にします。次に⑥で周期を最大値にしておきます。続いてSignalの入力を［TMR2_postscaled］としてタイマ2とします。以上でタイマ2の周期とデューティを計測できるようになります。

●図4-4-9　SMTの設定方法

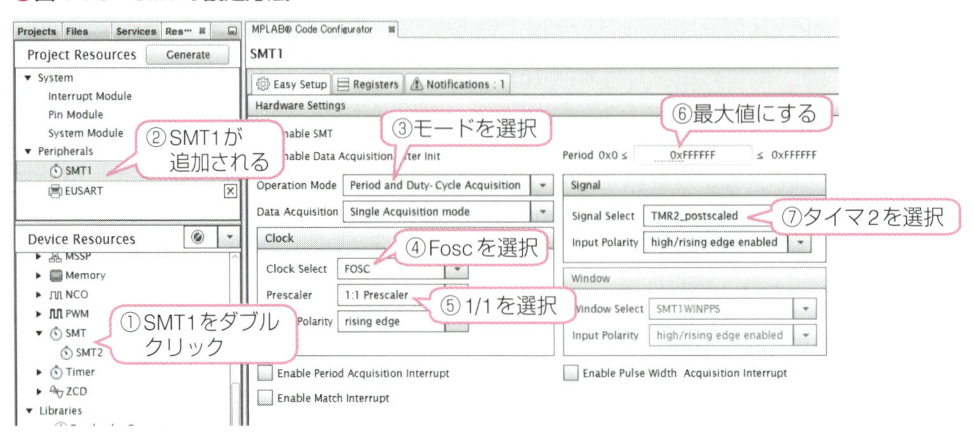

4 タイマ2の設定

最後にタイマ2の設定を図4-4-10のようにします。図4-4-10①でTMR2をダブルクリックして選択します。右側の設定窓では、③でSOSCを選択すればサブクロックで動作します。さらに④でプリスケーラを1/128にしてから、⑤で125msと入力します。

●図4-4-10　タイマ2の設定

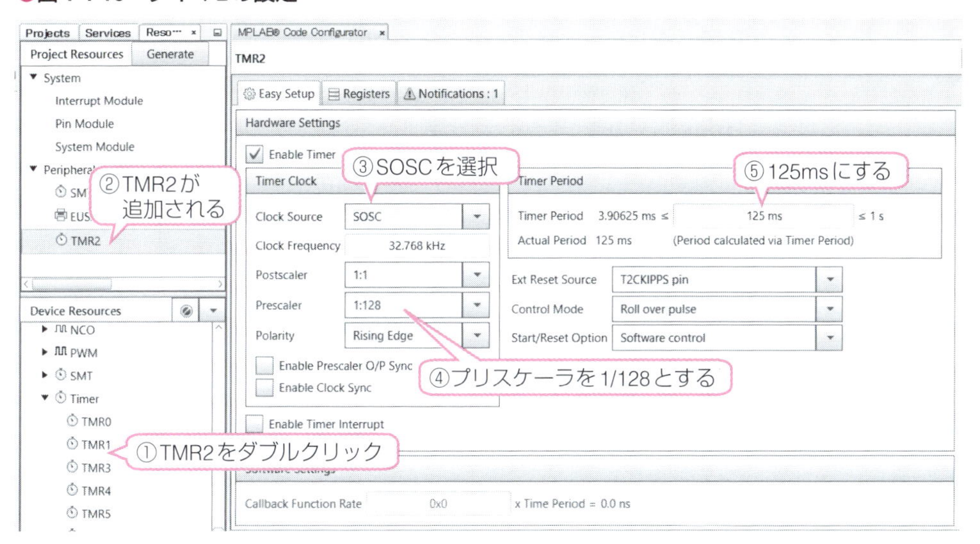

5 コードの生成

以上ですべての設定が完了したので、[Generate] ボタンを押してコードを生成します。

これで生成されるソースファイルsmt1.cに含まれるSMT1の制御関数は表4-4-1のようになっています。

▼表4-4-1　SMT1用制御関数

関数名	書式と使い方
SMT1_Initialize	【機能】SMT1の初期設定を行う。mainから自動的に呼び出される 【書式】void SMT1_Initialize(void);
SMT1_DataAcquisitionEnable SMT1_DataAcquisitionDisable	【機能】SMT1の動作を開始/停止する 【書式】void SMT1_DataAcquisitionEnable(void); void SMT1_DataAcquisitionDisable(void);
SMT1_HaltCounter	【機能】SMT1のカウントを停止する 【書式】void SMT1_HaltCounter(void);
SMT1_SetPeriod	【機能】タイマ0のカウンタにカウント開始値を設定する 【書式】void SMT1_SetPeriod(uint32_t periodVal); periodVal：設定する周期の24ビットの値
SMT1_GetPeriod	【機能】SMT1の周期レジスタの値を取得する 【書式】uint32_t SMT1_GetPeriod(); 戻り値：現在の周期レジスタの値　long型

関数名	書式と使い方
SMT1_SingleDataAcquisition SMT1_RepeatDataAcquisition	【機能】SMT1の計測を1回だけまたは繰り返しとする 【書式】void SMT1_SingleDataAcquisition(void); void SMT1_RepeatDataAcquisition(void);
SMT1_ManualTimerReset	【機能】プログラムでSMT1のタイマをリセットする 【書式】void SMT1_ManualTimerReset(void); SMT1_IsSignalAcquisition
SMT1_IsSignalAcquisition InProgress	【機能】SMT1のビジーチェック 【書式】bool SMT1_IsSignalAcquisitionInProgress(void) 戻り値：1=ビジー　0=完了
SMT1_IsTimerIncrementing	【機能】SMT1が動作中かどうかをチェックする 【書式】bool SMT1_IsTimerIncrementing(void); 戻り値：1=カウント中　0=停止中

SMT1_GetCapturedPulseWidth
SMT1_GetCapturedPeriod
SMT1_GetTimerValue
	【機能】SMT1のパルス幅、周期、タイマの計測値を取得する
	【書式】uint32_t SMT1_GetCapturedPulseWidth(void);
	uint32_t SMT1_GetCapturedPeriod(void);
	uint32_t SMT1_GetTimerValue(void);
	戻り値；値はlong型だが24ビット幅

6 ユーザ処理部の追加

この後ユーザ処理部を追加します。すべてmain.cファイルへの追加だけで、リスト4-4-1のようになります。

まず宣言部ではprintf文のためにstdio.hのヘッダファイルをインクルードし、変数の宣言の後、printf文用の低レベル出力関数を用意しています。

ユーザ処理部はすべてメインループの中に記述しています。まず、SMT1のカウントを開始してから割り込みフラグで周期測定が終わるのを待ち、終わったら周期の値を読み出しています。

125msecを32MHz(0.03125μs)でカウントするので、正確であれば400万カウントになります。実際のカウント値をXとし、SOSCの発振周波数をf(kHz)とすると、PR2の値が31なので次のような式が成立します。

$$1/(f \times 1000) \times 128 \times 32 = 0.03125 \times X = 125\text{msec}$$

したがって　$f = (128 \times 32000) \div (0.03125 \times X)$

この式を使ってSOSCの実際の発振周波数(クリスタルは32.768kHz)を求めています。

リスト 4-4-1　main.cへのユーザ処理部の追加

(a) 宣言部の追加

```
46: #include "mcc_generated_files/mcc.h"
47: #include <stdio.h>
48: /* グローバル変数定義 */
49: long Period;
50: double Freq;
51: /*** 低レベル入出力関数の上書き ***/
52: void putch(unsigned char Data){
53:     while(!TX1STAbits.TRMT);
54:     TX1REG = Data;
55: }
```

printf文が使えるようにするための関数

(b) メインループへの追加

```
80:     while (1)
81:     {
82:         // Add your application code
83:         SMT1_DataAcquisitionEnable();           // SMT計測開始
84:         while(PIR8bits.SMT1PRAIF == 0);         // 完了待ち
85:         PIR8bits.SMT1PRAIF = 0;                 // フラグクリア
86:         Period = SMT1_GetCapturedPeriod();      // 125msec÷0.03125usec＝4000000
87:         Freq = (128*32000.0)/(Period*0.03125);  // PR2=31
88:         printf("¥r¥nCount= %7lu  Freq= %2.6f kHz", Period, Freq);
89:         __delay_ms(1000);
90:     }
91: }
```

7 doubleとfloatのビット幅の設定

これでコンパイルする前に、doubleとfloatのビット幅を24ビットから32ビットに拡張します。そうしないと周波数の値が正確に計算されません。この設定変更はプロジェクトの［Properties］で行います。プロジェクトSMTを右クリックして開くポップアップメニューで一番下にある［Properties］を選択してから図4-4-11のように［Categories］欄で［XC8 linker］を選択し、右側の［Option categories］欄で［Memory model］を選択します。これで下に開く設定欄で［Size of Double］欄と［Size of Float］欄を32bitに変更します。これでOKとすればビット幅が32ビットになり、正確な周波数の計算ができるようになります。

●図4-4-11　doubleとfloatのビット幅拡張設定

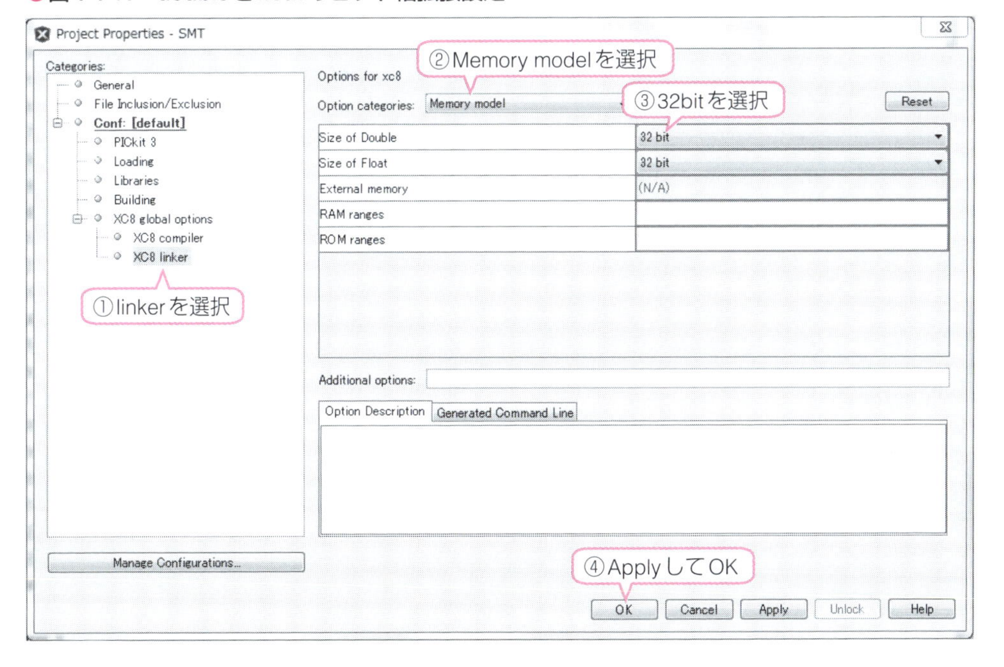

8 書き込みと確認

以上ですべて完了したのでコンパイルしてデジタル演習ボードに書き込みます。USBシリアル変換ケーブルでパソコンと接続し、パソコン側の通信ソフトでデータを確認します。

この例題の実行結果が図4-4-12となります。値は32.76632±0.00004kHzとみなせますから変動は約0.00012%（120ppm）で、32.768kHzに対しては0.005%のずれということになります。

●図4-4-12 例題の実行結果

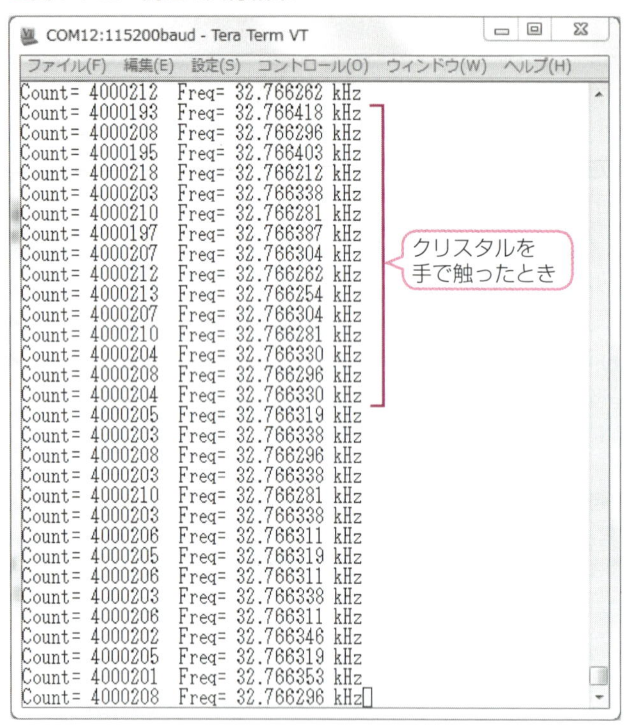

第3部
MCCと周辺モジュールの使い方

第5章
シリアル通信モジュールの使い方

PIC16F1ファミリには、次のようなシリアル通信モジュールが内蔵されています。本章ではこれらのモジュールの使い方を説明します。

・EUSART
・MSSP－I^2CモードおよびSPIモード

5-1 EUSARTモジュールの使い方

EUSART（Enhanced Universal Synchronous Asynchronous Receiver Transmitter）は、古くから使われている基本のシリアル通信方式をサポートするモジュールです。

汎用のシリアル通信機能で、パーソナルコンピュータや、ほかの機器とRS232C（EIA232-D/E）という規格のシリアル通信でデータ通信を行うことができます。

名前の通り全二重の非同期式通信（調歩同期式とも呼ばれる）と、半二重の同期式通信に対応していて便利に使えます。しかし同期式通信は、比較的簡単な周辺デバイスとのデータ通信用として設計されているので、伝送制御手順を含むようなハイレベルの同期式通信に使うには無理があります。このため、ほとんど使われないのでここでは非同期通信方式に限定して説明します。

5-1-1 調歩同期通信方式（非同期通信方式）とは

調歩同期方式の基本のデータ転送はバイト単位で行われ、図5-1-1のフォーマットで1ビットずつが順番に1対の通信線で送受信されます。通常は送信と受信が独立になっていて、2対の線で接続されます。送受信の接続が独立なので、送信と受信を同時に動かすことも可能で、この場合を「**全二重**」と呼び、交互に送信と受信を行う方法を「**半二重**」と呼びます。

通信ラインの常時の状態はHighレベルになっていて、送信を開始する側が任意の時点で1ビット分の時間だけLowとします。このLowになったときが通信の開始を示し、これが「**スタートビット**」と呼ばれる通信開始を示すビットです。

このあとは、**ボーレート**で決まる1ビット分のパルス幅で8ビットのデータを下位ビット側から出力します。最後に1ビット分のHighのパルスを出力して終了となります。このHighのビットは「**ストップビット**」と呼ばれます。ストップビットの役割は、次のスタートビットが判別できるようにすることです。

●図5-1-1 調歩同期式のデータフォーマット

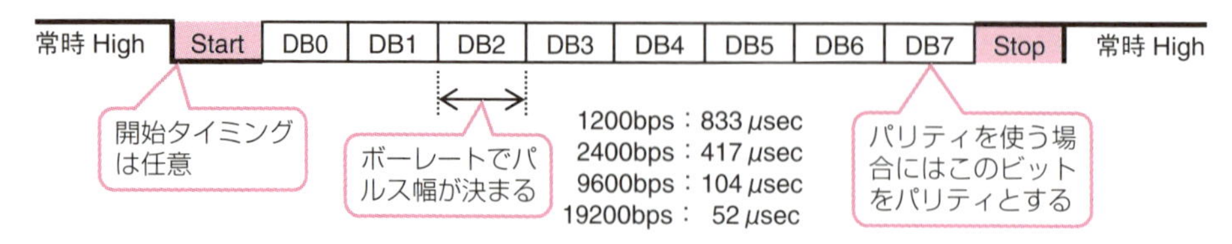

このデータを受信する側は、常時受信ラインをチェックしていて、Lowになるのを検出します。これでスタートビットを検出したら、そこからボーレットで決まるビット幅ごとにデータとして取り込みます。8ビットのデータを取り込んだ後、次のビットがストップビットであることを確認して受信終了となります。

このように、常にスタートビットから送信側と受信側が同じ時間間隔で互いに送信と受信を行いますから、スタートビットごとに毎回時間合わせが行われることになり、時間誤差が積算されることがありません。

したがって、10ビット分の時間の誤差が許容範囲内であれば正常に通信ができることになります。この誤差の許容範囲はどれほどでしょうか。

1ビットの取り込みは通常はビットの中央で行われるので、この取り込み位置が1/3ビットつまり30%程度ずれても正常に取り込みが可能と考えられます。10ビットの最後のビットで30%のずれを許容するとすれば、時間誤差は3%の許容差ということになります。送信側と受信側で逆方向にずれている可能性があるので、許容差は1.5%ということになります。

したがって、送信側と受信側のビット幅、つまり**通信速度が±1.5%以内のずれであれば許容範囲内で問題なく通信ができる**ということになります。

5-1-2　EUSARTモジュールの内部構成と動作

EUSARTモジュールの内部構成は調歩同期式の場合には図5-1-2のようになっています。図のように送信と受信がそれぞれ独立しているので、**全二重通信が可能**となっています。また従来のUSARTからEnhancedで強化されたのは、ブレーク信号の送受信が可能になったことと、ボーレートの自動検出が可能になったことです。

●図5-1-2　EUSARTモジュールの構成

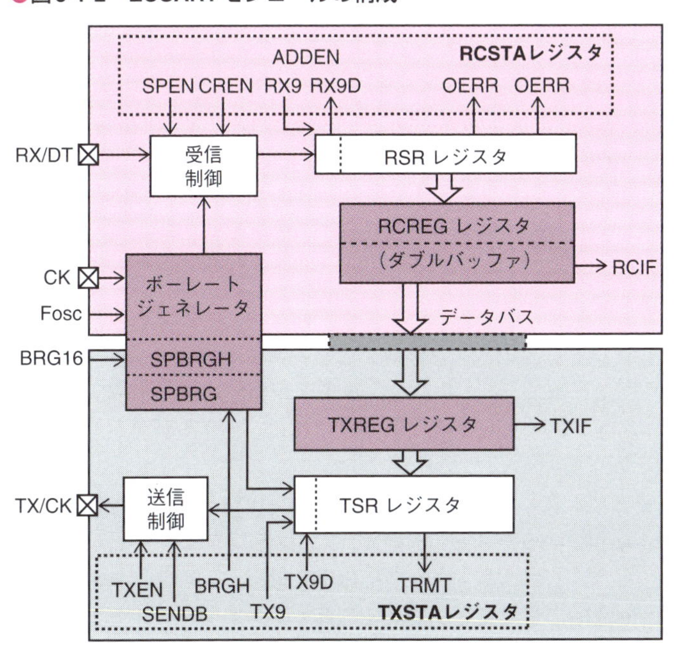

この図でEUSARTの送受信動作を説明します。

1 送信動作

送信の場合には、まずTRMTビット(Transmit)のステータスでレディ状態を確認し、送信ビジーでなければ、送信するデータをTXREGレジスタ(Transmit data Register)に命令で書き込みます。直後にTRMTビットが1となってビジー状態になります。このあとは自動的にデータがTXREGレジスタからTSRレジスタ(Transmit Shift Register)に転送され、TSRレジスタから、ボーレートジェネレータからのビットクロック信号に同期してシリアルデータに変換され、スタートビットとストップビットが追加されてTXピン(Transmit exchange)に順序良く出力されます。

このレジスタ間の転送直後にTXIFフラグ(Transmit Interrupt Flag)が1となって割り込み要因となります。これで次のデータをTXREGレジスタにセットすることが可能となりますが、次のデータが実際に出力されるのは、前に送ったデータがTSRレジスタから出力完了した後となります。

シリアルデータで出力する際の出力パルス幅は、ボーレートジェネレータにセットされた値に従って制御されます。

シリアル出力が完了しTSRレジスタが空になるとTRMTビットが1になってレディ状態に戻り、次のデータ送信が可能となります。したがって確実に送信が完了したかどうかはこのTRMTビットをチェックすることで可能になります。

2 受信動作

受信の場合には、RX(Receive exchange)ピンに入力される信号を常時監視してLowになるスタートビットを待ちます。スタートビットを検出したら、1ビット幅の周期で、その後に続くデータを受信シフトレジスタのRSRレジスタ(Receive Shift Register)に順に詰め込んで行きます。このときの受信サンプリング周期は、あらかじめボーレートジェネレータにセットされたボーレートに従った周期となります。

最後のストップビットを検出したら、RSRレジスタからRCREGレジスタ(Receive data Register)に転送します。この時点で、RCIFフラグ(Receive Interrupt Flag)が1となり、受信データの準備ができたことを知らせます。プログラムでは、割り込みか、このRCIFフラグを監視して、1になったらRCREGレジスタからデータを読み込みます。RCREGレジスタからデータを読み出すと自動的にRCIFフラグがクリアされます。

このRCREGレジスタは2階層のダブルバッファとなっているので、データを受信直後でも連続して次のデータを受信することが可能です。つまり、3つ目のデータの受信を完了するまでにデータを取り出せば、正常に連続受信ができることになります。このダブルバッファのお陰で、受信処理の時間を稼ぐことができますが、3バイト以上の連続受信のときには、ダブルバッファであっても次のデータを受信する間に処理を完了させることが必要です。

ダブルバッファがいっぱいの状態でさらに次のデータを受信すると**オーバーランエラー**となり、最後のストップビットのHighが検出できなかったような場合には**フレミングエラー**という受信エラーとなります。受信エラーが発生した場合には、いったんRCSTAレジスタ(Receive Status)をクリアしてEUSARTモジュールをdisableにしたあと、再度RCSTAレジスタを設定しなおす必要があります。

5-1-3　EUSARTモジュール制御レジスタ

EUSARTを非同期式通信で使う場合の制御レジスタの使い方を説明します。関係するレジスタは次のようになります。EUSARTモジュールが1個だけ実装されているファミリと2個実装されているファミリでレジスタ名にxがある場合とない場合があります。（xは1か2）

- TXSTAまたはTXxSTA　：送信動作設定
- TXREGまたはTXxREG　：送信データレジスタ
- RCSTAまたはRCxSTA　：受信動作設定
- RCREGまたはRCxREG　：受信データレジスタ
- BAUDCONまたはBAUDxCON　：ボーレート制御
- SPBRGまたはSPxBRG　：ボーレート設定下位レジスタ
- SPBRGHまたはSPxBRGH　：ボーレート設定上位レジスタ

動作モードを設定するレジスタの詳細は図5-1-3となります。（x＝1の場合）

●図5-1-3　EUSART関連レジスタ　（x＝1の場合）

（a）TXSTAレジスタ

CSRC	TX9	TXEN	SYNC	SENDB	BRGH	TRMT	TX9D

CSRC：クロック選択指定
　非同期では無視同期
　1＝内部　0＝外部
TX9：9ビットモード指定
　1＝9ビット　0＝8ビット
TXEN：送信許可指定
　1＝許可　0＝禁止
SYNC：モード選択
　1＝同期　0＝非同期
SENDB：ブレーク送信
　1＝次で送信　0＝完了
BRGH：高速サンプル指定
　1＝高速　0＝低速
TRMT：送信レジスタステータス
　1＝TSR空　0＝TSRフル
TX9D：送信データ9ビット目

（b）RCSTAレジスタ

SPEN	RX9	SREN	CREN	ADDEN	FERR	OERR	RX9D

SPEN：シリアルピン指定
　1＝シリアル　0＝汎用I/O
RX9：9ビットモード指定
　1＝9ビット　0＝8ビット
SREN：シングル受信指定
　1＝シングル　0＝禁止
CREN：連続受信指定
　1＝連続　0＝禁止
ADDEN：アドレス受信許可
　1＝有効　0＝無効
FERR：フレーミングエラー
　1＝発生　0＝正常
OERR：オーバーランエラー
　1＝発生　0＝正常
RX9D：受信データ9ビット目

（c）BAUDCONレジスタ

ABDOVF	RCIDL	—	SCKP	BRG16	—	WUE	ABDEN

ABDOVF：自動ボーレート
検出オーバーフロー
　1＝発生　0＝正常
RCIDL：受信アイドルフラグ
　1＝受信アイドル　0＝ビジー
SCKP：信号極性指定
　1＝反転　0＝通常
BRG16：ボーレート設定
　16ビット指定
1＝16ビット　0＝8ビット
WUE：ウェイクアップ有効化
　1＝待ち中　0＝通常動作
ABDEN：自動ボーレート検出
　有効化
　1＝有効　0＝無効

1 TX1STAレジスタの詳細と設定

送信の動作モードを指定するレジスタがTX1STAレジスタ(Transmit Status)で、通常は8ビットデータ、ノンパリティ(誤り検出符号なし)を使うので、TXENビット(Transmit Enable)のみセットして使います。BRGHビット(Baud Rate Generator High)は通信速度に応じて0か1かを設定します。

割り込みを使わずにポーリング方式でレディーチェックをするときには、こちらのTRMTビットを使うと、前のデータの送信が確実に完了してからレディとなるので、確実な送信完了にできます。割り込みフラグのTXIFビットを使うよりは、この方式のほうが確実ですが、このあたりはどちらでも好みのほうを使って構いません。ただしTXIFビットを使うときには、割り込みフラグビットなので、1を検出したら命令でクリアする必要があります。

2 RC1STAレジスタの詳細と設定

受信の動作モードを指定するレジスタがRC1STAレジスタ(Receive Status)です。調歩同期式の場合には、SPENビット(Serial Port Enable)とCRENビット(Continuous Receive Enable)のみセットして使います。受信の場合のレディーチェックはPIR1レジスタ中のRCIFビット(Receive Interrupt Flag)で行います。このRCIFは割り込みフラグですが、読み出ししかできないビットとなっていて、RC1REGを全部読み出して空にすれば自動的にクリアされます。

3 SP1BRGの設定方法

通信速度を決めるボーレートは、SP1BRGレジスタ(Serial Port Baud Rate Generator)によるボーレートジェネレータが制御しています。PIC16F1ファミリでは機能強化され、BAUD1CONレジスタ(Baud Rate Control)のBRG16ビットをセットすると、SP1BRGレジスタを16ビットにできるので、より広範囲で正確なボーレート値が設定可能となります。

このSP1BRGレジスタに設定する値とボーレートの関係は、次のような式で表されます。

❶BRGH=0かつBRG16=0の場合

X＝Fosc／(64×Baud)－1 (Fosc:クロック周波数、Baud:通信速度)

❷BRGH=1かつBRG16=0の場合、またはBRGH=0かつBRG16=1の場合

X＝Fosc／(16×Baud)－1

❸BRGH=1かつBRG16=1の場合

X＝Fosc／(4×Baud)－1

実際の値を求めたものが表5-1-1のようになります。上記の計算式で求めたXで設定される通信速度は、クロック周波数とSP1BRG設定値で決まるので、標準通信速度とぴったり一致しない場合があります。この誤差が表5-1-1の中のエラーレイトとして計算されています。前述のように±1.5%以下のずれであれば正常通信可能ということになります。

▼表5-1-1 SP1BRGとボーレート

(a) BRGH＝0かつBRG16＝1の場合

クロック	32MHz		20MHz		8MHz		4MHz	
通信速度(bps)	SP1BRG設定値	エラーレイト	SP1BRG設定値	エラーレイト	SP1BRG設定値	エラーレイト	S1PBRG設定値	エラーレイト
1200	1666	−0.04	1041	−0.03	416	−0.08	207	0.16
2400	832	−0.04	520	−0.03	207	0.16	103	0.16
9600	207	0.16	129	0.16	51	0.16	25	0.16
19.2k	103	0.16	64	0.16	25	0.16	—	—
115.2k	16	2.12	10	−1.36	—	—	—	—

(b) BRGH＝1かつBRG16＝1の場合

クロック	32MHz		20MHz		8MHz		4MHz	
通信速度(bps)	SP1BRG設定値	エラーレイト	SP1BRG設定値	エラーレイト	SP1BRG設定値	エラーレイト	SP1BRG設定値	エラーレイト
1200	6666	0.00	4166	−0.01	1666	−0.02	832	0.04
2400	3332	0.00	2082	0.02	832	0.04	416	0.08
9600	832	0.04	520	−0.03	207	0.16	103	0.16
19.2k	416	−0.08	259	0.16	103	0.16	51	0.16
115.2k	68	0.64	42	0.94	16	2.12	8	−3.55

4 割り込みで使う場合

EUSARTを割り込みで使う場合には、送信と受信が独立になっているので、送信、受信それぞれの割り込みを別々に扱う必要があります。

割り込みに関連するビットは次の4つになります。レジスタ名のyや、ビット名のxの有無はファミリごとに異なっているのでデータシートで確認する必要があります。

- PIEyレジスタのRCIE（RCxIE）ビットとTXIE（TXxIE）ビット
- PIRyレジスタのRCIF（RCxIF）ビットとTXIF（TXxIF）ビット

割り込み許可の手順は他と同じように、対応する割り込み許可ビットRCIE（RCxIE）またはTXIE（TXxIE）ビットを1にし、さらにINTCONレジスタのPEIEとGIEを1にしてグローバル割り込みを許可すれば割り込むようになります。

これらのレジスタを使って、割り込みを使わずにEUSARTの送受信を実行する送受信関数の最も簡単な例がリスト5-1-1となります。

送信は簡単で、ビジーチェックをしてからTXREGレジスタに送信データをセットすれば、あとは自動的に行われます。注意が必要なのは、TXREGに書き込んだあと、実際の送信がシリアル通信で行われるので、この関数を実行した直後にスリープにしたり停止したりすると、通信が途中で止まってしまうことになります。このような場合には、TRMTビットで終了を確認してからスリープにする必要があります。

受信はいつ発生するかわからないので、**ポーリング方式**（プログラムセンス方式）で受信を待つ関数でも関数内で永久待ちとならないようにする必要があります。さらに、受信ができたときには受信エラーチェックが必要です。そこで、リスト5-1-1の関数では戻り値でこの状態を区別するようにしています。未受信の場合には0を返し、受信エラーの場合は0xFFを返していて、正常受信の場合は受信データを返します。したがって関数を呼ぶ側で戻り値をチェックする必要があります。

オーバーランエラーの場合は、EUSARTモジュールをいったん無効化しないとクリアされず次の受信動作ができません。したがって、いずれのエラーがあった場合にもRCSTAレジスタをクリア後再設定してから、エラーフラグを返すようにしています。

このように**ポーリング方式で受信を待つのは無駄時間も多くなりますし、応答がポーリング周期となってしまいます。これを避ける場合には、割り込みを使います。**通常は受信側のみを割り込みとすれば問題ないですが、送信完了を待つ時間も有効に使いたい場合には、送信側も割り込みを使います。

リスト 5-1-1 EUSARTを使った送受信関数例

```
/*********************************
 * EUSART 送信実行サブ関数
 *********************************/
void Send(unsigned char Data){
    while(!TXSTAbits.TRMT);                 // 送信レディー待ち
    TXREG = Data;                           // 送信実行
}
/*********************************
   * EUSART受信サブ関数
   *********************************/
unsigned char Receive(void){
    if(PIR1bits.RCIF){                      // 受信完了の場合
        PIR1bits.RCIF = 0;                  // フラグクリア
        if((RCSTAbits.OERR) || (RCSTAbits.FERR)){  // エラー発生した場合
           RCSTA = 0;                       // USART無効化、エラーフラグクリア
           RCSTA = 0x90;                    // USART再有効化
           return(0xFF);                    // エラーフラグを返す
        }
        else                                // 正常受信の場合
          return(RCREG);                    // 受信データを返す
    }
    else
        return(0);                          // 未受信のとき0を返す
}
```

5-1-4 マルチドロップ方式と9ビットモードの使い方

9ビットモードというのはEUSARTで送受信するデータを9ビットにする方法で、RS422やRS485と呼ばれる方式です。1対の伝送線に1台の親機と複数の子機を接続し、子機をアドレスで区別して送受信する場合に使います。

1 RS422/RS485とは

このRS422とRS485は、RS232Cの規格に対し、より長距離で高速な通信で、かつ図5-1-4のようなマルチドロップ構成を可能とする規格です。

●図5-1-4 RS485/RS422のマルチドロップ構成

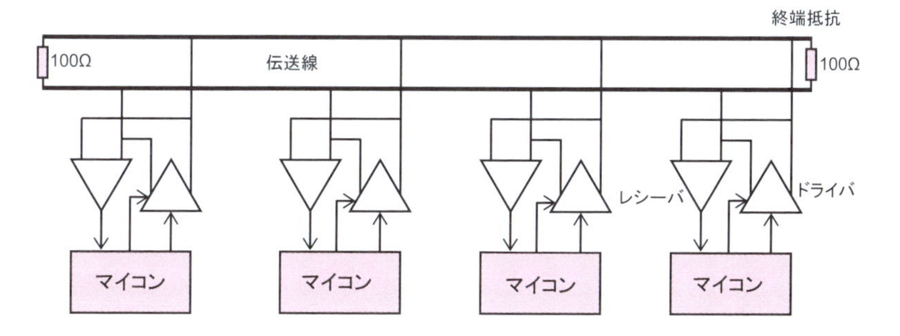

RS232Cはシングルエンドのケーブルで電圧伝送であるため、最高19.2kbpsで15mの到達距離が標準となっています。これに対し、RS422/RS485は基本的に平衡（差動）信号による電流伝送を行い、最高100kbpsで1.2kmの距離まで通信できます。RS485は完全なマルチドロップ方式（1つのバスに複数のデバイスを接続する方式）を有効とし、最大32個のデバイスを1対の伝送線に接続することが可能です。ただし伝送線とのハードウェアインターフェースには、専用のドライバレシーバを必要とします。

RS422/RS485は電気的仕様のみの規格で、プロトコルについての規格は特になく、使い方としては自由ですが、一般的に、マルチドロップの場合には**デバイスごとにアドレスを付与し、アドレスを指定されたデバイスだけが応答するようにして使います。**

図5-1-4の構成で、マスタとなる1台を決め、マスタが全体をポーリング方式で問い合わせながら動作させ、常時1個だけのドライバが通信状態となるようにし、他のデバイスはドライバをdisableとしてハイインピーダンスの出力とします。レシーバは常時すべてのデータを受信し、マイコン側にデータを渡しますが、マイコン側でアドレス判定をして、アドレスが一致しなければ受信データは無視するようにします。

エラーがあった場合などの再送や、エラー処理方法などはすべて自由なので、方法を設計してシステムを構築する必要があります。

2 9ビットモードの使い方

EUSARTでは9ビットモードという動作ができるようになっています。この9ビットモードというのはEUSARTで送受信するデータを9ビットにする方法で、1つの伝送線に1つの親機と複数の子機を接続し、アドレスで区別して送受信する場合に使います。

この場合子機側はRC1STAレジスタのADDENビット(Address Detect Enable)をセットしてアドレス検出を有効としておくと、親機側から送られてくるデータで、9ビット目に1がセットされているデータがアドレスとして扱われ、この場合のみ子機側で割り込みを生成します。

子機ではこの割り込みが発生したら、受信データと自分に与えられたアドレスとを比較して、一致した場合のみADDENをクリアして通常データ受信を有効とし、以降のデータを受信しますが、一致しない場合にはそのままとしてデータ受信割り込みを生成しないようにします。このあとは指定したアドレスの子機と親機間だけで通信ができるようになります。

5-1-5 例題 パソコンとの通信

MCCを使ってEUSARTを使う場合の設定方法を説明します。ここでは実際の例題で試してみます。

【例題】プロジェクト名 UART1

デジタル演習ボードを使い、パソコン側の通信ソフトTeraTermと通信するようにします。最初に「`Command =`」と表示し、パソコンのキーボードで「`a`」か「`A`」を入力し、PIC側でこれを受信したらアルファベットの`A`から`Z`までを返送します。「`n`」か「`N`」を受信した場合は数字の`0`から`9`を返送します。それ以外の場合は`?`を返送します。パソコンとの接続はUSBシリアル変換ケーブルを使うものとします。クロックは内蔵発振の32MHzで、通信速度は115.2kbpsとし送受信とも割り込みを使うものとします。

1 プロジェクト作成とクロック設定

この例題をMCCで作成します。まず、通常どおり空のプロジェクトUART1を作成してからMCCを起動して、クロックの設定とコンフィギュレーションの設定をします。

図5-1-5のように[System Module]の設定をします。①でクロックをHFINTOSCとし、②で32MHzを選択し、③で1/1とします。コンフィギュレーションの設定は④でWDTをDisableとし、⑤でLVPをオフとします。この設定でシステムクロックは32MHzとなります。

●図5-1-5 クロックとコンフィギュレーションの設定

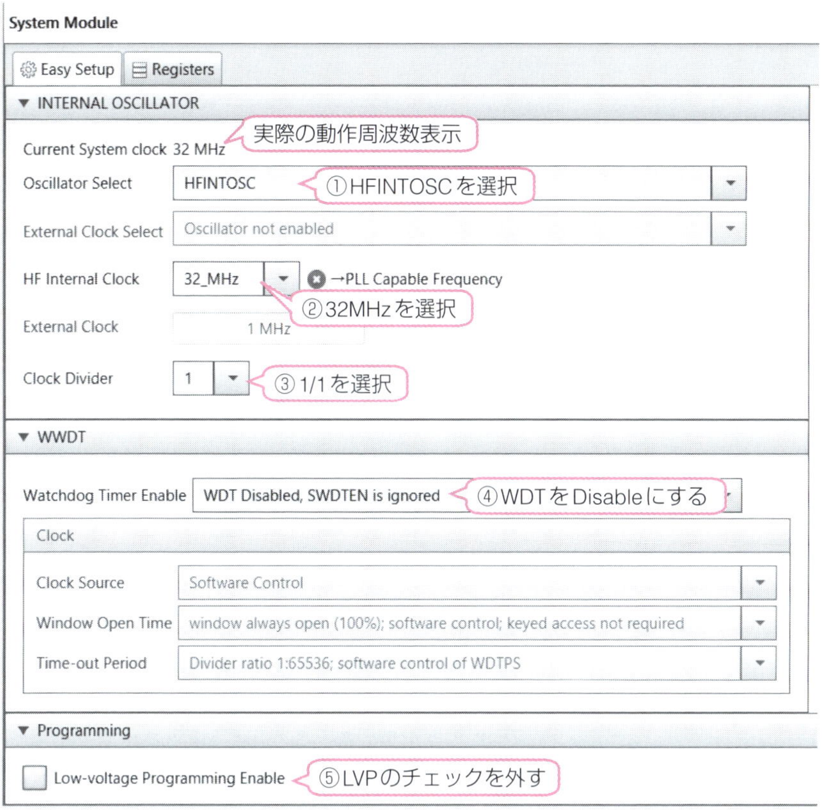

2 EUSARTの設定

次はEUSARTの設定です。周辺モジュールの選択は図5-1-6の左下にある、[Device Resources]の窓で行います。①でEUSARTの中にあるEUSARTをダブルクリックすると、②のように[Project Resources]欄の[Peripherals]に追加されて、右側が設定窓になります。

ここでは次のように設定します。③で通信速度を115200にします。④で送信を有効化し、⑤で連続受信を有効化します。さらに⑥で割り込みを有効化します。⑦でのバッファサイズはそのままとします。次に⑧でTXピンとRXピンを指定しますがここはデフォルトのままで大丈夫です。これでピン割り付けをしたことになります。

これだけの設定でEUSARTを115.2kbpsの調歩同期として送受信とも割り込みで使うことができます。送受信とも8バイトのバッファを使って送受信抜けがないようにしています。

●図5-1-6 EUSARTモジュールの設定

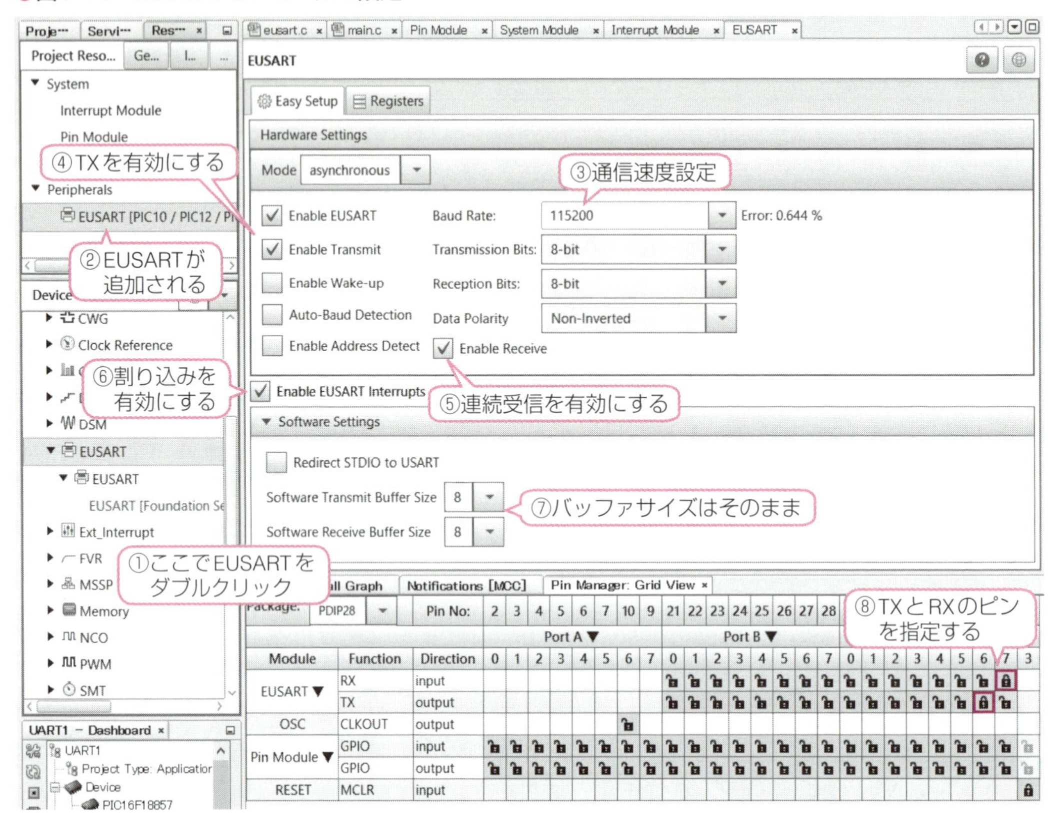

3 コードの生成

設定が完了したので[Generate]ボタンをクリックしてソースコードを生成します。これでEUSARTに関する制御関数として表5-1-2のような関数が生成されます。

生成された関数では送受信とも8バイトのバッファを使っていて、送信関数を実行すると送信中でなければすぐ送信されますが、送信中に次のデータを送信するといったん送信バッファに格納され、送信完了の割り込みで次のデータが送信されます。

受信の場合も、割り込みで受信したデータはバッファに格納され、受信関数を実行するとバッファの中のデータを返します。受信データが空の場合は受信できるまで待ちます。

割り込みを使わない場合でも生成される関数は割り込み処理以外は同じなので、使い方は一緒です。

▼表5-1-2 自動生成されるEUSART用関数

関数名	書式と使い方
EUSART_Initialize	【機能】EUSARTの初期設定を行う。mainから自動的に呼び出される 【書式】void EUSART_Initialize(void);
EUSART_Read	【機能】割り込みで受信したバッファのデータを返す バッファが空の場合は受信できるまで待つ 【書式】unit8_t EUSART_Read(void) 【例】 rcv = EUSART_Read();
EUSART_Write	【機能】EUSARTに1バイト送信する。送信中の場合には送信バッファに格納する。8バイトの送信バッファとなっている 【書式】void EUSART_Write(uint8_t txData); 【例】 EUSART_Write('A');
EUSART_Transimit_ISR	【機能】送信バッファのデータがなくなるまで送信を繰り返す
EUSART_Receive_ISR	【機能】受信割り込みの処理関数で受信データをバッファに格納する 8バイトの受信バッファとなっている

4 ユーザ処理部の追加

ユーザー処理部の追加はメイン関数部だけです。リスト5-1-2のように、グローバル変数を追加し、割り込みをEnableにします。グローバル変数で「¥r¥nCommand =」のメッセージも定義しています。

リスト 5-1-2 グローバル変数追加と割り込み許可

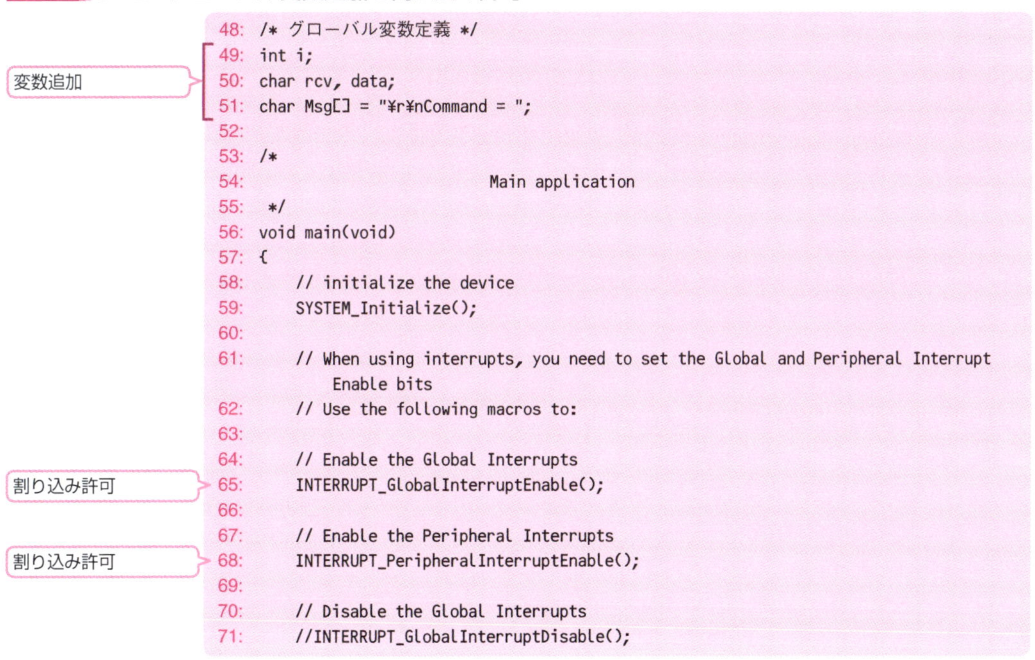


```
48: /* グローバル変数定義 */
49: int i;
50: char rcv, data;
51: char Msg[] = "¥r¥nCommand = ";
52:
53: /*
54:                          Main application
55:  */
56: void main(void)
57: {
58:     // initialize the device
59:     SYSTEM_Initialize();
60:
61:     // When using interrupts, you need to set the Global and Peripheral Interrupt
            Enable bits
62:     // Use the following macros to:
63:
64:     // Enable the Global Interrupts
65:     INTERRUPT_GlobalInterruptEnable();
66:
67:     // Enable the Peripheral Interrupts
68:     INTERRUPT_PeripheralInterruptEnable();
69:
70:     // Disable the Global Interrupts
71:     //INTERRUPT_GlobalInterruptDisable();
```

次にメインループにリスト5-1-3のようにユーザー処理を追加します。

ここでは、「Command = 」を出力し、続いて受信データをRead関数で取得しますが、この関数では未受信の場合は受信できるまで待ちます。その後、受信データの文字を判定して、Aかaなら AからZを送信し、Nかnなら0から9までを送信しています。それ以外の場合は?を送信しています。これで同じことを永久に繰り返します。

リスト 5-1-3 main.cにユーザー処理部を追加

```
76:     while (1)
77:     {
78:         // Add your application code
79:         i = 0;                                      // インデックスリセット
80:         while(Msg[i] != 0)                          // 0でない間繰り返し
81:             EUSART_Write(Msg[i++]);                 // Msgの1文字出力
82:         rcv = EUSART_Read();                        // 1文字取り出し
83:         if((rcv == 'a') || (rcv == 'A')){           // 文字判定 aの場合
84:             for(data = 'A'; data <= 'Z'; data++)// AからZまで繰り返し
85:                 EUSART_Write(data);                 // 1文字送信
86:         }
87:         else if((rcv == 'n') || (rcv == 'N')){  // 文字判定 nの場合
88:             for(data = '0'; data <= '9'; data++)// 0から9まで送信
89:                 EUSART_Write(data);                 // 1文字送信
90:         }
91:         else                                        // どれでもない場合
92:             EUSART_Write('?');                      // ?送信
93:     }
94: }
```

Command送信 (81行)
受信待ち (82行)
aのときの処理 (85行)
nのときの処理 (89行)
どちらでもないとき (92行)

5-2 MSSPモジュール(I^2Cモード)の使い方

I^2C(Inter-Integrated Circuit)通信は、フィリップス社が提唱した周辺デバイスとのシリアル通信の方式で、DAコンバータや各種センサなどとのシリアル通信を実現する方式です。これ以外にも表示制御デバイスや、AD変換ICなど、I^2Cインターフェースで接続する製品が各社から発売されています。

I^2Cは**パーティーライン構成**が可能となっており、**1つのマスタで複数のスレーブデバイスと通信することが可能**です。マスタ側とスレーブ側を明確に分け、**マスタ側がすべての制御の主導権を持っています**。I^2C通信の速度は100kbps、400kbps、1Mbpsが標準となっています。

詳しい規格などは、NXP社のWebサイトからI^2Cの仕様書がダウンロードできるので、そちらを参考にして下さい。

http://www.nxp.com/acrobat_download/literature/9398/39340011.pdf

PICマイコンには、このようなシリアル通信を実行するモジュールとして**MSSP**(Master Synchronous Serial Port)モジュールが用意されています。このMSSPはSPIモードとI^2Cモードのいずれかを実行できます。本節ではI^2Cモードの使い方を説明します。

5-2-1 I^2C通信とは

I^2C通信の基本の接続構成は図5-2-1となっています。図のように1台のマスタと複数のスレーブとの間を、**SCL(Serial Clock)とSDA(Serial Data)という2本の線**でパーティーライン状に接続します。マスタが常に権限を持っており、マスタが送信するクロック信号SCLを元にして、データ信号がSDAライン上で転送されます。**Wired OR**(複数の信号を1本にまとめ、いずれかのオンを負論理で検知する方法)で接続するため、数kΩのプルアップ抵抗を必要とします。

I^2C通信の特徴は、**個々のスレーブがアドレスを持っていて、マスタからアドレス指定して特定のスレーブを選択し、1バイト転送ごとに受信側からACK(Acknowledgement)信号の返送をして、互いに確認を取りながらデータ転送を行っている**ことです。

●図5-2-1　I^2C通信の接続構成

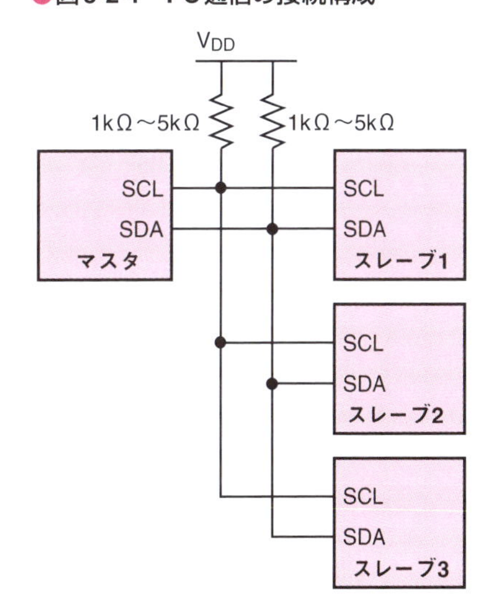

I²C通信の基本的な通信時のタイムチャートは図5-2-2のようになります。2本の信号のHigh、Lowの変化の仕方により次の4つの条件が決められています。

- SCLがHighのときに、SDAが立ち下がると通信開始(Start Condition)
- SCLがLowの間に送信側が次のビットを送信する
- SCLの立上りで受信側がSDAのビットを取り込む
- SCLがHighのときに、SDAが立ち上がると通信終了(Stop Condition)

この4つの条件で図5-2-2のタイムチャートを説明します。

マスタ側からSCLがHighの間にSDAをLowにするとスタートコンディションとなり通信開始となります。その後マスタがクロックの供給を続けながらデータの通信を行います。

データの通信では、SCLのクロックの立下りごとに送信側から順次8ビットのデータが出力され、受信側がSCLの立上りごとにこのビットを受信し、受信完了により9ビット目のクロックに合わせてアクノリッジ(ACK)信号を返送します。

この後、受信側で次のデータ受信準備ができるまで送信側を待たせる必要がある場合は、**クロックストレッチ**として受信側からSCLを強制的にLowにします。この間は見かけ上クロックがなくなるので、送信側はデータを出力するのを待つことになります。

最後のデータを送り終わりACKの返送をしたあと受信側がSDAを開放してHighとなるので、マスタがSDAをLowにします。その後マスタがクロックを停止してSCLをHighにしてから、SDAをHighにすることでストップシーケンスとなり通信が完了します。これが基本の転送手順です。

●図5-2-2 I²C通信の基本タイミング

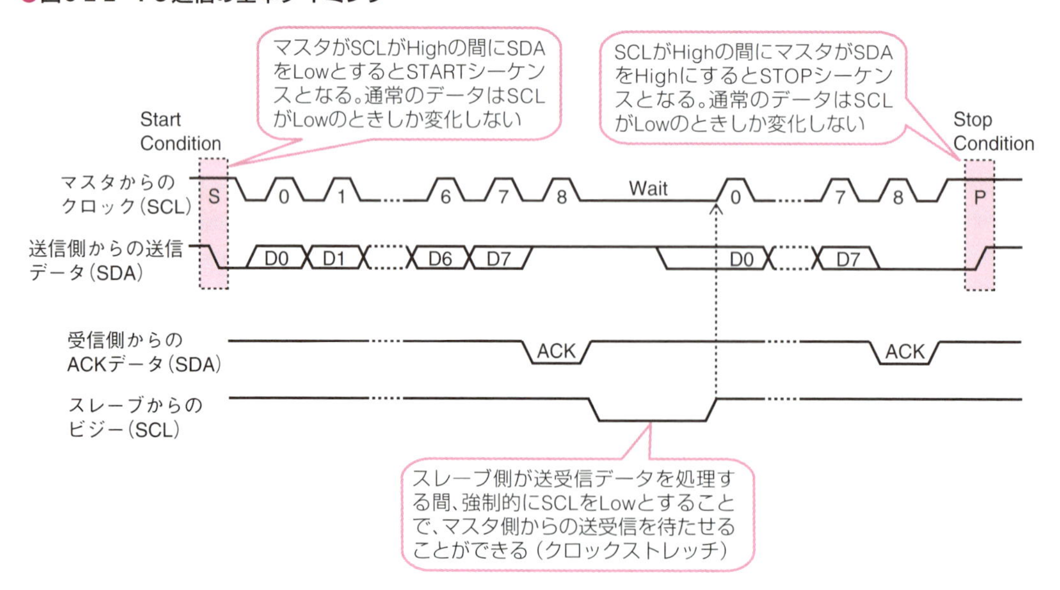

5-2-2　I²C通信データフォーマット

I²C通信の通信データフォーマットをみてみましょう。通信データの最初はアドレスがマスタ側から送信されます。

このアドレス部は図5-2-3のようになっていて、7ビットモードと10ビットモードの2種類があります。このアドレス部の1バイト目の最後のビットが送信、受信を区別するRead/Writeビットになっています。10ビットモードのときの1バイト目の上位5ビットは固定パターンになっていて、スレーブ側は、これで7ビットモードと10ビットモードを区別しています。図中のACKビットは受信側から自動返信されるビットです。

●図5-2-3　I²Cのアドレス部の通信フォーマット

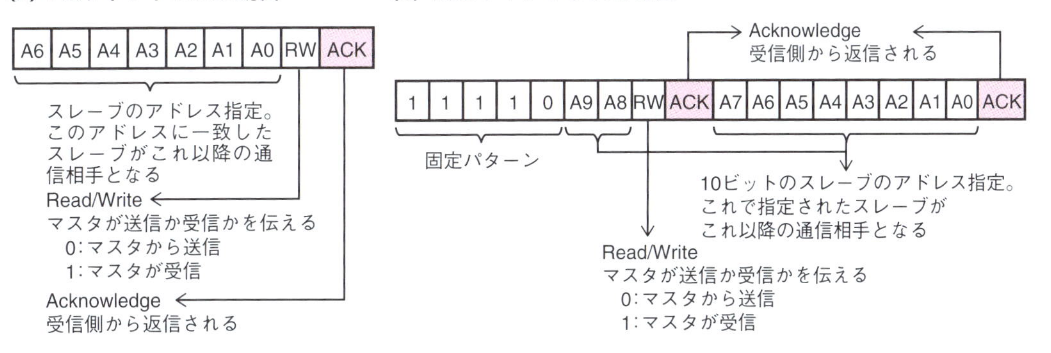

実際には10ビットアドレスモードはほとんど使われることがなく、**通常7ビットモードで使われています**。そこで以降は7ビットモードだけで説明します。

7ビットアドレスの場合にはアドレスが1バイトで送信できるため、手順としては簡単になります。図5-2-4のような手順で通信が行われます。

最初にマスタから7ビットアドレスとReadかWriteを指定する1ビットを追加した8ビットデータが送信されます。スレーブ側はこれを受信したら自身のアドレスレジスタに設定されているアドレスデータと一致するかを確認します。アドレスが一致したらACKを返送して次の受信を継続します。

そのあとは、ReadかWriteかによって手順が分かれます。マスタから送信(Write)の場合は、1バイト送信ごとにスレーブからACKが返されるので、これを確認しながら送信を繰り返します。最後にマスタがStop Conditionを出力すると終了となります。

マスタが受信(Read)する場合は、アドレスが一致したスレーブから1バイト送信されますからマスタはこれを受信したらACKを返送します。これを必要回数繰り返し最後のデータを受信したら、マスタはNACKを返送します。これでスレーブ側は送信が完了したことを認識して送信処理を終了します。さらに続けてマスタがStop Conditionを出力して通信終了となります。

スレーブ側が送受信する場合には、処理時間を確保するために、クロックストレッチによってマスタを待たせることができます。

さらにマスタ側は、送信終了のStop Conditionを発行する代わりに、Repeated Start Conditionを発行することで、連続して別のスレーブとの通信を行うこともできます。

●図5-2-4 7ビットアドレスモードの伝送手順

(a)マスタから送信するとき

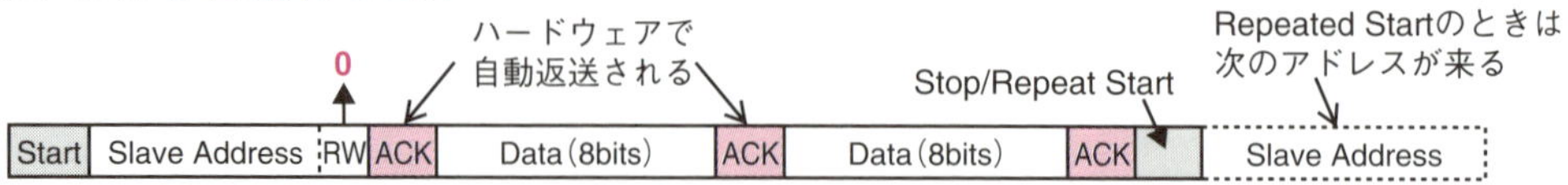

(b)マスタが受信するとき

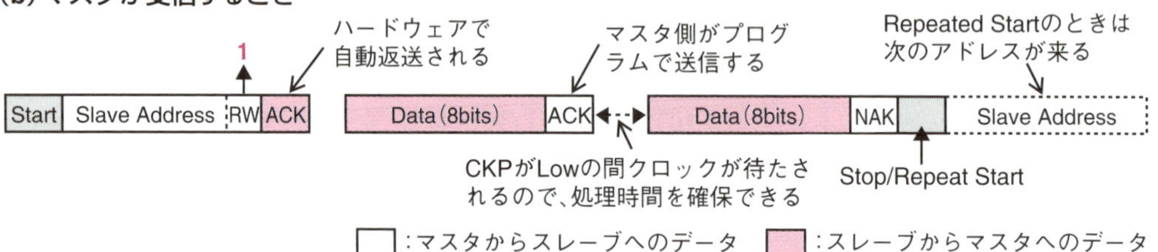

I^2Cでは同報アドレスで、マスタ側から全スレーブに一斉に送信を行うことができます。これを「**General Call Address**」と呼んでいます。

このためのアドレスは、"0000 000"でR/W＝0(Write要求)となっています。つまりアドレス部がすべて0のときは一斉同報として扱います。

同報機能を使うには、スレーブ側が同報アドレスを許可していることが必要です。許可されている場合、アドレスが同報アドレスの場合には、無条件で引き続くデータを受信し割り込みを発生するので、これらを順次取り込みます。スレーブの受信手順は通常受信と同じです。

5-2-3 MSSPモジュール(I^2Cモード)の内部構成と動作

1 スレーブモード

MSSPモジュールをI^2Cスレーブモードで使うときの内部構成は図5-2-5のような構成となります。図のように、SCLとSDAの2本の信号線ですべてのデータの送受信を行います。SCLピン、SDAピンともに複数のスレーブが接続されるので、I^2Cモードを選択した場合、両ピンともオープンドレイン構成で入力モードとなります。

通信の開始は、マスタ側が開始指示に続いてスレーブのアドレスとRead/Write要求を出力します。全スレーブがSCLのクロックを元にSDAのデータを受信し、図5-2-5のSSPxADDレジスタ(SSP Address)にあらかじめセットされたアドレスと一致したスレーブだけがその後のデータの送受信を継続します。SSPxMSKレジスタ(SSP Mask)でアドレスの一部をマスクして比較範囲を制限できます。

受信側がデータを受信完了すると自動的にACKビットを返送することで確認を取り合います。

●図5-2-5　MSSP (I^2Cスレーブモードのとき)の内部構成

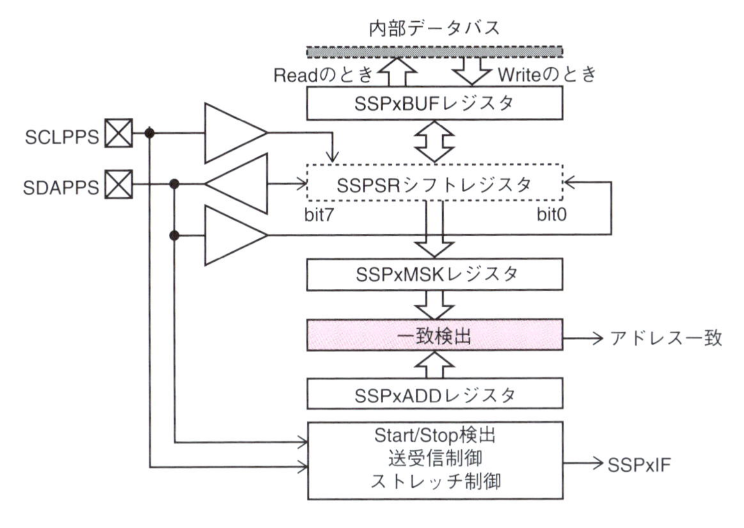

2 マスタモード

I^2Cマスタモードの場合のMSSPの構成は図5-2-6のようになります。スレーブの場合と大きく異なるのは**SCLピンにクロックを供給する**ことです。このためボーレートジェネレータを内蔵していて、SSPxADDレジスタがアドレスではなくボーレートジェネレータ用の速度設定用レジスタとして使われます。その他、Start ConditionやStop Conditionの送信機能もマスタ専用の機能として用意されています。

●図5-2-6　MSSP (I^2Cマスタモードのとき)の構成

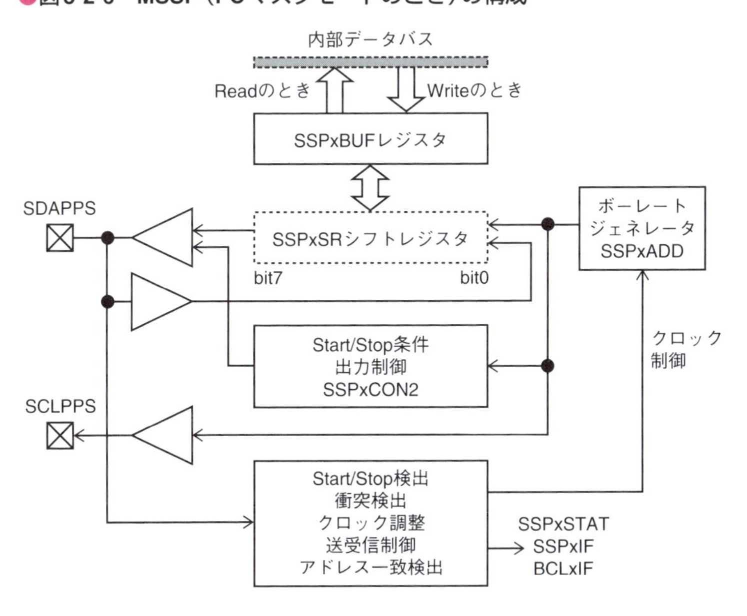

5-2-4 MSSPモジュール(I^{2}Cモード)制御レジスタ

MSSPモジュールをI^{2}Cモードで制御するレジスタについて説明します。SSPx(xは1か2)を制御するレジスタには、まずモード設定にはSSPxCON1、SSPxCON2、SSPxCON3の3つのレジスタ(SSP Control)があり、この詳細は5-2-7のようになっています。

●図5-2-7　MSSP制御用レジスタ(I^{2}Cモード)

(a)SSPxCON1レジスタ

WCOL	SSPOV	SSPEN	CKP	SSPM<3:0>

WCOL:Writeの衝突検出
　1=衝突発生　0=衝突なし正常
SSPOV:受信オーバーフロー検出
　1=オーバーフロー発生　0=正常
SSPEN:SSPモジュール有効化
　1=SDAとSCLピンとして使用する
　0=汎用I/Oポートとする
CKP:SCKクロック制御(スレーブ)
　1=ストレッチオフ　0=オン

SSPM<3:0>:SSPxのI2Cモード指定
　1111=I^{2}Cスレーブモード　10ビットアドレス
　　Start/Stop割り込み許可
　1110=I^{2}Cスレーブモード　7ビットアドレス
　　Start/Stop割り込み許可
　1011=I^{2}C FW制御マスタモード
　1000=I^{2}Cマスタモード
　0111=I^{2}Cスレーブモード　10ビットアドレス
　0110=I^{2}Cスレーブモード　7ビットアドレス

(b)SSPxCON2レジスタ

GCEN	ACKSTAT	ACKDT	ACKEN	RCEN	PEN	RSEN	SEN

GCEN:同報検出許可(スレーブのみ)
　1=許可　0=禁止(アドレス0000H)
ACKSTAT:ACK検出
　1=ACK未受信　0=受信済み
ACKDT:送信するACK設定
　1=NACK　0=ACK
ACKEN:マスタACKシーケンス開始
　1=ACKDTビットを送信する
　　(送信後自動クリア)
RCEN:受信許可(マスタのみ)
　1=受信許可　0=禁止　Idleに

PEN:Stop Condition開始(マスタのみ)
　1=Stop Condition送信(自動クリア)
RSEN:Repeat Start Condition開始
　1=Repeat Start Conditionを送信
　　(送信後クリアされる)
SEN:Start Condition/Stretch開始
　マスタのとき
　1=Start Condition送信(自動クリア)
　スレーブのとき
　1=Stretchを許可　0=禁止

(c)SSPxCON3レジスタ

ACKTIM	PCIE	SCIE	BOEN	SDAHT	SBCDE	AHEN	DHEN

ACKTIM:ACKシーケンス状態
　1=ACK中　0=非ACK中
PCIE:Stop割り込み許可
　1=許可　0=禁止
SCIE:Start割り込み許可
　1=許可　0=禁止
BOEN:バッファ上書き許可
(スレーブ受信中のみ)
　1=許可　0=禁止

SDAHT:SDA保持時間
　1=300ns以上　0=100ns以上
SBCDE:スレーブバス衝突検出有効化
　1=有効化　0=無効
AHEN:アドレス保持有効化
　1=有効　0=無効
DHEN:データ保持有効化
　1=有効　0=無効

この他に状態を保持するのがSSPxSTATレジスタ(SSP Status)、送受信用バッファがSSPxBUFレジスタ(SSP Buffer)です。さらにアドレス設定用のSSPxADDレジスタとマスク用のSSPxMSKレジスタがあります。

MSSPの状態をあらわすSSPxSTATレジスタは図5-2-8のようになっています。MSSPの状態を示していますが、SMbus(システム管理や電源管理に使われるバスの規格)互換やスルーレートなど一部設定に使うビットもあります。

●図5-2-8　SSPxSTAT (I^2Cモードのとき)の構成

SSPxSTATレジスタ

SMP	CKE	D/A	P	S	R/W	UA	BF

SMP:スルーレート制御
　1=無効　0=有効(400kbpsの場合)
CKE:SMbus互換入力有効化
　1=有効　0=無効
D/A:受信データ区別
　1=データ　0=アドレス
P:Stop Condition検出
　1=検出した　0=未検出
S:Start Condition検出
　1=検出した　0=未検出
R/W:Read/Write区別
　(スレーブの場合)
　1=Read受信　0=Write受信
　(マスタの場合)
　1=送信中　0=レディ
UA:アドレス更新(10ビットモード)
　1=SSPxADDの更新必要　0=不要
BF:バッファフル状態
　1=データ転送中　0=転送完了

SSPxADDレジスタは、マスタとスレーブで使用目的が異なっています。**スレーブの場合には、スレーブアドレスを格納するレジスタ**で、ここに設定したアドレスと受信したアドレスが一致した場合のみ、その後に続くデータの送受信が実行されます。7ビットアドレスモードのときは、単純に7ビットのアドレスが直接比較されます。

マスタの場合には、下位7ビットが通信速度を設定するレジスタとなります。ボーレートは次の式で求められます。

Fosc÷(4×(SSPxADD値+1))

代表的な設定値とそのときの通信速度は表5-2-1のようになります。

▼表5-2-1　SSPxADDの値と通信速度

クロック周波数	SSPxADD設定値	通信速度
32MHz	0x13	400kHz
	0x4F	100kHz
16MHz	0x09	400kHz
	0x27	100kHz
8MHz	0x13	100kHz
4MHz	0x09	100kHz

I^2CモードのときのMSSPの割り込みに関係するレジスタは次のようになります。バス衝突の割り込み要因が独立してあります。割り込みレジスタのyはファミリによって異なるのでデータシートで確認して下さい。

- PIEyレジスタのSSPxIEビット(SSP Interrupt Enable)
- PIEyレジスタのBCLxIEビット(Bus Collision Interrupt Enable)
- PIRyレジスタのSSPxIFビット(SSP Interrpt Flag)
- PIRyレジスタのBCLxIFビット(Bus Collision Interrupt Flag)

これらの制御レジスタを使ってI^2C通信を使うための設定は次のようにします。

❶初期化でI^2Cのモード設定を行う

I^2C通信のマスタにするかスレーブにするかを決めます。さらにスレーブの場合は、アドレスが7ビットか10ビットか、スタート／ストップコンディションの割り込みを使うか使わないかを決め、それをSSPxCON1レジスタとSSPxCON2レジスタに設定します。当然ながら、SSPENビット（SSP Enable）を1にしてSSPxを使うことを指定します。

❷入出力ピンのモード設定を行う

TRIS CでSCL、SDAとも入力モードに設定します。I^2Cに設定すると自動的にオープンドレイン構成となり、送信する場合には自動的に出力ピンに制御されます。

❸SSPxADDレジスタの設定

マスタの場合には通信速度をSSPxADDレジスタに設定します。スレーブの場合にはスレーブアドレスをSSPxADDに設定します。

❹割り込みの設定

割り込みを使う場合には、PIEyレジスタのSSPxIEビットを1にしてMSSPの割り込みを許可し、さらにINTCONレジスタのPEIEビットとGIEビットを1にしてグローバル割り込みを許可します。

❺通信フローを実行するプログラムを作成する

例えばマスタの場合で基本的なプログラムフローは図5-2-9のようにします。それぞれの処理でレジスタの設定ビットや状態ビットを使います。

●図5-2-9　基本的なI^2Cマスタ通信プログラムフロー

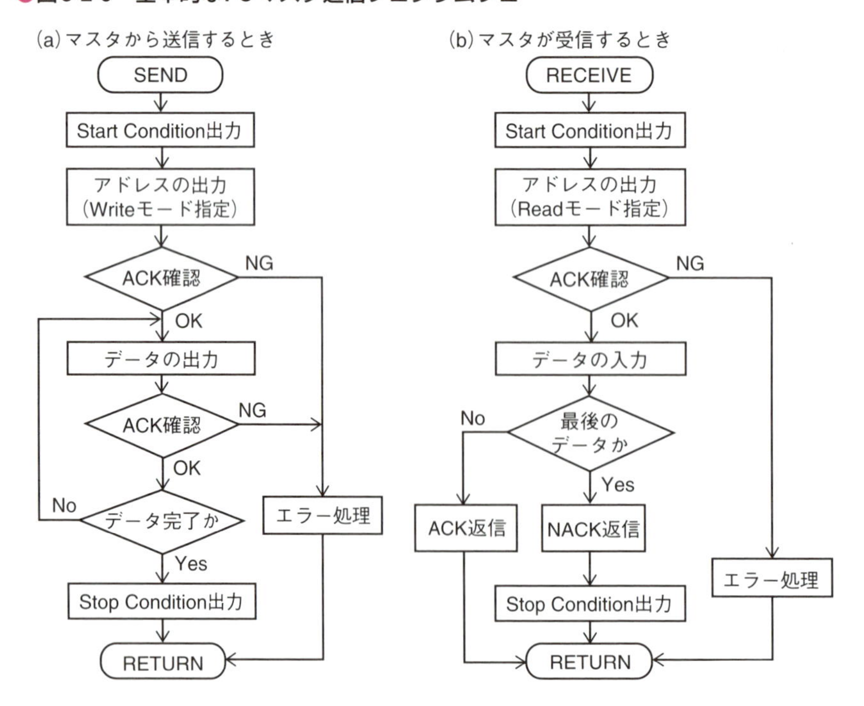

5-2-5　例題　I^2C接続の液晶表示器の制御

MCCを使ってMSSPモジュールでI^2C通信を行う場合の設定方法を説明します。ここではデジタル演習ボードを使った実際の例題で試してみます。

【例題】プロジェクト名　MSSPLCD

I2C2に接続されている液晶表示器のテストを行うプログラムを作成します。1行目に開始メッセージを表示し、2行目にカウンタの値を400msec周期で表示します。カウンタの値は表示ごとに＋1します。また200msec間隔で液晶表示器のアイコンを順番に点滅させます。

1 プロジェクト作成とクロック設定

この例題をMCCで作成します。まず、通常どおり空のプロジェクトMSSPLCDを作成してからMCCを起動し、クロックの設定とコンフィギュレーションの設定をします。

図5-2-10のように［System Module］の設定をします。①でクロックをHFINTOSCとし、②で32MHzを選択し、③で1/1とします。コンフィギュレーションの設定は④でWDTをDisableとし、⑤でLVPをオフとします。この設定でシステムクロックは32MHzとなります。

●図5-2-10　クロックとコンフィギュレーションの設定

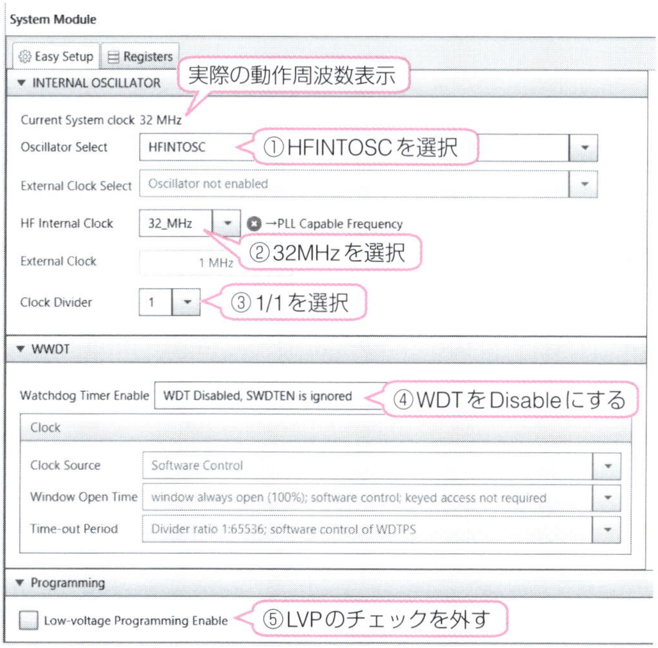

【注】I2Cの設定と生成関数は、MCCのバージョンアップにより変更されています。詳細はp.2掲載のWebサイトより「補足情報 開発環境のバージョンアップについて」をご覧ください。

2 入出力ピンの設定

次に入出力ピンの設定をします。デジタル演習ボードでは、液晶表示器の電源をPICマイコンのRC5ピンから供給しているので、このピンをHighにしないと液晶表示器は動作しません。そこで図5-2-11のように①RC5を出力ピンとし、さらに[Pin Module]を選択して②Analogのチェックを外し、③初期値をHighに設定し、④名称「LCDPWR」を入力します。

●図5-2-11 入出力ピンの設定

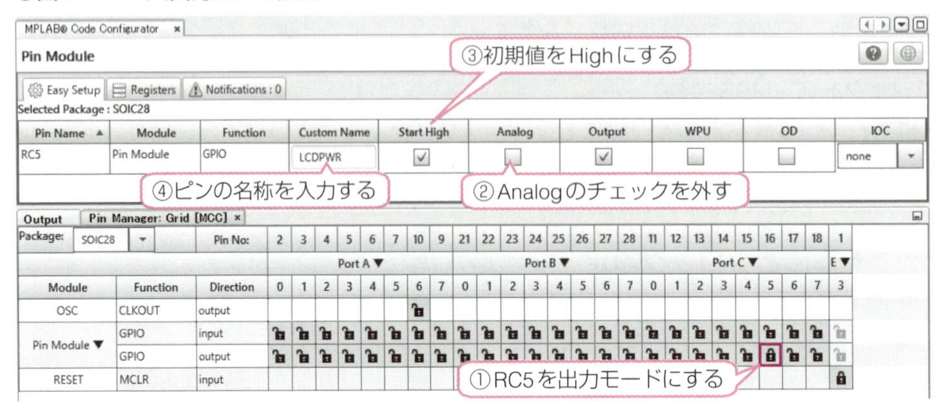

3 MSSPの設定

次にMSSPモジュールの設定です。まず、MSSPモジュールの選択は左下にある、[Device Resources]の窓で行います。図5-2-12の①で、MSSPの中にあるMSSP2をダブルクリックすると②のように[Project Resources]欄の[Peripherals]に追加されて、右側が設定窓になります。

●図5-2-12 MSSP2モジュールの設定

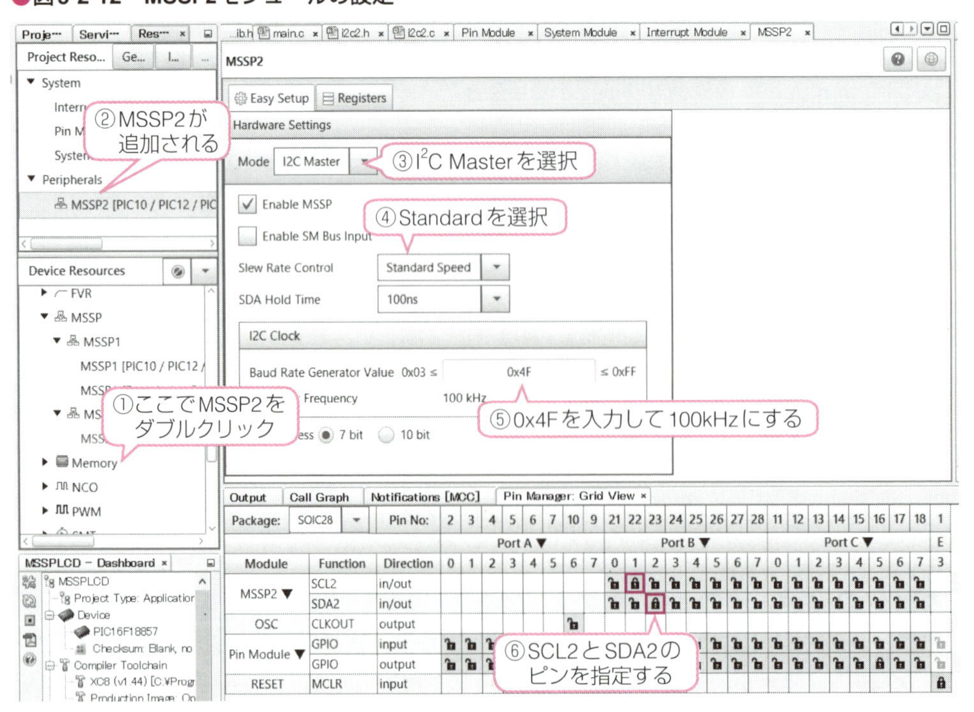

ここでは次のように設定します。③でI^2C Masterを選択し、④でスルーレートをStandardにし、⑤で0x4Fと入力して、通信速度を100kHzにします。次に⑥でSCL2ピンとSDA2ピンを指定するのですが、デフォルトのままでよいので自動設定のままとします。これでピン割り付けをしたことになります。これだけの設定でMSSP2をI^2Cマスタモードで使うことができます。

4 コードの生成

これで設定が完了したので[Generate]ボタンをクリックしてソースコードを生成します。これによりMSSP2に関する制御関数が`I2C2`として自動生成されます。`I2C2`の主な制御関数としては表5-2-2のような関数が生成されます。注意が必要なのは、MCCで生成されるI^2C関数は、デフォルトで割り込みを使うので、`I2C2`を使う場合には割り込みを許可する必要があることです。

▼表5-2-2　自動生成されるI2C2用関数

関数名	書式と使い方
I2C2_Initialize	【機能】I2C2モジュールの初期化関数。メインから自動で呼び出される 【書式】void I2C2_Initialize(void);
I2C2_MasterWrite	【機能】指定デバイスに指定バイト数のデータをバッファから送信する すべて割り込みで処理される 【書式】void I2C2_MasterWrite(uint8_t *pdata, uint8_t length, uint16_t address, I2C2_MESSAGE_STATUS *pstatus); *pdata　：送信データバッファのポインタ length　：送信データバイト数 address　：スレーブデバイスのアドレス *pstatus：ドライバの動作状態変数のポインタ MESSAGE_STATUSには下記がある I2C2_MESSAGE_COMPLETE　：送信完了 I2C2_MESSAGE_FAIL　：通信エラー発生 I2C2_MESSAGE_PENDING　：通信中 I2C2_STUCK_START I2C2_MESSAGE_ADDRESS_NO_ACK　：アドレスへの応答なし I2C2_DATA_NO_ACK　：データへの応答なし I2C2_LOST_STATE　：不定状態 【例】I2C2_MasterWrite(writeBuffer, 2, Adrs, &status); while(status == I2C2_MESSAGE_PENDING);
I2C2_MasterRead	【機能】指定デバイスから指定バイト数を指定バッファに読み込む すべて割り込みで処理される 【書式】void I2C2_MasterRead(uint8_t *pdata, uint8_t length, uint16_t address, I2C2_MESSAGE_STATUS *pstatus); *pdata　：受信データを格納するバッファポインタ length　：受信データバイト数 address　：スレーブデバイスのアドレス *pstatus：ドライバの動作状態変数のポインタ 【例】I2C2_MasterRead(Buf, 1, Adrs, &status); while(status == I2C2_MESSAGE_PENDING);

5 ユーザ処理部の追加

これらの関数を使ってユーザ処理部を作成します。まず、液晶表示器の制御部ですが、自動生成された`I2C2`の関数を使って液晶表示器に実際に出力する基本関数は、本書補足PDFの第1部3-1の図3-1-11の通信フォーマットに合わせて、リスト5-2-1のようにします。

コマンド出力用と表示データ出力用それぞれ別の関数としています。いずれの場合にもデータペアで出力する必要があるので、制御バイトとデータバイトを配列データ`tbuf`として用意してから出力関数を呼んでいます。

出力後には液晶表示器側の処理時間を待つための遅延を挿入する必要があります。表示データの場合は30μsecで、コマンドの場合には全消去とクリアホームのコマンドの場合だけ2msecという長めの遅延が必要ですが、その他は30μsecとなるので分けています。

リスト 5-2-1 液晶表示器制御用基本送信関数

```
I2C2_MESSAGE_STATUS status;
/**********************************
* 液晶へ1文字表示データ出力
**********************************/
void lcd_data(unsigned char data)
{
    unsigned char tbuf[2];
    tbuf[0] = 0x40;
    tbuf[1] = data;
    I2C2_MasterWrite(tbuf, 2, 0x3E, &status);
    while(status == I2C2_MESSAGE_PENDING);
    __delay_us(30);             // 遅延
}

/*******************************
* 液晶へ1コマンド出力
*******************************/
void lcd_cmd(unsigned char cmd)
{
    unsigned char tbuf[2];
    tbuf[0] = 0x00;
    tbuf[1] = cmd;
    I2C2_MasterWrite(tbuf, 2, 0x3E, &status);
    while(status == I2C2_MESSAGE_PENDING);
    /* Clear か Home か */
    if((cmd == 0x01)||(cmd == 0x02))
        __delay_ms(2);          // 2msec待ち
    else
        __delay_us(30);         // 30μsec待ち
}
```

この2つの関数を元にして、I²C接続の液晶表示器の制御を次の2つのファイルで構成したライブラリとして用意しました。この2つのファイルをプロジェクトに登録すれば液晶表示器が使えるようになります。

- lcd_lib.h ：ヘッダファイル
- lcd_lib.c ：液晶表示器制御関数ライブラリ

ここではこのライブラリの使い方を説明します。このライブラリで提供される関数は表5-2-3のようになっています。

▼表5-2-3　液晶表示器ライブラリの関数

関数名	機能内容と書式
lcd_init	【機能】液晶表示器の初期化処理を行う 【書式】void lcd_init(void);　　　// パラメータなし
lcd_cmd	【機能】液晶表示器に対する制御コマンドを出力する 【書式】void lcd_cmd(unsigned char cmd); cmd：8ビットの制御コマンド 【例】 lcd_cmd(0x80);　　// 1行目にカーソルを移動する lcd_cmd(0xC0);　　// 2行目にカーソルを移動する
lcd_data	【機能】液晶表示器に表示データを出力する 【書式】void lcd_data(unsigned char data); data：ASCIIコードの文字データ 【例】 lcd_data('A');　　// 文字Aを表示する
lcd_clear	【機能】液晶表示器の表示を消去しカーソルをHomeに戻す 【書式】void lcd_clear(void);　　//パラメータなし 【例】 lcd_cmd(0x01);と同じ機能
lcd_str	【機能】ポインタptrで指定された文字列を出力する 【書式】void lcd_str(unsigned char* ptr); ptr：文字配列のポインタ、文字列直接記述はWarningが出る 【例】 StMsg[]="Start!!";　　//文字列の定義 lcd_str(StMsg);
lcd_icon	【機能】指定したアイコンの表示のオンオフを行う 【書式】void lcd_icon(unsigned char num, unsigned char onoff) num：アイコンの番号指定（0から13） onoff：1=表示オン　0=表示オフ 【例】 lcd_icon(10, 1);　// BAT容量少表示 【アイコン種類】 0＝アンテナ　1＝電話　2＝無線　3＝ジャック　4＝△ 5＝▽　6＝△▽　7＝鍵　8＝ピン　9＝電池なし 10＝電池少　11＝電池中　12＝電池多　13＝丸

あとはメイン関数「main.c」へのユーザ部の追加です。これにはリスト5-2-2のようにします。main.cの初めのほうにリスト5-2-2 (a)のようにインクルード文とグローバル変数を追加し、さらに標準出力デバイスを液晶表示器にするための低レベル出力関数を追加します。これでprintf文を使って液晶表示器に表示が出せます。

main.cでは割り込みを許可する必要があるので、Enableの2つの文のコメントアウトを外します。

次に初期化部とメインループ部にリスト5-2-2 (b)を追加します。初期化部では液晶表示器を初期化して開始メッセージを1行目に表示します。メインループ部では、2行目にカウンタ値をprintf文で出力し、さらにアイコンを最初から順番に繰り返し表示させています。

リスト 5-2-2 ユーザ処理部の追加

(a) インクルードの追加と変数、低レベル入出力関数の追加

インクルードの追加

Printf文がLCD用として使えるようにする

```
46: #include "mcc_generated_files/mcc.h"
47: #include "lcd_lib.h"
48: #include <stdio.h>
49:
50: /*グローバル変数定義 */
51: unsigned int counter, num;
52: /***  低レベル入出力関数の上書き ***/
53: void putch(unsigned char Data){
54:     lcd_data(Data);
55: }
```

(b) テスト実行部の追加

```
80:     /* LCD初期化と開始メッセージ表示 */
81:     /* LCD電源制御 */
82:     LCDPWR_SetLow();                       // 電源オフ
83:     __delay_ms(10);
84:     LCDPWR_SetHigh();                      // 電源オン
85:     lcd_init();                            // LCD初期化
86:     lcd_cmd(0x80);                         // 1行目指定
87:     lcd_str("*Start LCD Test*");           // 開始メッセージ表示
88:     while (1)
89:     {
90:         // Add your application code
91:         lcd_cmd(0xC0);                     // 2行目指定
92:         printf("Counter = %6d", counter++); // カウンタ表示
93:         lcd_icon(num, 1);                  // アイコン表示
94:         __delay_ms(200);                   // 遅延
95:         lcd_icon(num++, 0);                // アイコン消去し次へ
96:         if(num > 13)                       // アイコン終了判定
97:             num = 0;                       // 最初から
98:         __delay_ms(200);                   // 遅延
99:     }
100: }
```

6 書き込みと確認

以上ですべて完了したのでコンパイルしてデジタル演習ボードに書き込みます。
この例題の実行結果の液晶表示例が写真5-2-1となります。

●写真5-2-1　例題の実行結果

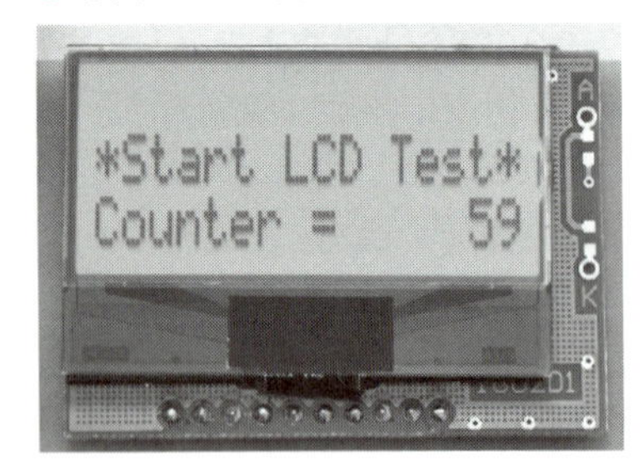

5-2-6　例題　液晶表示器と複合センサの並列制御

同じI²Cラインに**複数のスレーブデバイスが接続されている場合**の使い方を実際の例で試してみます。デジタル演習ボードでは、液晶表示器と複合センサBME280が同じI2C2ラインに接続されています。そこで次のような例題をやはりMCCを使って作成してみます。

【例題】 プロジェクト名　MSSPI2C

デジタル演習ボードを使い、複合センサBME280と液晶表示器をI2C2で接続して、温度、湿度、気圧のデータを液晶表示器に3秒間隔で表示します。PICマイコンのクロックは内蔵発振の32MHzとします。表示フォーマットは写真5-2-2のようにするものとします。

●写真5-2-2　センサの表示例

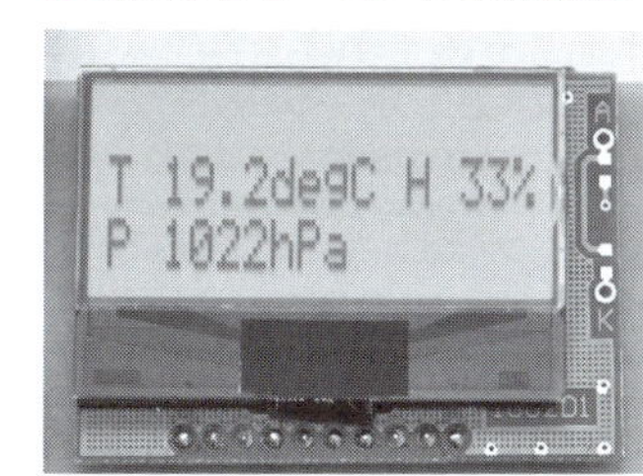

1 プロジェクト生成とクロック設定

この例題をMCCで作成します。まず、通常どおり空のプロジェクトMSSPI2Cを作成してからMCCを起動して設定をします。

クロックの設定とコンフィギュレーションの設定、さらにRC5ピンの設定、MSSP2の設定、これらすべて前の例題と同じなので説明は省略します。

設定が完了したら[Generate]ボタンをクリックしてソースコードを生成します。

2 ライブラリの登録

この例題も液晶表示器については同じなので、前の例題で作成した液晶表示ライブラリの2つのファイルをこちらのプロジェクトのフォルダにコピーし、プロジェクトに登録して使います。

さらにBME280の制御とI²Cの送受信関数もライブラリ化し、次の4つのファイルとして作成しました。

- i2c_lib.h　と　i2c_lib.c
- bme_lib.h　と　bme_lib.c

結局プロジェクトの登録ファイル構成は図5-2-13のようになります。

●図5-2-13　プロジェクトのファイル構成

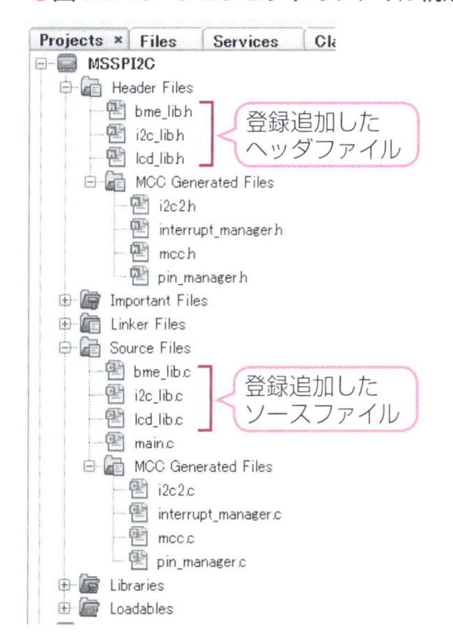

❶I²Cの送受信関数ライブラリ

ここでI²Cの送受信関数ライブラリはリスト5-2-3のようになっていて、次の3つの関数を提供しています。いずれもMCCで生成したI²C用関数を使っているので、割り込みを許可して使う必要があります。

- 1バイトのデータを送信する
- レジスタアドレスとコントロールデータのペアを送信する
- 指定したバイト数を受信してバッファに格納する

リスト 5-2-3 I²C送受信関数ライブラリ

```
/*******************************************
 *  I2C通信ライブラリ
 *******************************************/
#include "mcc_generated_files/i2c2.h"

I2C2_MESSAGE_STATUS status;                     // 状態変数定義
/*************************************
* 1バイトデータ送信
*************************************/
void SendI2C(unsigned int Adrs, unsigned char Data)
{
    unsigned char tbuf[2];                      // バッファ構成
    tbuf[0] = Data;                             // 送信データ
    I2C2_MasterWrite(tbuf, 1, Adrs, &status);   // 送信実行
    while(status == I2C2_MESSAGE_PENDING);      // 完了待ち
}
/***************************************
* コマンド送信
***************************************/
void CmdI2C(unsigned int Adrs, unsigned char Reg, unsigned char Data)
{
    unsigned char tbuf[2];                      // バッファ構成
    tbuf[0] = Reg;                              // レジスタアドレス
    tbuf[1] = Data;                             // コマンドデータ
    I2C2_MasterWrite(tbuf, 2, Adrs, &status);   // 送信実行
    while(status == I2C2_MESSAGE_PENDING);      // 完了待ち
}
/****************************************
* 指定バイト数の受信
****************************************/
void GetDataI2C(unsigned int Adrs, unsigned char *Buffer, unsigned char Cnt)
{
    I2C2_MasterRead(Buffer, Cnt, Adrs, &status);// 受信実行
    while(status == I2C2_MESSAGE_PENDING);      // 完了待ち
}
```

❷BME280制御ライブラリ　その1

このI²C関数を使って複合センサBME280からデータを取得するライブラリがリスト5-2-4とリスト5-2-5となります。

リスト5-2-4が実際にI²Cでセンサを初期設定する関数と、センサからデータを取り出す関数です。連続で複数バイトをバッファに読み出し、読み出したデータを3つの要素に分けて32ビットのデータとして数値化しています。

リスト 5-2-4　BME280制御ライブラリ　その1

```
/**************************************************
 *  温度・湿度・気圧センサ  BME280  ライブラリ
 *    I2Cで通信
 **************************************************/
#include "bme_lib.h"
#include "i2c_lib.h"
/*************************************************
 *  BME初期化関数 モード設定
 * 0xF2  ctrl_hum_reg   0000 0001  Oversample=1
 * 0xF4  ctrl_meas_reg  0010 0111  Mode=11(Normal)
 * 0xF5  config_reg   1010 0000  stndby=1sec IIR-0 I2C *
 ************************************************/
void bme_init(void){
    /** Reset **/
    CmdI2C(0x76,0xE0, 0xB6);        // reset
    /** Setting **/
    CmdI2C(0x76, 0xF2, 0x01);       // Ctrl_hum_reg
    CmdI2C(0x76, 0xF4, 0x27);       // Ctrl_meas_reg
    CmdI2C(0x76, 0xF5, 0xA0);       // config/reg
}
/**************************************
 *  測定データ取り出し
 **************************************/
void bme_getdata(void){
    unsigned char buf[8];

    SendI2C(0x76, 0xF7);
    GetDataI2C(0x76, buf, 8);       // Get from 0xF7 to 0xFE
    /** 各32ビットデータに変換 **/
    pres_raw = (uint32)(((uint32)buf[0] << 12) + ((uint32)buf[1] << 4) + ((uint32)buf[2] >> 4));
    temp_raw = (uint32)(((uint32)buf[3] << 12) + ((uint32)buf[4] << 4) + ((uint32)buf[5] >> 4));
    hum_raw  = (uint32)(((uint32)buf[6] << 8) + (uint32)buf[7]);
}
```

❸BME280制御ライブラリ　その2

リスト5-2-5が、較正値をまとめて読み出してパラメータに分けて数値化する関数と、温度、湿度、気圧それぞれのデータを較正する関数となっていますが、この計算はデータシート通りとなっているので省略します。注意が必要なことは、32ビットという高分解能な演算で、プラスマイナスがあるということです。

リスト 5-2-5 BME280制御ライブラリ その2

```
/*************************************************
 * 較正用データ取得 一時バッファ RcvBuf
 *************************************************/
void bme_gettrim(void){
    unsigned char buf[40];

    /*** 較正データ取り出し ***/
    SendI2C(0x76, 0x88);             // Send start Reg address
    GetDataI2C(0x76, buf, 24);       // Get from 0x88 to 0x9F
    SendI2C(0x76, 0xA1);             // Send start Reg address
    GetDataI2C(0x76, buf+24, 1);     // Get 0xA1
    SendI2C(0x76, 0xE1);             // Send start Reg address
    GetDataI2C(0x76, buf+25, 7);     // Get from 0xE1 to E7
    /** 16ビットデータに変換 **/
    T1 = (unsigned int)((buf[1] << 8) | buf[0]);
    T2 = (int)((buf[3] << 8) | buf[2]);
    T3 = (int)((buf[5] << 8) | buf[4]);
    P1 = (unsigned int)((buf[7] << 8) | buf[6]);
    P2 = (int)((buf[9] << 8) | buf[8]);
    P3 = (int)((buf[11] << 8) | buf[10]);
    P4 = (int)((buf[13] << 8) | buf[12]);
    P5 = (int)((buf[15] << 8) | buf[14]);
    P6 = (int)((buf[17] << 8) | buf[16]);
    P7 = (int)((buf[19] << 8) | buf[18]);
    P8 = (int)((buf[21] << 8) | buf[20]);
    P9 = (int)((buf[23] << 8) | buf[22]);
    H1 = (unsigned int)buf[24];
    H2 = (int)((buf[26] << 8) | buf[25]);
    H3 = (unsigned int)buf[27];
    H4 = (int)((buf[28] << 4) | (0x0F & buf[29]));
    H5 = (int)((buf[30] << 4) | ((buf[29] >> 4) & 0x0F));
    H6 = (int)buf[31];
}
/*************************************
 * 温度の較正
 *************************************/
int32 calib_temp(int32 adc_T){
…省略…
/********************************
 * 気圧の較正
 ********************************/
uint32 calib_pres(int32 adc_P){
…省略…
/**************************
 * 湿度の較正
 **************************/
uint32 calib_hum(int32 adc_H){
…省略…
```

3 ユーザ処理部の追加

残りはメイン関数へのユーザ処理部の追加でリスト5-2-6となります。最初のインクルード部にはいくつかのファイルのインクルードを追加しています。さらにグローバル変数と低レベル出力関数を液晶にするように書き換えています。

メイン関数内には、初期化部で割り込みを許可したあと、液晶表示器とセンサの初期化をし、さらに較正用データを読み込んで較正データとして数値化しています。

メインループでは、3つのデータを一括でI^2Cで読み出し、温度、湿度、気圧のそれぞれのセンサデータごとに較正を実行してから、スケール変換して実際の値を求めています。最後に求めた値をprintf文で液晶表示器に表示出力しています。

リスト 5-2-6 メイン関数へのユーザ処理部の追加

(a) インクルードとグローバル変数追加

```
46: #include "mcc_generated_files/mcc.h"
47: #include "bme_lib.h"
48: #include "i2c_lib.h"
49: #include "lcd_lib.h"
50: #include <stdio.h>
51: /* グローバル変数定義 */
52: double temp_act, pres_act, hum_act;
53: signed long long temp_cal;
54: unsigned long long pres_cal, hum_cal;
55: unsigned char StMsg[] = "¥r¥nStart Measure Sensor";
56: /***  低レベル入出力関数の上書き ***/
57: void putch(unsigned char Data){
58:     lcd_data(Data);
59: }
```

インクルードの追加(47〜50行)

Printf文がLCD用として使えるようにする(58行)

(b) センサデータ編集と液晶表示制御

```
82:     /* LCD電源制御 */
83:     LCDPWR_SetLow();     // 電源オフ
84:     __delay_ms(10);
85:     LCDPWR_SetHigh();    // 電源オン
86:     /* LCD初期化 */
87:     lcd_init();          // LCD初期化
88:     /*** 温湿度センサ初期化 ***/
89:     bme_init();          // 初期化
90:     bme_gettrim();       // 較正用データ取得
91:     while (1)
92:     {
93:         // Add your application code
94:         /*** 温湿度センサからデータ取得  ***/
95:         bme_getdata();  // 計測データ取得
96:         temp_cal = calib_temp(temp_raw);
                             // 温度較正
97:         pres_cal = calib_pres(pres_raw);
                             // 気圧較正
98:         hum_cal = calib_hum(hum_raw);
                             // 湿度較正
99:         /*** 実際の値にスケール変換 **/
100:        temp_act = (double)temp_cal / 100.0;
                             // 温度結果
101:        pres_act = (double)pres_cal / 100.0;
                             // 気圧結果
102:        hum_act = (double)hum_cal / 1024.0;
                             // 湿度結果
103:        /*** データ出力 */
104:        lcd_cmd(0x80);  // 1行目
105:        printf("T %2.1fdegC H %2.0f%%",temp_act,
                hum_act);
106:        lcd_cmd(0xC0);  // 2行目
107:        printf("P %4.0fhPa", pres_act);
108:        __delay_ms(3000);
109:    }
110: }
```

4 doubleとfloatのビット幅の設定

このセンサの演算には高精度な演算が要求されていて、デフォルトの`float`と`double`の24ビット幅では精度が出ないので、これを32ビットに設定変更します。

この設定変更はプロジェクトの[Properties]で行います。プロジェクトMSSPI2Cを右クリックして開くポップアップメニューで一番下にある[Properties]を選択してから図5-2-14のように①[Categories]欄で[XC8 linker]を選択し、右側の②[Option categories]欄で[Memory model]を選択します。これで下に開く設定欄で③[Size of Double]欄と[Size of Float]欄を32bitに変更します。これでOKとすればビット幅が32ビットになり、正確な周波数の計算ができるようになります。

●図5-2-14 doubleとfloatのビット幅拡張設定

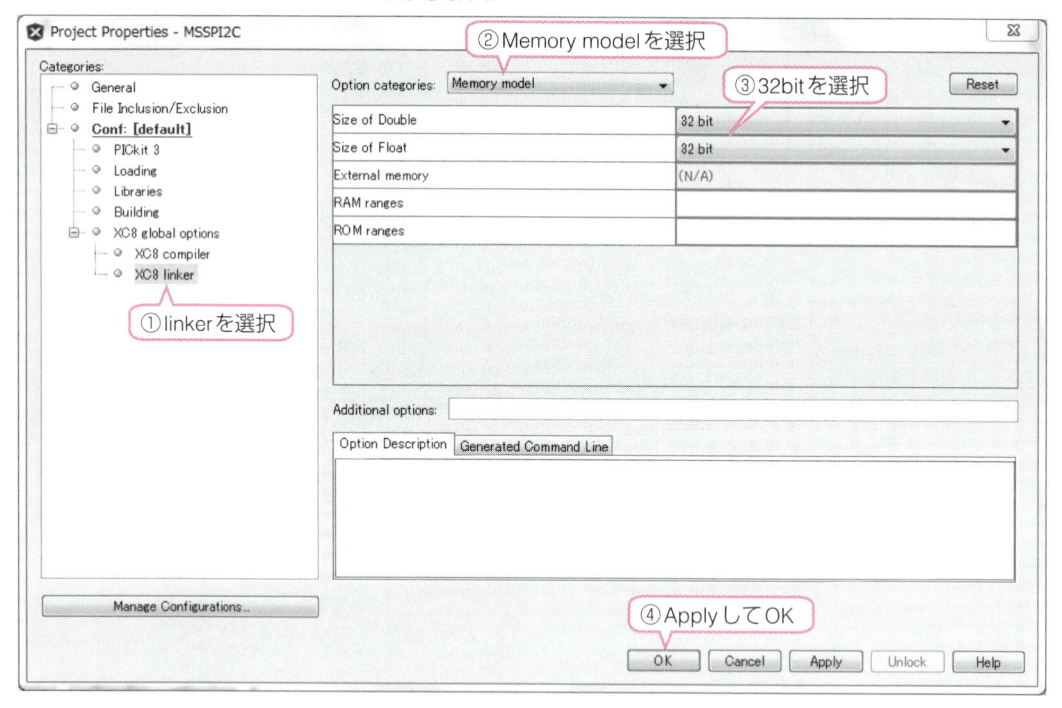

5 書き込みと確認

以上ですべての追加ができたので、コンパイルし、デジタル演習ボードに書き込んで実行します。正常に動作すれば液晶表示器に写真5-2-2のような表示が出ます。

こうして複数のスレーブデバイスがあっても、デバイスアドレスで区別することで独立に扱うことができ、問題なく処理できます。ただし、同時に複数のデバイスと通信はできないので、それぞれをまとめて通信を実行し、片方が完了したら次へ移るという処理の流れにする必要があります。

5-3 MSSPモジュール（SPIモード）の使い方

本章では、MSSP（Master Synchronous Serial Port）モジュールをSPI（Serial Peripheral Interface）通信で使う使い方を説明します。

5-3-1　SPI通信とは

SPI通信のしくみは図5-3-1のようになっています。2つのSPIモジュールが互いに3本または4本（SS信号を使う場合）の線で接続され、片方がマスタもう一方がスレーブとなります。グランド線を含めると4本または5本の線となります。

●図5-3-1　SPI通信の接続方法

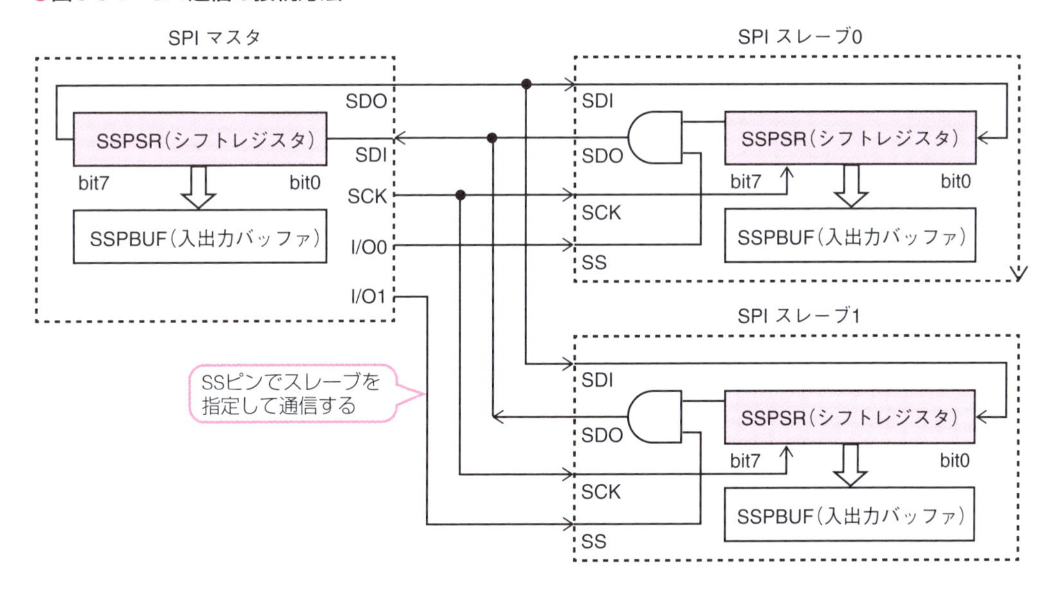

通信は、マスタが出力するクロック信号（SCK：Serial Clock）を基準にして、互いに向かい合わせて接続したSDI（Serial Data In）とSDO（Serial Data Out）で、同時に1ビット毎のデータの送受信を行います。常にマスタが主導権を持ち、次のような8ビット単位のデータ通信が行われます。

❶マスタからの送信

マスタからの送信データをスレーブが受信すると同時に、スレーブから**ダミーデータ**が送られるのでマスタ側にダミーデータが受信されます。

❷マスタ、スレーブ同時に送信

マスタが送ると、同時にスレーブ側も有効なデータを送信します。したがってマスタ、スレーブ両方にデータが受信されます。

❸マスタが受信する

ダミーデータがマスタから送信され、同時にスレーブから有効なデータが送信されマスタに届きます。

このようにSPI通信を使うと2つのPICマイコン同士で簡単に高速通信によりデータ交換を行うことができます。通常は1対1の通信を行いますが、SS (Slave Select) ピンを使ってスレーブを選択することで、複数のスレーブを同じSPIラインに接続できます。

5-3-2 SPIの通信モード

SPI通信では、マスタかスレーブかで動作が大きく異なり、さらにクロックのどのタイミングでデータを送信あるいは受信するかにより4つの通信モードがあります。

1 マスタモードの場合の通信モードとタイミング

マスタモードとしたときの送受信のタイミングは、図5-3-2のようになります。

●図5-3-2 マスタモードの4つの通信モードの送受信タイミング

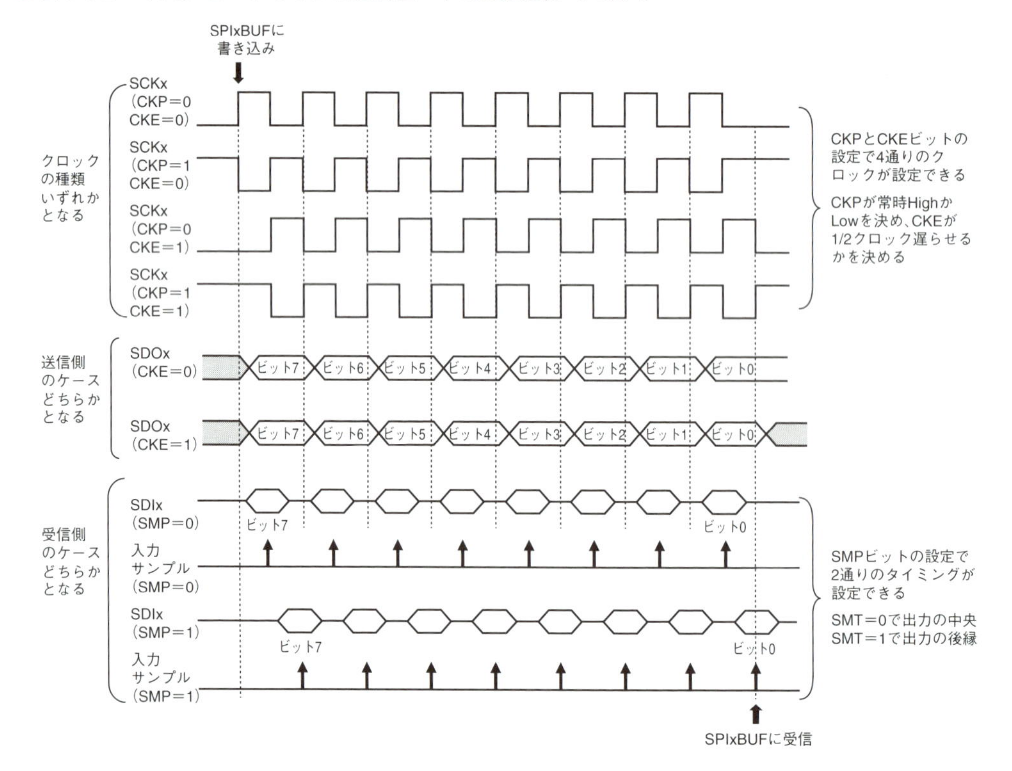

ここでのポイントはCKEビット（Clock Edge Select）とCKPビット（Clock Polarity：クロック極性）によりSCKのクロック信号が4通りに設定できることで、相手となるスレーブデバイスと通信モードを合わせる必要があります。

そのためには、まずクロックが常時HighかLowかということと、送信データがクロックの立上りエッジか立下りエッジのどちらで遷移するかをチェックして、クロックのモードを合わせます。次に、スレーブ側の受信タイミングをデータパルスの中央で受信できるようにする必要があります。つまり、受信サンプリング位置がSMPビットによって変わるので、マスタ側もスレーブ側も互いに合わせる必要があります。

2 スレーブモードの場合の通信モードとタイミング

スレーブモードの場合は、マスタがSSピンによるスレーブ選択を行うかどうかによってやや変わります。

まずSSピンを使わない場合のタイミングを図5-3-3に示します。

この場合にもCKEビットとCKPビットでクロックのタイミングが4通りになりますが、やはりマスタ側に合わせる必要があります。図ではCKE＝0の場合の2通りの例を示しています。スレーブ側が送信したい場合には、マスタ側からクロックが来る前に送信バッファ（SPIxBUF）に送信データをあらかじめセットしておく必要があります。これが間に合わないと空のデータが送信されることになります。

●図5-3-3　スレーブモードの送受信タイミング（SSxピンを使わない場合）

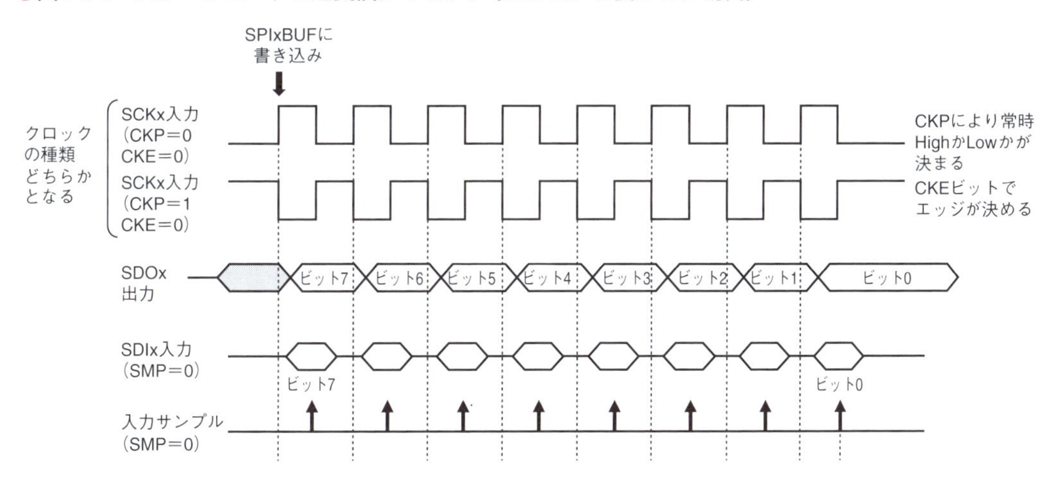

次にSSピンを使う場合のタイミング例を図5-3-4に示します。この場合はマスタ側から転送に先立ってSS信号が出力されるので、この信号が来たときだけ、マスタ側からのクロックを受け付けます。あとは図5-3-3と同じように通信が行われます。

1
2
3
5
シリアル通信モジュールの使い方

通常はこのSSピンを使ってデバイスを指定する方法がよく使われています。これは、**SSピンで通信の開始/停止を制御できる**ためで、SSピンがLowになった時点でスレーブ側のデバイスは、すべてを初期状態にして通信を開始する準備をするようにしています。

●図5-3-4 スレーブモードのときの送受信タイミング(SSxピンを使う場合)

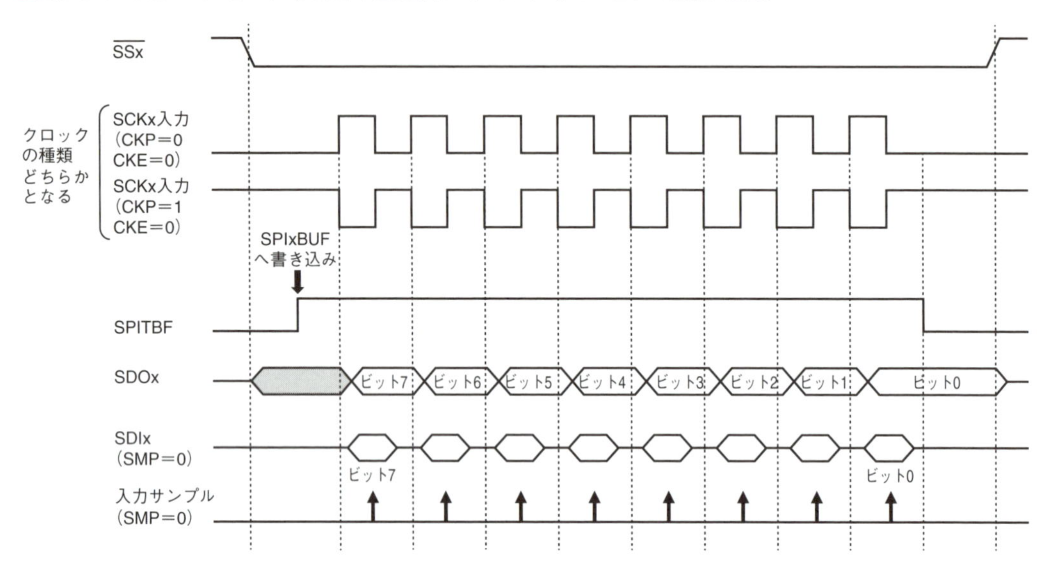

5-3-3 MSSPモジュール(SPIモード)の内部構成と動作

図5-3-5はSPIモードのときのMSSPモジュールの内部構成の詳細です。図5-3-1のように**SDIとSDOをお互いに接続**することで、同時にデータの送受信が行われます。したがって片方は不要な送受信が行われることもあります。このとき、SSピンを使うことによって、スレーブ側からの送信を制御できます。例えばマスタがこのSSピンを制御することで、余計なデータを受信しないようにしたり、複数のスレーブを接続して、特定のスレーブを選択してデータ転送したりすることもできます。

SPI通信用のクロック出力回路部はマスタ側だけが動作することになり、スレーブ側は、単純にマスタ側から送られてくるクロックに合わせて動作するだけになります。このため、SPIスレーブはスリープ中でも動作可能です。

●図5-3-5　SPIモードでのMSSP内部構成

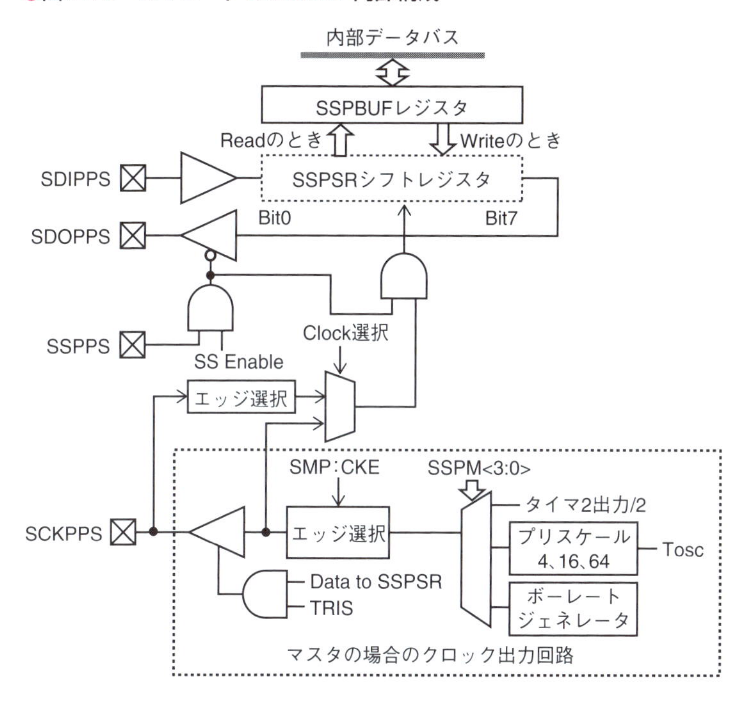

5-3-4　SPI通信制御用レジスタ

SPI通信を行うのに必要な制御レジスタには、SSPxSTAT、SSPxCON1、SSPxCON3レジスタがあり、詳細は図5-3-6の通りです。I²Cモードの設定と一緒になっていて、やや複雑な構成をしているので、図ではSPI通信に関係する部分だけを記述しています。また、MSSPモジュールが複数実装されているデバイスもあるため、xを1または2として区別しています。

モードを1010のマスタモードとした場合には、クロックの周波数をSSPxADDレジスタで設定できます。そのときのクロック周波数(Clock)は次の式で表されます。

$$Clock = Fosc \div (4 + (SSPxADD - 1))$$

●図5-3-6　SPI制御レジスタの詳細(xは1か2)

(a)SSPxSTATレジスタ

SMP	CKE	D/A	P	S	R/W	UA	BF

SMP:受信サンプル位置
マスタのとき
　1=後縁　　0=中央
スレーブのとき必ず0とする

CKE:送信エッジ指定
　1=activeからIdleになるとき
　0=Idleからactiveになるとき

BF:バッファフル状態
　1=SSPxBUFにデータあり
　0=SSPxBUFは空

(b)SSPxCON1レジスタ

WCOL	SSPOV	SSPEN	CKP	SSPM<3:0>

WCOL：Writeの衝突
1＝SSPBUFに以前のデータあり
0＝正常

SSPOV：受信オーバフロー
1＝オーバーフロー発生
0＝正常

SSPEN：SSP有効化
1＝SSP用ピンとする
0＝汎用I/Oピンとする

CKP：クロックの極性
1＝HighでIdle
0＝Lowでidle

SSPM<3:0>：MSSPモード指定
1010＝SPIマスタ
Clock＝Fosc(4＋(SSPxADD＋1))
0101＝SPIスレーブSSピン無効
0100＝SPIスレーブSSピン有効
0011＝SPIマスタClock＝TMR2/2
0010＝SPIマスタClock＝Fosc/64
0001＝SPIマスタClock＝Fosc/16
0000＝SPIマスタClock＝Fosc/4

(c)SSPxCON3レジスタ

ACKTIM	PCIE	SCIE	BOEN	SDAHT	SBCDE	AHEN	DHEN

BOEN：スレーブ、上書き有効化
1＝SSPxBUFに常に上書き
0＝BF＝1のとき受信でSSPOVセット

割り込みに関連する制御レジスタは次のようになっています。割り込みレジスタのyはファミリによって異なるのでデータシートで確認して下さい。

- PIRyレジスタのSSPxIFビット
- PIEyレジスタのSSPxIEビット

図5-3-6のレジスタを使ってSPI通信を使うための設定は次のようにします。

❶SPIモードの設定

SSPxCON1レジスタの中のSSPM<3：0>ビット(SSP Mode)でモードを設定します。マスタ／スレーブの区別とクロック指定によって7種類の設定があります。SPIモードを決めるには、まずマスタにするかスレーブにするかを決め、次に、クロックのレートを決めればSPIモードが決定できます。当然ながら、SSPEN(SSP Enable)はイネーブルにしておく必要があります。

❷ピン割り付けの設定

SDI、SDO、SCK、SSピンにするピンを決め、PPSレジスタ(Peripheral Pin Select)で設定します。PORTBとPORTCの任意のピンが使えます。

❸TRISレジスタで入出力モードを設定

SDI、SDO、SCKに相当する各ピンの入出力をSPIの設定モードがマスタかスレーブかに従って適切な方向に設定します。マスタの場合はSDOピンとSCKピンを出力モード、SDIを入力モードにします。スレーブの場合には、SDOピンを出力モードに、SDIピンとSCKピンとSSピンを入力モードにします。

❹クロックの極性とエッジを設定

まず、SSPxCON1レジスタのCKPビットで、クロックの論理を正にするか負にするかを決めます。次にSSPxSTATレジスタにあるCKEビットで、データをシフトするタイミングをクロック信号の立上りにするか立下りにするかを設定します。

❺割り込みの設定

割り込みを使う場合には、SSPxIEビットを1にしてMSSPの割り込みを許可し、次にINTCONレジスタのPEIEビットとGIEビットを1にしてグローバル割り込みを許可します。

5-3-5　例題　加速度センサの制御

MCCを使ってMSSPモジュールでSPI通信を行う場合の設定方法を説明します。ここではデジタル演習ボードを使って実際の例題で試してみます。

【例題】プロジェクト名　MSSPSPI

SPIで接続されている加速度センサのX、Y、Z軸の状態を0.5秒間隔で読み取り、シリアル通信でパソコンに送信し表示します。クロックは32MHz、通信速度は、SPIは8MHz、EUSARTは115.2kbpsとします。この例題をMCCで作成します。

1 プロジェクト作成とクロック設定

まず、通常どおり空のプロジェクトMSSPSPIを作成してからMCCを起動し、図5-3-7のように、クロックの設定とコンフィギュレーションの設定をします。①でクロックをHFINTOSCとし、②で32MHzを選択し、③で1/1とします。コンフィギュレーションの設定は④でWDTをDisableとし、⑤でLVPをオフとします。この設定でシステムクロックは32MHzとなります。

●図5-3-7　クロックとコンフィギュレーションの設定

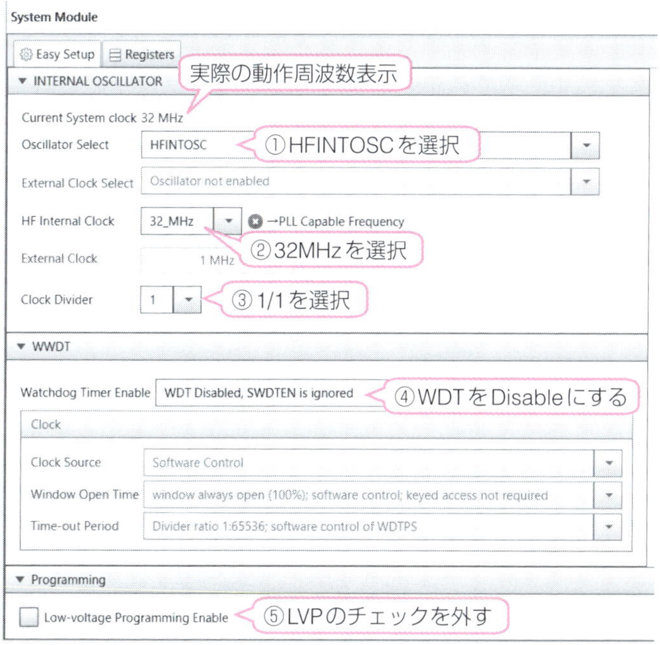

【注】SPIの設定と生成関数は、MCCのバージョンアップにより変更されています。詳細はp.2掲載のWebサイトより「補足情報　開発環境のバージョンアップについて」をご覧ください。

2 入出力ピンの設定

次には入出力ピンの設定ですが、ここではCS信号(Chip Select)を出力ピンとして用意する必要があるので、図5-3-8のように設定します。デジタル演習ボードの回路図にしたがってRB0をCS信号として使うので、①のようにRB0を出力とし、②[Pin Module]で名称をCSとします。

●図5-3-8　入出力ピンの設定

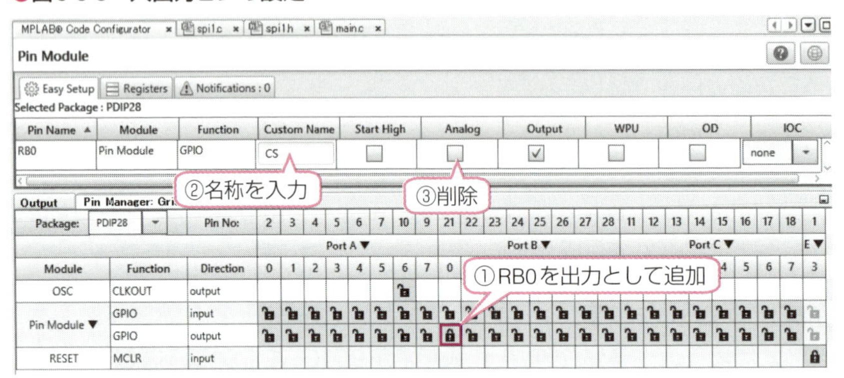

3 EUSARTの設定

次にEUSARTの設定をします。図5-3-9①のように[Device Resources]の窓で、EUSARTの中にあるEUSARTをダブルクリックすると図5-3-9②のように[Project Resources]欄のPeripheralsに追加されて、右側が設定窓になります。ここでは次のように設定します。③で通信速度を115200にします。④で送信を有効化し、⑤で連続受信を有効化します。次に⑥でTXピンとRXピンを指定しますが、ここはデフォルトのままで大丈夫です。これでピン割り付けをしたことになります。これだけの設定でEUSARTを115.2kbpsの調歩同期として使うことができます。

●図5-3-9　EUSARTモジュールの設定

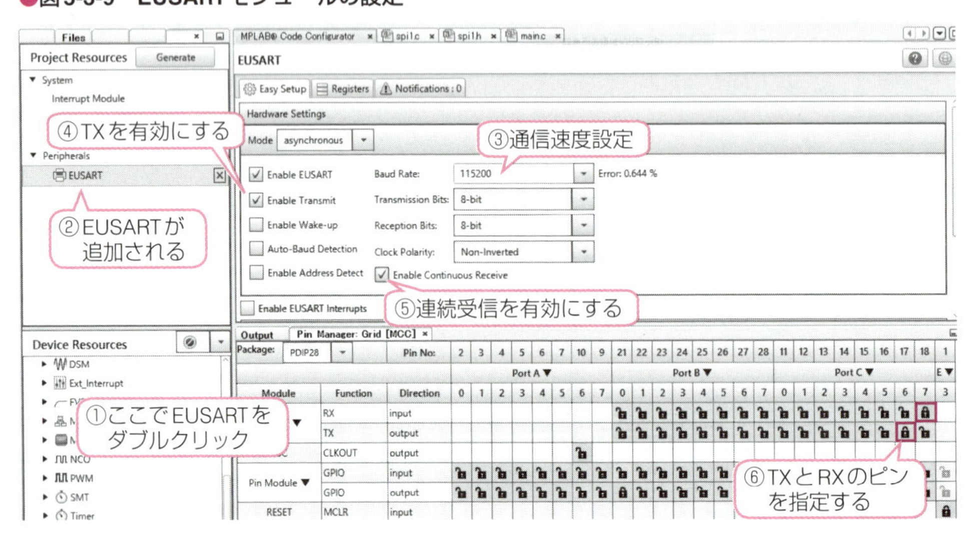

4 MSSPの設定

次がMSSPモジュールの設定です。EUSARTと同じように図5-3-10のようにします。

図5-3-10①でMSSP1をダブルクリックします。これで②のように［Project Resources］にMSSP1が追加され右側が設定窓になります。

設定窓では、③でSPI Masterを選択します。続いて④で受信サンプルをMiddleにします。次に⑤でクロックを常時Highとし、⑥でIdle to Activeのエッジを選択します。次に⑦でクロックをFosc/4を選択すれば8MHzの速度ということになります。

さらに⑧でピンの割り付けをします。デジタル演習ボードの回路図に合わせてSCKをRB5に、SDIをRB3に、SDOをRB4に指定します。

●図5-3-10　MSSP1モジュールの設定

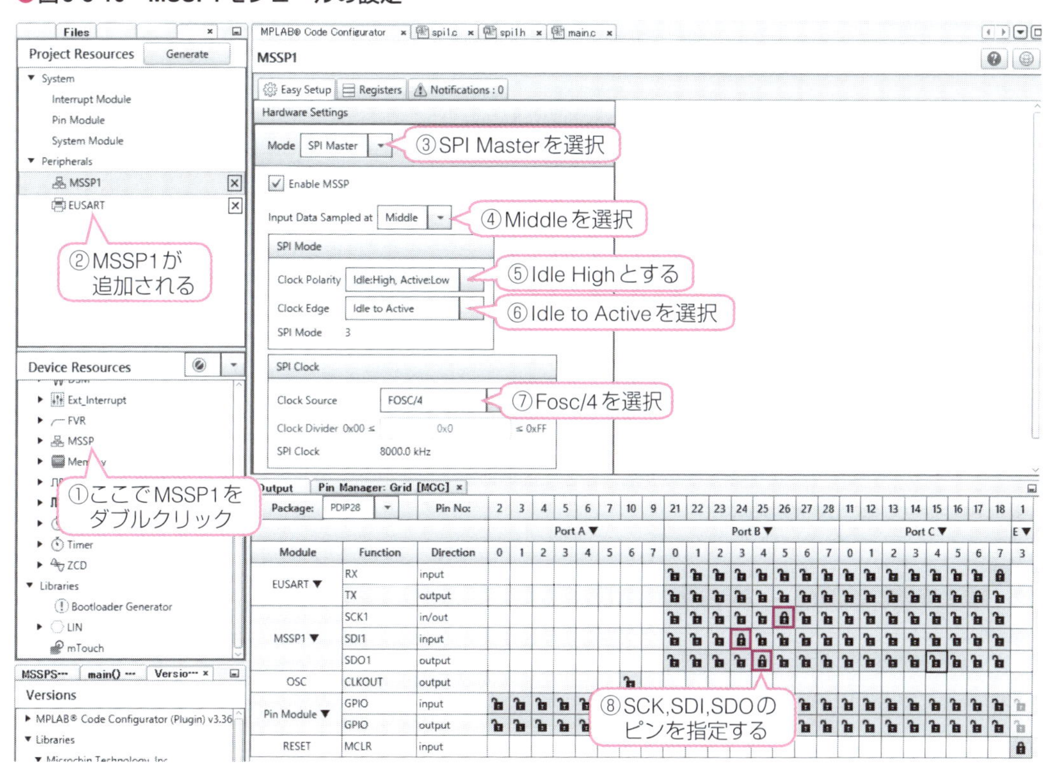

5 コードの生成

以上ですべての設定が完了したので［Generate］を実行します。これによりMSSP1に関する制御関数が`SPI1`として自動生成されます。`SPI1`の主な制御関数としては表5-3-1のような関数が生成されます。

▼表5-3-1 自動生成されるSPI1用関数

関数名	書式と使い方
SPI1_Initialize	【機能】SPI1モジュールの初期化関数。メインから自動で呼び出される 【書式】void SPI1_Initialize(void);
SPI1_Exchange8bit	【機能】1バイトのデータを送信し同時にスレーブから受信する 受信だけの場合にはダミーデータを送信する 【書式】uint8_t SPI1_Exchange8bit(uint8_t data); data：送信するデータ 【例】 readData = SPI1_Exchange8bit(Dummy_DATA);
SPI1_Exchange8bitBuffer	【機能】送信バッファから指定バイト数を送信し、同時にスレーブから同じバイト数を受信して受信バッファに格納する 【書式】uint8_t SPI1_Exchange8bitBuffer(uint8_t *dataOut, uint8_t bufLen, uint8_t +dataIn); dataOut：送信バッファのポインタ bufLen：送受信するバイト数 dataIn：受信バッファのポインタ 【例】 uint8_t myWriteBuf[Size]; uint8_t myReadBuf[Size]; total = SPI1_Exchange8bitBuffer(myWriteBuf, Size, myReadBuf);

6 ユーザ処理部の追加

これらの関数を使って加速度センサの入出力関数とユーザ処理部を作成します。追加部分はmain.cファイルだけになります。

まず、宣言部にはリスト5-3-1のように追加します。printf文が使えるように「stdio.h」のインクルードと低レベル出力関数「putch」を追加します。

また、SPIで連続6バイト読み込んだデータを、ユニオンを使って2バイトずつのint型に変換します。

リスト 5-3-1 宣言部への追加

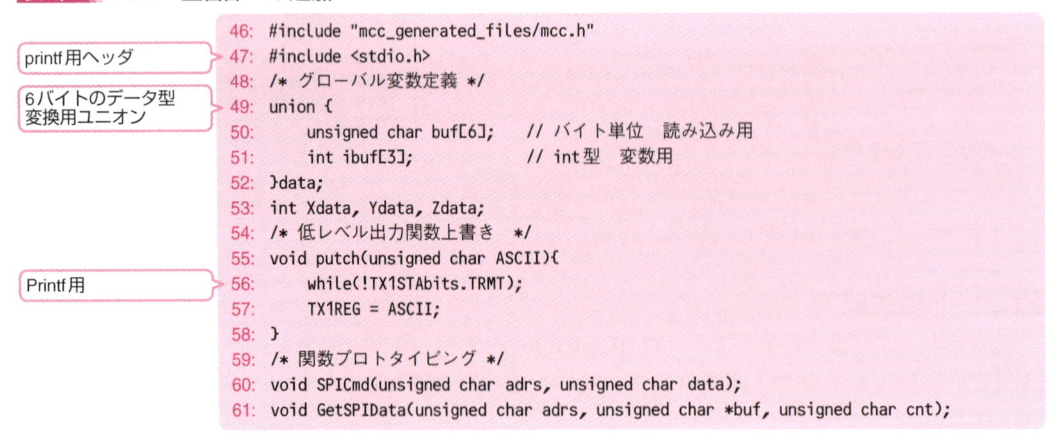


```
46: #include "mcc_generated_files/mcc.h"
47: #include <stdio.h>
48: /* グローバル変数定義 */
49: union {
50:     unsigned char buf[6];    // バイト単位　読み込み用
51:     int ibuf[3];             // int型　変数用
52: }data;
53: int Xdata, Ydata, Zdata;
54: /* 低レベル出力関数上書き */
55: void putch(unsigned char ASCII){
56:     while(!TX1STAbits.TRMT);
57:     TX1REG = ASCII;
58: }
59: /* 関数プロトタイピング */
60: void SPICmd(unsigned char adrs, unsigned char data);
61: void GetSPIData(unsigned char adrs, unsigned char *buf, unsigned char cnt);
```

次はmain関数部の追加でリスト5-3-2のようにします。初期化部で加速度センサの初期設定をします。ここでは計測加速度を2gのレンジで10ビットの分解能とし、100Hzの繰り返し周期、FIFOバッファは使わないという設定としています。

次がメインループで、加速度センサから6バイトを読み出し、X、Y、Zの加速度値にユニオンで変換したあと、printf文でシリアル送信しているだけです。

リスト 5-3-2 main関数への追加

```
86:     /* 加速度センサ初期設定 */
87:     SPICmd(0x2C, 0x0A);          // PowerOn 100Hz
88:     SPICmd(0x31, 0);             // SPI DataFormat 10bit Right 2g
89:     SPICmd(0x38, 0);             // FIFO Mode Bypass
90:     SPICmd(0x2D, 0x08);          // Mesure mode
91:     __delay_ms(5);
92:     while (1)
93:     {
94:         // Add your application code
95:         /* 加速度値を読みだす */
96:         GetSPIData(0xF2, &data.buf[0], 6);  // 6バイトデータ受信
97:         Xdata = data.ibuf[0];    // X軸
98:         Ydata = data.ibuf[1];    // Y軸
99:         Zdata = data.ibuf[2];    // Z軸
100:        /* 加速度データを送信 */
101:        printf("¥r¥n X= %+4d  Y= %+4d  Z= %+4d", Xdata, Ydata, Zdata);
102:        __delay_ms(500);
103:    }
104: }
```

さらに加速度センサとのSPI送受信を実行するサブ関数がリスト5-3-3となります。MCCで自動生成された関数を使って送受信を実行しています。受信ではダミーの送信データが必要です。

リスト 5-3-3 SPIで加速度センサと送受信する関数

```
105: /*****************************
106:  * SPIでコマンド出力
107:  *****************************/
108: void SPICmd(unsigned char adrs, unsigned char data){
109:     CS_SetLow();
110:     SPI1_Exchange8bit(adrs);    // レジスタアドレス送信
111:     SPI1_Exchange8bit(data);    // 設定データ送信
112:     CS_SetHigh();
113: }
114: /*****************************
115:  * SPIで連続データ受信
116:  *****************************/
117: void GetSPIData(unsigned char adrs, unsigned char *buf, unsigned char cnt){
118:     unsigned char dumy[6];      // ダミー送信データ
119:     CS_SetLow();
120:     SPI1_Exchange8bit(adrs);    // 開始レジスタアドレス送信
121:     SPI1_Exchange8bitBuffer(dumy, cnt, buf); // cntバイト受信
122:     CS_SetHigh();
123: }
```

7 書き込みと確認

以上ですべての追加が完了したので、コンパイルしてデジタル演習ボードに書き込みます。

デジタル演習ボードとパソコンをUSBシリアル変換ケーブルで接続して、通信ソフトTeraTermを実行すれば図5-3-11のように加速度データが表示されます。このままデジタル演習ボードを傾ければ値が変わるのが確認できます。

水平に置いた状態ではX軸とY軸がほぼ0の状態となります。加速度センサ基板にX方向とY方向が示されていますから、その方向に傾ければ値が変わることが確認できます。さらに垂直方向に素早く上げ下げするとZ軸の値が変わることが確認できます。

●図5-3-11 加速度センサの出力例

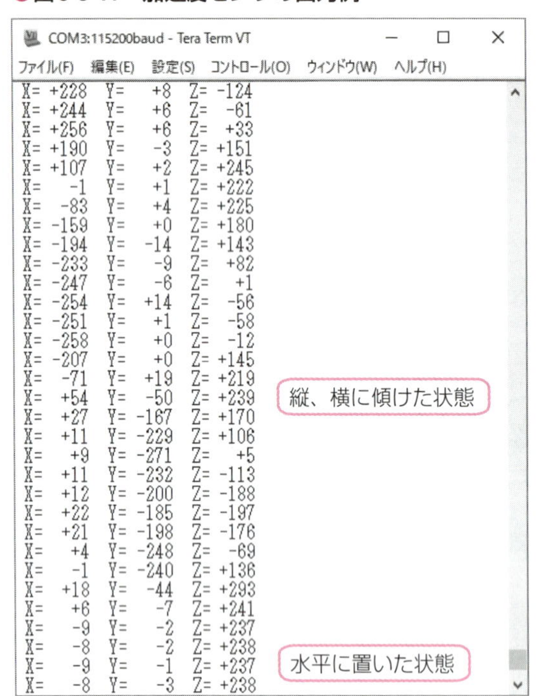

第3部 MCCと周辺モジュールの使い方

第6章 パルス出力関連モジュールの使い方

PIC16F1ファミリには、パルスを出力できるモジュールとして次のように多くの種類のモジュールがあります。

本章ではこれらのモジュールの使い方を説明します。

① デジタル演習ボード（PIC16F18857に内蔵されているもの）
- CCP（キャプチャ・コンペア・PWM）
- 10ビットPWM
- CWG（相補波形ジェネレータ）
- NCO（数値制御オシレータ）

② アナログ演習ボード（PIC16F1778）に内蔵されているもの
- CCP
- 10ビットPWM
- 16ビットPWM
- COG（相補出力ジェネレータ）

6-1 CCP/ECCPモジュールの使い方

CCP(Capture/Compare/PWM)と**ECCP**(Enhanced Capture/Compare/PWM)モジュールは、PIC16F1ファミリではCCPが1組だけ実装されたものから、最大ECCPが3組、CCPが10組実装されているものまであります。名前の通りこれらのモジュールは、**キャプチャとコンペアとPWMの3種類の機能**を果たすことができます。

キャプチャ機能とコンペア機能はCCPとECCPでほぼ同じとなっていますが、PWM機能は出力パルス構成がCCPとECCPで大きく異なります。**CCPは単純なパルスが1系統だけですが、ECCPはハーフブリッジやフルブリッジが構成できる最大4系統のパルス出力ができます。**

CCP/ECCPの実装内容によりファミリごとにレジスタの名称などが異なっているので、使う際にはデータシートを確認するようにして下さい。

6-1-1 キャプチャモードの場合の内部構成と動作

キャプチャ機能はCCP、ECCPでほぼ同じように動作し、いずれも内部構成は図6-1-1のようになっています。

●図6-1-1 CCP/ECCPのキャプチャモードのときの内部構成

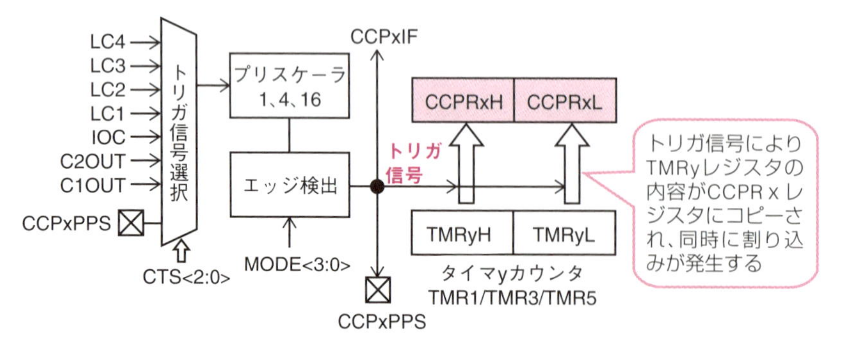

タイマy(yは1、3、5のいずれか)をフリーラン状態で動作させておき、外部CCPxピンなど選択されたトリガ信号入力のエッジトリガにより、16ビットカウンタのTMRy(Timer/counters Register)の内容を記憶用レジスタであるCCPRxに取り込んで記憶します。それと同時に割り込み信号CCPxIF(CCP Interrupt Flag)をセットし割り込みを発生します。キャプチャ後もタイマyのカウントは休まず続けられます。外部トリガ入力にはプリスケーラが設けられており、4回、

16回のエッジごとにキャプチャさせることもできます。

このときのタイマyは内部クロックに同期させる同期モードで、タイマかカウンタ動作としなければなりません。非同期モードだと正常にキャプチャが働きません。

キャプチャ機能の用途としては、例えば、図6-1-2のようにトリガ入力パルスの立上りエッジごとにキャプチャを行うと、そのときのキャプチャ値の差を求めれば、**パルスの周期の時間を測定できます**。同じように立上り、立下り両方のエッジでキャプチャして、キャプチャ値の差をとれば**パルス幅を計測できます**。実際にこれをUSARTのボーレートの測定などに使っています。

●図6-1-2 パルスの周期の測定

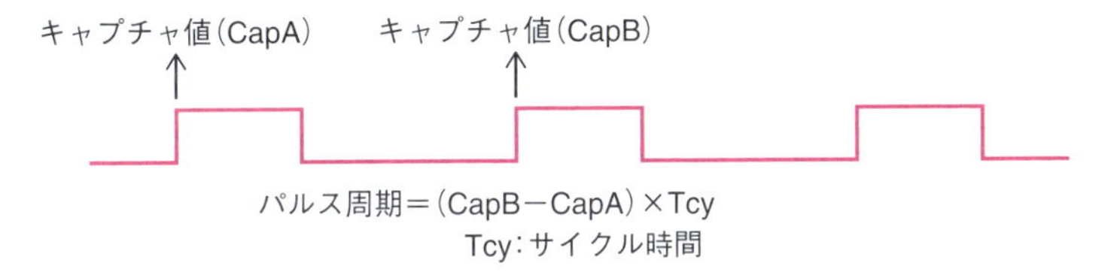

6-1-2 コンペアモードの場合の内部構成と動作

CCP/ECCPモジュールをコンペアモードで使うときの構成は同じで、図6-1-3のようになります。

●図6-1-3 コンペアモードのときの構成

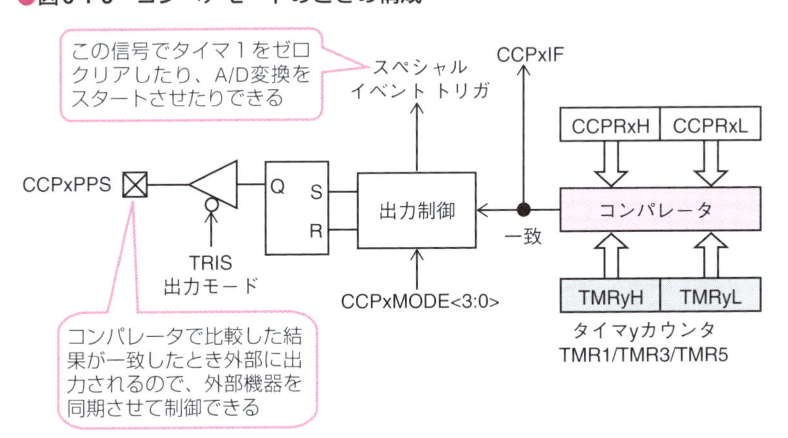

コンペア動作は、まずタイマy (yは1、3、5のいずれか) を同期モードで動作させておきます (タイマを非同期モードとするとコンペアモードは正常に動作しません)。このカウントアップ動作中は、あらかじめ設定されたコンペアレジスタ (CCPRx) の内容とタイマyのカウンタが常にコンパレータで比較されており、同じになったとき、割り込み信号CCPxIFを発生させ、同時にCCPxピンにHighまたはLowの信号を出力できます。

また、コンペアが一致したとき、**スペシャルイベントトリガ信号**としてAD変換をスタートさせることもできます。

コンペアモードの用途としては、指定した時間幅を持つワンショットのパルスを出力するような場合に使われます。これで**遅延パルスの生成**などが可能です。

6-1-3 CCPモジュールのPWMモードの場合の内部構成と動作

CCPモジュールのPWM（Pulse Width Modulation（パルス幅変調））モードでの使い方を説明します。

まず**PWM（パルス幅変調）**とは何のことでしょうか。基本的な原理は、周期を一定にして、パルスの「1」と「0」の割合を可変にすることで、通電する時間の平均のエネルギーを可変制御しようとするものです。これで**LEDの調光制御やDCモータの回転速度制御を行う**ことができます。

CCPモジュールのPWMモードでの時間の制御はタイマy（yは2、4、6のいずれか）に依存しています。したがって、CCPの動作はタイマyと一緒にして考える必要があります。PWMモードの時のCCPの内部構成は図6-1-4のようになっていて、少し複雑な構成になっています。

●図6-1-4 PWMモードのときの構成

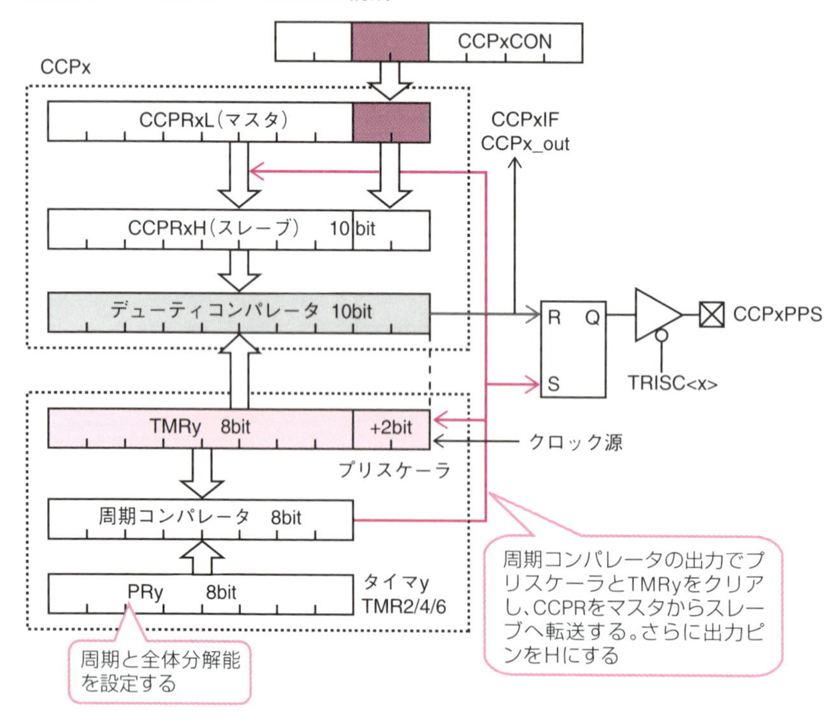

この構成でのPWM動作は図6-1-5のようになります。動作としては、TMRyは常時選択されたクロック源でカウントアップ動作をしています。PWM動作の場合TMRyの前段に2ビットのプリスケーラが挿入されて10ビットの動作をします。

PRy（Period Register）とTMRyの上位8ビットは常に周期コンパレータで比較されており、両者の値が一致すると、コンパレータからの出力で、TMRyは0クリアされてカウント動作を最初からやり直すことになります。これと同時にCCPxピンの出力は「High」にセットされます。したがってTMRyは0からPRyの値までを繰り返すので、一定周期でCCPx出力がHighにされることになります。これでPWMの**周期**が決定されます。

一方、**デューティ**を決定するのがCCPRxLレジスタで、この内容がデューティレジスタ（CCPRxH）にコピーされてデューティが初期化されます（正確にはここでのCCPRxLレジスタはもともとのCCPRxLレジスタにCCPxCON<5:4>の2ビットが付加されたもの）。

このデューティレジスタ（CCPRxH）とTMRy（10ビット）も常時デューティコンパレータで比較されており、一致するとデューティコンパレータの出力でCCP出力が「Low」にリセットされます。したがって、PRyよりCCPRxHの上位8ビットの値が小さければ、CCP出力はHighとLowを一定周期で繰り返すことになります。このときのCCP出力の周期、HighとLowの割合（つまりデューティ比）とレジスタの関係は図6-1-5に示したようになります。つまりPRyで周期が決まり、CCPRxL＋CCPxCON<5:4>の値を可変すれば、デューティ比が自由に設定できることになります。

●図6-1-5　PWMモードの周期とデューティ

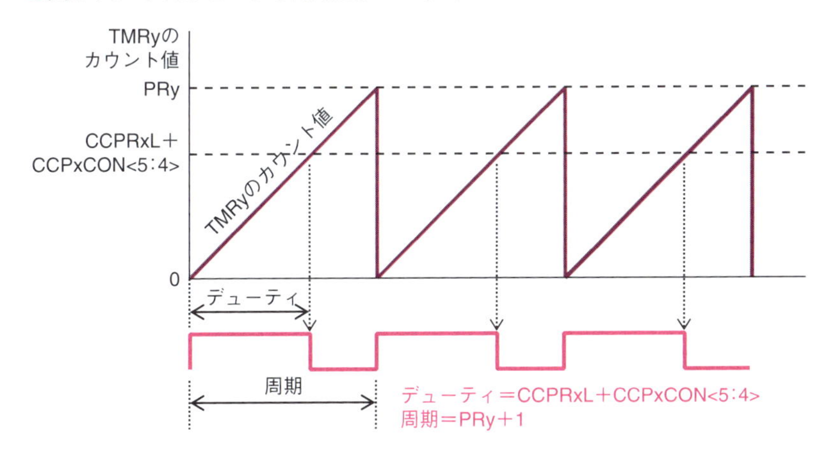

では、CCP出力とデューティの実際の設定の値と分解能はどのようになるでしょうか。これはTMRyのクロックがベースになり、式で表現すると、下記となります。

周期（μsec）＝（PRy＋1）×4×Tosc×（TMRyのプリスケール値）
デューティ分解能＝TMRyの設定値
（Tosc：クロック源のパルス幅μ sec）

これを実際のクロック周波数に当てはめ、いくつかのケースでの実際の値を求めると表6-1-1(a)、(b)のようになります。周期の計算の仕方は上式に当てはめて、例えば、

タイマyのクロック32MHzでPRy＝0xFF（＝255)、プリスケール＝1なら

周期＝256×(4/32)μsec×1＝32μsec →31.25kHz

タイマyのクロック8MHzなら

周期＝256×(4/8)μsec×1＝128μsec →7.81kHz

となります。同様にしていくつかのケースを求めて表にしたのが表6-1-1となります。**分解能はPRyに設定した値で決まることになります。**

▼表6-1-1 PWMの設定と周波数と分解能

(a) タイマyのクロック源が32MHzのとき

PWMの周期(kHz)	1.95	7.81	31.25	62.5	125	250	500
プリスケーラ値	16	4	1	1	1	1	1
PRyの設定値	0xFF	0xFF	0xFF	0x7F	0x3F	0x1F	0x0F
分解能(ビット)*1	10	10	10	9	8	7	6

*1 PRyより大きな値を設定するとデューティは常に100%となるので、PRyより大きな値を設定できないことによる限界。

(b) タイマyのクロック源が8MHzのとき

PWMの周期(kHz)	1.95	7.81	15.63	31.25	62.5	125.0	250.0
プリスケーラ値	4	1	1	1	1	1	1
PRyの設定値	0xFF	0xFF	0x7F	0x3F	0x1F	0x0F	0x7
分解能(ビット)	10	10	9	8	7	6	5

この計算値からすると、10ビットの最大分解能を維持してPWM制御をする場合には、クロックが32MHzなら31.25kHz、8MHzなら7.81kHzが最高周波数の周期ということになります。

6-1-4 ECCPモジュールのPWMモードの場合の内部構成と動作

ECCPでのPWMモードの使い方を説明します。強化されたPWMモジュールの内部構成は図6-1-6のようになっていて、P1A、P1B、P1C、P1Dの4本の出力ピンを制御して下記の4つの動作を行います。いずれのモードの場合でも、ピンへの出力はアクティブHigh（正論理）かアクティブLow（負論理）かを選択できるので、外部論理はどちらでも使うことができます。

- 単一PWM
- ハーフブリッジPWM
- フルブリッジPWM（正転）
- フルブリッジPWM（逆転）

●図6-1-6　ECCPのPWMモジュールの構成

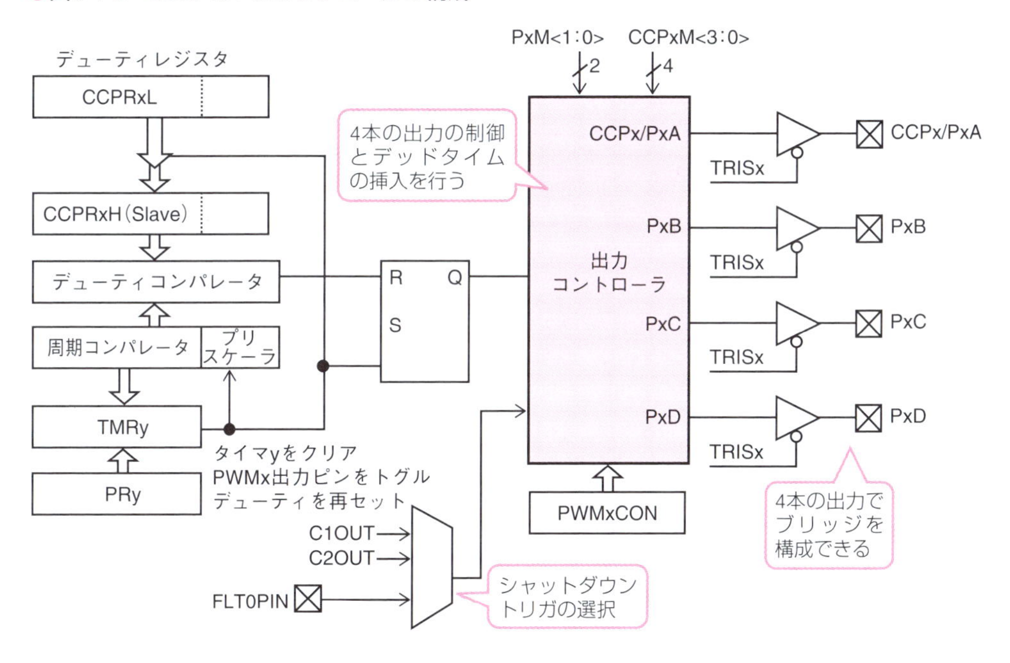

これらの4つのピンに対してモードごとに出力される信号は、アクティブHighの場合には図6-1-7のようになります。これで図6-1-7（b）のようなハーフブリッジや、図6-1-7（c）（d）のようなフルブリッジの回路を構成した場合、ECCPから直接PWM制御ができるパルスが出力されます。

●図6-1-7　PWMモードごとのパルス出力形式

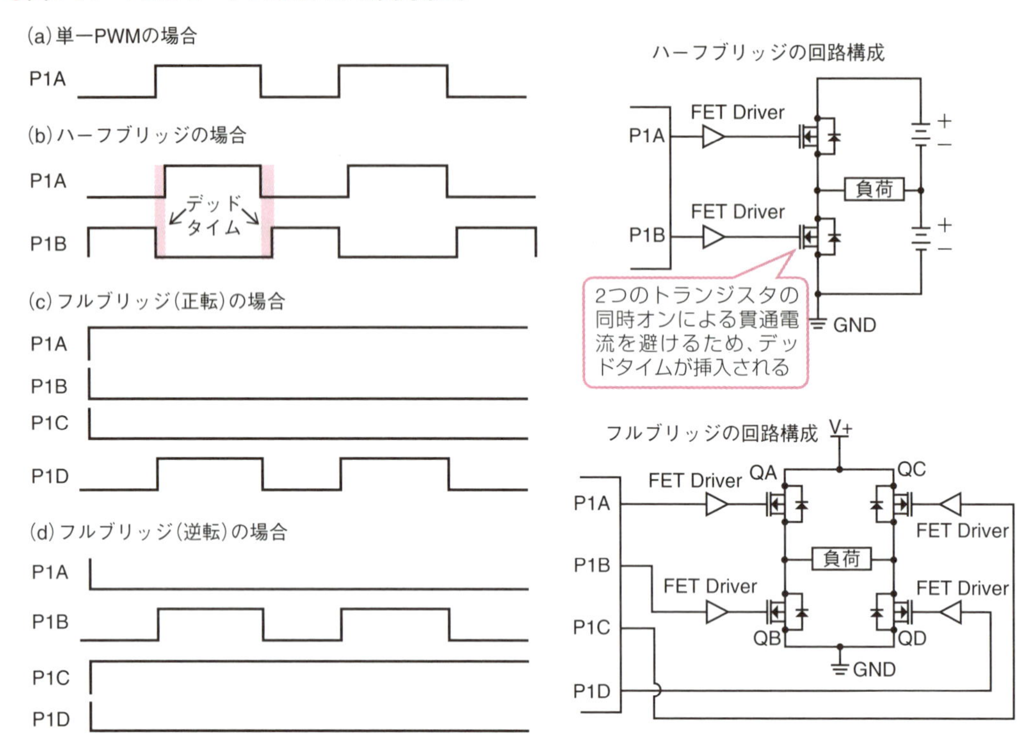

1 単一PWM

ECCPを単一PWMとして使った場合には、通常はP1AピンにだけPWM信号が出力されますが、図6-1-8に示すステアリングレジスタPSTRxCONレジスタ(PWM Steering Control)の設定により同じPWM信号を4ピンのどれにでも指定して出力でき、複数ピンに同じPWM信号を出力することもできます。したがって同じPWM信号を最大4つ出力できます。

●図6-1-8　PSTRxCONレジスタの内容

PSTRxCONレジスタ

—	—	—	STRxSYNC	STRxD	STRxC	STRxB	STRxA

STRxSYNC：出力同期タイミング
1＝PWM周期で変更
0＝命令実行後すぐ変更

STRxY：出力するピンの指定
1＝PxYピンをPWM出力とする
0＝PxYピンを汎用I/Oとする
極性はCCP1CONレジスタのCCPxM<1:0>による
(YはA、B、C、Dのいずれか)

2 ハーフブリッジ

ハーフブリッジの場合には図6-1-7に示したように、相補構成のPWM信号がP1AとP1Bに出力され、P1CとP1Dは汎用のI/Oピンとなります。

この場合、ハーフブリッジの回路構成は、図6-1-7に示したように2個のトランジスタが直列になって電源とグランドに接続されているため、両方のトランジスタがオンオフを交代する際、トランジスタの動作遅れにより両方がオンになってしまう時間が発生し、**貫通電流**が流れて無駄な電気を消費したり、最悪はトランジスタが破壊したりすることになります。これを避けるため、オンに切り替えるのを遅らせて両方がオフになる時間帯、つまり**デッドバンド**を自動的に挿入します。このデッドバンドのバンド幅は設定で変更できます。

3 フルブリッジ

フルブリッジの場合には、4つのピンに信号が出力されます。図6-1-7のフルブリッジの回路構成で示したように、正転または逆転で出力される信号でブリッジの対角にあるトランジスタがオンとなるような信号が出力され、下側のトランジスタがPWMでドライブされます。

フルブリッジの場合には方向を切り替えるときだけ貫通電流の問題がありますが、通常動作中は貫通電流の心配はありません。また、回転方向を切り替える場合はソフトウェアで回避すれば問題ないため、フルブリッジの場合にはデッドバンドの自動挿入はありません。

ECCPモジュールのPWMには、**異常時のPWMの自動シャットダウン機能**が用意されています。例えばモータがロックして過電流状態となった場合など、緊急でPWMを停止させる必要がありますが、この制御をソフトウェアで行うと時間がかかりすぎてダメージが大きくなるので、外部異常信号の入力によりハードウェアで直接PWMをシャットダウンさせる機能です。

この自動シャットダウンの要因として、アナログコンパレータの出力と外部ピンのデジタル入力が用意されていて選択できます。さらにシャットダウン時のPWM出力ピンの制御方法も選択できるようになっています。

これらのシャットダウン要因はレベル入力となっているので、要因が続いている限りシャットダウンを継続します。この要因が除かれたとき、PWMxCONレジスタ（PWM Control）のPRSENビット（PWM Restart Enable）がセットされていれば自動的に再起動します。

6-1-5　CCP/ECCPモジュール制御レジスタ

1 CCPモジュール

CCPモジュールを制御するために用意されたレジスタには、図6-1-9のようなものがあります。

CCPxCONレジスタ（CCPx Control）で基本的な動作モードを設定します。キャプチャモードのときは、トリガ入力となる信号をCCPxCONレジスタで選択します。

さらにCCPTMRS0とCCPTMRS1レジスタ（CCP Timer Select）で連携するタイマを選択します。キャプチャ / コンペアモードの場合にはタイマ1、タイマ3、タイマ5から選択でき、PWMモードの場合にはタイマ2、タイマ4、タイマ6から選択できます。

●図6-1-9　CCP制御レジスタ

(a) CCPxCONレジスタ　(xは1～5)

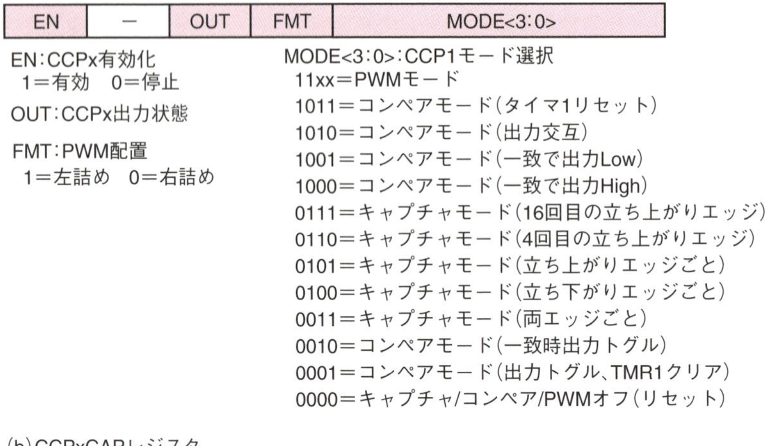

(b) CCPxCAPレジスタ

－	－	－	－	－	CTS<2:0>

CTS<3:0>:キャプチャトリガ選択
111＝LC4　110＝LC3　101＝LC2
100＝LC1　011＝IOC　010＝C2OUT
001＝C1OUT　000＝CCPxPPS

(c) CCPTMRS0レジスタ

C4TSEL<1:0>	C3TSEL<1:0>	C2TSEL<1:0>	C1TSEL<1:0>

(d) CCPTMRS1レジスタ

－	－	P7TSEL<1:0>	P6TSEL<1:0>	C5TSEL<1:0>

CxTSEL<1:0>:CCPxタイマ選択　キャプチャ・コンペア用/PWM用
11＝TMR5/TMR6　10＝TMR3/TMR4　01＝TMR1/TMR2　00＝未使用
PxTSEL<1:0>:PWMxタイマ選択
11＝TMR6　10＝TMR4　01＝TMR2　00＝未使用

2 ECCPモジュール

次にECCPの場合の制御レジスタは、例えばPIC16F1946/7の場合図6-1-10のようになります。モード設定でCCPと異なるのはPWMの場合だけです。しかしこのPWMモードに対し4つの出力ピンの出力方法の設定と、シャットダウン制御が追加されています。

●図6-1-10 ECCP用制御レジスタ (PIC16F1946/7の場合)

(a) CCPxCONレジスタ(xは1～3)

PxM<1:0>	DCxB<1:0>	CCPxM<3:0>

PxM<1:0>:PWM出力構成
PWMモードの場合
00:P1AのみPWM出力他は汎用
01:フルブリッジ正転 (P1DがPWM、P1AHigh)
10:ハーフブリッジ (P1AとP1Bが相補他は汎用)
11:フルブリッジ逆転 (P1BがPWM、P1CがHigh)
他のモードの場合
P1AのみCCP用入力で他は汎用I/O

DCxB<1:0>:デューティ下位データ
PWMモード　　Duty下位2ビット
その他のモード　使用せず

CCPxM<3:0>:CCP1モード選択
1111:PWMモード(P1A, P1B, P1C, P1Dアクティブlow)
1110:PWMモード(P1A, P1Cアクティブlow、P1B.P1DアクティブHigh)
1101:PWMモード(P1A, P1CアクティブHigh、P1B、P1Dアクティブlow)
1100:PWMモード(P1A, P1B, P1C, P1DアクティブHigh)
1011:コンペアモード(スペシャルイベントトリガ)(タイマyリセット、A/D変換開始)
1010:コンペアモード(一致で割り込み　出力ピンは汎用I/O)
1001:コンペアモード(一致で出力Low)
1000:コンペアモード(一致で出力High)
0111:キャプチャモード(16回目の立上りエッジ)
0110:キャプチャモード(4回目の立上りエッジ)
0101:キャプチャモード(立上りエッジごと)
0100:キャプチャモード(立下りエッジごと)
0011:未使用
0010:コンペアモード(一致時出力トグル)
0001:未使用
0000:キャプチャ/コンペア/PWMオフ(リセット)

(b) CCPTMRS0レジスタ

C4TSEL<1:0>	C3TSEL<1:0>	C2TSEL<1:0>	C1TSEL<1:0>

(c) CCPTMRS1レジスタ

−	−	−	−	−	−	C5TSEL<1:0>

CxTSEL<1:0>:CCPx用タイマ選択(PWMモード)
00:タイマ2　01:タイマ4　10:タイマ6　11:未使用

(d) PWMxCONレジスタ

PxRSEN	PxDC<6:0>

PxRSEN：PWM再スタート有効化
　1＝CCPxASEビットを自動クリアし
　　自動再スタート有効化
　0＝再スタート無効
　　CCPxASEビットをソフトでクリア

PxDC<6:0>：PWM遅延カウンタ
　デッドバンド用遅延（命令サイクル単位）

(e) CCPxASレジスタ

CCPxASE	CCPxAS<2:0>	PSSxAC<1:0>	PSSxBD<1:0>

CCPxASE：シャットダウン状態
　1＝CCPxシャットダウン中
　0＝CCPx動作中

CCPxAS<2:0>：シャットダウン要因選択
　000＝シャットダウン無効
　001＝コンパレータC1出力High
　010＝コンパレータC2出力High
　011＝C1またはC2の出力High
　100＝INTピンがLow
　101＝INTピンLowかC1出力High
　110＝INTピンLowかC2出力High
　111＝INTピンLowかC1かC2出力High

PSSxAC<1:0>：P1A、P1C
シャットダウン時制御指定

PSSxBD<1:0>：P1B、P1D
シャットダウン時制御指定
　00＝ピンをLowとする
　01＝ピンをHighとする
　1x＝ピンをハイインピーダンスとする

(f) PSTRxCONレジスタ

－	－	－	STRxSYNC	STRxD	STRxC	STRxB	STRxA

STRxSYNC：出力同期タイミング
　1＝PWM周期で変更
　0＝命令実行後すぐ変更

STRxY：出力するピンの指定
　1＝PxYピンをPWM出力とする
　0＝PxYピンを汎用I/Oとする
　極性はCCPxCONレジスタの
　CCPxM<1:0>による
　（YはA,B,C,Dのいずれか）

6-1-6　例題　フルカラーLEDの調光制御

MCCを使ってCCPモジュールでPWM制御を行う設定方法を説明します。ここではデジタル演習ボードを使った実際の例題で試してみます。

【例題】 プロジェクト名　CCPLED

CCP3、CCP4、CCP5をPWMモードで使って赤、緑、青のLEDの調光制御をします。スイッチS1、S2、S3が押されている間、赤、緑、青のデューティをアップします。クロックは内蔵発振の32MHzとしPWMは31kHzとします。

この例題をMCCで作成します。CCP5のみピン割り付け機能でポートAに出力可能なのですが、他のCCPはポートBとCにしか割り付けできません。そこでCLCモジュールを使って図6-1-11のようにモジュールを接続して、ポートAに割り付けできるようにします。CLCモジュールの詳細な使い方は第3部 第6-7節を参照して下さい。

●図6-1-11　例題のモジュール接続構成

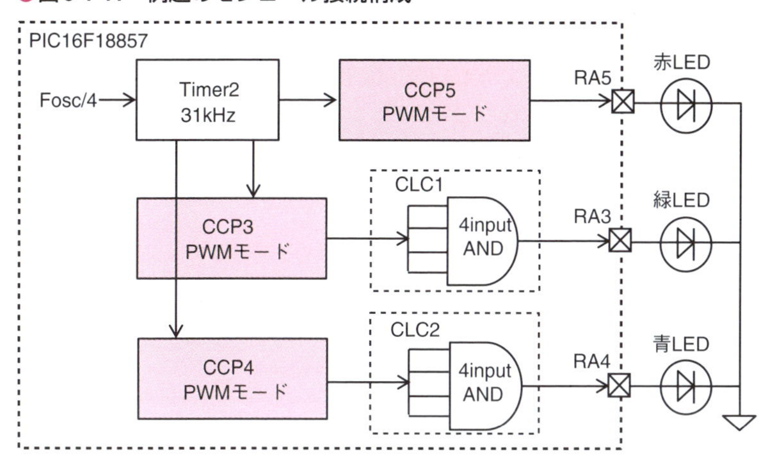

1 プロジェクト作成とクロック設定

まず、通常どおり空のプロジェクトCCPLEDを作成してからMCCを起動し、図6-1-12のように［System Module］の設定をします。①でクロックをHFINTOSCとし、②で32MHzを選択し、③で1/1とします。コンフィギュレーションの設定は④でWDTをDisableとし、⑤でLVPをオフとします。この設定でシステムクロックは32MHzとなります。

●図6-1-12　クロックとコンフィギュレーションの設定

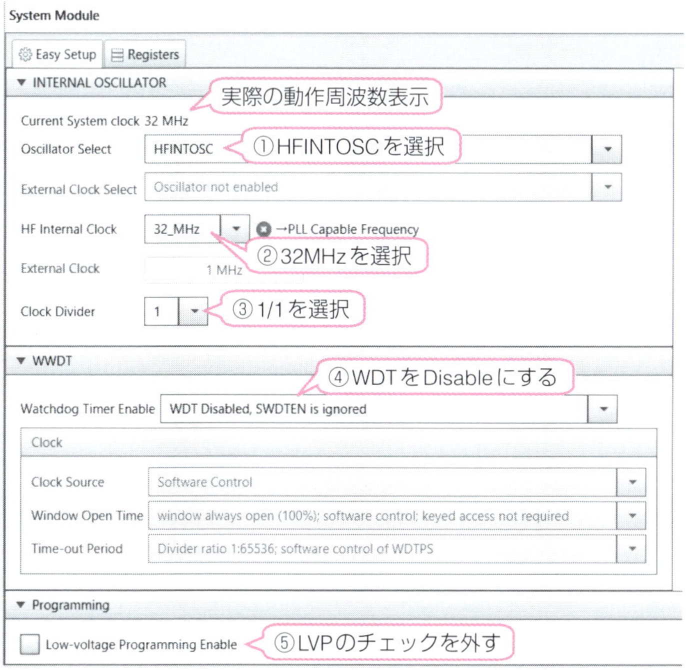

System Module
Easy Setup　Registers
▼ INTERNAL OSCILLATOR
実際の動作周波数表示
Current System clock 32 MHz
Oscillator Select　HFINTOSC　①HFINTOSCを選択
External Clock Select　Oscillator not enabled
HF Internal Clock　32_MHz　→PLL Capable Frequency
②32MHzを選択
External Clock　1 MHz
Clock Divider　1　③1/1を選択
▼ WWDT
④WDTをDisableにする
Watchdog Timer Enable　WDT Disabled, SWDTEN is ignored
Clock
Clock Source　Software Control
Window Open Time　window always open (100%); software control; keyed access not required
Time-out Period　Divider ratio 1:65536; software control of WDTPS
▼ Programming
Low-voltage Programming Enable　⑤LVPのチェックを外す

2 CCPの設定

次にCCPの設定を行います。CCP3、CCP4、CCP5の3つを設定しますが、すべて同じ設定で図6-1-13のようにします。[Device Resources]欄で①CCP3、CCP4、CCP5をダブルクリックすれば上側の[Project Resources]に追加され右側が設定窓になります。設定窓では②PWMモードを設定し、③Timer2を指定するだけで設定は完了です。

●図6-1-13 CCPモジュールの設定

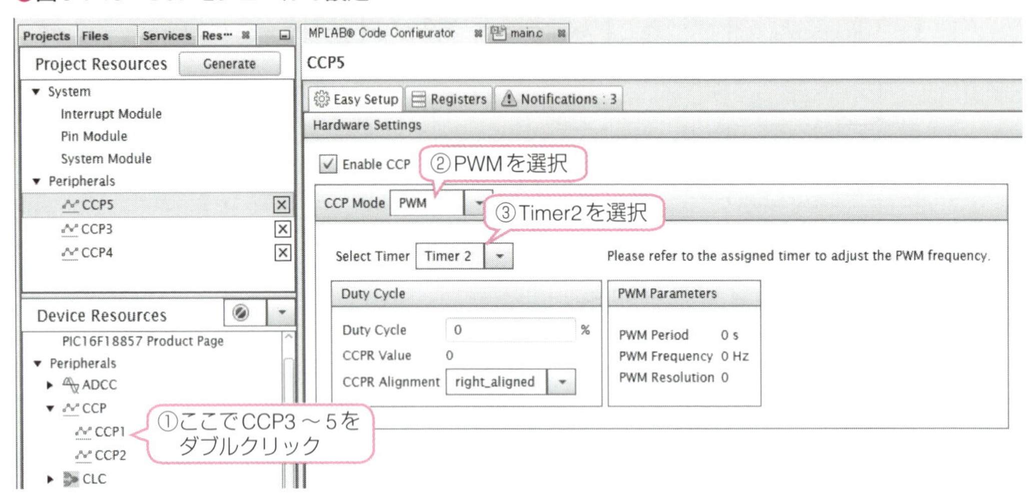

3 タイマ2の設定

次はCCP用のタイマ2の設定で図6-1-14のようにします。

●図6-1-14 Timer2の設定

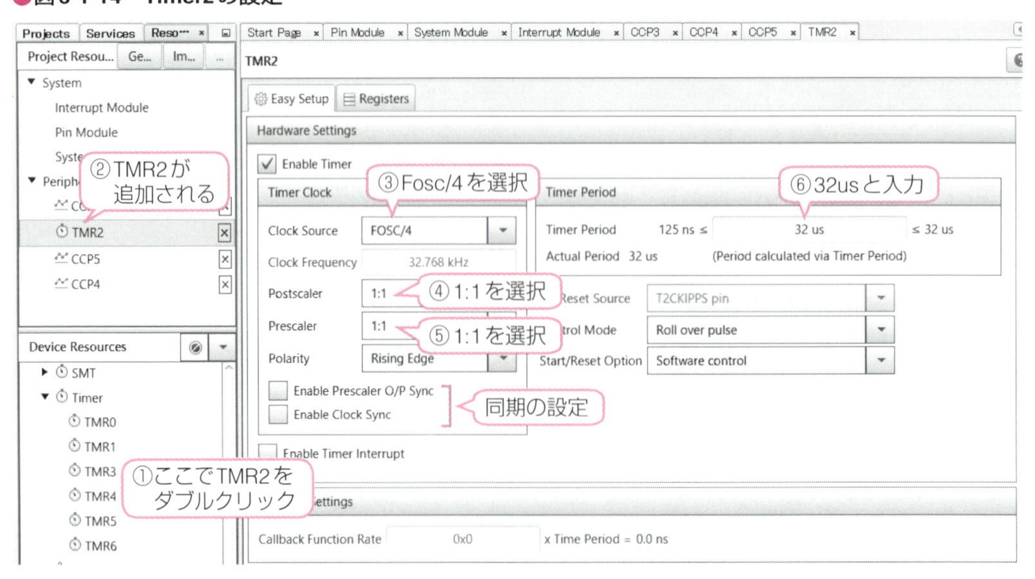

①のように[Device Resources]でTimer2をダブルクリックして選択します。右側の設定窓では、③でクロックはFosc/4を選択し、④、⑤のスケーラは1/1を指定します。⑥の周期欄では32usの最大値を入力します。

ここでクロック選択欄に同期の設定がありますが、クロックにFosc以外を選択してPWMを制御する場合には同期を有効化しないとPWMの出力が乱れるので注意して下さい。

4 CLC1とCLC2の設定

次にCLC1とCLC2の設定をしますが、両方とも同じ設定で入力だけ異なった設定とします。設定は図6-1-15のようにします。図の①でCLC1かCLC2を選択します。右側の設定欄で、③でロジック回路に[4-input AND]を選択し、④で入力を選択しますが、CLC1の場合は4入力ともすべてCCP3_OUTを選択し、CLC2の場合はCCP4_OUTを選択します。さらに⑤のようにゲートとの接続は4つとも最上段だけ接続するようにします。

●図6-1-15　CLC1の設定

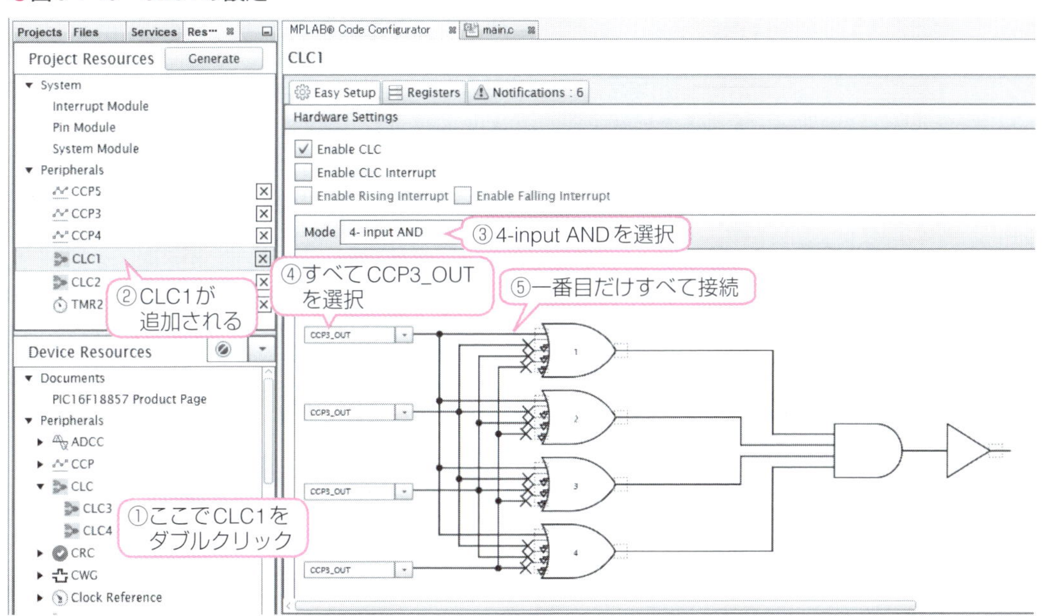

5 入出力ピンの設定

最後に入出力ピンの設定をします。この設定は図6-1-16のようにします。まず①スイッチの入力ピンをRA0、RA1、RA2に設定し、次に②CCP5とCLC1、CLC2の出力をポートAのLEDに設定します。CCP5はRA5に、CLC1はRA3にCLC2はRA4に接続します。これで3色のLEDがPWM制御で動作することになります。次に[Pin Module]欄で③でピン名称を入力し、④でプルアップの有効化を行います。さらに⑤でAnalogのチェックをすべて外します。

●図6-1-16　入出力ピンの設定

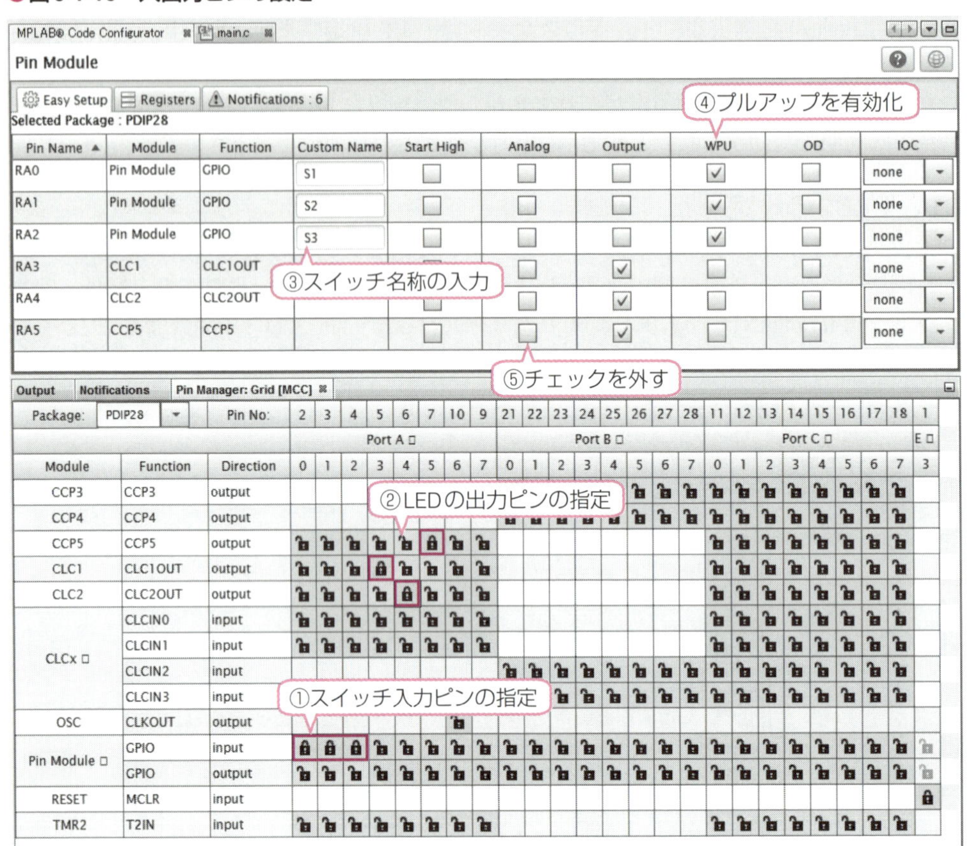

6 コードの生成

以上ですべての設定が完了したので、[Generate]ボタンを押してコードを生成します。

こうして自動生成されたCCPの制御関数は表6-1-2のようになっています。単にデューティ値を設定するだけの関数となっています。

▼表6-1-2　自動生成されたCCP制御関数

関数名	書式と使い方
PWMx_Initialize (xは1から5のいずれか)	【機能】CCPxの初期化を行う。mainから自動的に呼び出される 【書式】void PWMx_Initialize(void);
PWMx_LoadDutyValue (xは1から5のいずれか)	【機能】CCPxのPWMデューティを設定する 【書式】void PWMx_LoadDutyValue(uint16_t dutyValue); dutyValue：デューティ値　0～1023の範囲 【例】　PWM3_LoadDutyValue(Duty1);

7 ユーザ処理部の追加

生成後、これらの関数を使ってユーザ処理部を追加しますが、すべてmain.cファイル内に追加します。追加内容がリスト6-1-1となります。

(a)の宣言部には3個のデューティ用変数を用意します。(b)のユーザ処理部はメインループの中にすべて記述しています。スイッチがオンの間だけデューティ値をアップし、LEDへのPWM出力のデューティを設定しています。これで、スイッチを押している間徐々に明るく光り、100%を超えたらすぐ0%に戻るということを繰り返します。

リスト 6-1-1 ユーザ処理の追加

(a) 宣言部の追加

```
46: #include "mcc_generated_files/mcc.h"
47: unsigned int Duty1, Duty2, Duty3;
```

(b) メインループへの追加

```
72:     while (1)
73:     {
74:         // Add your application code
75:         if(S1_GetValue() == 0){         // S1オンの場合
76:             Duty1++;                    // デューティアップ
77:             PWM5_LoadDutyValue(Duty1);  // 赤LED出力
78:         }
79:         if(S2_GetValue() == 0){         // S2オンの場合
80:             Duty2++;                    // デューティアップ
81:             PWM3_LoadDutyValue(Duty2);  // 緑LED出力
82:         }
83:         if(S3_GetValue() == 0){         // S3音の場合
84:             Duty3++;                    // デューティアップ
85:             PWM4_LoadDutyValue(Duty3);  // 青LED出力
86:         }
87:         __delay_ms(10);                 // 遅延
88:     }
89: }
```

6-2 10ビットPWMモジュールの使い方

PIC16F1ファミリにはCCPモジュール以外に10ビット分解能のPWM（Pulse Width Modulation）モジュールが実装されているものがあります。本節ではこの**10ビット PWMモジュール**の使い方を説明します。

6-2-1 10ビットPWMモジュールの内部構成と動作

このPWMモジュールの内部構成は図6-2-1のようになっていて、標準のCCPモジュールをPWM動作だけに限定した構成とほぼ同じとなっています。連動するタイマがタイマ2、4、6から選択できることも同じです。

PWMパルスの周期は選択したタイマyで決定され、タイマyが周期レジスタPRyと一致してタイマy本体が0にクリアされるとき、同時にPWMx出力がHighとなります。

●図6-2-1 PWMモジュールの構成

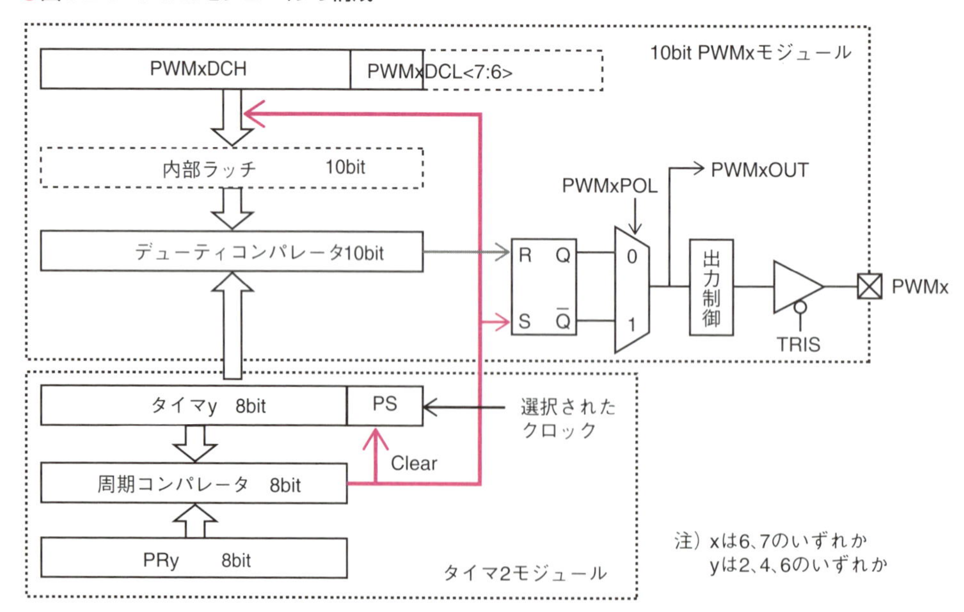

タイマyは並行してデューティコンパレータにより内部ラッチと比較されています。このときにはタイマyはプリスケーラを含めて10ビットで扱われます。そして内部ラッチと一致したとき、PWMx出力がLowになります。こうして一定周期でデューティが設定で変わるPWMパルスが生成されます。

デューティ設定のレジスタはCCPモジュールとは異なっていて、PWMxDCHレジスタとPWMxDCLレジスタ（PWM Duty Cycle）の2ビットで行います。これら2つのレジスタに設定したあと、実際の変更は、タイマyがPRyと一致した周期の最初で内部ラッチに転送されて有効となります。これで、周期の途中でおかしな動作になることがないようにしています。

6-2-2　10ビットPWMモジュール制御レジスタ

この10ビット PWMの動作設定は図6-2-2のレジスタで行います。PWMxCONレジスタ（PWM Control）で基本的な動作を設定し、CCPTMRS1レジスタ（CCP Timer Select）で連動するタイマを選択します。このタイマ選択用レジスタがCCPモジュールのレジスタと兼用になっているので注意して下さい。あとはタイマyで周期を設定し、2個のデューティレジスタでデューティを設定します。

●図6-2-2　10ビット PWMモジュールの設定用レジスタの詳細

(a) PWMxCONレジスタ

PWMxEN	—	PWMxOUT	PWMxPOL	—	—	—	—

PWMxEN：NCOx有効化
1：有効　0：無効

PWMxOUT：NCOx出力状態
1：High　0：Low
PWMxPOL：NCOx出力極性
1：負論理　0：正論理

(b) CCPTMRS1レジスタ

—	—	P7TSEL<1:0>		P6TSEL<1:0>		C5TSEL<1:0>	

PxTSEL<1:0>：PWMxタイマ選択
11＝TMR6　10＝TMR4　01＝TMR2　00＝未使用

(c) PWM x DCHレジスタ

PWMxDCH<7:0>

PWMxDCH<7:0>：デューティ上位8ビット

(d) PWMxDCLレジスタ

PWMxDCL<7:6>		—	—	—	—	—	—

PWMxDCL<7:6>：デューティ下位2ビット

6-2-3　例題　LEDの調光制御

MCCを使って10ビットPWMモジュールでPWM制御を行う設定方法を説明します。ここではデジタル演習ボードを使った実際の例題で試してみます。

【例題】プロジェクト名　PWMLED

PWM6、PWM7を使って赤、青のLEDの調光制御をします。スイッチS1、S2が押されている間、赤、青のデューティをアップします。クロックは内蔵発振の32MHzとしPWMは31kHzとします。

1 プロジェクト作成とクロック設定

この例題をMCCで作成しますが、PWM6、PWM7はいずれもピン割り当て機能でポートAのLEDに割り当てできますから、直接LEDのピンに割り当てて使います。

まず、通常どおり空のプロジェクトPWMLEDを作成してからMCCを起動し、クロックの設定とコンフィギュレーションの設定をします。図6-2-3のように、[System Module]の設定をします。①でクロックをHFINTOSCとし、②で32MHzを選択し、③で1/1とします。コンフィギュレーションの設定は④でWDTをDisableとし、⑤でLVPをオフとします。この設定でシステムクロックは32MHzとなります。

●図6-2-3　クロックとコンフィギュレーションの設定

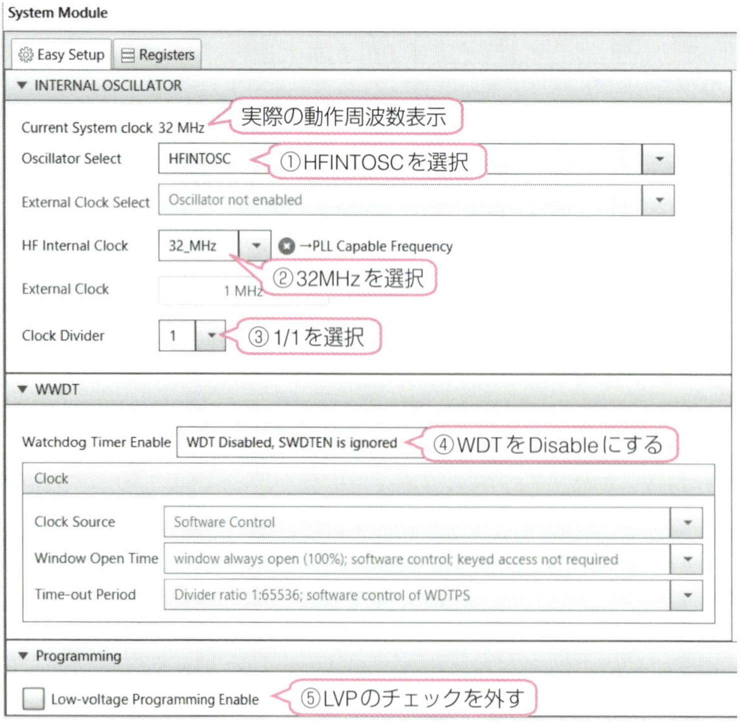

2 10ビットPWMの設定

次に10ビットPWMの設定を行います。PWM6、PWM7の2つを設定しますが、両方とも同じ設定で図6-2-4のようにします。①[Device Resources]欄でPWM6かPWM7をダブルクリックすれば上側の[Project Resources]に追加され右側が設定窓になります。設定窓ではデフォルトでTimer2が設定されているので、そのままで②でデューティの初期値を0%にします。

●図6-2-4　PWMモジュールの設定

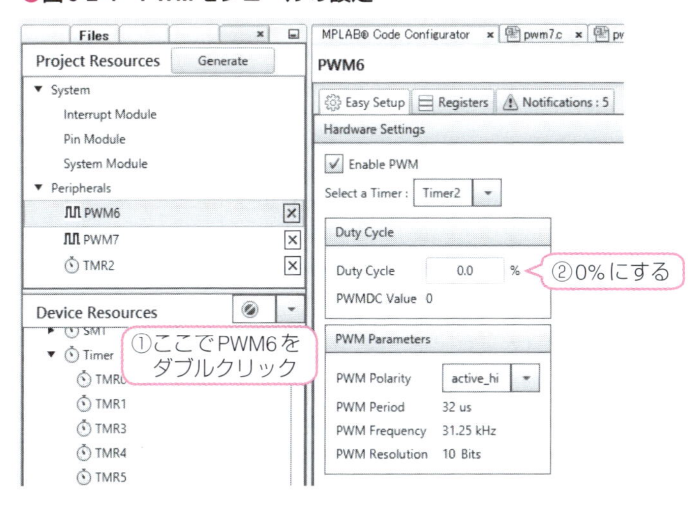

3 タイマ2の設定

次はPWM用のタイマ2の設定で図6-2-5のようにします。①のように[Device Resources]でTMR2をダブルクリックして選択します。右側の設定窓では、③でクロックはFosc/4を選択し、④、⑤のスケーラは1/1を指定します。⑥の周期欄では32usの最大値を入力します。

●図6-2-5　Timer2の設定

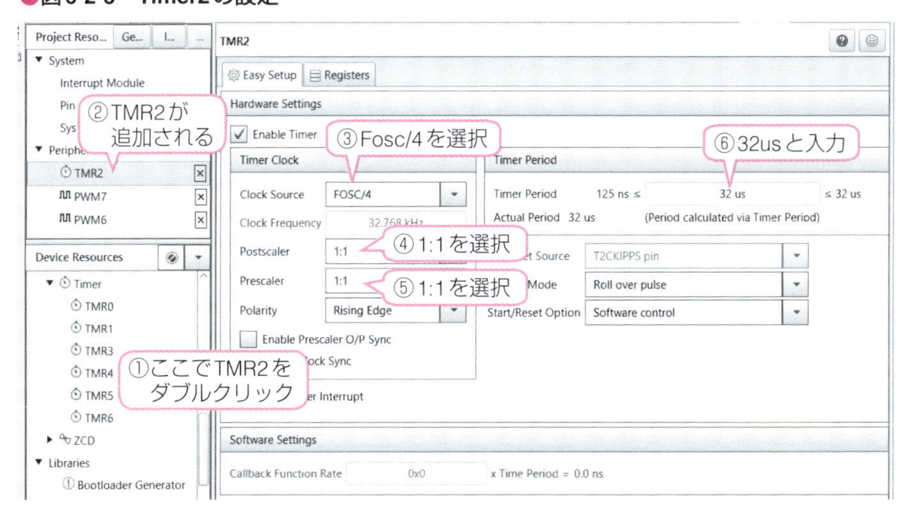

4 入出力ピンの設定

最後に入出力ピンの設定をします。この設定は図5-2-6のようにします。まず①でスイッチの入力ピンをRA0、RA1、RA2に設定し、次に②でPWM6、PWM7の出力をポートAのLEDに設定します。PWM6はRA5に、PWM7はRA4に接続します。次に［Pin Module］欄で③のように名称を入力し、④でLEDのGreenを追加します。⑤でプルアップの有効化を行います。これでS1かS2を押したとき赤と青のLEDがPWM制御で動作することになります。

●図6-2-6 入出力ピンの設定

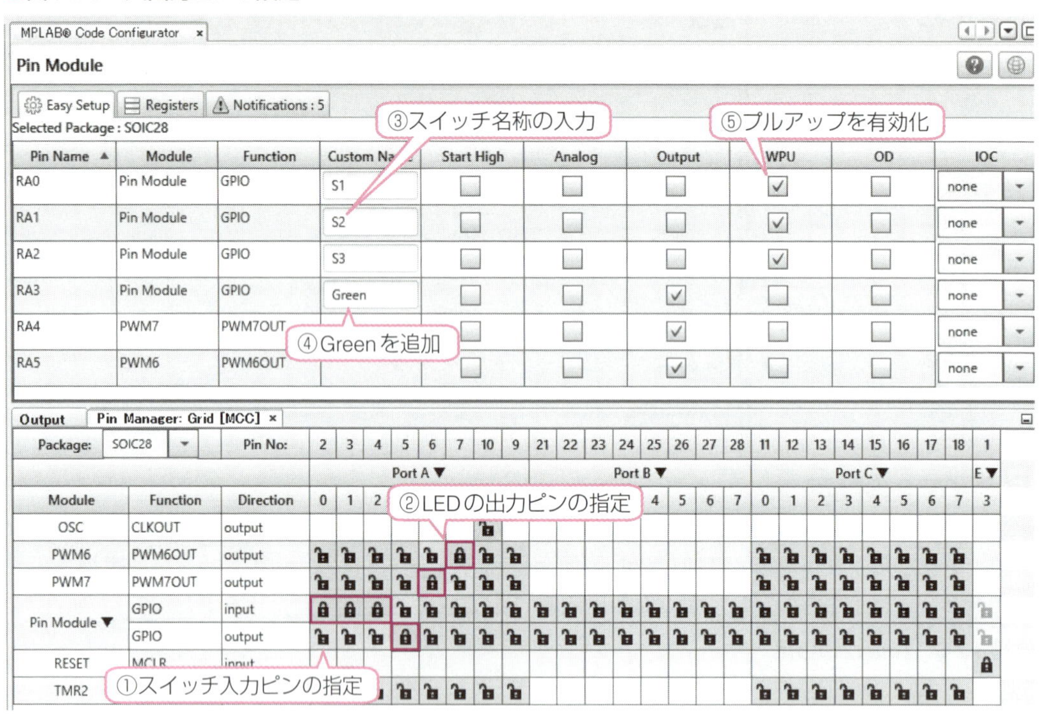

5 コードの生成

以上ですべての設定が完了したので、［Generate］ボタンを押してコードを生成します。こうして自動生成されたPWMの制御関数は表6-2-1のようになっています。CCPとまったく同じで単にデューティ値を設定するだけの関数となっています。

▼表6-2-1　自動生成されたPWM制御関数

関数名	書式と使い方
PWMx_Initialize (xは6か7のいずれか)	【機能】PWMxの初期化を行う。mainから自動的に呼び出される 【書式】void PWMx_Initialize(void);
PWMx_LoadDutyValue (xは6から7のいずれか)	【機能】PWMxのデューティを設定する 【書式】void PWMx_LoadDutyValue(uint16_t dutyValue); 　　　　dutyValue：デューティ値　0～1023の範囲 【例】　PWM6_LoadDutyValue(Duty1);

6 ユーザ処理部の追加

生成後、これらの関数を使ってユーザ処理部を追加しますが、すべてmain.cファイル内に追加します。追加内容がリスト6-2-1となります。

(a)の宣言部には2個のデューティ用変数を用意します。(b)のユーザ処理部はメインループの中にすべて記述しています。緑LEDは常時消灯させ、赤LEDと青LEDはスイッチがS1、S2がオンの間だけデューティ値をアップし、LEDへのPWM出力のデューティを設定しています。これで、スイッチを押している間徐々に明るく光り、100%を超えたらすぐ0%に戻るということを繰り返します。

リスト 6-2-1　ユーザ処理の追加

(a) 宣言部の追加

```
46: #include "mcc_generated_files/mcc.h"
47: unsigned int Duty1, Duty2;
```

(b) メインループへの追加

```
72:     while (1)
73:     {
74:         // Add your application code
75:         Green_SetLow();                  // 緑LED消灯
76:         if(S1_GetValue() == 0){          // S1オンの場合
77:             Duty1++;                     // デューティアップ
78:             PWM6_LoadDutyValue(Duty1);   // 赤LED出力
79:         }
80:         if(S2_GetValue() == 0){          // S2オンの場合
81:             Duty2++;                     // デューティアップ
82:             PWM7_LoadDutyValue(Duty2);   // 青LED出力
83:         }
84:         __delay_ms(10);                  // 遅延
85:     }
86: }
```

6-3 CWGモジュールの使い方

CWG（Complementary Waveform Generator：相補波形ジェネレータ）の基本機能は単純で、1つのパルス信号を入力とし、そのパルス幅を元にして**互いにHigh/Lowが逆の相補パルスを出力**します。さらにパルスの切り替わり時には**デッドバンドが追加**され、外部または内部からのシャットダウン信号による**自動シャットダウン制御機能**も追加されます。

パルス出力形態のモードは次の6種類から選択できます。

- 同期指定ピン出力モード（Synchronous Steering Mode）
- 非同期指定ピン出力モード（Asynchronous Steering Mode）
- フルブリッジ正転モード（Full-Bridge mode、Forward）
- フルブリッジ逆転モード（Full-Bridge mode、Reverse）
- ハーフブリッジモード（Half-Bridge mode）
- プッシュプルモード（Push-Pull mode）

本節ではこのCWGモジュールの使い方を説明します。

6-3-1 CWGモジュールの内部構成と動作

CWGモジュールの内部構成は、図6-3-1のようになっています。1つのパルス入力から相補構成のパルス出力をすることが基本の機能ですが、出力モードが6種類あり4ピンの出力を制御できます。さらにデッドバンド幅制御や、出力ピンの指定と極性制御、さらにシャットダウン制御の設定のための条件などが用意されています。

CWGモジュールの基本動作は、図6-3-1のように、CCP、PWM、NCO、CLC、コンパレータなどから1つを選択して入力ソースとし、それをハイサイドとローサイドの相補のパルスに変換します。さらに切り替わり時に両方をOffとする時間、つまり**デッドバンド**を挿入します。

このデッドバンドの幅はプログラム設定により立上り側、立下り側独立に設定できるので、負荷に接続するトランジスタなどの**スイッチング特性に合わせて最適な値にすることができます。**このデッドバンド幅の設定は、クロック選択で指定されたクロック単位で0クロックから64クロックまで可変できるので、16MHzクロックの場合、625nsec単位で最大40μsecまで指定できます。

実際の出力の極性はいずれも独立に設定変更できるので、負荷に合わせた極性として出力できます。

●図6-3-1 CWGモジュールの内部構成

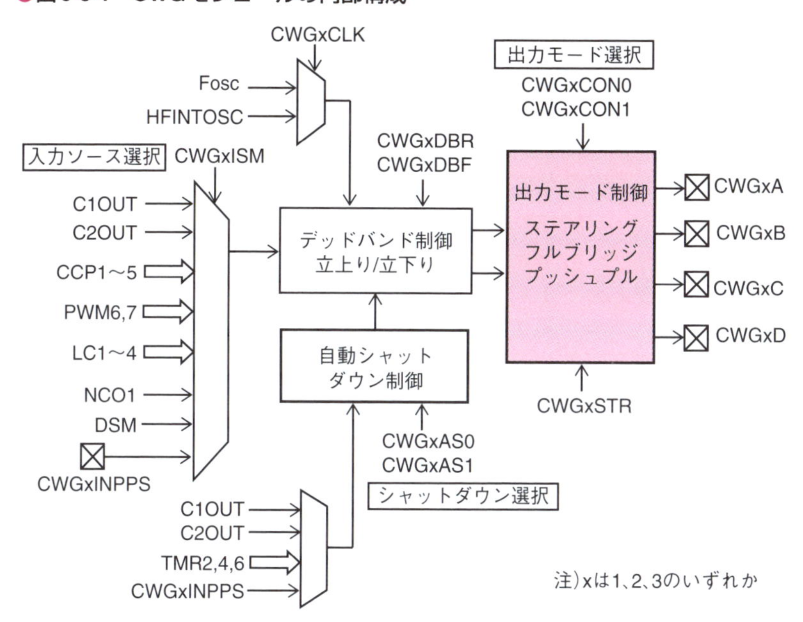

内部や外部からシャットダウン信号を入力するか、ソフトウェア命令によりシャットダウン制御が可能で、この信号により、出力を自動的にシャットダウン停止させることができます。停止時の出力レベルは任意に選択できるので、出力負荷が安全な状態に合わせて出力を決めることができます。この機能により**負荷にダメージを与えずに出力を停止させることができます**。

シャットダウン制御はシャットダウン入力が継続している間か、ソフトウェアで解除するまで継続します。自動リスタートモードに設定すれば、シャットダウン信号がなくなったら自動的に出力を再開します。

CPUがスリープ中にもCWGモジュールの動作を継続させたい場合には、CWGモジュール用クロックにHFINTOSCを選択すれば、スリープ中も継続動作します。

動作モードごとの出力は次のようになります。

1 同期/非同期指定ピン出力モード（ステアリングモード）

この場合には4つの出力を任意に指定して有効化できます。出力を有効化した場合、同期モードの場合は入力ソースの次の立上りから出力され、非同期モードの場合は次の命令サイクルから出力されます。

2 フルブリッジモード

4つの信号出力でフルブリッジの正転と逆転を制御する信号が出力されます。この場合デッドバンドの挿入は正転と逆転を切り替えるときだけ行われます。PWM制御はCWGxモジュールの入力ソースで制御されます。正転の場合はCWGxDが、逆転の場合はCWGxBがPWM制御されます。

3 ハーフブリッジモードの動作

ハーフブリッジモードの場合の出力はCWGxAとCWGxBの2出力となり相補構成のパルスが出力されます。CWGxCにはCWGxAと、CWGxDにはCWGxBと同じ信号が出力でき、さらに個々に極性が選択できます。

4 プッシュプルモード

CWGxAとCWGxBにパルスが交互に出力されます。さらにCWGxCとCWGxDにもそれぞれCWGxAとCWGxBと同じパルスで出力でき、極性も個別に設定できます。このモードは絶縁トランス付き電源のコイル駆動などに使われます。

6-3-2 CWGモジュール制御レジスタ

CWGモジュールの制御用レジスタは図6-3-2のようになっています。クロックの選択、動作モードの指定、シャットダウン時の動作を設定します。そしてデッドバンド幅については立上り側と立下り側それぞれ独立のレジスタで設定します。

●図6-3-2 CWGxモジュール関連レジスタの詳細

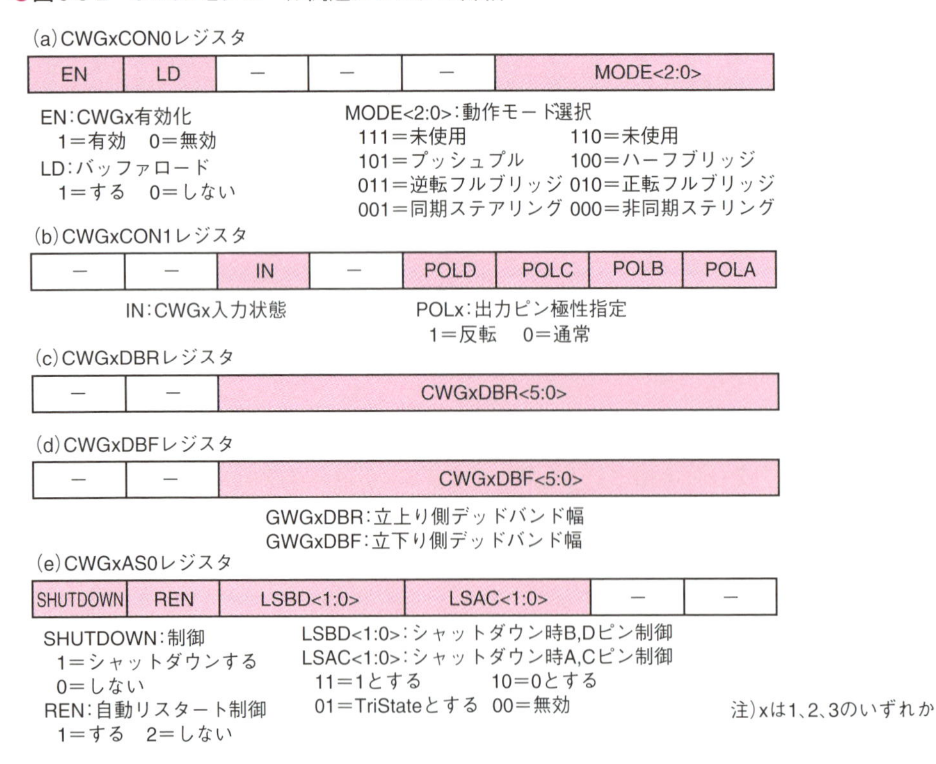

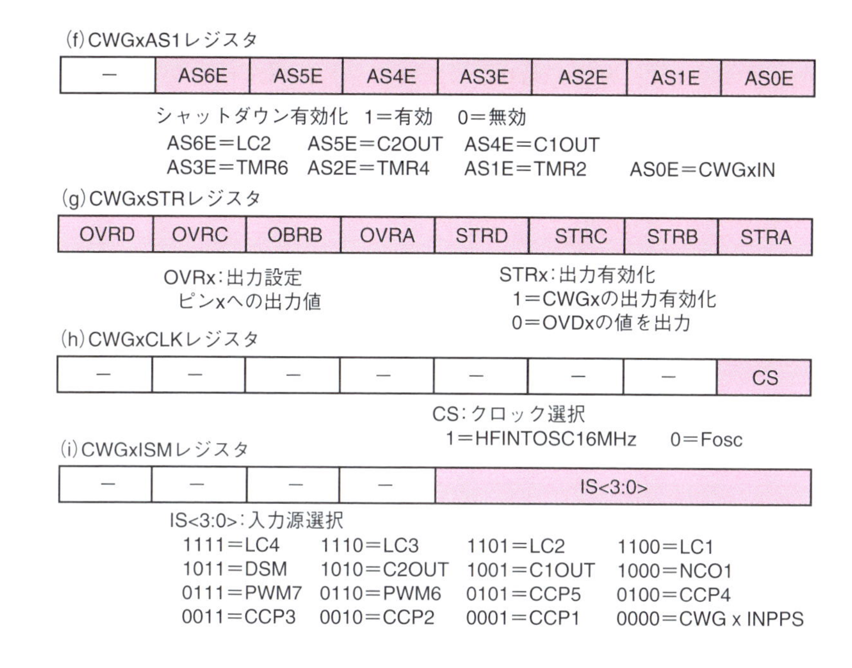

6-3-3 例題 フルカラーLEDの調光制御

MCCを使ってCWGモジュールでPWM制御を行う設定方法を説明します。ここではデジタル演習ボードを使った実際の例題で試してみます。

【例題】 プロジェクト名 CWGLED

内部モジュールの接続構成を図6-3-3のようにして、PWM6とタイマ2でPWMパルスを生成し、これをCWG3の入力として赤、青のLEDの調光制御をします。CWG3をステアリングモードとし、CWG1AとCWG1Bを逆極性として赤と青の強さが反対方向に順次一定間隔でPWM制御されるようにします。クロックは内蔵発振の32MHzとしPWMは31kHzとします。CWG3を使うのはピン割り当てがポートAにできるからです。

●図6-3-3 例題のモジュール接続構成

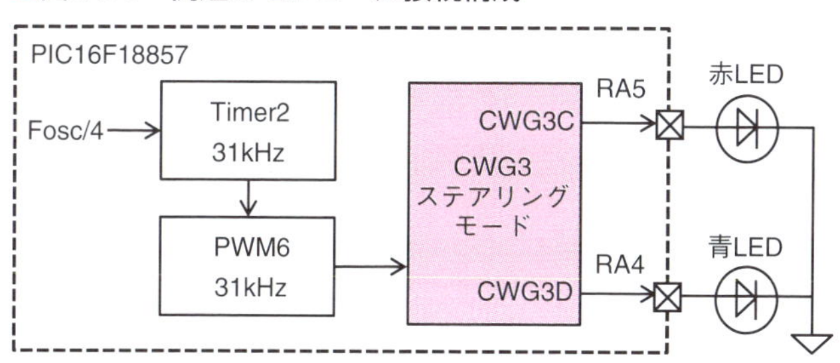

1 プロジェクト作成とクロック設定

この例題をMCCで作成します。まず、通常どおり空のプロジェクトCWGLEDを作成してからMCCを起動し、クロックの設定とコンフィギュレーションの設定をします。図6-3-4のように、[System Module]の設定をします。①でクロックをHFINTOSCとし、②で32MHzを選択し、③で1/1とします。コンフィギュレーションの設定は④でWDTをDisableとし、⑤でLVPをオフとします。この設定でシステムクロックは32MHzとなります。

●図6-3-4 クロックとコンフィギュレーションの設定

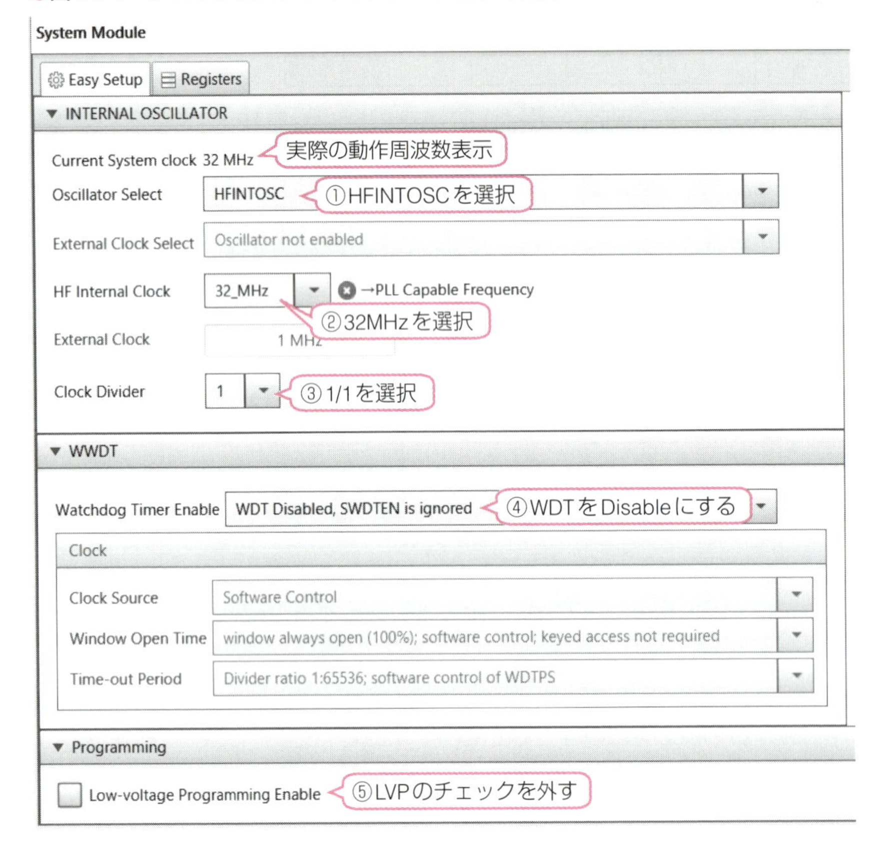

2 10ビットPWMの設定

次に10ビットPWMの設定を行います。PWM6を図6-3-5のように設定します。①[Device Resources]欄でPWM6をダブルクリックすれば上側の[Project Resources]に追加され右側が設定窓になります。設定窓ではデフォルトでTimer2が設定されているので、そのままで②でデューティの初期値を0%にします。

●図6-3-5　PWM6モジュールの設定

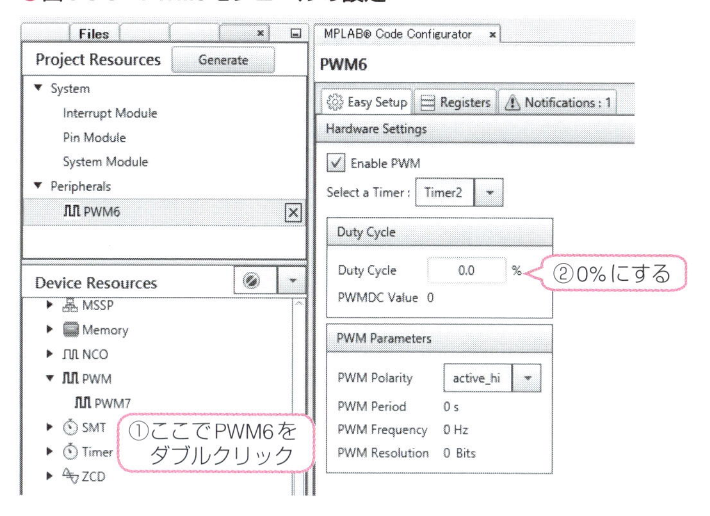

3 タイマ2の設定

次はPWM用のタイマ2の設定で図6-3-6のようにします。①のように［Device Resources］でTMR2をダブルクリックして選択します。右側の設定窓では、③でクロックはFosc/4を選択し、④、⑤のスケーラは1/1を指定します。⑥の周期欄では32usの最大値を入力します。

●図6-3-6　Timer2の設定

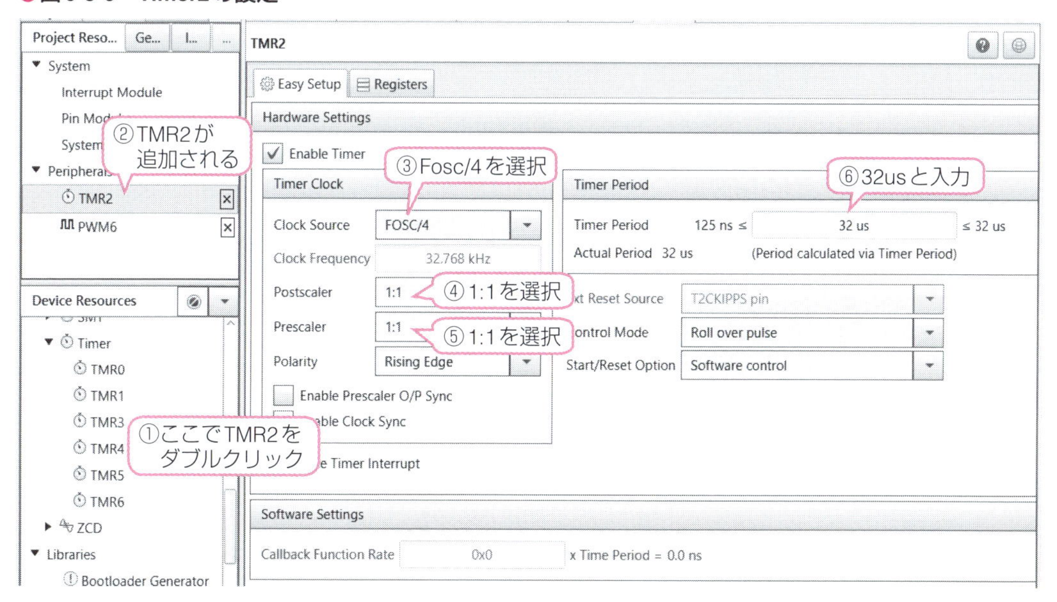

4 CWG3の設定

最後がCWG3の設定で、図6-3-7のようにします。①のように[Device Resources]でCWG3をダブルクリックして選択します。右側の設定窓では、③で入力にPWM6_OUTを選択し、[Output Pin Config]欄をクリックして開き、④のようにCWGCとCWGDの両方でEnableにチェックして出力を有効化し、さらに⑤で極性をCWGCはnormalに、CWGDはinvertedにします。

次に[Pin Manager Grid]欄で、⑥のようにCWG3CをRA5に、CWG3DをRA4にチェックして選択します。これでCWG3の出力先がピン割り当てされます。

●図6-3-7 CWG3モジュールの設定

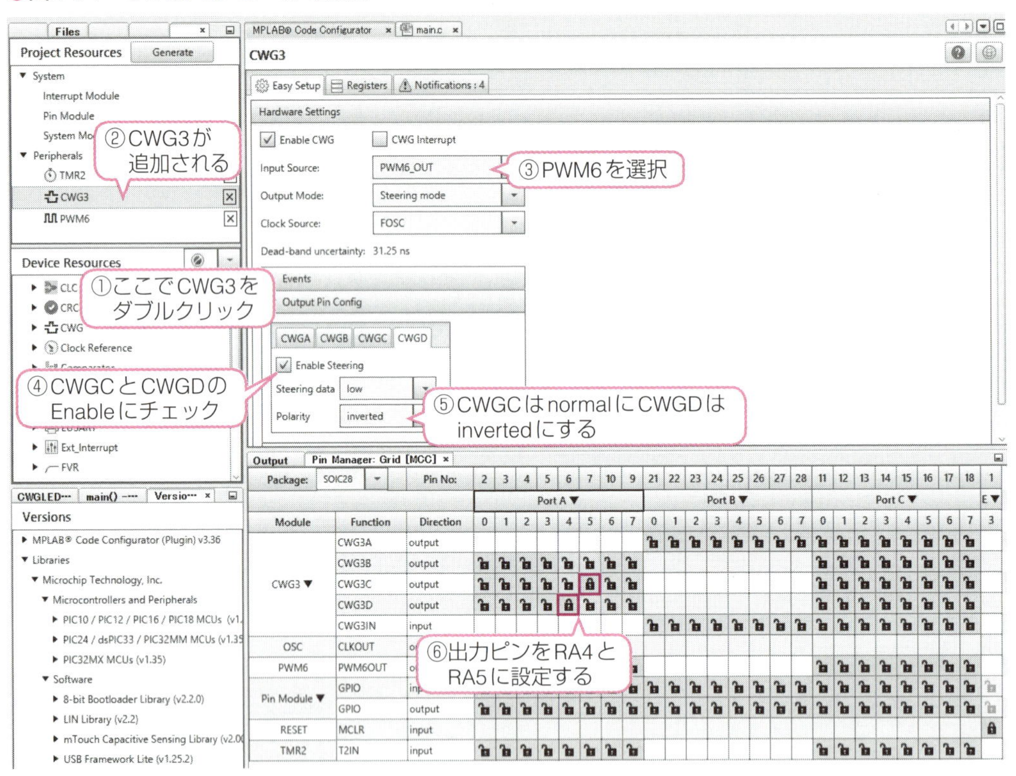

5 コードの生成

以上ですべての設定が完了したので、[Generate]ボタンを押してコードを生成します。

こうして自動生成されたCWGの制御関数は表6-3-1のようになっています。CWGはほとんどプログラムから独立で動作するので、初期化の関数とシャットダウン制御の関数だけです。PWM6は前章と同じものが生成されます。

▼表6-3-1 自動生成されたCWG制御関数

関数名	書式と使い方
CWGx_Initialize (xは1～3のいずれか)	【機能】CWGxの初期化を行う。mainから自動的に呼び出される 【書式】void CWGx_Initialize(void);
PWMx_AutoShutdownEventSet	【機能】CWGxをシャットダウンさせる 【書式】void CWGxAutoShutdownEventSet(void);
PWMx_AutoShutdownEventClear	【機能】CWGxのシャットダウンを終了させる 【書式】void CWGxAutoShutdownEventClear(void);

6 ユーザ処理部の追加

生成された関数を使ってユーザ処理部を追加しますが、すべてmain.cファイル内に追加します。追加内容がリスト6-3-1となります。

宣言部にはデューティ用変数を用意します。ユーザ処理部はメインループの中に記述していますが、単純に一定間隔でPWM6のデューティをアップしているだけです。

リスト 6-3-1 ユーザ処理の追加

(a) 宣言部の追加

```
46: #include "mcc_generated_files/mcc.h"
47: unsigned int Duty;
```

(b) メインループへの追加

```
72:     while (1)
73:     {
74:         // Add your application code
75:         PWM6_LoadDutyValue(Duty++);
76:         __delay_ms(10);
77:     }
78: }
```

6-4 NCOモジュールの使い方

NCO(Numerically Controlled Oscillator：数値制御オシレータ)モジュールの機能はユニークで、**20ビットの分解能の周波数変調のパルスを生成**できます。

6-4-1 NCOモジュールの内部構成と動作

NCOモジュールの内部構成は図6-4-1のようになっています。中心となるのは20ビット幅のアキュムレータを持つDDS(Direct Digital Synthesizer)となっています。

●図6-4-1 NCOモジュールの構成

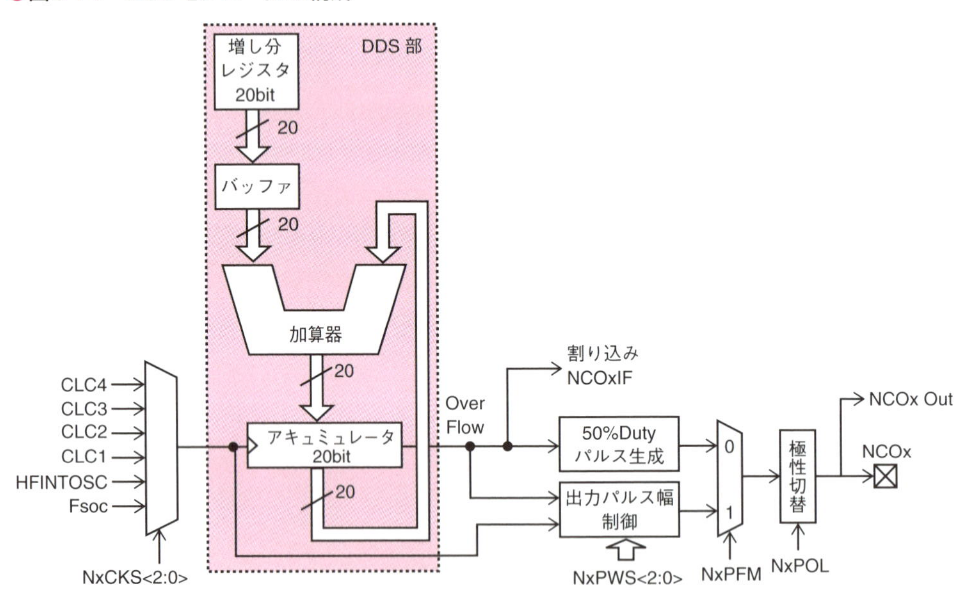

NCOが一定周期のパルスを生成する部分は図中央のDDSで構成されています。このDDS部の動作を説明します。加算器では20ビット幅のアキュムレータに20ビット幅の増し分レジスタのデータをNCOクロックとして設定した速度で繰り返し加算します。そしてアキュムレータがオーバーフローしたとき外部に出力が出ます。

したがって、増し分レジスタの値が小さければなかなかオーバーフローは起きないので、周期の長いパルス列を生成し、値が大きければすぐオーバーフローが発生するので周期の短いパルス列を生成します。このようにして、**増し分レジスタの値で出力信号の周期を可変できます。**

加算周期を決めるNCOクロックは、図の左端のマルチプレクサで、内蔵クロック、CLC出力などから選択でき、これが出力周波数のクロックベースとなります。

DDS部から出力されるオーバーフロー信号は、割り込み、他の周辺モジュールへの入力、外部パルス出力のいずれかとして使われます。

外部パルス出力の出し方に2種類あり、図6-4-2のような2種類のパルス列からNxPFMビット（NCO Pulse Frequency Mode）で選択されたほうになります。(a) はFDCモード（Fixed Duty Cycle）で常にデューティ50%で周期可変のパルスを出力します。(b) はPFモード（Pulse Frequency）で、周期が可変で周期ごとに一定パルス幅の出力が出ます。このパルス幅はプログラム設定で指定します。

●図6-4-2 NCOの出力パルス

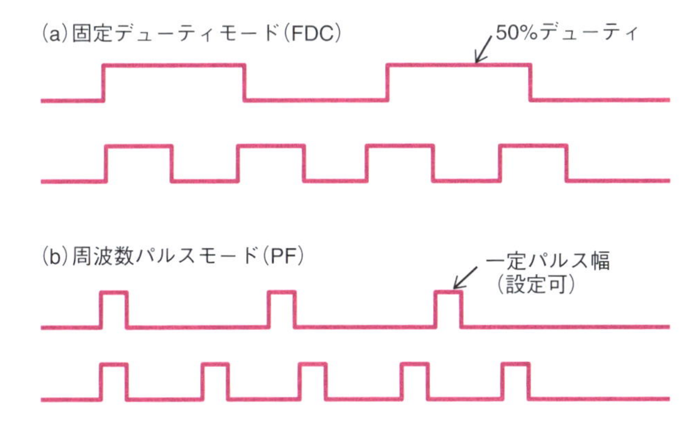

周波数設定ステップは、2回オーバーフローで1サイクル出力なので次の式で決まります。実際の例でFoscを最高の32MHzとした場合、増し分レジスタに0xFFFFFを設定したとき最高周波数で16MHzとなり、最低周波数は15.26Hz、周波数設定ステップは15.26Hzとなります。さらにFoscを2.1MHzとすれば約1Hzステップで可変できることになります。

$$\text{出力周波数} = \frac{\text{NCOクロック周波数} \times \text{増分レジスタ値}}{2 \times 2^{20}}$$

$$F = (32\text{MHz} \times 1) \div (2 \times 2^{20}) = 32000000 \div 2097152 = 15.26\text{Hz}$$

6-4-2　NCOモジュール制御レジスタ

このNCOの動作モードは図6-4-3のレジスタで設定します。NCOxCONレジスタ（NCO Control）で出力パルスモードと出力指定をします。そしてNCOxCLKレジスタ（NCO Clock）でクロックの選択とパルス幅の設定をします。

20ビットのアキュミュレータにも初期値として値を設定できますが、この設定はNCOxが停止、つまりNxEN（NCO Enable）が0の間しかできません。あとは増し分レジスタの値で周波数を設定します。

●図6-4-3　NCOxモジュール関連レジスタの詳細

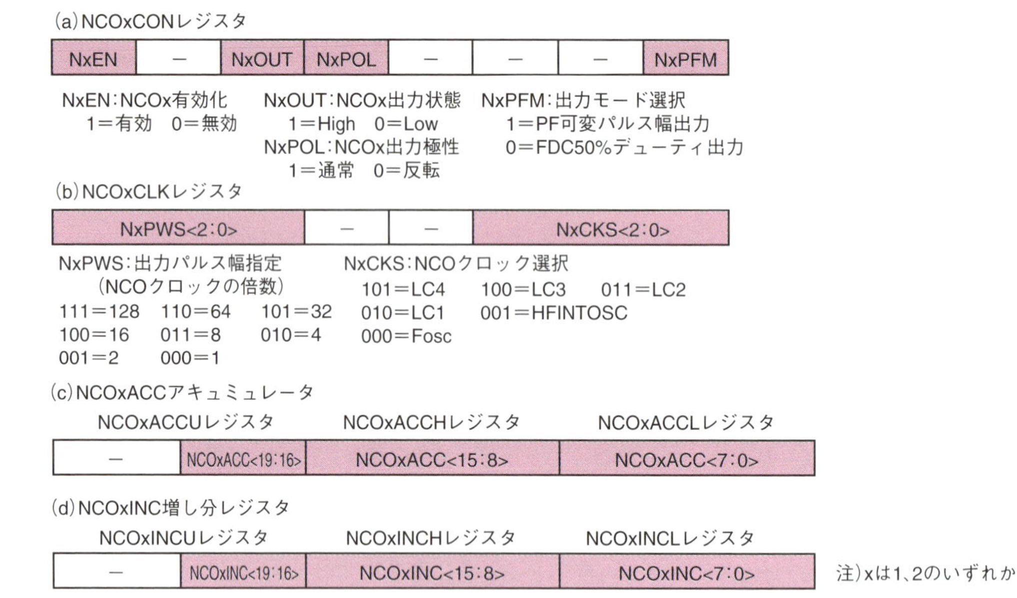

6-4-3　例題　音階のスピーカ出力制御

実際の使用例で説明しましょう。NCOモジュールで音階を出力してみます。

【例題】 プロジェクト名　NCO1

図6-4-4のようにして音階を出力します。音階は図6-4-4下側のような基底周波数で出力する必要があり、2倍するとオクターブが1つ上がります。これを5オクターブ間繰り返します。

システムクロックFoscを62.5kHzとします。これで周波数ステップは

$$62.5\text{kHz} \div 2^{20} \div 2 = 62500 \div 1048576 \div 2 = 0.029802\text{Hz}$$

となり、0.029802Hzが単位となるので、あとは実際の音の周波数をこの単位で割り算した値を増し分レジスタに設定すればその周波数の音が出ます。

●図6-4-4 例題の構成と音階の比率と周波数

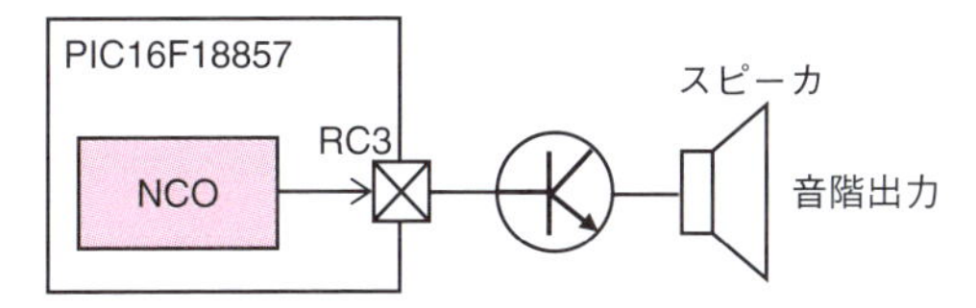

【音階の周波数Hz】

	ド	レ	ミ	ファ	ソ	ラ	シ
周波数	65.406	73.416	82.407	87.307	97.999	110.00	123.471

1 プロジェクト作成とクロック設定

この例題をMCCで作成します。通常どおり空のプロジェクトNCO1を作成してからMCCを起動し、図6-4-5のように、[System Module] の設定をします。①でクロックをEXTOSCとして外部クリスタル発振とし、②でHSモードを選択し、③でクリスタル発振子の周波数8MHzを入力します。④でデバイダを1/128とします。コンフィギュレーションの設定は⑤でWDTをDisableとし、⑥でLVPをオフとします。この設定でシステムクロックはクリスタル発振で8MHz÷128＝62.5kHzとなります。できる限り正確な音階とするためクリスタル発振としました。

●図6-4-5 クロックとコンフィギュレーションの設定

System Module
Easy Setup | Registers
▼ INTERNAL OSCILLATOR
Current System clock 62.5 kHz ← 実際の動作周波数表示
Oscillator Select: EXTOSC ← ①EXTOSCを選択する
External Clock Select: HS (crystal oscillator) above 4MHz; PFM set to high power ← ②HSモードを選択する
HF Internal Clock: 4_MHz →PLL Capable Frequency
External Clock: 8 MHz ← ③8MHzを選択
Clock Divider: 128 ← ④1/128を選択
▼ WWDT
Watchdog Timer Enable: WDT Disabled, SWDTEN is ignored ← ⑤WDTをDisableにする
Clock
Clock Source: Software Control
Window Open Time: window always open (100%); software control; keyed access not required
Time-out Period: Divider ratio 1:65536; software control of WDTPS
▼ Programming
Low-voltage Programming Enable ← ⑥LVPのチェックを外す

2 NCO1の設定

次がNCO1モジュールの設定で、図6-4-6のように設定します。まず［Device Resources］欄でNCO1をダブルクリックして選択します。右側に設定窓が開きます。まず②でFDCモードを選択してデューティ50%のパルスとします。次に③でクロックをFoscとします。これにより62.5kHzで動作します。次に④で初期パルスを440Hzにします。これは標準の「ラ」の音の周波数になります。最後に⑤で出力ピンをRC3とします。デジタル演習ボードでは、このピンにトランジスタが追加されていて、外部スピーカを駆動できるようになっています。

●図6-4-6　NCO1モジュールの設定

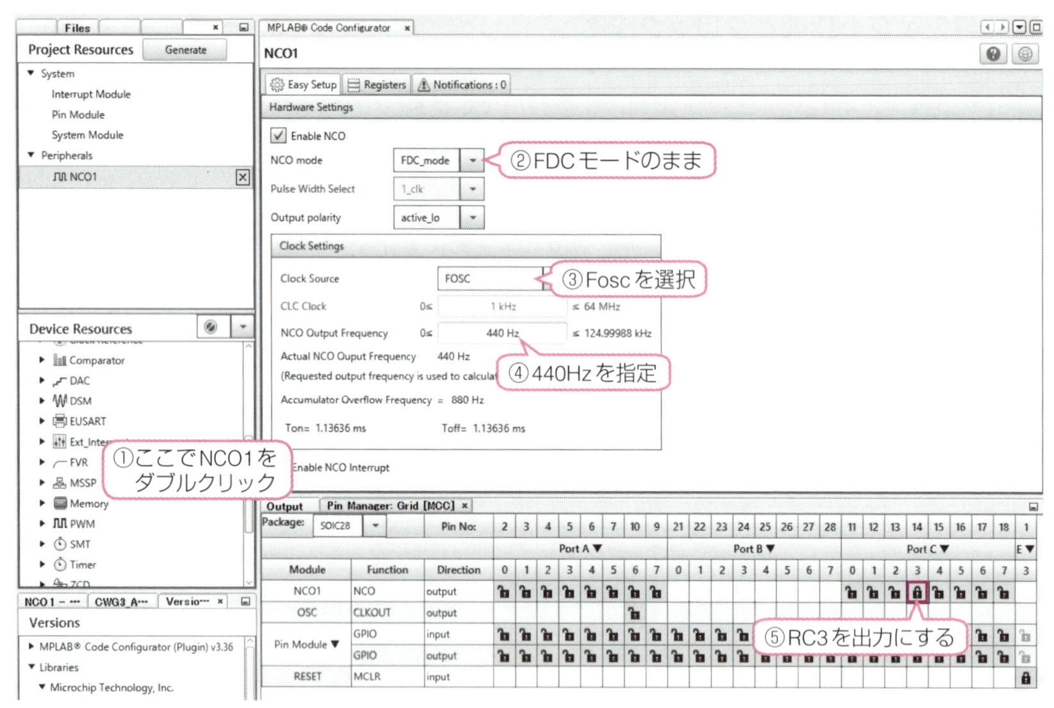

3 コードの生成

以上ですべての設定が完了したので［Generate］ボタンをクリックしてコードを生成します。NCO1モジュールはプログラムから独立して動作するので、初期化関数以外は特に使う関数は生成されません。したがって周波数を変えるには、増し分レジスタに直接代入する必要があります。

4 ユーザ処理部の追加

ユーザ処理部を追加しますが、すべてmain.cファイル内に追加します。追加内容がリスト6-4-1となります。

宣言部には基音となる周波数の配列Baseを用意します。あとは配列用のインデックスと、周波数計算用の変数OctとTempを定義しています。

メインループでは、変数jで5オクターブを繰り返し、変数iで7音を繰り返しています。変数kはオクターブごとに2倍するための2の階乗計算用です。あとは求めた出力周波数を0.029802で割り算して、増し分レジスタの設定値を求め、これを3バイトの増し分レジスタに設定しています。最後に繰り返し間隔を2秒としています。

リスト 6-4-1 ユーザ処理追加部

(a) 宣言部の追加

```
46: #include "mcc_generated_files/mcc.h"
47: double Base[7] = {65.408, 73.418, 82.41, 87.31, 98.0, 110.0, 123.47};
48: double Oct;
49: unsigned int i, j, k;
50: unsigned long Temp;
```

(b) メインループへの追加

```
75:     while (1)
76:     {
77:         // Add your application code
78:         for(j=1; j<6; j++){                          // 5オクターブ繰り返し
79:             for(i=0; i<7; i++){                      // ドからシまで
80:                 Oct = Base[i];                       // 基音取得
81:                 for(k=0; k<j; k++)                   // オクターブ変換
82:                     Oct = Oct*2.0;                   // 2倍
83:                 Temp = (unsigned long)(Oct/0.029802); // 増し分設定値を求める
84:                 NCO1INCU = Temp >> 16;               // 上位バイトセット
85:                 NCO1INCH = Temp >> 8;                // 中位バイトセット
86:                 NCO1INCL = Temp;                     // 下位バイトセット
87:                 __delay_ms(2000);                    // 2秒待ち
88:             }
89:         }
90:     }
91: }
```

人間の音感はなかなかシビアで、数Hz異なるだけでも違いがわかります。音階の出力はなかなか難しいことがわかります。

6-5 16ビットPWMモジュールの使い方

アナログ演習ボードに使ったPIC16F1778には、多くのアナログモジュールの他に、パルス出力ができるモジュールとして、標準的なCCPモジュールの他に、次のような特別なモジュールが内蔵されています。以降ではこれらのモジュールの使い方を説明します。まず16ビット PWMモジュールからです。

- 16ビット PWMモジュール
- COG（Complementary Output Generator）モジュール

6-5-1 16ビット PWMモジュール

16ビットPWMモジュールの内部構成は図6-5-1のようになっています。16ビットのカウンタPWMxTMR(PWM Timer)をベースにして4組の設定レジスタとコンパレータで構成されています。この4個のレジスタで、周期、位相、オフセット、デューティが設定でき、それぞれのコンパレータの一致出力でPWMパルスが制御されます。すべて16ビットで動作するので**非常に高分解能なPWM信号を出力できます**。

●図6-5-1 16ビット PWMモジュールの内部構成

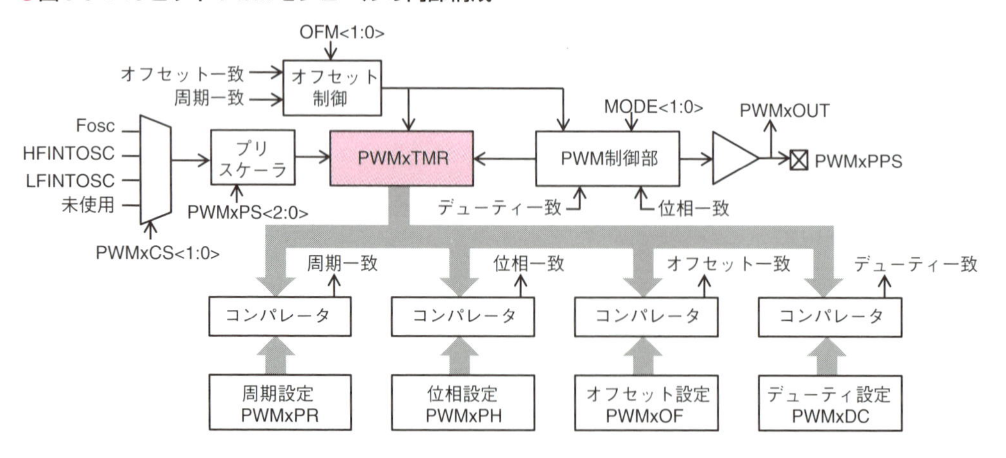

これら4つの一致出力をトリガにして動作する動作モードは次のような4種類になっています。さらにオフセットモードを加えることで、複数内蔵されている16ビット PWMモジュール同士を連携させて動作させることができます。

・スタンダードモード
・位相一致でセットモード
・周期一致で反転モード
・センターアラインモード

1 スタンダードモードの動作

1つのPWM出力を出すことができます。そのPWMは周期とデューティと位相の一致トリガで構成されます。出力パルスの例が図6-5-2となります。図のようにPWMパルスは位相一致でHighとなり、デューティ一致でHigh区間が終了します。そして周期一致で最初に戻って繰り返します。

●図6-5-2 スタンダードモードのパルス出力

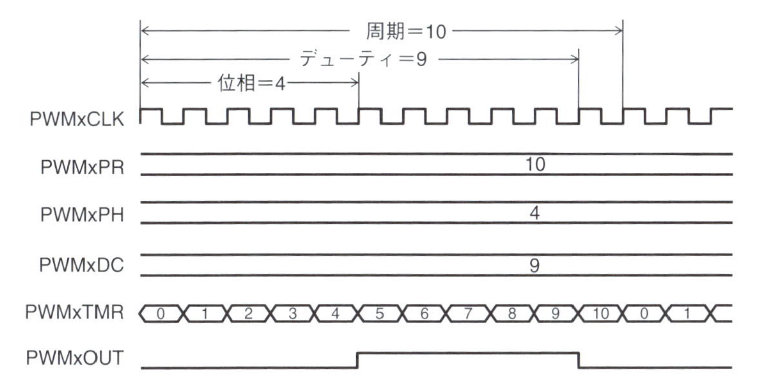

2 一致でセットモード

位相一致で出力がアクティブとなり、PWMxCONレジスタ(PWM Control)のOUTビットがクリアされるか、モジュールが無効にされるまで継続します。デューティ一致は使われず、周期一致は位相一致の最大値を制限します。

3 一致で反転モード

図6-5-3(a)のように周期一致でカウンタがクリアされ、位相一致だけで出力が反転します。したがって2倍の周期のデューティ50%のパルスを生成します。デューティ一致は使われません。

4 センターアラインモード

周期カウンタが上昇し周期が一致すると、次はカウントダウンします。カウントアップ中のデューティ一致でパルス出力が開始され、カウントダウン中のデューティ一致でパルス出力が終了します。この場合のデューティ一致は「周期−デューティ値」で起きます。これで周期が2倍のPWMパルスを生成します。センターアラインモードのパルス出力例が図6-5-3(b)となります。

●図6-5-3 パルス出力例

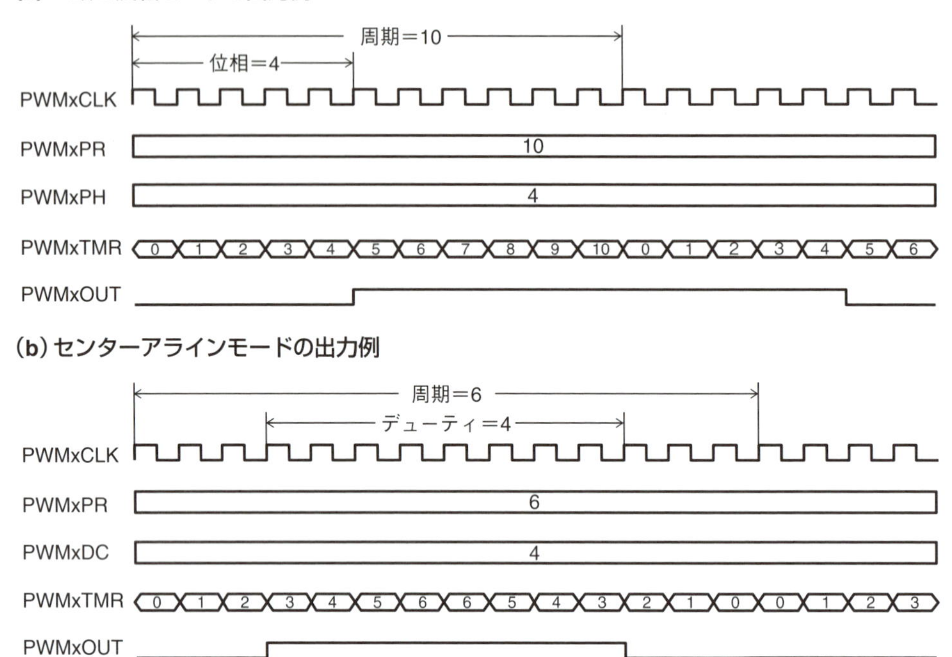

オフセット一致の機能を使うと複数のPWMモジュールをマスタ、スレーブとして連携動作させることができます。

❶スレーブモード

スレーブ側のPWMモジュールは、マスタからのオフセット一致トリガでスタートし、その後スレーブ側の設定でPWM動作を継続します。

❷ワンショットモード

スレーブ側のPWMモジュールは、マスタからのオフセット一致トリガでスタートし、スレーブ側の周期一致でカウンタが0になって停止します。その後次のマスタからのオフセット一致トリガを待ちます。

❸連続動作モード

マスタからのオフセット一致でスレーブがスタートし、スレーブの設定でPWM動作をします。その後、マスタでオフセット一致が発生するごとにスレーブのカウンタを「1」にリセットします。スレーブはカウント1から動作を継続します。

6-5-2　16ビットPWMモジュール制御レジスタ

16ビットPWMモジュールを制御するためのレジスタは図6-5-4となります。MODE<1:0>ビットで基本の動作を設定し、PWMxCLKCONレジスタ(PWM Clock Control)でクロックを選択してから、周期、デューティ、位相、オフセットなどのレジスタに値をセットします。スタートはENビット(Enable)をセットすることで始まります。

●図6-5-4　16ビットPWMモジュール制御レジスタ

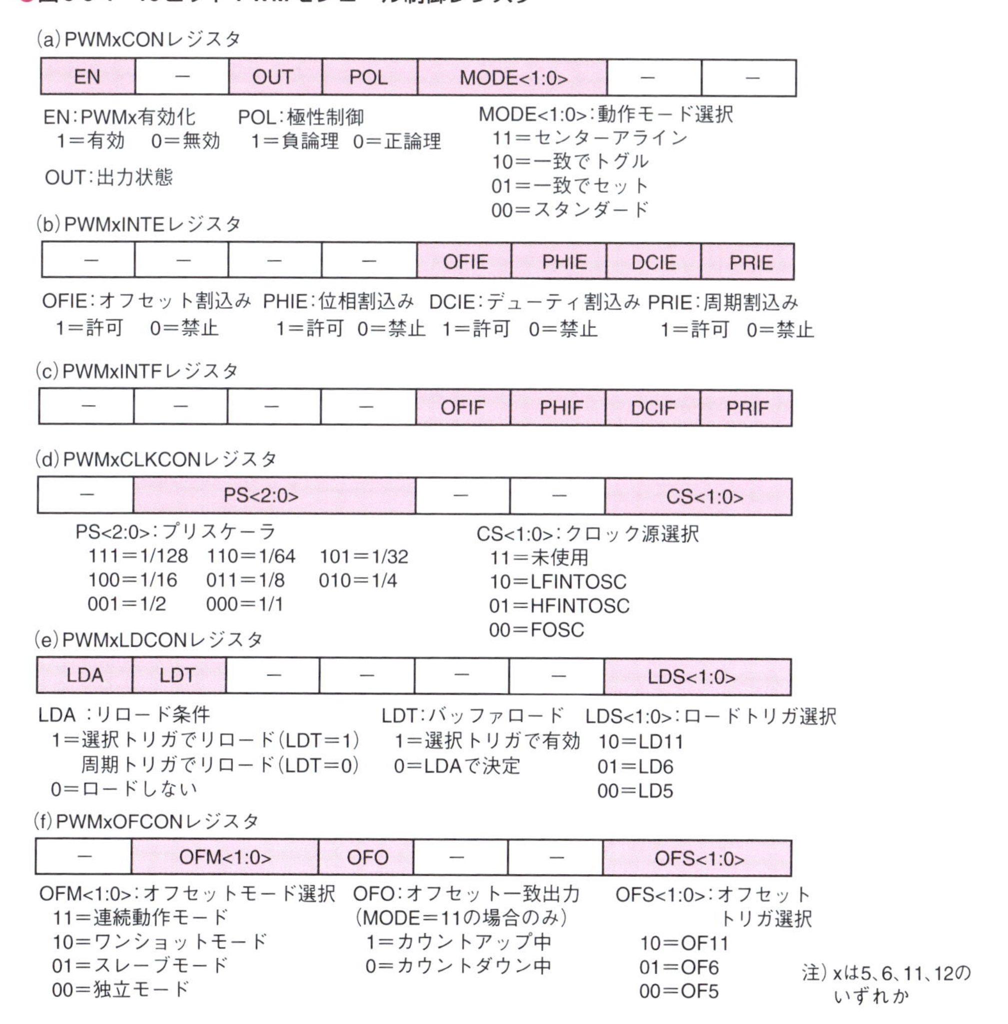

6-5-3 例題 RCサーボの制御

MCCを使って16ビットPWMモジュールでPWM制御を行う設定方法を説明します。ここではアナログ演習ボードを使った実際の例題で説明します。

【例題】プロジェクト名 PWMSERVO1

16ビットPWMモジュールの高分解能を活かして、直接RCサーボを駆動します。システムクロックは32MHzとし、PWMモジュール用のクロックはプリスケーラで分周して2MHzとします。

この例題の実現方法を説明します。まず、RCサーボの駆動パルスは図6-5-5となっていて約20msec周期でパルス幅が0.9msecから2.1msecの信号で回転角度を制御しています。

●図6-5-5 RCサーボの駆動パルス

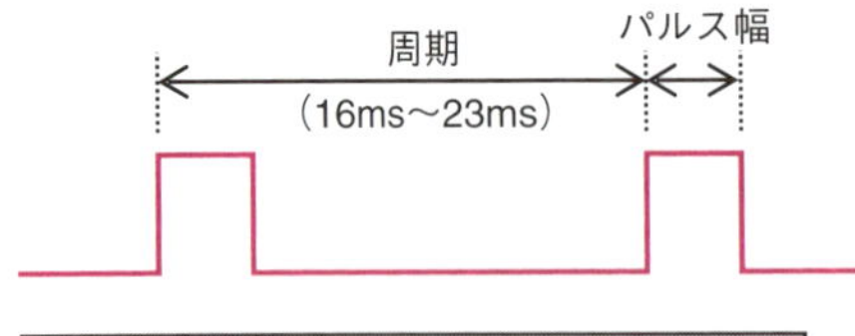

パルス幅	回転速度
0.8ms	Safety zone for CW
0.9ms	+60 degrees ±10° CW
1.5ms	0 degree(center position)
2.1ms	−60 degree ±10° CCW
2.2ms	Safety zone for CCW

この範囲で使う必要があるので可動範囲は約120度となる

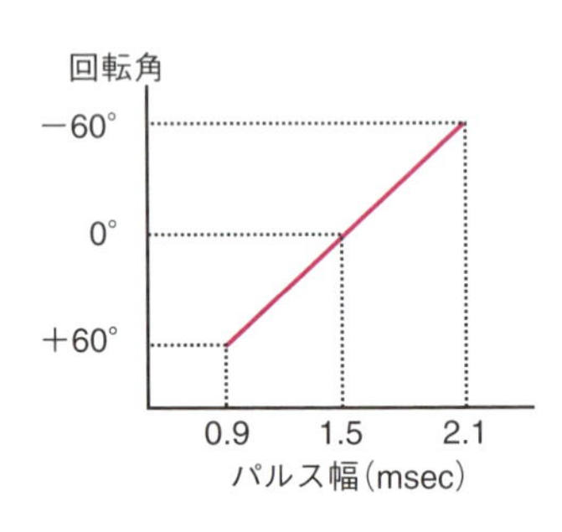

そこで16ビットPWMを図6-5-6のように20msec周期のPWM出力として、その0.9msecから2.1msecの間のデューティだけを使うことで制御します。PWMのクロック2MHzで20msecということは、20msec÷0.5μsec＝40000が周期値となります。こうするとデューティ設定値は最大値が40000なので、図のように0.9msecは1800、2.1msecは4200となって、2400という高分解能で制御できることになります。

●図6-5-6 16ビットPWMのDuty設定範囲

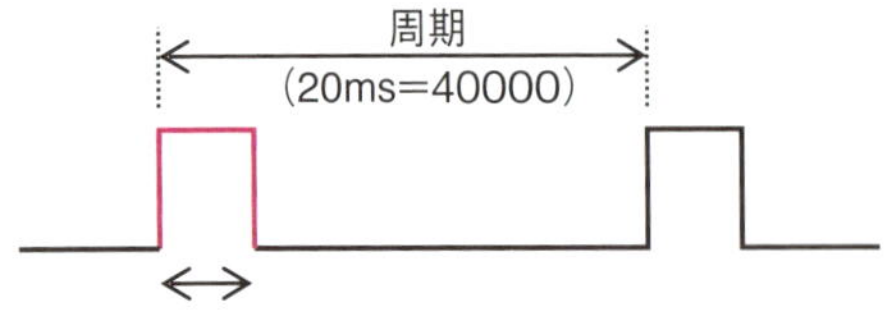

Max 40000×2.1/20=4200
Min 40000×0.9/20=1800

1 プロジェクト作成とクロック設定

この例題をMCCで作成します。まず、通常どおり空のプロジェクトPWMSERVO1を作成してからMCCを起動し、図6-5-7のように［System Module］の設定をします。①でクロックをINTOSCとし、②で8MHzを選択し、③でPLLにチェックを入れて有効とします。コンフィギュレーションの設定は④でWDTをDisableとし、⑤でLVPをオフとします。この設定でシステムクロックは8MHz×4＝32MHzとなります。

●図6-5-7　クロックとコンフィギュレーションの設定

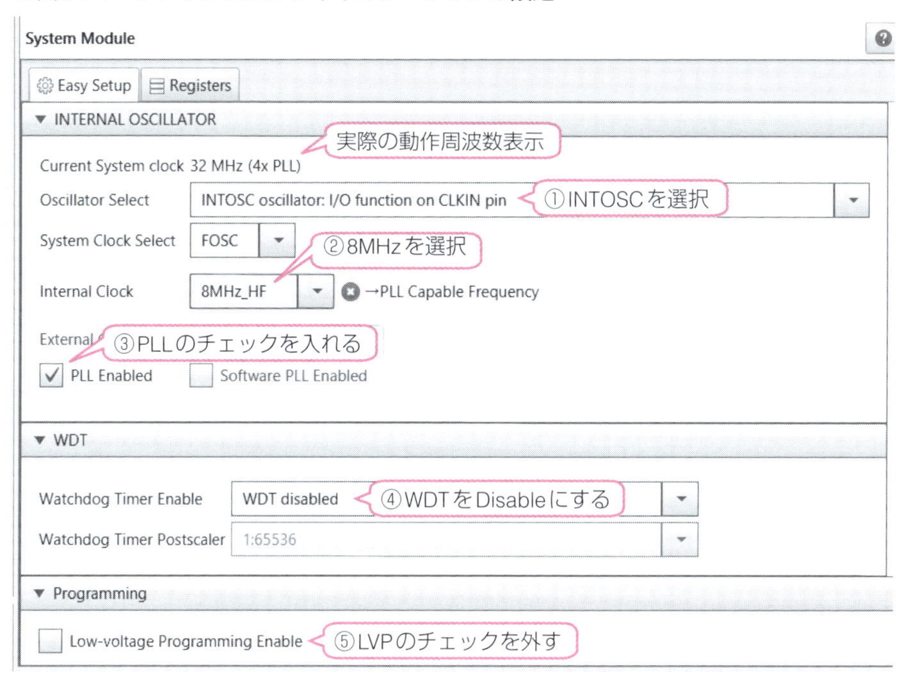

2 16ビットPWMの設定

次に16ビットPWMモジュールの設定を行います。これには図6-5-8のようにします。まず、①のように［Device Resources］の欄でPWM11をダブルクリックして選択します。これで開く設定窓で、②active_loを選択します。これはRC2にトランジスタが追加されていて論理が反転するためです。次に③でクロックにFoscを選択し、④で1/16を選択します。これでPWMのクロックは32MHz÷16＝2MHzということになります。

これで⑤の周期の欄が1usから32msまで可能になるので20msと入力し、⑥でデューティの初期値を5%、つまり1msとします。最後に⑦［Pin Manager Grid］欄で出力ピンをRC2に設定します。

●図6-5-8 16ビットPWMモジュールの設定

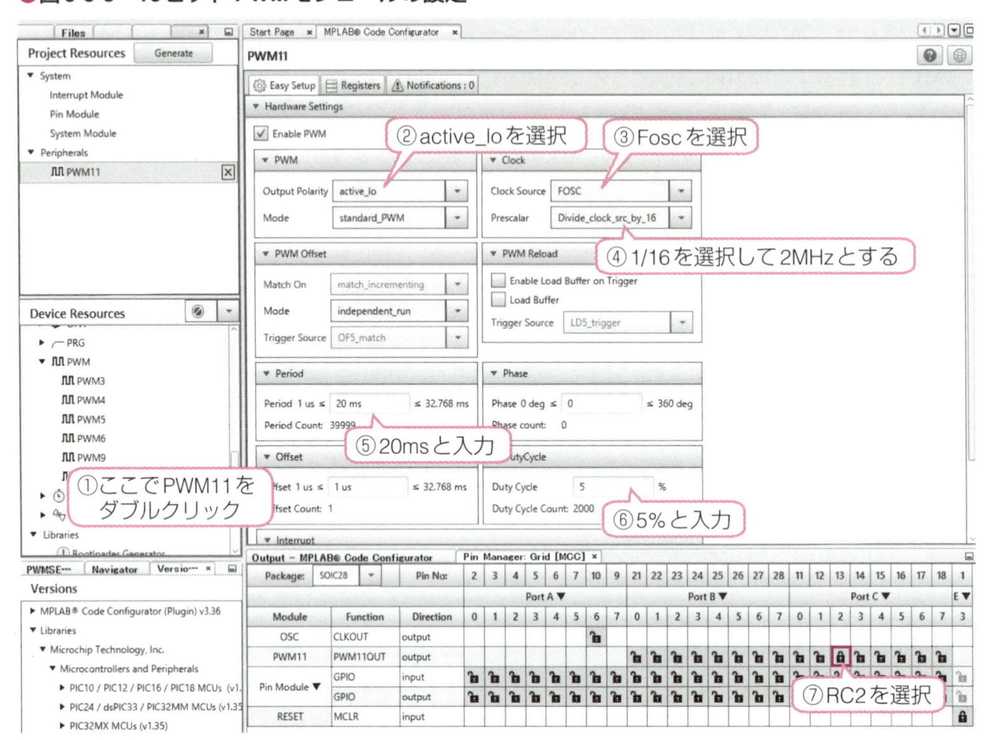

3 コードの生成

以上でMCCの設定はすべて完了したので、[Generate] ボタンをクリックしてコードを生成します。これで生成したままでも、コンパイルしてアナログ演習ボードに書き込むと1msのパルス幅が出力されますから、RCサーボを動かすことができます。コード生成で生成される16ビットPWMモジュールの関数は表6-5-1となります。実際にはこの他に数多く生成されますが、実際に使うものだけとしています。

▼表6-5-1 生成されるPWM用関数

関数名	書式と使い方
PWMx_Initialize (xは5,6,11,12のいずれか)	【機能】CCPxの初期化を行う。mainから自動的に呼び出される 【書式】void PWMx_Initialize(void);
PWMx_Start	【機能】PWMxの動作を開始する 【書式】void PWMX_Start(void);
PWMx_Stop	【機能】PWMxの動作を停止させる 【書式】void PWMX_Stop(void);
PWMx_LoadBufferSet	【機能】位相、周期、デューティ、オフセットの値をバッファにロードする、ロードは周期の一致で行われる 【書式】void PWMx_LoadBufferSet(void);

関数名	書式と使い方

PWMx_PhaseSet
PWMx_DutyCycleSet
PWMx_PeriodSet
PWMx_OffsetSet
	【機能】位相値、デューティ値、周期値、オフセット値をそれぞれのレジスタにセットする。実際のセットは選択されたトリガかPWMx_LoadBufferset()実行で行われる
	【書式】void PWMx_PhaseSet(uint16_t phaseCount);
	phaseCount：位相設定値
	void PWMx_DutyCycleSet(uint16_t dutyCycle);
	dutyCycle：デューティ設定値
	void PWMx_PeriodSet(uint16_t periodCount);
	periodCount：周期設定値
	void PWMx_OffsetSet(uint16_t offsetCount);
	offsetCount：オフセット設定値
	【例】 PWM11_DutycycleSet(Duty);
	PWM11_LoadBufferSet();

4 ユーザ処理部の追加

次にユーザ処理部をmain.cに追加します。内容はリスト6-5-1となります。(a)の宣言部では変数を定義しているだけです。(b)のメイン関数部では、回転方向用のFlagとデューティの初期値を設定してからメインループに入ります。メインループではデューティが最大値の4200より大きくなったときと、最小値の1800より小さくなったときに回転方向を逆にするようFlagを反転させています。

その後Flagにしたがってデューティをアップダウンさせてから、PWMモジュールに設定し、ロード出力しています。これを3msec周期で繰り返すようにしました。

リスト 6-5-1　RCサーボのユーザ処理部

(a) 宣言部の追加

```
46: #include "mcc_generated_files/mcc.h"
47: unsigned int Duty, Flag;
```

(b) メインループへの追加

```
71:     Flag = 1;                          // 初期方向
72:     Duty = 3000;                       // 初期値中央
73:     while (1)
74:     {
75:         // Add your application code          パルス幅2.1ms
76:         if(Duty > 4200)                // 最大値の場合
77:             Flag = 1;                  // 反転   パルス幅0.9ms
78:         else if(Duty < 1800)           // 最小値の場合
79:             Flag = 0;                  // 反転
80:         if(Flag == 1)                  // 減少の場合
81:             Duty --;                   // 減少
82:         else                           // 増大の場合
83:             Duty ++;                   // 増大
84:         PWM11_DutyCycleSet(Duty);      // デューティ値セット
85:         PWM11_LoadBufferSet();         // バッファにロード
86:         __delay_ms(3);                 // 間隔
87:     }
88: }
```

5 書き込みと確認

これを実行すると、一定の間隔でRCサーボが回転可能範囲内で左回りと右回りを交互に繰り返します。16ビットPWMの高分解能性により、RCサーボをデューティが1800から4200の範囲、つまり2400ステップという高分解能でスムーズに制御できます。

6-6 COGモジュールの使い方

高機能なパルス出力モジュール**COG**（Complementary Output Generator：相補出力ジェネレータ）モジュールの使い方を説明します。このモジュールは、基本は**フルブリッジを構成できる4つの出力**を生成しますが、それ以外に多くの動作モードをもっています。

PWMパルスの生成方法がタイマを基本にしたCCPモジュールなどとは大きく異なっていて、立上り、立下り、シャットダウン、いずれも**何らかのイベントを元にして生成されるイベントドリブン方式になっています**。もちろんタイマに同期させることも可能ですが、タイマとは非同期のイベントで起動させることもできるようになっています。

6-6-1 COGモジュールの内部構成と動作

COGモジュールの内部構成は図6-6-1のようになっています。

●図6-6-1 COGモジュールの内部構成

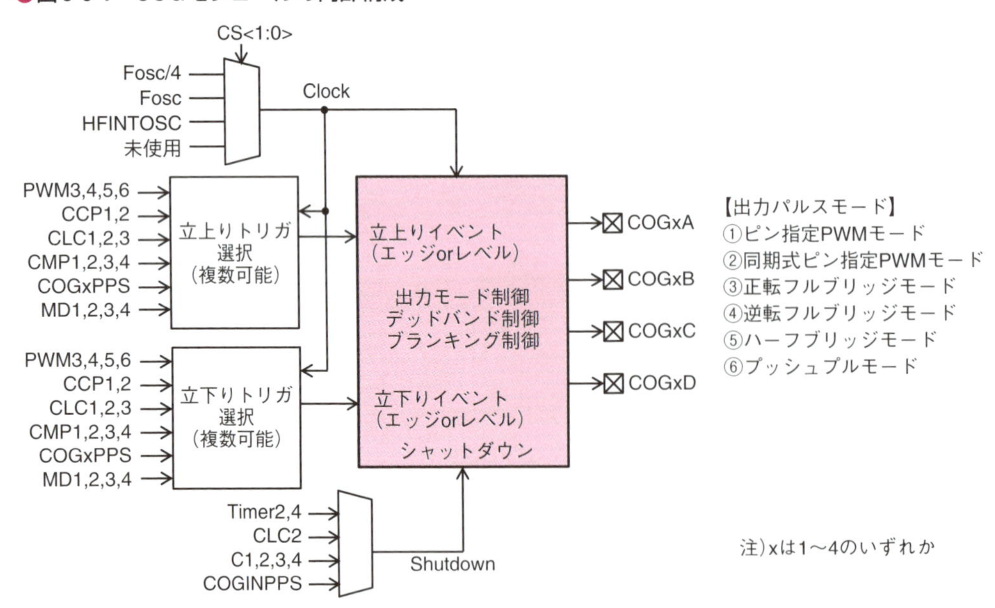

出力モード制御部で、立上りと立下りの2つの入力イベントを元にしてフルブリッジ構成を基本とするパルスを生成します。生成するパルスの出力モードは次のような6種類の中から選択できます。

・ピン指定PWMモード（ステアリングモード）
・同期式ピン指定PWMモード（同期式ステアリングモード）
・フルブリッジモード（正転）
・フルブリッジモード（逆転）
・ハーフブリッジモード
・プッシュプルモード

立上り、立下りのイベント要因として図6-6-1に示したようにPWMモジュール、CLCモジュール、コンパレータなどたくさんの選択肢から選べるようになっています。PWMモジュールのようなクロックに同期したパルスもイベント要因にできますが、コンパレータやCLCのようなクロックと非同期な出力をイベント要因として選択することもできます。

さらに複数の要因をOR条件で入力することもでき、イベント要因をエッジで使うか、レベルで使うかの設定もできますから、複雑な条件によるPWMパルスを構成できます。これによりいろいろなフィードバックでフルブリッジを制御できますから、**プログラムとは独立に動作するシステム構成も可能**になります。

シャットダウンのイベントも入力でき、その要因もいくつかの中から選択できます。この他に、**ブランキング制御が可能**で、設定した時間の間だけイベント制御を行わないようにします。これでPWMのエッジで電流や電圧のオーバーシュートが発生した場合でも誤動作しないようになります。

モードごとの動作は次のようになります。

1 ピン指定PWMモード／同期式ピン指定PWMモード

単純なPWMを出力しますが、ステアリングレジスタ（COGxSTR：COG Steering）で出力するピンを4つのピンから自由に選択できます。通常はCOGxSTRレジスタ設定後、すぐ次の命令サイクルで出力されますが、同期式の場合には次の立上りイベントで更新されます。

2 フルブリッジモード（正転／逆転）

フルブリッジを構成する4本の出力を制御するパルスを生成します。正転と逆転のモードがあり、正転のときにはCOGxDピンをPWM制御し、逆転のときはCOGxBピンをPWM制御します。正逆が切り替わるときにはデッドバンドを挿入します。

3 ハーフブリッジモード

相補構成の2つの出力をCOGxAとCOGxC、およびCOGxBとCOGxDに出力します。例えばCCP1モジュールの出力を立上り、立下りのイベントに指定すれば、CCP1の単純PWM出力をデッドバンド付き相補構成のPWMパルスに変換することになります。

4 プッシュプルモード

単純なPWM入力を、図6-6-2のような交互にアクティブな出力をする2組の2つの出力に変換します。DCDCコンバータなどでトランスを駆動するような場合に使われます。

●図6-6-2 プッシュプルモードの出力例

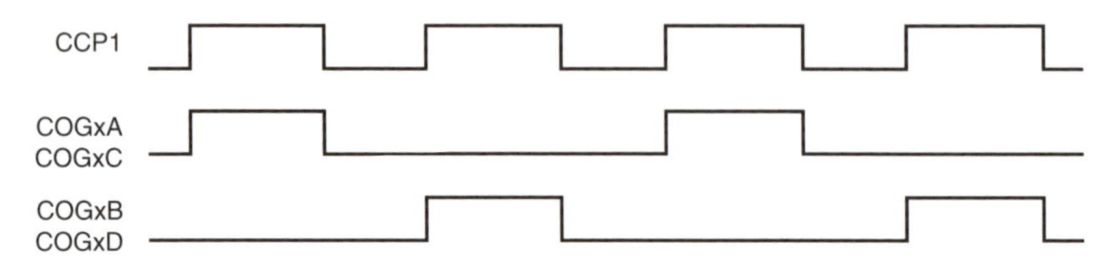

それぞれのモードで、イベント検出にはエッジとレベルがあります。例えばコンパレータをイベントの信号とした場合、エッジとレベルによる出力の差異は図6-6-3のようになります。(a)のエッジの場合はC1OUTの立下りで出力がLowになるだけですが、(b)のレベルの場合C1OUTのLowが継続している間、出力もLowとなっています。

●図6-6-3 エッジとレベルのイベント例

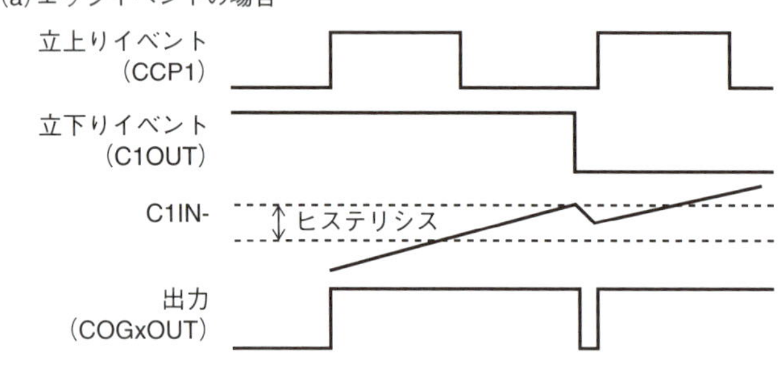

(b)レベルイベントの場合

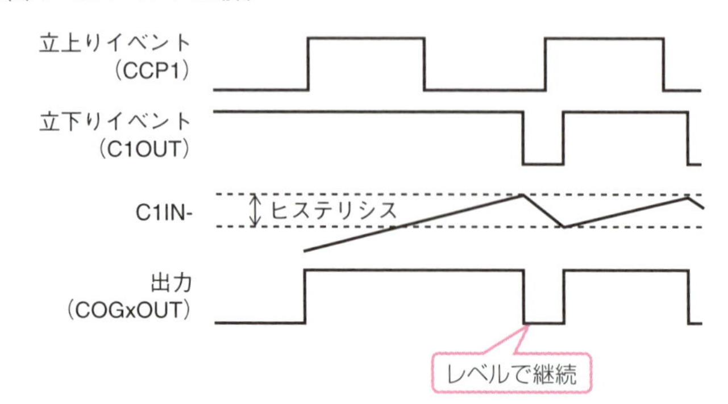

6-6-2　COGモジュール制御レジスタ

COGを制御するためのレジスタは非常に多く図6-6-4と図6-6-5となっています。特に立上り、立下り、シャットダウンのイベントの設定は、1ビットごとにイベントを独立に割り振り、それぞれ有効／無効の設定が行えるようにしていますから、複数イベントのORでイベントを生成できます。

●図6-6-4　COG制御レジスタ　その1

●図6-6-5 COGモジュール制御レジスタ その2

(k)COGxASD0レジスタ

ASE	ARSEN	ASDBD<1:0>		ASDAC<1:0>		−	−

ASE:シャットダウン状態
ARSEN:自動リスタート
1=有効 0=無効

ASDBD<1:0>:上書きレベル
(COGxBとCOGxD)
11=1とする 10=0とする
01=ハイインピーダンスにする
00=未使用にする

ASDAC<1:0>:上書きレベル
(COGxAとCOGxC)
11=1とする 10=0とする
01=ハイインピーダンスにする
00=未使用にする

(l)COGxASD1レジスタ

AS7E	AS6E	AS5E	AS4E	AS3E	AS2E	AS1E	AS0E

ASxE:自動シャットダウンイベント選択 表6-6-2による

(m)COGxSTRレジスタ

SDATD	SDATC	SDATB	SDATA	STRD	STRC	STRB	STRA

SDATx :ピンx出力
1=1を出力 0=0を出力

STRx:ピンx出力有効化
1=COGxxを出力 0=SDATxを出力

(n)COGxDBRレジスタ

−	−	DBR<5:0>					

(o)COGxDBFレジスタ

−	−	DBF<5:0>					

DBR:立上り側デッドバンド幅
DBF:立下り側デッドバンド幅

(n)COGxBLKRレジスタ

−	−	BLKR<5:0>					

(o)COGxBLKFレジスタ

−	−	BLKF<5:0>					

BLKR:立上り側ブランキング幅
BLKF:立下り側ブランキング幅

(p)COGxPHRレジスタ

−	−	PHR<5:0>					

(q)COGxPHFレジスタ

−	−	PHF<5:0>					

PHR:立上り位相遅延幅
PHF:立下り位相遅延幅

立上りと立下りのイベントの設定には表6-6-1がレジスタの各ビットに割り当てられていて、複数イベントを選択してORで動作できるようになっています。同様に自動シャットダウンイベントの一覧が表6-6-2となっています。

▼**表6-6-1　立上り／立下りイベント一覧**

Bit<n>	COG1	COG2	COG3(1)	COG3(2)	COG4(1)
15	LC4_out	LC4_out	LC4_out	LC4_out	LC4_out
14	LC3_out	LC3_out	LC3_out	LC3_out	LC3_out
13	LC2_out	LC2_out	LC2_out	LC2_out	LC2_out
12	LC1_out	LC1_out	LC1_out	LC1_out	LC1_out
11	MD1_out	MD2_out	MD3_out	MD3_out	MD4_out
10	PWM6_output	PWM6_output	PWM12_output	Reserved	PWM12_output
9	PWM5_output	PWM5_output	PWM11_output	PWM11_output	PWM11_output
8	PWM4_output	PWM4_output	PWM10_output	Reserved	PWM10_output
7	PWM3_output	PWM3_output	PWM9_output	PWM9_output	PWM9_output
6	CCP2_out	CCP2_out	CCP8_out	CCP7_out	CCP8_out
5	CCP1_out	CCP1_out	CCP7_out	CCP1_out	CCP7_out
4	sync_CM4_out	sync_CM4_out	sync_CM8_out	sync_CM6_out	sync_CM8_out
3	sync_CM3_out	sync_CM3_out	sync_CM7_out	sync_CM5_out	sync_CM7_out
2	sync_CM2_out	sync_CM2_out	sync_CM6_out	sync_CM2_out	sync_CM6_out
1	sync_CM1_out	sync_CM1_out	sync_CM5_out	sync_CM1_out	sync_CM5_out
0	Pin selected with COG1PPS	Pin selected with COG2PPS	Pin selected with COG3PPS	Pin selected with COG3PPS	Pin selected with COG4PPS

注）(1) PIC16(L)F1777/9のみ
(2) PIC16(L)F1778のみ

▼**表6-6-2　自動シャットダウンイベント一覧**

Bit<n>	COG1	COG2	COG3(2)	COG3(3)	COG4(2)
7	TMR4_ postscaled(1)	TMR4_ postscaled(1)	TMR8_ postscaled(1)	TMR8_ postscaled(1)	TMR8_ postscaled(1)
6	TMR2_ postscaled(1)	TMR2_ postscaled(1)	TMR6_ postscaled(1)	TMR6_ postscaled(1)	TMR6_ postscaled(1)
5	LC2_out	LC2_out	LC4_out	LC4_out	LC4_out
4	sync_CM4_out	sync_CM4_out	sync_CM8_out	sync_CM6_out	sync_CM8_out
3	sync_CM3_out	sync_CM3_out	sync_CM7_out	sync_CM5_out	sync_CM7_out
2	sync_CM2_out	sync_CM2_out	sync_CM6_out	sync_CM2_out	sync_CM6_out
1	sync_CM1_out	sync_CM1_out	sync_CM5_out	sync_CM1_out	sync_CM5_out
0	Pin selected by COG1PPS	Pin selected by COG2PPS	Pin selected by COG3PPS	Pin selected by COG3PPS	Pin selected by COG4PPS

注）(1) ソースがhighのときシャットダウン。
(2) PIC16(L)F1777/9のみ
(3) PIC16(L)F1778のみ

6-6-3　例題　モータの可逆可変速制御

MCCを使ってCOGモジュールでPWM制御を行う設定方法を説明します。ここではアナログ演習ボードを使った実際の例題で試してみます。

【例題】プロジェクト名　COGMOTOR

アナログ演習ボードでCOG3モジュールにより図6-6-6のようにフルブリッジを構成し、DCモータの可逆可変速制御を行います。クロックは32MHzとし、PWMはCCP1で生成しPWM周期は約4kHzとします。一定間隔でモータの回転数を上げ、最高速度になったらいったん停止して逆転させ、同じように回転数を上げます。これで最高速度になったら最初に戻って繰り返します。

●図6-6-6　例題の接続構成

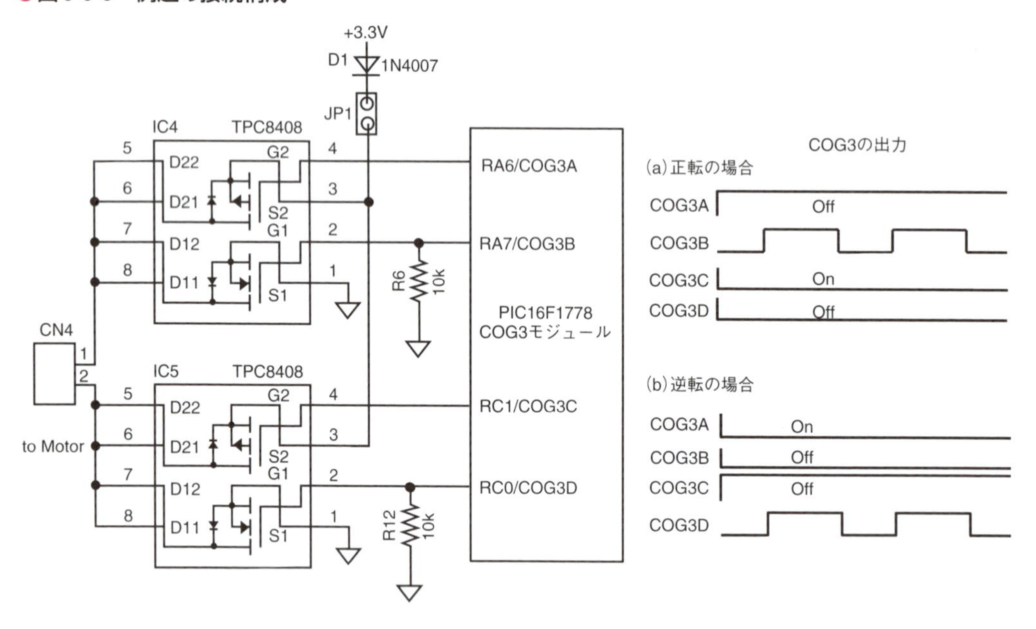

1 プロジェクト作成とクロック設定

この例題をMCCで作成します。まず、通常どおり空のプロジェクトCOGMOTORを作成してからMCCを起動し、図6-6-7のように、[System Module] の設定をします。①でクロックをINTOSCとし、②で8MHzを選択し、③でPLLにチェックを入れて有効とします。コンフィギュレーションの設定は④でWDTをDisableとし、⑤でLVPをオフとします。この設定でシステムクロックは8MHz×4＝32MHzとなります。

●図6-6-7　クロックとコンフィギュレーションの設定

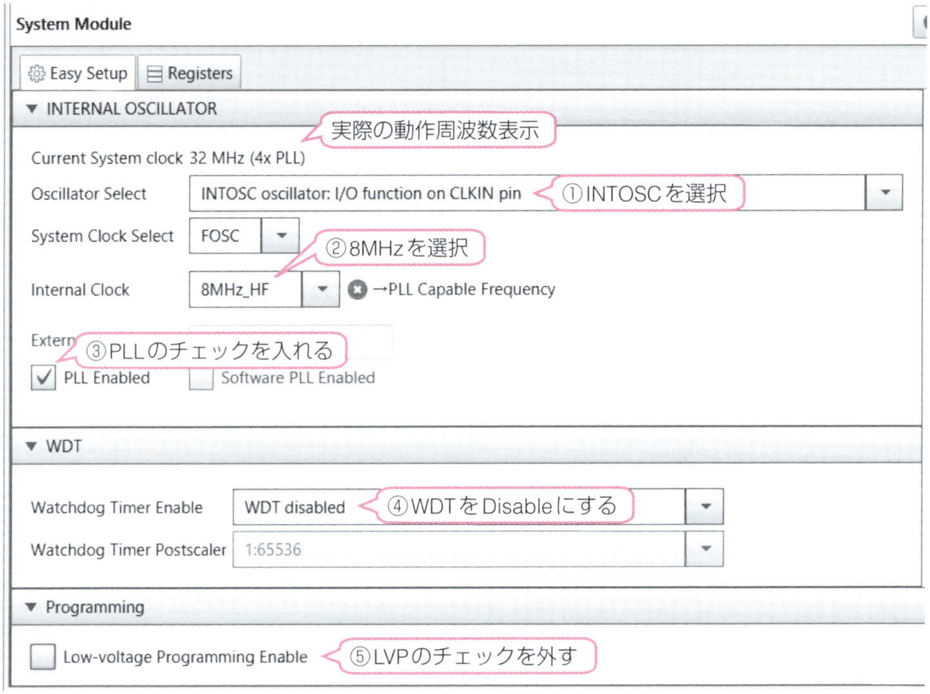

2 COG3の設定

次にCOG3モジュールの設定をします。[Device Resources] 欄でCOG3をダブルクリックして選択します。これで図6-6-8のように設定します。COG3を選択したのは、出力ピンにピン割り付けでポートAとポートCが選択できるからです。

①でForward Full-Bridge modeを選択して正転のフルブリッジとします。②でクロックにFosc/4を指定します。このあと4つの出力ピンの設定をしますが、COGAとCOGCにはPチャネルのトランジスタが接続されているので、論理を負論理にする必要があります。またCOGBとCOGDにはPWM出力が出るように設定します。このためには、③と④でActive-lowのwaveformを選択します。さらに⑤と⑥でActive-highでwaveformを選択します。これでCOGモジュールの4出力でフルブリッジを制御できます。

次にCOGモジュールの入力トリガを立上り、立下りともCCP1にするので、⑦と⑨で5usと入力してデッドバンド幅を5usecとし、⑧と⑩でCCP1にチェックを入れEdge Triggerを選択します。以上でCOG3モジュールの設定は完了です。

●図6-6-8 COG3モジュールの設定

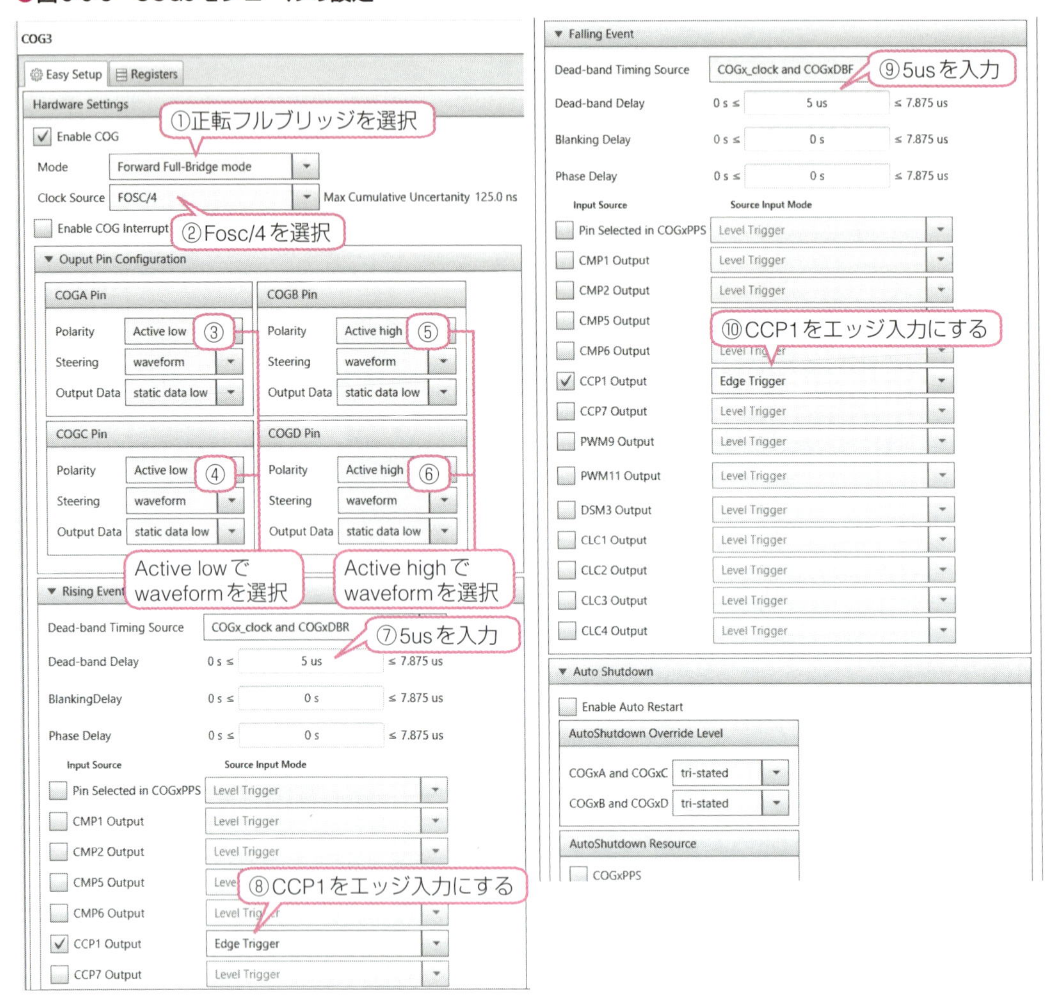

3 タイマ2の設定

COG3モジュールでCCP1を使うことにしたのでCCP1の設定をします。CCP1を設定する前に、CCP1でタイマ2を使うことにして先にタイマ2を設定します。これには図6-6-9のように設定します。ここではPWMの周期を約4kHzで10ビット分解能にしたいので、図6-6-9①のようにクロックをFosc/4とし、②でプリスケーラを1/8にすると、③のように最大周期は256μsecとなってほぼ4kHzとなるので、ここで最大値の256usと入力します。最大値とすれば10ビット分解能が確保できます。

●図6-6-9 タイマ2モジュールの設定

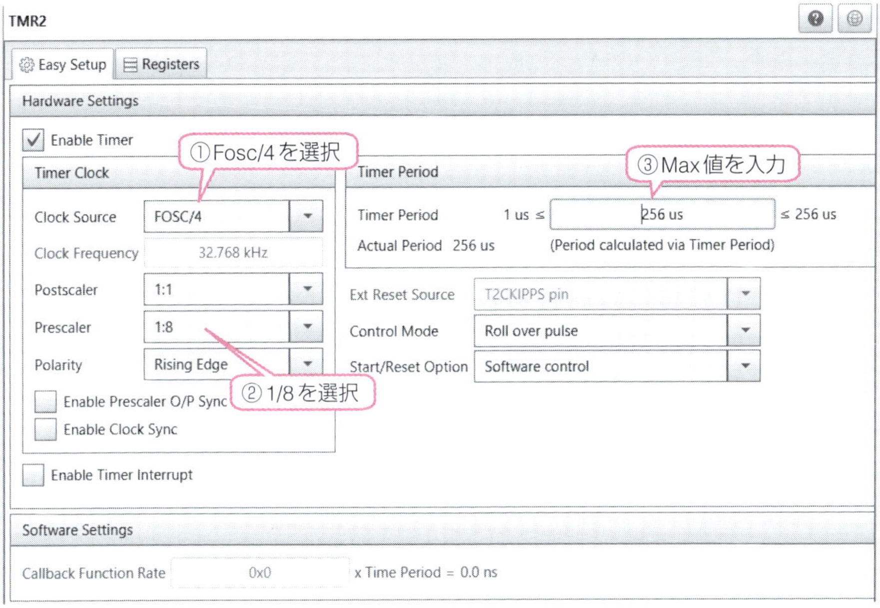

TMR2
Easy Setup
Registers
Hardware Settings
Enable Timer
①Fosc/4を選択
Timer Clock
Clock Source FOSC/4
Clock Frequency 32.768 kHz
Postscaler 1:1
Prescaler 1:8
Polarity Rising Edge
Enable Prescaler O/P Sync
Enable Clock Sync
②1/8を選択
Timer Period
③Max値を入力
Timer Period 1 us ≤ 256 us ≤ 256 us
Actual Period 256 us (Period calculated via Timer Period)
Ext Reset Source T2CKIPPS pin
Control Mode Roll over pulse
Start/Reset Option Software control
Enable Timer Interrupt
Software Settings
Callback Function Rate 0x0 x Time Period = 0.0 ns

4 CCP1の設定

次にCCP1モジュールの設定をします。これには図6-6-10のように［Device Resources］でCCP1をダブルクリックし設定します。

まず①でPWMモードを選択し、Timer2が選択されていることを確認します。続いて②でデューティ欄に50％と入力します。③でPWMの周期が4kHz近くになっていることを確認します。

●図6-6-10 CCP1モジュールの設定

Files
Project Resources
Generate
System
Interrupt Module
Pin Module
System Module
Peripherals
COG3
TMR2
CCP1
Device Resources
Peripherals
MPLAB® Code Configurator
cog3.c
CCP1
Easy Setup
Registers
Notifications : 3
Hardware Settings
Enable CCP
①PWMを選択
CCP Mode PWM
Select Timer Timer 2
Please refer to the assigned timer to adjust the PWM frequency.
Duty Cycle
②50%を入力
Duty Cycle 50.0 %
CCPR Value 511
CCPR Alignment right_aligned
PWM Parameters
PWM Period 256 us
PWM Frequency 3.90625 kHz
PWM Resolution 10 bits
③周波数を確認

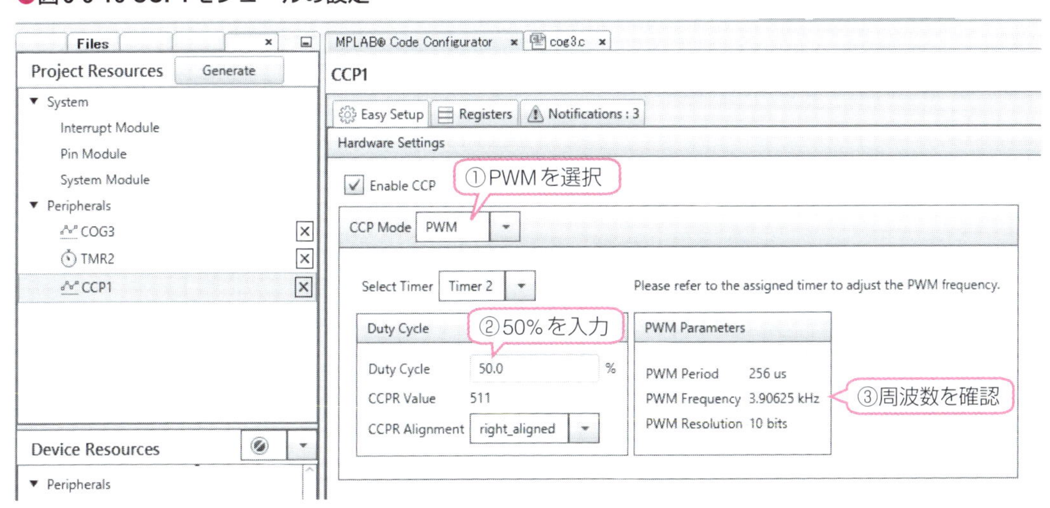

5 COGの出力ピンの設定

最後にCOGの出力ピンを指定します。図6-6-6の構成となるように[Pin Manager Grid]欄で図6-6-11のように設定します。①でCOG3AとCOG3Bを設定し、②でCOG3CとCOG3Dを設定しています。

●図6-6-11 COGモジュールの出力ピンの設定

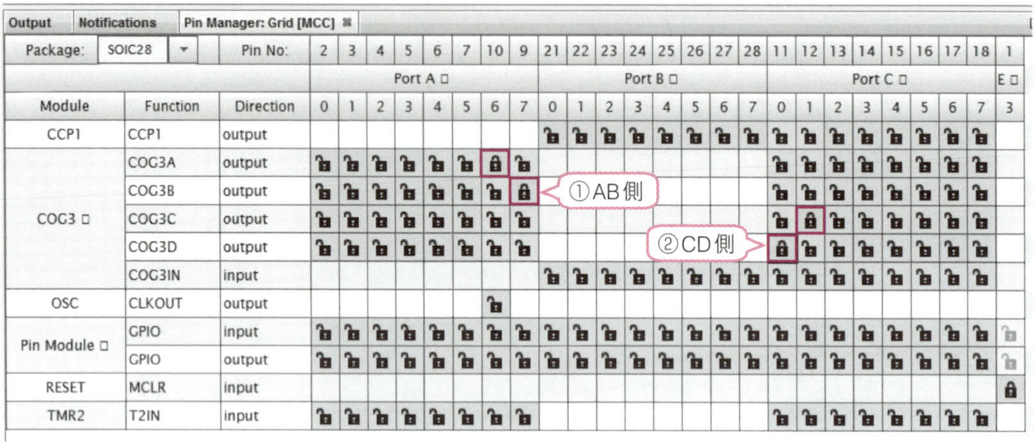

Output　Notifications　Pin Manager: Grid [MCC]

Package: SOIC28		Pin No:	2	3	4	5	6	7	10	9	21	22	23	24	25	26	27	28	11	12	13	14	15	16	17	18	1
			Port A								Port B								Port C								E
Module	Function	Direction	0	1	2	3	4	5	6	7	0	1	2	3	4	5	6	7	0	1	2	3	4	5	6	7	3
CCP1	CCP1	output																									
COG3	COG3A	output																									
	COG3B	output																									
	COG3C	output																									
	COG3D	output																									
	COG3IN	input																									
OSC	CLKOUT	output																									
Pin Module	GPIO	input																									
	GPIO	output																									
RESET	MCLR	input																									
TMR2	T2IN	input																									

①AB側
②CD側

6 コードの生成

以上ですべての設定が完了したので[Generate]ボタンをクリックしてコードを生成します。

これで自動生成されたCOGモジュール用の関数は、初期化関数と自動シャットダウンの制御関数だけとなっています。したがって、モータの正転と逆転を切り替えるためには、直接レジスタを設定してモードを変更する必要があります。回転速度を変更するためには、CCP1のデューティを変更すればよいことになります。

7 ユーザ処理部の追加

この例題を実現するためのユーザ処理部は、メイン関数部だけででき、リスト6-6-1のようになります。

宣言部で変数Dutyの宣言をしておきます。あとはメインループ内の追加だけです。

レジスタ直接設定で正転モードを選択し、デューティを順次増やしながら出力します。最高値になったらデューティを0にして停止させ、今度は逆転モードを選択します。続いて同じようにデューティを順次増やしながら出力し、最高値になったらデューティを0にして停止させます。あとは最初に戻って繰り返します。

リスト 6-6-1 ユーザ処理追加部

(a) 宣言部の追加

```
46: #include "mcc_generated_files/mcc.h"
47: unsigned int Duty;
```

(b) メインループへの追加

```
72:     while (1)
73:     {
74:         // Add your application code
75:         COG3CON0bits.MD = 2;            // 正転モード
76:         while(Duty < 1024){             // デューティ最大まで繰り返し
77:             PWM1_LoadDutyValue(Duty++); // デューティセットしアップ
78:             __delay_ms(10);             // 間隔
79:         }
80:         Duty = 0;                       // デューティリセット
81:         PWM1_LoadDutyValue(Duty);       // 停止
82:         COG3CON0bits.MD = 3;            // 逆転モード
83:         while(Duty < 1024){             // デューティ最大まで繰り返し
84:             PWM1_LoadDutyValue(Duty++); // デューティセットしアップ
85:             __delay_ms(10);             // 間隔
86:         }
87:         Duty = 0;                       // デューティリセット
88:         PWM1_LoadDutyValue(Duty);       // 停止
89:     }
90: }
```

8 書き込みと確認

これでDCモータをCN4コネクタに接続すれば回転します。接続方向はどちらでも構いません、回転方向が反対になるだけです。出力電圧は約2.3Vが最高値になるので、通常のマブチモータであれば問題なく回ります。

ここで重要な注意があります。**COG3のパルス出力が確かに出力されていることを確認してから、ジャンパJP1にジャンパピンを挿入して下さい。**万一貫通電流が流れる状態になっていると、デュアルMOSFETのICが瞬時に熱くなるので、すぐジャンパピンを抜いて再度パルス出力を確認して下さい。

6-7 CLCモジュールの使い方

CLC（Configurable Logic Cell）モジュールは一言でいうと、**プログラマブルなロジック回路をPICマイコンに実装したもの**です。ハードウェア回路なのでプログラムでは不可能な速度での動作ができます。しかもいったん設定すればハードウェア回路として動作するのでプログラムによる制御は必要ありません。最大4つのCLCモジュールが実装されているデバイスがあるので、アイデア次第でロジック回路を組み込んで使うことができます。

6-7-1 CLCモジュールの内部構成と動作

CLCモジュールの内部構成は図6-7-1のようになっています。内部ロジックへの入力はg1からg4の4つがあり、それぞれに入力源となる48種類の信号から1つを選択できます。

●図6-7-1 CLCモジュールの内部構成

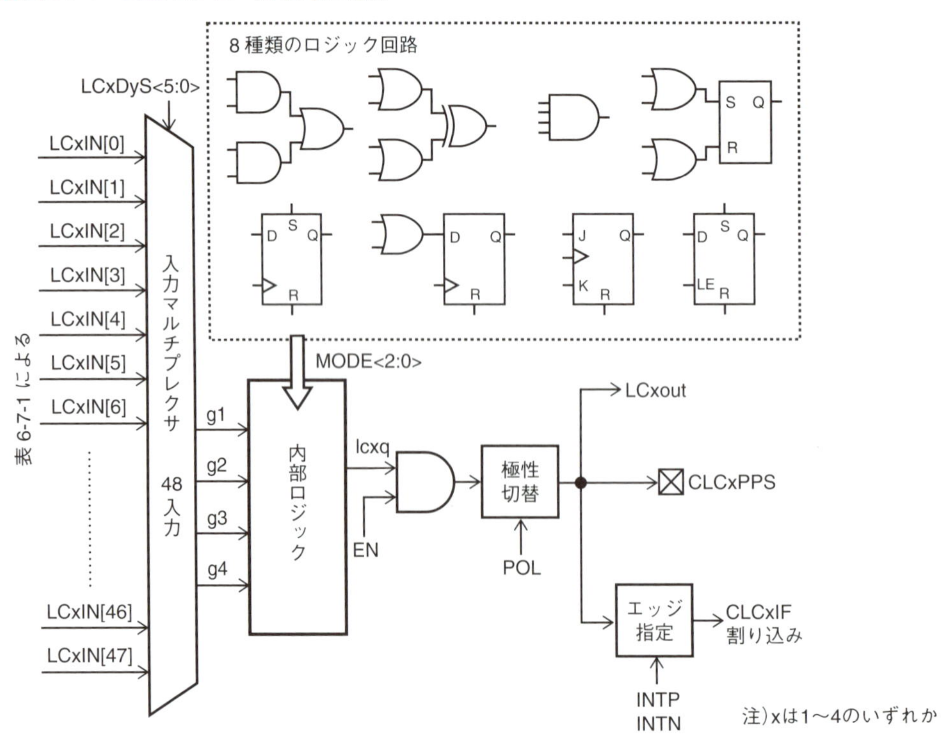

内部ロジックは図6-7-2に示した8種類の回路から1つを選択してロジック回路を構成します。選択したg1からg4の4つの入力が図のように接続されます。出力は外部ピンに出力したり、割り込みを生成したり、他の内部モジュールへ接続したりできます。

●図6-7-2　内部ロジックの選択肢

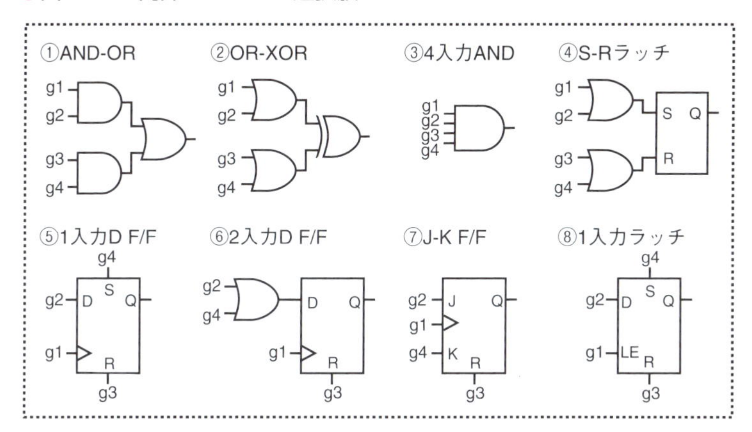

g1からg4の入力源となる信号は、表6-7-1の48種類の中から選択します。周辺モジュールの他に入出力ピンを選択することもできます。

▼表6-7-1　CLCxモジュールの入力信号の選択肢

LCxDyS <5:0>	CLCxの入力源	LCxDyS <5:0>	CLCxの入力源
110000 to 111111 [48+]	Reserved	100000 [32]	CLC1 output
101111 [47]	CWG3B output	011111 [31]	DSM output
101110 [46]	CWG3A output	011110 [30]	IOCIF
101101 [45]	CWG2B output	011101 [29]	ZCD output
101100 [44]	CWG2A output	011100 [28]	Comparator 2 output
101011 [43]	CWG1B output	011011 [27]	Comparator 1 output
101010 [42]	CWG1A output	011010 [26]	NCO1 output
101001 [41]	MSSP2 SCK output	011001 [25]	PWM7 output
101000 [40]	MSSP2 SDO output	011000 [24]	PWM6 output
100111 [39]	MSSP1 SCK output	010111 [23]	CCP5 output
100110 [38]	MSSP1 SDO output	010110 [22]	CCP4 output
100101 [37]	EUSART (TX/CK) output	010101 [21]	CCP3 output
100100 [36]	EUSART (DT) output	010100 [20]	CCP2 output
100011 [35]	CLC4 output	010011 [19]	CCP1 output
100010 [34]	CLC3 output	010010 [18]	SMT2 output
100001 [33]	CLC2 output	010001 [17]	SMT1 output

LCxDyS <5:0>	CLCxの入力源
010000 [16]	TMR6 to PR6 match
001111 [15]	TMR5 overflow
001110 [14]	TMR4 to PR4 match
001101 [13]	TMR3 overflow
001100 [12]	TMR2 to PR2 match
001011 [11]	TMR1 overflow
001010 [10]	TMR0 overflow
001001 [9]	CLKR output
001000 [8]	FRC
000111 [7]	SOSC
000110 [6]	LFINTOSC
000101 [5]	HFINTOSC
000100 [4]	FOSC
000011 [3]	CLCIN3PPS
000010 [2]	CLCIN2PPS
000001 [1]	CLCIN1PPS
000000 [0]	CLCIN0PPS

1つのCLCモジュールの回路構成は単機能ですが、1つで機能を果たす回路も構成できますし、CLCモジュールは最大4組実装されているので、いくつか組み合わせて機能を果たす回路を構成することもできます。

実際の使用例は図6-7-3のようになります。この例はキーコードなどのバイナリコードを、マンチェスタ形式のコードに変換するもので、ロジック回路はXOR回路だけで構成できます。

ここで**キーコード**とはキーボードを押したときに出力されるコードをいい、**マンチェスターコード**とは、静的なhighとLowの2値ではなく、立上りと立下りの2値に符号化する方式です。例えばWindowsキーボードで「A」を押すと「0x41」という値が出力されます。この値を無線などで伝送する場合にマンチェスターコードへの変換が行われます。

●図6-7-3 CLCモジュールの使用例

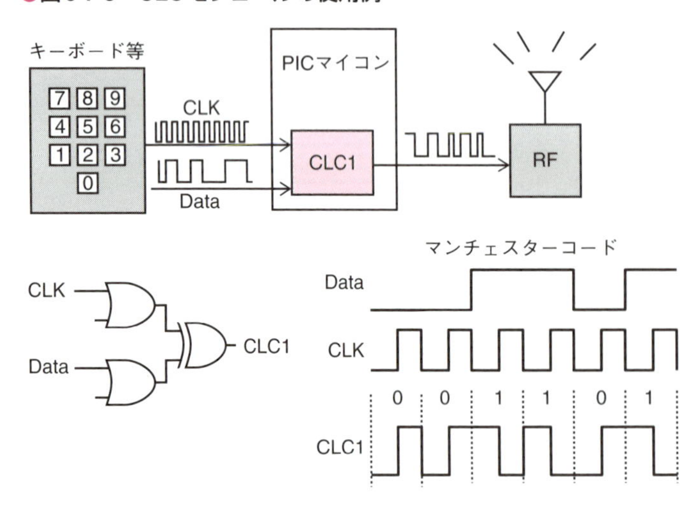

6-7-2 GUI設定ツールの使い方

CLCモジュールの設定はすべてレジスタ設定で行いますが、設定レジスタが非常にたくさんあり複雑です。そこでグラフィック画面で回路を構成すればコードを自動生成するGUIツールがMCCに内蔵されています。このツールの画面例は図6-7-4のようになっており、1つのCLCモジュール全体がグラフィック形式で表示されています。

グラフィック上でロジック、入力、出力の3要素を決めれば、コードが自動生成されます。設定手順は次のステップで行います。

①図6-7-4の①で使うロジックを選択します。

②図6-7-4の②で4つの入力に必要な入力信号をそれぞれ48種の中から選択します。

③図6-7-4の③でどのゲートの入力と接続するかを回路ブロックの直前にある×マークをクリックして選択します。この接続では未接続、接続、反転接続(インバータ)の3種類が選択できます。未接続とした場合のゲート入力はLowの扱いとなっています。

④図6-7-4の④⑤でゲートの出力側の反転接続をするしないを選択します。

以上で設定は完了です。複数のCLCモジュールを組み合わせる場合には、入力信号に他のCLCモジュールの出力を選択することでできます。

●図6-7-4 CLC用コンフィギュレーションツールの画面例

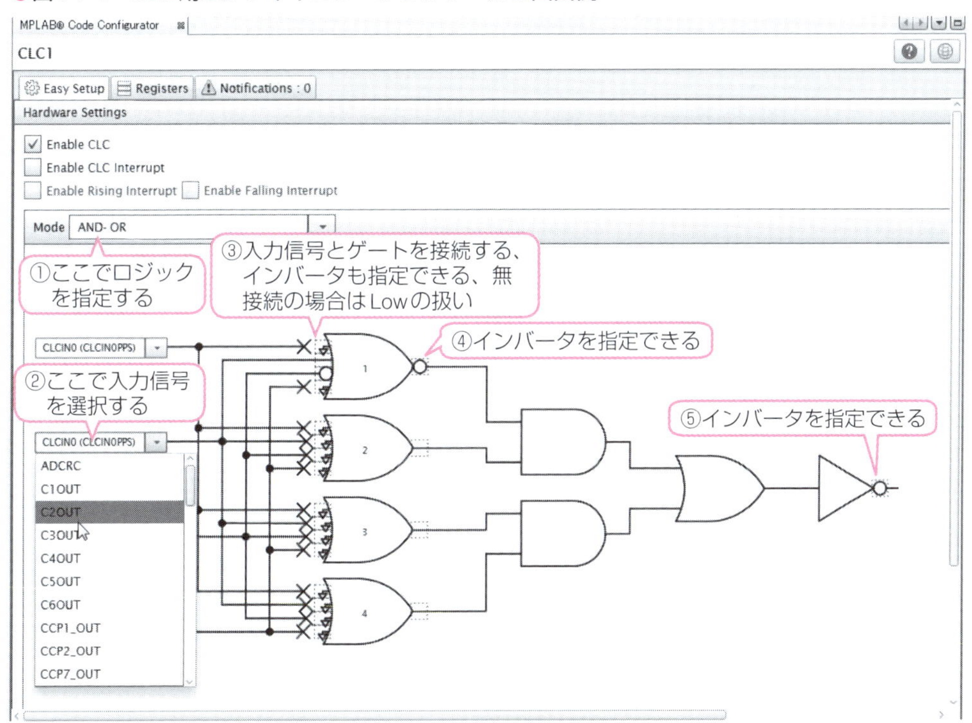

6-7-3 例題 RCサーボの制御

MCCを使ってCLCモジュールを使う方法を説明します。ここではアナログ演習ボードを使った実際の例題で試してみます。

【例題】プロジェクト名 CLC1

RCサーボを10ビット分解能のPWM3により、できる限り高分解能で制御するため、CLCモジュールを使って図6-7-5のような回路構成として動作させます。クロックは8MHzとします。

●図6-7-5 RCサーボ制御回路

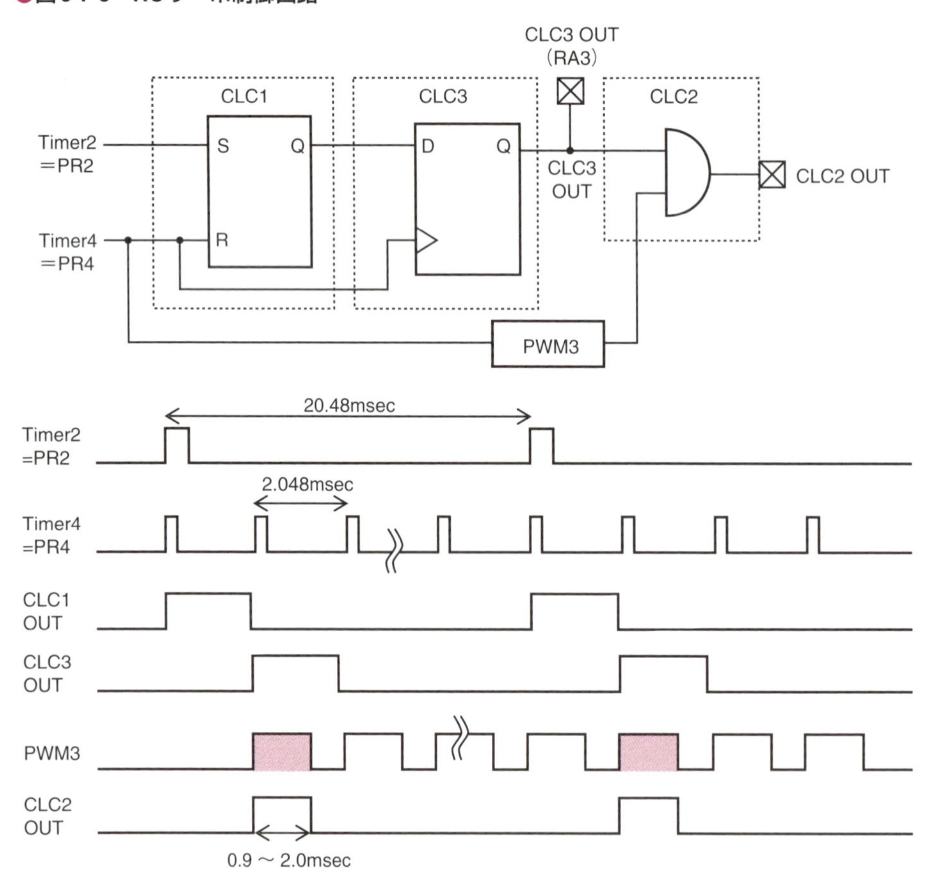

1 プロジェクト作成とクロック設定

まず、通常どおり空のプロジェクトCLC1を作成してからMCCを起動し、図6-7-6のように、[System Module]の設定をします。①でクロックをINTOSCとし、②で8MHzを選択し、③でPLLのチェックを外して無効とします。コンフィギュレーションの設定は④でWDTをDisableとし、⑤でLVPをオフとします。この設定でシステムクロックは8MHzとなります。

●図6-7-6 クロックとコンフィギュレーションの設定

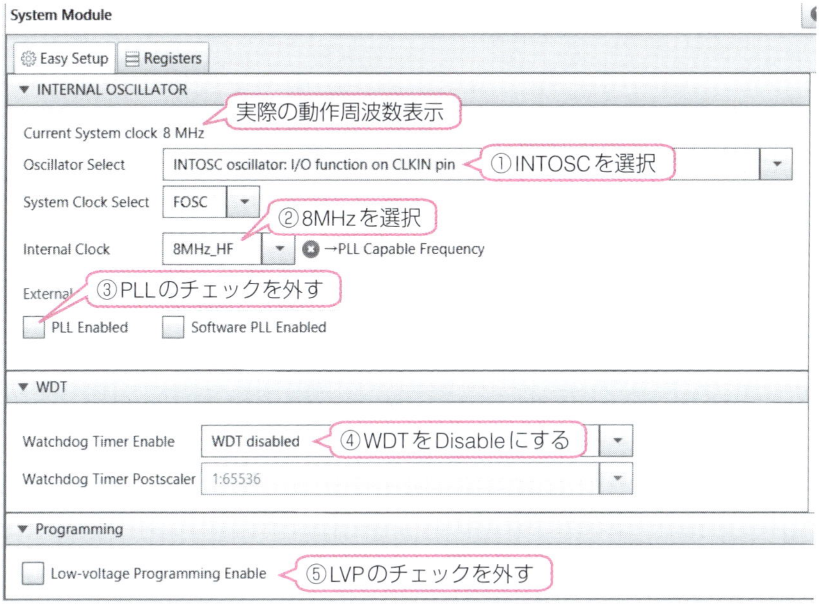

2 タイマ2の設定

続いてタイマ2の設定をします。周期を20.48msecとするので、図6-7-7のように設定します。

●図6-7-7　タイマ2の設定

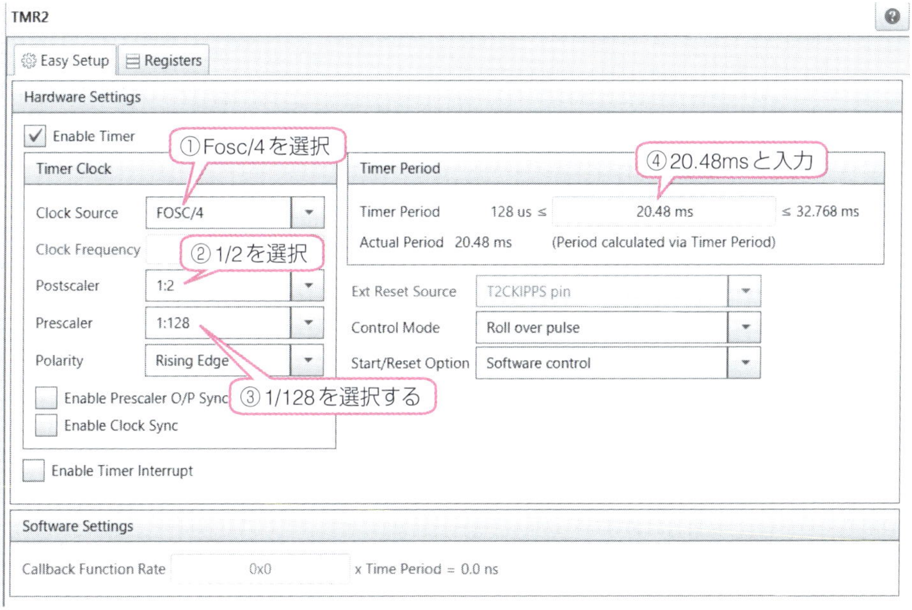

①でFosc/4を選択し②で1/2を選択し③で1/128を選択すると、右側の時間範囲が32.768msecまで可能となるので、ここで④のように20.48msと入力します。

3 タイマ4の設定

続いてタイマ4の設定をします。周期を2.048msecとするので、図6-7-8のように設定します。①でFosc/4を選択し②で1/1、③で1/16を選択すると右側の時間範囲が2.048msecまで可能となるので、ここで④のように2.048msと入力します。

●図6-7-8 タイマ4の設定

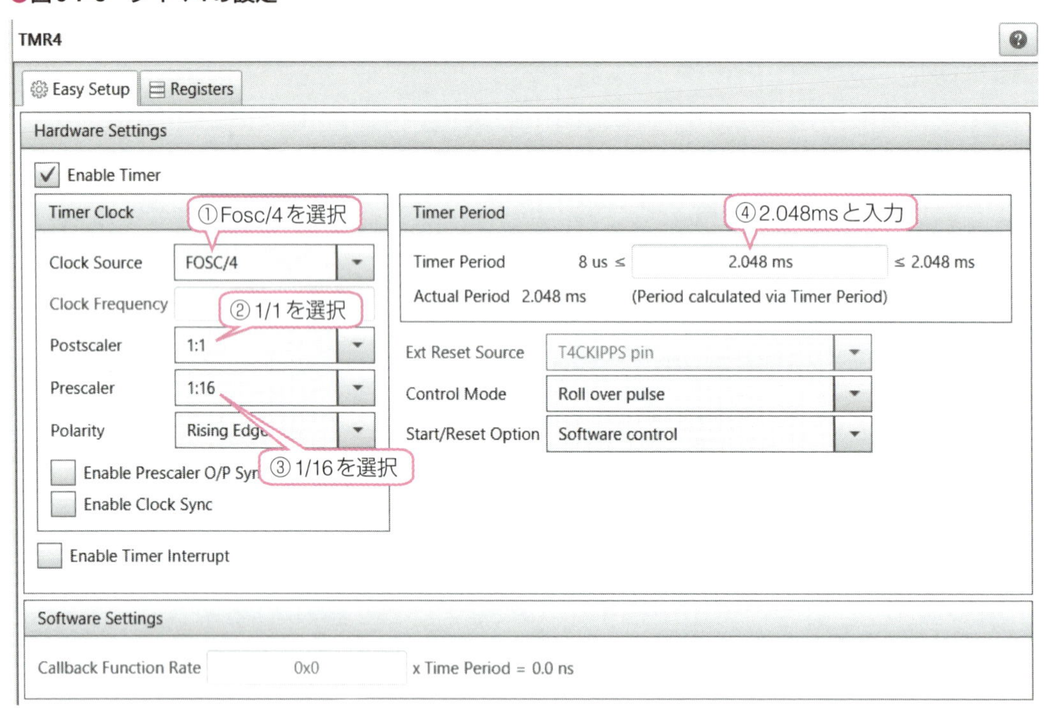

4 PWM3の設定

次にPWM3モジュールを設定します。これには図6-7-9のようにします。①でTimer4を選択し、②でデューティの初期値を75%とします。これでデューティの初期値が約1.5msecになるはずなのでRCサーボの中央付近になります。

●図6-7-9　PWM3モジュールの設定

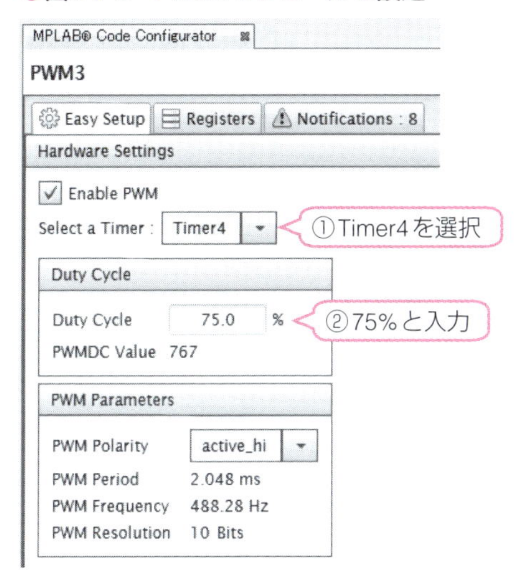

5 CLC1の設定

次にCLC1モジュールの設定をします。ここでは図6-7-10のようにRSフリップフロップでタイマ2とタイマ4で動作を指定します。①でロジックとしてSR latchを選択します。次に②でT2を選択し③でゲート1と2に接続します。次に④⑤⑥でT4を選択し、⑦でゲート3と4に接続します。

●図6-7-10　CLC1モジュールの設定

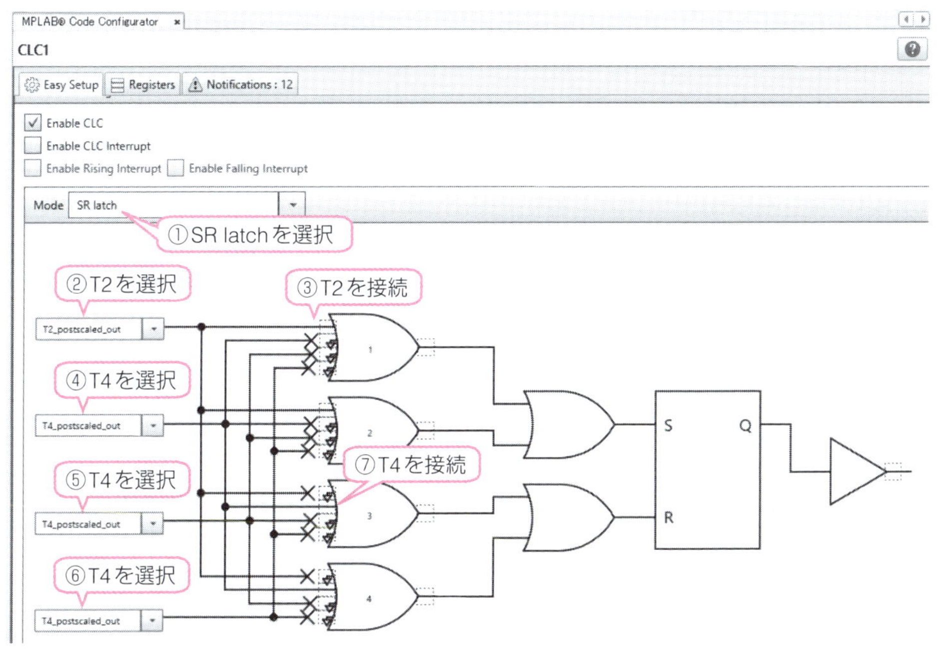

6 CLC3の設定

次がCLC3の設定です。図6-7-11のようにします。①でロジックとして1-input D flip-flopを選択します。次に②でT4を選択し③でゲート1に接続します。これでDフリップフロップのクロックがタイマ4となります。次に④でLC1の出力を選択し⑤でゲート2に接続します。これでDフリップフロップのD入力がCLC1の出力となります。あとは、⑥⑦でT4を選択して余計なものを使わないようにします。

●図6-7-11　CLC3モジュールの設定

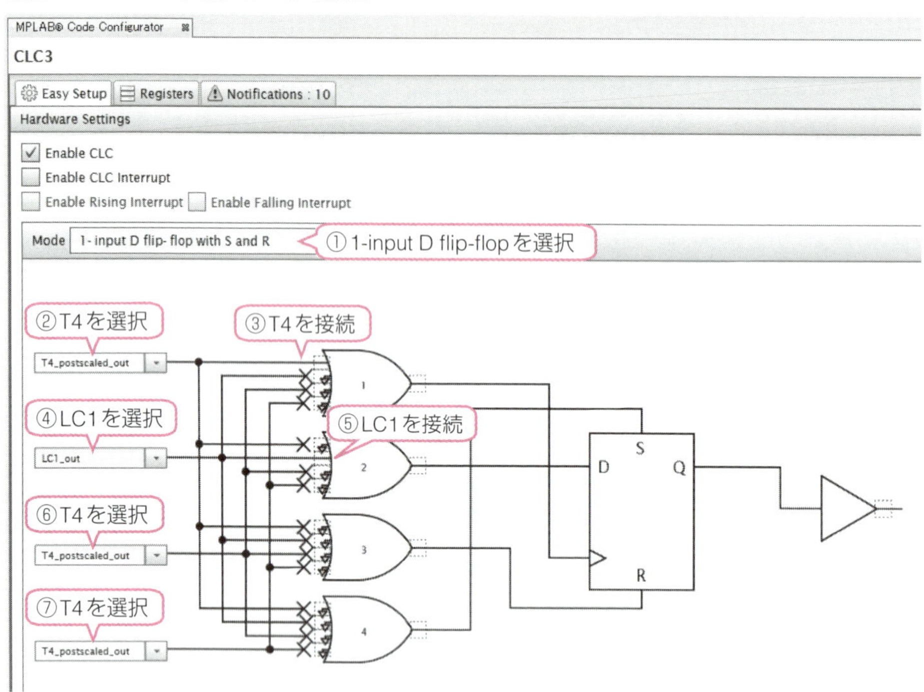

7 CLC2の設定

次がCLC2の設定です。図6-7-12のようにします。①でロジックとして4-input ANDを選択します。次に②でLC3_outを選択し③でゲート1に接続してCLC3モジュールと接続します。

次に④でPWM3を選択し、⑤でゲート2に接続します。あとは⑥⑦でPWM3を選択してそれぞれゲート3と4に接続します。最後に⑧で出力を反転させて外付けトランジスタによる論理反転を考慮します。

●図6-7-12　CLC2モジュールの設定

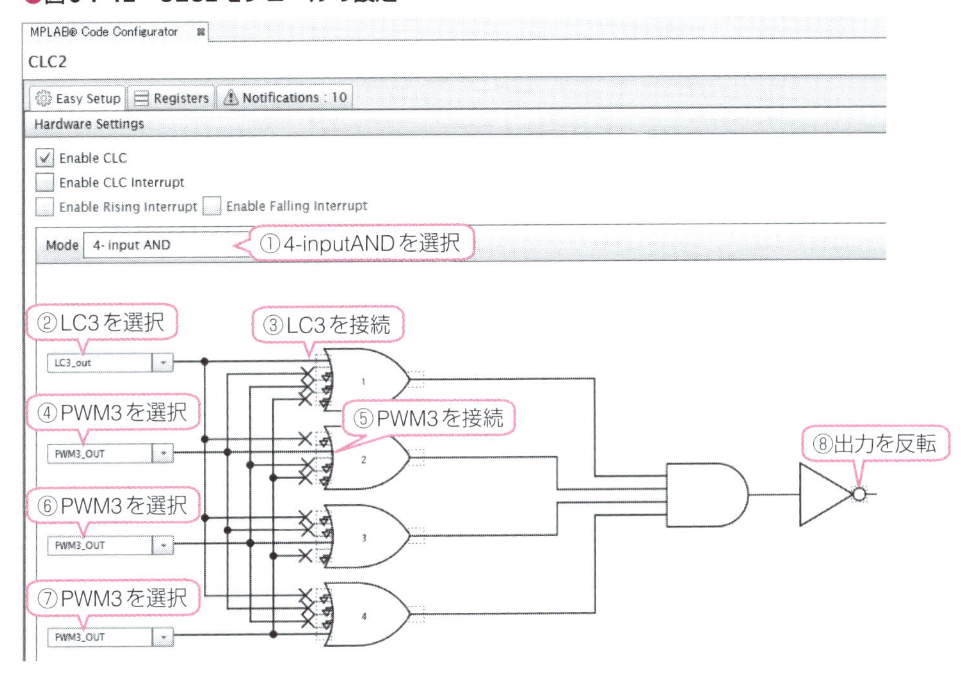

8 CLC2の出力ピンの設定

最後に図6-7-13のようにCLC2モジュールの出力をピンに接続します。これでCLC2のPWM出力がRC2ピンに接続されて、外部トランジスタ経由でRCサーボに接続されます。

●図6-7-13　CLCモジュール出力のピンへの接続

Output　Notifications　Pin Manager: Grid [MCC]

Package: SOIC28		Pin No:	2	3	4	5	6	7	10	9	21	22	23	24	25	26	27	28	11	12	13	14	15	16	17	18	1
			Port A □								Port B □								Port C □								E □
Module	Function	Direction	0	1	2	3	4	5	6	7	0	1	2	3	4	5	6	7	0	1	2	3	4	5	6	7	3
CLC1	CLC1OUT	output	🔓	🔓	🔓	🔓	🔓	🔓	🔓	🔓									🔓	🔓	🔓	🔓	🔓	🔓	🔓	🔓	
CLC2	CLC2OUT	output	🔓	🔓	🔓	🔓	🔓	🔓	🔓	🔓									🔓	🔓	🔒	🔓	🔓	🔓	🔓	🔓	
CLC3	CLC3OUT	output									🔓	🔓	🔓	🔓	🔓	🔓	🔓	🔓	🔓	🔓	[illegible]	🔓	🔓	🔓	🔓	🔓	
CLCx □	CLCIN0	input	🔓	🔓	🔓	🔓	🔓	🔓	🔓	🔓									[illegible]	[illegible]	[illegible]	[illegible]	🔓	🔓	🔓	🔓	
	CLCIN1	input	🔓	🔓	🔓	🔓	🔓	🔓	🔓	🔓									[illegible]	[illegible]	[illegible]	[illegible]	🔓	🔓	🔓	🔓	
	CLCIN2	input									🔓	🔓	🔓	🔓	🔓	🔓	🔓	🔓	🔓	🔓	🔓	🔓	🔓	🔓	🔓	🔓	
	CLCIN3	input									🔓	🔓	🔓	🔓	🔓	🔓	🔓	🔓	🔓	🔓	🔓	🔓	🔓	🔓	🔓	🔓	
OSC	CLKOUT	output							🔓																		
PWM3	PWM3OUT	output	🔓	🔓	🔓	🔓	🔓	🔓	🔓	🔓									🔓	🔓	🔓	🔓	🔓	🔓	🔓	🔓	
Pin Module □	GPIO	input	🔓	🔓	🔓	🔓	🔓	🔓	🔓	🔓	🔓	🔓	🔓	🔓	🔓	🔓	🔓	🔓	🔓	🔓	🔓	🔓	🔓	🔓	🔓	🔓	🔓
	GPIO	output	🔓	🔓	🔓	🔓	🔓	🔓	🔓	🔓	🔓	🔓	🔓	🔓	🔓	🔓	🔓	🔓	🔓	🔓	🔓	🔓	🔓	🔓	🔓	🔓	🔓
RESET	MCLR	input																									🔒
TMR0	T0CKI	input	🔓	🔓	🔓	🔓	🔓	🔓	🔓	🔓	🔓	🔓	🔓	🔓	🔓	🔓	🔓	🔓									
TMR4	T4IN	input									🔓	🔓	🔓	🔓	🔓	🔓	🔓	🔓	🔓	🔓	🔓	🔓	🔓	🔓	🔓	🔓	

①CLC2の出力をRC2に接続

9 コードの生成

以上ですべての設定が完了したので[Generate]ボタンをクリックしてコードを生成します。CLCモジュールについては初期化関数以外に通常使う関数は生成されません。

これだけでもコンパイルしてアナログ演習ボードに書き込めば、RCサーボが中央付近まで移動して停止するはずです。

10 ユーザ処理部の追加

あとはユーザ処理部をメイン関数に追加するだけです。この処理はリスト6-7-1として16ビットPWMモジュールの例題と同じようにしました。これで、一定間隔でRCサーボが右左に旋回するはずです。

ここでRCサーボに出力できるデューティ範囲は0.9msecから2.048msecなので、1023×0.9÷2.048＝450から最大の1023の範囲となります。

リスト 6-7-1 ユーザ処理部

(a) 宣言部の追加

```
46: #include "mcc_generated_files/mcc.h"
47: unsigned int Duty, Flag;
```

(b) メインループへの追加

```
71:     Duty = 767;                     // デューティ初期値設定
72:     while (1)
73:     {
74:         // Add your application code
75:         if(Duty >= 1023)            // デューティ最大の場合
76:             Flag = 1;               // 反転
77:         else if(Duty <= 450)        // デューティ最小の場合
78:             Flag = 0;               // 反転
79:         if(Flag == 1)               // ダウンの場合
80:             Duty--;                 // デューティダウン
81:         else
82:             Duty++;                 // デューティアップ
83:         PWM3_LoadDutyValue(Duty);   // PWM3設定
84:         __delay_ms(30);             // 間隔
85:     }
86: }
```

この制御では、PWMのデューティ分解能が1023－450＝573 なので、16ビットPWMモジュールの場合よりは低いですが、十分の性能でスムーズにRCサーボを動かすことができます。

この他、パルス出力関連として、ディジタル信号の変調・切り替えを行うDSMモジュールがあります。DSMモジュールについての説明は、補足PDFとして本書Webサイトからダウンロードできます。

第3部 MCCと周辺モジュールの使い方

第7章 メモリの使い方

PICマイコンは、プログラムフラッシュメモリ（PFM：Program Flash Memory）を命令で読み書きできます。さらにデータEEPROMメモリが1バイト単位で読み書きできる不揮発性メモリとして用意されています。これらのメモリの使い方を説明します。

さらに、低消費電力化用と高信頼化用の機能やモジュールとして次のようなものが用意されていますが、これらの使い方はWebからダウンロードして下さい。

・IDLEモードとDOZEモード
・WDT（ウォッチドッグタイマ）
・WWDT（窓付きウォッチドッグタイマ）
・CRC（巡回冗長符号検査）
・SCAN（メモリスキャン）

7-1 データEEPROMメモリの使い方

データEEPROMは、他のメモリとは独立に備えられたデータ用メモリで、特徴は電源がOFFになっても記憶内容が消えることがない**不揮発性**のメモリになっていて、プログラムで**1バイトごとに読み書きができる**ということです。したがって、**ずっと残しておきたい初期パラメータなどを格納**しておくのに使います。

7-1-1 データEEPROMメモリの内部構成と動作

データEEPROMメモリは8ビット幅のメモリで構成されており、PIC16F1ファミリでの実装容量は256バイトとなっています。すべてのデバイスに実装されているわけではないので、データシートでの確認が必要です。

データEEPROMメモリの内部構成は図7-1-1のようになっていて、4個のNVMREGレジスタ(Nonvolatile Memory Register)の助けを借りて間接的にアクセスします。

●図7-1-1 EEPROMの構成

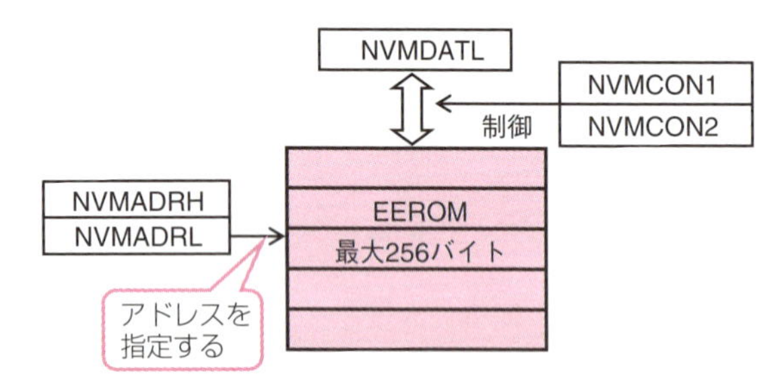

1 読み出しの場合

データEEPROMメモリからデータを読み出すときには、次のような手順で行います。

①NVMCON1レジスタでNVMREGSビットを1にしてデータEEPROMメモリを選択
②NVMADRHに0xF0をNVMADRLレジスタにEEPROMメモリのアドレスを設定
③NVMCON1レジスタのRDビットを1にすると、NVMDATLレジスタにデータが読み出される
(NVMCON:NVM Control、NVMREGS:NVM Select、NVMADRH/NVMADRL:NVM Address High/Low、NVMDATL:NVM Data Low)

2 書き込みの場合

書き込みの場合にはNVMのアンロックシーケンスを実行する必要があります。書き込みの手順は次のようにします。

①NVMCON1レジスタでNVMREGSビットを1にしてデータEEPROMメモリを選択
②NVMDATLレジスタに書き込むデータを設定
③NVMADRHに0xF0をNVMADRLレジスタにEEPROMメモリのアドレスを設定
④アンロックシーケンスを実行する（この間割り込みが入らないこと）
- NVMCON2レジスタに0x55を設定
- NVMCON2レジスタに0xAAを設定
- NVMCON1レジスタのWRビットを1にする

⑤書き込み完了を待つ
WRビットがクリアされるか、NVMIFビットがセットされるのを待つ
NVMIEビットで割り込みを許可すれば割り込みを使うこともできる
（NVMIF：NVM Interrupt Flag、NVMIE：NVM Interrupt Enable）

7-1-2　データEEPROMメモリ制御レジスタ

データEEPROMメモリの設定に使用するレジスタは図7-1-2となっています。

●図7-1-2　データEEPROMメモリ制御レジスタ

(a) NVMCON1レジスタ

−	NVMREGS	LWLO	FREE	WRERR	WREN	WR	RD

NVMREGS：メモリ選択
　1＝EEPROM
　　Configuration
　　ID
　0＝プログラムメモリ

LWLO：一時メモリ制御
　FREE＝0のとき
　　1＝一時メモリのみ書き込み
　　0＝書き込み、消去実行
　FREE＝1のとき無視

FREE：メモリ消去制御
　プログラムメモリのとき
　　1＝WRで消去実行
　　0＝書き込み完了

WRERR：書き込みエラー
　1＝書き込みエラー発生
　0＝正常完了

WREN：書き込み/消去有効化
　1＝書き込み/消去有効
　0＝書き込み/消去禁止

WR：書き込み/消去実行
　1＝書き込み/消去開始
　0＝書き込み/消去完了
完了で自動クリア

RD：読み出し実行
　1＝読み出し開始
　0＝完了
完了で自動クリア

このNVMCON1レジスタは、データEEPROMメモリだけでなく、プログラムメモリやコンフィギュレーションレジスタの内容の読み書きの設定もできるようになっていて、その切り替えをNVMREGSビットで行っています。データEEPROMメモリを使う場合には、NVMREGS＝1とする必要があります。

RDビットがセットされると読み出しを開始し、動作が完了すると自動的にクリアされます。

アンロックシーケンスの後、WRビットをセットすると書き込みが実行され、完了すると自動クリアされます。また書き込みの場合にはWRENビット（Write Read Enable）を「1」にセットし

ておく必要があります。書き込み途中でWRENがクリアされたような場合には、WRERRビット（Write Error）がセットされて異常である事を通知します。

書き込みが完了するとNVMIF（NVM Interrupt Flag）ビットがセットされ割り込み要因が発生します。これは書き込みに、4msecから5msec必要とするためで、割り込みを使って時間を有効活用できます。

NVMADRHレジスタとNVMADRLレジスタは、メモリのアドレス指定に使います。このアドレス指定はプログラムメモリの場合にも使うため、EEPROMの場合はNVMADRH＝0xF0とし、NVMADRLだけで256バイトのアドレスを指定します。

NVMDATHレジスタとNVMDATLレジスタは読み書き可能なレジスタで、メモリから読み出したり書込んだりするデータそのものがこのレジスタ経由となります。EEPROMの場合には8ビット幅なのでNVMDATLレジスタのみ使います。

NVMCON2レジスタは、単にEEPROM書込みのアンロックシーケンスを作るために使われます。書き込むときには、0x55、0xAAという特定のビットパターンを連続してNVMCON2レジスタに書き込んだあとWRビットをセットすれば、NVMDATLの内容がEEPROMのNVMADRLにセットされた番地に書き込まれます。このシーケンスを作る理由は、プログラムの異常時や、電源のON/OFF、変動によってEEPROMに誤って書き込まれることがないようにするためです。

7-1-3 例題 EEPROMの読み書きテスト

MCCを使ってデータEEPROMを使う方法を説明します。MCCの中にデータEEPROMをアクセスするためのライブラリ関数が用意されているので簡単に使えます。

ここではデジタル演習ボードを使った実際の例で説明します。

【例題】プロジェクト名 EEPROM

ESUARTを使ってパソコンと9600bpsで接続し、パソコンの通信ソフト（TeraTerm）からのコマンドでデータEEPROMの読み書きのテストを実行します。コマンドは下記とし、クロックは8MHzとします。

r ：EEPROMの256バイトを読み出して16進数2桁でパソコンに送信する
w ：EEPROMに0番地から番地と同じデータを順次書き込む
e ：EEPROMにすべて0x00を書き込む

1 プロジェクト作成とクロック設定

この例題をMCCで作成します。まず、通常どおり空のプロジェクトEEPROMを作成してからMCCを起動し、図7-1-3のように［System Module］の設定をします。①でクロックをHFINTOSCとし、②で8MHzを選択し、③で1/1とします。コンフィギュレーションの設定は④でWDTをDisableとし、⑤でLVPをオフとします。この設定でシステムクロックは8MHzとなります。

●図7-1-3　クロックとコンフィギュレーションの設定

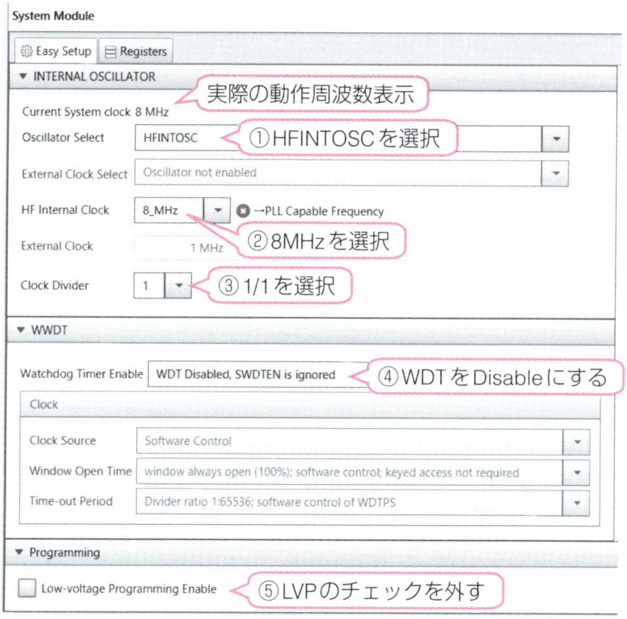

System Module
Easy Setup
Registers
INTERNAL OSCILLATOR
実際の動作周波数表示
Current System clock 8 MHz
Oscillator Select
HFINTOSC
①HFINTOSCを選択
External Clock Select
Oscillator not enabled
HF Internal Clock
8_MHz
→PLL Capable Frequency
②8MHzを選択
External Clock
1 MHz
Clock Divider
1
③1/1を選択
WWDT
Watchdog Timer Enable
WDT Disabled, SWDTEN is ignored
④WDTをDisableにする
Clock
Clock Source
Software Control
Window Open Time
window always open (100%); software control; keyed access not required
Time-out Period
Divider ratio 1:65536; software control of WDTPS
Programming
Low-voltage Programming Enable
⑤LVPのチェックを外す

2 EUSARTの設定

次にEUSARTモジュールの設定を行います。設定は図7-1-4のようにします。

●図7-1-4　EUSARTモジュールの設定

EUSART
Easy Setup
Registers
Hardware Settings
Mode
asynchronous
③9600psを選択
Enable EUSART
Baud Rate:
9600
Error: 0.160 %
Enable Transmit
Transmission Bits:
8-bit
①送信許可
Reception Bits:
8-bit
Auto-Baud Detection
Data Polarity
Non-Inverted
Enable Address Detect
Enable Receive
Enable EUSART Interrupts
②連続受信許可
Output
Call Graph
Notifications [MCC]
Pin Manager: Grid View
Package:
SOIC28
Pin No:
Port A
Port B
Port C
E
Module
Function
Direction
EUSART
RX
input
TX
output
OSC
CLKOUT
output
Pin Module
GPIO
input
GPIO
output
RESET
MCLR
input
④TXとRXピンを指定

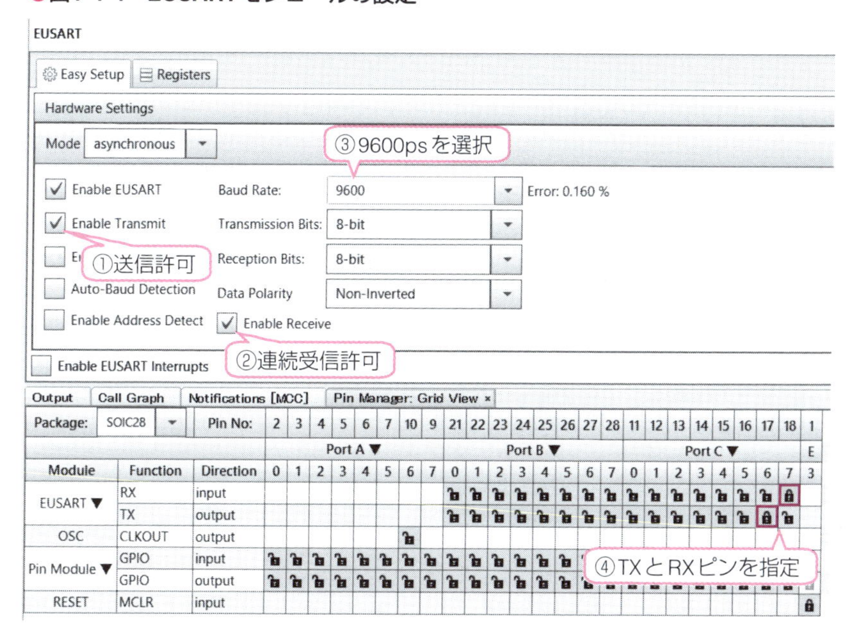

①でTXを許可して送信可能とし、②で連続受信を許可します。次に③では通信速度は9600bpsのままとし、④でTXピンをRC6にRXピンをRC7に設定します。

3 EEPROMの設定

次にEEPROMメモリモジュールの設定です。ここでは設定は特になく、[Device Resources]欄でMemoryをダブルクリックするだけです。これで図7-1-5のように表示されて、プログラムフラッシュメモリ用とデータEEPROMメモリ用の関数が追加されます。

●図7-1-5 データEEPROMメモリモジュールの追加

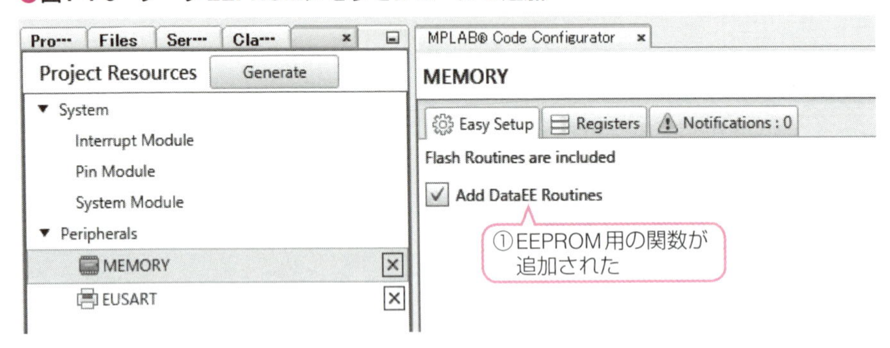

4 コードの生成

設定はこれだけなので、[Generate]ボタンをクリックしてコードを生成します。これで自動生成されるメモリ制御関数の中のEEPROMメモリ用は表7-1-1となっています。

関数は2種類で`Read`と`Write`だけです。データEEPROMメモリの書き込みにはNVMCON2レジスタを使ったアンロックシーケンスが必要なのですが、これらは組込み関数内で処理してくれるので、記述は簡単にできます。

▼表7-1-1 データEEPROMメモリ用組込み関数

関数名	書式と使い方
DATAEE_WriteByte	【機能】EEPROMの指定アドレスに1バイトのデータを書き込む 【書式】void DATAEE_WriteByte(uint16_t bAdd, uint8_t bData); bAdd ：メモリアドレス （0xF000 ～ 0xF0FF） bData：書き込むデータ 【例】 DATAEE_WriteByte(0xF010, 0xAA);
DATAEE_ReadByte	【機能】EEPROMの指定アドレスから1バイト読み出す 【書式】uint8_t DATAEE_RedaByte(uint16_t bAdd); bAdd：メモリアドレス（0xF000 ～ 0xF0FF） 【例】 data = EEDATA_ReadByte(0xF010);

5 ユーザ処理部の追加

ユーザ処理部をこれらの関数を使って作成します。まず宣言部の追加がリスト7-1-1となります。ここにはグローバル変数と`printf`文を使うために低レベル入出力関数を追加しています。

リスト 7-1-1　宣言部への追加

```
46: #include "mcc_generated_files/mcc.h"
47: #include <stdio.h>
48: /* グローバル変数 */
49: unsigned int adrs, rdata;
50: char cmnd;
51: /***  低レベル入出力関数の上書き ***/
52: void putch(unsigned char Data){
53:     while(!TX1STAbits.TRMT);    // 送信レディ？待ち
54:     TX1REG = Data;              // 送信実行
55: }
56: unsigned char getch(void){
57:     while(PIR3bits.RCIF == 0);  // 受信レディー待ち
58:     return(RC1REG);             // 受信実行
59: }
```

次にメインループにリスト7-1-2を追加しています。メッセージを送信後、コマンド1文字を受信し、その内容で分岐しています。wコマンドの場合は0x00から0xFFを順番に書き込んでいます。rコマンドの場合は256バイトを1バイトずつ読み出して16進数2桁にして送信しています。その際、16バイトごとに改行を追加しています。eコマンドの場合は256バイト全体に0x00を書き込んでクリアしています。

リスト 7-1-2　メインループ部の追加

```
84:     while (1)
85:     {
86:         // Add your application code
87:         printf("¥r¥nCommand= ");                         // メッセージ
88:         cmnd = getch();                                  // コマンド入力
89:         putch(cmnd);                                     // エコー出力
90:         switch(cmnd){                                    // コマンドで分岐
91:             case 'w':                                    // 書き込みの場合
92:                 for(adrs=0; adrs<256; adrs++)            // 256バイト繰り返し
93:                     DATAEE_WriteByte(adrs+0xF000,adrs); // 書き込み実行
94:                 break;
95:             case 'r':                                    // 読み出しの場合
96:                 for(adrs=0; adrs<256; adrs++){           // 256バイト繰り返し
97:                     if(adrs % 16 == 0)                   // 16バイトごと
98:                         printf("¥r¥n");                  // 改行挿入
99:                     rdata=DATAEE_ReadByte(adrs+0xF000); // 読み出し
100:                    printf("%2X ", rdata);              // データ出力
101:                }
102:                break;
103:            case 'e':                                    // 消去の場合
104:                for(adrs=0; adrs<256; adrs++)            // 256バイト繰り返し
105:                    DATAEE_WriteByte(adrs+0xF000, 0);   // 0を書き込み
106:                break;
107:            default:
108:                break;
109:        }
110:    }
111: }
```

6 書き込みと確認

以上で例題のすべての作成が完了したので、コンパイルしてデジタル演習ボードに書き込んで実行します。

実行した結果のパソコン側のTeraTermの表示内容が図7-1-6となります。プログラムを書き込んだ直後のEEPROMはイレーズ状態なので、読み出すとすべて0xFFとなっています。その後wコマンドで書き込んだあと読み出すと、確かに0x00から0xFFまでが順番に書き込まれています。

eコマンドでクリアしたあと読み出すとすべて0x00になっていることが確認できます。フラッシュメモリと異なり、0でも1でも自由にバイト単位で読み書きできることがわかります。

●図7-1-6 例題の実行結果

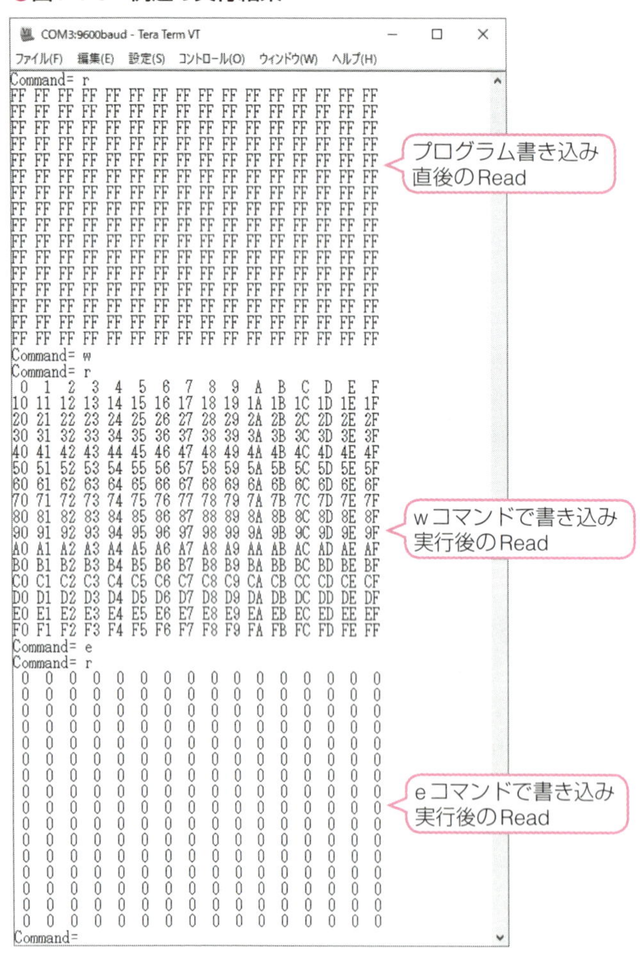

なおフラッシュメモリ(PFM)の使い方については、補足PDFとして本書Webサイトからダウンロードできます。この他、省電力化、WDT、CRC、SCANなどの高信頼化モジュールの使い方も同様です。

第3部 MCCと周辺モジュールの使い方

第8章 アナログモジュールの使い方

PICマイコンは、コアインデペンデントモジュールとして次のような多くのアナログモジュールが実装されています。本章ではこれらのモジュールの使い方を説明します。

- ADC（10/12ビットADコンバータ）
- FVR（定電圧リファレンス）
- DAC（5/8/10ビットDAコンバータ）
- COMP（アナログコンパレータ）
- OPA（オペアンプ）

なお、以下のモジュールの使い方については、本書Webサイトから PDF がダウンロードできます。

- ADCC（演算機能つきADコンバータ）
- ZCD（ゼロクロス検出）

8-1 10/12ビットADコンバータと温度インジケータの使い方

PIC16F1ファミリでは、すべてのデバイスに10ビットADコンバータが内蔵されています。また特定のデバイスには12ビットのADコンバータも内蔵されています。**ADコンバータ**とは「Analog to Digital Converter」の略で**ADC**とも略します。これは、アナログ入力端子に信号を接続して、その**アナログ信号の電圧をデジタル数値に変換し、10ビット幅または12ビット幅のデジタルデータとして読み取る**ことができるモジュールです。このADコンバータの使い方を説明します。

8-1-1 10/12ビットADコンバータの内部構成と動作

PIC16F1ファミリの**10/12ビットADコンバータ**は、逐次比較型の変換器で高速な変換ができます。変換の間に被測定値を保持する**サンプルホールド回路**も内蔵しているので、変化する信号を安定して変換できます。

図8-1-1が10/12ビットADコンバータの内部構成です。10ビットと12ビットで内部構成はほとんど同じとなっていますが、12ビットADCはプラス側とマイナス側がある**差動入力**となっています。このため図の点線で示したように、マイナス側入力にもマルチプレクサが接続されていて選択できるようになっています。

また、この内部構成はデバイスごとにチャネル数やリファレンス選択肢が異なっているところがあるので、デバイスのデータシートで確認して下さい。

ADコンバータはADONビット（ADC ON）を1にセットすることでクロックが供給されて動作有効となります。

PICマイコンは入出力ピンがデジタル入出力とアナログ入出力いずれにも使えるようになっています。このアナログ入力ピンのうちのどれか1つだけが入力マルチプレクサで選択され、プラス側入力へ入力されます。

内部にはサンプルホールドキャパシタが接続されていて、このキャパシタへの充電完了を待った後AD変換を開始します。逐次変換方式でAD変換を行い、変換結果がADRESHレジスタ（AD Result High）とADRESLレジスタ（AD Result Low）の2バイトに出力されます。

ADコンバータの入力チャネルは、入出力ピン以外に、内蔵温度インジケータ（TEMP）、内蔵DAコンバータ（DAC）、内蔵定電圧リファレンス（FVR）も選択できるようになっていて、それぞれの電圧を計測できます。

さらに、変換する電圧範囲を決めるリファレンス電圧（$V_{REF}+$と$V_{REF}-$）として、電源とGND以外に外部から入力する電圧を選択することもできますし、FVRを指定することもできます。

実際に測定可能な電圧範囲はリファレンス電圧V_{REF}+とV_{REF}-で決定されます。測定値の最大値がV_{REF}+で最小値がV_{REF}-となり、この間が1024等分されます。

●図8-1-1　10/12ビットADコンバータ回路の内部構成

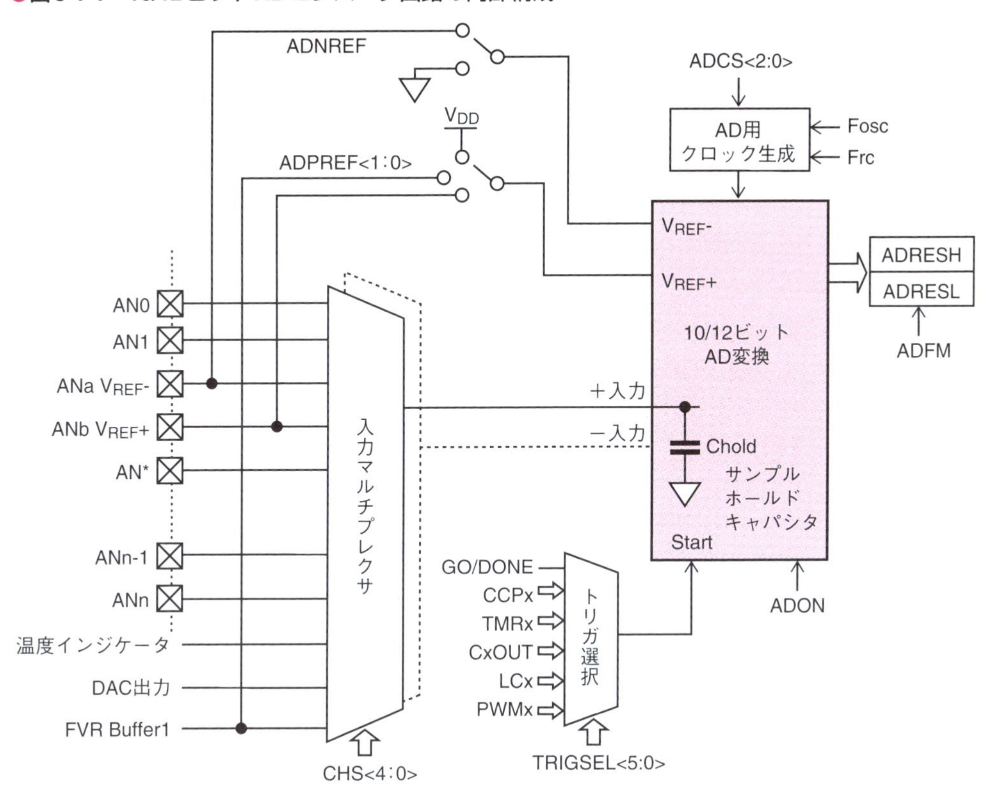

ADコンバータがAD変換をする時間は、図8-1-2で表されます。

●図8-1-2　AD変換に必要な時間

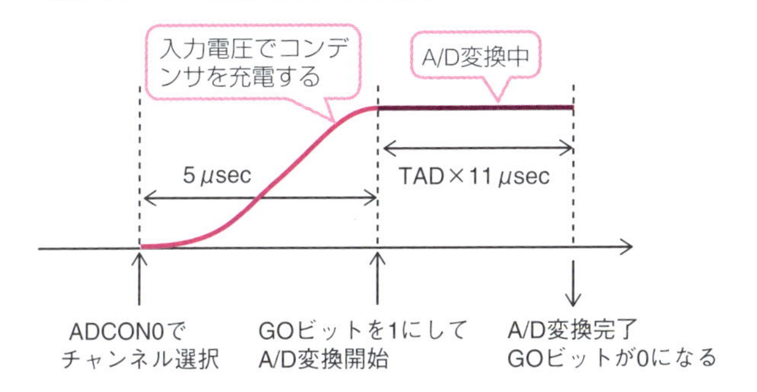

どれか1つのチャンネルが選択されると、そのアナログ信号で内部のサンプルホールドキャパシタを充電します。この充電のための時間（**アクイジションタイム**）が必要となります。AD変換を正確に行うには、**アクイジションタイムとして標準で5μsec以上を待ち、それから変換スタート指示をする必要があります。**この時間を待たずにAD変換のスタート指示を出すと、充電の途中の電圧で変換してしまうため、実際の値より小さめの値となってしまいます。

この後の逐次変換に要する時間は、AD変換用クロック（TAD）の11.5倍から13倍（ファミリにより異なるのでデータシートで要確認）、12ビットの場合は15倍となります。このTADはシステムクロックを分周して生成します。PIC16F1ファミリではTADは1μsecから9μsecの間と決められています。結果的に、PIC16F1ファミリの場合のAD変換速度は、最高速度で動作させても

アクイジションタイム（標準5μsec）＋変換時間（1μsec × 11.5 = 11.5μsec）= 16.5μsec

となるので、最小繰り返し周期は、16.5μsec（12ビットの場合は18μsec）となります。これ以上の高速でのAD変換動作はできないということになります。つまり、**1秒間に60ksps（12ビットの場合は50ksps）以上の速さでは繰り返し動作はできません。**

8-1-2 10/12ビットADコンバータ制御レジスタ

10/12ビットADコンバータを制御するためのレジスタは図8-1-3のようになっています。10ビットと12ビットで異なるのはADCON2レジスタだけとなっています。

●図8-1-3 10/12ビットADコンバータ関連レジスタの詳細

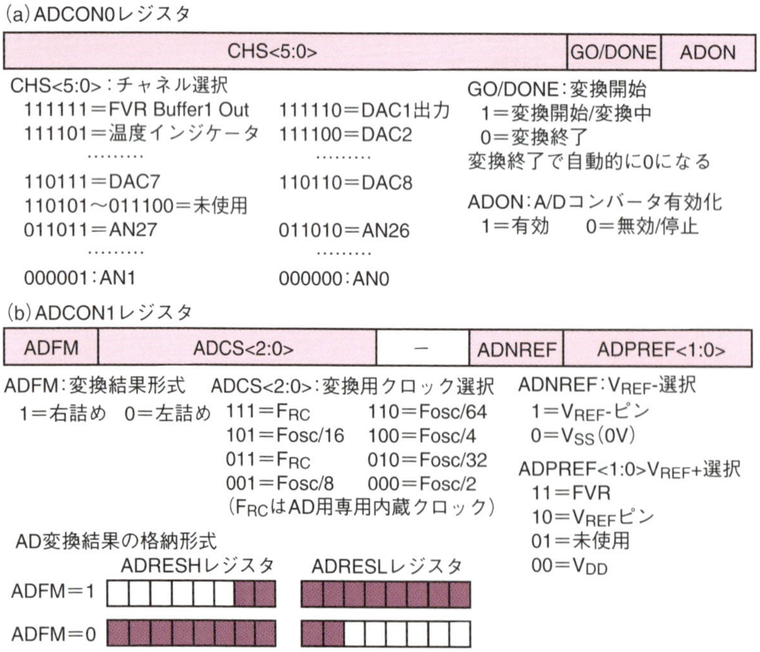

(a) ADCON0レジスタ

CHS<5:0>	GO/DONE	ADON

CHS<5:0>：チャネル選択
111111＝FVR Buffer1 Out　111110＝DAC1出力
111101＝温度インジケータ　111100＝DAC2
………　………
110111＝DAC7　110110＝DAC8
110101～011100＝未使用
011011＝AN27　011010＝AN26
………　………
000001：AN1　000000：AN0

GO/DONE：変換開始
1＝変換開始/変換中
0＝変換終了
変換終了で自動的に0になる

ADON：A/Dコンバータ有効化
1＝有効　0＝無効/停止

(b) ADCON1レジスタ

ADFM	ADCS<2:0>	−	ADNREF	ADPREF<1:0>

ADFM：変換結果形式
1＝右詰め　0＝左詰め

ADCS<2:0>：変換用クロック選択
111＝F_{RC}　110＝Fosc/64
101＝Fosc/16　100＝Fosc/4
011＝F_{RC}　010＝Fosc/32
001＝Fosc/8　000＝Fosc/2
（F_{RC}はAD用専用内蔵クロック）

ADNREF：V_{REF}-選択
1＝V_{REF}-ピン
0＝V_{SS}（0V）

ADPREF<1:0>V_{REF}+選択
11＝FVR
10＝V_{REF}ピン
01＝未使用
00＝V_{DD}

AD変換結果の格納形式

	ADRESHレジスタ	ADRESLレジスタ
ADFM＝1	□□□□□□■■	■■■■■■■■
ADFM＝0	■■■■■■■■	■■□□□□□□

(c) ADCON2レジスタ（10ビットADCの場合）

―	―	TRIGSEL<5:0>

TRIGSEL<5:0>：トリガ要因選択

101101＝PWM12-OF	101100＝PWM12-PH	101011＝PWM12-PR	101010＝PWM12-DC
101001＝PWM11-OF	101000＝PWM11-PH	100111＝PWM11-PR	100110＝PWM11-DC
100101＝PWM6-OF	100100＝PWM6-PH	100011＝PWM6-PR	100010＝PWM6-DC
100001＝PWM5-OF	100000＝PWM5-PH	011111＝PWM5-PR	011110＝PWM5-DC
011101＝PWM10	011100＝PWM9	011011＝PWM4	011010＝PWM3
011001＝CCP8	011000＝CCP7	010111＝CCP2	010110＝CCP1
010101＝CLC4	010100＝CLC3	010011＝CLC2	010010＝CLC1
010001＝C8OUT	010000＝C7OUT	001111＝C6OUT	001110＝C5OUT
001101＝C4OUT	001100＝C3OUT	001011＝C2OUT	001010＝C2OUT
001001＝T8	001000＝T6	000111＝T5	000110＝T4
000101＝T3	000100＝T2	000011＝T1	000010＝T0
000001＝ADCACT	000000＝なし		

(d) ADCON2レジスタ（12ビットの場合）

TRIGSEL<3:0>	CHSN<3:0>

TRIGSEL<3:0>：トリガ要因選択

1111～1010＝未使用	1001＝PSMC2立下り
1000＝PSMC2立上り	0111＝PSMC2周期一致
0110＝PSMC1立下り	0101＝PSMC1立上り
0100＝PSMC1周期一致	0011＝なし
0010＝CCP2	0001＝CCP1
0000＝トリガなし	

CHSN<3:0>：マイナス側入力選択

1111＝ADNREF選択	1110＝未使用
1101＝AN13	1100＝AN12
………	………
0001＝AN1	0000＝AN0

1 ADCON0レジスタ

ADコンバータの有効化とチャネル選択、変換開始の設定を行います。ADONビットを1にするとADコンバータにクロックが供給され動作状態となります。このときADコンバータが電力を消費しますが、300μA近くの電流を必要とするので、低消費電流で使いたい場合には、必要なときのみADONをセットする必要があります。

チャネル選択後アクイジション時間を待ってからGOビットを1にセットして変換を開始します。

2 ADCON1レジスタ

ADFMビット（ADC Format）で変換結果の格納形式を指定します。ADFMビットが1の場合は、図8-1-3 (b)のようにADRESHレジスタとADRESLレジスタに右詰めで10ビットのデータが格納されます。10ビットのデータとして扱う場合は通常この右詰めで使います。

ADFMビットを0にセットした場合には左詰めとなり、10ビットのデータの上位8ビットがADRESHレジスタで取り出せます。このように8ビットだけでよい場合や、CCPのデューティ設定などの場合のように上位8ビットと下位2ビットを分けて扱う場合に使います。

ADCS<2:0>ビット（ADC Clock Select）でクロックの選択をしますが、基本はシステムクロックの分周になっているので、TADの規格範囲（1～9μsec）に入る値を選択します。これができない場合は、専用の内蔵クロックFRC（標準1.0～6.0μsec）を使います。

実際のシステムクロック周波数ごとに選択可能な値は表8-1-1の白地の範囲で黒地の範囲は規格外となります。1MHzから8MHzの8.0μsecも非推奨となっています。

▼表8-1-1 ADコンバータ用クロックの選択

クロック選択		システムクロックごとのAD変換クロック(TAD)					
選択肢	ADCS<2:0>	32MHz	20MHz	16MHz	8MHz	4MHz	1MHz
Fosc/2	000	0.0625us	0.1us	0.125us	0.25us	0.5us	2.0us
Fosc/4	100	0.125us	0.2us	0.25us	0.5us	1.0us	4.0us
Fosc/8	001	0.5us	0.4us	0.5us	1.0us	2.0us	8.0us
Fosc/16	101	0.8us	0.8us	1.0us	2.0us	4.0us	16.0us
Fosc/32	010	1.0us	1.6us	2.0us	4.0us	8.0us	32.0us
Fosc/64	110	2.0us	3.2us	4.0us	8.0us	16.0us	64.0us
F_{RC}	x11	1.0～6.0us					

ADNREFビット(ADC Negative Reference)とADPREF<1:0>ビット(ADC Positive Reference)でリファレンス電圧のV_{REF}-とV_{REF}+を選択します。リファレンス電圧は外部入力か電源電圧か内蔵電圧リファレンスから選択できます。

ここで注意しなければならないことは、10/12ビット精度は、**V_{REF}+とV_{REF}-の電圧差が1.8V以上のときに保証**されていて、それ以下の場合には保証外となっていることです。したがってV_{REF}+に内蔵電圧リファレンスで1.024Vを指定した場合は精度が保証されません。

ADコンバータの入力条件には、もう1つ重要な条件があります。それは**入力源となるアナログ回路の出力インピーダンスが10kΩ以下と規定されている**ことです。これが大きくなるとアクイジションタイムの時間がより長くなることと、あまり大きいと測定電圧に誤差が出るようになるので注意が必要です。オペアンプ出力などを接続した場合は全く問題ありませんが、電圧を測定するような場合に抵抗で分圧して入力するとき高抵抗で分圧すると測定誤差が出るので注意が必要です。

3 ADCON2レジスタ

変換トリガとなる要因の選択をします。自動的に一定間隔で変換する場合や、何らかのイベントがあったとき変換するような場合に適当な要因を選択します。プログラムで変換を指定する場合はトリガなしとします。

12ビットADコンバータの場合は、トリガ以外にマイナス側の入力を選択できます。グランドのV_{SS}をリファレンス電圧とする場合はADNREFビットで選択します。V_{REF}-に特定のチャネルを指定すると、プラス側チャネルとマイナス側チャネルの差の電圧を計測することになります。

ADコンバータを使うときの通常の設定手順は図8-1-4のようにします。まずプログラムの最初の初期化部分でANSELxレジスタとTRISxレジスタで使用するアナログ入力ピンを指定し入力モードにしておく必要があります。続いてADCON

●図8-1-4 ADコンバータプログラミング手順

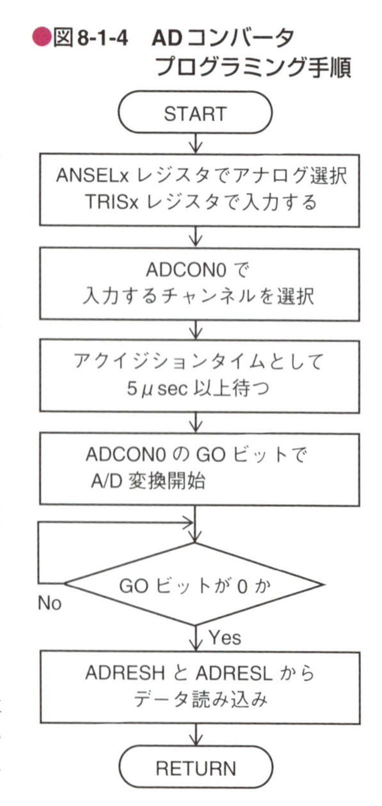

レジスタでクロックとリファレンスを指定しておきます。このあとADCON0レジスタでADONを指定し動作を開始します。

次はADCON0でチャネルを指定してから5μsec以上待ってからGOビットを1にして変換を開始します。そしてGOビットが0になるのを待ってから、結果をADRESHとADRESLレジスタで取り出します。

ADコンバータは1組しかないので、一度に1チャンネルしか入力変換できません。したがって、AD変換をする都度、どのチャンネルに対して実行するかを指定する必要があります。

8-1-3　例題　可変抵抗の電圧計測

MCCを使って10ビットADコンバータを使う方法を説明します。ここではアナログ演習ボードを使った実際の例で説明します。

【例題】プロジェクト名　ADC1

EUSARTを使ってパソコンと9600bpsで接続し、1秒間隔でAN0に接続された可変抵抗の電圧を計測し、電圧値としてパソコンに送信します。クロックは8MHzとします。

1 プロジェクト作成とクロック設定

この例題をMCCで作成します。まず、通常どおり空のプロジェクトADC1を作成してから MCCを起動し、図8-1-5のように、[System Module] の設定をします。

●図8-1-5　クロックとコンフィギュレーションの設定

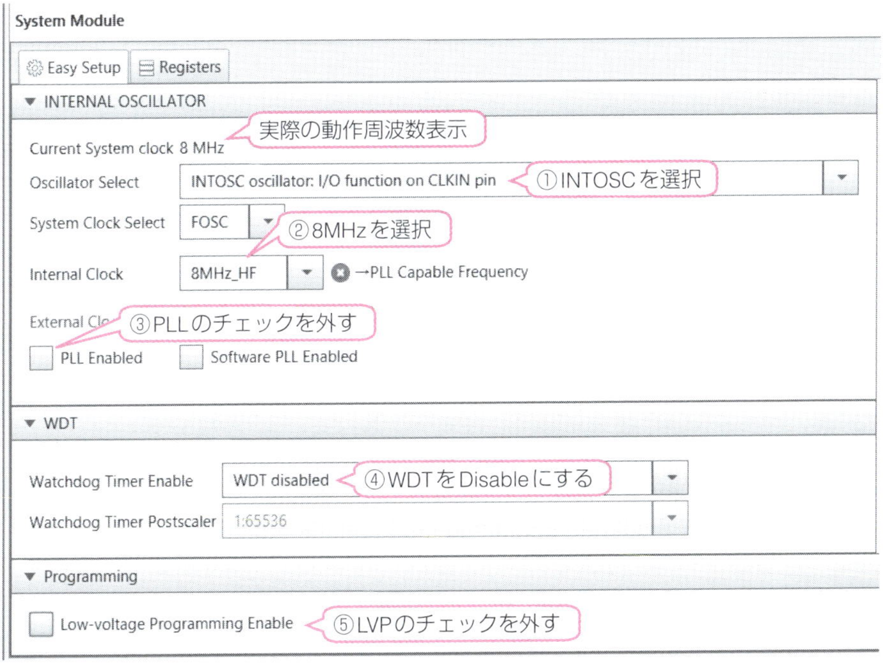

System Module
Easy Setup　Registers
▼ INTERNAL OSCILLATOR
Current System clock 8 MHz　実際の動作周波数表示
Oscillator Select　INTOSC oscillator: I/O function on CLKIN pin　①INTOSCを選択
System Clock Select　FOSC　②8MHzを選択
Internal Clock　8MHz_HF　→PLL Capable Frequency
External Clo…　③PLLのチェックを外す
PLL Enabled　Software PLL Enabled
▼ WDT
Watchdog Timer Enable　WDT disabled　④WDTをDisableにする
Watchdog Timer Postscaler　1:65536
▼ Programming
Low-voltage Programming Enable　⑤LVPのチェックを外す

①でクロックをINTOSCとし、②で8MHzを選択し、③でPLLのチェックを外して無効とします。コンフィギュレーションの設定は④でWDTをDisableとし、⑤でLVPをオフとします。この設定でシステムクロックは8MHzとなります。

2 EUSARTの設定

次にEUSARTモジュールの設定を行います。設定は図8-1-6のようにします。①でTXを許可して送信可能とし、②で連続受信を許可します。次に③では通信速度は9600bpsのままとし、④でTXピンをRB3ピンにRXピンをRB2ピンに設定し、⑤でデフォルトのピンをオフとしておきます。

●図8-1-6 EUSARTモジュールの設定

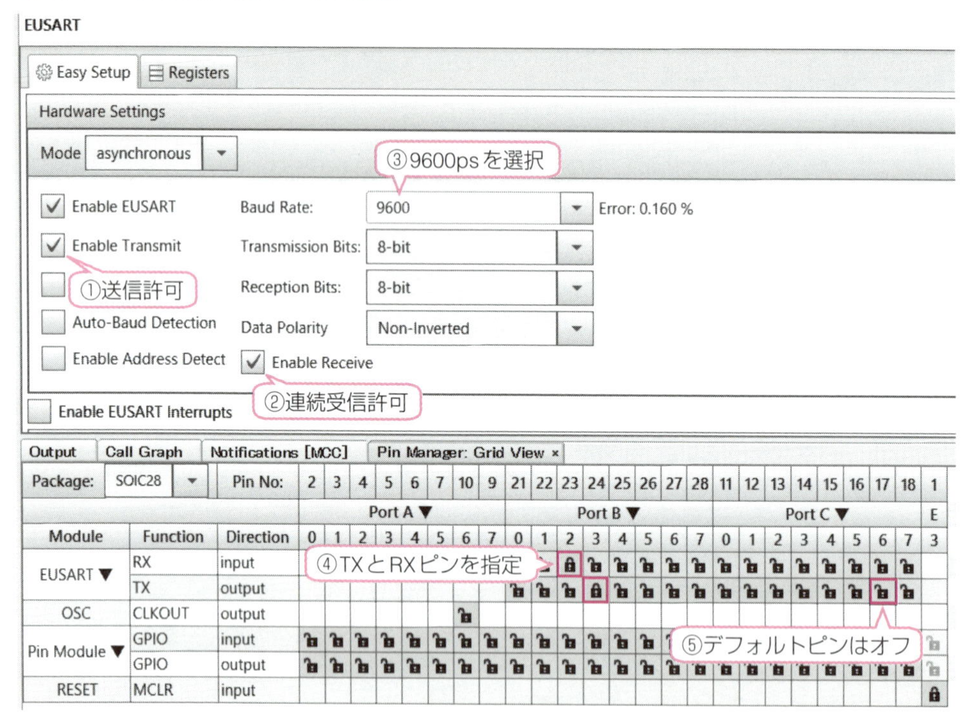

3 ADコンバータの設定

次がADコンバータの設定で図8-1-7のようにします。①でクロックの分周比を選択します。Foscが8MHzなので、表8-1-1にしたがって最速のFosc/8を選択し②でTADが1.0usとなっていることを確認します。次に③で右詰めを指定し④でリファレンス電圧をV_{SS}からV_{DD}とします。さらに⑤でトリガはなしとしてプログラム制御とします。最後に⑥でチャネルを選択しますが、今回はAN0の1チャネルだけ選択します。

●図8-1-7　ADコンバータの設定

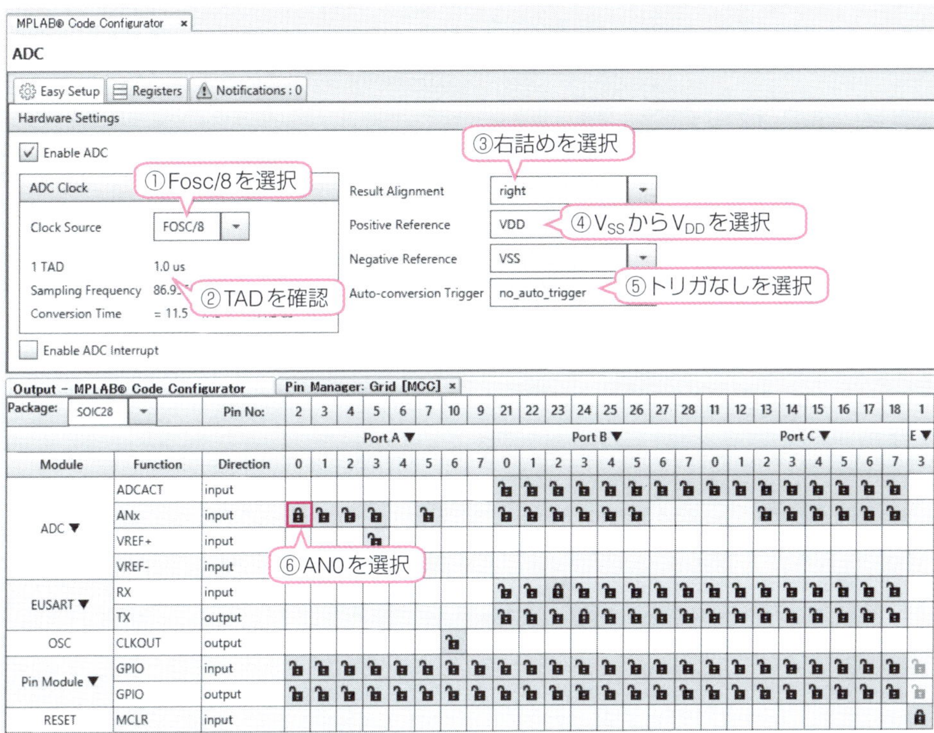

4 コードの生成

以上で設定が完了したので、[Generate] ボタンをクリックしてコードを生成します。これでADコンバータ用として生成される関数は表8-1-2となります。たくさん生成されますが、ADC_GetConversion()関数は、1つの関数で図8-1-4のフローをすべて実行するので、簡単にADコンバータを使うことができます。

▼表8-1-2　生成されるADコンバータ用関数

関数名	書式と使い方
ADC_Initialize	【機能】ADコンバータの初期設定を行う。メイン関数から自動的に呼び出される 【書式】void ADC_Initialize(void);
ADC_SelectChannnel	【機能】AD変換するチャネルを選択する 【書式】void ADC_SelectChannel(adc_channel_t channel); channel：チャンネル指定 【例】ADC_SelectChannel(channel_AN0);
ADC_StartConversion	【機能】AD変換を開始する 【書式】void ADC_StartConversion(void);
ADC_IsConversion	【機能】AD変換終了を待つ 【書式】bool ADC_IsConversion(void); 戻り値：True=完了　False=変換中ビジー

関数名	書式と使い方
ADC_GetConversionResult	【機能】AD変換結果を取得する 【書式】adc_result_t ADC_GetConversionResult(void); 戻り値：10ビットのunsigned int型の変換結果
ADC_GetConversion	【機能】指定したチャネルを選択し、変換を実行し、10ビットの変換結果を返す。5usecのアクイジション待ちも挿入する 【書式】adc_result_t ADC_GetConversion(adc_channel_t channel); channel：チャンネル指定 戻り値：10ビットunsigned int型の変換結果

ここで引数のchannelとして使用できる変数名が、MCC内であらかじめ定義されていて、図8-1-8のような名称となっています。図の例のようにアナログ入力ピンのチャネル名称は、「channel_ANx」となります。

●図8-1-8　チャネルの変数名

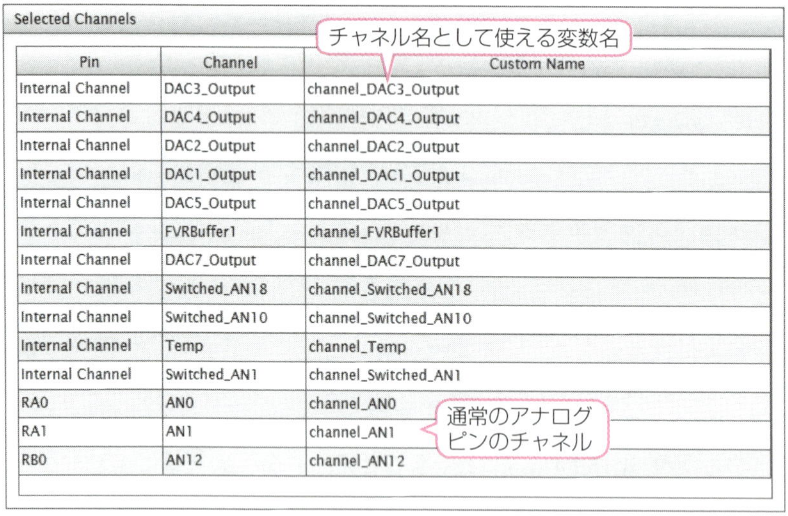

Selected Channels

Pin	Channel	Custom Name
Internal Channel	DAC3_Output	channel_DAC3_Output
Internal Channel	DAC4_Output	channel_DAC4_Output
Internal Channel	DAC2_Output	channel_DAC2_Output
Internal Channel	DAC1_Output	channel_DAC1_Output
Internal Channel	DAC5_Output	channel_DAC5_Output
Internal Channel	FVRBuffer1	channel_FVRBuffer1
Internal Channel	DAC7_Output	channel_DAC7_Output
Internal Channel	Switched_AN18	channel_Switched_AN18
Internal Channel	Switched_AN10	channel_Switched_AN10
Internal Channel	Temp	channel_Temp
Internal Channel	Switched_AN1	channel_Switched_AN1
RA0	AN0	channel_AN0
RA1	AN1	channel_AN1
RB0	AN12	channel_AN12

5 ユーザ処理部の追加

例題のユーザ処理部をこれらの関数を使って作成します。作成したユーザ処理部がリスト8-1-1となります。まず宣言部にはリスト8-1-1(a)のようにstdio.hのインクルード、グローバル変数定義、printf文を使うために低レベル入出力関数を追加しています。

次にメインループでは、リスト8-1-1 (b) のようにチャネルAN0をAD変換し、結果を電圧に変換して変数Voltに代入しています。次でVoltの値をprintf関数により標準出力関数で出力しています。これを1秒間隔で繰り返しています。

リスト 8-1-1　ユーザ処理部の追加

(a) 宣言部の追加

```
46: #include "mcc_generated_files/mcc.h"
47: #include <stdio.h>
48:
49: unsigned int result;
50: double Volt;
51: /***  低レベル入出力関数の上書き ***/
52: void putch(unsigned char Data){
53:     while(!TX1STAbits.TRMT);     // 送信レディ？待ち
54:     TX1REG = Data;               // 送信実行
55: }
```

(b) メインループへの追加

```
80:     while (1)
81:     {
82:         // Add your application code
83:         result = ADC_GetConversion(channel_ANO); // AD変換実行
84:         Volt = (3.3 * result) / 1023;            // 電圧に変換
85:         printf("¥r¥nPOT= %2.1f volt", Volt);     // PCに送信
86:         __delay_ms(1000);                        // 1秒遅延
87:     }
88: }
```

6 確認

この例題の実行結果が図8-1-9となります。可変抵抗を回すと確かに0Vから3.3Vまで変化することがわかります。

●図8-1-9　例題の実行結果

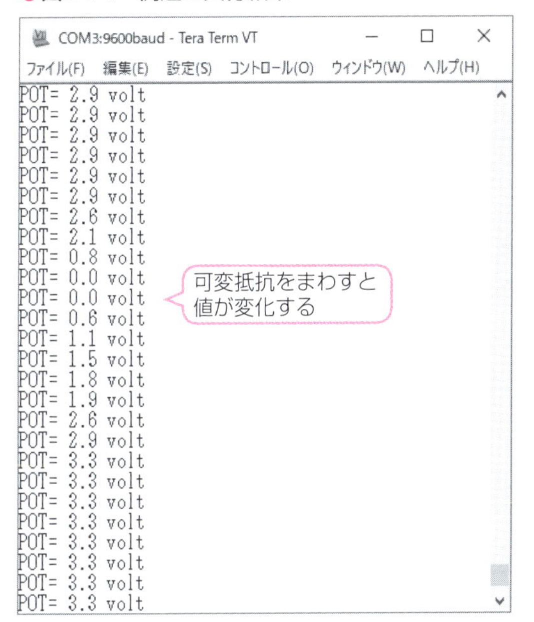

8-1-4 温度インジケータの使い方

PIC16F1ファミリには**温度インジケータ**（**TEMP**）という温度センサが内蔵されています。この温度インジケータの使い方を説明します。

温度インジケータの内部構成と制御レジスタは図8-1-10のようになっています。温度をダイオードの順方向電圧の変化で検出しています。検出感度を高めるため4個のダイオードが直列に接続されています。電源電圧に応じて2個か4個かを選択する必要があります。この構成で－40℃から85℃の温度が計測できますが、精度は±数℃程度となります。

●図8-1-10 温度インジケータの内部構成と制御レジスタ

(a)温度インジケータの構成

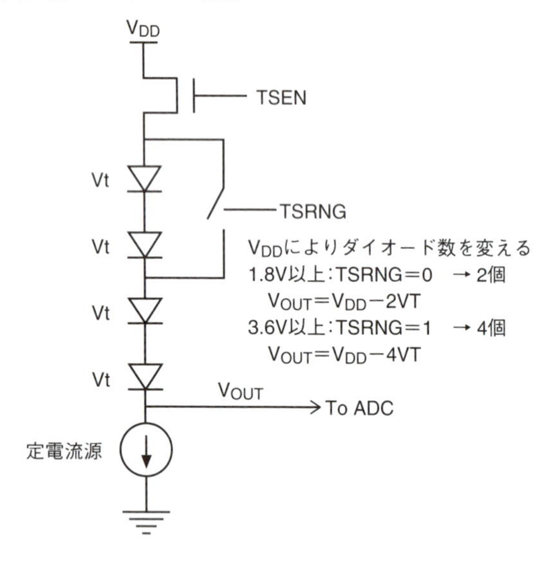

(b)温度インジケータ制御レジスタ

FVRCONレジスタ

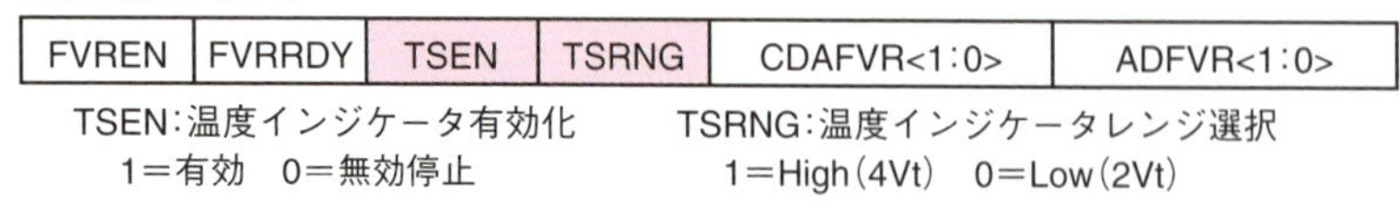

FVREN	FVRRDY	TSEN	TSRNG	CDAFVR<1:0>	ADFVR<1:0>

このインジケータの出力電圧VTと温度Tの関係は電源電圧をV_{DD}とすると次の式で表されます。ただしダイオードが4個の場合とします。

$$T = (0.659 - (V_{DD} - VT) \div 4) \div 0.0132 - 40$$

しかし、測定するVTにはかなりのオフセット電圧の誤差が含まれているので、計測をした結果と、実際の温度を比較してオフセット電圧として補正する必要があります。ここでは傾きは補正なしという前提で進めます。

8-1-5　例題　温度インジケータで温度を測る

実際の例題で温度インジケータの使い方を説明します。

【プロジェクト名】　INDICATOR

一定間隔で温度インジケータを使って温度を計測し、パソコンに送信します。通信速度は9600bpsとし、クロックは8MHzとします。

1 プロジェクト作成とクロック設定

この例題をMCCで作成します。まず、通常どおり空のプロジェクトINDICATORを作成してからMCCを起動して作成します。基本の設定は8-1-3章のADC1の例題と同じなので省略します。

2 温度インジケータの設定

温度インジケータの設定は簡単です。図8-1-11のようにEnableにチェックを入れ、電源が5VなのでHi-rangeを選択するだけです。

●図8-1-11　温度インジケータの設定

MPLAB® Code Configurator
FVR
Easy Setup　Registers　Notifications : 0
Hardware Settings
Enable FVR
FVR_buffer1 Gain (to ADC)　off
FVR_buffer2 Gain (to other peripherals)　off
Enable Temperature Sensor
Hi_range
①チェックを入れる
②Hi-rangeを選択

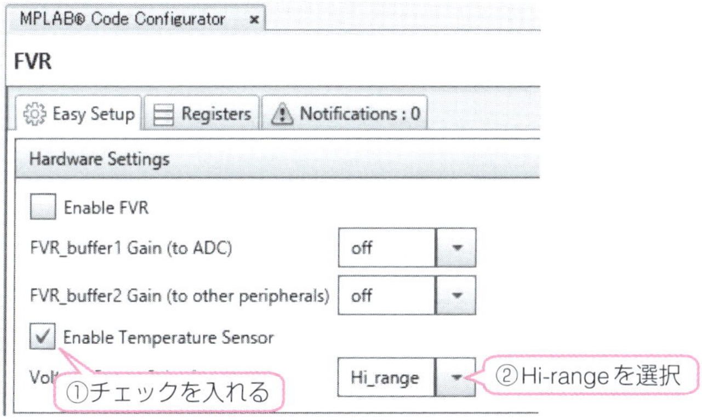

3 コードの生成とユーザ処理部の追加

クロック、ADC、EUSARTの設定の設定が完了したら、[Generate]ボタンをクリックしてコードを生成します。温度インジケータに関する関数は、初期化以外には特に生成されません。これにユーザ処理部を追加します。追加したユーザ処理部がリスト8-1-2となります。

宣言部はstdio.hのインクルードとデータ定義と低レベル出力関数の上書きで`printf`文が使えるようにしています。

メイン関数部では、最初にオフセット値をセットし、次に温度インジケータの電圧を計測しオフセット値を加えています。続いてこの計測した電圧から温度を計算で求め`printf`文で出力しています。

リスト 8-1-2 ユーザ処理追加部

(a) 宣言部の追加

```
46: #include "mcc_generated_files/mcc.h"
47: #include <stdio.h>
48:
49: unsigned int result;
50: double Ondo, Volt, Offset;
51: /*** 低レベル入出力関数の上書き ***/
52: void putch(unsigned char Data){
53:     while(!TX1STAbits.TRMT);     // 送信レディ？待ち
54:     TX1REG = Data;               // 送信実行
55: }
```

(b) メインループへの追加

```
79:     Offset = 0.405;              // オフセット補正値
80:     while (1)
81:     {
82:         // Add your application code
83:         result = ADC_GetConversion(channel_Temp);
84:         Volt = (5.0 * result) / 1023 + Offset;
85:         Ondo = (0.659 - (5.0 - Volt)/4)/0.00132 - 40;
86:         printf("¥r¥nVolt = %2.2f  Indicator= %2.2f", Volt, Ondo);
87:         __delay_ms(3000);
88:     }
89: }
```

オフセット値の求め方を説明します。まず、Offsetの値を0にしてプログラムを実行し、出力される電圧値をメモしておきます。

次に何らかの別の温度計で現在の温度を求め、その温度になるべき温度インジケータの出力電圧を計算式で求めます。この電圧値と先にメモした電圧値との差x.xxがオフセットとなるので、これをOffset＝x.xx;として上書きします。これで再コンパイルして書き込んで実行すればほぼ正しい温度表示になるはずです。

PICマイコンに手を触れれば、結構敏感に温度が変化することがわかります。

なお、演算結果付き10ビットADコンバータ（ADCCまたはADC2）の使い方については、本書Webサイトから説明をダウンロードできます。

8-2 5/8/10ビットDAコンバータとFVRモジュールの使い方

PIC16F1ファミリは5ビットと8ビットと10ビットの**DAコンバータ**(DAC：Digital to Analog Convertor)のいずれかを内蔵しており、オペアンプやコンパレータなどの内蔵アナログモジュールの電圧リファレンスとして使いますが、外部への出力も可能となっています。

電圧を比較する際に基準となる電圧を生成するモジュールが「FVR：Fixed Voltage Reference」と呼ばれる定電圧リファレンスモジュールです。これらのDAコンバータとFVRモジュールの使い方を説明します。

8-2-1 5/8/10ビットDAコンバータの内部構成と動作

5/8/10ビットDAコンバータの内部構成はいずれも基本構成は同じで、図8-2-1のようになっています。DA変換そのものは、抵抗ラダーによる分圧という簡単な方法となっています。この分圧の段数が5/8/10ビットで異なっています。

●図8-2-1　5/10ビットDAコンバータの構成

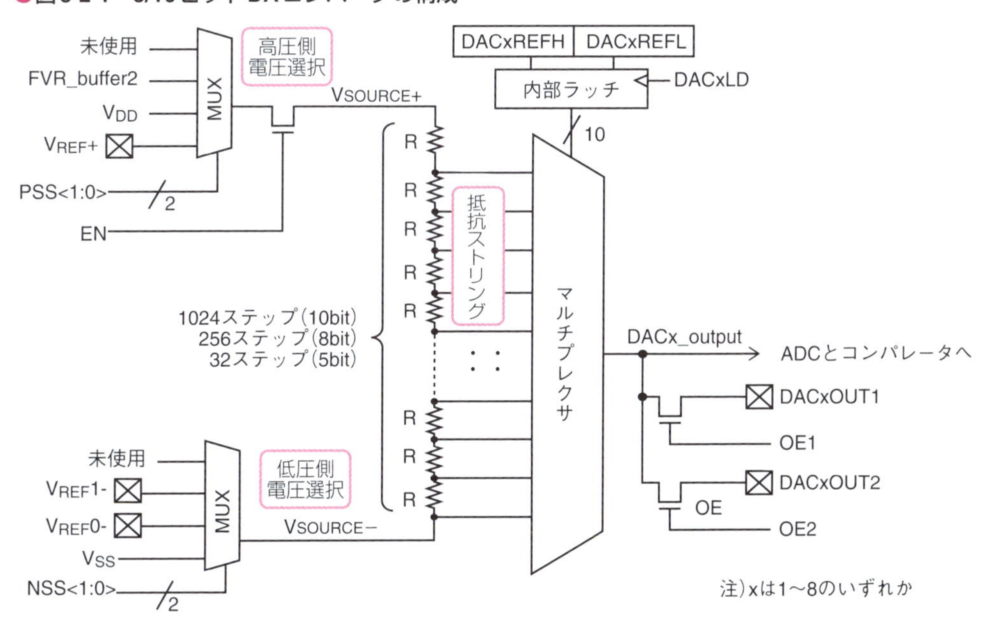

出力できる電圧は、High側の選択電圧(V_{SOURCE}+)とLow側の選択電圧(V_{SOURCE}-)で設定した間を、5ビットの場合は32分割、8ビットの場合は256分割、10ビットの場合は1024分割した電圧となり、DACxCON1レジスタ(DAC Control)で指定された電圧が出力されます。10ビットの場合はDACxREFHとDACxREFLレジスタ(DAC Reference)で指定された電圧が出力されます。

ENビットでDAを有効にすると電圧が抵抗ラダーに加えられて出力が出ます。

DAコンバータの出力は内蔵のADコンバータ、コンパレータ、オペアンプで使われますが、それ以外に外部への出力として使うこともできます。外部に出力する場合は、出力インピーダンスが高く駆動電流が少ないので、通常はオペアンプでインピーダンス変換して使うようにします。内蔵のオペアンプを出力アンプとして使うこともできます。

8-2-2 5/8/10ビットDAコンバータの制御レジスタ

5/8ビットDAコンバータ用の制御レジスタは、図8-2-2のようになっています。xの値はデバイスごとに異なっていて1から4の値となります。しかし、PIC16F177xファミリだけ特別にDAコンバータが10ビットと5ビットを合わせて6組または8組実装されているため他とは異なっていて、制御レジスタは図8-2-3となっています(xは1から8のいずれか)。

実際の実装内容の詳細はデバイスごとのデータシートを参照して下さい。

●図8-2-2 5/8ビットDAコンバータ制御レジスタ

(a)DACCON0レジスタ

DACxEN	—	DACxOE1	DACxOE2	DACxPSS<1:0>	—	DACxNSS

DACxEN:DA有効化
1=動作 0=停止

DACxOE1:DA出力1有効化
1=有効 0=無効

DACxOE2:DA出力2有効化
1=有効 0=無効

DACxPSS<1:0>:High側電圧選択
11=未使用
10=FVR output
01=V_{REF+}ピン
00=V_{DD}

DACxNSS:Low側電圧選択
1=DACxREF0-ピン
0=V_{SS}

(b)DACxCON1レジスタ(5ビットDAの場合)

—	—	—	DACxR<4:0>

DACxR<4:0> DA出力電圧設定

(c)DACxCON1レジスタ(8ビットDAの場合)

DACxR<7:0>

DACxR<7:0> DA出力電圧設定

●図8-2-3　5/10ビットDAコンバータ制御レジスタ（PIC16F177xファミリ）

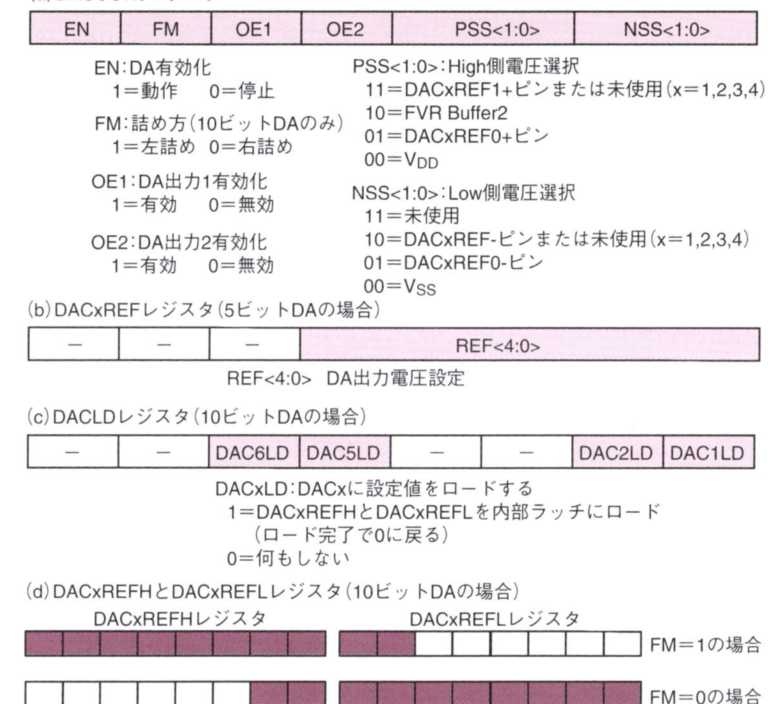

使い方は、DACCON0レジスタでHigh側とLow側の電圧選択をし、DACOE1（OE1）とDACOE2（OE2）で外部出力をするかしないかを設定してから、DACEN（EN）ビットをセットしてDA動作を開始します（DACOE：DAC Output Enable、DACEN：DAC Enable）。

High側電圧にFVRを選択した場合には、FVRCONレジスタ（FVR Control）でFVRモジュールを有効にし、FVR出力電圧を選択する必要があります。

DAコンバータの出力電圧を設定するには、5ビットDAコンバータの場合は、図8-2-2（b）のDACxCON1レジスタ（または図8-2-3（b）のDACxREFレジスタ）の下位5ビットに値を設定するのみです。

8ビットDAコンバータの場合は、図8-2-2（c）のDACxCON1レジスタに8ビットの値を設定します。

10ビットDAコンバータの場合は、FMビット（Format）により図8-2-3（d）のようにDACxREFHとDACxREFLレジスタに右詰めか左詰めで10ビットの値をセットし、その後図8-2-3（c）のDACLDレジスタ（DAC Load）の該当するDACxLDビットを1にして内部ラッチにロードします。ロードが完了するとDACxLDビットは自動的に0に戻ります。

設定した値により次のような電圧が出力されます。$V_{SOURCE-}$側の設定によりオフセット電圧が加わることになります。

V_{REF}＝(V_{SOURCE}+)－(V_{SOURCE}-)　とすると
5ビットDAC出力電圧　＝(V_{SOURCE}-)＋V_{REF}×(DACxREF設定値)÷32
8ビットDAC出力電圧　＝(V_{SOURCE}-)＋V_{REF}×(DACxCON1設定値)÷256
10ビットDAC出力電圧＝(V_{SOURCE}-)＋V_{REF}×(DACxREFH、DACxREFl設定値)÷1024

8-2-3 FVRモジュールの内部構成と動作

FVR(**定電圧リファレンス**)モジュールは、ADコンバータとアナログコンパレータ用に用意されているモジュールです。電源電圧が多少変動しても安定な一定電圧を供給できるモジュールで、アナログ計測やアナログ出力電圧の精度を保つために用意されたものです。

FVRモジュールの内部構成は、PICのファミリにより図8-2-4のように2種類の構成があります。

●図8-2-4 FVRモジュールの構成

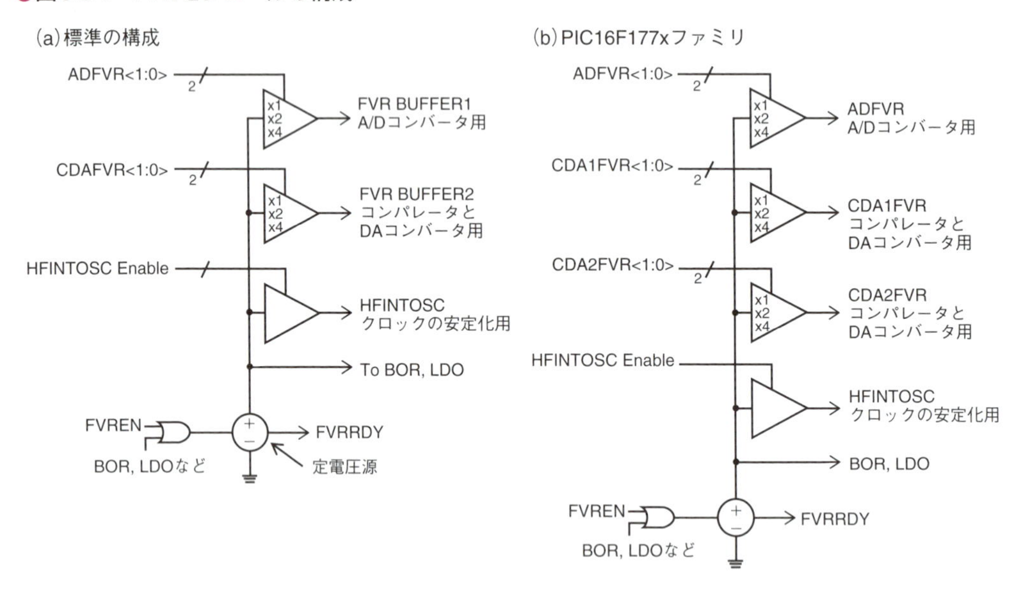

元となる安定な定電圧を生成する定電圧源があり、この電圧をアンプで1倍(1.024V)、2倍(2.048V)、4倍(4.096V)にして出力します。このアンプが2系統または3系統あり、ADコンバータ用とコンパレータ/DAコンバータ用に独立に用意されているので、異なる電圧として供給できます。

これとは別に内蔵クロック発振器用の電源としても使われていて、クロックの発振周波数の安定化に役立っています。さらにBORにも使われています。

それぞれの電圧を出力するために必要な電源電圧と出力電圧の精度は次のようになっているので、注意して下さい。

- 1.024Vの場合：V_{DD} ＞ 2.5V　　精度±4%（－40℃～85℃）
- 2.048Vの場合：V_{DD} ＞ 2.5V　　精度±4%（同上）
- 4.096Vの場合：V_{DD} ＞ 4.75V　　精度±5%（同上）

定電圧リファレンスモジュールの設定制御用レジスタの詳細は、図8-2-5となっています。出力電圧の設定と状態監視を行うことができます。

定電圧リファレンスモジュールは、有効化されてから出力が安定になるまで、わずかですが時間がかかります。この間の状態を示すため、FVRRDYビット（FVR Ready）が制御レジスタの中に用意されています。この制御レジスタは、温度インジケータの設定にも使用します。

●図8-2-5　FVR制御レジスタ

FVRCONレジスタ

FVREN	FVRRDY	TSEN	TSRNG	CDAFVR<1:0>	ADFVR<1:0>

FVREN：電圧リファレンス有効化
　1＝有効　0＝無効停止
FVRRDY：電圧リファレンス状態
　1＝準備完了　0＝準備中/停止
TSEN：温度インジケータ有効化
　1＝有効　0＝無効停止
TSRNG：温度インジケータレンジ選択
　1＝High（4Vt）　0＝Low（2Vt）

CDAFVR<1:0>：リファレンス電圧選択
　（コンパレータ用）
　11＝4.096V　10＝2.048V
　01＝1.024V　00＝オフ
ADFVR<1:0>：リファレンス電圧選択
　（A/Dコンパレータ用）
　11＝4.096V　10＝2.048V
　01＝1.024V　00＝オフ

8-2-4　例題　正弦波の出力制御

MCCを使ってDAコンバータを使う方法を説明します。ここではアナログ演習ボードを使った実際の例で説明します。

【例題】プロジェクト名　DAC1

DAコンバータDAC1で1kHzの正弦波を出力します。DAコンバータの出力は1.024Vの振幅とし、オペアンプで増幅して外部に出力します。内部接続構成は図8-2-6とするものとし、正弦波のデータはプログラムで生成します。一定間隔はタイマ2で生成するものとし、クロックは最速の32MHzとします。

●図8-2-6　例題の接続構成

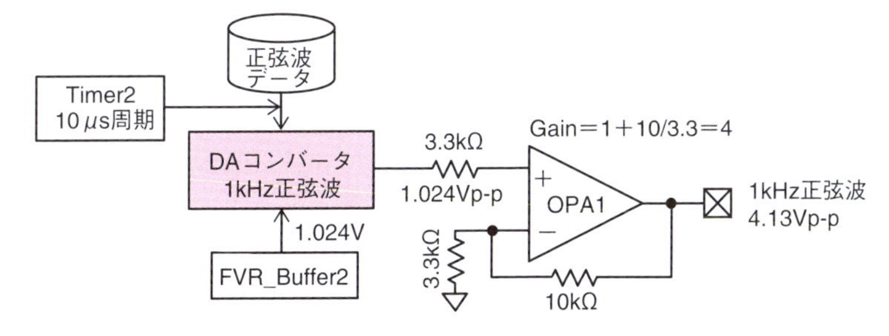

1 プロジェクト作成とクロック設定

この例題をMCCで作成します。まず、通常どおり空のプロジェクトDAC1を作成してからMCCを起動し、図8-2-7のように[System Module]の設定をします。①でクロックをINTOSCとし、②で8MHzを選択し、③でPLLにチェックを入れて有効とします。コンフィギュレーションの設定は④でWDTをDisableとし、⑤でLVPをオフとします。この設定でシステムクロックは8MHz×4＝32MHzとなります。

●図8-2-7 クロックとコンフィギュレーションの設定

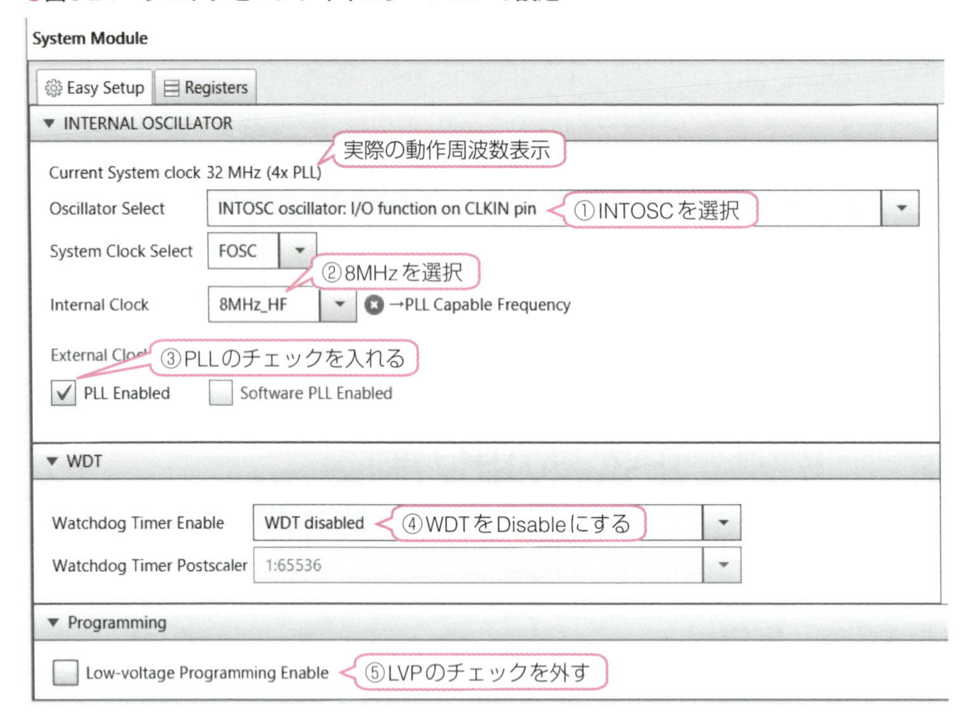

2 DAC1の設定

次にDAC1モジュールの設定を図8-2-8のようにします。まず①[Device Resources]欄でDAC1をダブルクリックして選択します。②でRight_Justifiedとして右詰めを選択します。

入力は③のようにプラス側をFVR_Buffer2としマイナス側はV_{SS}とします。さらに④でDACOUT1側を有効にして出力ピンが⑤でRA2になっていることを確認します。

●図8-2-8　DAC1モジュールの設定

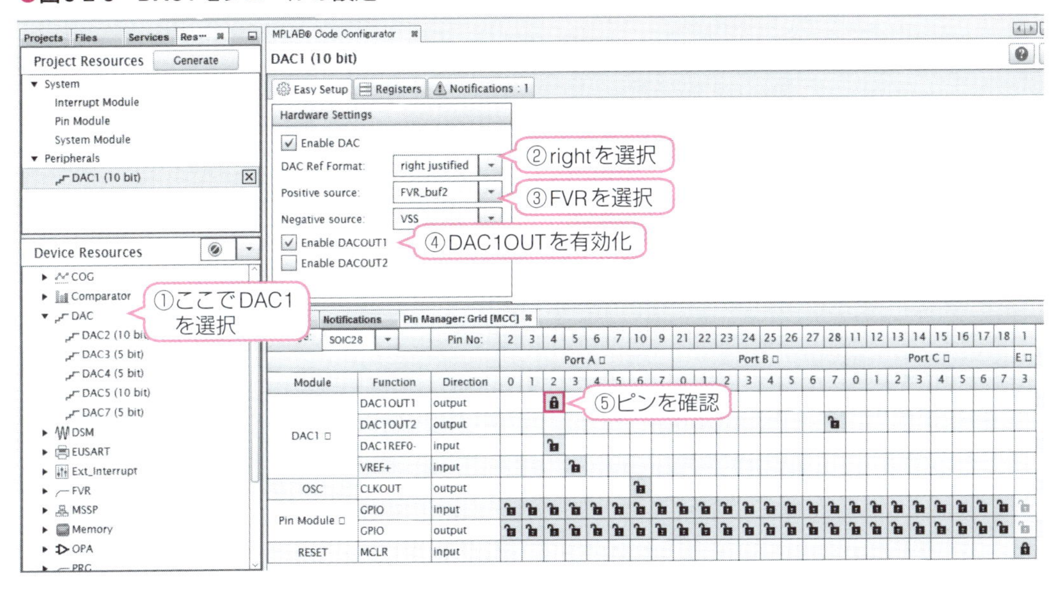

3 FVRの設定

DAC1でFVRを指定したのでFVRモジュールの設定をします。これには［Device Resources］欄でFVRをダブルクリックして追加してから、設定欄で図8-2-9のように設定します。①でBuffer2側の出力に1xを選択して1.024Vの出力を設定するだけです。

●図8-2-9　FVRモジュールの設定

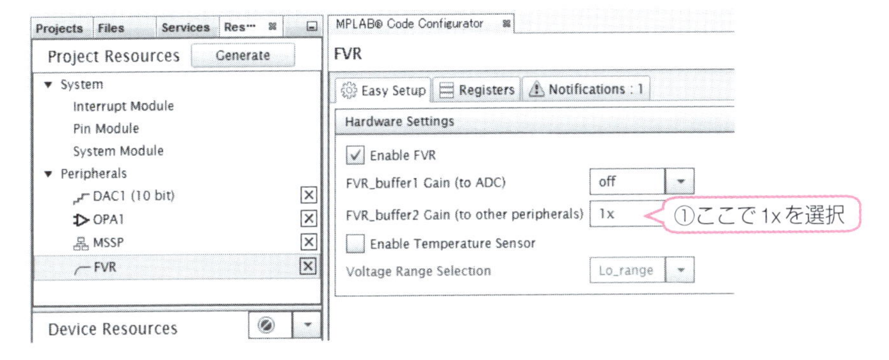

4 オペアンプの設定

次にオペアンプの設定ですが、図8-2-10のように設定します。オペアンプの詳細は第3部第8-4章を参照して下さい。まず［Device Resources］欄で①OPA1をダブルクリックして選択します。設定欄では、②で外部ピンがデフォルトで指定されているのでそのままとします。さらに③で入出力ピンが指定されていることを確認します。アナログ演習ボードでは、OPA1はデフォルトのままで使えるように回路が構成されています。

●図8-2-10　OPA1モジュールの設定

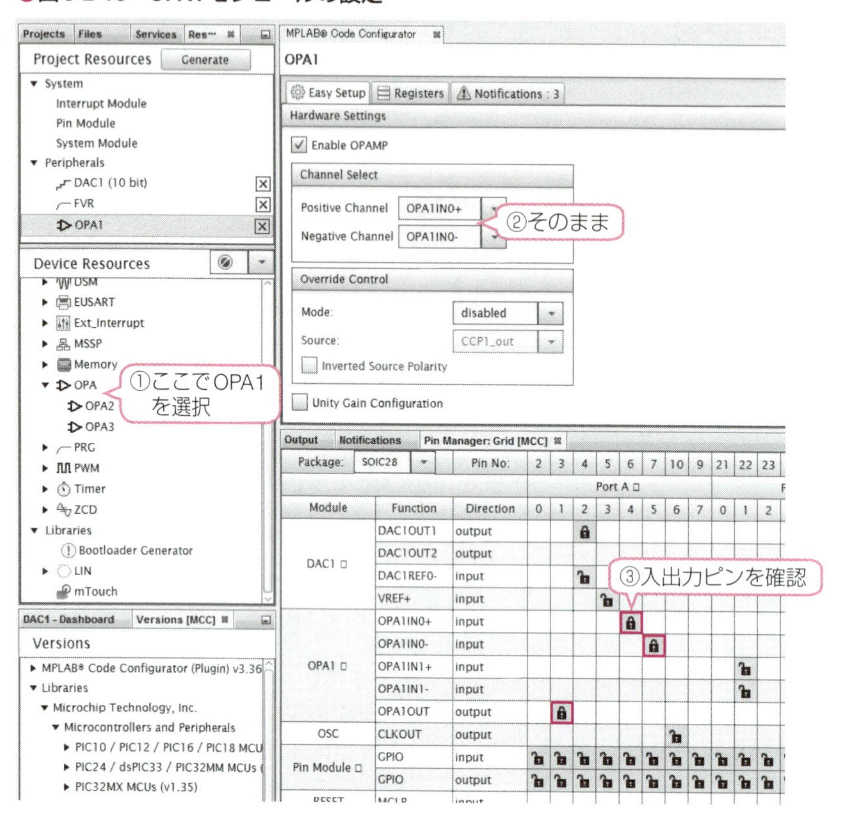

5 タイマ2の設定

最後に周期起動させるためタイマ2を設定します。設定は図8-2-11のようにします。

●図8-2-11　TMR2モジュールの設定

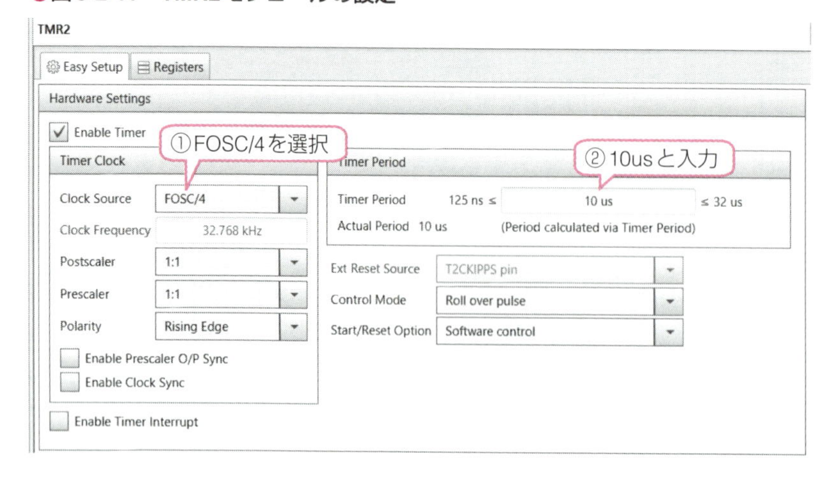

①でクロックにFosc/4を選択し、スケーラは両方とも1/1のままとします。②で時間を10usとします。

6 コードの生成

以上ですべての設定が完了したので、[Generate]ボタンをクリックしてコードを生成します。

これでDAコンバータ用として生成される関数は表8-2-1となります。関数名でDAC1となっている部分は選択したモジュールによりDAC2、DAC3などとなります。

▼表8-2-1　生成されるDAコンバータ用関数

関数名	書式と使い方
DAC1_Initialize	【機能】DAコンバータの初期設定を行う。メイン関数から自動的に呼び出される 【書式】void DAC1_Initialize(void);
DAC1_Load16bitInputData	【機能】DAコンバータの出力設定　左詰めの場合 上位、下位の16ビットデータとする必要がある 【書式】void DAC1_Load16bitInputData(uint16_t input16BitData);
DAC1_Load10bitInputData	【機能】DAコンバータの出力設定　右詰めの場合の10ビット 【書式】void DAC1_Load10bitInputData(uint16_t input10BitData);
DAC1_Load8bitInputData	【機能】DAコンバータの出力設定　右詰めの場合の下位8ビット 【書式】void DAC1_Load8bitInputData(uint16_t input9BitData);
DAC1_Read10BitInputData	【機能】DAコンバータの現在の設定値を読み出す 【書式】unit16_t DAC1_Read10BitInputData(void);

7 ユーザ処理部の追加

例題のユーザ処理部をこれらの関数を使って作成します。作成したユーザ処理部がリスト8-2-1となります。

宣言部にはリスト8-2-1 (a)のようにsin関数を使うためにmath.hをインクルードしています。さらに正弦波のデータを保存するため変数Wave[100]を用意しています。例題では正弦波の1周期を100分割して出力することにしました。

次にメインの初期化では、リスト8-2-1 (b)のように、先に正弦波のデータを生成してWave変数に代入しています。このとき360度を3.6度ステップで計算し、中心を511で振幅を511として正弦波データが0から1023の10ビットの値の間となるようにしています。

メインループでは、10usecごとにタイマ2の割り込みフラグがセットされるのを待って、その都度、正弦波のデータを順次DAコンバータに出力することを繰り返しています。この繰り返し処理を10usec内に終了する必要があります。32MHzの動作では、7usec程度が限界のようです。したがってこの方法での正弦波は1.5kHz程度が上限周波数ということになります。

リスト 8-2-1 ユーザ処理部の内容

(a) 宣言部の追加

```
46: #include "mcc_generated_files/mcc.h"
47: #include <math.h>
48:
49: #define  C  3.141592/180.0
50: unsigned int n, Wave[100], Index;
```

(b) メインループへの追加

```
75:     /* 正弦波データ生成 */
76:     for(n=0; n<100; n++)
77:         Wave[n] =(unsigned int)(511.0 * sin(C * (double)n*3.6) + 511.0);
78:     Index = 0;
79:
80:     while (1)
81:     {
82:         // Add your application code
83:         while(PIR1bits.TMR2IF == 0);              // タイムアウト待ち
84:         PIR1bits.TMR2IF = 0;                      // フラグクリア
85:         DAC1_Load10bitInputData(Wave[Index++]);   // DA出力
86:         if(Index > 99)                            // インデックス終了判定
87:             Index = 0;                            // 最初に戻す
88:     }
89: }
```

8 確認

この例題を実行した結果、アナログ演習ボードのCN2をオシロスコープで観測すると図8-2-12のように確かにほぼ1kHzの正弦波が出力されていることがわかります。振幅が約3.8Vと設計値4.1Vよりやや小さな値になっていますが、オペアンプ出力が0Vまで出せず、0.2V程度までしか出力できないためです。したがって、オペアンプを使う場合には0.2V以下とV_{DD}－0.2V以上は使わないようにする必要があります。

●図8-2-12 実行結果の正弦波の波形

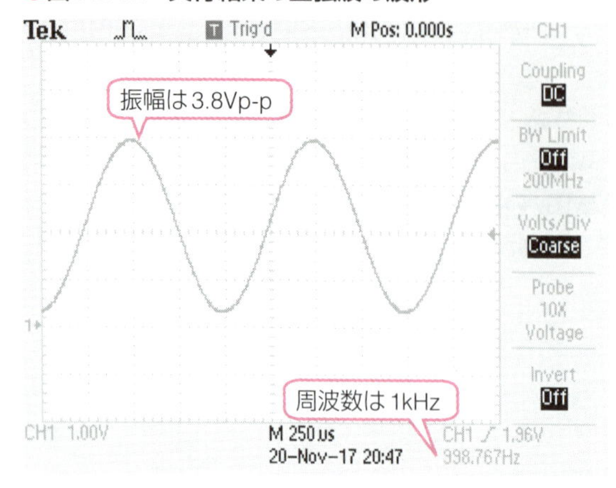

8-3 アナログコンパレータの使い方

アナログコンパレータ(COMP：Analog Comparator)は、内部や外部から入力される**2つのアナログ電圧を比較**し、大小に応じてHighかLowの出力をします。また出力が変化する際に割り込みを生成します。出力信号は他のモジュールのトリガ信号にもなります。

アナログ電圧の変化が緩やかな場合、出力が発振状態になるのを避けるため、比較条件にヒステリシスが加えられていて安定な出力となるようになっています。

8-3-1 コンパレータの内部構成と動作

アナログコンパレータの内部構成は図8-3-1のようになっています。入力側は多くの内外の信号から選択できるようになっており、出力側も割り込みや他のモジュールとの連携ができるようになっています。xは1～8のいずれかです。

●図8-3-1　コンパレータの構成

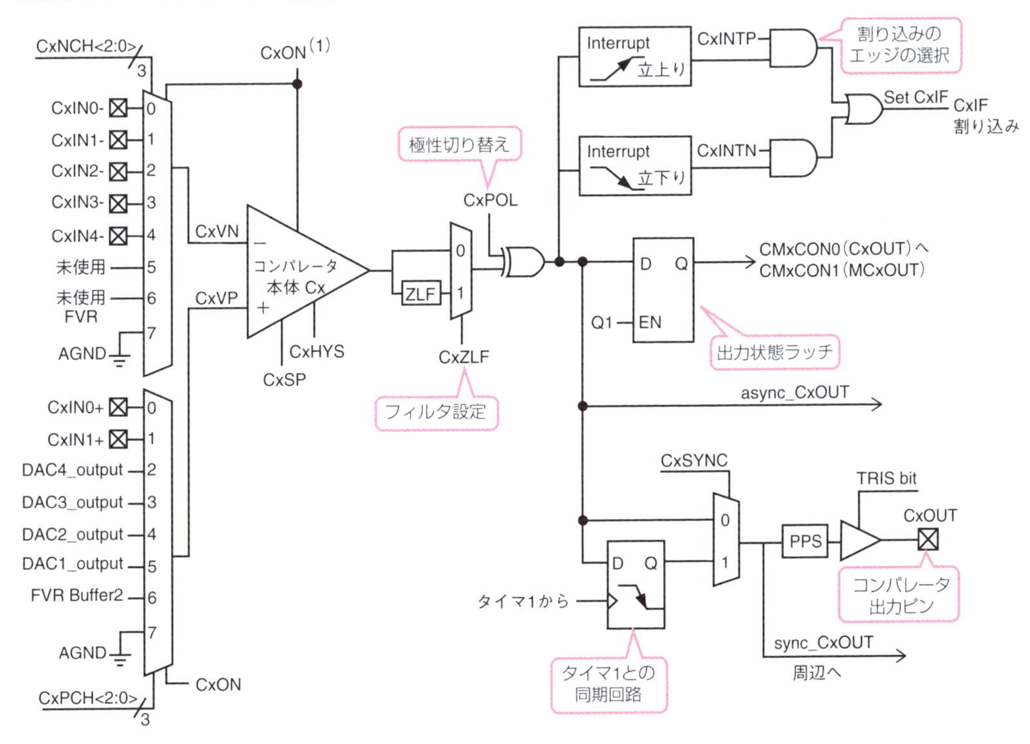

このような構成のコンパレータの動作は次のようになっています。

1 プラス側、マイナス側の入力を選択し比較する

アナログコンパレータへの入力は、多くの信号から選択ができるようになっていて、外部ピンからの信号だけでなく、内蔵のDAコンバータ出力や、定電圧リファレンスも選択できるようになっています。入力電圧は、ほぼ0VからV_{DD}まで使うことができます。

2 ヒステリシスの有効化

ゆっくり変化する入力信号で出力が発振しないようスレッショルドに**ヒステリシス**を設けることができます。ヒステリシスを有効にすると、標準で25mVの電圧差が設けられます。

これで、例えばいったんHighになると、スレッショルドより25mV以上低くならないとLowにはならないようになっています。これで、非常に変化が緩やかな入力の場合でも、出力がバタつくことがないようになっています。

3 フィルタの設定

すべてのファミリではないのですが、内部にフィルタ(**ZLF**：Zero Latency Filter)を内蔵しているものがあります。CxZLFビット(Comparator ZLF)でフィルタの有効、無効を設定できるようになっています。このフィルタにより非常に短時間の出力変化は出ないようにできます。

4 出力の使われ方

コンパレータの出力は外部ピンに出力できますが、それ以外に多くの内部モジュールと連携動作をさせるために使うことができます。

- 割り込み　コンパレータ出力の立上りか立下りかを選択できる
- 他のモジュールのシャットダウン信号などのトリガにできる
- タイマ1のゲート信号として使うことができる
- ピン割り付けで任意のピンに出力できる

8-3-2 コンパレータ制御レジスタ

コンパレータを制御するために用意されているレジスタは図8-3-2のようになっています。ここでxはデバイスによって実装数が異なりますが、1から8のいずれかとなります。

●図8-3-2 コンパレータ用制御レジスタの詳細

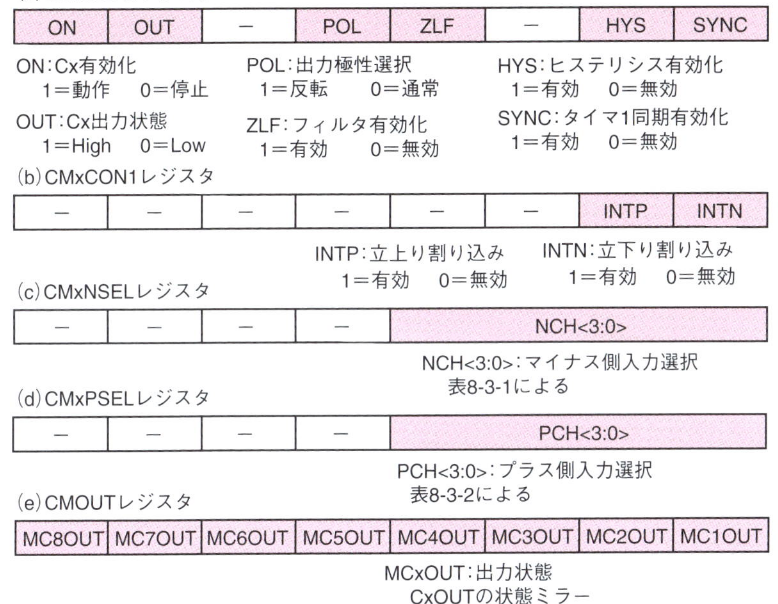

▼表8-3-1 マイナス側入力の選択肢

NCH<3:0>	C1, C2, C3, C4	C5, C6, C7[(1)], C8[(1)]
1111	Reserved. Do not use	Reserved. Do not use
1110	Reserved. Do not use	Reserved. Do not use
1101	Reserved. Do not use	Reserved. Do not use
1100	Reserved. Do not use	Reserved. Do not use
1011	Reserved. Do not use	Reserved. Do not use
1010	OPA2IN- pin	OPA4IN- pin[(1)]
1001	OPA1IN- pin	OPA3IN- pin
1000	AGND	AGND
0111	PRG2_out	PRG4_out[(1)]
0110	PRG1_out	PRG3_out
0101	FVR_Buffer2	FVR_Buffer2
0100	CxIN4- pin	CxIN4- (OPA4OUT) pin[(1)]
0011	CxIN3- (OPA2OUT) pin	CxIN3- pin
0010	CxIN2- pin	CxIN2- pin
0001	CxIN1- (OPA1OUT) pin	CxIN1- (OPA3OUT) pin
0000	CxIN0- pin	CxIN0- pin

注[(1)] 40ピンのデバイスの場合

▼表8-3-2 プラス側入力の選択肢

PCH<3:0>	C1, C2, C3, C4	C5, C6, C7[(1)], C8[(1)]
1111	Reserved. Do not use	Reserved. Do not use
1110	Reserved. Do not use	Reserved. Do not use
1101	Reserved. Do not use	Reserved. Do not use
1100	Reserved. Do not use	Reserved. Do not use
1011	Reserved. Do not use	Reserved. Do not use
1010	Reserved. Do not use	Reserved. Do not use
1001	AGND	AGND
1000	DAC4_out	DAC8_out[(1)]
0111	DAC3_out	DAC7_out
0110	DAC2_out	DAC6_out[(1)]
0101	DAC1_out	DAC5_out
0100	PRG2_out	PRG4_out[(1)]
0011	PRG1_out	PRG3_out
0010	FVR_Buffer2	FVR_Buffer2
0001	CxIN1+ pin	CxIN1+ pin
0000	CxIN0+ pin	CxIN0+ pin

注[(1)] 40ピンのデバイスの場合

これらのレジスタを使ってコンパレータを使うときには、次のように設定します。

❶入力信号を選択

外部ピンまたは内部電圧リファレンスを表8-3-1と表8-3-2から選択します。入力ピンを使う場合には、ANSELxレジスタでアナログピンに設定し、TRISxレジスタで入力モードにする必要があります。

❷出力極性を選択

CxPOL（Comparator Polarity）と入力信号により出力のHigh、Lowの条件が変わるので、適切な選択をします。

❸出力の指定

コンパレータの出力を外部出力する場合には、ピン割り当てで出力ピンを指定し、TRISxレジスタで出力ピンとする必要があります。またデジタルピンに設定する必要もあります。

❹ヒステリシスが必要な場合にはこれらの設定を有効化

デバイスによってはフィルタ機能を内蔵しているものもあるので、これの有効化を設定します。

❺最後にコンパレータ自身を有効化して動作を開始

❻割り込み許可

割り込みを使う場合には、立上りか立下りかを選択し、それぞれのCxIEビット（Comparator Interrupt Enable）で割り込みを許可する必要があります。

8-3-3　例題　正弦波によるLEDの点滅制御

MCCを使ってアナログコンパレータを使う方法を説明します。ここではアナログ演習ボードを使った実際の例で説明します。

【例題】プロジェクト名　COMP1

例題の内部接続構成を図8-3-3とするものとします。DAコンバータDAC2で0.5Hzの正弦波を出力します。DAコンバータの出力は3.3Vの振幅とし、コンパレータCMP4の＋側に入力します。CMP4のマイナス側にはFVR（8-2-3項参照）の1.024Vを入力します。コンパレータの出力をRB4としてLEDを制御します。正弦波のデータはプログラムで生成するものとします。一定間隔はタイマ2で生成するものとし、クロックは最速の32MHzとします。

●図8-3-3　例題の接続構成

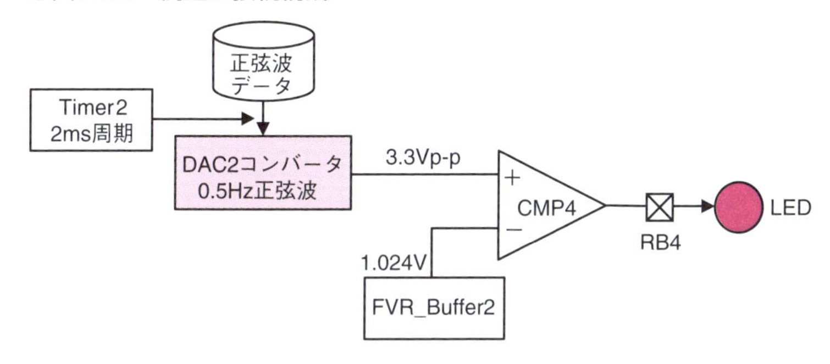

1 プロジェクト作成とクロック設定

この例題をMCCで作成します。まず、通常どおり空のプロジェクトCOMP1を作成してからMCCを起動し、図8-3-4のように［System Module］の設定をします。

①でクロックをINTOSCとし、②で8MHzを選択し、③でPLLにチェックを入れて有効とします。コンフィギュレーションの設定は④でWDTをDisableとし、⑤でLVPをオフとします。この設定でシステムクロックは8MHz × 4 = 32MHzとなります。

2 DAC2の設定

次にDAC2の設定を図8-3-5のようにします。ここはデフォルトのままで、①で右詰め、②でV_{DD}とV_{SS}を選択します。出力は外部に出す必要はありません。

●図8-3-4 クロックとコンフィギュレーションの設定

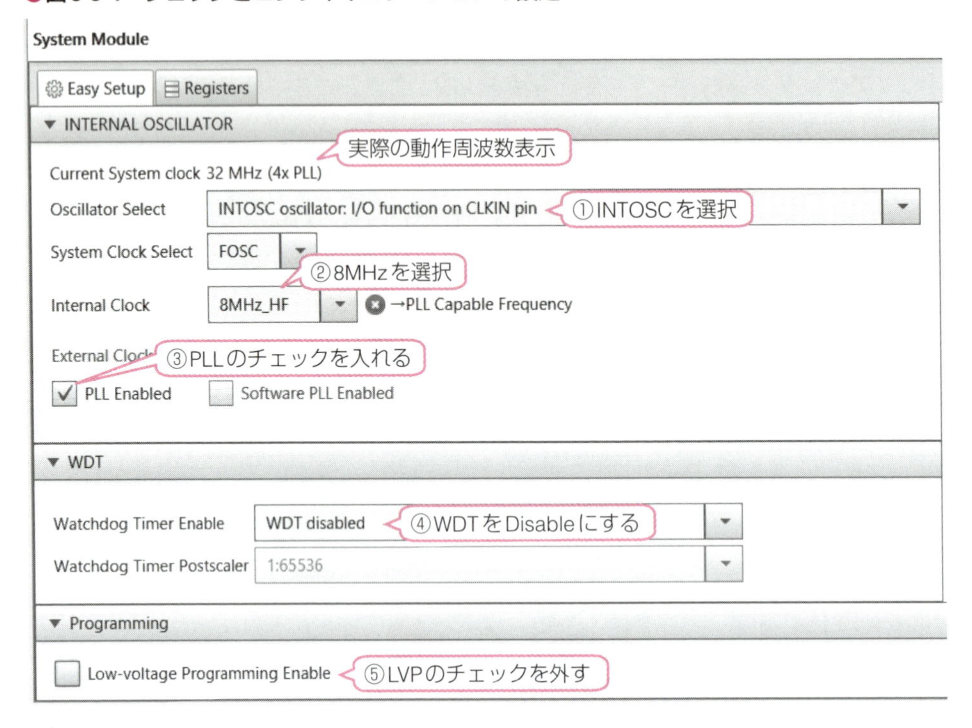

●図8-3-5 DAC2モジュールの設定

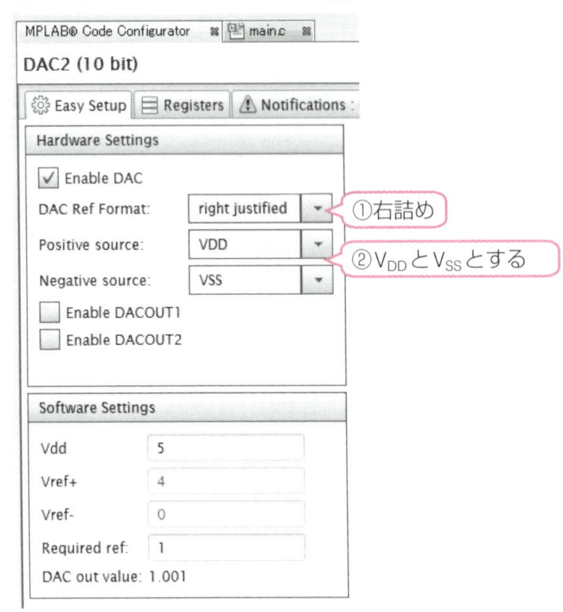

3 CMP4の設定

次がコンパレータCMP4の設定で図8-3-6のようにします。まずプラス側は①のようにDAC2を選択しマイナス側は②のようにFVR_Buffer2を選択します。次に③で出力をRB4に指定します。

●図8-3-6　CMP4モジュールの設定

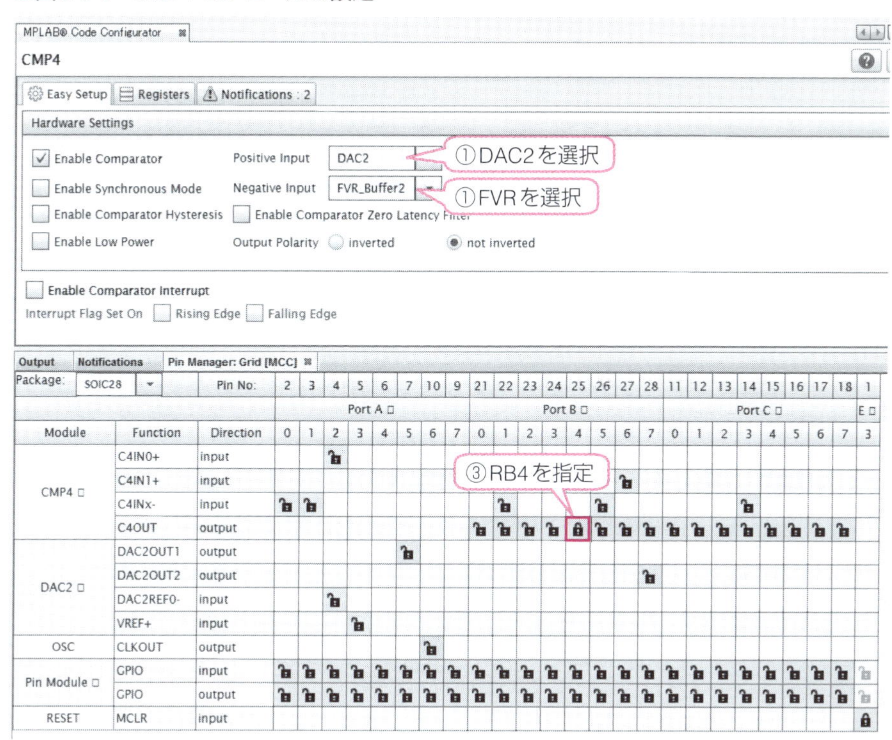

4 FVRの設定

コンパレータでFVRを使ったので、FVRモジュールの設定をします。図8-3-7①のようにBuffer2に1xを選択します。

●図8-3-7　FVRモジュールの設定

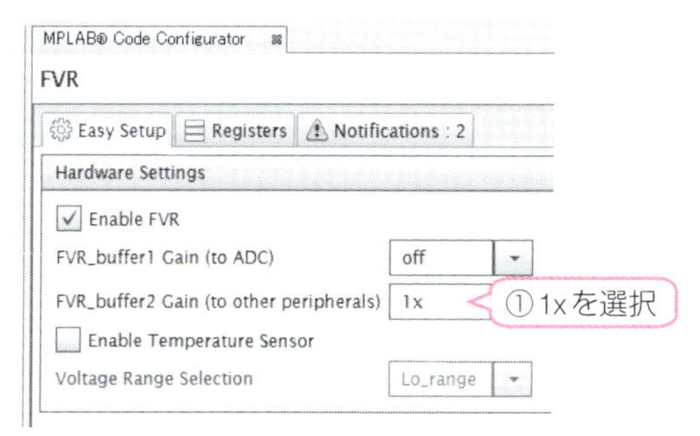

5 タイマ2の設定

最後にDA出力間隔を生成するタイマ2を設定します。図8-3-8のように①でFosc/4を選択し、②で1/8と1/128を選択します。そして③で20msと入力すれば20ms周期のインターバルタイマとなります。

●図8-3-8 TMR2モジュールの設定

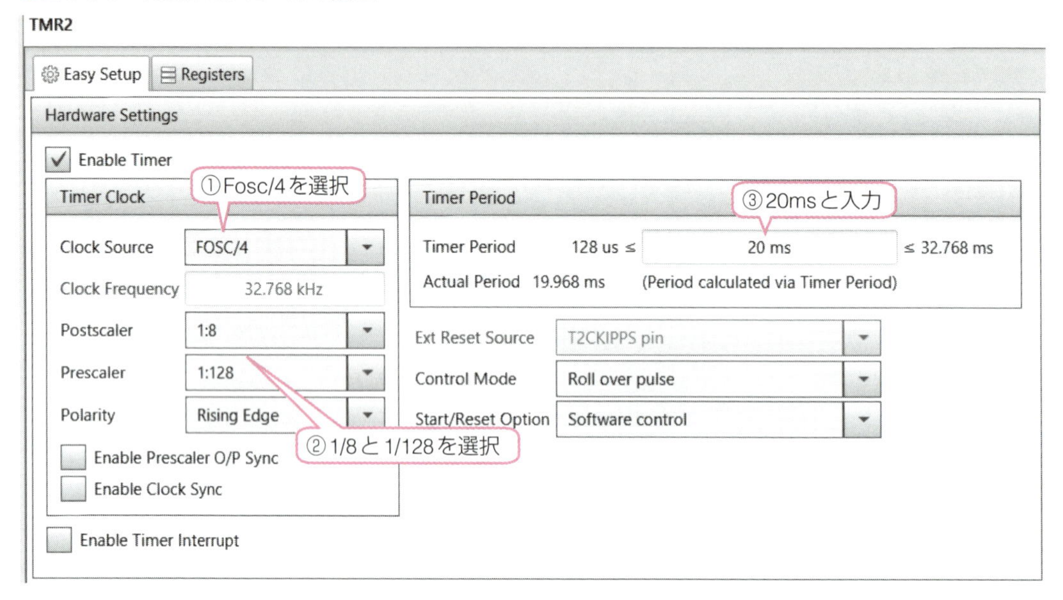

6 コードの生成

以上ですべての設定が完了したので、[Generate] ボタンをクリックしてコードを生成します。コンパレータ用に生成される関数を使うことはあまりないので省略します。

7 ユーザ処理部の設定

例題のユーザ処理部を作成しますが、ここはDAコンバータの例題とまったく同じとなり、作成したユーザ処理部がリスト8-3-1となります。

まず宣言部にはリスト8-3-1 (a) のように`sin`関数を使うためにmath.hをインクルードしています。さらに正弦波のデータを保存するため変数`Wave[100]`を用意しています。ここでは正弦波の1周期を100分割して出力することにしました。

次にメインの初期化では、図8-3-1 (b) のように、先に正弦波のデータを生成して`Wave`変数に代入しています。このとき360度を3.6度ステップで計算し、振幅を511として正弦波データが0から1023の10ビットの値の間となるようにしています。

メインループでは、20msecごとにタイマ2の割り込みフラグがセットされるのを待って、その都度、正弦波のデータを順次DAコンバータに出力することを繰り返しています。これで20msec × 100 = 2000msecなので0.5Hzで繰り返すことになります。

リスト 8-3-1 ユーザ処理部の内容

(a) 宣言部の追加

```
46: #include "mcc_generated_files/mcc.h"
47: #include <math.h>
48:
49: #define  C  3.141592/180.0
50: unsigned int n, Wave[100], Index;
```

(b) メインループへの追加

```
74:     /* 正弦波データ生成 */
75:     for(n=0; n<100; n++)
76:         Wave[n] =(unsigned int)(511.0 * sin(C * (double)n*3.6) + 511.0);
77:     Index = 0;
78:
79:     while (1)
80:     {
81:         // Add your application code
82:         while(PIR1bits.TMR2IF == 0);             // タイムアウト待ち
83:         PIR1bits.TMR2IF = 0;                     // フラグクリア
84:         DAC2_Load10bitInputData(Wave[Index++]); // DA出力
85:         if(Index > 99)                           // インデックス終了判定
86:             Index = 0;                           // 最初に戻す
87:     }
88: }
```

8 確認

この例題を実行すると、図8-3-9のようにLEDが点滅するはずです。FVRの電圧を2xにすると、消えている時間のほうが長くなります。

●図8-3-9 例題の実行結果

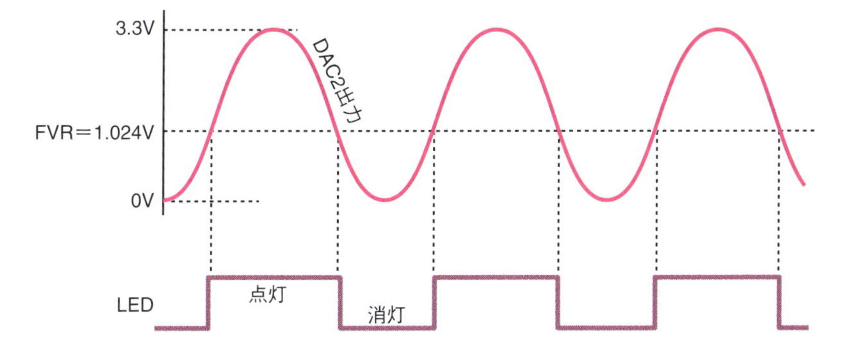

8-4 オペアンプの使い方

オペアンプとはOperational Amplifireを略した言葉で、**電圧を増幅するIC**です。センサからの直流を増幅したり、音楽などの交流信号を増幅してマイコンで扱えるようにするために使われます。元の電圧の何倍にするかを**ゲイン**（増幅率）で表します。

PIC16F1ファミリには最大4個のオペアンプ（OPA）が実装されています。しかもそれぞれが独立のピンに接続されているので、外付けのオペアンプと同じように使うことができます。

8-4-1 オペアンプの内部構成と動作

内蔵されているオペアンプの構成は図8-4-1のようになっています。(a)の構成の標準タイプのものと(b)の構成の拡張タイプのものがあります。

いずれの場合もすべてのピンがリセットで外部ピンに接続されるようになっているので、独立の単電源のオペアンプハードウェアとして動作させることができます。

入力は、設定によりDAコンバータ出力、定電圧リファレンスなど多くのモジュールと内部で接続できるので、調整用のオフセット電圧として使うこともできます。また出力を直接内部でマイナス入力に接続してユニティゲイン（ゲインが1）のバッファ構成にできます。

入力はRail to Railということになっているので、ほぼ0VからV_{DD}まで使うことができますが、出力は若干制限されるようです。

拡張構成では上書き制御を有効にすると出力を一定値に固定したり、ゲインを1倍に制限したりできます。

●図8-4-1 オペアンプの構成

(a)標準構成

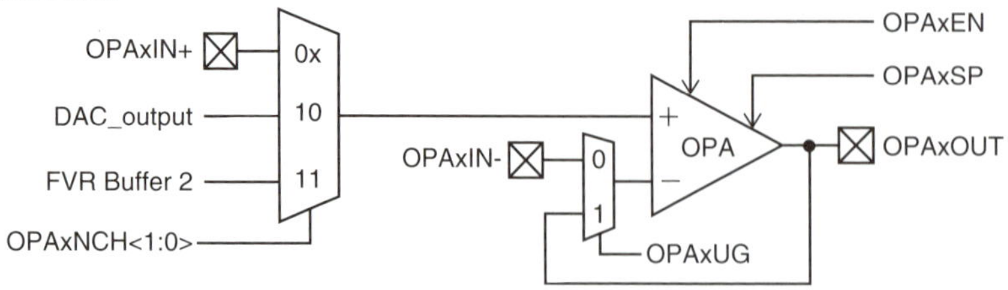

(b)拡張構成 (PIC16F177x、PIC16F176xファミリ)

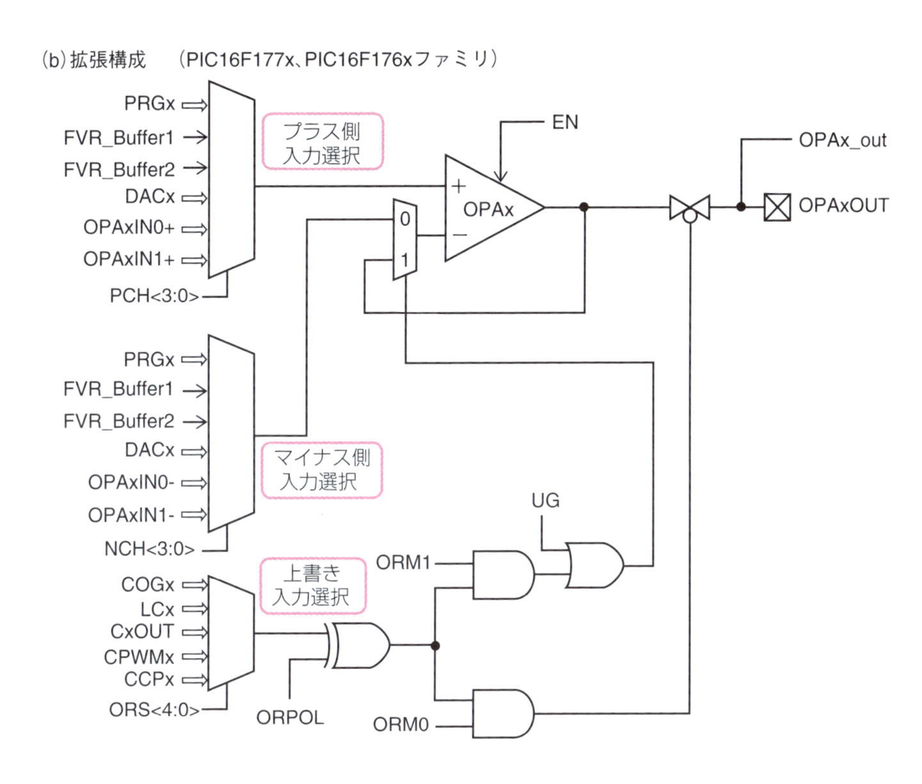

このオペアンプの電気的特性は表8-4-1のようになっています。

▼表8-4-1 オペアンプの電気的特性

項目	電気的特性		備考
	Typ	Max	
ゲインバンド幅	2MHz 3.5MHz		標準構成のもの 拡張構成のもの
スルーレート	3V/μs		
オフセット	±3mV	±9mV	
オープンループゲイン	90dB		
入力電圧範囲	0V	V_{DD}	V_{DD}>2.5V
消費電流	250μA 350μA	650μA 850μA	@V_{DD}=3.0V @V_{DD}=5.0V

8-4-2 オペアンプ制御レジスタ

オペアンプ動作を設定するための制御レジスタの詳細は、図8-4-2のようになっています。標準構成の場合が(1)で拡張構成の場合が(2)となります。拡張構成では、入力、上書きソースには選択肢が多くなっているので、選択には注意が必要です。

オペアンプを使う場合には次のような手順で設定します。

①使うオペアンプのピンをアナログピンとする(リセット後はアナログ)
②TRISレジスタで入力モードとする(OPAの出力ピンもアナログで入力モードとする)
③入出力を選択してからENビット(またはOPAxENビット)を1にして動作を開始する

●図8-4-2 オペアンプ用制御レジスタの詳細

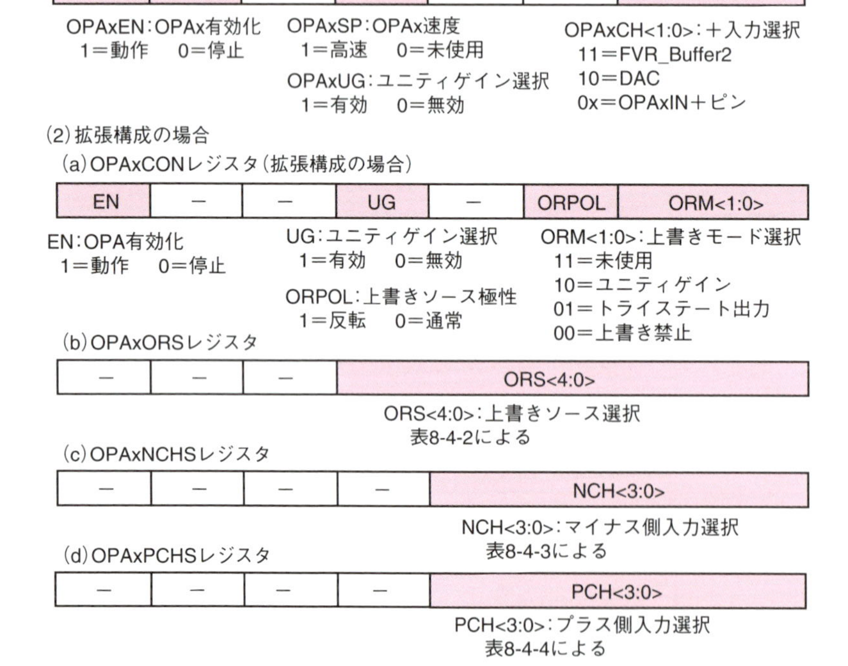

▼表8-4-2　上書きソースの選択肢

ORS<4:0>	OPA1	OPA2	OPA3	OPA4(1)
11111	COG2D	COG2D	COG4D(1)	COG4D
11110	COG2C	COG2C	COG4C(1)	COG4C
11101	COG2B	COG2B	COG4B(1)	COG4B
11100	COG2A	COG2A	COG4A(1)	COG4A
11011	COG1D	COG1D	COG3D	COG3D
11010	COG1C	COG1C	COG3C	COG3C
11001	COG1B	COG1B	COG3B	COG3B
11000	COG1A	COG1A	COG3A	COG3A
10111	LC4_out	LC4_out	LC4_out	LC4_out
10110	LC3_out	LC3_out	LC3_out	LC3_out
10101	LC2_out	LC2_out	LC2_out	LC2_out
10100	LC1_out	LC1_out	LC1_out	LC1_out
10011	sync_C8OUT(1)	sync_C8OUT(1)	sync_C8OUT(1)	sync_C8OUT
10010	sync_C7OUT(1)	sync_C7OUT(1)	sync_C7OUT(1)	sync_C7OUT
10001	sync_C6OUT	sync_C6OUT	sync_C6OUT	sync_C6OUT
10000	sync_C5OUT	sync_C5OUT	sync_C5OUT	sync_C5OUT
01111	sync_C4OUT	sync_C4OUT	sync_C4OUT	sync_C4OUT
01110	sync_C3OUT	sync_C3OUT	sync_C3OUT	sync_C3OUT
01101	sync_C2OUT	sync_C2OUT	sync_C2OUT	sync_C2OUT
01100	sync_C1OUT	sync_C1OUT	sync_C1OUT	sync_C1OUT
01011	PWM12_out(1)	PWM12_out(1)	PWM12_out(1)	PWM12_out
01010	PWM11_out	PWM11_out	PWM11_out	PWM11_out
01001	PWM6_out	PWM6_out	PWM6_out	PWM6_out
01000	PWM5_out	PWM5_out	PWM5_out	PWM5_out
00111	PWM10_out(1)	PWM10_out(1)	PWM10_out(1)	PWM10_out
00110	PWM9_out	PWM9_out	PWM9_out	PWM9_out
00101	PWM4_out	PWM4_out	PWM4_out	PWM4_out
00100	PWM3_out	PWM3_out	PWM3_out	PWM3_out
00011	CCP8_out(1)	CCP8_out(1)	CCP8_out(1)	CCP8_out
00010	CCP7_out	CCP7_out	CCP7_out	CCP7_out
00001	CCP2_out	CCP2_out	CCP2_out	CCP2_out
00000	CCP1_out	CCP1_out	CCP1_out	CCP1_out

注(1)　40ピンのデバイスの場合

▼表8-4-3 マイナス側入力の選択肢

NCH<3:0>	OPA1	OPA2	OPA3	OPA4[1]
1111 ～ 1001	Reserved. Do not use	Reserved. Do not use	Reserved. Do not use	Reserved. Do not use
1000	PRG2_out	PRG2_out	PRG4_out[1]	PRG4_out
0111	PRG1_out	PRG1_out	PRG3_out	PRG3_out
0110	FVR_Buffer1	FVR_Buffer1	FVR_Buffer2	FVR_Buffer2
0101	DAC4_out	DAC4_out	DAC8_out[1]	DAC8_out
0100	DAC3_out	DAC3_out	DAC7_out	DAC7_out
0011	DAC2_out	DAC2_out	DAC6_out[1]	DAC6_out
0010	DAC1_out	DAC1_out	DAC5_out	DAC5_out
0001	OPA1IN1-	OPA2IN1-	OPA3IN1-[1]	OPA4IN1-
0000	OPA1IN0-	OPA2IN0-	OPA3IN0-	OPA3IN0-

注[1] 40ピンのデバイスの場合

▼表8-4-4 プラス側入力の選択肢

NCH<3:0>	OPA1	OPA2	OPA3	OPA4[1]
1111 ～ 1001	Reserved. Do not use	Reserved. Do not use	Reserved. Do not use	Reserved. Do not use
1000	PRG2_out	PRG2_out	PRG4_out[1]	PRG4_out
0111	PRG1_out	PRG1_out	PRG3_out	PRG3_out
0110	FVR_Buffer1	FVR_Buffer1	FVR_Buffer2	FVR_Buffer2
0101	DAC4_out	DAC4_out	DAC8_out[1]	DAC8_out
0100	DAC3_out	DAC3_out	DAC7_out	DAC7_out
0011	DAC2_out	DAC2_out	DAC6_out[1]	DAC6_out
0010	DAC1_out	DAC1_out	DAC5_out	DAC5_out
0001	OPA1IN1+	OPA2IN1+	OPA3IN1+[1]	OPA4IN1+
0000	OPA1IN0+	OPA2IN0+	OPA3IN0+	OPA4IN0+

注[1] 40ピンのデバイスの場合

オペアンプの使い方の例が図8-4-3のようになります。

図8-4-3(a)は内蔵DAコンバータの出力を強化するためのゲイン1倍の**電圧フォロワで**、低インピーダンスで外部回路を駆動できます。出力とマイナス入力は内部で接続します。

図8-4-3(b)は**反転増幅回路**の例で、定電圧リファレンス(FVR)を使ってオフセット電圧を加えることで、直流でも交流でも扱うことができるアンプになります。

FVRを**オフセット電圧**とすることで、電源を抵抗分圧してオフセット電圧を生成するよりも、電圧が安定なオフセットにすることができます。

図8-4-3(c)は**非反転増幅回路**の例で、FVRを同じように使ってオフセットを加えることで直流、交流両方に使える非反転アンプとなります。

図8-4-3（d）は、**差動アンプ**とした例で、V1とV2の電圧差を増幅します。ここでもFVRでオフセット電圧を加えることで、直流、交流どちらでも使える差動アンプとなります。また直流でも正負両方が扱えることになります。

●図8-4-3 オペアンプの使用例

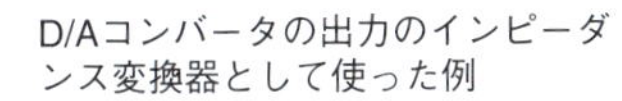

(a)電圧フォロワ
D/Aコンバータの出力のインピーダンス変換器として使った例

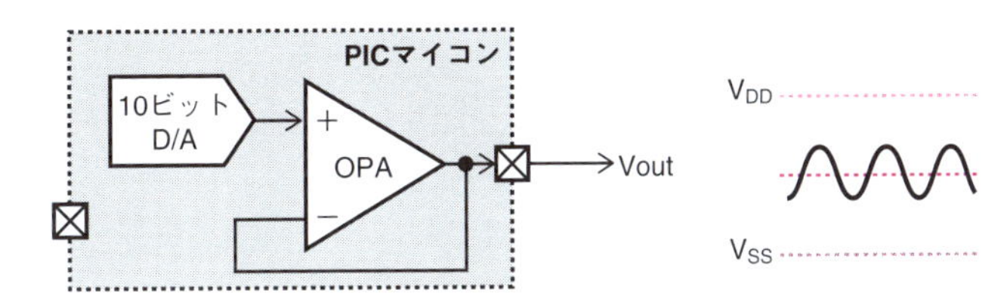

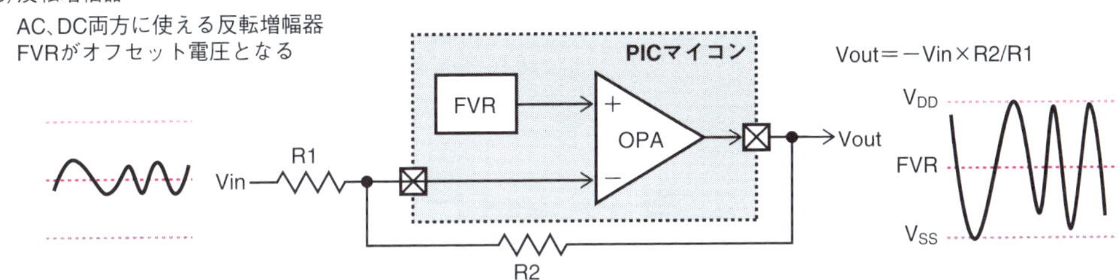

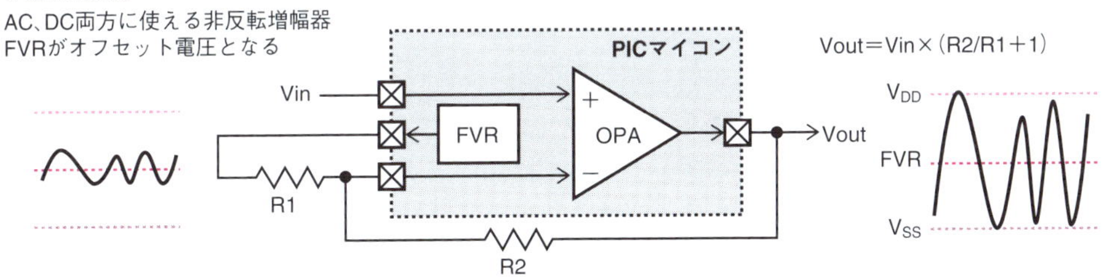

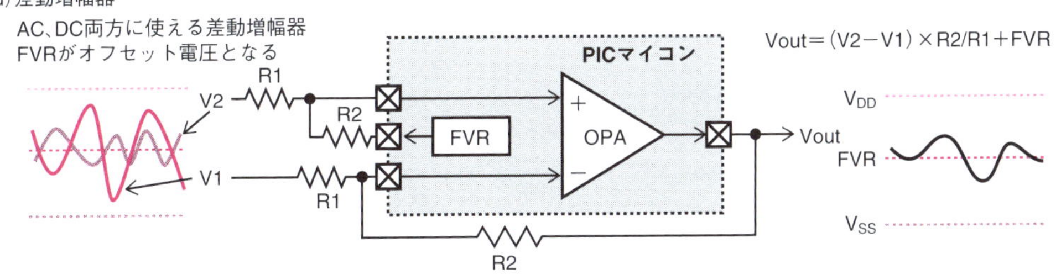

8-4-3 High Current Drive I/Oの使い方

PIC16F1ファミリの中に、数本の入出力ピンが大電流を制御できるようになっているものがあります。これを「High Current Drive I/O」と呼んでいます。駆動できる電流値は、5Vのとき最大100mAでシンク（電源接続の出力）、ソース（グランド接続の出力）いずれも同じとなっています。

アナログ演習ボードに使った「PIC16F1778」では、RB0とRB1ピンがこの機能を持ったピンとなっています。

この機能を使うためのレジスタが図8-4-4となっていて、HIDBxビット（High Drive PORTB）を1にセットすることで可能になります。

●図8-4-4 大電流駆動I/O制御

HIDRVBレジスタ

—	—	—	—	—	—	HIDB1	HIDB0

HIDBx：大電流駆動有効化
1＝有効　0＝無効

8-4-4 例題 温度センサによる温度計測

MCCを使って実際に拡張構成のオペアンプを使ってみます。ここではアナログ演習ボードを使って実際の例で説明します。

【例題】 プロジェクト名　TEMP

温度センサLM35DZの出力電圧をオペアンプで増幅してADコンバータで計測し、温度に変換して液晶表示器に表示します。オペアンプの外部回路はアナログ演習ボードのOPA3で図8-4-5のように構成されているのでそのまま使うこととします。クロックは8MHzとします。

●図8-4-5 温度センサ部回路構成

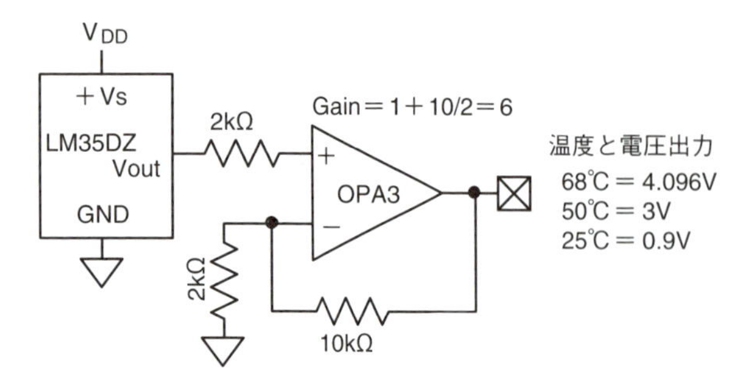

1 プロジェクト作成とクロックの生成

この例題をMCCで作成します。まず、通常どおり空のプロジェクトTEMPを作成してからMCCを起動し、図8-4-6のように、[System Module]の設定をします。①でクロックをINTOSCとし、②で8MHzを選択し、③でPLLのチェックを外して無効とします。コンフィギュレーションの設定は④でWDTをDisableとし、⑤でLVPをオフとします。この設定でシステムクロックは8MHzとなります。

●図8-4-6　クロックとコンフィギュレーションの設定

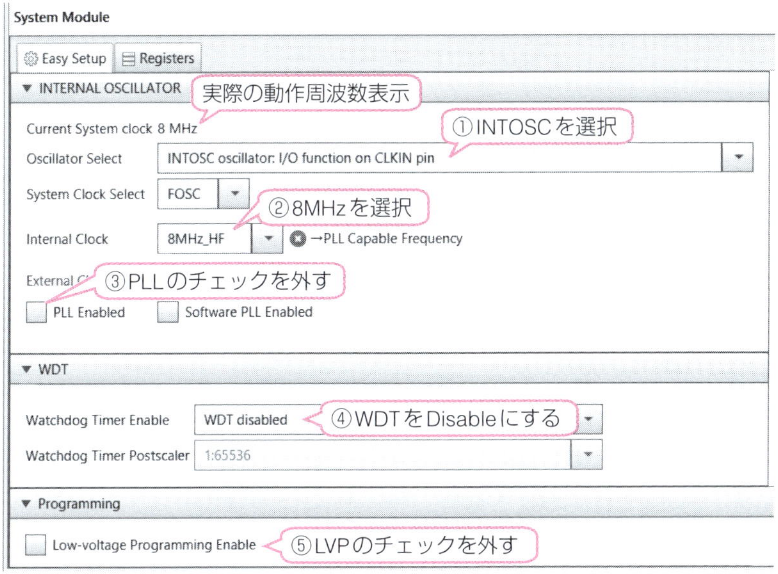

2 オペアンプの設定

次にオペアンプのOPA3の設定をします。図8-4-7のように①でプラス側入力に外部ピンを指定し、②でマイナス側入力も外部ピンとします。入出力ピンの接続先はデフォルトのままで大丈夫です。この構成で図8-4-5のように外部回路でゲインが6倍の回路が構成されています。

●図8-4-7　オペアンプOPA3の設定

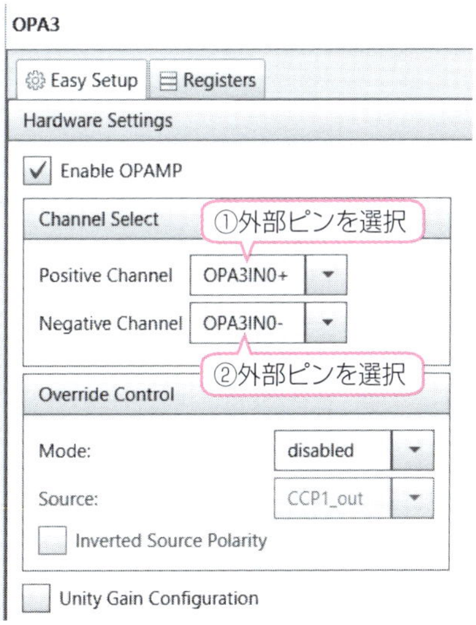

3 ADコンバータの設定

次はADコンバータの設定で、図8-4-8のようにします。ここではクロックに①のようにFosc/16を選択し、さらに②で右詰めを、③でREF+にFVRを指定します。

●図8-4-8 ADコンバータモジュールの設定

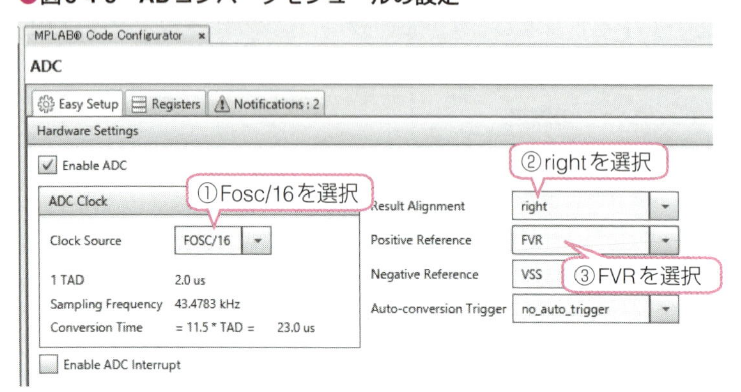

4 FVRの設定

次にFVRの設定です。図8-4-9のように①でFVR_Buffer1側のみ4xつまり4.096Vを選択します。

●図8-4-9 FVRモジュールの設定

5 MSSPの設定

さらに今回は液晶表示器も使うので、図8-4-10のようにMSSPをI^2Cマスタとします。①でI^2C Masterを選択、②でStandard速度とし③で13と入力して速度を100kHzとします。SCLとSDAのピンはデフォルトのままで大丈夫です。

●図8-4-10 MSSPモジュールの設定

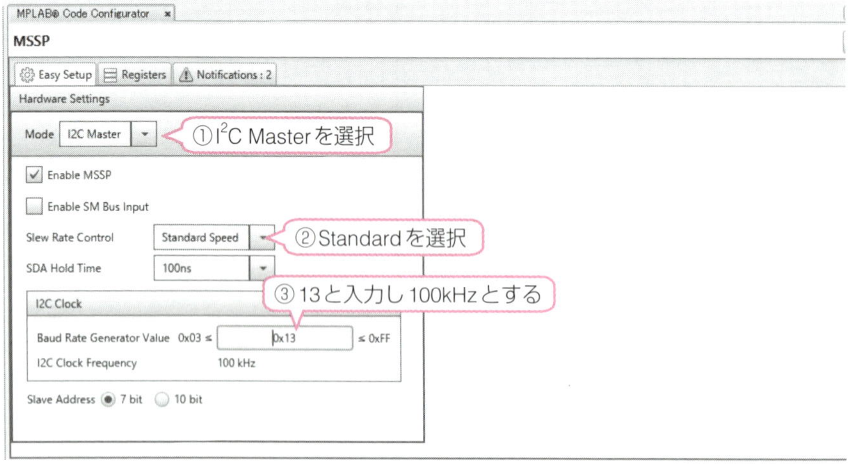

MPLAB® Code Configurator
MSSP
Easy Setup
Registers
Notifications : 2
Hardware Settings
Mode I2C Master
①I^2C Masterを選択
Enable MSSP
Enable SM Bus Input
Slew Rate Control Standard Speed
②Standardを選択
SDA Hold Time 100ns
③13と入力し100kHzとする
I2C Clock
Baud Rate Generator Value 0x03 ≤ 0x13 ≤ 0xFF
I2C Clock Frequency 100 kHz
Slave Address 7 bit 10 bit

6 入出力ピンの設定

最後に図8-4-11のように［Pin Module］で①LCD電源（RB1ピン）とLED（RB4ピン）のピンを出力ピンとして設定し、②WPUはなし、③Analogもなしとし④で名称を入力します。液晶表示器の消費電流は数mAなので、あえてHigh Current Drive I/Oにしなくても十分供給できるのでそのままとします。最後に⑤でOPA3OUTの出力のチェックを外します。

●図8-4-11　入出力ピンの設定

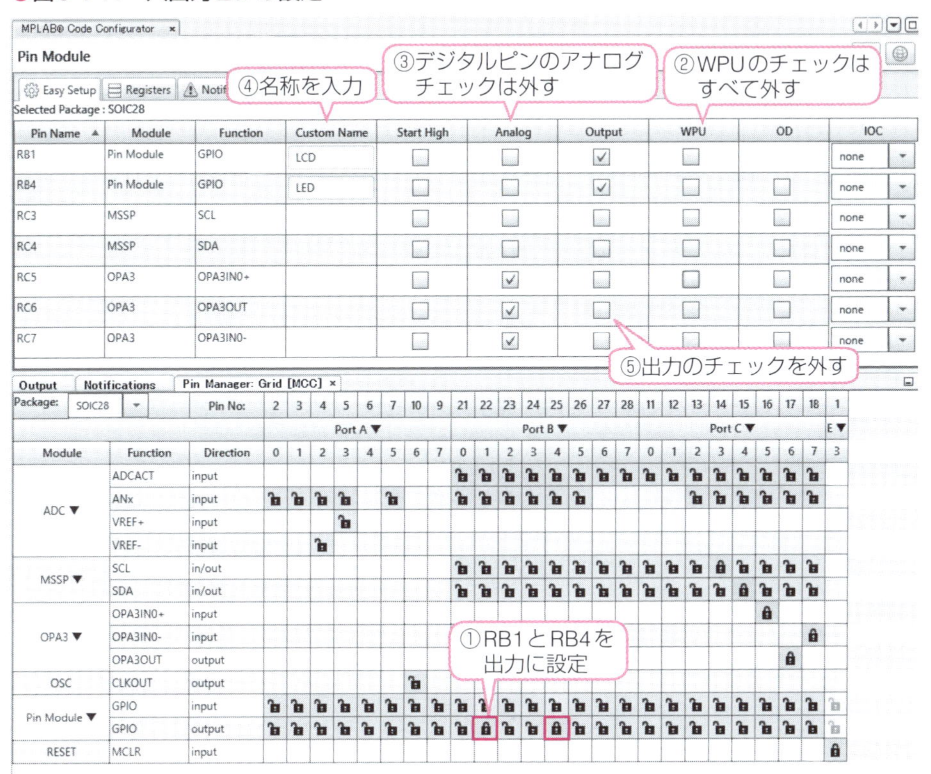

7 コードの生成

以上ですべての設定が完了したので［Generate］ボタンをクリックしてコードを生成します。オペアンプについては、初期化関数以外は生成されません。

これで生成されるコードでは、I²C用の関数がデジタル演習ボードで生成される関数名とは関数名が異なっていて、関数名の先頭の「`I2C2_`」の部分が「`I2C_`」に変わるので、I²Cと液晶表示器のライブラリを変更する必要があります。アナログ演習ボード用の両ライブラリの名称を次のようにしましたので、プロジェクトに次の4つのファイルを追加登録します。

- i2c_lib2.h　と　i2C_lib2.c
- lcd_lib2.h　と　lcd_lib2.c

8 ユーザ処理部の追加

これでプロジェクトの準備ができたので、ユーザ処理部をメイン関数に追加します。メイン関数ではI^2Cモジュールが割り込みを使うので、割り込みの許可を忘れないようにして下さい。

ユーザ処理の追加内容は、まず宣言部への追加がリスト8-4-1のようになります。ここには変数の宣言と液晶表示器にprintf文が使えるように、低レベル出力関数を液晶表示器に出力するように関数を上書きしています。

リスト 8-4-1 宣言部への追加内容

```
46: #include "mcc_generated_files/mcc.h"
47: #include <stdio.h>
48: #include "lcd_lib2.h"
49:
50: double Ondo;
51: unsigned int temp;
52:
53: /* 低レベル出力関数上書き */
54: void putch(unsigned char ASCII){
55:     lcd_data(ASCII);
56: }
```

次にメイン関数部への追加内容がリスト8-4-2となります。最初に液晶表示器の電源をオンとして初期化をしてから開始メッセージを表示しています。メインループでは温度センサの電圧を計測し、温度データに変換してからprintf文で液晶表示器の2行目に出力しています。

リスト 8-4-2 メイン関数部への追加内容

```
80:     /* 液晶表示器の電源 オフしオンする */
81:     LCD_SetLow();                          // 電源オフ
82:     __delay_ms(10);
83:     LCD_SetHigh();                         // 電源オン
84:     lcd_init();                            // LCD初期化
85:     lcd_cmd(0x80);                         // 1行目指定
86:     printf("Test OPA3 + Temp");            // メッセージ表示
87:
88:     while (1)
89:     {
90:         // Add your application code
91:         temp = ADC_GetConversion(18);      // AD変換
92:         Ondo = ((double)temp * 4096.0) / 1023; // 電圧に変換
93:         Ondo = Ondo /68.2;                 // 温度に変換
94:         lcd_cmd(0xC0);                     // 1行目指定
95:         printf("Temp= %2.1f Degc", Ondo);  // 温度表示
96:         __delay_ms(1000);
97:     }
98: }
```

9 確認

この例題の実行結果の液晶表示器の表示例が写真8-4-1となります。

●写真8-4-1 例題の実行結果

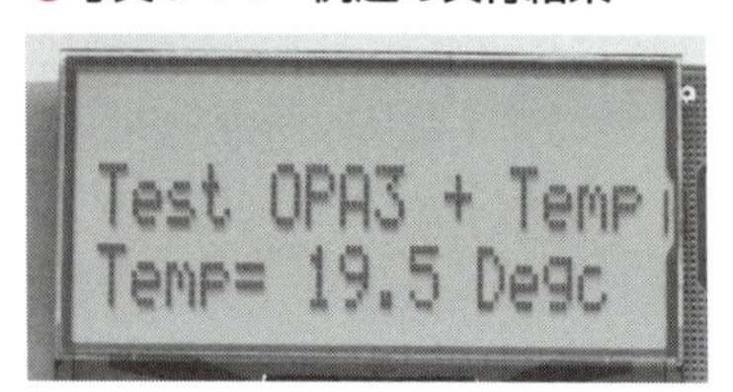

なおこの他、ZCD、Math Acceleratorの説明が本書Webサイトからダウンロードできます。

索引

■あ行

■か行

■さ行

■た行

■な行

■は行

■ま行

■や行

■ら・わ行

参考文献

1.「PIC16(L)F1777/8/9 Data Sheet」DS40001819B

2.「PIC16(L)F18857/77 Data Sheet」DS40001825B

3.「MPLAB X IDE User's Guide」DS50002027D

4.「MPLAB XC8 C Compiler User's Guide」DS50002053G

5.「TB3146 Analog-to-Digital Convertor with Computation Technical Brief」DS90003146B

6.「TB3128 CRC and Memory Scan on 8-Bit Microcontrollers Technical Brief」DS90003128A

当社サイトからのダウンロードについて

以下のWebサイトから、本書で作成したデバイスのプログラムや演習ボードの回路図・パターン図・実装図、本書の内容補足PDFをダウンロードできます。

http://gihyo.jp/book/2018/978-4-7741-9649-7/support

●Hardwareフォルダ

演習ボードの回路図・パターン図・実装図が収録されています。例えば、デジタル演習ボードならばDigitalUIO2_BRD.pdf（実装図）DigitalUIO2_PTN.pdf（プリント基板のパターン図）、DigitalUIO2_SCH.pdf（回路図）の3つが収録されています。

プリント基板のパターン図は、インクジェット用OHP透明フィルムにできるだけ濃く印刷し、感光基板に露光して現像・水洗い・エッチング・感光材除去・穴開け・フラックス塗布で基板ができあがります。詳しくは当社刊の書籍「電子工作は失敗から学べ！」の巻末に掲載しています。なおプリント基板の頒布については次項をご覧ください。

●Softwareフォルダ

各部・各章ごとに、PICマイコン用のプログラムなどが収録されています。プロジェクト一式としてC言語のソースファイルやコンパイル済みのオブジェクトファイル、ライブラリなどが収録されています。

●補足PDFフォルダ

本書の内容を補足するための説明用のPDFが収録されています。パスワードがかかっていますので、次の語句を入力して開いてください。「PIC_Program_fun」

補足PDFの内容は以下の通りです。

・第1部　3章：演習ボードに使用した部品の詳細（センサ・液晶表示器など）
・第3部　2章：クロック設定補足（外部発振・リファレンスクロックモジュール）、リセットとPORとBOR
　　　　　6章：DSM、フラッシュメモリ（PFM）
　　　　　7章：省電力化（スリープ・ウェイクアップ）、高信頼化とCRC（WDT）
　　　　　8章：演算機能付きADコンバータ、ZCD、Math Accelerator

プリント基板頒布について

本書掲載のデジタル演習ボード、アナログ演習ボードを組み立てる際には、プリント基板が必要となります。市販の感光基板などを使用し自作できますが､電子工作の初心者の方には少しハードルが高いものになっています。

今回、本書の演習ボード作成用のプリント基板が、株式会社ビット・トレード・ワンから発売されます。詳しくは以下のWebサイトをご覧ください。

http://bit-trade-one.co.jp/

またプリント基板についてのご質問・ご相談、その他ご不明な点などは、以下URLにてサポートを行っております。

株式会社ビット・トレード・ワン　お問合せ
http://bit-trade-one.co.jp/contactus/

製品型番	JANコード	製品名
ADGH184APC	4562469771786	C言語によるPICプログラミング大全 アナログ基板

製品URL：http://bit-trade-one.co.jp/product/assemblydisk/adgh184apc/

製品型番	JANコード	製品名
ADGH184DPC	4562469771793	C言語によるPICプログラミング大全 デジタル基板

製品URL：http://bit-trade-one.co.jp/product/assemblydisk/adgh184dpc/

■著者紹介

後閑 哲也　Tetsuya Gokan

1947年　愛知県名古屋市で生まれる
1971年　東北大学　工学部　応用物理学科卒業
1996年　ホームページ「電子工作の実験室」を開設
子供のころからの電子工作の趣味の世界と、仕事として
いるコンピュータの世界を融合した遊びの世界を紹介
2003年　有限会社マイクロチップ・デザインラボ設立
著書　「PIC16F1ファミリ活用ガイドブック」「電子工作の素」
「PICと楽しむRaspberry Pi活用ガイドブック」「電子工作入門以前」

Email　gokan@picfun.com
URL　http://www.picfun.com/

●カバーデザイン　平塚兼右（PiDEZA）
●カバーイラスト　石川ともこ
●本文デザイン・DTP　(有)フジタ
●編集　藤澤奈緒美

C言語によるPICプログラミング大全

2018年4月29日　初版　第1刷発行
2020年7月16日　初版　第3刷発行

著　者　後閑　哲也
発行者　片岡　巌
発行所　株式会社技術評論社
東京都新宿区市谷左内町21-13
電話　03-3513-6150　販売促進部
03-3513-6166　書籍編集部
印刷／製本　共同印刷株式会社

定価はカバーに表示してあります。

ISBN978-4-7741-9649-7 C3055
Printed in Japan

■注意

本書に関するご質問は、FAXや書面でお願いいたします。電話での直接のお問い合わせには一切お答えできませんので、あらかじめご了承下さい。また、以下に示す弊社のWebサイトでも質問用フォームを用意しておりますのでご利用下さい。

ご質問の際には、書籍名と質問される該当ページ、返信先を明記してください。e-mailをお使いになれる方は、メールアドレスの併記をお願いいたします。

■連絡先

〒162-0846
東京都新宿区市谷左内町21-13
(株)技術評論社　書籍編集部
「C言語による PICプログラミング大全」係
FAX番号：03-3513-6183
Webサイト：http://gihyo.jp